Inhaltsverzeichnis

Auszug aus Band 2

1 Grundlagen der Datenanalyse   **1**
1.1 Einführung 1
1.2 Geometrisch-topologische Methoden 5
1.3 Statistische Methoden 44
1.4 Mengenmethoden 75
1.5 Zusammenfassung 85
1.6 Aufgaben 86

2 Gängige Analysemodule   **87**
2.1 Einführung 87
2.2 Flächenverschneidung 88
2.3 Netzwerkanalysen 99
2.4 Standortplanung 106
2.5 Digitales Geländemodell (DGM) 108
2.6 Kartographisches Modellieren 123
2.7 Systemanalytische Ansätze 129
2.8 Zusammenfassung 139
2.9 Aufgaben 141

3 Präsentation raumbezogener Daten   **143**
3.1 Einführung 143
3.2 Interaktive Graphik 144
3.3 Grundlagen der Kartennetzentwürfe 165
3.4 Graphische Ausgabeformen 174
3.5 Nichtgraphische Ausgabeformen 194
3.6 Digitaler Datenaustausch 195
3.7 Zusammenfassung 206
3.8 Aufgaben 206

4 Anwendungen von GIS — 209
- 4.1 Einführung 209
- 4.2 Landinformationssysteme 212
- 4.3 Rauminformationssysteme 227
- 4.4 Umweltinformationssysteme 248
- 4.5 Netzinformationssysteme 269
- 4.6 Spezielle Fachinformationssysteme 280
- 4.7 Zusammenfassung 309
- 4.8 Aufgaben 310

5 Neue Entwicklungen — 313
- 5.1 Einführung 313
- 5.2 Objektorientierte Datenbanken 314
- 5.3 Raumbezogene Abfragesprachen 330
- 5.4 Raum und Zeit in GIS 336
- 5.5 Multimedia-GIS 353
- 5.6 Internettechnologien und GIS 364
- 5.7 Geodateninfrastruktur 368
- 5.8 Normung und Interoperabilität 385
- 5.9 Wissensbasierte Systeme 392
- 5.10 Zusammenfassung 404
- 5.11 Aufgaben 406

A Lösungen zu den Aufgaben — 409

B Abkürzungsverzeichnis — 423

C Bildnachweis — 431

Kapitel 1

Einführung in GIS

1.1 Definitionen

Der Begriff *Geographisches Informationssystem* wurde nach T.C. WALKER/R.K. MILLER (1990) bereits 1963 von R.F. Tomlinson bei der Einrichtung eines rechnergestützten raumbezogenen Informationssystems in Kanada eingeführt (vgl. auch R.F. TOMLINSON (1972)). Mit dieser Bezeichnung erfolgte erstmalig der Hinweis auf eine neue Technologie – nämlich den Einsatz der elektronischen Datenverarbeitung in der raumbezogenen Datenhaltung. Analoge (geographische oder raumbezogene) Informationssysteme in der Form von Karten und Buchwerken sind in Europa schon im 19. Jahrhundert flächenhaft aufgebaut und durch die zunehmende Verdichtung des anthropogenen Lebensraums mit immer mehr Wissen angereichert worden. Aufgrund der Komplexität dieser Systeme wird deren Handhabung und Fortführung zunehmend erschwert; zudem bedingt die Interdisziplinarität von globalen und lokalen Fragestellungen wie z.B. im Umweltschutz einen schnellen Datenaustausch und damit Vernetzbarkeit, so daß die Umstellung der schon bestehenden, mehr oder weniger vollständigen analogen Informationssysteme auf die Methoden der *elektronischen Datenverarbeitung (EDV)* eine unabdingbare Notwendigkeit darstellt.

Im deutschen Sprachraum hat sich der Ausdruck *Geo-Informationssystem (GIS)* für diese speziellen EDV-Systeme mittlerweile fest etabliert, ist jedoch keine selbsterklärende Bezeichnung. Hier wäre das *raumbezogene Informationssystem (RIS)* (engl. spatial information system) als explizite Charakterisierung des Raumbezugs aller Geodaten der bessere Begriff. Wie später aufgezeigt, könnte dies wiederum zu Verwechslungen mit der GIS-Ausprägung *Rauminformationssysteme* führen, die seitens der Geographen, Raumplaner und Demoskopen geführt werden. Inzwischen wird der Begriff 'Geoinformation' auch im englischen Sprachraum neben 'spatial information' bzw. 'geographic information' akzeptiert, so daß sich international eine einheitliche Bezeichnung der hier beschriebenen Technologie mehr und mehr durchsetzt.

1.1.1 Informationssystem

Der Begriff *Information* entstammt dem lateinischen Sprachschatz und steht stellvertretend für *Einformung, Bildung* und *Gestaltung*. Allgemein versteht man darunter sowohl Wissen als auch eine Nachricht, Mitteilung oder Auskunft sowie die Unterrichtung, auch im übertragenen Sinne. In der Theorie der *Nachrichtentechnik* beinhaltet der Ausdruck Information jede Kenntnis über Tatsachen, Ereignisse oder Abläufe. In diesem Kontext sieht K. STEINBUCH (1971) das Wesen der Information darin, daß sie es erlaubt, aus einer Menge möglicher Kombinationen die eine richtige auszuwählen. Demzufolge kann sie quantitativ erfaßt und durch diesen Selektionsvorgang gemessen werden. In der *Informatik* wird Information als zweckbezogenes Wissen bezeichnet, das man beim Handeln im Hinblick auf gesetzte Ziele benötigt. Informationen sind an Zeichen gebunden, die Information sprachlich ausdrücken. Dabei sind drei Ebenen der Sprache zu unterscheiden: die *Syntax* als Ebene der Zeichen, die *Semantik* als Ebene der Bedeutung und die *Kommunikation* als Ebene der Beziehungen. In diesem Buch wollen wir unter Information das Ergebnis von auf Daten angewendeten *Regeln* und *Anweisungen* verstehen, die zu Fakten, Feststellungen, Beständen führen und dabei vor allem Zusammenhänge, Zuordnungen und Abhängigkeiten in komplexen Strukturen betreffen. So können durch Vernetzung von Daten und Elementarinformationen neue Informationen gewonnen werden. Mit *Daten* sind die quantitative und qualitative Beschreibung von Eigenschaften von regelmäßigen und unregelmäßigen Einheiten oder Objekten des gerade betrachteten Interessensgebietes bezeichnet. Die Hilfsmittel zur Ableitung neuer bzw. zur Selektion vorhandener Informationen sind die Systeme der elektronischen Datenverarbeitung, in denen diese Daten gespeichert sind und die somit zu sogenannten *Informationssystemen* werden.

Ein Informationssystem (IS) ist in seiner einfachsten Form ein Frage-Antwort-System auf einen Datenbestand (Abbildung 1.1). Nach K. BRASSEL (1987) sind Informationssysteme heute Allzweckwerkzeuge zum rechnergestützten Behandeln und Analysieren von Daten und Informationen. Bereits 1980 wurde die folgende Definition für ein Informationssystem angegeben (R. CONZETT (1980)):

Definition 1.1 : *Beschränkt sich die Funktion eines Systems auf die Aufnahme, Speicherung, Verarbeitung und Wiedergabe von Informationen, so ist es ein Informationssystem. Es besteht somit aus der Gesamtheit der Daten und Verarbeitungsanweisungen. Der Benutzer soll imstande sein, daraus ableitbare Informationen in einer verständlichen Form zu erhalten.*

Demnach bezieht ein Informationssystem eine Kette von Schritten ein, beginnend mit der Beobachtung und Erfassung der Daten über deren Analyse und Nutzung für Entscheidungsprozesse (H. CALKINS (1977)), die zusammen ein Vierkomponenten-Modell ergeben: *Erfassung, Verwaltung, Analyse und Präsentation - E V A P*. Im englischen Sprachraum lauten diese Komponenten: *Input, Management, Analysis and Presentation - I M A P*. Die Verwaltung von Daten

1.1. DEFINITIONEN

schließt die *Datenmodellierung*, *Datenstrukturierung* und *Datenspeicherung* mit ein.

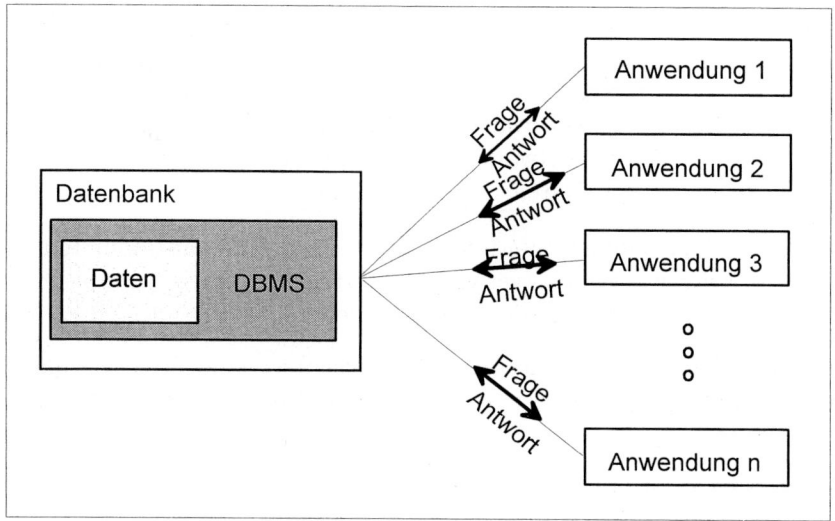

Abbildung 1.1: Informationssystem als Frage-Antwort-System

Eine andere Betrachtungsweise auf die Elemente – auch Säulen genannt – eines Informationssystems stellt sich aus der Sicht der Informatik (A. REUTER (1990)) folgendermaßen dar:

- Prozessoren und Peripherie (Maschinen), die *Hardware* (H).

- Rechenprogramme und Regeln (Funktionen und Informationen), die *Software* (S).

- Quantitative und qualitative Beschreibungen, die *Daten* (D).

- Benutzer (Mensch), die *Anwender* (A).

Diese Aufteilung führt im weiteren Sinne ebenso zu vier Komponenten (H S D A), nach denen im wesentlichen der vorliegende Band gegliedert ist. Die ersten beiden Elemente sind dabei eher kurzlebig, während den Daten langfristig betrachtet die höchste Bedeutung zukommt. Nach K. BRASSEL (1987), A.W. FRANK (1990) und B. STUDEMANN (1988) ergeben sich die in der nachfolgenden Tabelle angegebenen Gültigkeitszeiträume für Hardware, Software und Daten, soweit sie als Bestandteile eines Informationssystems gelten.

Klassische Vertreter von Informationssystemen sind:

- Management-Informationssysteme: Informationen über ein Unternehmen werden verwaltet und entscheidungsunterstützend aufbereitet.

- Betriebs-Informationssysteme: Informationen über den Lager-, Personal- und Produktionsbestand eines Betriebes werden verwaltet und dienen der Inventur und Dokumentation.

Tabelle 1.1 : Gültigkeitsdauer für Informationssystemkomponenten

Hardware	3-5 Jahre
Software	7-15 Jahre
Daten	25-70 Jahre

- Bank-Informationssysteme: Informationen über den Kundenstamm und deren Kontenabwicklung werden verwaltet und tragen zu einem reibungslosen Ablauf von Geld- und Wertpapiertransaktionen bei.

- Flug-Informationssysteme: Flugdaten, Flugbelegungen und Reservierungen sind gespeichert und dienen der Abwicklung von Flugreisen und der Inventur.

- Bibliotheks-Informationssysteme: Bibliotheksbestand und Verleih sind zu dokumentieren und zu kontrollieren.

- Andere Informationssysteme: Öffentliche und private Einrichtungen verwalten und bearbeiten Informationen öffentlicher und privater Art zumeist für inventorische Belange.

Während die hier genannten Informationssysteme überwiegend inventorischen Fragestellungen und der Dokumentation des gegenwärtigen Bestandes dienen, ist mit der Kategorie 'Raumbezogene Informationssysteme' eine besondere Ausrichtung von Informationssystemen gegeben. Hierin werden raumbezogene Informationen über die Erde oder andere Himmelskörper erfaßt, verwaltet, analysiert und präsentiert. Diese unterscheiden sich neben der Art der verwalteten Daten grundsätzlich dadurch, daß sie nicht nur eine Bestandsverwaltung durchführen können, sondern auch zur Gewinnung von neuen Informationen durch komplexe Verarbeitungsschritte beitragen, und zwar im wesentlichen durch Verknüpfung von Daten und Teilinformationen zu höherwertigen neuen Erkenntnissen.

1.1.2 Geo-Informationssystem

Ein Geo-Informationssystem kann durch ein Vierkomponenten-Modell sowohl im Aufbau als auch in der Aufgabenbewältigung gekennzeichnet werden. Dies verdeutlicht die

Definition 1.2 : *Ein Geo-Informationssystem ist ein rechnergestütztes System, das aus Hardware, Software, Daten und den Anwendungen besteht. Mit ihm können raumbezogene Daten digital erfaßt und redigiert, gespeichert und reorganisiert, modelliert und analysiert sowie alphanumerisch und graphisch präsentiert werden.*

1.1. DEFINITIONEN

Der generelle Aufbau eines Geo-Informationssystems ist mit der Abbildung 1.2 wiedergegeben. Die obige Definition drückt auch gleichzeitig den Spezialfall dieses Informationssystems aus, nämlich die Behandlung von raumbezogenen Informationen. Raumbezogene Informationen sind zu verstehen als Informationen zu Phänomenen, die direkt (primäre Metrik) oder indirekt (sekundäre Metrik) verknüpft sind mit einer Position auf der Erde. Wesentliche Werkzeuge in GIS sind dabei Module zur Modellierung, Analyse und Entscheidungsfindung. Geo-Informationssysteme sind objektbezogen ausgelegt. Sie integrieren geometrische Primitive, graphische und thematische sowie administrative Beschreibungen (Attribute) zu den raumbezogenen Objekten.

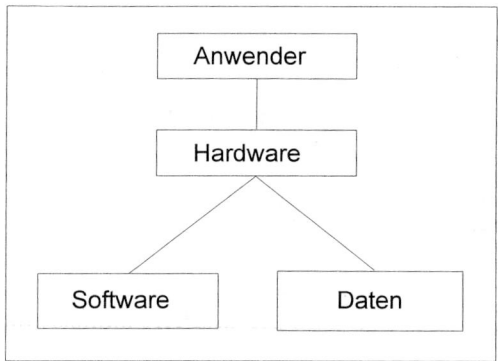

Abbildung 1.2: Elemente eines Geo-Informationssystems

Die digitale Behandlung von geometrischen und beschreibenden Daten gestattet zudem die Zusammenstellung des Datenmaterials unter den verschiedensten Gesichtspunkten: es entstehen Modelle der realen Welt in unbegrenzter Vielfalt (vergleiche Abbildung 1.3).

Hier sind beispielsweise verschiedene Modellbildungen dargestellt, wie sie aus der Sicht des Liegenschaftskatasters, des Leitungs- und Baumkatasters, der Bevölkerungsstatistik, der Flächennutzung und Verkehrswegeplanung sowie von inventorischen Fragestellungen gewünscht werden.

Das frei definierbare Datenmodell und das vielfältige Anwendungsspektrum ermöglichen den Einsatz von Geo-Informationssystemen in den unterschiedlichsten Nutzersegmenten. Aufgrund der beliebig tiefen Hinterlegung mit thematischen Daten unterscheiden sie sich grundsätzlich von den Kartier- und Computer Aided Design (CAD)-Systemen. Das permanent gespeicherte Datenmaterial stellt die Basis des kombinierten Erfassungs-, Editier-, Analyse- und Präsentationssystems dar: Die thematische Karte ist dabei nur ein mögliches Ausgabemedium eines Geo-Informationssystems; Präsentationsgraphiken und Reports sind weitere. Im GIS steht jedoch die interaktive Manipulation und Weiterverarbeitung der Daten im Vordergrund. Der Begriff 'Geo-Informationssystem' impliziert heute einen gewissen Mindestumfang und Komplexitätsgrad der Daten und Strukturen, der sich aber durchaus in benutzerfreundlicher und auf der gängigen PC-Technik handhabbaren Form präsentieren kann. Derartige Systeme bezeichnet man häufig als *Desktop-GIS*, also Systeme, die am Arbeitsplatz des Sachbearbeiters stehen, ähnlich einfach wie die Textverarbeitung und Tabellenkalkulation zu bedienen sind und selbstverständlich auch mit diesen Programmen kommunizieren können.

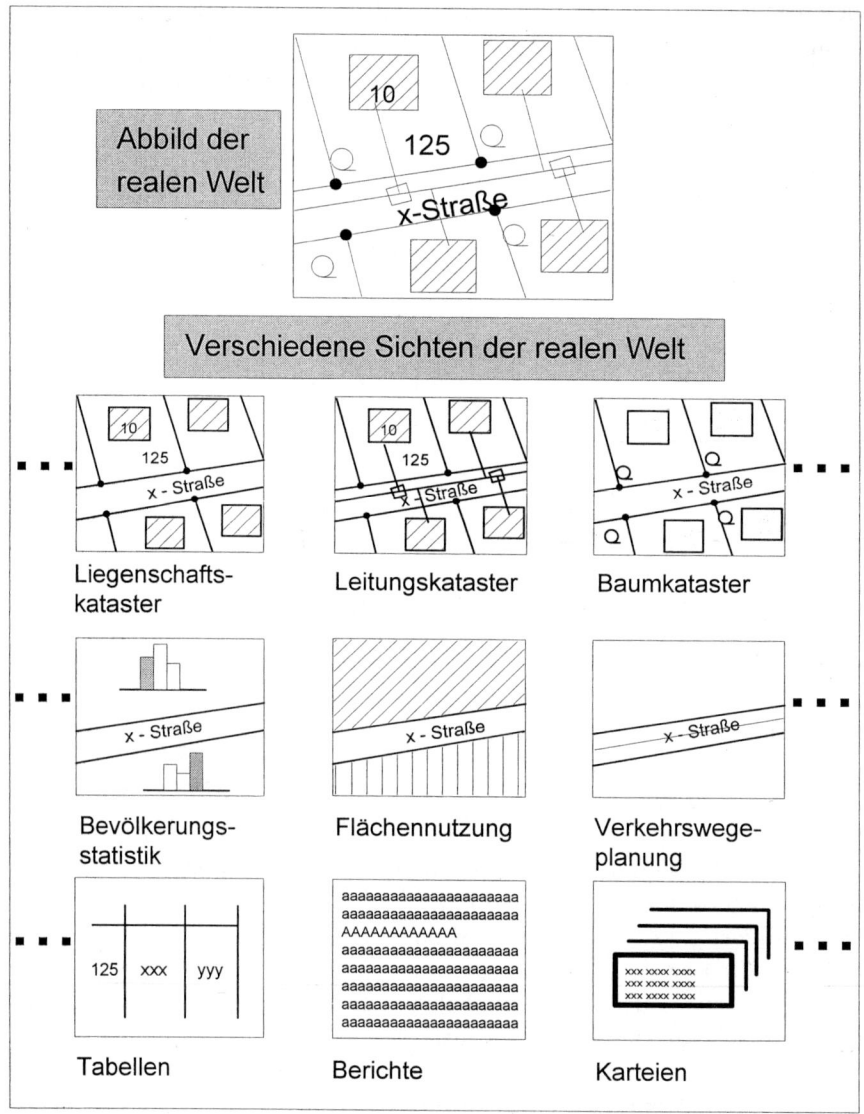

Abbildung 1.3: Verschiedene Sichten auf Abbildungen der realen Welt

Zum Begriff 'Geo'

Jedes Datenelement, das in einem Geo-Informationssystem verwaltet wird, ist auf die Erdoberfläche oder einen Teil der Erdkruste bzw. auch der Erdatmosphäre

1.1. DEFINITIONEN

bezogen. Die Bezeichnung *Geo* ist dem griechischen ' ge, gäa = Erde ' entliehen und soll das Bezugsobjekt *Erde* andeuten. Im einzelnen handelt es sich dabei je nach Projektausdehnung und in Abhängigkeit von der bearbeitenden Fachdisziplin um die ganze Erde bzw. um regionale und lokale Teilgebiete, wie es mit der Abbildung 1.4 angedeutet ist.

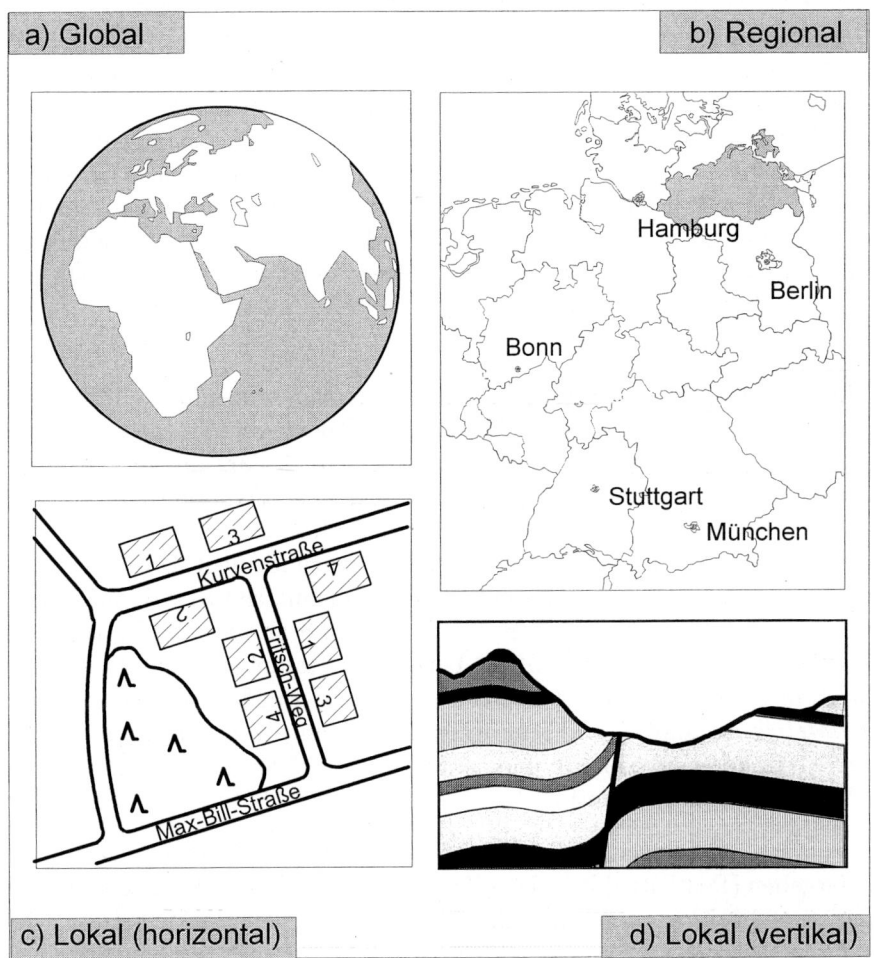

Abbildung 1.4: 'Geo' als verbindendes Element

Dieser eher *horizontalen Untergliederung* des Objektes Erde steht bei einigen Fragestellungen auch eine *vertikale Untergliederung* gegenüber, die vom Außenraum der Erde über ihre Oberfläche – das am häufigsten untersuchte Teilgebiet – bis zum Innenraum reicht. Je nach Sichten bzw. Anwendungen werden unterschiedliche Aspekte jedoch unter einem nahezu gleichbleibenden Anforderungsprofil an das Geo-Informationssystem verwaltet und analysiert. So beschränkt sich z.B. der Bereich des *Vermessungswesens* auf die Beschreibung und kartographische Präsentation der Liegenschaften und topographischen Zusammenhänge. Ein *Energieversorgungsunternehmen* sieht dagegen seine Betriebsmittel – den Leitungsbestand – als Datenelemente, die es graphisch und alphanumerisch zu beschreiben und vorzuhalten gilt. Die *amtliche Statistik* betrachtet die reale Nutzung der Erde und bevölkerungsspezifische Daten als zentrale Geo-Elemente. Innerhalb des *Umweltschutzes* interessieren das Klima, die Belastung durch Emissionen, die Erhaltung der Artenvielfalt in Wäldern, Biotopen und Naturschutzgebieten sowie weitere auf die Verbesserung des natürlichen Lebensraumes gerichtete Faktoren. In der *Landschaftsplanung* werden kleinräumige bis regionale Auswirkungen von Planungsmaßnahmen sowie deren Auswirkungen auf das Ökosystem untersucht. Die engeren *Geowissenschaften* behandeln ihre fachspezifischen Daten wie z.B. geologische Schichten, physische oder kulturelle Belange auf Erdteilen und dgl. mehr. Diese Aufzählung deutet das breite Anwendungsspektrum der Geo-Informationssysteme an, welches beliebig erweiterbar ist.

Raumbezug

Das verbindende Element aller zuvor genannten Anwendungen von GIS in den verschiedenen Fachdisziplinen ist der Raumbezug. Dieser stellt sich je nach der Fragestellung des Nutzers allerdings sehr unterschiedlich dar. Im Vermessungswesen ist der Raumbezug über die Angabe von *zwei- oder dreidimensionalen Koordinaten* oder entsprechende Konstruktionsvorschriften angegeben, denen ein definiertes Bezugssystem und eine *primäre Metrik* zugrunde liegt. Darüberhinaus beinhalten diese Daten Angaben hinsichtlich ihrer Genauigkeit bzw. Unschärferelationen. In anderen Bereichen wie z.B. der amtlichen Statistik oder im Business Mapping (vgl. W. STEINGRUBE (1997)) beruht der Raumbezug auf vollständig anderen Fakten. Diese beinhalten zumeist eine schwächer definierte Metrik – auch *sekundäre Metrik* genannt – und eine wesentlich geringere Genauigkeit. In der Abbildung 1.5 finden sich primäre und sekundäre Metriken; als Beispiele für sekundäre Metriken seien genannt:

- *Kennziffern*, die eine räumliche Gebietsgliederung in hierarchischer Form wiedergeben (Postleitzahlbereiche, Telefonvorwahlen AVON, Gemeindekennziffer, Amtsbezirksnummern, Wahlbezirksnummer, Flurstücksnummer, Nielsen-Gebiete im Geomarketing, NUTS (Nomenclatura des unites territoriales statistiques) als Systematik der Gebietseinheiten in Europa etc.), oftmals untereinander aber nicht räumlich deckungsgleich und somit aufwendig ineinander zu überführen sind.

- *Namen* als räumliche Bezeichnungen (z.B. Orts-, Stadtteil-, Gemarkungs-, Flurnamen oder Lagebezeichnungen), die grob ein Gebiet umschreiben.

- *Adressen* als Basis einer Vielzahl von Datenerhebungen (Stadt, Straßenname, Hausnummer etc.) z.B. im Einwohnermeldewesen, in der Fahrzeugzulassung, in der Ver- und Entsorgungswirtschaft.

1.1. DEFINITIONEN

- *Andere* wie z.B. Kilometrierungen und Stationierungen entlang von Verkehrswegen oder kleinräumigere Gliederungen unterhalb der Gemeindeebene (z.B. Marktzellen auf Haushaltsbasis, Baublöcke).

In Abbildung 1.5 sind mit a) Koordinaten, mit b) die postalischen Bezirke, mit c) ein an Straßennamen orientierter Bericht eines Energieversorgungsunternehmens und mit d) ein Auszug aus dem Telefonverzeichnis wiedergegeben. Der räumliche Zugriff auf diese Daten ist entsprechend verschiedenartig. Während auf Koordinaten mit mehrdimensionalen Suchkriterien zugegriffen wird, ist eine Kennziffer ein eindimensionales Kriterium, welches den üblicherweise in einem Informationssystem und dessen Datenbank-Managementsystem (DBMS) verwalteten Daten sehr ähnlich ist.

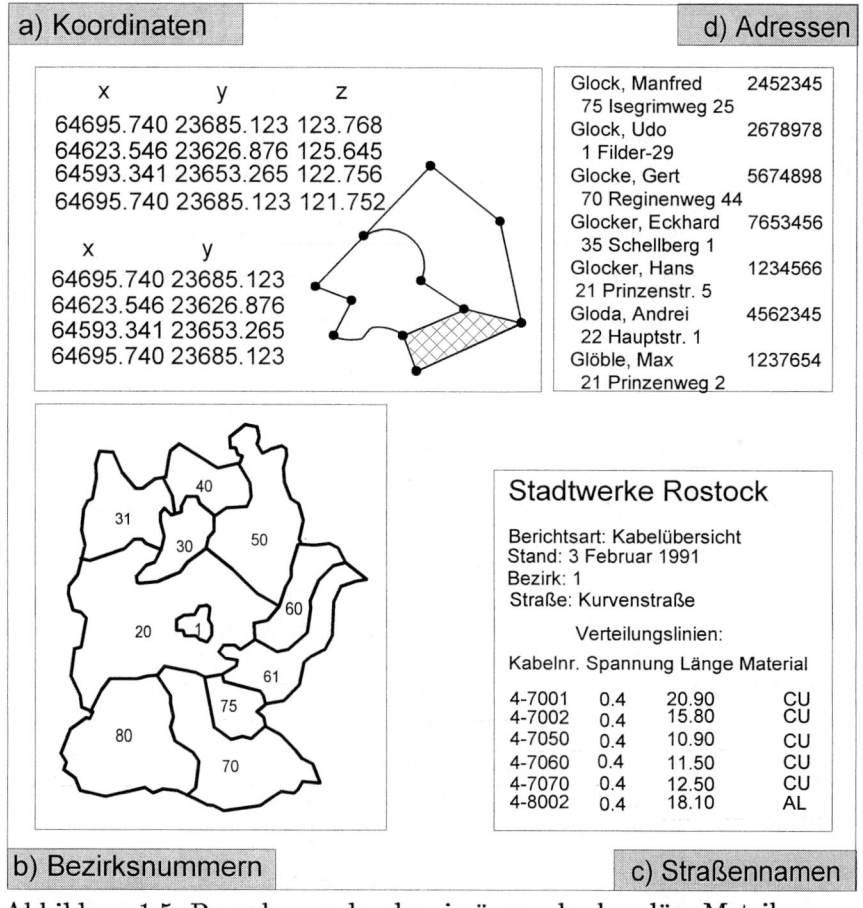

Abbildung 1.5: Raumbezug durch primäre und sekundäre Metriken

Beispiel 1.1 zur Geokodierung:

Unterschiedliche Raumbezugsformen können mittels Geokodierung ineinander überführt werden. So lassen sich z.B. Kundendaten eines Unternehmens, die i.d.R. als Raumbezug Straßen und Hausnummern (sekundäre Metrik) besitzen, mit digitalen Straßendaten, in denen Hausnummernbereiche abgelegt sind, räumlich verorten. Die einzelnen Straßensegmente sind geometrisch-topologisch (primäre Metrik) bestimmt und das Liniensegment trägt eine Aussage zum Hausnummernbereich auf jeder Straßenseite. Die notwendige Verknüpfung beider Metriken erfolgt über Funktionen zum Adressenmatching. Hierzu wird verschiedenste Spezialsoftware am Markt angeboten. Besondere Bedeutung erlangen derartige Funktionalitäten im Geomarketingsegment, da hier unterschiedlichste Datensätze verschiedenster Anbieter miteinander zu verknüpfen sind.

Anforderungen an GIS

An Geo-Informationssysteme werden nach K. BRASSEL (1987) folgende generellen Anforderungen gestellt:

- Die Fähigkeit, große heterogene Mengen räumlich indizierter Daten zu verwalten.

- Die Möglichkeit, solche Datenbanken hinsichtlich Existenz, Position und Eigenschaften eines großen Spektrums von raumbezogenen Objekten abzufragen.

- Die Fähigkeit der Interaktion solcher Abfragen.

- Die Flexibilität, ein System den vielfältigen Anforderungen verschiedenster Nutzer maßgeschneidert anzupassen.

- Die Fähigkeit des Systems, über die raumbezogenen Daten während der Nutzung zu lernen, z.B. durch Merken des bereits erfaßten oder analysierten Datenbestandes oder durch Einbeziehung von vorher angewandten Regeln in neue Anfragen.

1.1.3 Objektbildung und Dimensionen

Objektbildung

Die in einem Geo-Informationssystem enthaltenen Einheiten, die elementar oder zusammengesetzt sein können und die sowohl eine quantitative (geometrische) als auch eine qualitative (thematische) Komponente aufweisen, werden als *raumbezogene Objekte* oder kurz *Objekte* bezeichnet. Ein Objekt ist eine konkrete physisch, geometrisch oder begrifflich begrenzte Einheit der Natur und besitzt eine individuelle Identität. Von daher repräsentiert jedes Objekt ein *Unikat* in

1.1. DEFINITIONEN

der realen Welt, das jedoch einer bestimmten *Objektklasse* zugeordnet werden kann. Anschaulich ist diese Objektdefinition in der Abbildung 1.6 dargestellt.

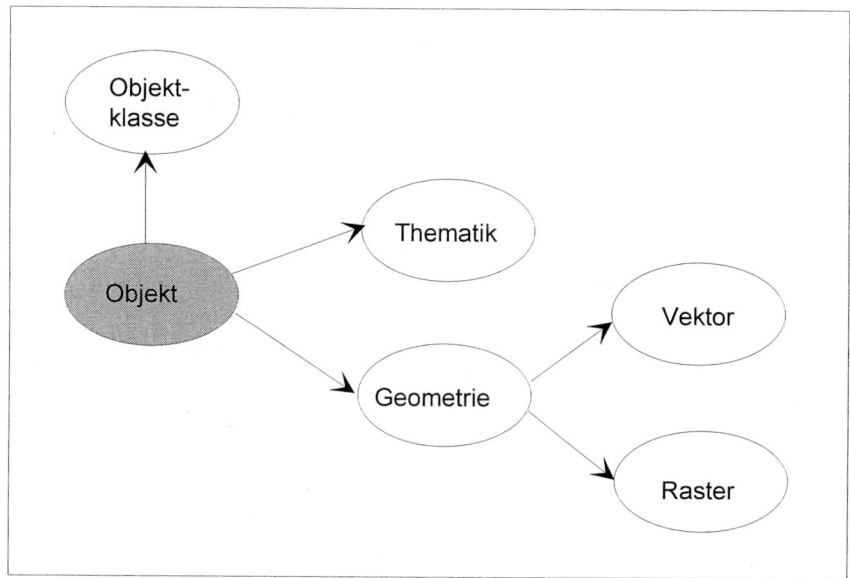

Abbildung 1.6: Objektdefinition

Die *Geometrie* eines Objekts benennt sämtliche geometrischen Datenelemente in Vektor- oder in Rasterdarstellung. Sie ist in einem einheitlichen Bezugsrahmen definiert, der i.d.R. durch ein Koordinatensystem gegeben ist. Geometriedaten können sowohl analog als auch in digitaler Form vorliegen. Diese Positionsdaten sind noch durch Daten der Nachbarschaftsgeometrie – *topologische Daten* genannt – zu ergänzen. Den Objekten können unterschiedliche thematische Beschreibungen (oder Sachdaten, vgl. Seite 26) zugeordnet werden. Zum Beispiel repräsentiert ein *Flurstück* das kleinste geometrische Element des *Eigentumsnachweises* und der *Bodenschätzung*. Darüberhinaus kann ein Flurstück ein bestimmtes *Rohstoffvorkommen* enthalten, so daß es in der Ressourcendokumentation nachzuweisen ist. Die Zuordnung zu der jeweiligen Thematik geschieht über den *Objektidentifikator*, der im Falle des Flurstücks seine Flurstücksnummer sein kann. In der Abbildung 1.7 sind Beispiele für die Objektzuordnung angegeben. Der Objektidentifikator realisiert den umkehrbar eindeutigen Zugriff auf ein individuelles Objekt und muß zur EDV-technischen Verarbeitung geeignet sein.

Somit wird jedes Objekt durch die folgenden Charakteristika beschrieben, auf die im Kapitel 5 noch näher einzugehen ist:

- Geometriedaten (Vektor- oder Rasterdarstellung)

- Topologische Beziehungen (Knoten, Kanten, Flächen, Nachbarschaftsbeziehungen)

- Thematische Ausprägungen (Sachdaten oder Attribute)

- Objektidentifikatoren (Schlüssel)

Durch Hinzunahme weiterer Daten und Medien wie z.B. Bildern, Texten, Videoaufnahmen können die eher abstrakten Daten in GIS zu anschaulicheren Repräsentationen geführt werden. In diesem Zusammenhang spricht man von *Multimedia-GIS* (vgl. Band 2 Kapitel 5).

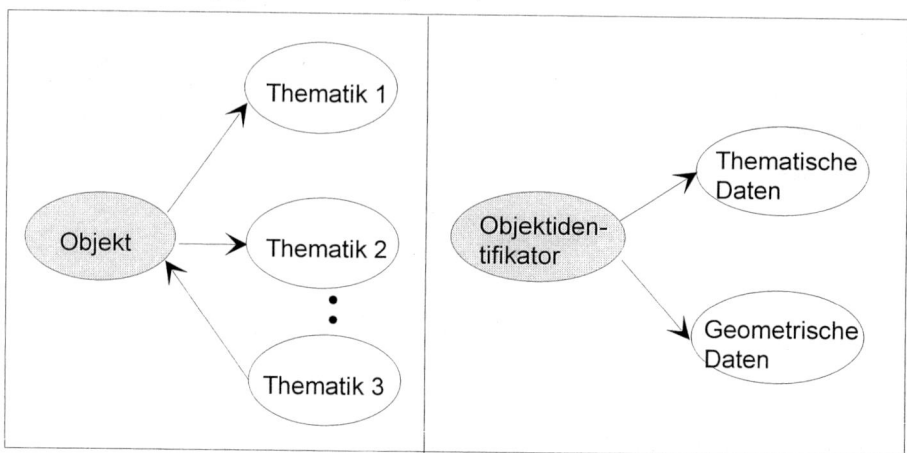

Abbildung 1.7: Thematische Zuordnungen und Objektidentifikator

Dimensionen in GIS

In Abhängigkeit von den Daten in einem GIS gibt es verschiedene Dimensionsbezeichnungen für die zuvor genannten Objektcharakteristika, so daß differenziert werden kann hinsichtlich einer *geometrischen*, *topologischen* und *thematischen* Dimension. Im Bezug zur Geometrie bezeichnet man ein Geo-Informationssystem als

- *zweidimensional (2D)*, wenn seine Geometriedaten sich lediglich auf x,y-Koordinaten (Planimetrie) beziehen und keine Höhenangaben vorliegen,

- *zwei-plus-eindimensional (2D+1D)*, wenn die Planimetrie durch eine digitale Beschreibung der Geländeoberfläche – als digitales Geländemodell bezeichnet – ergänzt wird. Das digitale Geländemodell ist i.d.R. ein *Flächenmodell* und nicht mit der Lagegeometrie verknüpft, damit ist ein Haus oder eine Straße *nicht* als Aussparungsfläche des digitalen Geländemodells nutzbar. Diese Form der Beschreibung führt zu einem *3D-Flächenmodell*.

- *zweieinhalbdimensional (2.5D)*, wenn zur Lagegeometrie die Höhe z als Attribut gespeichert ist. Diese räumliche Beschreibung ist somit abhängig von der Dichte der Lagegeometrie; sie kann in Ballungsgebieten durchaus ausreichend sein, versagt jedoch vollständig in wenig besiedelten Gebieten. Diese

1.1. DEFINITIONEN

Art der Höhenintegration wird auch als *Sachdatenabsorption* bezeichnet (D. FRITSCH (1991A)).

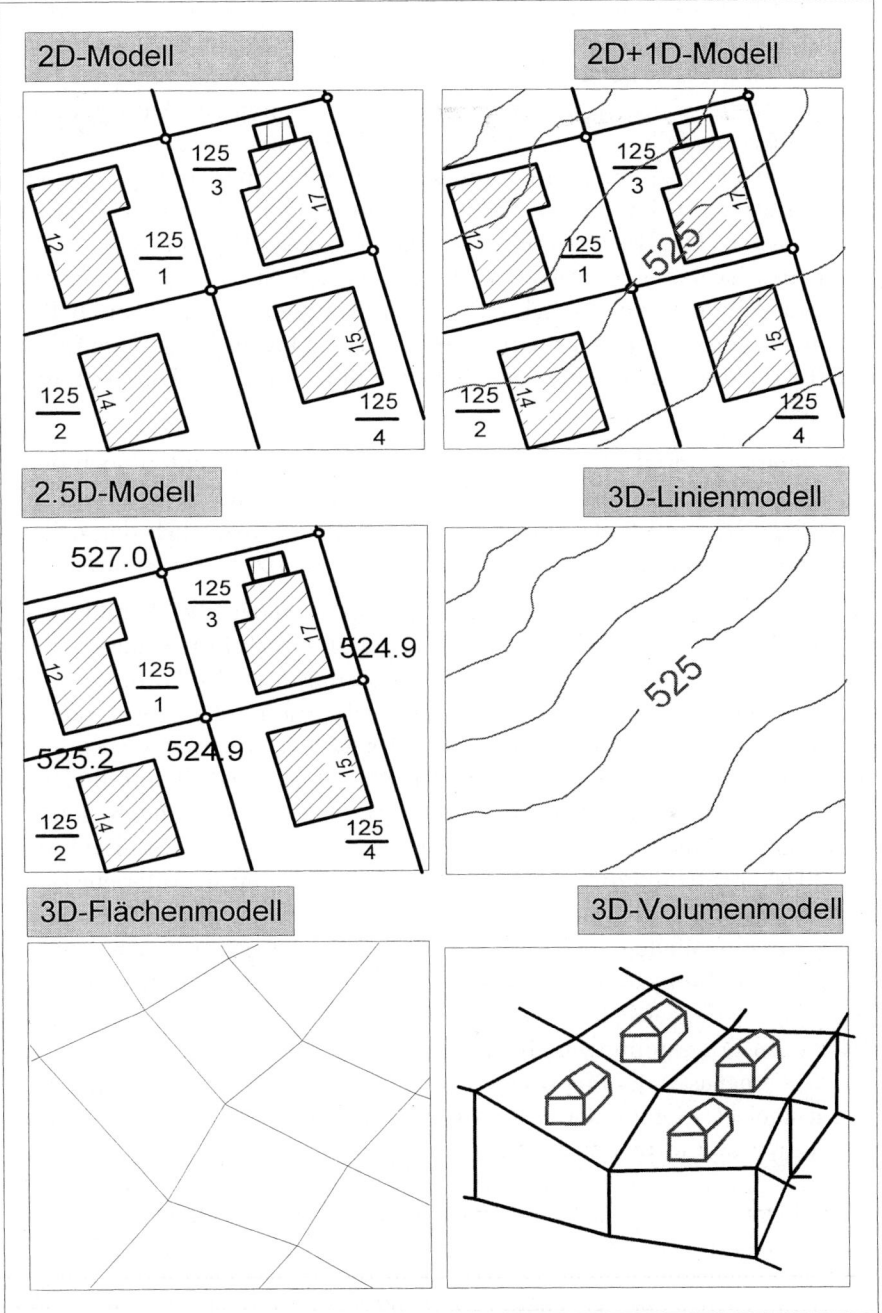

Abbildung 1.8: Dimensionen von Geometriedaten

- *dreidimensional (3D)*, wenn die x,y,z-Koordinaten in hinreichender Dichte vollständig für das gesamte Teilgebiet abgespeichert sind. Dabei ist zu unterscheiden hinsichtlich eines *3D-Linienmodells*, eines *3D-Flächenmodells* und eines *3D-Volumenmodells*. Während 3D-Linienmodelle einfach realisiert werden können (z.B. Kopplung von Höhenlinien mit dem Grundriß), ist für die Flächen- und Volumenmodelle ein höherer Aufwand notwendig. Flächenmodelle greifen i.d.R. auf ebene Flächenelemente zurück, z.B. auf ebene Vielecke, die in ihrer einfachsten Form durch Dreiecke und Quadrate repräsentiert sind. Diese Elemente werden meistens durch Approximation ermittelt. Die Beschreibung von raumbezogenen Daten mittels Volumenmodellen ist das eindeutigste Verfahren, jedoch ist es auch das aufwendigste. Ein Volumenmodell beschreibt z.B. ein komplexes Objekt durch Teilkörper, aus denen es aufgebaut wird. Zum Aufbauen lassen sich auf die Einzelkörper die Booleschen Operatoren Addition, Subtraktion und Durchschnitt anwenden.

- *vierdimensional (4D)*, wenn neben den x,y,z-Koordinaten noch der Zeitparameter t mitgeführt wird. Selbstverständlich sind auch für die geometrischen 2D- und 2.5D-Modelle Erweiterungen hinsichtlich der Zeit denkbar und notwendig. Dies führt zu *2D+t- resp. 2.5D-+t-Datenmodellen*.

Zur Illustration der geometrischen Dimensionen möge die Abbildung 1.8 dienen. Das Mitführen von Höheninformationen in Geo-Informationssystemen wird immer bedeutungsvoller, so daß bisherige Lösungen in der Form der Sachdatenabsorption neu überdacht werden müssen. Die Anbindung bzw. Integration von digitalen Geländemodellen in der Form des 2D+1D ist zwar eine pragmatische Vorgehensweise, die vorübergehend 3D-Probleme löst, jedoch auf die Dauer nicht haltbar. Von daher wird sich die Weiterentwicklung von raumbezogenen Datenbanken in bestimmten Anwendungsgebieten (z.B. Geologie, Städtebau) auf eine echte 3D-Verwaltung konzentrieren. Die Kapitel 5 und 6 in diesem Band sowie teilweise Kapitel 5 in Band 2 widmen sich der Datenorganisation von Flächen- und Volumenmodellen und deren Abbildung in raumbezogenen Datenbanken, so daß Hilfestellungen zur Einrichtung von 3D-Datenbanken angeboten werden. Ebenso spielt die zeitliche (dynamische) Dokumentation vor allem in geowissenschaftlichen Fragestellungen eine große Rolle.

Die Dimension der Topologie wird hinsichtlich ihrer flächenhaften Ausdehnung festgelegt. Gemäß der Abbildung 1.9 ist hierbei zu unterscheiden in:

- *Nullzellen (0-Zellen)*, die die Punkte (Knoten) repräsentieren.

- *Einszellen (1-Zellen)*, die die Linien (Kanten) aufnehmen. Diese stellen zusammen mit den 0-Zellen den Bezug zu einem *Linienmodell* her.

- *Zweizellen (2-Zellen)*, die die geschlossenen Linienpolygone enthalten und dadurch Flächen definieren. Diese Linienpolygone stellen die Grundlage der *Flächenmodelle*.

1.1. DEFINITIONEN

- *Dreizellen (3-Zellen)*, die einfache dreidimensionale Elemente darstellen, mit deren Hilfe komplexe 3D-Objekte geometrisch aufzubauen sind. Dadurch ist der direkte Bezug zum *Volumenmodell* gegeben.

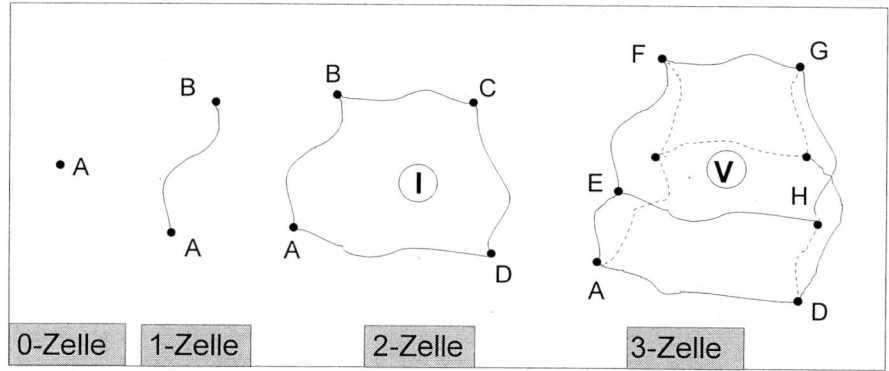

Abbildung 1.9: Topologische Dimensionen

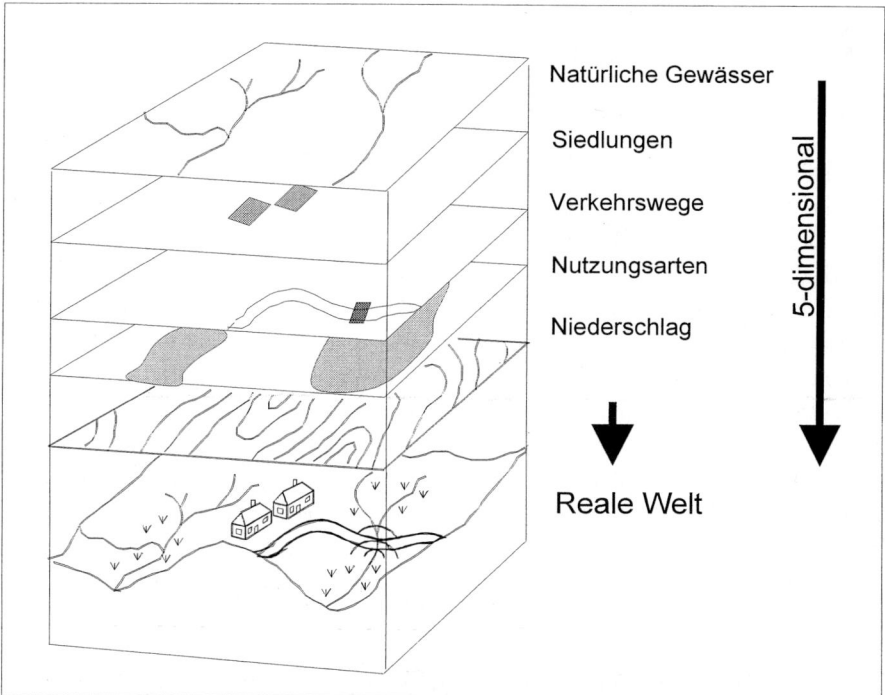

Abbildung 1.10: Thematische Dimensionen

Auch für die Thematik sei der Begriff der Dimension definiert. Dabei ist zu staffeln hinsichtlich der Themenvielfalt, die im GIS abgebildet ist. Dies kann z.B. an der Anzahl verschiedener thematischer Ebenen abgelesen werden, wobei die thematische Dimension im Ebenenmodell linear von der Ebenenanzahl abhängt.

Im Objektklassenmodell ist dieser Zusammenhang nicht so einfach zu definieren. Man bezeichnet ein Geo-Informationssystem als:

- *thematisch eindimensional*, wenn nur *eine* thematische Ebene vorliegt,

- *thematisch zweidimensional*, wenn *zwei* thematische Ebenen behandelt werden sollen und

- *thematisch n-dimensional*, wenn *n* verschiedene thematische Ebenen gegeben sind.

Das Liegenschaftskataster enthält zum Beispiel das Flurbuch und das Liegenschaftsbuch, so daß es als thematisch zweidimensional bezeichnet werden könnte. Dagegen ist ein digitales Geländemodell eine reine geometrische Darstellung und erhält im einfachsten Fall keine Thematik zugeordnet – von daher kann es als *thematisch dimensionslos* aufgefaßt werden. In der Abbildung 1.10 finden sich Darstellungen zur thematischen Dimension.

1.1.4 Historische Entwicklungen

Während der Begriff *Geographisches Informationssystem* in den sechziger Jahren gerade geprägt wurde, war die *interaktive Computergraphik* schon damals Gegenstand vieler Pilotanwendungen. Mit der Einführung der Vektorgraphik zu Beginn der fünfziger Jahre ging eine anfängliche Skepsis bzgl. dieser neuen Technologie einher, die sicher auch berechtigt war, wenn man an die Kosten und den Ausbildungsstand zu jenem Zeitpunkt denkt. Jedoch ist heutzutage eine vollständige Absorption der Entwicklungen und Produkte von Graphik, Geometrie und Datenbank innerhalb der Geo-Informationssysteme zu beobachten.

Rückblickend lassen sich die folgenden Aussagen ableiten: Die Einführung der Vektorgraphik führte zu Pilotanwendungen in der digitalen Kartierung. Somit war die Grundlage für erste Anwendungen im Planungsbereich gegeben – zu diesem Zeitpunkt gab es bereits erste Kontakte der Hessischen Flurbereinigungsbehörde und der Fa. Conrad Zuse, um die Neuzuteilung und Kartierung von Flurbereinigungsmaßnahmen zu automatisieren. In diese Periode fällt auch die Entstehung des digitalen Geländemodells am MIT (C.L. MILLER UND R.A. LAFLAMME (1958)), das erstmalig für die Trassenplanung von Verkehrswegen eingesetzt wurde.

In den sechziger Jahren entwickelte sich die digitale Bildverarbeitung infolge ihres verstärkten Einsatzes bei der Auswertung von Weltraumaufnahmen zu einer eigenständigen Disziplin, obgleich die Rastergraphik noch keinen hohen Entwicklungsstand aufwies. Ebenso wurde die Methodik der digitalen Geländemodelle ausgebaut und vielfältigen Aufgabenstellungen zugeführt. DGM-Raster- und -Dreiecksmodelle erfuhren damals schon denselben Stellenwert, den sie auch heute noch besitzen. Unter einem Geo-Informationssystem verstand man zu diesem

1.1. DEFINITIONEN

Zeitpunkt noch die auf Großrechnern realisierte Kopplung verschiedener Daten mit digitalen Karten, um geographische Attribute zusammenzufassen.

Die siebziger Jahre können als das Jahrzehnt der Landinformationssysteme (LIS) bezeichnet werden. Bereits 1970 wurde das Sollkonzept der *Automatisierten Liegenschaftskarte (ALK)* verabschiedet und in das behördliche Vermessungswesen eingeführt (H.W. STÖPPLER (1987)). Auf dem 15. Internationalen Kongreß für Vermessungsingenieure in Washington (FIG-KOMMISSION 5 (1974)) ist der Begriff LIS international abgesichert worden. Die Kartographie benutzte in diesem Jahrzehnt zunehmend mehr die Methoden der EDV und prägte den Ausdruck *CAD-Kartographie*. Desweiteren entwickelte sich aus der analogen die analytische Photogrammetrie, die damit als Datenlieferant zunehmende Akzeptanz fand. In diese Periode fallen auch bereits Arbeiten zur digitalen Orthoprojektion (W. KREILING (1976)) und zur digitalen Bildkorrelation (W. GÖPFERT (1978)).

Die achtziger Jahre haben den Geo-Informationssystemen zum *Durchbruch* verholfen, indem Netz-, Raum- und Umweltinformationssysteme konzipiert und aufgebaut wurden. Begriffe wie Bodeninformationssystem (BIS), Geologisches Informationssystem (GEOLIS), Landschaftsinformationssystem (LANIS), Ökologisches Informationssystem (OELIS), Statistisches Informationssystem zur Bodennutzung (STABIS) sowie Umweltplanungs- und Informationssystem (UMPLIS) entstanden hier. Damit sind Verallgemeinerungen in der raumbezogenen Datenhaltung eingeleitet worden, die den Geomarkt enorm bereichert haben. Innerhalb des weiteren Ausbaus der Landinformationssysteme in der BRD sind so wichtige Projekte wie die Fertigstellung des Graphisch-Interaktiven Arbeitsplatzes (GIAP) der ALK und die Einleitung des Amtlichen Topographisch-Kartographischen Informationssystems (ATKIS) entstanden. International finden analoge Entwicklungen statt: So wird derzeit in der Schweiz z.B. das Projekt *Amtliche Vermessung* (AV'93) durchgeführt, das kantonale Landinformationssystem, welches mit der Reform der amtlichen Vermessung RAV in den 80er Jahren initiiert wurde.

In den neunziger Jahren erfahren Geo-Informationssysteme einen weiteren Aufschwung. Sie sind heute allgemein akzeptierte Instrumente zur Verarbeitung raumbezogener Daten. Derartige *Geoinformationen* werden vermehrt in weltweiten Netzen bereitgestellt, so daß interessierte Nutzer hierauf on-line zugreifen können. Die heutigen GIS bieten Verarbeitungsmethoden sowohl für Vektor-, Raster- und Sachdaten und haben sich somit zu *hybriden Geo-Informationssystemen* entwickelt. Die Einbindung weiterer Medien (Datentypen) wird zu multimedialen GIS führen. Dem wichtigen Aspekt der Datensammlung steht mit wissensbasierten Systemen ein leistungsfähiges Instrument zur *Mustererkennung* und auch der *Szenenanalyse* zur Verfügung. Innerhalb der Datenerfassung wird die Photogrammetrie durch ihre 3D-Objektrekonstruktion immer wichtiger – auch hier zeichnen sich Veränderungen des Instrumentariums ab; analytische Auswertegeräte werden durch digitale ersetzt (vgl. Kapitel 2 und 4). Als weitere, revolutionierende Datenerfassungsmethode ist das *Global Positioning System*

(GPS) zu nennen, das inzwischen vollwertig ausgebaut ist und zu ganz neuen Datenerhebungsmethoden wie mobilen GPS-GIS-Einheiten führt (vgl. Kapitel 2 und 4). Die gegenwärtigen Bemühungen zur Standardisierung, sei es nun in europäischen (CEN) oder internationalen (ISO) Gremien oder in freiwilligen Zusammenschlüssen wie dem Open GIS Consortium (OGC) sorgen vereint mit der zunehmenden Datenverfügbarkeit und deren Verbreitung über Internet und World Wide Web für einen neuerlichen rasanten Anstieg der Nutzergemeinde von GIS (vgl. Band 2 Kapitel 5). Das Geodatenwarenhaus für jedermann entsteht.

Abbildung 1.11: Phasen der GIS-Entwicklung

Dieser Abriß der bisherigen Entwicklung belegt, daß Geo-Informationssysteme heute zu einer *Realität* geworden und daher im Umgang mit raumbezogenen Daten nicht mehr wegzudenken sind. Dennoch ist die Notwendigkeit einer stetigen Weiterentwicklung explizit gegeben, die heute soweit geht, daß der Anwender vermittels komfortabler Benutzeroberflächen sein entsprechendes Desktop-GIS so einfach wie die Textverarbeitung am Personal Computer (PC) bedienen kann, obwohl er es i.d.R. mit einem höchst umfangreichen und komplexen System zu tun hat.

1.2 Datentypen in GIS

1.2.1 Geometrie- und Topologiedaten

Die *Geometrie* von räumlichen Objekten wird durch die Form und relative Lage von Punkten vollständig beschrieben. Für diese Beschreibungen können z.B. Distanzen und Winkel verwendet werden, in der Regel wird allerdings auf Koordinaten übergegangen, womit die Wahl eines Bezugssystems und die Metrik festliegt (vgl. Band 2 Kapitel 1). Innerhalb der *Topologie* ist nur die Tatsache wichtig, daß Punkte und Linien in einer bestimmten gegenseitigen Beziehung stehen, und nicht die geometrische Form dieser Beziehungen. Der Punkt (topologisch Knoten) ist der Träger der geometrischen Information. Linien und Flächen können als Folge charakteristischer Punkte betrachtet werden. Die Form des Ver-

1.2. DATENTYPEN IN GIS

bindungselements kann durch Zusatzvorschriften angegeben werden, z.B. Kreisbogen mit Radius. Der Träger der topologischen Information ist die Kante. Der Unterschied zwischen Geometrie und Topologie liegt darin, daß sich die Topologie eines räumlichen Gebildes invariant gegenüber topologischen Transformationen (Beispiel Helmert-Transformation, vgl. Band 2 Kapitel 3) verhält, während sich die Geometrie verändert. Am einfachsten läßt sich der Unterschied zwischen Geometrie und Topologie am Beispiel eines Verkehrsverbundplans einsehen. Die Darstellung der Verbindungslinien im Schemaplan des öffentlichen Personennahverkehrs einer Stadt ist eine topologische Präsentation, in der es nur auf das Vorhandensein der Verbindungen (Kanten) der Verkehrsknotenpunkte (Knoten) ankommt und die mittels Methoden der Graphentheorie ausgewertet werden. Eine geometrische Präsentation des Verkehrsnetzes ist dagegen die Überlagerung mit dem Stadtplan, in dem dann Streckenlängen ausgemessen werden können und in der Computergeometriemethoden genutzt werden.

Beispiel 1.2 zu Datentypen:

Ein Waldbestand bestehend aus Fichten, Kiefern und Buchen soll in einem Geo-Informationssystem verwaltet und analysiert werden. Die Objektklassen sind durch die Baumarten vorgegeben, wobei die einzelnen Bäume die Individualobjekte repräsentieren. Der primäre Raumbezug dieser Objekte ist dann durch die Koordinaten ihrer Stämme gegeben, während eine inventorische Beschreibung der Objektarten in einem nach Lage und Form bekannten Waldstück nur eine sekundäre Metrik für die einzelnen Bäume festlegen würde. Als thematische Daten sollen hier die Informationen aus einer Waldzustandserhebung dienen, die nach dem Schlüssel '1 – gesund, 2 – bis zu 20% geschädigt, 3 – bis zu 50% geschädigt, 4 – bis zu 80 % geschädigt und 5 – total geschädigt' festzulegen sind. Als Aufgabe stellt sich nun die Untersuchung der einzelnen Schädigungsgrade auf eine Abhängigkeit von der Topographie, d.h. es sind Verschneidungen der thematischen Daten mit Höhenlinien, der Neigungsinformation und der Exposition durchzuführen. Da die Datenerfassung zur Definition einer primären Metrik punktuell erfolgen muß, sind die Primärdaten Punkte, aus deren Zusammenfassung Linien bzw. Flächen gebildet werden, die dann Schädigungen vektoriell nachweisen. Die durchzuführende Verschneidung kann jedoch sehr günstig durch den Einsatz von Rasterdaten bewerkstelligt werden, so daß Konversionen zwischen Vektor- und Rasterdaten notwendig sein könnten.

Im Sinne der *Graphentheorie* versteht man allgemein unter *Topologie* die von einer Geometrie unabhängige Struktur von mathematischen Objekten, Räumen und Figuren. Bei stetigen Abbildungen bleiben topologische Eigenschaften unverändert. Darunter fallen insbesondere die Eigenschaften, die die Nachbarschaft der Objekte betreffen. Die Graphentheorie untersucht die Lösung topologischer Problemstellungen.

Beispiel 1.3 zur topologischen Datenhaltung:

Zur Demonstration der topologischen Zerlegung sei ein sehr einfacher Graph in Form von vier regelmäßigen Rasterelementen vorgegeben (siehe Abbildung 1.12).

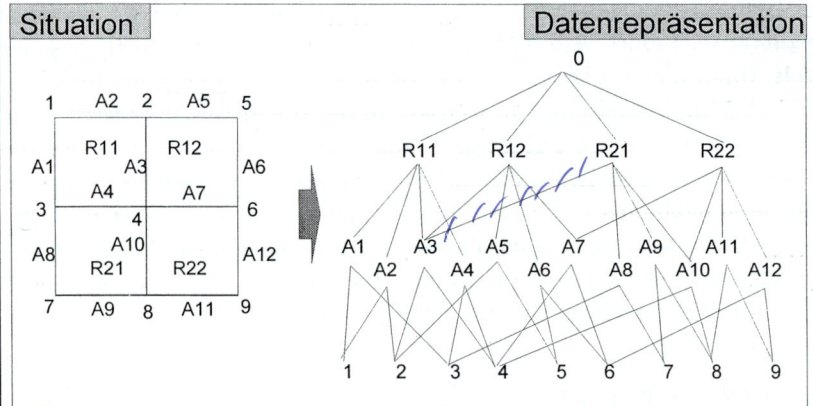

Abbildung 1.12: Topologische Zerlegung eines einfachen Graphen

Fragestellungen der Form:

- Welche gemeinsamen Kanten haben der Außenraum und die Rasterelemente?

- Von welchen Knoten verzweigen sich mindestens drei Kanten?

können nur beantwortet werden, wenn die topologischen Relationen vollständig abgespeichert sind. Diese Fragen sind nun unter Zuhilfenahme der Abbildung 1.12 sehr schnell zu beantworten: Die gemeinsamen Kanten werden durch die acht Begrenzungslinien repräsentiert – man spricht dabei auch von der *Hülle* des Graphen – und die Anzahl der Knoten ist *drei*. Das topologische Netzwerk, bestehend aus den Knoten, Kanten und Maschen, kann somit einfache topologische Probleme direkt lösen.

Im Kapitel 5 wird ausführlich auf weitere topologische Begriffe wie zum Beispiel die *Inzidenz* und die *Adjazenz* eingegangen, um die topologische Äquivalenz in der Position sich unterscheidender Graphen aufzuzeigen und um auf Singularitäten hinzuweisen. Die Verwaltung der Topologie ermöglicht insbesondere die Erweiterung des Abfrageraumes von Geo-Informationssystemen, so daß hierfür ebenso Betrachtungen im Kapitel 5 zu finden sind. Als Konsequenz müssen entsprechende Datenstrukturen abgeleitet werden.

Geometrie und Topologie (siehe auch A. FRANK (1983)) liegen mit den geometrischen Grundelementen fest. Entsprechend den vorangegangenen Überlegungen kann die Geometrie der Objekte in einem Geo-Informationssystem durch eine *punkt, linien-* oder *flächenhafte* Darstellung repräsentiert werden. Topologisch

1.2. DATENTYPEN IN GIS

wird dies als 0-Zelle, 1-Zelle oder 2-Zelle bezeichnet. Die punkt- und linienhafte Beschreibung beruht auf *Vektordaten*, während die flächenhafte Beschreibung *Rasterdaten* nahelegt. Ein Flurstück ist beispielsweise durch seine Grenzpunkte und die entsprechenden Verbindungslinien *vektoriell* wiedergegeben – die Datenerfassung eines Fernerkundungssatelliten ergibt dagegen stets *Rasterdarstellungen*. Während in der Vektorwelt Topologie explizit angegeben werden muß, ist sie in der Rasterwelt durch die zeilen- und spaltenweise Anordnung gegeben und kann in einer Baumstruktur veranschaulicht werden. In der Rasterwelt sind verschiedene Metriken (siehe hierzu Band 2 Kapitel 1) möglich. Rasterwelt und Vektorwelt existieren in raumbezogenen Informationssystemen nebeneinander. Wünschenswert ist jedoch eine möglichst enge Kopplung beider Welten, um so die jeweiligen Vorteile im gegebenen Fall nutzen zu können: Rasterdaten sind z.B. wesentlich besser geeignet zur Beschreibung flächenhafter Phänomene und bei kontinuierlich in der Fläche verteilten Daten, während die Vektorwelt ihre Stärken bei linienhaften Gebilden und bei exakt abgrenzbaren Objekten hat.

Vektordaten

Unter *Vektordaten* wird die auf Punkten beruhende Beschreibung von raumbezogenen Objekten verstanden. Ihre Grundelemente sind der *Punkt*, die *Linie* und die *Fläche*. Ferner werden noch Nachbarschaftsbeziehungen angegeben wie z.B. Anfangs- und Endpunkt einer Linie sowie daran angrenzende Flächen.

Vektordaten sind über die gesamte Maßstabsskala von Geo-Informationssystemen von Bedeutung; jedoch im großmaßstäblichen Bereich von 1:100 bis 1:10.000 dominant. Ihre Hauptanwendungsgebiete sind das Liegenschaftskataster, die Flurbereinigung, die Leitungsdokumentation sowie Planungen, wobei die Datengewinnung durch geodätische Aufnahme- und Berechnungsverfahren, Digitalisierung von analoger Karteninformation sowie Konstruktion am graphischen Arbeitsplatz erfolgt. In der Abbildung 1.13 ist ein einfaches Objekt bestehend aus einem Polygon – z.B. einem Flurstück – als Vektorgraphik und in einer stark vereinfachten, tabellaren Knoten-Kantenstruktur analog zum relationalen Datenmodell (vgl. Seite 313ff.) wiedergegeben.

Folgende Eigenschaften gelten für Vektordaten:

- Punkt und Linie als graphische Grundstrukturen, Fläche als geschlossener Linienzug.

- Daten nach Objektlinien geordnet, dadurch linienhafte Betrachtungsweise.

- Logische Datenstrukturierung und Objektbezug leicht möglich.

- Punktuelle Datenerfassung durch den Einsatz von bewährten Methoden, jedoch hohe Erfassungszeiten.

- Geringe Datenmengen, kurze Rechenzeiten.

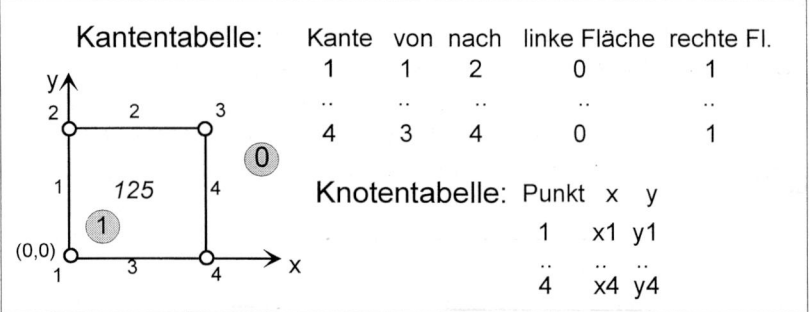

Abbildung 1.13: Vektordarstellung eines einfachen Objekts

Vektordaten können als *Graph* dargestellt werden. Ein Graph ist eindeutig durch die Angabe seiner Knoten- und Kantenmenge sowie durch *Inzidenzabbildungen* der Kanten auf die Knoten definiert. Die äußere Geometrie, d.h. die Lage der Knoten und die Form der Kanten, spielt nur für die geometrische Darstellung eine Rolle. Graphen sind im allgemeinen unabhängig von einer Metrik definiert. Das Charakteristische für einen Graphen ist lediglich seine Topologie in Form der strukturellen Beziehungen zwischen den Knoten und den Kanten.

Rasterdaten

Im Gegensatz zu Vektordaten bezieht sich die Rasterdarstellung direkt auf Flächen statt auf Linien. Das geometrische Grundelement ist das *Pixel (Picture Element, Bildelement)*, welches zeilen- und spaltenweise in einer Matrix gleichförmiger quadratischer oder rechteckiger Elemente angeordnet ist und einheitliche Flächenfüllung aufweist. Rasterdaten kennen *keine* Unterscheidung nach Punkt, Linie oder Fläche, d.h. es existieren keine logischen Verbindungen zwischen den einzelnen Bildelementen. Rasterdaten enthalten lediglich Werte über Eigenschaften der Pixel (Grau- oder Farbwerte, Höhen, Emissionswerte u.a.).

Die Hauptanwendungsgebiete der Rasterdatenverarbeitung liegen im mittleren bis kleinen Maßstabsbereich (1:10.000 bis 1:1.000.000), wobei die Datengewinnung durch das *Scannen* der Erdoberfläche vermittels satellitengetragener Spezialkameras oder von analogen Vorlagen (Luftbilder, Orthophotos, Karten) erfolgt. In Ausnahmefällen werden Rasterdaten auch bei großmaßstäblichen Anwendungen eingesetzt, z.B. in der Bodenkunde und Landwirtschaft, um Bodengüte und Ertragsfähigkeit festzustellen. In der Abbildung 1.14 ist ein Ausschnitt eines SPOT-Satellitenbildes von München mit einer Auflösung von 10 m in einem Maßstab von etwa 1:250.000 wiedergegeben. Die bei einer SPOT-Szene mit einer Gebietsausdehnung von 60x80 km^2 anfallende Datenmenge beträgt 48 MByte im monochromen Aufnahmemodus (1 Pixel = 1 Byte).

Für Rasterdaten lassen sich die folgenden Eigenschaften zusammenfassen:

- Pixel als graphische Grundstruktur.

1.2. DATENTYPEN IN GIS

- Flächenhafte Betrachtungsweise, dadurch Vorzüge in diesem Bereich.
- Ordnung nur nach der Position der Pixel.
- Logische Datenstrukturierung und Objektbezug sehr eingeschränkt.
- Einfache Datenerfassung, kurze Erfassungszeiten.
- Große Datenmengen, dadurch hoher Rechenaufwand.

Abbildung 1.14: SPOT-Aufnahme des Münchner Ostens. Copyright: SPOT-Image (Quelle: GAF, München)

1.2.2 Graphikdaten

Graphikbeschreibende Daten sind Aussagen über die Art und Weise, wie ein räumliches Objekt (d.h. Geometrie und Attribute) unter einer bestimmten Thematik an einem bestimmten Ausgabegerät dargestellt werden sollen. Hierzu gehören Farbe, Füllung, Symbol, Linienstil, Flächenstil, Textfonts, Masking, Textpositionierung, Grauwerte u.v.a. (Abbildung 1.15b). Die Graphikdaten werden aus der Geometrie (Vektor- oder Rasterdaten, vgl. Abbildung 1.15a) durch das Hinzufügen von solchen graphischen Beschreibungsangaben abgeleitet. Sie können sowohl in analoger (Karte oder kartenverwandte Darstellung) als auch in digitaler Form (Bildschirmgraphik) vorliegen. Meistens beinhalten Graphikdaten noch das Element *Text*, da sie sich an den Darstellungselementen der graphischen Standards orientieren (vgl. Kapitel 3). Die Kombination von Geometriedaten mit den Daten für die graphische Ausgestaltung führt zur *Vektor-* und zur *Rastergraphik*.

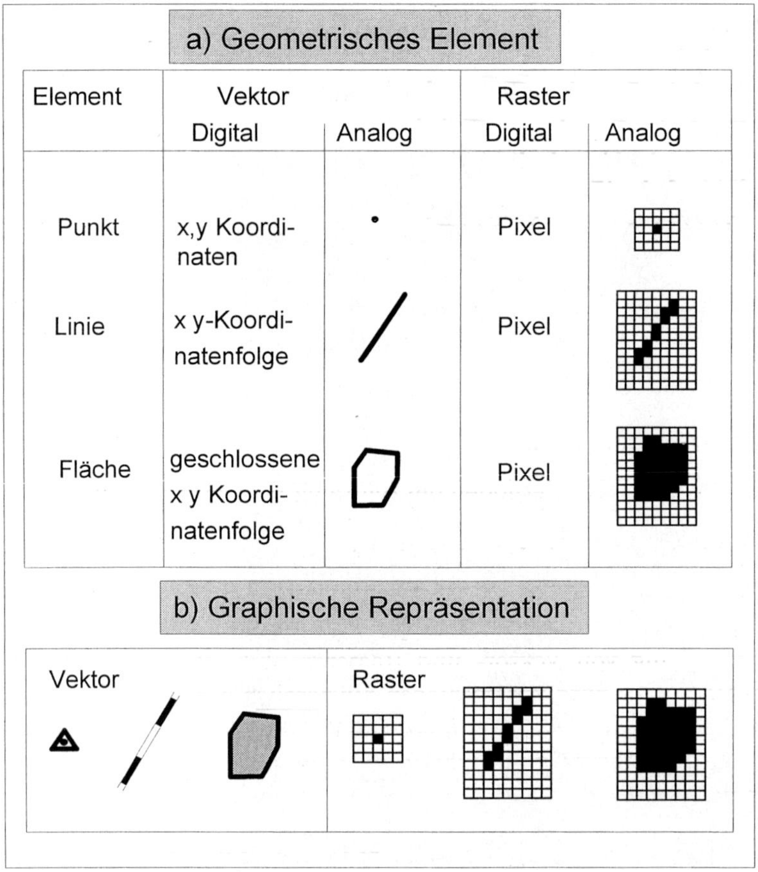

Element	a) Geometrisches Element			
	Vektor		Raster	
	Digital	Analog	Digital	Analog
Punkt	x,y Koordinaten	•	Pixel	▦
Linie	x y-Koordinatenfolge	/	Pixel	▦
Fläche	geschlossene x y Koordinatenfolge	⬡	Pixel	▦

b) Graphische Repräsentation	
Vektor	Raster

Abbildung 1.15: Geometriedaten und deren graphische Ausgestaltung

Vektorgraphik

Werden die geometrischen Grundelemente der Vektordaten um die Graphikdaten wie z.B. Symbole, Schraffur, Strichausgestaltung und -dicke ergänzt, so erhält man die Vektorgraphik. Vektorgraphiken lassen sich sehr einfach in der Größe verändern und löschen. Die Ausgabe der Vektorgraphik erfolgt auf Trommelplottern und Hochleistungszeichengeräten; ebenso können Laserdrucker diese Aufgabe wahrnehmen. In der Abbildung 1.16 ist ein Ausschnitt aus einer Flurkarte des Liegenschaftskatasters als Vektorgraphik wiedergegeben. Die Datenmenge einer solchen digitalen Abbildung ist relativ gering. Eine Flurkarte im Format

1.2. DATENTYPEN IN GIS

50x50 cm² (Rahmenkarte) im Maßstab 1:1.000 von einer Ortslage mit mittlerer Bebauung benötigt ca. 0.7 MByte, wobei sowohl Geometrie- als auch Sachdaten gespeichert sind. Zum Vergleich möge die Angabe dienen, daß der Textteil – ohne Graphiken – des vorliegenden Buches etwa ähnlichen Speicherplatz benötigt.

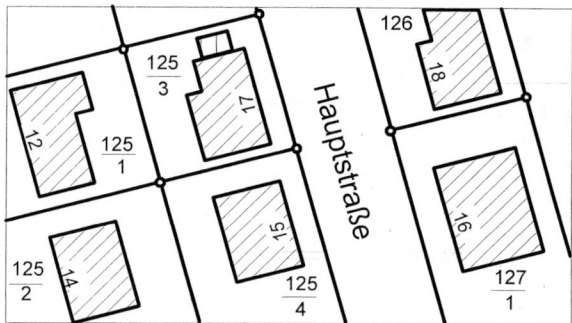

Abbildung 1.16: Flurkarte als Vektorgraphik

Rastergraphik

Die Manipulation und graphische Ausgestaltung von Rasterdaten führt zur Rastergraphik. Hierunter fallen die Methoden der digitalen Bildverarbeitung ebenso wie die Visualisierungstechniken der Computergraphik. Da auf der Pixelebene keine logischen Verbindungen zwischen den einzelnen Bildelementen aufgebaut werden können, bezeichnet man diese Form der geometrischen Darstellung auch als *dumme Graphik.*

Die Gegenüberstellung von Vektor- und Rastergraphik ist mit der Abbildung 1.15 angedeutet. Dabei wird unterschieden hinsichtlich der Darstellung von Punkt, Linie und Fläche. Während der Punkt durch ein entsprechendes graphisches Symbol (Zeichenvorschrift) und einer Punktnummer (Attribut) zu kennzeichnen ist, steht dem auf der Rasterseite lediglich das Pixel gegenüber, das nur seinen Grauwert (Attribut) verändern kann. Bei der Liniendarstellung stehen den verschiedenen graphischen Ausgestaltungen der Vektorgraphik – hier punktiert, strichliert sowie beides in Kombination – in der Rastergraphik flächenhafte Pixelverbände gegenüber, deren *Treppenverlauf* von der Auflösung abhängig ist. Die Fläche kann vektorseitig mit verschiedenen Flächenfüllungen versehen werden. Bei der Rasterdarstellung kann hier wiederum nur eine Pixelfüllung erfolgen. Eine *Randbeschreibung* erfolgt nicht explizit, sondern ist durch den Pixelverband gegeben.

Die Überführung von Vektor- in Rastergraphik und umgekehrt wird als *Konvertierung* bezeichnet (vgl. Kapitel 4). Demzufolge spricht man von *Vektor-Rasterkonvertierung*, wenn von einer Vektor- in eine Rasterdarstellung transformiert wird, und von *Raster-Vektorkonvertierung*, wenn der umgekehrte Weg beschritten ist. Während ersteres algorithmisch und in der Realisierung einfach ist – heutige Graphiksysteme bieten optionale Hard- und Software zur Lösung dieser

Problemstellung an – bereitet letzteres noch immer große Schwierigkeiten und die Ergebnisse einer solchen Konvertierung bedürfen oftmals noch eines hohen Grades an interaktiver Nachbearbeitung.

1.2.3 Sachdaten

Ein Geo-Informationssystem zeichnet sich durch die gemeinsame Verarbeitung und Analyse von Geometrie-, Topologie- und Sachdaten aus – dadurch unterscheidet es sich von Kartier- und CAD-Systemen sowie weiteren Informationssystemen. Sachdaten werden auch als *thematische Daten* oder *Attribute* bezeichnet; ebenso findet man sie durch den Ausdruck *beschreibende Daten* wiedergegeben. Sie repräsentieren sämtliche nichtgeometrischen Elemente wie Texte, Zahlensammlungen, Meßwerte, Nummern, Namen, Eigenschaften etc. Der Bereich der im GIS möglichen Attribute ist sehr groß. Dies können z.B. sein:

- in Land-Informationssystemen Größen wie Hausnummer, Parzellennummer, Eigentümer usw.

- im Energieversorgungsbereich Daten wie Leitungsdurchmesser, Material, Kunde u.a.

- im Umweltbereich Größen wie Schadstoffwerte, Baumschadensklassen etc.

Ihre Erfassung erfolgt i.d.R. in einem fachspezifischen Zusammenhang zur Erledigung von speziellen Fragestellungen; z.B. im Liegenschaftskataster muß das Liegenschaftsbuch sämtliche Angaben zur Beschreibung des Kartennachweises enthalten und fortführen. Damit ist gleichfalls aufgezeigt, daß Sachdaten in analoger und auch digitaler Form vorliegen können. Im analogen Fall findet man sie in Karteien, Protokollen, Notizen und Akten, während die digitale Welt hierfür Datenbanken, Informationssysteme, Dateien, Tabellen und Listen bereithält. In der Abbildung 1.17 sind Sachdaten zu Vektor- und Rasterdaten nachgewiesen.

123	A-Weg	12/1	64 = belegt 64,128,32 = Acker
Punkt-nummer	Straßen-name	Parzellen-nummer	Grauwertzuweisungen

Abbildung 1.17: Beispiele für Sachdaten

1.2.4 Vektor-, Raster- und Hybrides GIS

Entsprechend den vorangegangenen Überlegungen bezeichnet man ein Geo-Informationssystem als *vektororientiert*, wenn seine Fachdaten sich aus der Kombination von Vektorgraphik- und zugehörigen Sachdaten zusammensetzen. Demgegenüber ergibt sich ein rein *rasterorientiertes* Geo-Informationssystem, wenn

1.2. DATENTYPEN IN GIS

seine Fachdaten ausschließlich aus Rastergraphik- und entsprechenden Sachdaten bestehen. Ein *hybrides* GIS ist dann die Vereinigung von vektor- und rasterorientierten Systemen. In der nachfolgenden Abbildung sind die Maßstabsskalen für die entsprechenden Geometrien dargestellt.

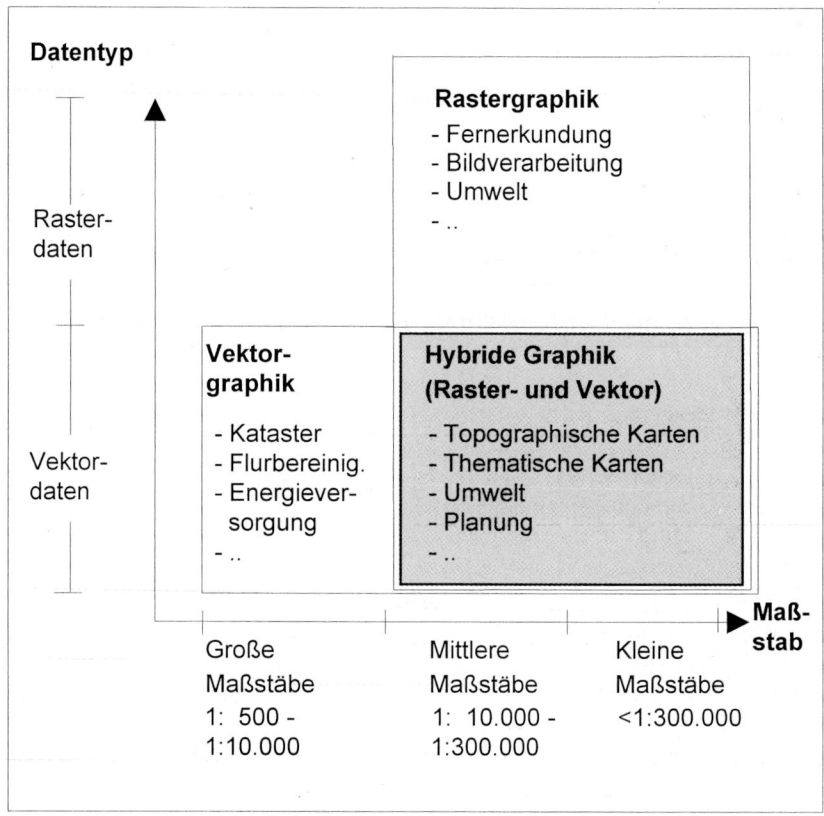

Abbildung 1.18: Graphik in Geo-Informationssystemen

1.2.5 Objektmodelle im GIS

Die Kombination von Geometrie-, graphikbeschreibenden Daten und Sachdaten führt zu den raumbezogenen *Objekten*. Die zwei im Zusammenhang mit GIS anzutreffenden Modelle zur Definition von Objektarten bzw. Objekten stellt Abbildung 1.19 dar. Beide Objektmodelle haben ihre Vor- und Nachteile. Das erste Modell trennt strikt zwischen logischem Modell (Geometrie- und Sachdaten zu einem bestimmten Thema) und Darstellungsmodell (Graphische Darstellung zu einem Thema) und beschreibt beide Modelle komplett für jede definierte Objektart, aus der sich dann die individuellen Objekte mit gleichförmigen Eigenschaften ableiten.

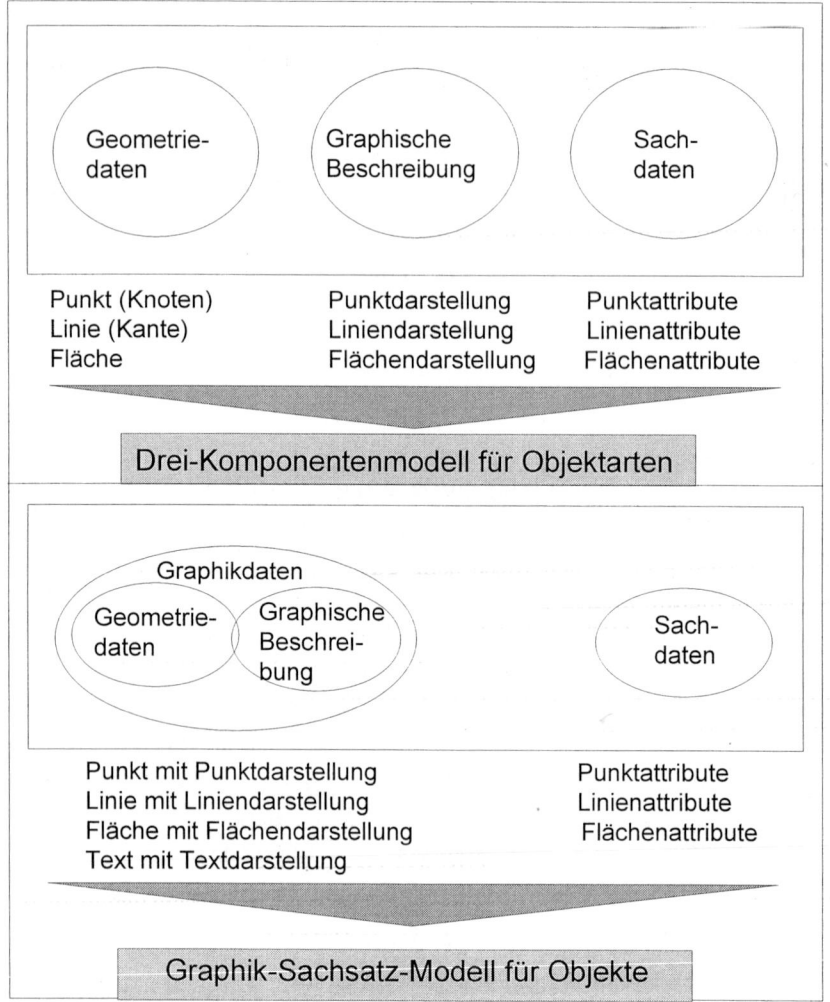

Abbildung 1.19: Zwei Objektmodelle im GIS

Das zweite Modell legt dies je Objekt individuell fest, d.h. die Objektgeometrie und ihre Darstellung sind gekoppelt und ihr Bezug zu den Sachdaten durch Identifikator gegeben. Daher benötigt das erste Modell weniger Speicherplatz; das graphische Erscheinungsbild ganzer Objektklassen läßt sich leichter verändern, ohne die Geometrie anzutasten. Es ist hier allerdings aufwendiger, einzelne Objekte verschieden darzustellen. Die zweite Modellierung ist objektweise gegeben und erlaubt daher sehr flexibel, individuelle Objekte anders zu visualisieren. Sie verknüpft Geometrie- und Graphikbeschreibung sehr eng und lehnt sich den graphischen Standards (vgl. Kapitel 3) an. Bedingt durch die objektweise Graphikbeschreibung ist der Speicherbedarf höher und es ist aufwendig, ganze Objektklassen graphisch zu variieren.

1.3 Das Vierkomponenten-Modell eines GIS

Die vier Komponenten eines Geo-Informationssystems gemäß der Definition 1.2 werden nachfolgend kurz charakterisiert. Demnach kann zwischen dem Aufbau und den Aufgaben unterschieden werden. Für beide definieren wir ein Vierkomponenten-Modell. Der Aufbau wird von vier *Säulen* getragen (vergleiche nachfolgende Tabelle) und zeigt bereits die Komplexität eines Geo-Informationssystems, welches direkt an den technologischen Fortschritt innerhalb der Computerhardware und der Methoden zur Datenverarbeitung gebunden ist.

Während mit der Bereitstellung von hoher Prozessorleistung in Form der RISC-Architekturen (Reduced Instruction Set Computer) der Rechengeschwindigkeit kaum mehr Grenzen auferlegt sind, gibt es noch Engpässe in der Datenspeicherung und Datenausgabe. Neuere Entwicklungen in der Datenspeicherung integrieren optische Platten in WORM- (Write Once Read Multiple) und ROD-Technologie (Rewritable Optical Disk) in die vorhandene Umgebung von Winchester-Platten sowie beschreibbare CD-ROM oder DVD-Disks zur permanenten Datenhaltung und zur Datensicherung. Infolge der hohen Schreibdichte von optischen Platten eignen sich diese sehr gut zur Datensicherung. Als Peripherie zur Dateneingabe dienen photogrammetrische Auswertegeräte (Analytische oder digitale Plotter), GPS und elektronische Tachymetrie, Digitalisiertische bzw. -tabletts, Scanner sowie alphanumerische und graphische Bildschirme. Als Geräte zur Datenpräsentation müssen dann noch Filmbelichter (Recorder) sowie Stift- und Rasterplotter zur Verfügung stehen. Im Kapitel 2 werden die einzelnen Hardwarekomponenten ausführlich beschrieben.

Da der Einrichtung von Geo-Informationssystemen dank der schnellen Hardwareentwicklung technisch kaum mehr Grenzen auferlegt sind, ist das Hauptaugenmerk in der Weiterentwicklung von GIS der Datenorganisation und -manipulation (Software) zuzuwenden. Die Software gliedert sich im wesentlichen in die vier Module Erfassung, Verwaltung, Analyse sowie Präsentation, so daß diese das Vierkomponenten-Modell der Aufgaben eines Geo-Informationssystems beinhaltet (vgl. nachfolgende Tabelle).

Tabelle 1.2 : Vier Säulen und vier funktionale Komponenten eines GIS

Hardware	H	E	Erfassung	Input	I
Software	S	V	Verwaltung	Management	M
Daten	D	A	Analyse	Analysis	A
Anwender	A	P	Präsentation	Presentation	P

In der Abbildung 1.20 ist der schematische Aufbau eines Geo-Informationssystems hinsichtlich der Hard- und Software sowie der Daten wiedergegeben. Die wesentlichen Softwaremodule und das Datenmodell sind ebenso mit der Abbildung 1.20 wiedergegeben und werden an späterer Stelle ausführlicher erläutert.

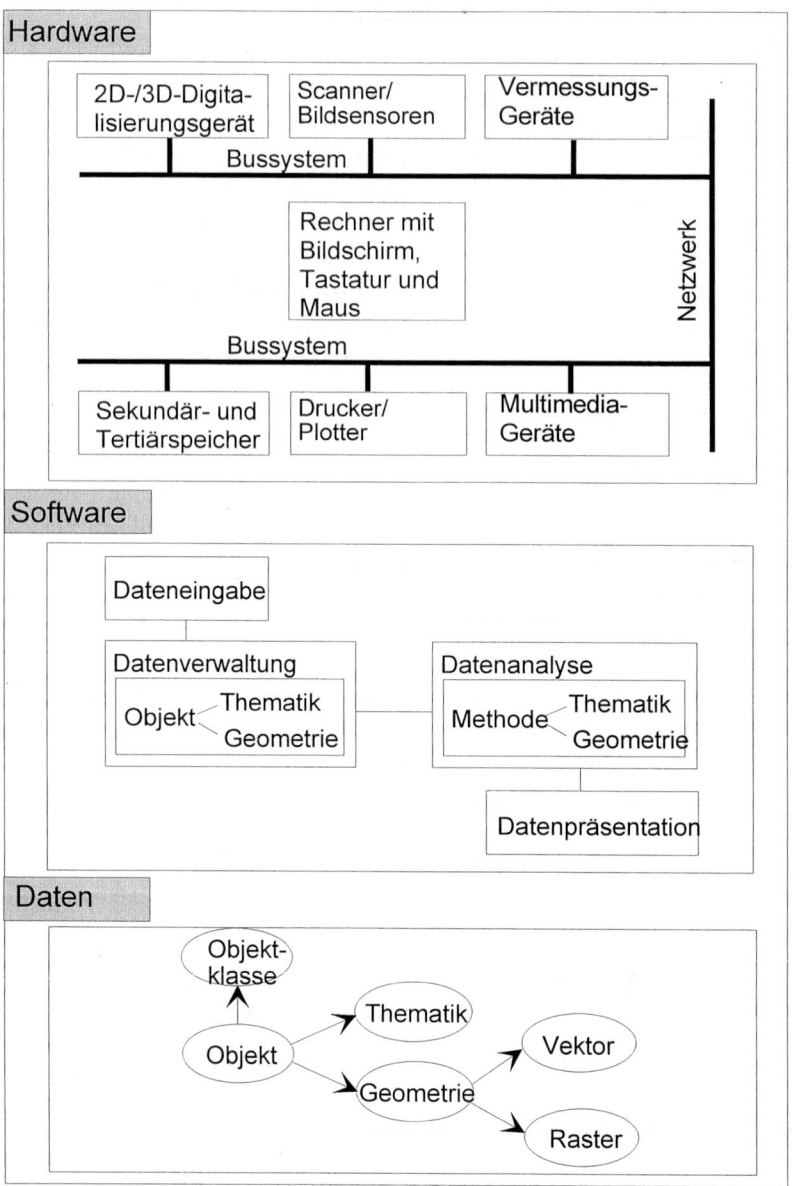

Abbildung 1.20: Aufbau eines Geo-Informationssystems

1.3.1 Erfassung

Unter Erfassung resp. Eingabe versteht man neben der unmittelbaren Dateneingabe am Rechner heute die Gewinnung der Daten, d.h. die Vielzahl von Methoden zur Erfassung raumbezogener Daten, die neben den im Vermessungswesen

1.3. DAS VIERKOMPONENTEN-MODELL EINES GIS

bekannten Techniken zur Erfassung von geometrischen Daten durch Punktaufnahme, Tachymetrie, Photogrammetrie und Fernerkundung, Digitalisierung und Scannen vorhandener analoger Karten ebenso weitere Datenquellen umfassen. Dies sind in erster Linie Daten, die bei statistischen Landesämtern, Vermessungsämtern, weiteren Behörden sowie in der Industrie geführt werden. In der Abbildung 1.21 sind wichtige Datenlieferanten dargestellt.

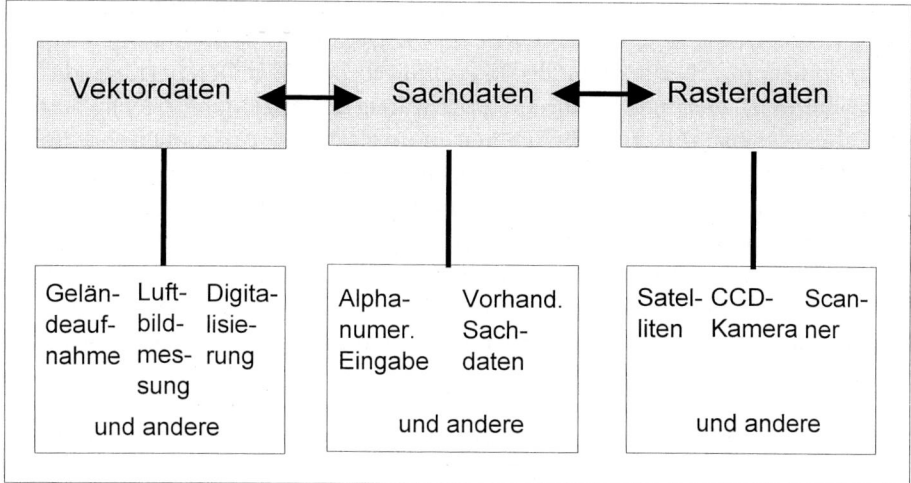

Abbildung 1.21: Datenlieferanten für Geo-Informationssysteme

Im Kapitel 4 wird die Datenerfassung ausführlich behandelt. Die bestimmenden Merkmale für die Eingabeseite eines Geo-Informationssystems sind die Methoden der Datengewinnung und in enger Relation hierzu die Kosten. Derzeitige Forschungsschwerpunkte richten sich auf:

- Standardisierung des Datenaustauschs (CEN, ISO) und Interoperabilität (Open GIS)
- Automatisierung der Datengewinnung
- Neue Erfassungsmethoden wie mobile Mapping Systeme oder Laserscanning
- Fusion verschiedenster Erfassungsmethoden
- Integration wissensbasierter Techniken zur Erhöhung des Automationsgrades der Datenerfassung

1.3.2 Verwaltung

Die eingegebenen Daten sind im GIS in digitaler Form zu verwalten, um dadurch interaktive Manipulationen zuzulassen und auch Verarbeitungsschritte zu erlauben. Auf der Datenverwaltungsseite entscheiden im wesentlichen Datenvolumen und Zugriffsgeschwindigkeit über die jeweils geeigneten Datentypen (Vektor-, Raster- und Sachdaten). Hierzu sind Betrachtungen und die Festlegung von geeigneten Datenstrukturen (vgl. Kapitel 5) notwendig, die dann in Datenbankmodelle (Kapitel 6) abgebildet werden müssen.

Den Kern des Softwareteils zur Verwaltung von raumbezogenen Daten bildet die Datenbank (DB) mit ihrem zugehörigen Datenbankmanagementsystem (DBMS), deren Datenmodell *hierarchisch, netzwerkartig, relational* oder *objektorientiert* sein kann. Hier werden die Daten hinsichtlich ihrer Geometrie und Thematik (Sachdaten) geordnet. Während gegenwärtig in der raumbezogenen Datenhaltung überwiegend mit netzwerkartigen und relationalen Modellen gearbeitet wird (vgl. hierzu auch Kapitel 3 und 6), zeichnen sich mit der Weiterentwicklung des *objektorientierten Programmierens* neue Strukturen ab. Mit der zunehmenden Erfassung und Integration von Rasterdaten in Geo-Informationssysteme ist ebenso das Problem des *gemeinsamen* hybriden Datenmanagements anzugehen. Ein erster Ansatz hierzu ist in H. YANG (1991) dargestellt – dieser wird in Kapitel 5 näher erläutert. Als derzeitige Forschungsaspekte in der Verwaltung raumbezogener Daten gelten:

- Objektorientierte Ansätze zur Speicherung und zum Zugriff auf raumbezogene Daten.

- Raumbezogene Datenbeschreibungs- und Abfragesprachen.

- Offene Systemarchitekturen und Interoperabilität im Internet/Intranet.

- Geodatenwarenhaus und Metainformation.

1.3.3 Analyse

Geo-Informationssysteme zeichnen sich durch die vielfältigen Arten der Datenanalyse aus. Die Analysen dienen der Gewinnung von neuen Informationen, um Entscheidungsgrundlagen zur Verfügung zu stellen – ihre Methoden reichen von geometrischen, logischen und relationalen Verknüpfungen der Daten bis hin zu statistischen Verfahren, auf die in Kapitel 3 dieses Bandes kurz und in Band 2 Kapitel 1 und 2 ausführlicher eingegangen wird. Wesentlich ist dabei die Leistungsfähigkeit und die Art und Weise, wie sich diese Methoden dem Benutzer präsentieren.

Den Schwerpunkt dieses Softwaremoduls bildet die *Methodenbank*, in der die Algorithmen geordnet sind hinsichtlich der Geometrie und der Thematik. Zum Beispiel muß in der Verarbeitung von Vektordaten auf andere Algorithmen zurückgegriffen werden als dies bei Rasterdaten der Fall ist. Sollen lediglich Sachdaten bilanziert werden, so sind nichtgeometriebezogene Algorithmen anzuwenden. Der Methodenbank (MB) kommt dieselbe Bedeutung zu wie der Datenbank (DB). Im folgenden werden einige Aufgaben in der Datenanalyse aufgezeigt, die insbesondere bei der gemeinsamen Verarbeitung von Vektor- und Rasterdaten anfallen (D. FRITSCH (1988):

- Transformationen für Vektor- und Rasterdaten (Koordinatentransformationen, Kartenprojektionen, Fensterabgleiche).

- Generalisierungen und Konvertierungen (Vektor-Vektor, Vektor-Raster, Raster-Vektor, Raster-Raster, Sachdaten-Sachdaten).

- Verschneidungen (Vektor-Vektor, Vektor-Raster, Raster-Raster, Vektor-Sachdaten, Raster-Sachdaten, Sachdaten-Sachdaten).

- Simulationen, Modellierungen und Animationen (Perspektiven, Sichtbarkeiten, Zeitreihenauswertung, virtuelle Informationsexploration).

Diese kurze Aufzählung zeigt das weite Spektrum von Analysefunktionen eines Geo-Informationssystems. Derzeitige Forschungsschwerpunkte sind primär auf die Verbesserung der Leistungsfähigkeit und *Automatisierung* ausgerichtet:

- Neue Methoden und Algorithmen.

- Abfrageräume für Geometrie- und Sachdaten.

- Integration von wissensbasierten Systemen.

1.3.4 Präsentation

Die Ausgabekomponente eines Geo-Informationssystems ist nach der Analyse der wichtigste Teilaspekt, da die Visualisierung der Ergebnisse u.a. mit den Methoden der Kartographie große Vorteile gegenüber der Darstellung von reinen Zahlenkolonnen besitzt und dadurch die Akzeptanz des GIS beim Benutzer erhöht. Die Ausgabe umfaßt neben der Hardwareperipherie auch Algorithmen und besondere Techniken. Auf diese wird im Band 2 ausführlich eingegangen. Gegenwärtige Forschungsaspekte sind:

- Standardisierung des Datenaustausches.

- Generalisierung hinsichtlich verschiedener Aggregationsstufen.

- Präsentations- und Visualisierungstechniken z.B. im Internet und unter Einbeziehung neuer Medien.

1.4 Kartiersysteme und CAD

Die sehr anspruchsvollen Forderungen an ein Geo-Informationssystem werden von anderen Systemen wie z.B. Kartiersystemen, interaktiv graphischen und CAD-Systemen nicht erfüllt. Dennoch eignen sich diese an verschiedenen Stellen als

Ergänzungen bzw. als Subsysteme von Geo-Informationssystemen. Andererseits entwickelten sich verschiedene Produkte gerade aus diesem Bereich verstärkt zu Geo-Informationssystemen. Im folgenden seien daher die gängigen Systeme der graphischen Datenverarbeitung untersucht und charakterisiert.

1.4.1 Kartier- und interaktiv graphisches System

Bei dieser Systemfamilie steht die Karte als Informationsprodukt im Vordergrund; die Erfassung der Daten ist somit primär zur Präsentation in Karten und kartenverwandten Darstellungen ausgelegt. Dabei kommen eher primitive Speichermechanismen zum Einsatz, evtl. sogar nur, um im Offline-Modus Ausgabegeräte (Plotter) zu steuern. Die Karte kann als spezielles, analoges, begrenztes Geo-Informationssystem angesehen werden, welches sich für eine rechnergestützte Datenanalyse jedoch nur bedingt bzw. schlecht eignet.

Kartiersysteme (KS) unterstützen den einseitig gerichteten Verfahrensablauf von der Datenerfassung bis hin zur meist als Hintergrundprozeß ablaufenden Datenpräsentation lediglich unter dem Aspekt der Kartenherstellung. Von daher sind diese Systeme auch als *passive graphische Datenverarbeitungssysteme* zu betrachten. Im Gegensatz hierzu bieten die *interaktiv graphischen Systeme (IGS)* Grundfunktionalitäten der interaktiven Überarbeitung, d.h. Aktionen und Reaktionen in Form eines Dialogs zwischen Mensch und Maschine mit dem Ziel, die Daten hinsichtlich eines gewünschten Ergebnisses zu manipulieren und darzustellen. Einige Grundzüge und Unterscheidungsmerkmale der Kartier- und interaktiven graphischen Systeme zu GIS sind im folgenden aufgeführt:

- Erfassung, [Verwaltung] und Präsentation als Komponenten.
- Eingeschränkte Permanentdatenhaltung.
- Limitierte Interaktivität.
- Wenig beschreibende Daten.
- Primärziel ist zeichnerische Darstellung.
- Kombination von Insellösungen.

1.4.2 CAD-System

Der Begriff 'CAD' als Abkürzung für das englische 'Computer Aided Design' kann als *Rechnergestütztes Entwerfen* übersetzt werden. Die ersten Ideen hierzu stammen von D.T. Roos Ende der fünfziger Jahre, der CAD bei der Entwicklung eines NC-(Numerical Control)-Systems einsetzte. Heute versteht man CAD als Sammelbegriff für die verschiedensten Aktivitäten im Maschinen- und Anlagenbau, in Elektronik und Elektrotechnik, in Planung und Bauausführung und nicht zuletzt in der raumbezogenen Datenverarbeitung. Eine Definition zum CAD-Begriff soll in Anlehnung an A. MEIER (1986) hier wiedergegeben werden:

1.5. AUSPRÄGUNGEN VON GIS

Definition 1.3 : *CAD-Systeme dienen dem interaktiven geometrischen Modellieren in 2D und 3D im Rechner mit den Komponenten Beschreibung, Entwicklung, Bearbeitung, Speicherung und Darstellung.*

Einige Grundzüge und Differenzierungsmerkmale zu GIS sind für CAD-Systeme nachfolgend aufgeführt:

- Erfassung, Verwaltung, [Analyse] und Präsentation als Komponenten.
- Erweiterte Datenmodellierung.
- Zwei- und/oder dreidimensional.
- Eher vektororientiert.
- Permanentdatenhaltung.
- Hohe Interaktivität.
- Stärken in der Visualisierung.
- Von dem digitalen Modell (Konstruktion steht im Vordergrund) zur realen Welt (Produktion), während dies in GIS umgekehrt ist, d.h. von der realen Welt zum digitalen Abbild.

Bekannte CAD-Systeme sind z.B. AutoCAD (AutoDesk) und Microstation (Bentley Systems), die sowohl auf PC's als auch auf Workstations einsetzbar sind. Aus dem CAD-Bereich sind auch Produkte hervorgegangen, die speziell auf raumbezogene Anwendungen abzielen wie z.B. CADdy, C-Plan, WOCAD.

1.5 Ausprägungen von GIS

Der wesentliche Unterschied zwischen einem Kartier- bzw. CAD-System und einem Geo-Informationssystem ist die Sachdatenhaltung, die im ersteren fast überhaupt nicht vorhanden ist und im letzteren im Vordergrund steht. Aus der Notwendigkeit der Vielfalt der Anwendungen heraus haben sich verschiedene Fachdisziplinen eigene Geo-Informationssysteme aufgebaut, die jetzt in der Form von Spezialisierungen der allgemeinen Kategorie GIS klassifiziert werden sollen.

1.5.1 Landinformationssystem

Landinformationssysteme (LIS) sind seitens des Vermessungswesen ins Leben gerufen worden. Sie beziehen sich hauptsächlich auf die exakte geometrische Erfassung und Laufendhaltung des Grund und Bodens sowie hiermit verknüpfter Sachdaten. Hierzu steht mit dem Liegenschaftskataster eine besonders gute Basis zur Verfügung, da es der einzige vollständige Flurstücksnachweis ist, der ständig fortgeführt wird. Das Flurstück als kleinste Einheit ist dabei in einem einheitlichen und konsistenten Raumbezugssystem (z.B. Gauß-Krüger-System) fixiert. Bereits 1974 wurde seitens der Federation Internationale des Geometres (FIG) über eine Definition beraten, die endgültig 1982 auf dem 16. FIG-Kongreß in Montreux verabschiedet wurde und bis heute das Grundanliegen der LIS beschreibt:

Definition 1.4 : *Ein Landinformationssystem ist ein Instrument zur Entscheidungsfindung in Recht, Verwaltung und Wirtschaft sowie ein Hilfsmittel für Planung und Entwicklung. Es besteht einerseits aus einer Datensammlung, welche auf Grund und Boden bezogene Daten einer bestimmten Region enthält, andererseits aus Verfahren und Methoden für die systematische Erfassung, Aktualisierung, Verarbeitung und Umsetzung dieser Daten. Die Grundlage eines LIS bildet ein einheitliches, räumliches Bezugssystem für die gespeicherten Daten, welches auch eine Verknüpfung der im System gespeicherten Daten mit anderen bodenbezogenen Daten erleichtert.*

Einige Grundzüge und Unterscheidungsmerkmale von GIS sollen auch für Landinformationssysteme wiedergegeben werden:

- Erfassung, Verwaltung, [Analyse] und Präsentation als Komponenten.

- Eingeschränkte zweckgebundene Datenmodellierung.

- Strenge Permanentdatenverwaltung, hohe Datenschutz- und -sicherheitsbedingungen.

- Primär vektororientiert.

- Dimension der Geometriedaten 2D (Liegenschaftskataster z.B. ALK) bis 2.5D (topographische Informationssysteme wie z.B. ATKIS).

- Zumeist statische Abfragen.

Beispiel 1.4 zur Automatisierten Liegenschaftskarte:

Die Abbildung zeigt die Basisapplikation für die Produktion und das Management von Katasterdaten mit SICAD-LM-PRO. Der objektorientierte Ansatz erlaubt eine optimale Nutzerführung sowie flexible Erweiterungsmöglichkeiten für zahlreiche kommunale Anwendungen (z.B. Digitale Stadtgrundkarte, Bebauungsplan, Grünflächen- und Baumkataster). Die Integration weiterer Komponenten (Punktdatei, ALB) ermöglicht den Ausbau zu einem Katastervollsystem, einem vollständigen LIS.

Landinformationssysteme setzen sich auf der einen Seite mit geometrischen Fragestellungen im großmaßstäblichen Bereich (1:500-10.000) auseinander. Ihre

1.5. AUSPRÄGUNGEN VON GIS

primären Aufgabengebiete liegen im Vermessungswesen und im Liegenschaftskataster. Jedoch ist mit der Überführung der analogen topographischen Kartenwerke in ATKIS eine Ausdehnung auf mittlere bis kleine Maßstäbe (1:10.000-1:1.000.000) gegeben, die das Aufgabengebiet um die Topographie erweitert. Somit lassen sich synoptisch die Aufgaben näher spezifizieren:

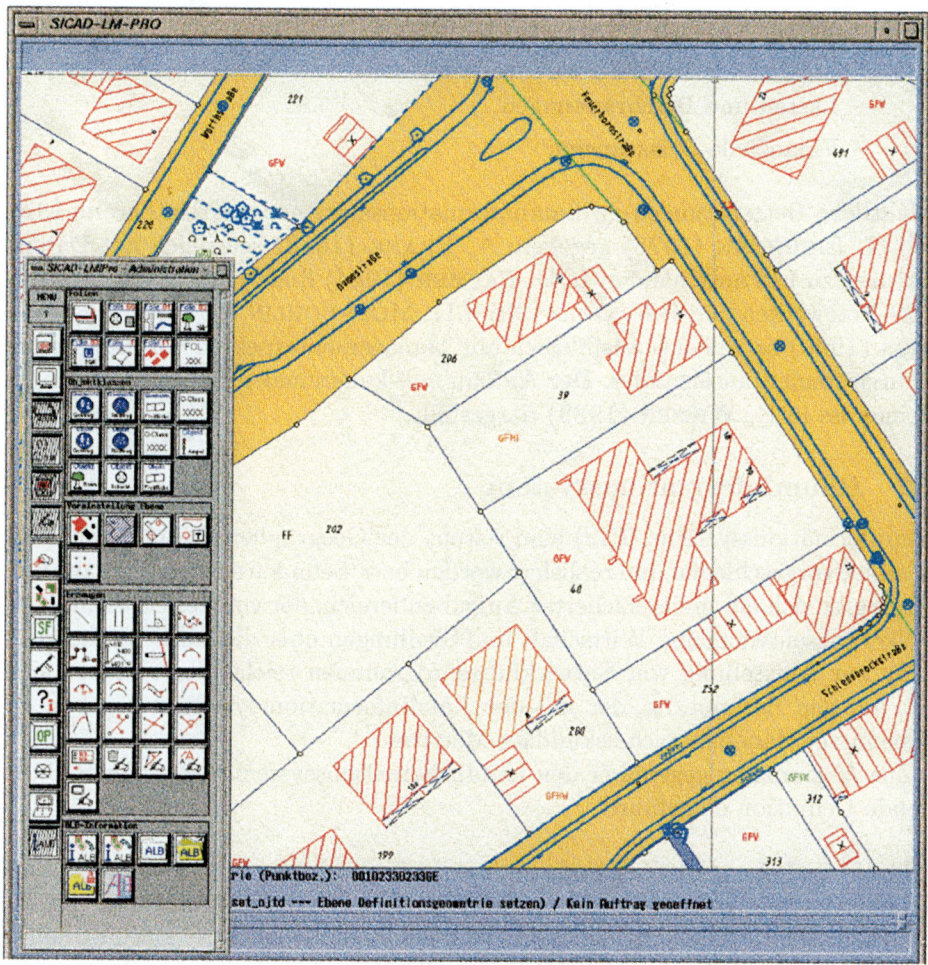

Abbildung 1.22: Basisapplikation für Katasterdaten in einem LIS (Quelle: SICAD Geomatics, München).

- Vermessungswesen
  - Liegenschaftskataster (Liegenschaftskarte, Liegenschaftsbuch).
  - Landesvermessung (Lage- und Höhenfestpunktfeld, topographische Landesaufnahme).

- Kommunale Vermessung (Stadtgrundkarten als Basis für MERKIS).
- Ingenieurvermessung (Dokumentation von Tagebaugebieten, lokale Vermessungsgrundlagen).

- Grundbuch
  - Bestandsverzeichnis.
  - Eigentumsnachweis.
  - Lasten und Beschränkungen.
  - Finanzielle Belastungen.

Ausführliche Betrachtungen zu Landinformationssystemen wurden bereits 1978 durch G. EICHHORN (1978) gegeben; A. FRANK (1983) setzt sich mit Datenstrukturen zu LIS auseinander. In D. PALMER (1984) finden sich Betrachtungen zu LIS-Netzwerken und P.F. DALE UND J.D. MCLAUGHLIN (1989) sowie H.W. KLOOS (1990) setzen sich ausführlich mit Managementaspekten von Landinformationssystemen auseinander. Der Aufbau von kommunalen Landinformationssystemen ist in E. WIESER (1989) dargestellt.

1.5.2 Rauminformationssystem

Rauminformationssysteme (RIS) sind seitens der Geographen, Raumplaner und Statistiker vorgeschlagen und realisiert worden bzw. befinden sich im Aufbau. Von daher ergibt sich ein breitgefächerter Aufgabenbereich, der von der Erfassung der Bevölkerungsentwicklung, Wirtschaft und Siedlungen über die amtliche Statistik bis hin zur Aufstellung von Entwicklungsprogrammen reicht. Sie beziehen sich i.d.R. auf den Raumbezug, der mit den Landinformationssystemen gegeben ist und benutzen daneben auch sekundäre Metriken.

Zur Abgrenzung gegenüber den Landinformationssystemen wird für RIS die folgende Definition eingeführt:

Definition 1.5 : *Ein Rauminformationssystem ist ein Instrument zur Entscheidungsfindung sowie ein Hilfsmittel für Planung und Entwicklung. Es besteht aus einer Datensammlung zur Bevölkerungs-, Wirtschafts- und Siedlungsentwicklung, zum Infrastrukturausbau, zur Flächennutzung und den Ressourcen, die in regionale Entwicklungsprogramme und raumbedeutsame Vorhaben einfließen. Ebenso sind die Verfahren und Methoden zur Erfassung, Aktualisierung und Umsetzung dieser Daten wesentlicher Bestandteil des Informationssystems. Die Grundlage bildet der einheitliche Raumbezug, der die verschiedenartigen Daten miteinander verknüpft.*

1.5. AUSPRÄGUNGEN VON GIS

Einige Grundzüge von Rauminformationssystemen sind:

- Erfassung, Verwaltung, Analyse und Präsentation als Komponenten.
- Freie Objektmodellierung.
- Permanentdatenhaltung.
- Hohe Interaktivität.
- Analyse steht im Vordergrund.
- Hybride GIS.
- Dimension der Geometriedaten 2D bis 2.5D.
- Stärken in der thematisch-kartographischen Visualisierung.

Rauminformationssysteme setzen sich mit Fragestellungen im mittleren Maßstabsbereich 1:10.000 bis 1:100.000 und innerhalb kleiner Maßstäbe 1:100.000 bis 1:1.000.000 auseinander. Ihre Hauptanwendungsgebiete liegen in der Raumordnung, der Landes- und Regionalplanung, der Kommunalplanung und der amtlichen Statistik, so daß sich explizit nachfolgende Untergliederungen angeben lassen. Weiterführende Literatur zu Rauminformationssystemen ist in R. STADLER (1989), K. TRUTZEL (1984) und H.W. KLOOS (1990) angegeben.

- Raumordnung und Landesplanung (Raumordnungsprogramm, Landesraumordnung, Regionalplanung).
- Kommunalplanung (Flächennutzungsplan, Bebauungsplan).
- Fachplanungen wie z.B. Landschaftsplanung oder Verkehrsplanung.
- Amtliche Statistik (Statistisches Bodeninformationssystem, Infrastrukturkataster, Gebäudestatistik usw.) .

Beispiel 1.5 aus der Bauleitplanung:

Die Fachanwendung OPR-Bplan des AED-GIS setzt auf das gewohnte Erscheinungsbild der analogen Karte und schafft darüber hinaus Vorteile bei der Erstellung von Planwerken, bei der Verwaltung und indirekten Bereitstellung der Informationen sowie insbesondere bei der Fortführung der Bestandsdaten. Der in der Fachanwendung umgesetzte Objektschlüsselkatalog umfaßt sämtliche im Baugesetzbuch (BauGB) zugelassenen Festsetzungsmöglichkeiten. Die graphischen Abbildungsvorschriften und die Signaturen sind entsprechend den Bestimmungen der Planzeichenverordnung (PlanzVO) realisiert (Quelle: AED Graphics, Bonn).

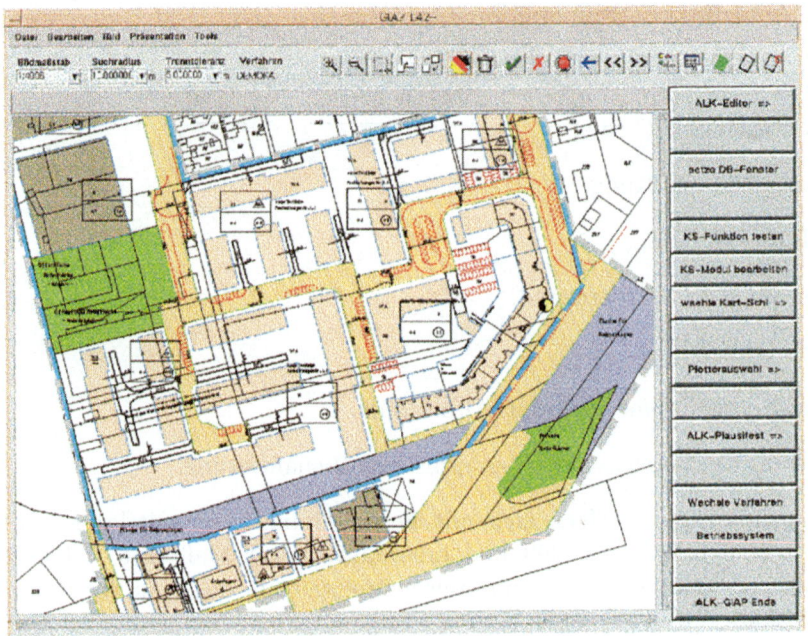

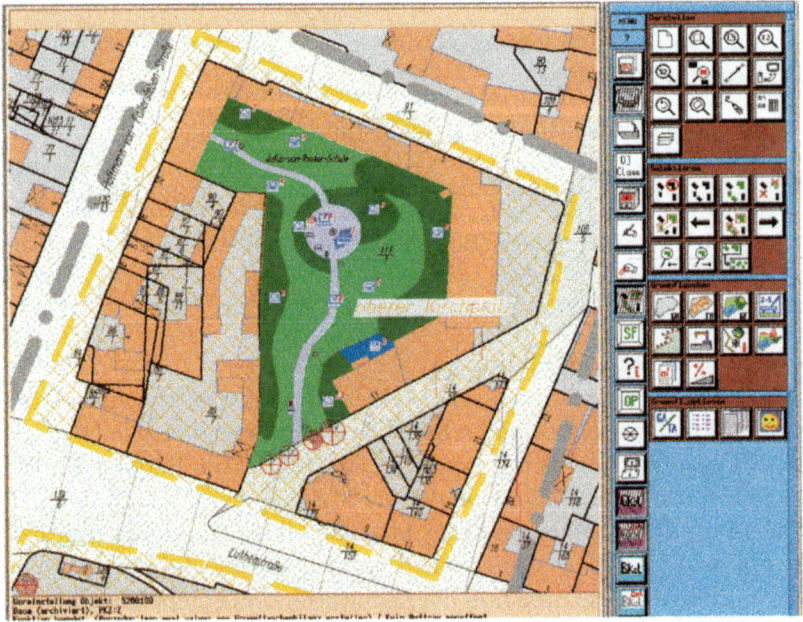

Abbildung 1.23: Bauleitplanung (AED) und Grünflächenkataster (SICAD Geomatics)

1.5.3 Umweltinformationssystem

Neben den Rauminformationssystemen stellen Umweltinformationssysteme eine weitere große Gruppe von Geo-Informationssystemen dar. In Anlehnung an B. PAGE ET AL. (1990) wird ein Umweltinformationssystem (UIS) definiert:

Definition 1.6 : *Ein Umweltinformationssystem ist ein erweitertes GIS, das der Erfassung, Speicherung, Verarbeitung und Präsentation von raum-, zeit- und inhaltsbezogenen Daten zur Beschreibung des Zustandes der Umwelt hinsichtlich Belastungen und Gefährdungen dient und Grundlagen für Maßnahmen des Umweltschutzes bildet.*

Anwendungen von Umweltinformationssystemen reichen von der Erfassung von Radioaktivität bis hin zu Biotopkartierungen und der Erhaltung der Artenvielfalt. Sie sind überwiegend im mittleren und kleineren Maßstabsbereich anzutreffen, jedoch gibt es auch spezielle Aufgaben in größeren Maßstäben wie z.B. im Forstwesen (M. SHIBA ET AL., 1990), in der Abfallentsorgung oder im Gewässerschutz. Einige Grundzüge und Differenzierungsmerkmale von UIS sind:

- Erfassung, Verwaltung, Analyse und Präsentation als Komponenten.
- Hybride GIS.
- Modellierung, Simulation und Animation von Umweltprozessen.
- Überwiegend beschreibende Daten.
- Verknüpfung unterschiedlicher Thematiken über den gemeinsamen Raumbezug.
- Zeitlich sich oftmals rasch ändernde Daten.
- Dimension der Geometriedaten 2.5D bis 3D.

Die Umweltinformationssysteme enthalten viele Daten mit räumlichem Bezug. UIS werden auf internationaler, Bundes-, Landes- und kommunaler Ebene ebenso wie in privaten Unternehmen aufgebaut. Dieser Anwendungsbereich hat in den letzten Jahren einen rasanten Zuwachs erlebt. Gegenwärtig werden in allen Bundesländern landesweite Umweltinformationssysteme aufgebaut; genannt seien das UIS-Baden-Württemberg auf der Grundlage von MC KINSEY & COMPANY (1988A, B), (1989) oder LUIS, NIBIS etc. als Beispiele, auf die in Band 2 Kapitel 4 erneut eingegangen wird. Auch international gibt es derzeit umfangreiche Konzeptionen (UNEP-HEM (1994)). Die Aufgabengebiete von UIS lassen sich synoptisch darstellen:

- Erfassung und Laufendhaltung von Daten zur Qualität von Luft, Boden und Wasser

- Feststellung von Pflanzenschäden und Gesundheitsrisiken

- Überprüfung der Einwirkung von Radioaktivität, chemischen Stoffen sowie Entsorgungen auf die Umwelt

- Erhaltung der Artenvielfalt durch die Einrichtung und Pflege von Biotopen und Schutzgebieten

Beispiel 1.6 zum Grünflächenkataster (siehe Abbildung auf Seite 40):

Die vorangegangene Abbildung dient dem Aufbau, der Verwaltung und der Nutzung eines Grünflächenkatasters. Dabei werden die Objekte in einem objektstrukturierten Data-Dictionary nach verschiedenen Verwaltungsebenen differenziert und dargestellt (übergeordnet: Grünanlagen, untergeordnet: Nutzungsflächen sowie linien- bzw. punktförmige Ausstattungen). Es besteht die Möglichkeit der Bilanzierung der einzelnen Flächen und Ausstattungen.

Ein eindrucksvolles Beispiel zur Anlage eines umfassenden und interdisziplinär angelegten Umweltinformationssystems ist in J. SCHALLER (1989) dargestellt. Dabei handelt es sich um das *Man and Biosphere Project*, dessen deutscher Beitrag unter der Kurzfassung MAB6 bekannt ist. Das Untersuchungsgebiet ist der Naturpark Berchtesgaden, bei dem stellvertretend für weitere Naturschutzgebiete insbesondere anthropogene Einflüsse untersucht werden.

UIS dienen aber auch zur Durchführung von *Umweltverträglichkeitsprüfungen (UVP)*. Damit wird geprüft, welchen Einfluß geplante Vorhaben – zum Beispiel der Bau von Verkehrswegen oder Großbauwerken – auf die Umwelt haben.

Die sogenannte *Umweltinformatik* ist mittlerweile ein anerkanntes Fachgebiet, um so wichtige Themenbereiche wie die Ökologie, Ökosysteme, Ökosystemforschung, Stoff- und Energiekreisläufe, Ökonomie und Verwaltung sowie neue Energiekonzepte mit modernen Informatikmethoden zu unterstützen.

1.5.4 Netzinformationssystem

Netzinformationssysteme stellen in der Anwendung die größte Gruppe von GIS-Nutzern dar. Die Entwicklung der vektororientierten Geo-Informationssysteme ist von dieser Ausprägung maßgeblich beeinflußt worden. Ihre Aufgabe ist die Dokumentation und Bearbeitung von *Betriebsmitteldaten*, d.h. von Kundendaten bis hin zu den Leitungen und Anlagen zur Ver- und Entsorgung. Hierfür ist der Ausdruck *Facility Management (FM)* geschaffen worden, der in Kombination mit einem Kartiersystem – im englischen als *Automated Mapping (AM)* bezeichnet – zu den AM/FM-Systemen geführt hat. Für Netzinformationssysteme bietet sich die folgende Definition an:

Definition 1.7 : *Ein Netzinformationssystem ist ein Instrument zur Erfassung, Verwaltung, Analyse und Präsentation von Betriebsmitteldaten. Diese be-*

1.5. AUSPRÄGUNGEN VON GIS

ziehen sich auf die Netzwerktopologie, die in einem einheitlichen Bezugsrahmen gegeben sein muß.

Einige wesentliche Charakteristika von Netzinformationssystemen sind:

- Erfassung, Verwaltung, Analyse und Präsentation als Komponenten.
- Lokale bis regionale Gebietsausdehnung.
- Vektordaten dominieren, Rasterdaten als Hintergrundgraphik.
- Dimension der Geometriedaten von 2D bis 2.5D.
- Analysefunktionalität bezüglich Netzdaten und -topologie.
- Viele beschreibende Daten (Betriebsmittel).

Die graphische Ausgabe von Netzinformationssystemen ist meist im großmaßstäblichen Bereich anzutreffen (1:100-1:10.000). Es finden sich jedoch auch Anwendungen in mittleren Maßstäben. Die meisten GIS-Hersteller bieten heute sogenannte *Fachschalen* für Gas, Strom, Wasser, Kanal etc. an, um die zuvor genannten Charakteristika in den jeweiligen Ver- und Entsorgungssparten abdecken zu können.

Netzinformationssysteme nutzen vielfach die geometrische Darstellung des Liegenschaftskatasters, da damit explizit die Geometrie der entsprechenden Betriebseinheit gegeben ist. Somit sind sie direkt an die Laufendhaltung der Landinformationssysteme gebunden, auch wenn in einer Vorstufe nur die gescannten Flurkarten als Hintergrund dienen.

Beispiel 1.7 zur Mehrspartendokumentation eines Stadtwerkes:

Die nachfolgende Abbildung stellt eine Mehrspartendokumentation des Stadtwerkes Ratingen im Bestands- und Übersichtsplanwerk dar. Die Darstellung der Bestandsplansituation zeigt die Mehrstrichdarstellung für die Sparten Fernwärme, Strom, Gas und Wasser mit digitaler Stadtgrundkarte im Hintergrund. Die Legende wird dynamisch aus dem Bildausschnitt abgeleitet. Der Übersichtsplan mit den jeweiligen Trassen ist dagegen auf dem Rasterhintergrund der Deutschen Grundkarte (DGK 5) entwickelt.

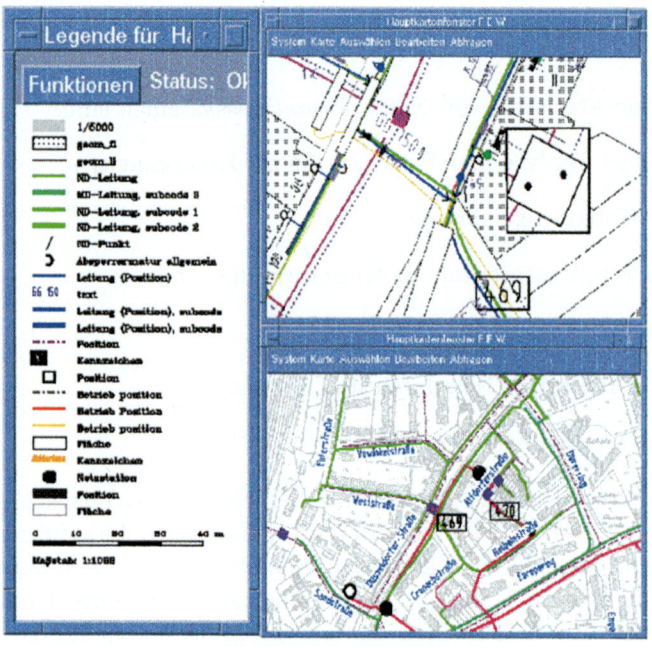

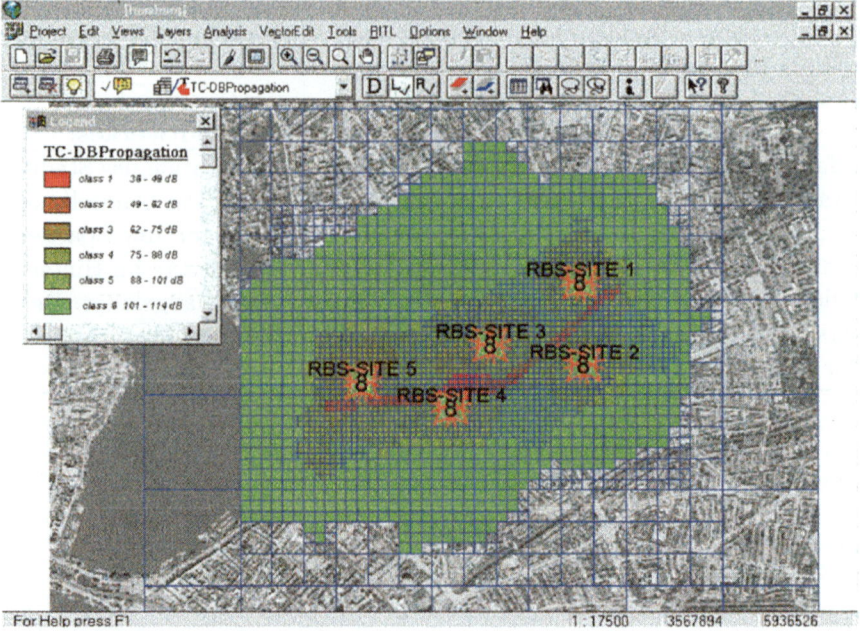

Abbildung 1.24: NIS-Mehrspartendokumentation (Smallworld) und Telekommunikation (SICAD Geomatics).

1.5.5 Fachinformationssystem

Grundsätzlich stellt eine jede der bisher beschriebenen GIS-Ausprägungen aus der Sicht der jeweiligen Fachdisziplin ein spezielles Fachinformationssystem (FIS) dar. Aufgrund der jeweiligen Fachspezifik bleibt jedoch noch eine größere Gruppe von GIS-Anwendungen, die mit den bisherigen Ausprägungen nicht abgedeckt sind und die daher als eigenständige Fachinformationssysteme aufgeführt werden. Hierunter fallen insbesondere die Spezialanwendungen, die sich mit ihren intrinsischen Charakteristiken nicht den anderen Ausprägungen zuordnen lassen. Als Beispiele hierzu mögen dienen: Die Umstellung der analogen Luftfahrtkarten zur Navigation der Flugzeuge, die gerade in hybride Geo-Informationssysteme abgebildet werden, oder die Einrichtung von digitalen Straßenkarten als Grundlage für die autonome Fahrzeugnavigation. Weitere Anwendungen sind im Bereich der Telekommunikation zu finden (kurz *Telekom*) oder im Verkehrs- und Logistiksektor.

Beispiel 1.8 zur Planung stationärer Funknetzverbindungen:

Für die Planung stationärer Funknetzverbindungen wurde das Programm SICAD-TelCom-RITL (Radio in the local loop) in Kooperation mit der SIEMENS AG entwickelt. Den wichtigsten Bestandteil dieser Technologie stellen die Radio-Basisstationen dar. Sie bestehen aus einer oder mehreren Untereinheiten, die auf Dächern oder an Straßenlaternen plaziert werden, um von ihren Standorten aus die umliegenden Gebäudeblöcke mit Funksignalen abzudecken. Die ausgesandten Funkwellen werden von analogen oder digitalen Empfangsgeräten, die an jeder Häuserwand installiert sind, aufgenommen, verstärkt und dekodiert an den entsprechenden Hausanschluß weitergeleitet. Die vorangegangene Abbildung auf Seite 44 stellt die Abdeckung des zu beplanenden Gebietes mit der Funkausbreitung dar.

Zur Bereitstellung der spezielleren Fachinformationssysteme müssen die GIS-Funktionalitäten entsprechend ergänzt werden. Eine generelle Klassifizierung dieser Systeme ist sehr schwer, so daß hierfür auch keine einheitlichen Charakteristiken angegeben werden können. In Band 2 werden etliche dieser speziellen FIS genauer beschrieben.

Somit ergeben sich im GIS-Umfeld insgesamt fünf große Gruppen von GIS-Ausprägungen, die in der Abbildung 1.25 dargestellt sind. Aufgrund der starken Nutzung der Liegenschafts- und topographischen Daten stellt die Gruppe der Landinformationssysteme ein Basissystem für die meisten anderen Systeme dar. Überschneidungen bestehen aber durchaus auch zwischen den anderen GIS-Ausprägungen. Die Dokumentationsaufgaben in der Telekommunikation haben ähnliche Anforderungen wie das NIS-Segment, jedoch ist mit der Gebietsversorgungsplanung wieder eine eigenständige Fachspezifik der Telekommunikation zu finden, weshalb eine derartige Anwendung in der Gruppe der FIS eingeordnet wird. Analog gibt es im Umweltbereich in Kommunen Komponenten, die eher zu

MERKIS und damit zu RIS gehören. Dennoch wird ein Teil solcher Anwendungen unter der Rubrik UIS beschrieben.

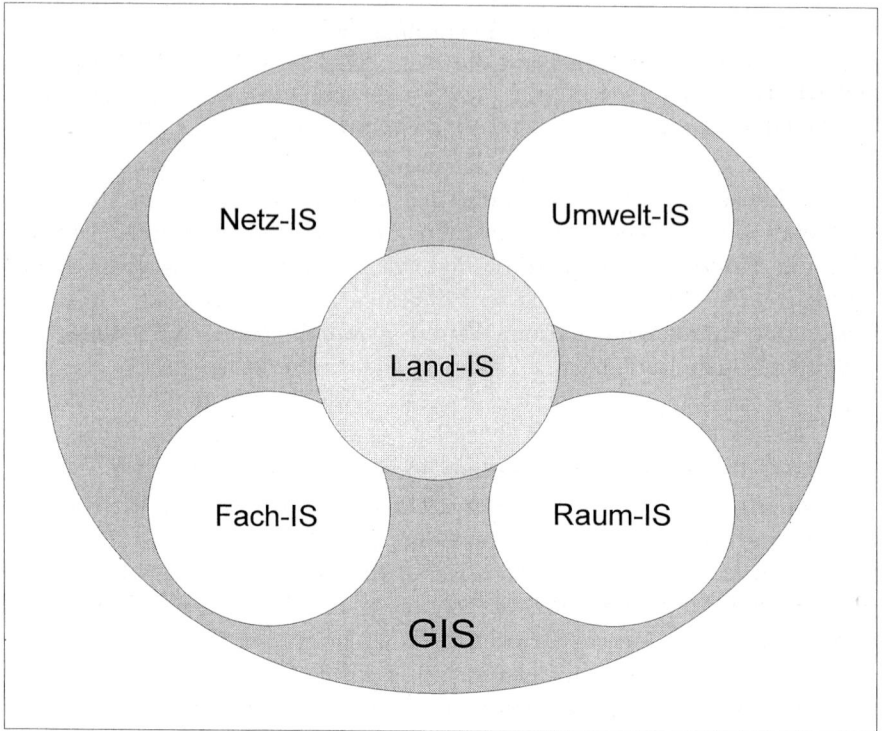

Abbildung 1.25: Ausprägungen von Geo-Informationssystemen

1.6 Entwicklungen im interdisziplinären GIS-Umfeld

Geo-Informationssysteme haben sich zu leistungsfähigen und bedeutungsvollen Instrumenten in Wirtschaft, Verwaltung und Wissenschaft entwickelt. Die GIS-Technologie wurde in den letzten Jahren neben der technischen Weiterentwicklung wesentlich durch die praktischen Anforderungen und die Anwendungssegmente selbst geprägt. Jährliche Zuwachsraten von etwa 15% konnten sowohl weltweit als auch in Europa realisiert werden, und dies wird auch in den nächsten Jahren so weitergehen. Hierfür sprechen neben den inzwischen äußerst benutzerfreundlichen Systemen auf leistungsfähiger Hardware und Software insbesondere die Verfügbarkeit digitaler Daten, die vielen bisherigen Randbereichen einen Einstieg in die GIS-Technik zur Lösung fachspezifischer Probleme ermöglicht und damit zum weiteren Wachstum des Marktes beiträgt. Teilweise erobern Produkte mit GIS-Komponenten inzwischen einen Massenmarkt, so z.B. bei den Fahrzeugnavigationssystemen oder den digitalen Straßenkarten mit Routenoptimierung.

1.6. ENTWICKLUNGEN IM INTERDISZIPLINÄREN GIS-UMFELD

1.6.1 Übergreifende Organisationen

Nationale GIS-Expertenzentren haben ebenfalls für die zunehmende Akzeptanz gesorgt. Zu nennen sind hier z.B. in den Niederlanden NexpRI (Netherlands Center for Geographical Information Processing and Spatial Data Handling), in Großbritannien die RRL (Multidisciplinary Regional Research Laboratories), in den USA das NCGIA (National Center for Geographic Information and Analysis) und in Frankreich das GIP-RECLUS (Le groupement d'intérêt public – Réseau d'étude des changements dans les localisations et les unités spatiales).

Nationale und internationale Dachverbände konnten sich als Interessenvertretungen für alle raumbezogenen Disziplinen etablieren. Auf europäischer Ebene wurde dies entscheidend durch EUROGI, die European Umbrella Organisation for Geographic Information, geprägt, der nationale Einrichtungen wie der DDGI (Deutscher Dachverband für Geoinformation), der SOGI (Schweizer Organisaton für Geoinformation) oder der gerade neugegründete AGI (Österreichische Gesellschaft für Geoinformation) als Mitglieder angehören.

Eine Reihe internationaler Fachorganisationen beschäftigen sich ebenfalls mit dem Thema GIS, so z.B. innerhalb der IGU (International Geographical Union), der ICA (International Cartographical Association), der ISPRS (International Society of Photogrammetry and Remote Sensing), des AM/FM (Automated Mapping/Facilities Management) und der FIG (Fédération International des Geomètres).

1.6.2 Aus- und Weiterbildung

Die zunehmende Verbreitung der GIS-Techniken führt auch zu neuen Modellen in der Aus- und Weiterbildung. So werden gerade an Fachhochschulen vermehrt Studiengänge und Vertiefungsrichtungen zur Geoinformatik angeboten (R. BILL (1996)). Aufbaustudien und Nachdiplomkurse geben ebenso wie Fernstudiengängen den Berufspraktikern die Chance, sich in diesem Themengebiet beruflich auch weiterzuqualifizieren.

Wegen der Interdisziplinarität des Themas existieren viele Publikationen, Forschungs- und Entwicklungstätigkeiten in Fachbereichen wie z.B. der Informatik (Datenbankaspekte, Graphik, Expertensysteme), Vermessung (Basissysteme wie ALK, ATKIS, Erfassung, Präsentation), Geographie und Planung (Anwendungen von RIS, Analyse, Raum- und Landschaftsplanung) und Umweltschutz (UIS, Ökosystemmodelle). Die Zugängigkeit und Sichtung dieser umfangreichen Literatur erschwert die Verbreitung des Wissens und der Methodik über Geo-Informationssysteme. Redundanzen gehören zur Tagesordnung. Zahlreiche, auch interdisziplinäre Veranstaltungen werden in den letzten Jahren angeboten, die dieses Problem angehen. Periodische Veranstaltungen sind z.B.:

- International Symposium on Spatial Data Handling, welches seit 1984 alle 2 Jahre stattfindet.

- European Conference on Geographic Information Systems (EGIS), welche zwischen 1990 und 1995 jährlich durchgeführt wurde und zwei weitere Jahre vereint mit AM/FM und Urban Data Management System als Joint European Conference on GIS fortgesetzt wurde.

- GIS/LIS – eine der größten jährlichen GIS-Veranstaltungen in den USA.

- GIS bzw. GISNet in Wiesbaden, die seit 1992 jährlich stattfindet.

- InterGeo als jährliche Veranstaltung mit großer Ausstellung.

- GeoBIT, die 1998 erstmals in Leipzig stattfand.

Daneben häuft sich die Zahl der Firmenseminare zu Produkten sowie der kleineren Tagungen und Workshops an Hochschulen.

1.6.3 Literatur

Die Literatur zu Geo-Informationssystemen wächst jährlich stetig an. Zahlreiche Lehrbücher, Tagungsbände und Zeitschriften sind in den letzten 5 Jahren erschienen. Die Publikationsflut wird wegen der Interdisziplinarität und Attraktivität des Themas weiter zunehmen. Wir nennen daher an dieser Stelle nur einige dieser Werke, um dem Leser weitere Literatur zugängig zu machen. Daneben sei auf das ausführliche Literaturverzeichnis auf den Webseiten des Autors unter http://www.agr.uni-rostock.de/iggi verwiesen.

Bücher

Im deutschsprachigen Raum sind in den letzten Jahren neben spezielleren Büchern zwei weitere Werke mit Lehrbuchcharakter erschienen:

- Bartelme, N. (1995): Geoinformatik. Modelle, Strukturen, Funktionen. Springer Verlag.

- Saurer, H., Behr, F.J. (1997): Geographische Informationssysteme. Eine Einführung. Wissenschaftliche Buchgesellschaft Darmstadt.

Demgegenüber liegen im englischsprachigen Raum eine Fülle von Büchern zu dem Thema vor. Hinzu kommen in Buch- oder Paperbackform gesammelte Herausgeberbände bzw. Einzelbeiträge zu Tagungen und Veranstaltungen, auf die an verschiedenen Stellen im vorliegenden Buch hingewiesen wird.

Zeitschriften

In den letzten Jahren erschienen auch etliche neue Zeitschriften, die sich primär der Verbreitung von GIS-relevanten Publikationen widmen:

- GeoBIT – Das Magazin für raumbezogene Informationstechnologie: H. Wichmann Verlag, Heidelberg.

- GeoInformatics: Emmeloord (NL).

- GIM International – Geomatics Info Magazine: GITC bv, Lemmer (NL).

- GIS – Geo-Informationssysteme: H. Wichmann Verlag, Heidelberg.

- GIS – International Journal of Geographical Information Systems: Taylor & Francis Verlag.

- GIS World: News of GIS Technology in Land, Natural Resources and Urban Information Management. P.O.Box 8090 Fort Collins, Co. USA 80526.

- GISEurope – Europe's geographic technology magazine: Adams Business Media, Cambridge (UK).

- Transactions in GIS: GeoInformation International. Cambridge (UK).

Internet und World Wide Web als Informations- und Kommunikationsmedium

Auch im World Wide Web stehen mehr und mehr Informationen zu GIS bereit. Die Schwierigkeit ist hierbei aber, die Spreu vom Weizen zu trennen. Einer Vielzahl redundanter Informationsangebote von geringem Inhalt stehen nur verhältnismäßig wenige wertvolle Seiten gegenüber. Hinweise hierzu sind im Anhang genannt. Als Einstiegsseiten eignen sich im deutschsprachigen Bereich z.B.

- http://www.akgis.de/
- http://www.geo.uni-bonn.members/haack/gisinfo.html
- http://www.gis-tutor.de/

In Mailinglisten werden aktuelle Informationen, speziell zur Lösung konkreter Fragestellungen mit bestimmten GIS-Produkten, angeboten. Hier sind die Listserver AK-GISL (RZ.UNI-KARLSRUHE.DE) und ACDGIS-L (AKH-WIEN.AC.AT) zu nennen.

1.7 Zusammenfassung

Mit diesem Kapitel ist eine erste Einführung in Begriffe und Konventionen innerhalb der Geo-Informationssysteme gegeben. Die Einteilung von Geo-Informationssystemen in die verschiedenen Ausprägungen oder Spezialisierungen ist weniger von der Konzeption eines GIS, sondern allein durch die Anwendung vorgegeben. Genauso verhält es sich mit der Einteilung in die verschiedenen Maßstabsbereiche, die als *Aggregationsstufen* zu betrachten sind. Während innerhalb der großen Maßstäbe eine 1:1 Abbildung der abgespeicherten Daten aufrecht erhalten werden kann – man bezeichnet dies auch als *maßstabslos* –, ist dies für mittlere und kleine Maßstäbe der Objekte nicht mehr möglich, d.h. die Objekte unterliegen von der Erfassung bis zur Präsentation einem *Generalisierungsprozeß*.

Eine Klassifikation von Geo-Informationssystemen bzgl. ihrer Komponenten kann nach verschiedensten Gesichtspunkten durchgeführt werden. Ansätze hierzu wären:

- Hardware (PC-Systeme, Graphik-Arbeitsstationen, Mainframe).

- Software (Betriebssysteme, Programmiersprachen, Hilfsprogramme, graphische Standards, Benutzeroberflächen etc.).

- Datenquellen (Vermessung, Bilddaten, Statistiken, Karten, thematische Meßwerte und Beobachtungen).

- Datenstrukturierung (Geometrische und thematische Modelle, Struktogramme für Vektor-, Sach- und Rasterdaten).

- Datenorganisation in raumbezogenen Datenbanken (logische Datenmodelle, physikalische Speicherung).

- Datenanalyse- und -präsentationsfunktionalitäten.

Diese Gliederungsansätze ziehen sich durch die nachfolgenden Kapitel, in denen vertieft auf die einzelnen Gesichtspunkte eingegangen wird. Eine Zusammenstellung vieler am deutschsprachigen Markt angebotenen kommerziellen GIS-Produkte befindet sich im abschließenden Kapitel in diesem Band. Ausführlichere und aktuelle Informationen dazu finden sich unter http://www.agr.uni-rostock.de/iggi/produkte.

1.8 Aufgaben

1.7.1 Was versteht man im Zusammenhang mit dem Raumbezug unter Primär- und Sekundärmetrik?

1.7.2 Welche Vorteile ergeben sich durch die Abspeicherung der Topologie?

1.7.3 Wie unterscheidet sich ein Kartier- von einem CAD-System?

1.7.4 Welche GIS-Ausprägungen sind Ihnen bekannt und wie kann man sie gegeneinander abgrenzen?

1.7.5 Warum kann man bei Netzinformationssystemen mit einer 2.5D-Geometrie auskommen?

1.7.6 Worauf muß bei der Anlage von Landinformationssystemen geachtet werden?

Kapitel 2

Hardwarekomponenten in GIS

2.1 Einführung

Definition 2.1 : *Der Begriff 'Hardware' subsumiert alle physischen Bestandteile einer Datenverarbeitungsanlage, also die Geräte. Hardware alleine kann man noch nicht als ein System bezeichnen, da die Hardware erst gemeinsam mit der Software (siehe Kapitel 3) eine funktionsfähige Einheit darstellt. Neben dem eigentlichen Rechner zählen zur Hardware auch die zahlreichen Peripheriegeräte, die im GIS-Bereich noch über das hinausgehen, was von der Informatikseite unter Hardware verstanden wird.*

Viele der in den nachfolgenden Kapiteln verwendeten Definitionen zu Hard- und Software lehnen sich an das Computer-Lexikon von H.H.SCHULZE (1996) an, wobei der Begriff Hardware hier weitreichender gesehen wird (vgl. Abbildung 2.1), als dies in der Informatik üblich ist. Durch Integration oder deutlich engere Kopplung der Erfassung mit der Datenverarbeitung entscheidet sich bereits bei der Datengewinnung der Nutzen und Wert raumbezogener Informationen. Bestes Beispiel zur Demonstration einer Verschmelzung von Erfassungsgeräten mit der im engeren Sinne als Hardware bezeichneten Geräteseite stellen die analytischen oder digitalen Plotter dar, bei denen sich der Wandel von einer zwar intelligenten, allerdings vom GIS offline betriebenen Erfassung zum in ein GIS integrierten analytischen oder digitalen Plotter (R. BILL U.A. (1990)) bereits vollzogen hat. Eine ähnliche Entwicklung vollzieht sich gerade in der mobilen GIS-Datengewinnung und Fortführung mit GPS.

In diesem Kapitel werden die wesentlichen Gerätekomponenten beschrieben, die in einem GIS vorkommen, und ihre Leistungscharakteristika und ihr Einsatzbereich genannt. Die Hardware stellt eine der vier Basiskomponenten des HSDA-Modells dar; die Hardwareteile entscheiden beim GIS-Einsatz wesentlich über die Geschwindigkeit des Systems. Die Beschreibung der dazu benötigten Software folgt im Kapitel 3, während die an der Peripherie orientierten Methoden zur Erfassung (Kapitel 4) und Präsentation (Band 2) eigenen Kapiteln vorbehalten bleiben. Die Untergliederung des folgenden Kapitels hält sich an das in der Einführung definierte Vierkomponenten-Modell Erfassung, Verwaltung, Analyse und Präsentation.

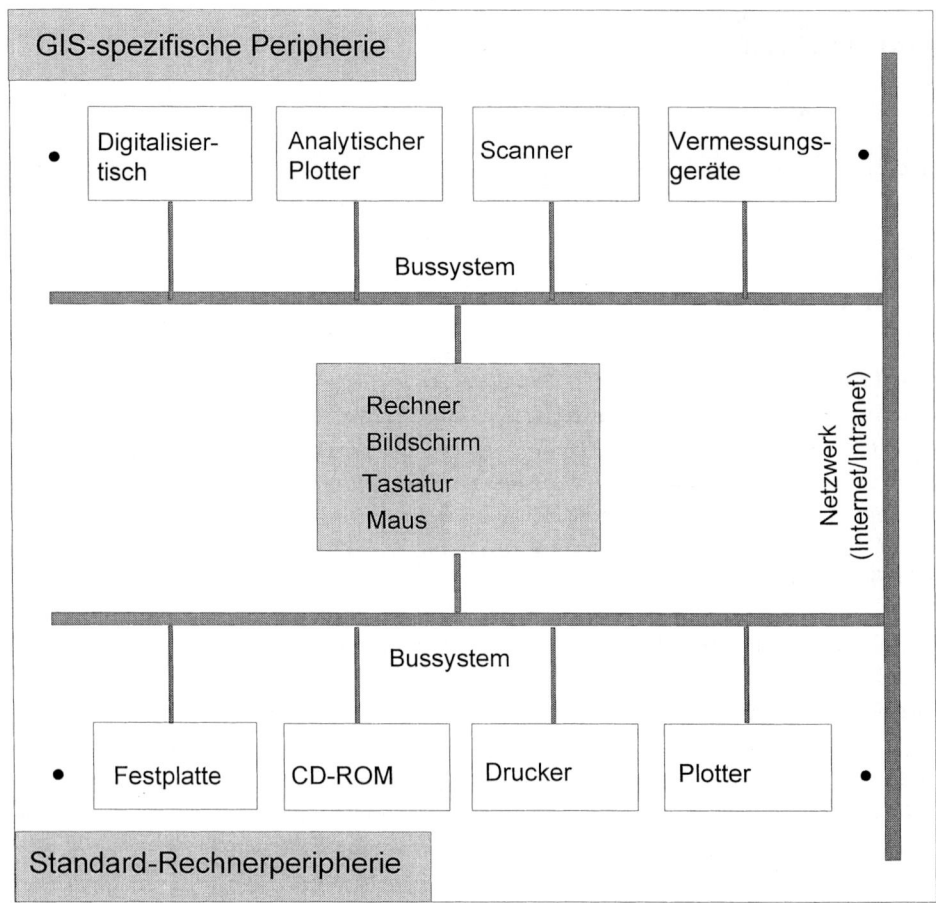

Abbildung 2.1: Hardwarekomponenten eines Geo-Informationssystems

2.2 Geräte zur Datenerfassung

2.2.1 Der Digitalisiertisch

Definition 2.2 : *Unter Digitalisieren wollen wir das Umsetzen von beliebigen analogen Quellen (z.B. Punkten, Linien und Flächen in Karten, Texte, Zahlen in Karteien) in digitale Werte (z.B. Koordinaten oder Bildelemente, im Englischen Picture Element = Pixel, alphanumerische Daten) verstehen.*

Als Gerät für diese Analog-/Digitalwandlung kommt z.B. der Digitalisiertisch (im Englischen Digitizer) zum Einsatz, der aus einem Tisch mit einer Meßvor-

2.2. GERÄTE ZUR DATENERFASSUNG

richtung und einer Kopplung an den Arbeitsplatzrechner besteht. Der Digitalisiertisch gilt als das Standarderfassungsgerät der interaktiven Graphik, mit dem existierende Karten und Pläne manuell von der analogen in die digitale Form als Vektordaten gewandelt werden (Abbildung 2.2) und ist heute meist direkt in den GIS-Arbeitsablauf integriert. Es existieren Digitizer in den Formaten DIN A 4 bis DIN A 0 (DIN=Deutsche Industrie-Norm), wobei im GIS-Einsatz überwiegend die großformatigen Digitizer verwendet werden (CAD-CAM (1989B)).

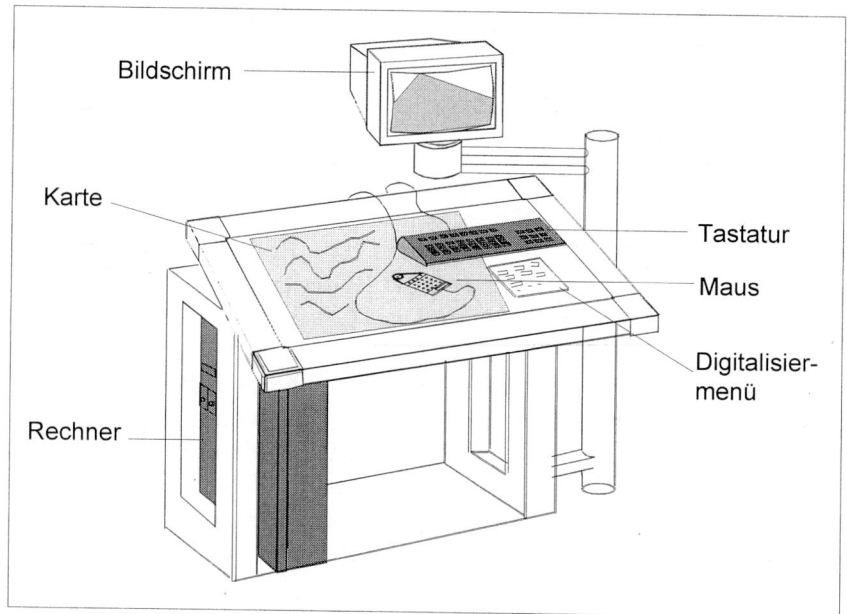

Abbildung 2.2: Schemaskizze einer Digitalisierstation

Etwa 70% aller Geräte besitzen die Standardauflösung von 1/1.000 Inch (= 0.0254mm). Allgemein versteht man unter *Auflösung* die Aufteilung einer Fläche in kleinste regelmäßige Einheiten gemessen in dpi (dots per inch, Punkte/Inch). Auflösung heißt beim Digitalisiertisch die physikalisch realisierte Aufteilung der Digitalisierfläche in kleinste Einheiten, während es beim Rasterbildschirm die Aufteilung in einzelne Bildpunkte (Pixel) bedeutet. Den Begriff 'Auflösung' nach dieser Definition werden wir im Zusammenhang mit Bildschirmen, Scannern und Druckern vorfinden. Die *Genauigkeit* des Digitalisiervorganges umfaßt mehr als nur die Auflösung; sie wird mit ca. 0.25mm angegeben. Verschiedene Anteile und Fehlerquellen wirken hier mit hinein und bezeichnen die Reproduziergenauigkeit bzw. Wiederholgenauigkeit:

- Die Geräteauflösung mit obengenannten 0.0254mm.
- Der persönliche Einstellfehler mit ca. 0.05mm bei gut einstellbaren Punkten.
- Die Systemgenauigkeit sowohl von der Position als auch der Zeitkonstanz, die mit etwa 0.1mm bis 0.15mm angegeben wird (R. KAUPER (1989)).

Man unterscheidet bei der Datenerfassung zwei Aufnahmemethoden:

- *Einzelpunktaufnahme*, d.h. jede Punktregistrierung wird individuell ausgelöst. Diese Methode nutzt man zur Erfassung von ausgewählten Einzelpunkten (z.B. Bäumen, Höhenkoten) und regelmäßigen Objekten (z.B. Häuser).

- *Inkrementalaufnahme* oder dynamische Aufnahme, wobei die Digitalisierung nach Weg- oder Zeitkriterien erfolgen kann. Diese Erfassungsmethode wird bei unregelmäßigen linienhaften Objekten (z.B. Höhenlinien) angewendet. Die Aufnahmerate im dynamischen Modus liegt bei 100 bis 200 Koordinatenpaaren pro Sekunde.

An Digitizer können Digitalisierstifte, Lupe und Maus (mit bis zu 16 frei belegbaren Funktionstasten) angeschlossen werden. Mit dem Rechner sind die meisten Digitizer über eine *V-24-Schnittstelle* verbunden. Der Preis für einen Digitizer variiert je nach Format, Auflösung und weiteren Kriterien von 1TDM (Tausend Deutsche Mark) bis zu 20TDM. Anbieter sind u.a. Calcomp, Aristo und Summagraphics.

Durch die Möglichkeiten des *heads-up-digitizing*, d.h. dem Digitalisieren am Bildschirm auf einem gescannten Rasterhintergrund (z.B. Karte oder Orthophoto), verliert der Digitalisiertisch zunehmend an Bedeutung, da zur Digitalisierung auf der Basis von Rasterdaten auch semiautomatische Methoden wie die Linienverfolgung eingesetzt werden können. Dadurch läßt sich bei geringeren Investitionskosten der Durchsatz bei der Datengewinnung steigern.

2.2.2 Vermessungstechnische Geräte

Die wichtigsten Aufgaben des Vermessungswesens sind der Nachweis von Liegenschaften, die Datengewinnung zur Erstellung von Kartenwerken und die Ingenieurvermessung. Die Vermessung von Objekten im Felde stellt insbesondere für die kleinräumige Datenerfassung eine wichtige Methode dar. Auch die Kataster- und topographische Vermessung, und damit die amtlichen Informationssysteme wie ALK/ALB (Automatisierte Liegenschaftskarte/ Automatisiertes Liegenschaftsbuch), ATKIS (Amtliches Topographisch-Kartographisches Informationssystem) in Deutschland und AV'93 (Amtliche Vermessung) in der Schweiz, auf die wir in Band 2 näher eingehen, beruhen zu einem Großteil auf der klassischen Vermessung.

Die Vermessungstechnik bedient sich dazu Geräten zur Lage- und Höhenmessung. Bekannte Geräte zur Höhenmessung sind das *Nivelliergerät* für höhere Genauigkeitsansprüche im mm-Bereich und das Barometer bzw. Altimeter für Genauigkeiten im Bereich mehrerer Meter. Auf Baustellen werden heute schon vermehrt Rotationslaser zur Höhenübertragung eingesetzt. Für die Lagemessung

2.2. GERÄTE ZUR DATENERFASSUNG

(2D) und die kombinierte Lage- und Höhenmessung (3D) werden heute *Theodolite* zur Horizontal- und Vertikalwinkelmessung und elektronische *Distanzmesser* zur Streckenmessung eingesetzt. Obwohl weltweit betrachtet noch immer die manuelle und mittels Feldbuchführung in Zahl und Skizze nachgewiesene Gerätetechnik überwiegt, sind eigentlich die elektronischen Systeme für GIS als wichtigere Komponenten zu sehen, da mit ihnen ein bidirektionaler Datenfluß erst möglich wird. Das *elektronische Tachymeter* kombiniert daher Winkel- und Streckenmeßgerät in einer Einheit. Die Daten werden in der Regel im Feld direkt auf ein feldtaugliches Speichermedium übernommen; die Datenübernahme ins GIS ermöglicht ein Programmpaket. Dargestellt ist in Abbildung 2.3 das Tachymeter TC 1600 mit der Speichereinheit GRE 4 der Firma Leica Heerbrugg AG. In Gebieten der Größe 10*10km sind Genauigkeiten im Zentimeterbereich und besser erreichbar. Die Kosten für ein Tachymeter liegen unter 20TDM.

Abbildung 2.3: Elektronisches Tachymeter(Quelle: Leica (CH))

Ausführlichere Beschreibungen zu Geräten und Methoden der Vermessungstechnik entnehme man den zahlreichen Lehrbüchern zur Vermessungskunde (H. KAHMEN (1997), B. WITTE UND H. SCHMIDT (1991) sowie M. SCHERRER (1998)).

2.2.3 Global Positioning System (GPS)

Eine der neueren Entwicklungen in der Navigations- und Positionierungstechnik resultiert aus der Nutzung amerikanischer Satelliten, die für militärische Zwecke im Auftrag des US Department of Defense seit 1973 entwickelt und eingesetzt werden. Unter Nutzung dieser Satelliten entwickelte sich ein satellitenbasiertes Navigationssystem, welches unter dem Namen Global Positioning System (GPS, eigentlich NAVigation Satellite Timing And Ranging Global Positioning System NAVSTAR GPS) bekannt wurde und eine große Vielzahl auch ziviler Anwendungen ermöglicht. GPS ist ein passives System, d.h. der Nutzer kommuniziert nicht mit dem Satelliten, sondern empfängt nur Signale, die permanent weltweit und wetterunabhängig ausgestrahlt werden. Mittels der Signale von mehreren Satelliten lassen sich so 3D-Positionen, Neigung und Geschwindigkeit bestimmen. In den letzten Jahren hat die Nutzung von NAVSTAR GPS ständig zugenommen, auch der Wissensstand zur Auswertung ist stark angewachsen und immer neue Anwendungsgebiete werden erschlossen. In den USA werden für das Jahr 2000 eine Million Nutzer von GPS erwartet, nachdem das US Department of Defense am 17. Juni 1995 die 'Full Operational Capability' erklärt hat und eine langfristige Nutzung über das Jahr 2005 hinaus zugesichert hat. Dem zivilen Nutzer steht aber nur eine begrenzte Systemgenauigkeit zur Verfügung. Durch das Verteidigungsministerium sind zwei Arten von Sicherungsmaßnahmen aktiviert:

- Selective Availability (SA) beinhaltet eine künstliche Verschlechterung der Satellitenbahndaten und eine künstliche Destabilisierung der Satellitenuhr. Bei der Messung mit einem Einzelempfänger sind hier nur Genauigkeiten bis zu 100 m erreichbar. Erst durch differentielle GPS-Ansätze mit zwei Empfängern ist dies zu verbessern (DGPS).

- Anti-Spoofing (AS) bezeichnet die Verschlüsselung des bekannten P-Codes durch Überlagerung mit dem unbekannten W-Code, woraus der Y-Code entsteht. Nur militärische Nutzer haben Zugang zum Y-Code und erreichen auch bei eingeschaltetem AS hohe Genauigkeiten. GPS-Anbieter haben eigene Techniken entwickelt, um die L2-Frequenz mit dem P-Code auswerten zu können.

Neben dem amerikanischen GPS gibt es das russische satellitengestützte Navigationssystem GLONASS (GLObal NAvigation Satellite System), welches ebenfalls am 18. Januar 1996 seine angestrebte Satellitenkonstellation erreicht hat (N. ZARRAOA, W. MAI UND A. JUNGSTRAND (1997)). Die Kopplung von GPS und GLONASS ermöglicht noch höhere Genauigkeiten und bessere Verfügbarkeiten

2.2. GERÄTE ZUR DATENERFASSUNG

dieser Positionierungsmethoden (W. MARTIN UND F. VAN DIGGELEN (1997)), so daß zukünftig Empfänger für beide Systeme zu erwarten sind. Daneben gibt es in verschiedenen Nationen das Bestreben, ein vom Militär unabhängiges Satellitennavigationssystem aufzubauen, genannt Global Navigation Satellite System (GNSS).

Eine umfassende Beschreibung der Vermessungs- und Ortungsmethoden mit Satelliten gibt M. BAUER (1997). Da GPS-Methoden aber im GIS-Umfeld zunehmend an Bedeutung gewinnen und neue Datenerfassungsmöglichkeiten eröffnen, muß an dieser Stelle doch etwas ausführlicher ausgeholt werden und die GPS-Technik am Beispiel des NAVSTAR-GPS beschrieben werden.

Komponenten des GPS

Das GPS besteht neben dem *Satellitensegment* mit 21+3 Satelliten aus einem Kontrollsegment und einem Nutzersegment. Die GPS-Satelliten generieren und senden Navigationssignale und empfangen und speichern Informationen von den Kontrollstationen. Zum *Kontrollsegment* gehören 5 Stationen weltweit, die das System steuern und kontrollieren. Diese sind über die Erde verteilt in Hawaii, Colorado Springs, Ascension im Atlantik, Diego Garcia im Indischen Ozean und Kwajalein im Pazifischen Ozean. Die Kontrollstationen beobachten den Status der Satelliten, berechnen die Satellitenbahnen und senden Bahnkorrekturen, Uhrenkorrekturen und Statusinformation an den Satelliten. Die Master Control Station ist in Colorado Springs. Das *Nutzersegment* besteht aus Empfangsstationen zur Messung und Positionbestimmung.

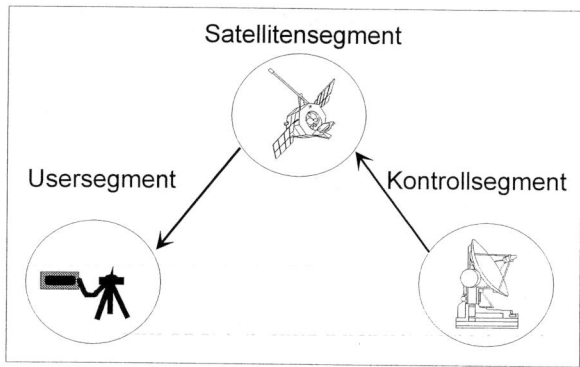

Abbildung 2.4: Komponenten des GPS

Für GPS sind drei Generationen von Satelliten im Einsatz (Block I, II und III-Satelliten). In den Jahren 1978 bis 1985 wurden 11 Block I-Satelliten gestartet. Zur Zeit werden 28 Block II-Satelliten für eine präoperationelle und operationelle Phase geplant, während die Block III-Satelliten erst ab 1997 als Ersatz für Block II-Satelliten gestartet wurden. Gegenwärtig umkreisen 21 Satelliten plus 3 Reservesatelliten auf 6 Umlaufbahnen (Orbits) in einer Höhe von 26.000km mit 12

Stunden Umlaufdauer die Erde. Die Bahnen sind gegenseitig um 60 Grad geneigt. Daraus resultiert im wesentlichen eine weltweite Überdeckung mit 4 Satelliten zu jeder Zeit.

Jeder GPS-Satellit sendet 2 Trägersignale aus; eine L1-Trägerwelle auf 1575.42 MHz ($\lambda = 19cm$) und eine L2-Trägerwelle auf 1227.60 MHz ($\lambda = 24cm$). Auf diese Trägerfrequenzen sind mittels Phasenmodulation zwei Codearten sowie die Statusmessage aufmoduliert:

- C/A-Code: Der C/A-Code ist eine 1ms lange bekannte Abfolge von +-1 Rechtecksignalen, die für jeden Satelliten verschieden sind und der L1-Frequenz aufgeprägt ist. Die Frequenz der Abfolge von +-1 ist 1 MHz ($\lambda = 300m$). Dieses Signal ist zivil nutzbar. GPS-Empfänger im Submeterbereich werten i.d.R. lediglich den C/A-Code auf der L1-Frequenz aus. Für eine präzisere Messung muß zusätzlich zum Code auch die Trägerphase mitausgewertet werden, wozu das Wellenreststück und die Wellenanzahl ermittelt werden. Wird nur die L1-Frequenz ausgewertet, so handelt es sich um einen Einfrequenzempfänger.

- P-Code: Der P-Code ist eine 267 Tage lange unbekannte Abfolge von +-1 Rechtecksignalen in einer geheimen Verschlüsselungsfolge. Dieses Rechtecksignal mit 10 MHz Frequenz ($\lambda = 30m$) wird durch Verschlüsselung zum militärisch genutzten Y-Code. Bei Zweifrequenzempfängern wird auch der P-Code auf der L1- und L2-Frequenz ausgewertet.

- Die Statusmessage beinhaltet Informationen über die Orbitparameter der Satelliten, die Uhrenkorrekturen und ein Ionosphärenmodell. Dieses Signal ist sehr niederfrequent.

Ein GPS-Empfänger mißt nun mittels verschiedener Meßverfahren unter Nutzung der unterschiedlichen Codearten. Hierauf wird in Kapitel 4 (vgl. Seite 175ff) näher eingegangen.

GPS-Empfänger

GPS-Empfänger lassen sich nach verschiedenen Kriterien unterscheiden. Wesentliche Kriterien sind hierbei die Anzahl der Frequenzen (Ein- oder Zweifrequenzempfänger), das Meßprinzip (Phasen- oder Pseudorangemessung), die Anzahl der Kanäle, die Erhältlichkeit der Rohdaten, die interne Speicherkapazität, Gewicht und Stromverbrauch sowie zusätzliche Optionen wie Synchronisation etc. GPS-Empfänger werden von Firmen wie Ashtech, Garmin, Leica, Sokkia, Trimble, Zeiss u.a. angeboten.

Mit GPS als Positionierungssystem und weiteren Hardwarebausteinen lassen sich mobile Datenerfassungsstationen entwickeln, auf die im nachfolgenden Abschnitt noch näher einzugehen ist.

2.2. GERÄTE ZUR DATENERFASSUNG

Da der Fehlereinfluß bei benachbarten GPS-Standpunkten nahezu gleich ist, läßt sich durch den gleichzeitigen Einsatz von zwei Empfängern eine Vielzahl von Fehlern vollständig eliminieren oder wenigstens stark reduzieren, so z.B. der Effekt durch Selective Availability (SA). Eine oder mehrere GPS-Stationen werden als Referenzstationen mit bekannten Koordinaten betrachtet. Auch amtliche Empfangsstationen wie z.B. im SAPOS-System können als Referenzstationen dienen, wodurch sich die Kosten für weitere eigene Empfänger einsparen lassen.

GPS-Korrekturdienste

Um die Genauigkeit der Positionierung zu steigern und die Störtechnik zu umgehen, werden differentielle GPS-Techniken (DGPS) eingesetzt. Damit können durch gleichzeitige Messung an einer Referenzstation mit bekannter Position die Standortkorrekturen im Gelände ermittelt und an der eigenen Empfangsstation korrigiert werden. Dieses Hinzufügen der DGPS-Korrekturdaten bringt bei entsprechender Auswertetechnik die Positionsgenauigkeit bis in den Millimeterbereich.

In Deutschland bieten bereits verschiedene Anbieter Referenzmessungen in Echtzeit an, um damit dem Nutzer eine eigene Referenzstation zu ersparen. Der Satellitenpositionierungsdienst SAPOS der deutschen Landesvermessung wird zukünftig ein flächendeckendes Netz von multifunktionalen Referenzstationen zur Verfügung stellen (P. HANKEMEIER U.A. (1998), ADV (1998)). In SAPOS sind zukünftig ca. 200 Referenzstationen vorgesehen, die im Bezugssystem 'European Terrestrial Reference Frame' koordiniert sind und sich auf Festpunkten der Landesvermessung befinden. Diese stellt in verschiedenen Servicebereichen sowohl GPS-Korrekturdaten als auch Rohdaten in unterschiedlicher Genauigkeit in standardisiertem Format bereit. Die Leistungskriterien der vier Servicebereiche sind in nachfolgender Tabelle zusammengestellt. Als Übertragungsmedien kommen eigene Sender im 2m-Band, die mobile Telekommunikation (GSM), Rundfunksender mittels Radio Data System (RDS) und über den vom Bundesamt für Kartographie und Geodäsie (BKG) und der Deutschen Telekom AG betriebenen Langwellensender Mainflingen in Frage. Für die Funkübertragung sind spezielle Koder/Dekoder notwendig, so z.B. der RDS-RASANT-Dekoder (RASANT-Radio Aided Satellite Navigation Technique) oder der SAPOS-Dekoder.

Mögliche GIS-Nutzer der einzelnen Dienste sind:

- EPS im 1-3 Meterbereich: Verkehrssektor wie Fahrzeugnavigation, Flottenmanagement, Sicherheitsdienste, Land- und Forstwirtschaft, Umweltschutz, Hydrographie und Wasserwirtschaft.

- HEPS im 1-5 Zentimeterbereich: Vermessungswesen, Ver- und Entsorgung, Flurbereinigung, Luftfahrt, Verkehrsleitsysteme, Seefahrt.

- GPPS/GHPS im 1 Zentimeterbereich und besser: Vermessungswesen.

Alternativen zu SAPOS sind ALF (Accurate Positioning by Low Frequency), der bundesweit flächendeckende Echtzeitdienst der DeTex GmbH, der über Langwelle aussendet und somit größere Reichweite ergibt oder VITESSE vom LVA NRW, bei dem Korrekturen im cm-Bereich über Telefon gegen Nutzungsgebühr abgerufen werden können. Eine weitere, wenn auch teurere Lösung ist die Nutzung des Kommunikationssatelliten INMARSAT (International Maritime Satellite Organisation).

Tabelle 2.1 : Leistungskriterien von SAPOS (P. HANKEMEIER U.A. (1998)):

Dienst	verfügbar	Medium	Genauigk.	Taktrate	Schnittst.	Kosten
EPS	real time	LW/UKW	1-3 m	3-5 Sek.	RTCM 2.0	gerätebez.
EPS	real time	2m-Band	1-3 m	1 Sek.	RTCM 2.0	300,-DM/Jahr
HEPS	real time	2m-Band	1-5 cm	1 Sek.	RTCM 2.1	0,20DM/Min.
HEPS	real time	GSM	1-5 cm	1 Sek.	RTCM 2.1	0,40DM/Min.
GPPS	near real t.	GSM	1 cm		RINEX	ab 0,40DM/Min.
GPPS	postproc.	Festnetz	1 cm		RINEX	ab 0,40DM/Min.
GHPS	postproc.	Festnetz	< 1 cm		RINEX	ab 0,40DM/Min.

Legende:
SAPOS	Satellitenpositionierungsdienst
EPS	Echtzeit-Positionierungsservice
HEPS	Hochpräziser Echtzeit-Positionierungsservice
GPPS	Geodätischer Präziser Positionierungsservice
GHPS	Geodätischer Hochpräziser Positionierungsservice
GSM	Global System for mobile Communications
LW/UKW	Langwelle/Ultrakurzwelle
RTCM	Radio Technical Commission for Maritime Services
RINEX	Receiver Independent Exchange Format

2.2.4 Mobile Erfassungssysteme

Mobiles GPS im Feldeinsatz

Gegenwärtig ist ein Trend in der GIS-Datengewinnung zu sehen, der mehr Rechnerleistung und Nutzerintelligenz vor Ort im Feldeinsatz bereitstellt und somit die Nachbearbeitungszeiten im Büro reduziert. Die Datenaufnahme, die Vollständigkeitskontrolle und die unmittelbare GIS-Integration werden mit solchen Systemen direkt im Feld vorgenommen. Die Meßdaten werden in Zukunft bereits im Feld in Informationen umgewandelt, die von anderen Meßsystemen verstanden werden können. Durch Kopplung von GPS-Empfängern mit feldtauglichen Computern (Pencomputer) entstehen so mobile GIS-GPS-Erfassungs- und Fortführungssysteme, auch *GPS-GIS-Pads* genannt. Ein Pencomputer bzw. NotePad-Computer besitzt anstelle der Maus und Tastatur eine Stiftbedienung, ein LCD-Display und Standardanschlüsse für den Datenaustausch. Hierüber wird der Funkverkehr ebenso wie die Meßsensorik angesteuert. Er zeichnet sich durch ein geringes Gewicht, Feldtauglichkeit und lange Betriebsdauern der Akkus aus. Als Betriebs-

2.2. GERÄTE ZUR DATENERFASSUNG

system kann Windows for PenComputing eingesetzt werden. Der Einsatz von Pencomputern ist im Außendienst zu empfehlen, wo geometrische Daten vor Ort zu erfassen, mit Attributen zu versehen und abzuspeichern sind. W. MÜLLER (1996) berichtet über den Einsatz solcher Systeme zur Erfassung der Struktur- und Nutzungstypen einer Landschaft, also einer ökologischen Bestandserhebung. Da Biotop- und Nutzungstypendaten heute in vielen Bundesländern digital vorliegen ist ihre Fortführung mittels GPS-GIS-Pads interessant. Auch gescannte Karten oder digitale Orthophotos können auf den Pencomputer übertragen werden und dienen als Hintergrundinformation. Die Benutzeroberfläche wird der zu erfassenden Thematik angepaßt. Dadurch reduziert sich der Arbeitsaufwand erheblich. Die Feldskizze entsteht als maßstäbliche Kartierung vollständig bereits im Feld, Abstimmungs- und Korrekturarbeiten entfallen.

Übersichten zu den Systemkomponenten sind z.B. in GEOBIT (1997) und GEOBIT (1998) gegeben, außerdem sei auf H. INGENSAND (1996), H. KALTENBACH (1997), H. PUNDT U.A. (1996) und W. MÜLLER (1996) verwiesen. Anbieter sind z.B. Bentley, Sokkia, ESRI, conterra, Leica u.a. Die Systeme laufen unter gängigen PC-Betriebssystemen, haben GIS-Software vorinstalliert und können mittels gängiger Schnittstellen Daten zu anderen Systemen austauschen. Mit einem solchen System können einerseits räumliche Objekte leicht identifiziert und vermessen werden, andererseits aber unmittelbar auch Sachdaten auf der Basis georefenzierter digitaler Daten erhoben werden. Daten werden in Zukunft via Kommunikationsverbindung direkt ins Feld geholt und nach der Nutzung und Komplettierung anschließend wieder zum Büro gesandt. Dabei entscheidet die Anwendung über den notwendigen Genauigkeitslevel, der von 10-25 m im Forstbereich über 1-3 m z.B. für kommunale Baumkataster bis zum Zentimeter für die Liegenschaftsfortführung reicht. Somit variieren die GPS-Meßmethoden von der Absolutmessung im Postprocessing bis zur Echtzeitvermessung im kinematischen Modus (RTK-real time kinematic). Weitere Sensoren wie z.B. Freihanddistanzmesser, elektronische Kompasse und Neigungssensoren ermöglichen die lokale Aufnahme z.B. der Leitungsverläufe im NIS-Bereich oder der Forstwege in UIS-Anwendungssegment. Der Standort kann mittels GPS z.B. auf 3m genau in einem übergeordneten System festgelegt werden und lokal werden die benachbarten Punkte auf wenige Zentimeter relativ dazu durch polares Anhängen bestimmt. Auch Kopplungen mit CCD-Kameras sind möglich, zur Erfassung von geokodierten Beweis- oder Dokumentationsbildern respektive zur späteren Auswertung von geometrischen und Sachinformationen im Büro.

Die höchsten Anforderungen an solche Systeme stellen kinematische Echtzeitvermessungen. Voraussetzung hierfür ist der Empfang von DGPS-Korrekturdaten im Gelände. Als Standardformat zur Übertragung dieser Daten gilt seit 1992 das RTCM-SC104-Format (Radio Technical Commission for Maritime Services, Special Committee 104). Die Übertragung der Daten erfolgt mittels Datenfernübertragung (DFÜ) (vgl. Seite 59) Hierbei ist die Einbeziehung von 2 GPS-Empfängern und einer Telemetrieeinheit als autonomes System zu sehen. Die

Ergebnisse der GPS-Datengewinnung können unmittelbar an einem feldtauglichen Pencomputer angezeigt und mit bisher bereits erfaßten oder gescannten Daten überlagert werden.

Mobile Erfassung mittels Fahrzeugen

Durch Kombination verschiedener Sensoren, sogenannte Multisensorsysteme, entstehen mobile Mappingsysteme, die z.B. an Bord von Fahrzeugen zur Erfassung und Fortführung präziser Straßendaten und Straßenausstattungen geeignet sind.

Definition 2.3 : *Ein Multisensorsystem ist charakterisiert als kinematisches Meßsystem, das eine vollständige Kartierungslösung durch die Integration verschiedenster Sensoren auf einer gemeinsamen zeitlich synchronisierten Plattform (Vermessungsfahrzeug) bietet. Im Prinzip wird keine weitere externe Information, also auch keine Paßpunkte, benötigt. Derartige Informationen können aber in die Auswertung als redundante Informationen miteinbezogen werden (nach K. P.* SCHWARZ *(1998B))*.

Die Vorteile derartiger Systeme liegen auf der Hand. Sie können sofort und überall eingesetzt werden, sie lassen sich dem Problem anpassen und sie besitzen durch gegenseitige Sensorkomplementierung eine intrinsische Qualitätskontrolle. Beispiele solcher Multisensorsysteme sind z.B. im modernen Bildflug (vgl. Seite 87ff) und in mobilen Mappingsystemen zu finden.

In *mobilen Mappingsystemen* ist das Vermessungsfahrzeug neben GPS ausgestattet mit Sensoren wie INS (Inertial Navigation System), Odometer oder Radabgriffsensor und Barometer, die insbesondere in Bereichen, in denen kein GPS-Signal zu empfangen ist (enge Straßenschluchten in Innenstädten), die weitere Positionierung ermöglichen sollen. Die verschiedenen Sensoren erfüllen unterschiedliche, aber durchaus sich substituierende Funktionen: GPS gibt eine 3D-Position, INS die 3D-Geschwindigkeiten, Odometer resp. Radabgriff die Geschwindigkeit und Lauflänge in Fahrtrichtung, Barometer den Höhenunterschied. Alternativ sind auch Kompaß und Inklinometer in der Lage, Neigungen und Azimute zu ermitteln. Ein zweiter GPS-Sensor ist auf einem bekannten Punkt positioniert, um somit differentielle Messungen durchführen zu können. Als eigentliche Aufnahmesensoren kommen mindestens zwei CCD-Kameras zum Einsatz, die dann manuell oder je nach Thematik auch teilweise durch semiautomatische Bildverarbeitungsprozeduren ausgewertet werden. Eine Farbvideokamera sowie eine Einheit zur Spracheingabe können das Erfassungssystem komplettieren. Alle Sensoren müssen exakt zeitlich synchronisiert und zueinander eingemessen sein. Die Signale werden auf dem Plattenspeicher während der Fahrt aufgezeichnet und im Büro ausgewertet. Mit derartigen autonomen Systemen sind 3D-Positionen und Attribute für Beschilderungen, Fahrbahnmarkierungen, Fahrbahnschäden, aber auch Gebäude, Bäume etc. in einem Korridor von etwa 50 bis 100m seitwärts der

2.2. GERÄTE ZUR DATENERFASSUNG

gefahrenen Strecke ableitbar. Das Fahrzeug bewegt sich dabei im durch den Straßenverkehr vorgegebenen Geschwindigkeitsbereich. Die Georeferenzierung aller Sensoren erfolgt i.d.R. durch Kombination aller Sensorsignale in einem Kalmanfilter. Die Verarbeitung aller Daten erfolgt zumeist im Postprocessing-Modus. Die Auswertung geschieht mittels Bildverarbeitungsunterstützung. Die erreichbaren Genauigkeiten liegen im Dezimeterbereich.

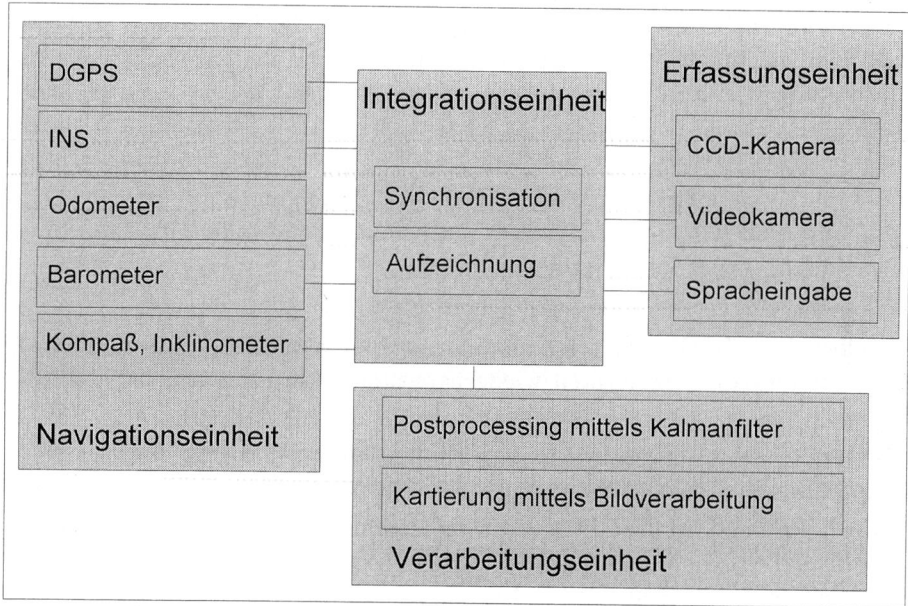

Abbildung 2.5: Systemkomponenten in mobilen Mappingsystemen.

Mehrere Systeme sind in Entwicklung oder werden bereits eingesetzt (K. P. SCHWARZ (1998A), (1998B)). H. STERNBERG, W. CASPARY UND H. HEISTER (1998) entwickeln das System KiSS (Kinematic Survey System), W. BENNING UND T. AUSSEMS (1998) das Car-Driven Survey System (CDSS) und N. EL-SHEIMY UND M. LAVIGNE (1998) das System VISAT (Video-INS-SATellite).

2.2.5 Photogrammetrische Auswertegeräte

Die Photogrammetrie ist ein geodätisches Meßverfahren, bei dem die Vermessung mit Hilfe von Abbildern des eigentlich zu vermessenden Objektes erfolgt. Hierzu werden photographische Abbildungen hergestellt, um Form, Lage und Größe der aufgenommenen Gegenstände durch Ausmessung oder Projektion dieser Abbildungen bestimmen zu können. Wir verweisen hier auf die umfangreiche Fachliteratur zur Photogrammetrie (K. SCHWIDEFSKY UND F. ACKERMANN (1976), R. FINSTERWALDER UND W. HOFMANN (1968), K. KRAUS (1982), (1984), J. ALBERTZ (1991) u.a.) und beschränken uns auf eine kurze Einführung zum

Verständnis der gerätetechnischen Seite. Häufig dient die Verwendung von Photographien – vornehmlich von Luftbildern – der Interpretation des Bildinhaltes und nicht dem Ausmessen. Mit verschiedenen Geräten – vom *Spiegelstereoskop* bis zu *Luftbildinterpretationsgeräten* – lassen sich für ein GIS beschreibende Daten wie Landnutzung etc. aus dem Luftbild entnehmen (B. PFEIFFER UND G. WEIMANN (1991)). Disziplinen wie Geographie, Geologie, Forstwesen, Geschichtsforschung bis in den Umweltbereich nutzen dieses Instrumentarium bei Vorliegen von Schwarz-Weiß-, Farb- und Falschfarbenaufnahmen zur Interpretation. So lassen sich z.B. aus Falschfarbenaufnahmen Vegetationsdaten ableiten. Geräte, die solche Auswertungen erlauben, werden z.B. von Leica oder Carl Zeiss, Oberkochen angeboten.

Die photogrammetrischen Auswertegeräte – zum Messen – dienen der Rekonstruktion der geometrischen und analytischen Beziehungen zwischen Aufnahmeobjekt und Meßbild, die sich aus dem mathematischen Modell der Zentralperspektive ableitet. Diese Rekonstruktion kann

- analog, d.h. die Bündel der Aufnahmestrahlen werden optisch-mechanisch in *analogen Auswertegeräten* wiederhergestellt oder

- analytisch erfolgen, d.h. gemessene Bildkoordinaten werden rechnerisch in Modellkoordinaten überführt. Wird das analoge Bild verwendet, so handelt es sich um *analytische Auswertegeräte*. Kommt dagegen ein gescanntes oder direkt digital erhobenes Bild zum Einsatz, so bezeichnet man diese Systeme als *digitale Auswertegeräte*.

Gegenwärtig verteilen sich weltweit die photogrammetrischen Auswertegeräte etwa wie folgt: 6.000 analoge, 2.000 analytische und einige Hundert digitale Auswertegeräte, deren Anteil in Zukunft zunehmen wird. Obwohl also heute weltweit noch die meisten Karten mit analogen Auswertegeräten erstellt werden, beschränken wir uns in unseren Betrachtungen auf analytische und digitale Auswertegeräte.

Soll eine einzelne Aufnahme metrisch ausgewertet werden, so ist das Originalbild vorher in eine strenge Orthogonalprojektion umzubilden. Damit werden Effekte der projektiven Verzerrung und unterschiedlicher, von der Geländehöhe abhängiger Maßstäbe beseitigt. Für dieses, auch differentielle Entzerrung genannte Verfahren, existieren *Orthoprojektoren*, mit denen Orthophotos erzeugt werden. Der Informationsgehalt des Bildes bleibt mit dem Gewinn der geometrischen Auswertbarkeit erhalten. Das *Orthophoto* ist in geometrischer Hinsicht der Karte vergleichbar. Orthophotos aus digitalisierten Luftbildern oder digital vorliegenden Satellitenaufnahmen werden vollständig digital erzeugt und erfreuen sich in hybriden GIS zunehmend hoher Beliebtheit als Hintergrunddarstellung zur Digitalisierung oder zur Interpretation.

Analytische photogrammetrische Auswertegeräte

Analytische Auswertegeräte – auch *analytische Plotter (AP)* genannt – dienen der Digitalisierung von Meßbildern. Dies können Luftbildaufnahmen, Bilder aus dem photogrammetrischen Nahbereich (Fassaden, Bauwerke etc.) sowie Weltraumaufnahmen sein. Im Unterschied zur vorangegangenen Beschreibung der Digitalisierung einer Karte, die eine zweidimensionale Datenerfassungsmethode darstellt, erlaubt die Auswertung von sich überlappenden photogrammetrischen Aufnahmen bei bekannter Orientierung der Bilder – relativ zueinander und absolut im Raum – eine dreidimensionale Auswertung (*Stereoauswertung*), d.h. der analytische Plotter (Abbildung 2.6) ist als 3D-Digitalisierstation anzusehen.

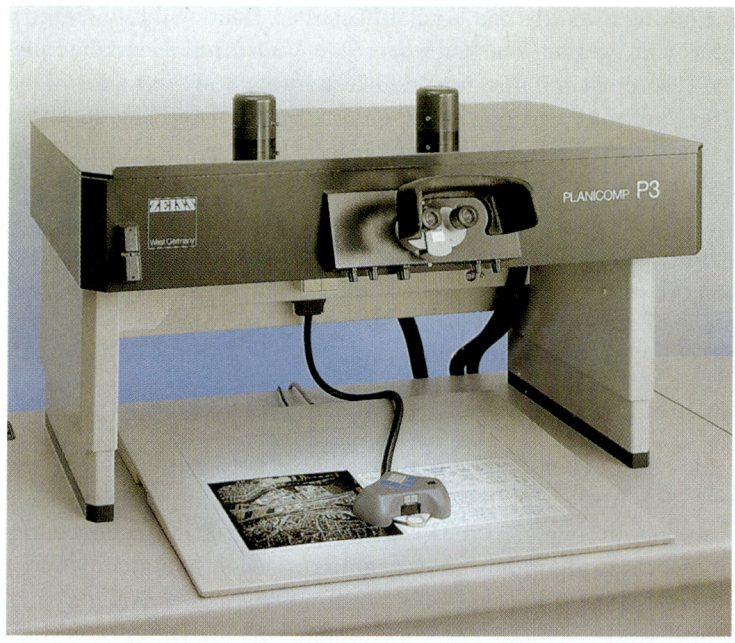

Abbildung 2.6: Die photogrammetrische Auswertestation Planicomp P3 (Quelle: Carl Zeiss, Oberkochen)

Während mit analogen photogrammetrischen Auswertegeräten früher Linienauswertungen in graphischer Form erstellt wurden, sind heute nach einer Aufrüstung mit elektromechanischen Weggebern zum Abgriff von x,y,z-Koordinaten auch mit diesen Geräten Koordinaten zu erfassen, die dann über eine Datenschnittstelle ins GIS überspielt werden können. In raumbezogene Informationssysteme sind integrierte analytische Auswertestationen verfügbar wie Intermap Analytic im System IGDS/DMRS (Interactive Graphics Display System/Data Management and Retrieval System) von Intergraph, die Planicomp-Serie in Phocus von Zeiss oder die DSR-Serie 11, 12, 14 und 15 in Infocam von Kern (Leica

Aarau AG, Aarau) (J.D. BONJOUR (1989)). Abbildung 2.6 zeigt den analytischen Plotter Planicomp P3 von Zeiss. Dieses Tischgerät – bestehend aus Optik, Elektromechanik, einem Rechner und ausgestattet mit einer Freihandführung – gestattet z.B. in Kombination mit dem interaktiv-graphischen System Phocus von Zeiss die durchgreifende und qualifizierte 3D-Datenerfassung. Der Bildkoordinatenabgriff erfolgt auf wenige Mikrometer genau, womit sich in Abhängigkeit vom Bildmaßstab aus Luftbildern Genauigkeiten ableiten lassen, die den geodätischen Methoden absolut ebenbürtig sind.

Eine wichtige Komponente in modernen analytischen Auswertegeräten für den GIS-Bereich ist die *Einspiegelung* oder *Superimposition* von Vektordaten. Optisch wird im Betrachtungsfeld des Operateurs die analoge photogrammetrische Aufnahme mit dem bereits digitalisierten Datenbestand, dargestellt auf einem oder bei Stereoeinspiegelung zwei kleinen hochauflösenden Rasterbildschirm(en), überlagert. Dies bietet eine wesentliche Hilfe bei der Vollständigkeitskontrolle, bei der Kontrolle der Übereinstimmung und dem Nachweis von Veränderungen an und integriert Erfassung und Verifikation in einer Einheit. Die Einspiegelung kann sowohl in Mono (Videomap bei Zeiss und Intergraph) als auch in Stereo (Videomap 2 bei Zeiss, Kriss bei Kern und RIVS beim System 9 AP) erfolgen.

Die Anschaffungskosten für analytische Auswertegeräte sind recht hoch; dabei ist mit einigen Hundert TDM zu rechnen. Als Option wird hierzu die Einspiegelungshardware und -software angeboten. Lieferanten solcher Geräte sind die schon obengenannten Firmen Zeiss, Leica, Intergraph und andere.

Digitale photogrammetrische Auswertegeräte

Der Schritt von der konventionellen analog-analytischen Photogrammetrie in die digitale Welt vollzieht sich in den letzten Jahren. Erste Systeme wurden Ende der achtziger Jahre vorgestellt. Sie sind inzwischen zur Produktionsreife weiterentwickelt. Einen Überblick zu digitalen photogrammetrischen Systemen (DPS) gibt C. HEIPKE (1995A). Unter digitalen photogrammetrischen Stationen wird die Kopplung von Hard- und Software zur Gewinnung von 3D-Daten aus digitalen Bildern mittels interaktiver, semi-automatischer und automatischer photogrammetrischer Methoden verstanden. Das Herzstück eines solchen Systems ist die digitale photogrammetrische Arbeitsstation. Daneben besitzt ein DPS Komponenten zur digitalen Bildaufnahme (i.d.R. Photoscanner, vgl. Seite 73) und eventuell zur Ausgabe (Rasterplotter). Im Vergleich zur analytischen Photogrammetrie bietet die digitale Photogrammetrie nach C. HEIPKE (1995B) eine Reihe von Vorteilen: Teilaufgaben sind automatisierbar, beliebig viele Bilder sind simultan verarbeitbar, Stereobetrachtung bei freier Kopfbewegung und durch mehrere Beobachter gleichzeitig u.v.a. Kombiniert mit einfachen Bedienungsoberflächen eröffnen sich somit neue Anwendungen insbesondere im Planungs- und Umweltbereich.

Die Hardware eines DPS besteht heute im wesentlichen aus Standardbau-

2.2. GERÄTE ZUR DATENERFASSUNG

steinen. Ein leistungsfähiger Rechner mit großem Primär- und Sekundärspeicher, ein schnelles Graphiksystem mit großem Bildspeicher, ein hochauflösender Bildschirm mit der Möglichkeit zur Stereobetrachtung sowie eine 3D-Maus zur räumlichen Auswertung gehören zum System. Die Stereobetrachtung und -messung wird mittels zirkular polarisierten passiven Brillen oder mittels aktivem Crystal Eyes-System realisiert. Auch monoskopische Stationen sind interessant, sobald mittels automatischer Methoden ein digitales Orthophoto erzeugt wurde. Durch Hinterlegung des Digitalen Geländemodells kann monoskopisch dennoch eine 3D-Auswertung stattfinden.

Nach C. HEIPKE (1995B) sind mehr als zwei Dutzend Anbieter mit Systemen am Markt. Die bekannteren Systeme stammen von Herstellern photogrammetrischer Geräte, so z.B. Leica/Helava mit dem DPW-System (Digital Photogrammetric Workstation, siehe S. MILLER UND S. WALKER (1995) oder Zeiss mit Phodis (Photogrammetric Digital Image Processing System, siehe P. WILLKOMM UND C. DÖRSTEL (1995)). Aber auch aus der Richtung der Computerhersteller entwickelten sich Systeme wie z.B. Intergraph's Imagestation (W. FRICK (1995)). Ebenso wurden bekannte Fernerkundungssoftwareprodukte zu digitalen photogrammetrischen Systemen weiterentwickelt.

PHODIS ST ist z.B. der digitale Stereoplotter des photogrammetrischen Bildverarbeitungssystems PHODIS von Carl Zeiss. PHODIS läßt sich in die Hauptgruppen Bilderzeugung, Bildbearbeitung, Bildauswertung sowie Bildausgabe aufteilen. Das System ist in den Ausbaustufen ST 30 und ST 10 verfügbar. PHODIS stellt dem Anwender Systemkomponenten zum Scannen (PS 1 PhotoScan resp. SCAI, siehe Seite 73), zur photogrammetrischen Basis (Basissoftware), zur Orthophotoerzeugung (PHODIS OP), zur Stereoauswertung (PHODIS ST) und zum Monoplotting (PHODIS M) bereit. Die Auswertung mit dem digitalen Stereoplotter kann durch unterschiedliche GIS erfolgen, so z.B. mit PHOCUS oder ALK-GIAP, wodurch unmittelbar 3D-Koordinaten dem GIS bereitgestellt werden. Erfaßte Vektordaten können dem digitalen Rasterbild überlagert werden.

2.2.6 Scanner oder Abtaster

Unter Scannern oder Abtastern seien hier digitale Sekundäraufzeichnungssysteme verstanden, mit denen Belege, Zeichnungen oder Bilder abgetastet und dabei analoge Vorlagen (z.B. Buchstabe, Linie oder Schwärzungsgrad) in digitale Daten (z.B. ASCII-Zeichen (American Standard Code for Information Interchange) oder Pixel) gewandelt werden. Im Unterschied zu digitalen Originärerfassungsgeräten (siehe vermessungstechnische und photogrammetrische Geräte, Satellitensensoren) ist hier das Ausgangsmaterial analog.

Allgemeines zu Scannern

Im folgenden sollen allgemeine Betrachtungen zu Scannern wiedergegeben werden, die sich an den Ausführungen von C. EIDENBENZ (1989) orientieren.

Drei wesentliche Anwendungen gibt es für Scanner derzeit:

- Die *Digitalisierung von Bildern* z.B. zum Zwecke der Gestaltung ansprechender Textbroschüren (Desk-Top-Publishing (DTP)) oder als digitales Material für GIS oder Bildverarbeitungssysteme.

- Die *Texterfassung und -erkennung* ebenfalls für DTP-Aufgaben, zur Dokumentation und Archivierung oder zur Übernahme als Sachdaten in GIS.

- Die *Zeichnungserfassung* zur Übernahme von Konstruktionszeichnungen in CAD-Systeme, von Strichgraphiken in DTP-Dokumente oder von Karten in GIS.

Hinsichtlich der radiometrischen Auflösung unterscheidet man zwischen:

- Der *Binärabtastung*: Der Meßwert kann die Zustände 0 und 1 annehmen und wird in 1 Bit/Pixel abgelegt. Geeignete Vorlagen zur Binarisierung sind z.B. Karten und Pläne – allgemein Strichzeichnungen – und Texte.

- Der *Grauwertabtastung*: Bis zu 256 Grauwerte können erfaßt und in 1 Byte/Pixel (= 8 Bit/Pixel) abgelegt werden. Quellen sind Schwarz-Weiß-Photos, Pläne, Zeichnungen und Texte, die mittels Grauwertabtastung in Rasterbilder umgesetzt werden.

- Der *Farbabtastung*: Bis zu je 256 Grauwerte werden mittels Filter in Rot-Grün-Blau-Kanäle (RGB-Kanäle) zerlegt und in 3 Byte/Pixel abgespeichert. Vorlagen sind z.B. Farbbilder, farbige Pläne.

Beispiel 2.1 zur Auflösung:

Zwei Beispiele sollen die Auflösung und deren Umrechnung verdeutlichen :

- 400 dpi entsprechen etwa einer Pixelgröße von $0.064 * 0.064 mm^2$, woraus eine Anzahl von knapp 25.000 Pixel/cm² folgt.

- 1.000 dpi entsprechen etwa einer Pixelgröße von $0.025 * 0.025 mm^2$ und einer Anzahl von etwa 155.000 Pixel/cm², was 20 Linienpaaren/mm entspricht.

Bezüglich der Bauart von Scannern lassen sich differenzieren:

- *Trommelscanner* (Abbildung 2.7), bei dem die Abtastvorlage auf einer zylindrischen Trommel – der Abtastwalze – aufgespannt ist, die rotierend die erste Bewegungsrichtung umsetzt. Die Abtasteinheit mit einem Laser und Detektor bewegt sich an der Walze entlang und realisiert so die zweite Bewegungsrichtung.

2.2. GERÄTE ZUR DATENERFASSUNG

- *Flachbettscanner* (Abbildung 2.8), bei dem die Vorlage auf einer ebenen Platte aufliegt und die Abtasteinheit mit Scankopf und Abtastelement in zwei senkrecht zueinander stehenden Bewegungsrichtungen darüber geführt wird.

- *Durchlaufscanner*, bei denen eine Bewegungsrichtung durch das Durchlaufen und die zweite durch eine Abtasteinheit mit senkrecht dazu geführter Achse umgesetzt wird.

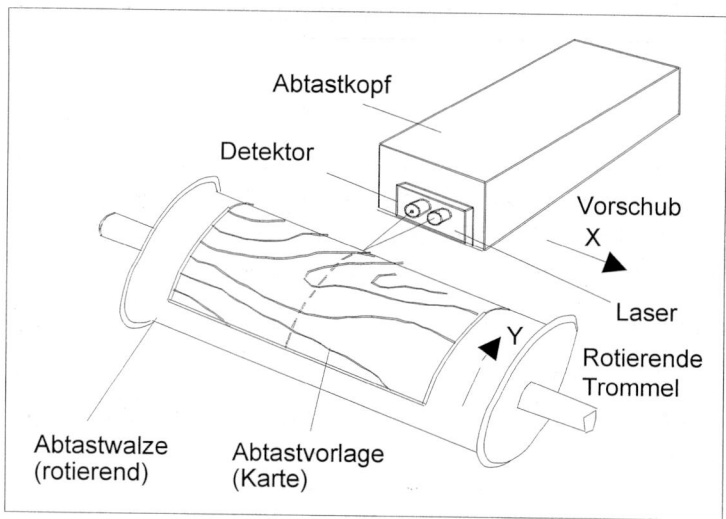

Abbildung 2.7: Prinzipskizze zum Trommelscanner

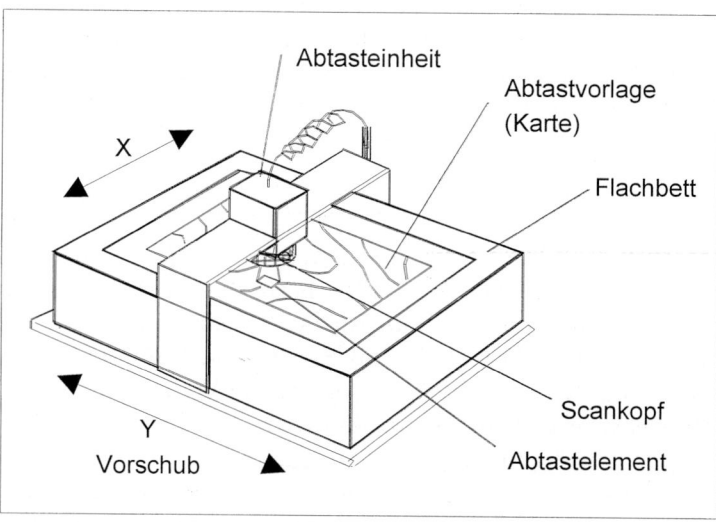

Abbildung 2.8: Prinzipskizze zum Flachbettscanner

Beispiel 2.2 zu Datenmengen und tertiären Speichermedien:

An einigen Standardbeispielen seien die entstehenden enormen Datenmengen illustriert (C. EIDENBENZ (1989), S. NEBIKER (1997)):

- Das Scannen einer einfarbigen Katasterkarte oder eines Werkplanes vom Format 700*900mm mit 10 Linienpaaren/mm (400 dpi) resultiert bei einer Binärabtastung, d.h. 1 Bit/Pixel, in mehr als 252 Millionen Bit bzw. 30 MByte (1 MByte = 1024 KByte = 1024^2 Byte, 1 Byte = 8 Bit). Diese Datenmenge findet bequem auf einem Magnetband oder einer ZIP-Diskette Platz.

- Gescannter Kartenlayer mit 20 Linien/mm, 14.000*9.600 Pixels, Schwarz-weiß im Packed Bit-Format ergibt 16 MByte.

- Das Abtasten einer mehrfarbigen topographischen Karte mit Reliefdarstellung im Format 480*700 mm mit 20 Linienpaaren/mm (1000dpi) ergibt bei 8 Bit/Pixel etwa 540 Millionen Byte, also über 500 MByte, die auf einer CD-ROM gespeichert werden kann.

- Gescannte Karte mit 50 Linien/mm, 35.000*24.000 Pixels, 256 Farben als 8 Bitdarstellung erbringt bereits 800 MByte.

- Ein farbiges Luftbild vom Format 230mm*230mm mit 40 Linienpaaren/mm (2000 dpi) erbringt bei 3*8 Bit/Pixel eine Datenmenge von mehr als 1015 Millionen Byte oder etwa 1 GByte, wofür die neueren Speichermedien wie Digital Tape Format (DTF) oder Digital Linear Tape (DLT) in Frage kommen.

- Das Orthophotomosaik der Schweiz bei 42.000 km^2 und 1-Meterauflösung als Farbdarstellung in 24 Bit (RGB) benötigt 117 GByte. Analog würde ein solches Orthophotomosaik für Deutschland bei 360.000 km^2 und 1-Meterauflösung zu 1.005 GByte, d.h. ca. 1 TByte, Daten führen.

Als Abtastprinzip wird vor allem bei Trommelscannern die *Punktabtastung* angewendet, dagegen die *Zeilenabtastung* bei Flachbett- oder Durchlaufscannern. Die Beleuchtung erfolgt entweder im *Auflicht* (für Papiervorlagen mit einer Punkt- oder Laserlichtquelle) oder *Durchlicht* (für Strich- und Halbtonfilm mit Punktlicht für Farbabtastung). Das reflektierte oder das die Vorlage durchdringende Licht wird in ein elektrisches Signal gewandelt und nach Analog-/Digital-Wandlung (A/D-Wandlung) als digitale Information registriert. Die Grenzen der Auflösung liegen heute bei $0.01 * 0.01 mm^2$, die Maßeinheit ist üblicherweise dpi. In der Kartographie finden sich oftmals auch Angaben in Linienpaaren pro mm, d.h. Schwarz-Weiß-Folgen von parallel gezeichneten Linien und Leerflächen. Je höher die Auflösung, d.h. je mehr Bildpunkte je Bildfläche, desto schärfer ist die

2.2. GERÄTE ZUR DATENERFASSUNG

Darstellung. Zum Scannen von Karten reicht eine Auflösung von 10 Linienpaaren/mm oder 400 dpi, das entspricht ungefähr der halben minimalen Strichbreite bei der Kartenvorlage.

Diese großen Datenmengen bedingen Kompressionstechniken zur Einsparung von Speicherplatz. *Kompression* heißt, im Gegensatz zu *Datenreduktion*, Speicherplatzeinsparung ohne Informationsverlust. Auf gängige Kompressionsmethoden – gleichzeitig auch Speichermethoden für solche Rasterdaten – wie die Lauflängenkodierung (Runlength-encoding, bei der je nach Vorlage nur ca. 10 bis 15 % des ursprünglichen Datenvolumens verbleiben) oder Quadtrees werden wir in Kapitel 5 und 6 eingehen.

Scanner im Desktop-Publishing-Bereich (DTP)

Scanner für Präsentationszwecke – allgemein zur Nutzung im DTP-Bereich geeignet – sind zumeist mit einer Schnittstelle zu einem PC-Textverarbeitungs- und Graphikpaket verbunden (CAD-CAM (1989B)). Sie haben üblicherweise das Format DIN A4 und eine variable Auflösung von im Mittel 400-600 dpi; jedoch gibt es auch höhere Auflösungen bis 2.000 dpi. Sie bieten die Möglichkeiten der Graphikmanipulation (Drehen, Spiegeln, Kopieren, Inverse Darstellung) sowie der Texterkennung (Optical Character Recognition - OCR-Software). Letztere beruht auf dem Punktmatrixverfahren oder auf topologischen Prinzipien. Schreibmaschinenschrift – oder allgemeiner Zeichenvorräte der OCR-Schriften – ist in der Regel mit weit über 90 % Sicherheit erkennbar und wird direkt in ASCII-Zeichen gewandelt. Die Abtastzeit für eine DIN A 4 Seite liegt bei ca. 10-20 Sekunden, die Übersetzung braucht dann nochmals die gleiche Zeit. Vom Prinzip unterscheidet man Handscanner (geringe Qualität, nur für Werbezwecke) und Einzelblattscanner nach dem Prinzip des Flachbettscanners. Diese sind z.T. auch als Farbscanner mit 64 bis 256 Graustufen erhältlich und verfügen auch über Raster-Vektor-Konvertierungs-Software zur Umwandlung von Strichzeichnungen in topologisch unstrukturierte Daten – sogenannte *Spaghetti-Daten*. Anbieter von DTP-Scannern sind u.a. Epson, Siemens, HP, Agfa, Sharp. Der Preisrahmen liegt zwischen 1TDM und 25TDM.

Farbscanner mit höherer geometrischer und radiometrischer Auflösung (1200 dpi, 8-12 Bit), mit Durchlichtoption und im Format DIN A3 sind auch zum Scannen von Luftbildern geeignet (E. BALTSAVIAS UND R. BILL (1994)). Sie kommen nach geometrisch-radiometrischer Entzerrung zur digitalen Orthophotoherstellung zum Einsatz und stellen eine kostengünstige Alternative zu Photoscannern dar. Anbieter sind u.a. Sharp, Agfa, Scitex und Intergraph zu Preisen zwischen 20 und 50 TDM.

Scanner zur Zeichnungserfassung

'Noch immer ist kein Digitalisiersystem in Sicht, geschweige denn auf dem Markt, das das Einlesen komplexer Zeichnungen und die Ausgabe in CAD-verwendbarer

Form in einer wirtschaftlich interessanten Zeit ermöglicht. Der Aufwand an manueller Nacharbeit auf Raster- und Vektorebene ist noch immer beträchtlich.'

Dieses Zitat aus CAD-CAM (1989B) charakterisiert auch heute noch durchaus zutreffend die Anstrengungen in der automatischen Zeichnungserfassung. Die Geräte stehen seit langem zur Verfügung, die Software erledigt bisher nur Teilarbeiten. Abbildung 2.9 zeigt den Eagle Trommelscanner der Firma ANA Tech.

Abbildung 2.9: Trommelscanner ANA Tech (Quelle: Intergraph, Ismaning)

Scanner zur Abtastung von Zeichnungen, sowohl als Trommel- als auch als Flachbettscanner erhältlich, reichen bis zum Format DIN A 0 bei einer variablen Auflösung von 400 – 800 dpi (maximal 2.000 dpi). Die Genauigkeit der Achsen liegt bei 0.25mm bis 0.005mm. Sie bieten i.d.R. Schnittstellen zu CAD-Systemen und deren Austauschformaten (IGES - Initial Graphics Exchange Standard, DXF – Data Exchange Format, SIF – Standard Interchange Format usw.). Dabei ist eine Farbabtastung von 64 bis 256 Graustufen möglich. An geometrischen Grundelementen können Gerade, Kreis, Ellipse, Schraffur, Spline und Beschriftung mit einer Erkennungssicherheit von über 70 % erkannt werden. Auf die Probleme bei der Raster-Vektorwandlung kommen wir in Kapitel 4 zurück. Die Vektorisierung basiert meist auf der simultanen Rand- und Mittellinienbildung – sie ist i.d.R. interaktiv zu korrigieren. Die Abtastung dauert etwa 1 Minute/25cm Abtastvorlage. Anwendungen der automatischen Zeichnungserfassung liegen in der Dokumentation von Leiterplatten, CAD-Plänen, Kartographie, Bildverarbeitung sowie von Dokumenten. Anbieter sind neben ANA Tech noch AEG, CIS, Kon-

2.2. GERÄTE ZUR DATENERFASSUNG

tron und Hell. Der Preis für einen solchen Scanner liegt in der Größenordnung von 200TDM bis 400TDM. Bei der Integration als Filmbelichter (Optronics – Intergraph, Hell, Barco Graphics u.a.) liegt der Preis bei ca. 700TDM. Damit ist ein kombiniertes Gerät zur Erfassung und Ausgabe von Rasterdaten gegeben.

Photoscanner

Zeiss stellte im Jahr 1989 den ersten Photodigitizer vor (H.W. FAUST (1989)), mit dem analoge photographische Vorlagen bis zu 26cm*26cm, also Luftbildformat, in digitale Form umgewandelt werden können. Dieses Gerät, bestehend aus dem Scanner, der einem Bildwagen des Zeiss-Planicomp entspricht, dem Arbeitsplatzrechner und der Digitalisiersoftware tastet mittels CCD-Sensor zeilenweise das Bild mit wählbarer Auflösung bis zu einer Feinstauflösung von 7.5 Mikrometer (etwa 3400 dpi) bei 8 Bit-Darstellung ab und gibt die Daten an einen Arbeitsplatzrechner weiter. Die Software umfaßt neben der Definition des Abtastbereiches und der Abtastrichtung auch die Justierung und Kalibrierung sowie die Speicherung und Darstellung der Rasterdaten. Eine Weiterverarbeitung in einem hybriden GIS ist dann möglich. Farbbilder können durch Vorsatz von RGB-Filtern gescannt werden. SCAI (Scanner Autowinder Interaktiv) heißt das aktuelle System von Zeiss, mit dem auch Filmrollen direkt verarbeitet werden können. Eine Weiterverarbeitung der digitalen Bilddaten ist mittels Software zur Aerotriangulation (z.B. MATCH-AT) und zur Geländemodellerstellung (z.B. MATCH-T) gewährleistet. Die nachfolgende Abbildung zeigt den Photoscanner SCAI von Zeiss (Quelle: Carl Zeiss, Oberkochen).

Inzwischen sind verschiedene solcher Photoscanner, insbesondere als Bestandteil von digitalen photogrammetrischen Auswertegeräten am Markt. Eine Übersicht geben E. BALTSAVIAS UND R. BILL (1994). Üblich sind Scanformate bis zu 30*30cm, geometrische Auflösungen im 10 Mikrometerbereich, radiometrische Auflösungen von 8 bis 12 Bit. Geräte zu Kosten von i.d.R. mehr als 100 TDM werden angeboten von Intergraph, Leica, Vexcel, Wehrli, Zeiss u.a.

2.2.7 Satellitensensoren

Einführung

Satelliten bewegen sich im All wie kleine natürliche Himmelskörper, d.h. sie sind der Gravitation ausgesetzt und umkreisen die Erde in bestimmten Umlaufbahnen und einer damit exakt korrelierenden Geschwindigkeit. Die künstlichen Satelliten umkreisen die Erde in Entfernungen zwischen 350 und 37.000 km, wobei die weiter entfernten Satelliten eher zur Wettervorhersage, Telekommunikation und zur Positionsbestimmung (GPS) dienen, während die erdnahen Satelliten hauptsächlich zur Erderkundung eingesetzt werden. Je nach Art des Umlaufs um die Erdachse spricht man entweder von einer *polaren* Umlaufbahn oder von einer *geostationären* Umlaufbahn. Die wichtigsten Erderkundungssatelliten bewegen sich in einer fast polaren Umlaufbahn. Beim polaren Umlauf würde sich der Satellit genau in Nord-Süd Richtung bewegen und wegen der Erdrotation ständig in andere Zeitzonen und Beleuchtungsverhältnisse geraten. Die leichte Versetzung der Bahn führt dazu, daß der Satellit sonnensynchron fliegt, d.h. jedes Gebiet der Erde wird etwa zur gleichen Sonnenzeit (nicht gleich Uhrzeit) überflogen. Die Landsatsatelliten beispielsweise überqueren den Äquator um ca. 9:30 Ortszeit, denn in den Morgenstunden ist im allgemeinen die Wolkenbildung geringer, insbesondere in den Tropen. Mitteleuropa wird etwas später ca. 10:30 Ortszeit überflogen.

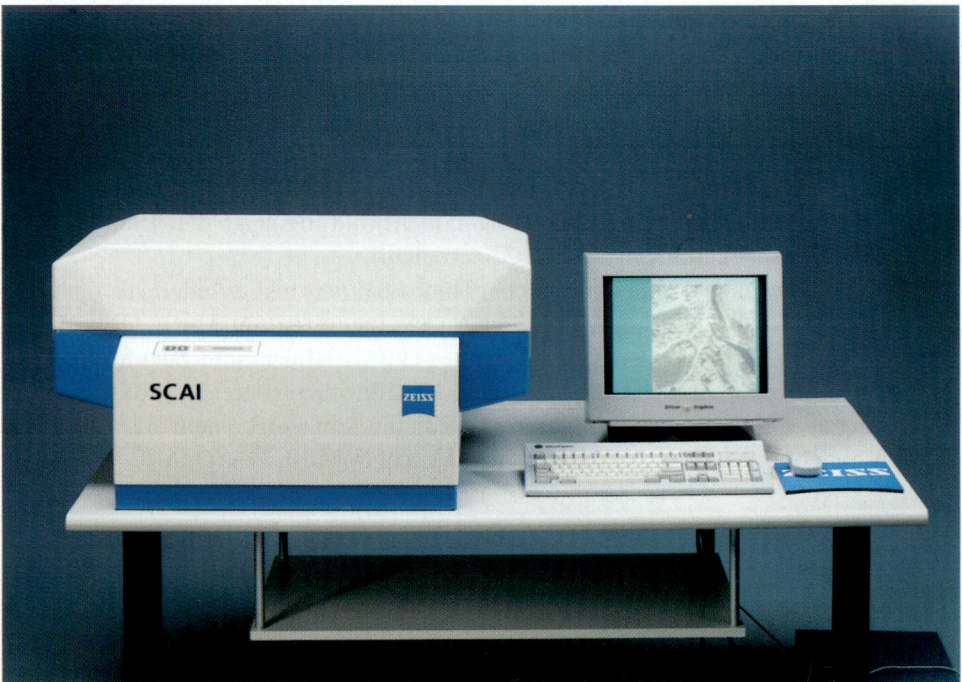

Abbildung 2.10: Photoscanner SCAI (Quelle: Zeiss, Oberkochen).

Die geostationären Satelliten machen sich einen Sonderfall zunutze. In einer Höhe von 35.790 km über der Erdoberfläche hat der Satellit eine Umlaufdauer von 23 h 56 min. und 4 sec. (d.h. ein Sternentag). In der Äquatorialebene hat er dieselbe Winkelgeschwindigkeit wie die Erdrotation und bleibt deshalb scheinbar über einem Ort stehen.

2.2. GERÄTE ZUR DATENERFASSUNG

Verschiedenste erdnahe Satelliten tragen eine Vielzahl von Sensoren an Bord, die Daten über die Erdoberfläche aufzeichnen (F.W. STRATHMANN (1993), W. GÖPFERT (1987), L. FRITZ (1997)). Ebenso werden mehr und mehr Sensoren an Bord der Bildflugzeuge miteinander kombiniert.

Satellitensensoren lassen sich nach ihrem Aufzeichnungsprinzip folgendermaßen unterteilen:

- *Analoge Aufzeichnungsgeräte* – entsprechend photogrammetrischen Meßkammern – fanden sich u.a. bei den Satellitensystemen Gemini (Hasselblad), Skylab (Multispectral Photographic Camera und Earth Terrain Camera) sowie bei Space-Shuttle-Missionen (Metric Camera (MC), Large Format Camera (LFC)) und der Cosmos-Mission (Kosmicheskij Fotoapparat KFA-1.000). Diese zeichnen auf Film auf und werden mit klassischen analytischen Auswertegeräten bearbeitet oder gescannt und dann digital ausgewertet (vgl. Photogrammetrische Auswertegeräte in diesem Kapitel).

- *Passive Sensoren*, die Strahleninformation nur empfangen, digital aufzeichnen und zur Erde übermitteln, sind heute die üblichen Datensammler, mit deren Daten Fernerkundungsauswertungen durchgeführt werden und die auch große Bedeutung für GIS-Anwendungen besitzen. Sowohl Reflektionen im Bereich des sichtbaren elektromagnetischen Spektrums als auch Emissionen im Thermalbereich werden aufgezeichnet. Nachfolgende Tabelle gibt einen Überblick über die für Fernerkundung und GIS derzeit bedeutsamen und verfügbaren Systeme sowie ihre Kenndaten. Einzelne Missionen z.B. mit dem Space-Shuttle (Modular Optoelectronic Multispectral Stereo Scanner (MOMS-01, MOMS-02)) oder auf der MIR-Station (MOMS-02P) ergaben kurzzeitig Bildmaterial von regionalen Bereichen der Erdoberfläche (F. ACKERMANN U.A. (1990)). Die Inbetriebnahme von weiteren Satellitensystemen mit passiven Fernerkundungssensoren ist für die nächsten Jahren geplant (vgl. nachfolgende Tabelle, L. FRITZ (1997)). Interessant wird dabei deren schnelle Verfügbarkeit für den Nutzer sein; so sind bedarfsbezogene Lieferzeiten von der Aufnahme bis zum Konsumenten im Stundenbereich anvisiert, welches insbesondere GIS-Anwendungen im Umweltbereich (Land- und Forstwirtschaft) nahekommt. Auch die Repetitionsraten liegen mit wenigen Tagen deutlich höher als bei der bisher verfügbaren Satellitengeneration. Jedoch sind bisher alle Versuche, derartige Satelliten in den Orbit zu schicken, leider gescheitert.

- *Aktive Sensoren* benutzen das Objekt als Reflektor der von ihnen ausgesendeten und wiederempfangenen Strahlung, z.B. auf der Basis von Mikrowellen. Sie befanden sich z.B. an Bord von Seasat-1 (Synthetic Aperture Radar (SAR), Scanning Multichannel Microwave Radiometer (SMMR)), deren Informationen zusätzlich zu den von passiven Sensoren gewonnenen Daten zur Fernerkundungsauswertung hinzugezogen werden. Weitere Beiträge hierzu leistet der erste europäische Fernerkundungssatellit (ERS-1

Earth Remote Sensing Satellite 1, gestartet 1991) mit mehreren aktiven Sensoren, so z.B. dem *Precise Range and Rate Equipment (PRARE)*, einem sehr genauen Radarentfernungsmeßsystem, das die Satellitenbahndaten bis in den Dezimeterbereich bestimmt. Das *Radaraltimeter* erlaubt eine sehr präzise Messung der Entfernung zwischen Satellit und der Erdoberfläche im Nadirpunkt, über offenem Wasser und glatten Eisflächen mit bis zu 10-20 cm Genauigkeit. Das *Along-Track Scanning Radiometer and Microwave Sounder (ATSR-M)* ist ein passiver vierkanaliger Radiometer im infraroten Bereich zur Messung von Wasser- und Wolkenoberflächentemperaturen und einem passiven Mikrowellensensor zur Messung des Wassergehalts der Atmosphäre. Das *Active Microwave Instrument (AMI)*, der Hauptsensor, ist ein multifunktionaler Radarsensor mit einer Frequenz von 5,3 GHz und einer Streifenbreite von 80 km, der zu unterschiedlichen Zwecken betrieben werden kann, so z.B. zur Windmessung (Windstärke und -richtung), zur Wellenmessung (Wellenhöhe und -länge) und als SAR mit einer Rastergröße von 30*30 m.

Tabelle 2.2 : Charakteristische Daten passiver Fernerkundungssensoren

System (Sensor)	Bildformat [km]	Geometr. Auflösung [m]	Radiom. Auflösung [Graustufen]	Anzahl Kanäle	Zeitl. Aufl. Tage
Landsat 4/5 (MSS)	185*185	120*120	64	4	16
Landsat 4/5 (TM)	185*185	30*30	256	7	16
SPOT 01 (HRV-MS)	60*80	20*20	256	3	26
SPOT 01 (HRV-PC)	60*80	10*10	64	1	26
IRS-1C/1D (PAN)	70*70	5.8*5.8	64	1	5
IRS-1C/1D (LISS)	142*142	23*23	128	4	24
IRS-1C/1D (WiFS)	774*774	188.0*188.0	128	2	24

Legende:
MSS — Multispectral Scanner
TM — Thematic Mapper
HRV-MS — Haute Resolution Visible – Multispectral Mode
HRV-PC — Haute Resolution Visible – Panchromatic Mode
IRS — Indian Remote Sensing System
LISS — Linear Imaging Self Scanner Sensor
WiFS — Wide Field Sensor

2.2. GERÄTE ZUR DATENERFASSUNG

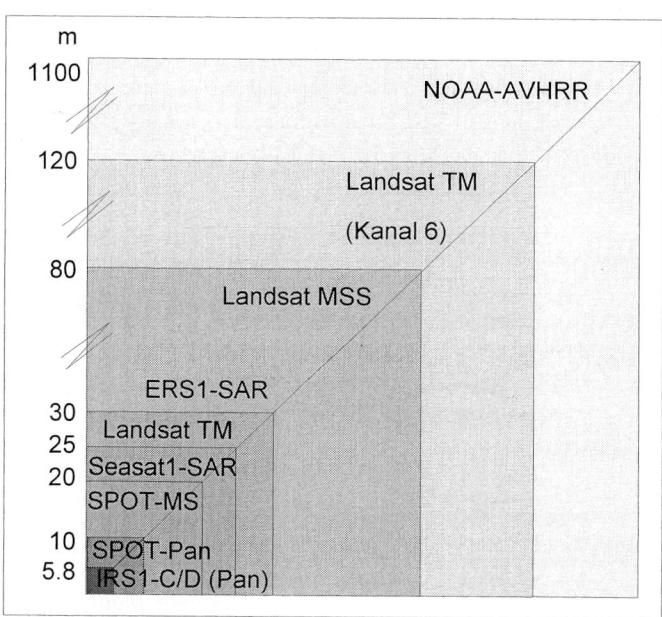

Abbildung 2.11: Geometrisches Auflösungsvermögen verschiedener Satellitensensoren.

Tabelle 2.3 : Charakteristische Daten zukünftiger Fernerkundungssensoren (nach L. FRITZ (1997))

System (Sensor)	Bild-streifen [km]	Geometr. Auflösung [m]	Radiom. Auflösung Bit	Start vorauss.
Quick Bird (Pan)	22	0.8	11	1999
Quick Bird (MS)	86	3.2	11	1999
Ikonos (Pan)	11	1	11	1999
Ikonos (MS)	11	4	11	1999
Orb-View3 (Pan)	8	1/2	11	1999
Orb-View3 (MS)	8	8	11	1999
GDE (Pan)	15	0.8	11	1999
EROS-A (Pan)	13.5	1.3	10	1999
EROS-B (Pan)	20	1	11	1999
EROS-B (MS)	20	4.5	11	1999

Legende:
Pan — Panchromatisch
MS — Multispektral

Der überstrichene Spektralbereich der Fernerkundungssensoren geht weit über den sichtbaren Bereich bis in den Mikrowellenbereich (Radar) hinaus; ausgewertet liefern diese Sensoren damit wichtige zusätzliche Information für GIS wie z.B. Landnutzungsdaten, Explorationsvorkommen und andere Zwecke bis hin zur Wettervorhersage (Meteosat-3). Digitale Daten von Satellitensensoren werden mittels Magnetbändern, Kassetten oder direkt via Netz ins GIS übertragen.

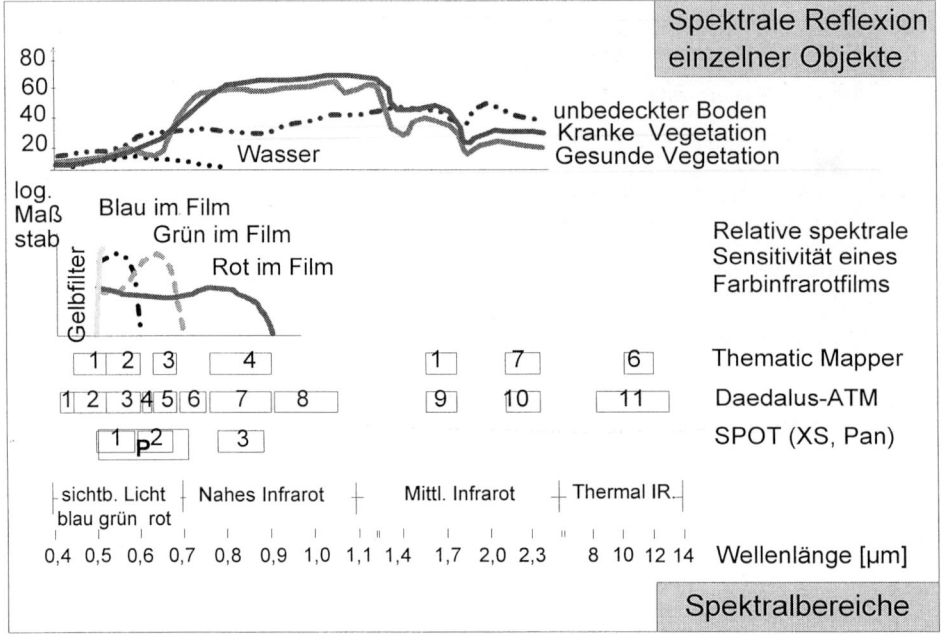

Abbildung 2.12: Spektralverhalten verschiedener Bildsensoren.

Abbildung 2.13 zeigt eine Originalszene von Landsat TM aus dem Jahre 1984 (Path/Row 195/26) vom Südwesten Deutschlands. Die sichtbaren Spektralbereiche (Kanal 2 – 520-600nm grün, Kanal 1 – 450-520nm blau) sind in Blau und Grün und der Spektralbereich des nahen Infrarotlichtes (Kanal 4 – 760-900nm) in Rot dargestellt. Im rechten oberen Bildausschnitt sieht man eine Wolkenüberlagerung; weiterhin sind die Namen größerer Städte eingeblendet. In Kapitel 3 wird der oben rechts dargestellte Ausschnitt um Stuttgart nach der Verarbeitung (Klassifizierung) erneut betrachtet (vgl. Abbildung 3.30). Auf die zahlreiche Literatur zur Fernerkundung sei für ein vertieftes Studium verwiesen (K. KRAUS UND W. SCHNEIDER (1988)), K. KRAUS (1990), J. ALBERTZ (1991), M. KAPPAS (1994), T.M. LILLESAND UND R. W. KIEFER (1994), E. LÖFFLER (1985), F.W. STRATHMANN (1993), B. THEILEN-WILLIGE (1993)).

2.2. GERÄTE ZUR DATENERFASSUNG

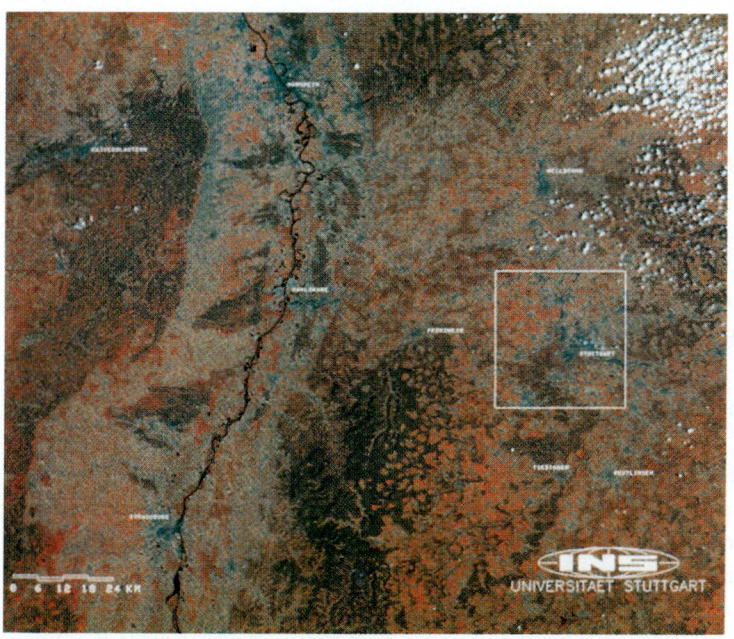

Abbildung 2.13: Landsat TM Szene (Quelle: Institut für Navigation, Universität Stuttgart)

Bei Satellitensensoren kann die Datenübertragung auf dreierlei Weise erfolgen: unmittelbar, über einen Zwischenspeicher an Bord oder indirekt über Relaisstationen im All. Bodennahe Erderkundungssatelliten sind nur beschränkt sichtbar, deshalb sorgen mehrere Bodenstationen für den Empfang. Ein Zwischenspeicher erlaubt, daß Bilddaten auch von Regionen der Erde erfaßt werden können, die außerhalb der Reichweite einzelner Bodenempfangsstationen liegen. Die Zwischenspeicherung erübrigt sich, wenn Relaisstationen verfügbar sind, über die der Datentransfer gesichert ist. Ein Engpaß bei telemetrischen Übertragungen vom All sind heutzutage die Übertragungsraten, die maximal bei ca. 200 MB/s liegen. Eine Steigerung der Sensorauflösung ist daher weniger ein konstruktives Problem als ein Problem der Datenübertragung, schneller verlustfreier und hoher Komprimierung sowie anschließender Speicherung.

Im Gegensatz zu Luftbildern, deren Archivierung, Vertrieb und Geheimhaltung nationalen Regeln unterworfen ist, sind Satellitendaten praktisch von überall und für jedermann erhältlich. Auf den Satellitendaten liegt jedoch ein Copyright, welches eine unentgeltliche Weitergabe von Satellitendaten verbietet. Bei mehrfacher Nutzung der erworbenen Daten ist deshalb oftmals eine zusätzliche Nutzungsgebühr zu entrichten.

Abtastsysteme (Scanner)

Mit Abtastsystemen wird stets nur die von einem kleinen Flächenelement des Geländes ausgehende Strahlung aufgenommen. Eine flächenhafte Szene wird durch Zusammensetzen der kleinen Flächenelemente erzeugt. Hierbei unterscheidet man vom Aufzeichnungsprinzip her *optisch-mechanische Abtaster* und *optoelektronische Abtaster*, vom aufgezeichneten Spektralverhalten her zwischen *einkanaligen Abtastern* und *mehrkanaligen bzw. multispektralen Abtastern*.

Optisch-mechanische Scanner sind passive Systeme, die die reflektierte Sonnenstrahlung oder Thermalstrahlung der Erde registrieren. Die Erdoberfläche wird während des Fluges mit einem Scanner zeilenweise senkrecht zur Flugrichtung abgetastet (Abbildung 2.14). Die Abtastung geschieht mit einem rotierenden Prisma, dessen spiegelnde Ebene mit der Flugrichtung einen Winkel von 50 gon einschließt. Die auf die spiegelnde Ebene treffende Strahlung wird auf den festen Hohlspiegel eines Teleskops gelenkt. Ein halbdurchlässiger Spiegel leitet einen Teil der Strahlung auf einen Detektor, der in der Brennebene des Teleskops angeordnet ist und für die Thermalstrahlung sensibilisiert ist. Dieser InSb-Detektor muß ständig mit flüssigem Stickstoff gekühlt werden. Das sichtbare Licht und die Strahlung im nahen und mittleren Infrarot durchdringt den halbdurchlässigen Spiegel und wird mittels eines Prismas in seine spektralen Anteile zerlegt. Durch Positionierung des jeweiligen Detektors – Si-Detektoren für das sichtbare Licht und das nahe Infrarot sowie PbS-Detektoren für das nahe bis mittlere Infrarot – kann der interessierende Spektralbereich erfaßt werden. Abtaster mit mehr als einem Detektor werden als *multispektrale Abtaster* bezeichnet.

Sie zeichnen schmale Spektralbereiche (sogenannte Kanäle oder Bänder) auf. Hierbei wird in jedem Kanal ein Meßwert für das Geländeflächenelement ermittelt, während die Geometrie sämtlicher Kanäle identisch ist. Die aufgezeichnete Strahlung wird im Detektor zu einem Photostrom gewandelt und verstärkt und sodann einer Analog/Digitalwandlung zugeführt. Diese Wandlung ins Digitale erfolgt, da digitale Daten bei nachrichtentechnischer Übertragung auch nach dem Verrauschen ohne nennenswerte Schwierigkeiten wieder rekonstruiert werden können. Damit die Zeilen lückenlos aneinander passen und keine Lücken oder Überlappungen entstehen, müssen Spiegelfrequenz und Fluggeschwindigkeit optimal aufeinander abgestimmt sein Anderenfalls werden einzelne Zeilen gar nicht oder doppelt aufgezeichnet. Die empfangene Strahlung wird über einen festen Beobachtungswinkel (instantaneous field of view – IFOV) gemessen. Das IFOV ergibt sich aus der Größe einer runden oder quadratischen Lochblende und definiert in Verbindung mit der Flughöhe und der Winkelauflösung die Größe des Bodenelements (Pixelgröße) eines Scanners. Die Winkelauflösung herkömmlicher Scanner liegt zwischen 1 mrad und 2,5 mrad. Das bedeutet, daß ein Scanner mit einer Winkelauflösung von 1,5 mrad, das sind $0,086°$, bei einer Flughöhe von $h_g = 1000$ m über Grund eine Bodenauflösung (Pixel) von 1,5 m erzielt. Mit wachsender Abweichung vom Nadir der Aufnahme wächst damit die abgetastete

2.2. GERÄTE ZUR DATENERFASSUNG

Oberfläche des Beobachtungswinkels panoramisch an (*Panoramaverzerrung*).

Optisch-mechanische Scanner behaupten sich trotz ihres im Grund überholten technischen Konzepts vor allem wegen ihrer Fähigkeit, Thermalbilder von Objekten an der Erdoberfläche aufzunehmen. Flugzeugbasierte Systeme (siehe z.B. Seite 89) werden aufgrund des hohen Aufwands und den großen Datenmengen eher in Spezialbereichen genutzt. Dagegen sind satellitengestützte optisch-mechanische Systeme heute noch eine tragende Säule der Fernerkundung. Zu nennen sind hier insbesondere die Landsatsatelliten.

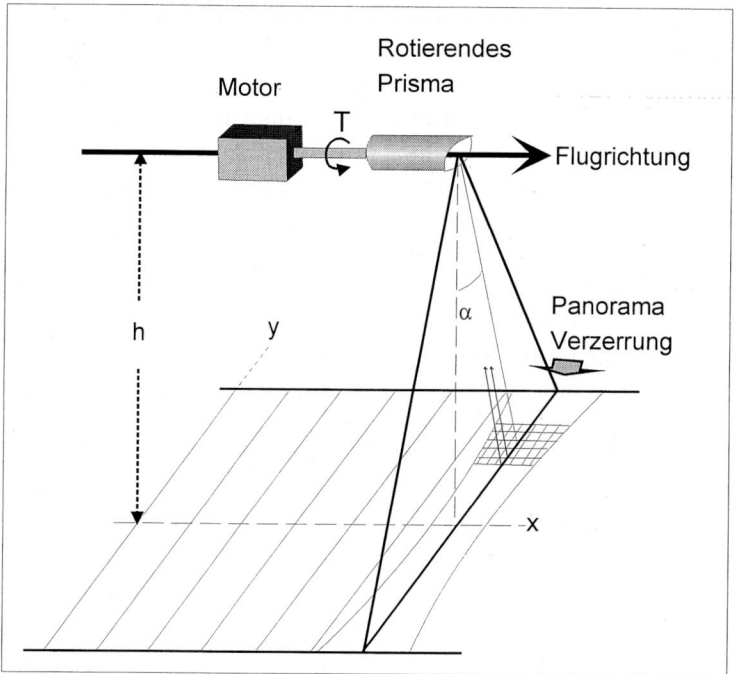

Abbildung 2.14: Opto-Mechanischer Scanner (nach K. KRAUS UND S. SCHNEIDER (1988)).

Die *Landsat-Satelliten 4/5* umkreisen die Erde auf einer sonnensynchronen Bahn mit einer Inklination von $98,2°$ in einer Flughöhe von 705 km. Sie umkreisen die Erde 14,5mal am Tag und haben eine Repetitionsrate zur vollständigen Erdüberdeckung von 16 Tagen bei insgesamt 233 Umkreisungen. Die geringe Flughöhe und hohe Umlaufgeschwindigkeit macht ein kompliziertes Überfliegungsmuster notwendig. Landsat-Satelliten tragen den *Thematic Mapper (TM)* an Bord, dessen räumliche Auflösung im Vergleich zum früheren MSS-Sensor von 78 m auf 30 m gesteigert und dessen Spektralkanäle feiner untergliedert sind. Außerdem verfügt der TM über einen Thermalkanal, der allerdings nur eine Pixelgröße von 120 m besitzt. Bei einem Spiegelschwenk werden 16 anstelle der 6 Zeilen beim MSS gleichzeitig ausgelesen. Nicht zuletzt sind die Bahnparameter im Vergleich zu den Vorgängern stabiler und die Eigenschwingungen erheblich reduziert worden. Die Nutzung von TM-Daten hat weltweit einen operationellen Stand erreicht. Die Landsat 4/5 Missionen tragen weiterhin einen baugleichen MSS-Sensor der ersten drei Missionen. Die MSS-Daten haben zwar mit dem Start der hochauflösenden Nachfolger an Bedeutung verloren, sind aber immer noch für großräumige Untersuchungen und wegen der langen Laufzeit – seit 1972 – für verschiedene Anwendungen von großer Bedeutung.

Der im August 1993 gestartete Satellit Landsat 6 sollte einen zusätzlichen panchromatischen Kanal mit einer Bodenauflösung von 15 m/Pixel erhalten. Außerdem sind Stereooptionen und ein grobauflösender Sensor für ozeanische Forschungen an Bord. Leider ist der Satellit kurz nach dem Start verloren gegangen.

Optisch-elektronische Scanner werden oft auch als CCD Linear Array Scanner gebaut; wegen der schubweisen Abtastung spricht man im Englischen auch vom *push broom principle*. Ihr Aufbau ist mit einer photographischen Kamera vergleichbar. Anstelle eines photographischen Films werden bei optisch-elektronischen Scannern sogenannte CCD-Arrays (charge-coupled-devices) verwendet, die aus einer großen Anzahl Detektor-Elementen – meist auf Silizium-Basis – bestehen. Das optische System fokussiert in der Brennebene die ankommende Strahlung auf die photoempfindliche Oberfläche der Chips. Dabei wird die Strahlung in elektrische Signale umgewandelt. Die Intensität der an einem einzelnen Detektor ankommenden Strahlung ist von der "Helligkeit" des jeweils erfaßten Geländeelements und damit von den optischen Geländeeigenschaften abhängig. Die spektrale Empfindlichkeit von CCD-Sensoren ist jedoch auf den sichtbaren und nahen Infrarotbereich beschränkt. Ein multispektrales Bild entsteht durch die Montage mehrerer Zeilenkameras zu einer Mehrzeilenkamera, wobei vor das Objektiv jeder Einzelkamera Filter zur Selektion eines bestimmten Spektralbereichs geschaltet werden. Bei diesem Aufnahmeprinzip entsteht keine Panoramaverzerrung. Bei jedem Abtastvorgang wird über eine kurze Zeitspanne integriert. Die Bodenauflösung ergibt sich aus der Größe der auf die Geländeoberfläche projizierten Oberfläche eines einzelnen Detektorelements. Optoelektronische Scanner besitzen gegenüber den optisch-mechanischen Scannern einige Vorteile. Zu den Hauptvorteilen zählen die geringere Störanfälligkeit aufgrund der fehlenden rotierenden und beweglichen Teile, die höhere geometrische Genauigkeit entlang der Detektor-Zeile, bessere Auflösungswerte im Strahlungsbereich (spektral, radiometrisch) und eine höhere Lebensdauer. Bis vor kurzem war es noch nicht möglich, Chips mit Reihen von thermalinfrarotempfindlichen Einzeldetektoren in der notwendigen Dichte und Kühlung zu bestücken. Neueste Apparaturen wie der von der DLR entwickelte Hyperspektralscanner GER DAIS-7915 sind inzwischen auch in der Lage, über den Bereich des sichtbaren Lichtes und des nahen Infrarots hinaus Strahlung zu registrieren.

In der satellitengestützten Fernerkundung werden digitale Zeilenkameras im französischen Satelliten SPOT eingesetzt, der einerseits multispektrale Daten in 3 Kanälen und andererseits panchromatische Daten registriert. Die deutsche op-

2.2. GERÄTE ZUR DATENERFASSUNG

toelektronische Entwicklung MOMS ist bereits auf drei Space Shuttle-Missionen und auf der russischen Raumstation MIR mitgeflogen. Als flugzeuggetragene Systeme mit einer Zeilenkamera ist derzeit MEOSS und GER DAIS-7915 der DLR und DPS von MBB verfügbar.

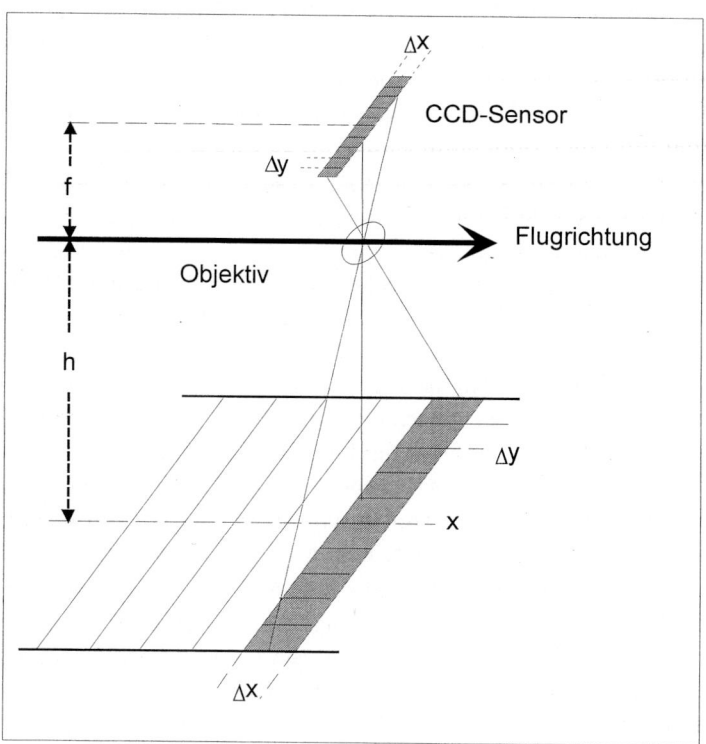

Abbildung 2.15: Digitale Zeilenkamera (nach K. KRAUS UND S. SCHNEIDER (1988)).

SPOT (System Probatoire d'Observation de la Terre) ist mit zwei digitalen opto-elektronischen Zeilenabtastern gestartet. Die beiden Sensoren können sowohl in einem panchromatischen Modus (10 * 10 m Bodenauflösung, P-Modus) als auch im multispektralen Modus (20*20 m Bodenauflösung, 3 Kanäle, XS-Modus) aufnehmen. Die geometrische Auflösung ist also wesentlich besser als bei den Landsat-Satelliten. Die beiden Sensoren können entweder parallel einen 117 km breiten Streifen abtasten oder durch einen schwenkbaren Spiegel mit ±27° ein optimales Gebiet innerhalb eines Flugstreifens von 950 km auswählen. Dabei wächst die Breite eines Streifens bis zu 80 km an. Die normale Repetitionsrate beträgt 26 Tage. Durch die Neigung der Aufnahmerichtung kann am Äquator in dieser Zeit, z.B. bei Katastrophen, ein bestimmtes Gebiet bis zu 7 mal, ein Gebiet auf dem 45. Breitengrad sogar 11 mal aufgenommen werden. Im geneigten Aufnahmemodus kann von zwei benachbarten Bahnen das gleiche Gebiet aus zwei verschiedenen Richtungen aufgenommen werden. Im Überlappungsbereich entstehen in Abhängigkeit der Geländehöhen über der Bezugsfläche stereoskopische Parallaxen, aus denen ein Geländemodell abgeleitet werden kann. Allerdings ist eine Stereoauswertung nur dann durchführbar, wenn zwischen den beiden Aufnahmezeitpunkten keine gravierenden spektralen Änderungen der Landschaft stattgefunden haben, z.B. Schneeschmelze, Waldbrände etc. Geländemodelle aus SPOT-Aufnahmen sind insbesondere für klein- und mittelmaßstäbige Anwendungen $\geq$ 1:50.000 von Interesse, denn die Höhenlinien können sinnvollerweise bis zu Äquidistanzen von 20 m mit einer durchschnittlichen Punktgenauigkeit von $\pm$ 5-10 m berechnet werden.

Alles in allem ist der SPOT-Satellit sehr flexibel einsetzbar. Im Vergleich zu Landsat TM jedoch ist die spektrale Information recht eingeschränkt verfügbar. Die Daten werden über die Firma SPOT IMAGE vertrieben und in zwei Genauigkeitsstufen geliefert: systemkorrigiert und georeferenziert. Die durchschnittliche Punktgenauigkeit liegt bei 1.500 m (nicht systemkorrigiert) bzw. 20 m (georeferenziert). Archivierung und Vertrieb von SPOT Daten ist ähnlich den Landsat-Daten in einem weltweiten Referenzsystem organisiert. Nur sind die SPOT Szenen kleiner und die Aufnahmen können unter verschiedenen Neigungen aufgenommen sein. In der Regel übermittelt deshalb der Kunde die Koordinaten seines Interessengebiets sowie Angaben über Grad der Vorverarbeitung, mögliche Wolkenüberdeckung, Jahreszeit etc. an den lokalen Vertreiber von SPOT-Daten und erhält anschließend Informationen über die lieferbaren Daten.

In Zukunft wird man auch mit dem Einsatz flächenhafter CCD-Sensoren rechnen können. Erste Versuche sind bereits durchgeführt worden. Problematisch ist zur Zeit noch die große Datenmenge, die während der Bildaufzeichnung entsteht. Die Daten müssen in kürzester Zeit übertragen und abgespeichert werden. Außerdem gibt es noch einige technische Probleme, z.B. muß sichergestellt sein, daß bei einer Matrix von 4.000*4.000 CCD-Elementen alle einwandfrei arbeiten. Dennoch kann diese Technik zukünftig eine große Rolle spielen, denn die geometrischen Eigenschaften sind hervorragend geeignet für photogrammetrische Auswertungen.

Mikrowellensysteme

Die *Mikrowellen-Fernerkundung* ist eine noch junge Technik, der ein hohes Entwicklungspotential vorausgesagt wird. Im Mikrowellenbereich dienen Antennen zur Aussendung und Sammlung von Strahlung und Information. Die Antennen ersetzen somit das Linsensystem im optischen Wellenlängenbereich.

Auch hier gilt es zwischen passiven (*Mikrowellenradiometer*) und aktiven (*LIDAR und RADAR*) Sensoren zu unterscheiden. Passive Sensoren messen die von der Geländeoberfläche und/oder der Atmosphäre infolge ihrer Eigenwärme emittierte Mikrowellenstrahlung. Aktive Sensoren benutzen das Objekt als Reflektor für die von ihnen ausgesendete und wiederempfangene Strahlung auf der Basis von Mikro- oder Laserwellen. *Passive Mikrowellensysteme* (Mikrowellenradiome-

2.2. GERÄTE ZUR DATENERFASSUNG

ter) messen ein komplexes Signal, das sich aus vielen Komponenten zusammensetzt, z.B. Geländeoberfläche, -eigenschaften und/oder die Atmosphäre (durch Eigenwärme emittierte Mikrowellenstrahlung). Ohne den Einfluß der Atmosphäre wäre das empfangene Signal proportional zur Strahldichte der Geländeoberfläche. Nachteil der Mikrowellenradiometrie ist das äußerst schwache Signal und die geringe räumliche Auflösung, weshalb sie für die Erdfernerkundung selten eingesetzt werden. Die Haupteinsatzgebiete sind vor allem die Meteorologie (Temperaturprofile in der Atmosphäre) und die Ozeanographie (Überwachung von Eisbergen, Ölverschmutzung).

Aktive Mikrowellensysteme wurden ursprünglich vor allem für Navigationszwecke im Schiffs- und Luftverkehr verwendet. Radarsysteme – Radar steht dabei für Radio Detection and Ranging – sind aktive Fernerkundungsverfahren, d.h. die verwendete elektromagnetische Strahlung im Mikrowellenbereich wird vom Aufnahmesystem selbst erzeugt. Die Mikrowellenstrahlung im Bereich von 1 bis 100 cm Wellenlänge besitzt den Vorteil der Unabhängigkeit von Wetter, Dunst, Nebel etc. An Bord des Trägers (Flugzeug oder Satellit) wird ein kombinierter Sender/Empfänger mitgeführt, dessen Antenne schräg nach unten gerichtet ist. Das Radargerät besteht aus einer außen montierten Antenne, einem Sender, einem Empfänger und einem Schalter, der wechselweise auf Senden oder Empfangen schaltet. Die so empfangenen Daten werden auf einer Registriereinheit (z.B. Magnetband) gespeichert. Die stabförmige Antenne ist mit ihrer Längsachse in Flugrichtung orientiert und zeigt mit ihrer Sende- und Empfangsrichtung senkrecht zur Flugbahn schräg nach unten. Sie ist so konstruiert, daß sich die in einem Bruchteil einer Sekunde ausgestrahlten Mikrowellen in einen sehr schmalen aber langen Raumwinkel hinaus senkrecht zur Flugrichtung ausbreiten. Die Antenne sendet einen kurzen Mikrowellenimpuls von etwa 100 ns aus. Diese Wellenfront erreicht irgendwann ein bestimmtes Geländeflächenelement, welches die Strahlung mehr oder weniger diffus reflektiert. Ein gewisser Anteil der reflektierten Strahlung kehrt zurück zur Antenne und stellt dort das Empfangssignal dar. Die Reflexionssignale eines schmalen Geländestreifens werden nacheinander registriert und als Bildzeile aufgezeichnet. Durch die Flugzeugbewegung werden bei ständigem Senden und Empfangen die einzelnen Bildzeilen aneinandergehängt und ergeben eine Bildmatrix. Radarsensoren blicken in der Regel seitwärts neben den Satelliten oder das Flugzeug, weshalb man auch von Seitensicht-Radar (Sidelooking Radar Airborne Radar (SLAR)) spricht.

Die geometrische Auflösung eines beobachteten Flächenelements F wird durch zwei Faktoren bestimmt. Seine Ausdehnung Δy in Zeilenrichtung ist vor allem von der Dauer Δt des Mikrowellenimpulses abhängig. Die Ausdehnung Δx in Flugrichtung wird durch die Winkelauflösung $\Delta \alpha$, unter dem die Antenne abstrahlt, beschrieben. Die Abstrahlcharakteristik der Antenne, und damit die Winkelöffnung α, hängen von der Länge der Antenne ab. Das Δx wird mit zunehmender Entfernung von der Antenne größer, d.h. die Auflösung nimmt mit zunehmender Entfernung von der Antenne ab. Deshalb eignen sich diese Systeme mit *realer Apertur* auch nur für Befliegungen niedriger Flughöhen. Um flughöhenunabhängige und hochauflösende Radarbilder zu erhalten, müssen für Satelliten Radar-Systeme mit einer *synthetischen Apertur* eingesetzt werden. Dazu wird eine kurze Antenne verwandt, die die Radarsignale in einer breiten Keule abstrahlt. Deshalb werden einzelne Objekte beim Überflug mehrfach bestrahlt. Die räumliche Bodenauflösung wird beim Synthetic Aperture Radar durch zwei richtungsabhängige Prinzipien in Flugrichtung und senkrecht dazu erreicht. Durch minimale Laufzeitunterschiede des Radarsignals wird senkrecht zur Flugrichtung (Look-, Range-Direction) die Größe des Bodenelements festgelegt. In Flugrichtung wird der Dopplereffekt ausgenutzt. Die Bodenauflösung bei SAR-Bildern ist theoretisch entfernungsunabhängig, da eine mit wachsender Entfernung eintretende Verschlechterung der Auflösung durch den Dopplereffekt kompensiert wird. D.h. weit entfernte Objekte werden öfters bestrahlt und sind deshalb genauso gut zu differenzieren wie Objekte nahe der Flugbahn. Der technische Aufwand für einen SAR-Sensor ist sehr hoch. Bis auf wenige Ausnahmen ist deshalb diese Technologie hauptsächlich auf Satelliten zu finden. Nach einer experimentellen Phase, Seasat-1 (Scanning Multichannel Microwave Radiometer (SMMR)) 1978 sowie 1981 und 1984 während zweier Space Shuttle Flüge, findet der 1991 gestartete deutsche Radarsatellit ERS 1 aktuell die meiste Beachtung.

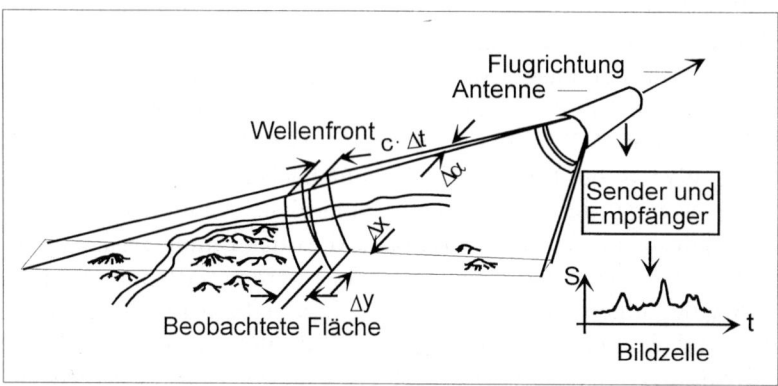

Abbildung 2.16: Schematische Darstellung der Radar-Aufnahme (aus J. ALBERTZ (1991)).

Die Radarwellen werden grob in einzelne Bänder eingeteilt, von denen insbesondere das K-, X-, C- und das S-Band für die Fernerkundung genutzt werden. Hinsichtlich der Einteilung gibt es Unterschiede in den verschiedenen Ländern.

Aktive Mikrowellensysteme (LIDAR) (Light Detection and Ranging) stellen wie Radar ein aktives Fernerkundungssystem dar. Lidar wird im kurzwelligen Bereich des UV-Lichts, des sichtbaren Spektrums und des nahen Infrarots eingesetzt. Die eng gebündelten phasengleichen Laserstrahlen werden in Impulsen

2.2. GERÄTE ZUR DATENERFASSUNG

oder andauernd ausgesandt. Dabei wird entweder ein einzelner Laserstrahl verwandt, der über einen rotierenden Spiegel zur Erdoberfläche abgelenkt wird (vgl. mechanischer Abtaster) oder es sind mehrere Laser im Einsatz, die zeilenartig angeordnet sind und jeweils ein bestimmtes Winkelinkrement (Laser-Array) besitzen (vgl. Opto-Elektronische Abtaster). Das Laser-Array hat eindeutige Vorteile bzgl. der geometrischen Auswertung. Die reflektierten Signale werden mit Hilfe eines optischen Systems aufgefangen und auf einem Detektor fokussiert.

Tabelle 2.4 : Radarbänder

Band	Frequenz (Ghz)	Wellenlänge (cm)	Fernerkundung
P	0.225-0.390	133-76.9	
L	0.390-1.550	76.9-19.3	
S	1.550-4.20	19.3-7.1	*
C	4.20-5.75	7.1-5.2	*
X	5.75-10.90	5.2-2.7	*
K	10.90-36.0	2.7-0.83	*
Q	36.0-46.0	0.83-0.53	
V	46.0-56.0	0.65-0.53	
W	56.0-100.0	0.53-0.3	

Lidar besitzt zwar ein wesentlich höheres Auflösungsvermögen als Radar, sein Einsatz ist jedoch wegen der stärkeren atmosphärischen Beeinträchtigung kurzwelliger Strahlung auf Schönwetterlagen begrenzt.

Haupteinsatzbereich von Lidar ist die Erstellung von Geländeprofilen inklusive der flächenhaften Ableitung digitaler Geländemodelle. Zur topographischen Geländeaufnahme werden in der Regel Infrarotlaser verwandt. Unterwasserprofile sind ein weiteres wichtiges Einsatzfeld. Dabei wird vor allem die Fähigkeit der kurzwelligen Laserstrahlen ausgenutzt, Wasser bis in 25-30 m Tiefe zu durchdringen. Jedoch ist der Aufwand für Geräte und Auswertung sehr hoch. Die Genauigkeit der derzeit eingesetzten Systeme liegen bei einer Flughöhe von ca. 1000 m bei 0,05 m in x und y-Richtung und 0,1 m in z-Richtung.

2.2.8 Multisensorkonzepte im Bildflugzeug

Auch wenn das konventionelle Luftbild in den vergangenen Jahren durch die modernen Fernerkundungsdaten (Satellitenbilder, Radar, Lidar usw.) und die dazugehörigen Techniken der digitalen Bildverarbeitung in der Forschung etwas in den Hintergrund geraten ist, so bedeutet das nicht, daß das Luftbild an Wert verloren hat oder durch andere Medien ersetzbar ist. Insbesondere für alltägliche Anwendungen der Kartographie, der Landestopographie, der Vermessung, im Umweltbereich und -planung, auf Ämtern und in der Privatindustrie stellt das Luftbild ein unverzichtbares Hilfsmittel dar. Eine solide Kenntnis des Luftbildes und der herkömmlichen Technik der Luftbildmessung und -interpretation ist daher Voraussetzung für jeden, der sich mit der Fernerkundung im GIS-Umfeld befassen will.

Reihenmeßkammern

Zur Aufnahme von Senkrechtluftbildern von Flugzeugen aus, insbesondere für photogrammetrische Zwecke, werden Reihenmeßkammern eingesetzt. Alle Reihenmeßkammern bestehen aus einem Kammerkörper, der Filmkassette, der Kameraaufhängung und Zusatzgeräten wie einem Steuergerät, DGPS-Empfänger und einer Bildfolgenanzeige für den Piloten. Im Gegensatz zu einer Spiegelreflexkamera weisen Reihenmeßkammern einige Besonderheiten auf. Durch die hohen Genauigkeitsanforderungen photogrammetrischer Auswertungen werden an alle optischen und mechanischen Teile besonders hohe Anforderungen gestellt, das gilt insbesondere für das Objektiv, das lichtstark und verzeichnungsarm sein soll. Durch den großen Blickwinkel insbesondere bei Weitwinkelaufnahmen kommt es zu einem Helligkeitsrandabfall, der nur zum Teil durch ausgeklügelte Optiken verringert werden kann. Das Bildformat beträgt in der Regel 23 * 23 cm.

Tabelle 2.5 : Daten einiger photographischer Reihenmeßkammern (J. ALBERTZ (1991)).

Hersteller	Zeiss	Zeiss	Wild	Jenoptik
Kammertyp	RMK A 15/23	RMK A 30/23	RC 10A	LMK
Bildformat	23*23cm	23*23cm	23*23cm	23*23cm
Brennweite c	15cm	30 cm	15 cm	15 cm
Bildfeld	83 Gon	47 Gon	83 Gon	83 Gon
Objektiv	Pleogon A	Topar A	Univ. Aviogon	Lamegon PI
Blenden	1:4-1:11	1:5.6-1:11	1:4-1:22	1:4.5-1:11
Belichtungszeit	1/100-1/1000s	1/100-1/1000s	1/100-1/1000s	1/50-1/1000s
Kürz. Bildfolgen	2s	2s	2s	2s
Gewicht	etwa 110 kg	etwa 110 kg	etwa 130 kg	etwa 120 kg

Über dem Kammerkörper ist das Objektiv fest mit dem Anlegerahmen verbunden. Damit wird eine stabile innere Orientierung mit den in der Ebene des Anlegerahmens angebrachten Rahmenmarken gewährleistet. Die innere Orientierung beschreibt das Bildkoordinatensystem mit seiner räumlichen Lage des Projektionszentrums relativ zur Bildebene. Bei der Belichtung des Films werden neben den Rahmenmarken weitere Nebenabbildungen auf den Bildrand kopiert. Auf dem Kammerkörper sitzt die mit einem mindestens 120 m langen Film bestückte Filmkassette. Während der Belichtung muß sich der Film exakt in der Ebene des Anlegerahmens befinden. Dazu wird die Filmrückseite durch Unterdruck an die Andruckplatte festgesaugt, die mit dem Film an den Anlegerahmen gepreßt wird. Nach der Belichtung muß der Unterdruck aufgehoben und der Film weitertransportiert werden. Der gesamte Belichtungsprozeß dauert deshalb

2.2. GERÄTE ZUR DATENERFASSUNG

ca. 1,5-2 Sekunden. Die Luftbildaufnahme erfordert sehr kurze Belichtungszeiten, da es sonst durch die Vorwärtsbewegungen des Flugzeuges zu Unschärfen durch die Bildwanderung kommt. Dieser Effekt wird mit dem Einsatz spezieller Filmkassetten durch eine gleichzeitige Vorwärtsbewegung der Andruckplatte verringert (Forward Motion Compensation, FMC). Dadurch wird einerseits eine höhere Bildqualität erzielt und andererseits ist es möglich, unter Beleuchtungsbedingungen, die sonst längere Belichtungszeiten erfordern, zu photographieren. Die Kammer inklusive Filmkassette sitzt auf einer stoßgedämpften Dreipunktlagerung. Die nachfolgende Tabelle stellt wesentliche Daten der heute marktgängigen Meßkammern zusammen. Luftbildmeßkammern werden im wesentlichen von den Firmen Carl Zeiss in Oberkochen/Jena sowie von Leica in Heerbrugg gebaut.

Multisensorkonzept

An Bord von Luftbildflugzeugen werden vermehrt weitere Sensoren eingesetzt und miteinander kombiniert. Neben der klassischen Luftbildkammer treten insbesondere *Laserscanner* vermehrt in Erscheinung. Das gesamte System selbst besteht im wesentlichen aus einem *GPS-Empfänger* zur Positionierung des Flugzeuges, einem *Inertialnavigationssystem (INS)* zur Bestimmung der räumlichen Lage des Flugzeuges und einem *Laserdistanzmesser*, der reflektorlos die Distanz zwischen Flugzeug und Erdoberfläche mißt. Zusätzlich kann mittels einer *Videokamera* parallel zum Scannen ein Bild der Oberfläche aufgezeichnet werden, welches zur Verifikation der Daten genutzt werden kann. Auf einem Rechner mit großer Wechselplatte lassen sich die großen Datenmengen während des Bildfluges aufzeichnen. Die Kopplung von GPS- und INS-Sensoren dient der Positionierung und Orientierung der anderen Sensoren und sorgt für eine dramatische Einsparung von Paßpunkten, die ansonsten für die Aerotriangulation notwendig wären. Somit läßt sich der Meß- und Auswerteaufwand erheblich reduzieren.

Erste *digitale Luftbildkammern* werden gegenwärtig entwickelt und werden zukünftig die klassischen analogen Meßkammern ersetzen, da damit der Entwicklungsprozeß der Bilder ebenfalls eingespart wird. Bisher wird gerade für die digitale photogrammetrische Auswertung das gesamte analoge Bildmaterial noch mittels Photoscannern gescannt (siehe Seite 73). Bei digitalen Kameras wird sich die Dreizeilentechnik durchsetzen. Systeme wie die DPA- oder HRSC-Kamera sind einsatzreif entwickelt. Darüberhinaus finden in speziellen thematischen Anwendungen auch Hyperspektralkameras ihren Einsatz, deren geometrischen Qualitäten oftmals nicht ganz so gut sind, die dafür aber engbandig eine Vielzahl von Kanälen aufzeichnen und somit problemangepaßte multispektrale Auswertungen möglich machen.

Ein moderner *optisch-mechanischer Scanner*, der im Flugzeug für multispektrale Datenerhebungen eingesetzt wird, ist der AADS 1268 von Daedalus, der 11 Spektralkanäle besitzt. 10 Kanäle erfassen die reflektierte Sonnenstrahlung zwischen 0.4 μm und 2.4 μm, während der letzte Kanal die Thermalstrahlung zwischen 8.5 µm und 13 µm einfängt. Zu den Nachteilen der optisch-mechanischen Scanner gehört neben der vergleichsweisen geringen Bodenauflösung durch ein schlechtes Signal/Rauschverhältnis eine große Störanfälligkeit. Die zahlreichen beweglichen bzw. rotierenden Teile erfordern sehr hohe Justiergenauigkeiten und unterliegen einem hohen Verschleiß.

Laserscanner

Die Geländemodellerzeugung mittels Luftbildauswertung hat u.a. Probleme, wenn nur geringe Höhenunterschiede oder geringe Kontraste vorliegen. Außerdem bestehen in Waldgebieten Einschränkungen, da im DGM hier die obere Waldgrenze, also die Baumwipfel dargestellt wird. Hier können Laserscannersysteme ihre Vorzüge voll entfalten (vgl. auch Seite 187).

Die direkte Erfassung der topographischen Geländeoberfläche mit profilierenden oder scannenden Lasersensoren hat in den vergangenen Jahren ihre Leistungsfähigkeit insbesondere in Waldgebieten mehrfach durch Testflüge unter Beweis gestellt. Mit der kommerziellen Verfügbarkeit von flächenhaft abtastenden Lasersensoren, sogenannten *Laserscannern*, ist der Übergang von der früheren linearen zur flächendeckenden Erfassung der Geländeoberfläche möglich. Der Vorteil der Laserscanning-Techniken ist in der vollständigen digitalen Weiterverarbeitung zu sehen, die dann off-line im Büro geschieht.

Die auf dem Markt angebotenen Laserscanner können nach J. KILIAN UND M. ENGLICH (1994) nach dem Meßprinzip unterschieden werden. Gepulste Laser bieten die Möglichkeit, die erste und letzte Reflektion des ausgesandten Signals getrennt zu messen. Daher kann bei einer Messung im Wald, aufgrund der hohen Durchdringungsraten durch Laub- und Nadelwaldbestände, zwischen dem Bodenprofil (letzte Reflektion) und dem Bedeckungsprofil (erste Reflektion) unterschieden werden. Dieses Prinzip liegt beim permanent messenden Continous Wave (CW) Laser nicht vor. Er ist damit ungeeignet für Waldgebiete, da er eine mittlere Höhe zwischen Waldboden und Laubfläche liefern wird. Hinsichtlich des Scanprinzips kann noch zwischen Scannern mit kippenden oder rotierenden Spiegeln bzw. mehrfach nebeneinanderliegenden Laserdioden, wobei jeder Diode eine bestimmte Meßrichtung zugewiesen wird, differenziert werden. Die Öffnungswinkel für die flächenhafte Abtastung liegen bei etwa 10 Grad. Bei Flughöhen von 1000-1500m sind Genauigkeiten in der Lage von 1m und in der Höhe von 0.1-0.3m zu erreichen (U. LOHR (1996), (1998)). Die erreichbare Genauigkeit wird im wesentlichen durch die Genauigkeit der Sensorpositionierung/-orientierung mittels GPS und INS limitiert. Da i.d.R. 4 Punkte pro m^2 vorliegen, kann daraus ein repräsentativer Punkt für eine Rasterzelle der Größe 1*1m berechnet werden. Ergebnis ist z.B. ein Geländemodell in Rasterform mit der Rasterzellengröße von 1*1m. Dieses Raster-DGM, kombiniert mit digitalen Orthophotos sind ideale Datenquellen für 3D-Stadtmodelle, für Senderstandortplanung im Mobilfunk, für Hochwassersimulation, für Waldgebietskartierung und Virtual Reality-Szenen.

2.3. GERÄTE ZUR VERWALTUNG UND VERARBEITUNG

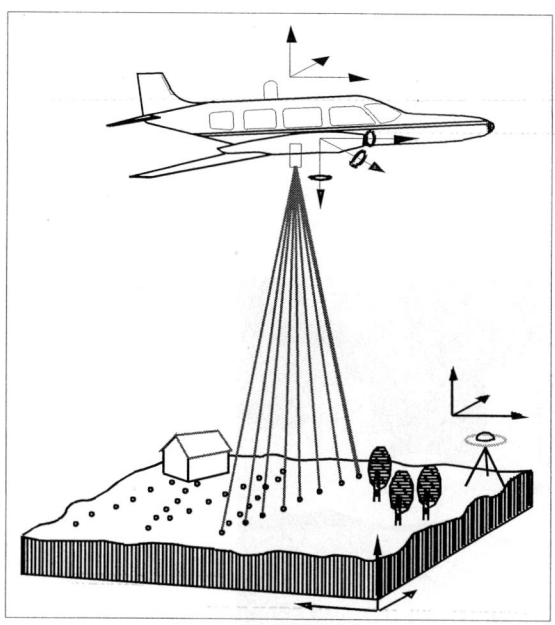

Abbildung 2.17: Prinzip des Laserprofilers.

2.2.9 Weitere Peripheriegeräte zur Eingabe

Sonstige periphere Geräte sind z.B. *Klartext-*, *Klarschriftbelegleser* oder *Strichcodeleser*, mit denen Felderhebungen, Umfrageergebnisse und Codierungen in DV-gerechter Form schon bei der Erfassung aufbereitet werden. Auf die Standardeingabegeräte wie Magnetbandstation oder Magnetkassettenstation wird im Abschnitt zur Ausgabeperipherie eingegangen, da diese sowohl als Ein- als auch als Ausgabegeräte fungieren.

2.3 Geräte zur Verwaltung, Verarbeitung und Analyse von Daten

Die Verwaltung, Verarbeitung und Analyse raumbezogener Informationen in einem Geo-Informationssystem findet an einem Rechner statt. Der lokale Rechner der GIS-Umgebung besteht aus der *Zentraleinheit* und *Speichereinheit* (dem eigentlichen Rechner), dem *Terminal* (Tastatur und Bildschirm, tlw. auch zwei Bildschirme), der *Maus* und dem *Tablett*.

Abbildung 2.18 zeigt eine GIS-Standardkonfiguration, eine sogenannte *Digitalisierstation*. Hier handelt es sich um eine *Graphik-Arbeitsstation* mit graphikfähigem Bildschirm, Tastatur und Maus, an die ein Digitalisiertisch angeschlossen ist. Der GIS-Arbeitsplatz ist entweder alleinstehend (*Standalone*) oder

Bestandteil eines *Rechnerverbundes* in einem LAN (Local Area Network – lokales Netzwerk), das nach dem *Client-Server-Prinzip* (vgl. Seite 101) organisiert ist. Durch Vernetzung können Daten auf Servern verwaltet und auf billigeren Arbeitsstationen bearbeitet und visualisiert werden. In diesem Rechnerverbund sind auch die Peripherieressourcen zu verwalten; es existiert z.B. auch eine Disketten-, eine Magnetkassetten- oder Magnetbandstation oder ein CD-Laufwerk zum Austausch und zur Archivierung der Software und der Daten.

Abbildung 2.18: Der GIS-Arbeitsplatz

GIS laufen auf den unterschiedlichsten Computerkategorien (Abbildung 2.19) vom Personalcomputer (PC) über die Graphik-Arbeitsstation (Workstation) bis zum Minicomputer. Bei umfangreichen Datenbeständen steht oftmals ein Datenbankserver – früher ein Großrechner, heute ein als Server konfigurierter PC oder eine Workstation (Mainframe) – im Hintergrund, während bei rechenintensiven Problemstellungen sogar Supercomputer zum Einsatz kommen. Als Arbeitsplatzrechner kommen der *Personalcomputer* oder die *Workstation* zum Einsatz. Eine solche Station besteht aus Computer mit hochauflösendem großformatigen Bildschirm, auf dem ein Multitasking-Betriebssystem und ein Window-Managementsystem implementiert sind. Das Betriebssystem ist in der Lage, mehrere Aufgaben quasi-gleichzeitig zu erledigen. Die Separation zwischen Personalcomputer und Graphik-Arbeitsstation ist oftmals schwierig; früher gängige Leistungsunterschiede sind zum Teil überholt. Eine gängige GIS-Arbeitsstation sollte eine 32 Bit-CPU und einen 32 Bit-Datenbus besitzen, einen hochauflösenden Graphikbildschirm mit etwa 1 Million Pixel und einer Bildschirmdiagonale von 19 Zoll sowie einen Hauptspeicher von mindestens 32-128 MByte. Weitere Parameter sind in Abhängigkeit des Betriebssystems in der nachfolgenden Tabelle dargestellt.

2.3. GERÄTE ZUR VERWALTUNG UND VERARBEITUNG

Dabei handelt es sich i.d.R. um Minimalausstattungen, schnellere Prozessoren und größere Speicherkapazitäten sorgen für bessere Akzeptanz im Arbeiten mit GIS-Datenbeständen.

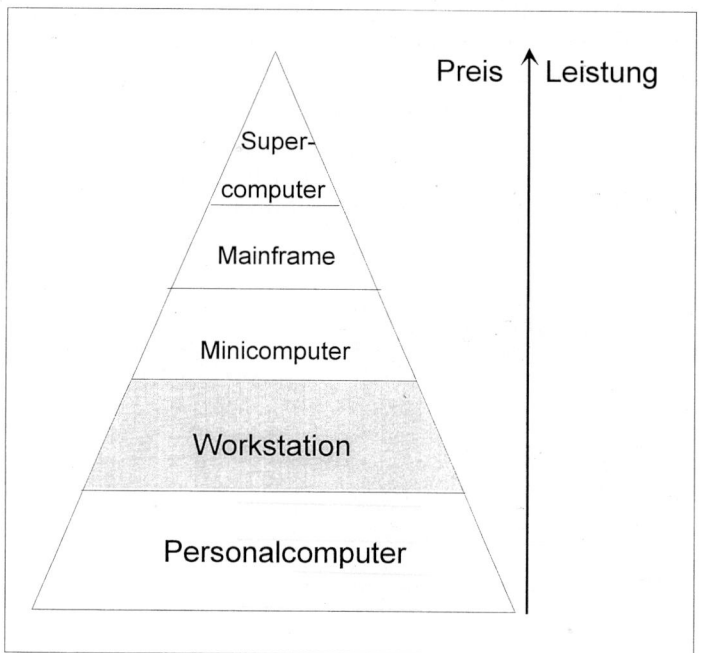

Abbildung 2.19: Computerkategorien

Tabelle 2.6 : Ausstattungsparameter (Minimum) einer GIS-Rechners

Betriebssystem	Prozessor (MHz)	RAM	Festplatte	Graphikspeicher
Windows 3.11	Pentium > 133 MHz	16 MByte	> 1 GByte	> 1 MByte DRAM
Windows 95	Pentium > 200 MHz	32 MByte	> 2 GByte	> 2 MByte VRAM
Windows NT	Pentium > 400 MHz	64 MByte	> 4 GByte	> 4 MByte VRAM
Unix	RISC > 200 MHz	64 MByte	> 4 GByte	> 4 MByte

2.3.1 Der Rechner

Definition 2.4 : *Die Zentraleinheit (im Englischen Central Processing Unit – CPU) ist die Hauptkomponente des Rechners, welche die gesamte Anlage überwacht, steuert und die jeweils benötigten Informationen vorrätig hält. Sie besteht aus Steuerwerk mit Programm- und Ein-/Ausgabesteuerung, Rechenwerk mit Gleitkommaprozessoren sowie Hauptspeicher bzw. Kernspeicher (Main Memory) zur primären Programm- und Datenhaltung während der Programmausführung.*

Den Grundaufbau eines Computers zeigt Abbildung 2.20. Der Hauptspeicher als Primärspeicher gliedert sich in den *Arbeitsspeicher* und evtl. vorhandene *Spei-*

chererweiterungen oder nur lesbare Festspeicher (ROM-Read Only Memory), in denen der residente, d.h. der im Arbeitsspeicher anwesende Teil des Betriebssystems stehen kann. Mit RAM (Random Access Memory) ist der *Direktzugriffsspeicher* der CPU bezeichnet, der direkt adressiert werden kann. Zusätzlich kann noch ein *Cache*, ein sehr schneller Pufferspeicher neben dem Prozessor angelegt sein, der Programmteile direkt und nicht erst von dem Arbeitsspeicher nachlädt. Der Arbeitsspeicher eines Rechners, der im GIS-Bereich eingesetzt werden soll, sollte deutlich mehr als 32 MByte RAM umfassen, da seine Größe wesentlich die Leistung des Systems beeinflußt. GIS-Produkte an sich sowie die großen zu verarbeitenden Datenmengen verlangen nach gut ausgestatteten Hauptspeichern.

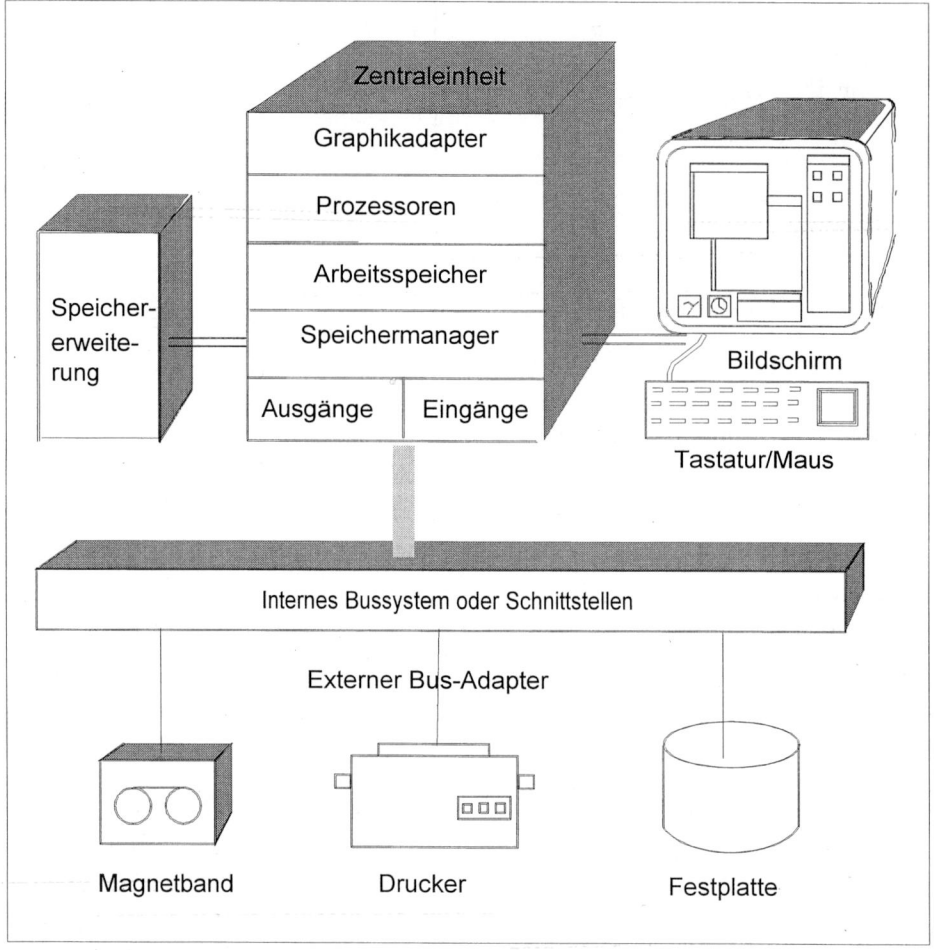

Abbildung 2.20: Der Rechneraufbau

Prozessorenfamilien für die Zentraleinheit in Arbeitsstationen sind z.B. SUN-SPARC-, DEC-ALPHA- oder Intel Pentium-Chips. Moderne Rechnerarchitektu-

2.3. GERÄTE ZUR VERWALTUNG UND VERARBEITUNG

ren im Bereich der graphischen Arbeitsstationen basieren auf *RISC*-Rechnern (Reduced Instruction Set Computer), die mit wesentlich weniger und einfacheren Maschinenbefehlen als *CISC*-Rechner (Complex Instruction Set Computer) auskommen und diese auch in einem Rechnerzyklus abarbeiten. Mittlerweile bieten viele Hersteller RISC-Prozessoren an: bekannte Prozessoren der RISC-Familie sind z.B. SPARC-Prozessoren (Scalable Processor ARChitecture) von Sun oder ALPHA-Prozessoren von DEC mit Taktraten von 100 bis 600 MHz. Dagegen beruhen die aus der Intel x86-er Familie abgeleiteten Prozessoren noch immer auf CISC-Architekturen. Gängige Modelle sind z.B. die Pentium-, Pentium Pro, Pentium II-, Pentium MMX- und neuerdings auch Pentium III-Chips mit Taktraten von 200 bis 450 MHz. PC-Prozessoren werden auch von AMD, IBM und Cyrix angeboten. Wegen der Dominanz der Intel-Prozessoren befinden sich RISC-Prozessoren jedoch wieder auf dem Rückzug. Neue Prozessorgenerationen werden fast schon im Jahrestakt auf den Markt gebracht. Gleitkommaprozessoren beschleunigen die im GIS üblichen geometrischen Berechnungen. Durchaus üblich im Rechnerbereich sind auch Kopplungen mehrerer CPUs (Multi-CPU-System oder Cluster) in einem Bus. Hier angegebene Leistungsdaten dienen jedoch nur als Anhaltspunkte und sind wegen der schnellen Entwicklung der Hardware meistens schon zum Zeitpunkt der Publikation überholt.

An die Zentraleinheit herangeführt werden die *Ein- und Ausgänge (Slots)* zum Anschluß externer Peripheriegeräte oder zum Einbinden in das Netzwerk; diese Ein- und Ausgänge reichen von seriellen V-24-Schnittstellen bis zu Busschnittstellen und Ethernetcontrollern. Für Verbindungen, die die Hauptkomponenten des Rechners untereinander verbinden und die externen Bussysteme einbinden, gibt es im PC-Bereich heute nur zwei wesentliche Bustypen: ISA (Industrial Standard Architecture) oder PCI (Peripheral Component Interconnect). Während der ISA-Bus eine Busbreite vom maximal 16 Bit bei 8 MHz Taktrate und eine Durchsatzrate von 5 MByte/s fährt, arbeitet der PCI-Bus mit 32 Bit, 33 MHz Taktrate und transportiert zwischen 133 MByte/s und 267 MByte/s. In RISC-Workstations kommt z.B. der SBus oder PCI- bzw. ISA-Bus in erweiterter Form (Enhanced ISA mit 32 Bit Busbreite) zum Einsatz.

Die graphikspezifische Einheit – eine Platine für den *Graphikprozessor*, ein *Graphikspeicher* sowie eventuell ein Prozessor zur Graphikbeschleunigung – ist über den Systembus mit anderen Komponenten des Rechners verbunden und bereitet die Graphikdarstellung vor. Die Qualität einer Graphikkarte wird hauptsächlich vom verwendeten Graphikprozessor und dem Videospeicher bestimmt. PCI-Graphikkarten sind üblich. Der Graphik- oder *Bildschirmadapter* verfügt ebenfalls über einen VRAM-Speicher, in dem der gesamte später sichtbare Bildschirminhalt abgebildet ist. Auch hier sind 4MByte RAM und mehr gefragt. Bei farbfähigen Bildschirmen müssen diese Pixel in mehreren Lagen (*Bitplanes*) im RAM gehalten werden (vgl. Kapitel 2.3.2). Der Bildwiederholspeicher (Framebuffer) dient der Vorrätighaltung und Auffrischung der Bildschirmgraphik und sollte entsprechend groß dimensioniert sein, um auch bei hohen Auflösungen und großer Farbtiefe schnelle Bildwiederholfrequenzen zu realisieren.

Für multimediale GIS-Anwendungen (vgl. Band 2 Kapitel 5) werden im Rechner zusätzlich *Videokarten* und *Soundkarten* eingebaut. Anwendungsgebiete sind die Erstellung und Präsentation von Videos, die Echtzeitübertragung von Videos über Netzwerk bis hin zu Videokonferenzen.

Anbieter von PC's reichen von A wie Acer über Compaq, Dell, IBM, Tandon bis zu Z wie Zenith. Graphik-Arbeitsstationen werden von DEC, HP, IBM, Intergraph, Silicon Graphics, Sun u.v.a. angeboten. Leistungsfähige PC's für den GIS-Bereich sind heute bereits ab 5TDM zu finden, während geeignete Graphik-Arbeitsstationen noch über 10TDM kosten. Dies schließt den Rechner, einen graphikfähigen Bildschirm, Maus, Tastatur und ausreichenden Sekundärspeicherplatz mit ein. Diese Preise sind permanent fallend, wohingegen die Leistung ständig steigt.

2.3.2 Das Terminal

Das *Terminal* (Datenendstation) ist die Schnittstelle zwischen Anwender und Rechner, die sowohl zur Ein- als auch zur Ausgabe verwendet wird. Es besteht aus der Tastatur (engl. keyboard) und dem Bildschirm (engl. display) und ist an den Rechner angeschlossen. *Tastaturen* sind die üblichen peripheren Geräte zur Dateneingabe, es gibt sie mit internationalen Tastenbeschriftungen – darunter befindet sich auch eine deutsche (QWERTY-Tastatur) mit 102 Tasten und allen Umlauten und weiteren Sonderzeichen. Die Tastatur ist bei Dauerbedienung neben dem Bildschirm das ergonomisch wichtigste Gerät eines Computerarbeitsplatzes. Neuere Winkeltastaturen sind ergonomisch günstiger als die linearen Anordnungen der Tastenreihen. Lange Lebensdauer und hohe Funktionssicherheit sind daneben wichtig.

Alphanumerische Bildschirme sind die einfachsten Eingabe- und Anzeigegeräte. Sie werden im GIS-Bereich verwendet, um Befehle einzugeben, sind aber auch zur maskengeführten Sachdateneingabe oder -abfrage in Datenbanken zu nutzen. Als Standards gelten hier der VT52-, VT100-, VT220-, VT320-, VT420-, VT510- und VT520-Bildschirm. Diese stellen in der Regel 24 (25) Zeilen mit 80 bzw. 132 Zeichen dar; sie erlauben 5 Darstellungsarten (normal, fett, unterstrichen, blinkend, invers) für bis zu 5 Zeichensätze. Die Bildwiederholfrequenz liegt bei über 60 Hz. Der Rechneranschluß erfolgt meistens über eine V24-Schnittstelle. Ergonomen fordern große Bildschirmdiagonalen, hohe Bildwiederholraten und Zeichendarstellungen auf weißem Hintergrund. Ergonomische Rahmenbedingungen am Arbeitsplatz sind in den DIN-Normen 66233 und 66234 festgelegt.

Graphikfähige Terminals sind mit einer Eigenintelligenz ausgestattete Geräte, die zum Standardarbeitsplatz gehören. Den Großteil dieser Bildschirme bilden Rasterbildschirme mit Kathodenstrahlröhren (z.B. Trinitron-Monitore) und Bildschirmdiagonalen von 15- (38.1cm) bis über 21-Zoll (53.3cm). Mobile Rechner verwenden dagegen flache Flüssigkristallbildschirme (engl. LCD-liquid crystal dis-

2.3. GERÄTE ZUR VERWALTUNG UND VERARBEITUNG

play) mit Passiv- (TSTN) oder Aktiv-Matrix-Displays (TFT) bei Bildschirmdiagonalen von 10- bis 12-Zoll. Nur wenige Rechner für Spezialzwecke verwenden dagegen die Plasmatechnik. Die Qualität der Bildschirmausgabe hängt von der Bildschirmgröße, der Auflösung, der Zeilen- und der Bildwiederholfrequenz, der Graphikkarte und von dem Eingangssignal ab. Empfehlenswert sind die sogenannten *Multiscan-* oder *Multisync*-Bildschirme, die über größere Frequenzbereiche synchronisiert werden können und verschiedene Graphikadapter zulassen. Viele Bildschirme arbeiten nach dem Prinzip der konventionellen Fernsehtechnik mit einer Bildwiederholfrequenz von 60-100 Hz (Hertz) zur stetigen Aktivierung der Phosphorschicht. Sie besitzen einen Bildwiederholspeicher (*Framebuffer*), in dem Vektordaten in Rasterdarstellung gewandelt werden und dessen Inhalt ständig aufgefrischt (*refreshed*) wird. Die Helligkeit jedes Bildpunktes wird von einer Bitmatrix des Bildwiederholspeichers gesteuert. Die Tiefe dieser Bitmatrix entscheidet über die Anzahl der Farben; ist diese nur 1 Bit tief, so können nur 2 Farben dargestellt werden (monochrom), mit einer Tiefe von 8 Bit sind dagegen 256 Helligkeitsstufen darzustellen. Bei 24 Bit Tiefe können über 16 Millionen Farben dargestellt werden – man bezeichnet dies als *Vollfarbendarstellung*. Farbbilder werden durch die Verteilung der Bitebenen auf drei Farbkanonen (RGB – Rot-Grün-Blau) mit je 8 Bit pro Bildschirmpunkt dargestellt. Vielfach kann diesen 3 Farbebenen (24 Bitplanes) noch eine vierte Ebene mit einer Tiefe t von $1 \leq t \geq 8$ überlagert werden, die Überlagerungsgraphik (Overlay) aufnimmt. Der Bildspeicher ermöglicht einen schnellen Zugriff auf die Bildinformation, da hier dieselbe Technologie wie beim Arbeitsspeicher der Zentraleinheit eingesetzt wird. Die Größe des Bildspeichers ist ein wesentlicher Faktor im Komfort speziell für Bildverarbeitungsaufgaben. So benötigt ein Bildschirm der Auflösung 1024*1280 Pixel in Vollfarbe einen Bildspeicher von 1024*1280*3Byte, also etwa 4 MByte Bildspeicher. Größere Bildspeicher sind häufig gewünscht, um sich kontinuierlich über den Bildinhalt hinweg bewegen zu können. Höhere Auflösung bedeutet größeren Bildwiederholspeicher. Auf der Graphik-Arbeitsstation, die in der Regel mit einem 19"-Bildschirm mit 8 bis über 16 Millionen Farben und der Auflösung bis über 1.000 * 1.000 Pixel ausgestattet ist, beschleunigen *Graphikprozessoren* den Bildschirmaufbau während der interaktiven Nutzung. Ein Windowsystem (z.B. X-Window, vergleiche Seite 129) mit beliebig vielen Fenstern wird hier unterstützt, es erlaubt sogar die rechnerübergreifende graphische Darstellung durch Einbindung in ein lokales Netzwerk. Auf dem PC-Sektor gibt es Bildschirme in der Größe ab 15" (Zoll) aufwärts mit verschiedenen Graphikkarten (siehe nachfolgende Tabelle).

Eine im Zusammenhang mit X-Window eingesetzte Alternative ist das *X-Window-Terminal*, welches ebenfalls graphikfähig ist und eine einheitliche Benutzeroberfläche für unterschiedliche Rechnerplattformen herstellen soll. Über die graphische Benutzeroberfläche können an jedem X-Window-Terminal mehrere Applikationen aufgerufen werden, ohne die laufende Anwendung zu verlassen. X-Window-Terminals setzen auf dem Client-Server-Konzept auf. Hier sind von

4 bis zu 16 Millionen Farben darstellbar bei einer Ausstattung mit mehr als 4 MByte RAM und einer Bildschirmgröße von 14" bis 21".

Tabelle 2.7 : Gängige Graphikkarten in PC und Workstation

Karte	Name	Auflösung maximal	Farben
VGA (PC)	Video Graphics Array	640*480	≥ 16
Super-VGA (PC)	Super-Video Graphics Array	1024*768	≥ 256
Workstation	anbieterabhängig	1600*1280	16.700.000

2.3.3 Die Maus und das Tablett

Die *Maus* (oder Mouse) ist die Bedieneinheit, mit der der Benutzer am interaktivgraphischen Arbeitsplatz mit dem System kommuniziert (CAD-CAM (1989A)). Vom Prinzip unterscheidet man die

- optomechanische Maus und

- optische Maus.

Bei der optomechanischen Maus wird eine in das Gehäuse eingebaute Kugel mit der Bewegung der Maus über den Tisch mitbewegt. Die Drehbewegung wird durch Reibung an zwei Potentiometer (x,y) erfaßt und an den Rechner weitergegeben. Bei der optischen Maus, die keine Rollkugel besitzt, wird die Maus über ein feingerastertes Tablett bewegt, das durch Photozellen abgetastet wird. Die Empfindlichkeit der Maus wird in cpi (counts per inch) gemessen und liegt i.d.R. bei 100 bis 200 cpi. Man findet Mäuse mit 1, 2, 3 oder bis zu 16 Tasten, wobei die erstgenannten zur Steuerung der graphischen Oberfläche an einem Bildschirm, letztgenannte überwiegend zur Datenerfassung am Digitalisiertisch anzutreffen sind. Die Maus ist mit dem Rechner verbunden über den seriellen Anschluß, eine spezielle Schnittstelle oder über die Tastatur. Ein gerätespezifischer *Treiber* sorgt für die Einbindung der Maus in die Rechnerumgebung. Der Preis für eine Maus beginnt ab etwa 30DM. Bei geringem Platz am Arbeitsplatz bietet sich alternativ zur Maus der *Trackball* (eine umgekehrte Maus, bei der die Rollkugel bewegt wird) an. Für 3D-Anwendungen wie digitale Photogrammetrie, Virtual Reality und 3D-Modellierung eignen sich die Standardeingabegeräte nicht, da nur zwei Freiheitsgrade realisiert werden. Hier gibt es spezielle 3D-Mäuse, mit denen 6 Freiheitsgrade kontrollierbar sind. Auch die Freihandführung am analytischen Plotter ist als spezielle Mausform anzusehen.

Das *Tablett* ist eine rechteckige Platte, in der sich Leitungen oder Sensoren in gitterförmiger Anordnung befinden, die die Bewegung der Maus registrieren. Kleine Tabletts dienen ausschließlich der Mausführung im Windowsystem, während größere Tabletts als Digitalisiertische (vgl. Kapitel 2.2.1) genutzt werden.

2.3. GERÄTE ZUR VERWALTUNG UND VERARBEITUNG

2.3.4 Speichermedien und externe Bussysteme

Die Speichereinheit einer Datenverarbeitungsanlage soll digitale Daten aufnehmen, aufbewahren und bei Bedarf abgeben.

***Definition* 2.5** : *Der schnellste und ständig zugreifbare Speicher in der Speicherhierarchie eines Rechners wird Primärspeicher bzw. Arbeitsspeicher genannt. Als Sekundärspeicher bezeichnet man die dauernd zugreifbaren externen Speicher (z.B. Festplatte), als Tertiärspeicher Wechseldatenträger wie CD-ROM, Magnetband etc., die nicht permanent in System geladen, sondern in einem Archiv untergebracht sind.*

Alle Formen der Speicherhierarchie kommen in einem GIS vor. Während in der Zentraleinheit der Hauptspeicher als *Primärspeicher* die Daten zur Verarbeitung bereithält, stellt der *Sekundärspeicher* große Datenmengen auf Abruf schnell zur Verfügung. Datenbanken werden üblicherweise auf Sekundärspeicher organisiert. Dabei finden Festplatten in Winchester-Technologie Anwendung, auf denen der gesamte aktive Datenbestand vorrätig zu halten ist. Zum Datenaustausch mit anderen Rechnern bzw. zur Softwareauslieferung kommen *Tertiärspeicher* zum Einsatz.

Massenspeicher gibt es in einer kaum überschaubaren Anzahl von Technologien. Bei der Wahl des Massenspeichers sind die geeignete Laufwerktechnik und die Performancedaten mitentscheidend. Als Leistungsmerkmale der Festplatte (Auch Winchesterplatte genannt) gelten Kapazität, Zugriffsart und -zeit, Übertragungsrate und Kosten. Zugriffe auf die Daten erfolgen im Random Access. Plattenkapazitäten von mehreren GByte sind heute im PC- und im Workstationbereich erhältlich. Die nutzbare Nettokapazität ist allerdings um einiges geringer. Die mittlere Zugriffszeit auf den Sekundärspeicher liegt bei 15 ms (Millisekunden) bis zu 100 ms und setzt sich aus Positionierzeit des Schreib-/Lesekopfs, der Umdrehungswartezeit und der Transferrate (Bytes/Sekunde) zusammen. Festplatten gibt es als Laufwerke mit den Durchmessern 5.25 Zoll (bis zu 46 GByte Kapazität) und 3.5 Zoll- (bis zu 18 GByte). Der Preis für Festplatten ist von der gewünschten Anzahl GByte abhängig: 2 GByte sind heute bereits für weniger als 1 TDM erhältlich. Die Wahl des Plattenlaufwerkes beeinflußt den Systemdurchsatz erheblich insbesondere in solchen sekundärspeicher-intensiven Anwendungen wie Datenbanken und der digitalen Bildverarbeitung. Daher sollte die Festplattenkapazität großzügig geplant werden. Kapazitätseinschränkungen gibt es seitens der Betriebssysteme: so kann DOS, Windows 3.11 und Windows 95 z.B. nur eine Partitionsgröße einer Platte von 2 GByte festlegen.

Bei bestimmten Anwendungen kann statt der Festplatte auch ein *Halbleiterspeicher* (RAM-Disk, Solid State Disk) notwendig werden. Hierbei wird ein Teil eines großen Hauptspeichers als Disk organisiert. Die Zugriffszeiten auf die Platte entfallen und die Performanz steigt.

Heute ist der Einsatz mehrerer Plattenlaufwerke üblich. Unter dem Oberbegriff *RAID* (Redundant Array of Disks) faßt man Technologien zusammen, die mehrere Laufwerke zu grösseren, teilweise auch ausfallsicheren Gesamtsystemen zusammenpacken.

Als Schnittstelle zwischen Zentraleinheit und Platten (tlw. gesamter Peripherie) kommt ein *externes Bussystem* zum Einsatz. Folgende Bussysteme sind auf dem PC und der Workstation zu finden:

- SCSI (Small Computer Systems Interface) als sog. intelligente Schnittstelle, die nicht nur Festplatten sondern auch Bandlaufwerke und andere Peripheriegeräte verwalten kann. Sie besitzt genormte Befehle zur Steuerung der Geräte und hat eine Transferrate von 5 bis zu 40 MByte/Sekunde (Ultra-SCSI). SCSI findet sowohl im PC- als auch Workstationbereich Anwendung.

- IDE (Integrated Drive Electronics) ist im PC-Bereich weit verbreitet. Es können maximal zwei Platten pro IDE-Schnittstelle angeschlossen werden. Die theoretische Übertragungsrate liegt bei über 4 MByte/s. Enhanced IDE-Schnittstellen sind in Entwicklung.

Eine Möglichkeit der Leistungssteigerung ist der Einsatz von Controllern mit Plattencachespeichern, in dem häufig genutzte Daten von der Festplatte vorgehalten werden.

2.3.5 Das Netzwerk

Definition 2.6 : *Als Netzwerk bezeichnet man hardwareseitig den Zusammenschluß mehrerer Rechner zu einem Verbund, in dem sie sich in bestimmten Funktionen (Software) unterstützen, ergänzen oder absichern können. Dies gilt sowohl für Rechnerauslastung, Ressourcenverwaltung hinsichtlich der Peripheriegeräte, Programm- und Datenverbund und Kommunikation in allen möglichen Kombinationen. Lokale Netzwerke (LAN – Local Area Network, Abbildung 2.21) verbinden mehrere Rechner miteinander, die nicht weit auseinander (wenige Kilometer) stehen, und beziehen auch Rechner und Peripherie verschiedener Hersteller mit ein. Großräumige Netze (WAN – Wide Area Network) verbinden geographisch weit auseinanderliegende Rechner oder LAN's z.B. über Telefonleitungen, Radiowellen oder Satelliten.*

Die einfachste Möglichkeit der Kommunikation zwischen zwei Rechnern ist seriell mittels *V24- oder Centronics-Schnittstelle* gegeben. Diese gestattet eine allerdings nur sehr eingeschränkte Übertragung von Dateien.

Wichtig ist es, Daten von einem System zu einem anderen zu übertragen und Terminals an einem System als Arbeitsplätze an anderen Systemen nutzen zu können, da damit Speicherplatz gespart und gemeinsame Ressourcen (z.B. Peripheriegeräte) genutzt werden können.

2.3. GERÄTE ZUR VERWALTUNG UND VERARBEITUNG

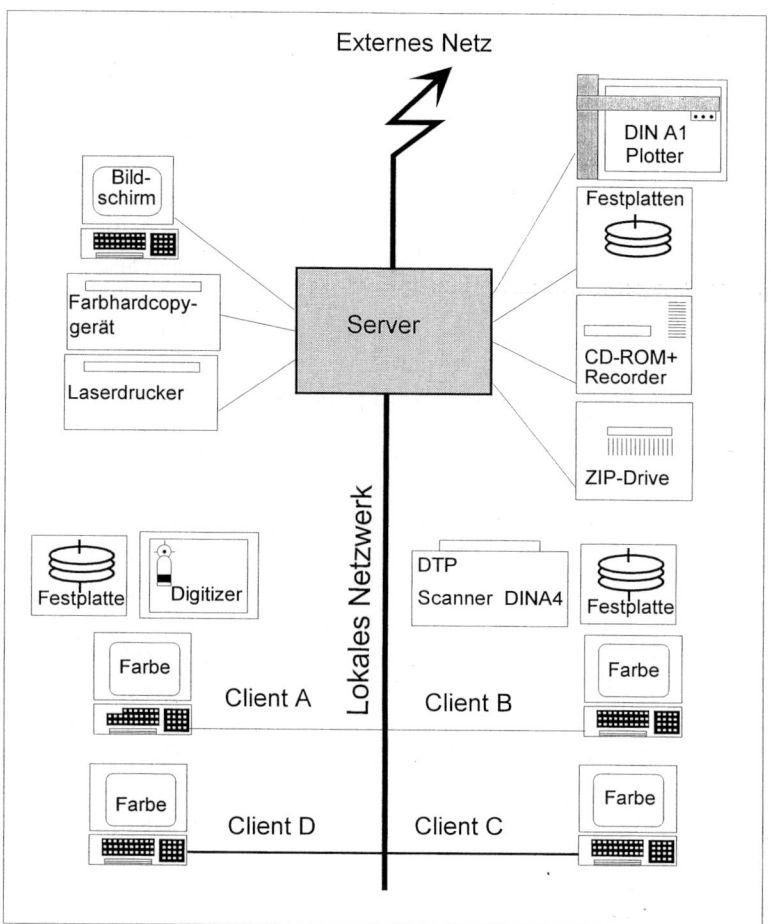

Abbildung 2.21: Lokales Netzwerk

Fast alle Netzwerkprogramme folgen dem *Client-Server-Prinzip*. Das Client-Server-Prinzip besagt, daß ein Rechnerverbund aus unterschiedlich starken Teileinheiten zusammengesetzt ist. Der *Server*, auch back-end Computer genannt, ist ein Programm (oder Rechner), das (der) im Netz besondere Leistungen übernimmt und diese Dienste ständig im Hintergrund anbietet. Überträgt man dies auf Rechner, so dient der Server als Massenspeicher (Dateienserver, Fileserver, DB-Server), als Kommunikationsrechner (Mailserver, Webserver, Chatserver, Faxserver), als Ressourcenverwalter (Securityserver, Nameserver, Applikationsserver) und Betreiber der gemeinsamen Peripherie (Systemserver) wie Drucker, Plotter u.a. Die *Clients* oder front-end Computer sind dann (Rechner oder) Programme, die Anforderungen an den Server schicken und auf die gewünschte Information oder Ausführung warten. Clients können alphanumerische Terminals, PC's oder Workstations sein; sie stehen am Arbeitsplatz und sind in ihrer Ausstattung und

Intelligenz dem Arbeitsthema angemessen.

Die räumliche Struktur eines Netzwerkes (auch *Netzwerktopologie* genannt) kann als Bus (eine preiswerte Variante, die die einzelnen Komponenten linear über ein gemeinsames Kabel z.B. Ethernet Thick Wire hintereinander schaltet), als Ring (in Ringform sind die Komponenten derart geschaltet, so daß der sendende Rechner zum Schluß sein Signal wieder erhält und selbst die Korrektheit der Übertragung prüfen kann, z.B. IBM-Token Ring und FDDI) oder als Stern (alle Leitungen gehen nur von einem zentralen Punkt z.B. einem Ethernet Twisted Pair Hub zu den individuellen Netzwerkknoten) angelegt sein (Abbildung 2.22). Mischformen sind ebenfalls vorhanden. Das IBM-Token-Ring-Netzwerk wird z.B. wie ein Stern verdrahtet, aber verwaltet wie ein Ring. Je größer ein Netz ist, desto eher sind mehrere solcher Netzwerktopologien miteinander zu verbinden.

Eine Vernetzung besteht hardwareseitig aus der *Verkabelung*. Die Verkabelung des Netzes erfolgt entweder durch Koaxialkabel (nicht beliebig biegbar), durch Kupferdrähte (eine preiswerte, aber störanfällige Lösung) oder Glasfaserleitung (die teuere und sichere Lösung). *Ethernet* als Standard IEEE 802.3 spezifiziert einen physikalischen Standard als Bus-Topologie und verwendet als Zugriffsverfahren auf das Medium CSMA/CD (Carrier Sense Multiple Access/Collision Detection), welches jedoch nur die Übertragung von Informationsblöcken zwischen Rechnern sicherstellt. Der Inhalt der Blöcke ist durch Ethernet nicht definiert. Die Verkabelungsvarianten reichen vom Thickwire-Kabel (10BASE5), Thin-Wire-Kabel (10BASE2) über Twisted Pair-Kabel (10BASE-T, heute üblicher Standard) bis zur Lichtleiterverkabelung (10BASE-F). Diese erbringen Transferleistungen von 10 MBit/s (MBit/s=MBaud) bis zu 100 MBit/s. Lichtleiter sind auch für die schnelleren 100 MBit/s Fast Ethernet, FDDI und ATM-Netze spezifiziert. An einem Standard für ein Gigabit-Ethernet (1000BASE-T) wird gearbeitet (IEEE 802.3).

In einem inhomogenen Netz werden mehrere Protokolle (z.B. DecNet und TCP/IP) auf einer physikalischen Leitung betrieben. Als Regel für eine GIS-Umgebung sollte allerdings gelten, möglichst wenig verschiedene Betriebssysteme unter wenigen Protokollen und wenig verschiedener Verbindungshardware zu betreiben.

Bei vielen Anwendungen (z.B. Multimedia) reicht der mit Ethernet erreichbare Durchsatz nicht mehr aus. Eine Möglichkeit zur Erhöhung des Netzwerkdurchsatzes ist der Einsatz von Backbone-Technologien. Ein Beispiel hierfür ist *FDDI* (Fiber Distributed Data Interface), welches eine Doppel-Ring-Topologie auf Lichtleiterbasis mit hohen Übertragungsraten von 100 MBit/s über große Entfernungen realisiert. Werden noch höhere Durchsatzraten im GBit-Bereich benötigt, so werden in Zukunft ATM-Netzwerke (Asynchronous Transfer Mode) als Schlüsseltechnologie eingesetzt.

2.3. GERÄTE ZUR VERWALTUNG UND VERARBEITUNG

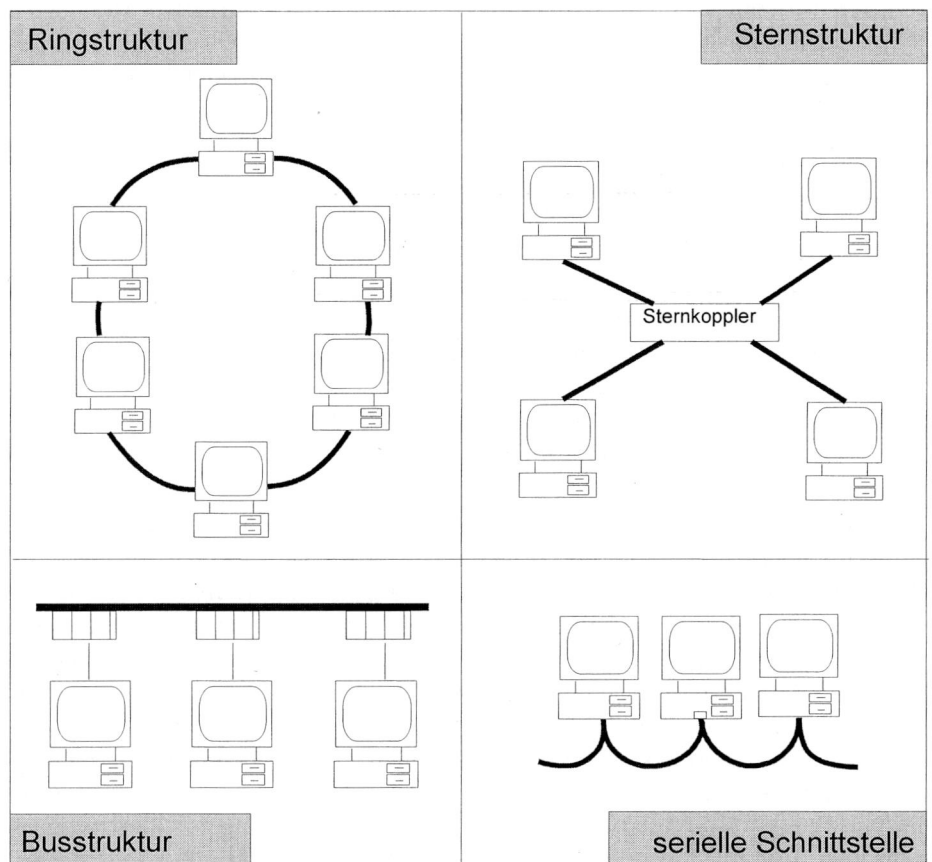

Abbildung 2.22: Topologie von Netzwerken

Mehrere Netzwerksegmente lassen sich mit Repeatern, Bridges oder Routern zusammenschalten:

- *Signalverstärker* (Repeater), die in der physikalischen Ebene des ISO 7-Ebenen-Modells (vgl. Kapitel 3) zwei Netzwerkanschlüsse besitzen und so zwei Kabelelemente miteinander verbinden, zwischen denen blindlings jedes Bit weiterkopiert wird. Sie erlauben die Verbindung von Rechnern über größere Entfernungen.

- *Brücken* (Bridges) sind Verbindungen, die möglicherweise unterschiedliche Protokolle – ein *Protokoll* definiert das Format (Länge und Lage der Felder) eines Paketes – benutzen. Es sind kleine Rechner mit Speicher und zwei Netzwerkanschlüssen, die die Ausfall- und Datensicherheit eines Netzes erhöhen und Erweiterungen hinsichtlich Anzahl der Knoten sowie maximaler Entfernungen hinaus gestatten. Sie schirmen lokale Netzbereiche voneinander ab und steigern somit die Leistung des Netzwerkes.

- *Router* stellen Verbindungen zwischen Netzen unterschiedlicher Topologien mit unterschiedlichen Protokollen dar, die geographisch weit auseinanderliegen und verschiedene darunterliegende Protokolle nutzen können. Es sind normale Rechner mit der speziellen Aufgabe, Daten gezielt weiterzuleiten.

- *Protokoll-Konverter* (Gateways) vereinen Netze unterschiedlicher Protokollfamilien wie TCP/IP (Transmission Control Protocol/Internet Protocol), DecNet usw. Es sind ebenfalls eigenständige Rechner.

Die Netzwerksoftware definiert die Austauschprotokolle und ermöglicht die aktive und passive Kommunikation zwischen allen im Netz eingebundenen Rechnern (Task-Task-Kommunikation). Task-to-Task-Kommunikation bedeutet, daß ein Programm auf einem Rechner ein Programm auf einem anderen Rechner starten kann und diese beiden Programme über das Netz hinweg Daten austauschen können.

Ein Netz, daß aus mehreren lokalen Netzen (LAN) oder Einzelplatzsystemen zusammengeschlossen ist und größere Strecken überbrückt, bezeichnet man als *Wide Area Network (WAN)*. Das wohl umfangreichste WAN ist das analoge Telefonnetz, über das mittels Wählverbindungen primär Sprachkommunikation abgewickelt wird. So ergeben sich z.B. auf Basis des GSM-Standards der Telekommunikation mit Übertragungsraten von 9.6 KBit/s. Mittels stationärem *Modem* (Modulation und Demodulation) können hierüber auch Daten transferiert werden, die am Eingangspunkt ins Netz vom digitalen Zustand in einen analogen Zustand (Modulation) überführt, analog übertragen und an der Endstation wieder in digitale Form (Demodulation) gewandelt werden. Der gängige Übertragungsstandard ist V.34+, der eine Bruttotransferrate von 33.600 Bit/s spezifiziert. Aber auch 56 KBaud-Modems werden bereits angeboten. Modems sind z.B. für den Außendienst zur Kommunikation mit der GIS-Abteilung einsetzbar.

ISDN (Integrated Services Digital Network) vereint die Nutzung von Sprache, Text, Bildern und Daten in einem einzigen Netz und gestattet somit Telekommunikationsdienste wie Telefon, Fax und Filetransfer. ISDN verwendet die vorhandenen Telefonleitungen, überträgt aber durchgehend digital mit Übertragungsgeschwindigkeiten von 64 bis 128 Kbit/s, schnellerem Verbindungsaufbau und höherer Sicherheit (IEEE 802.8).

Schnellere Übertragungsmöglichkeiten ergeben sich bei Einrichtung von Standleitungen (siehe z.B. Ethernet/ATM etc. auf Seite 102). Zum Zweck der Datenübertragung gibt es eigene Datennetze, so z.B. Datex-P in Deutschland, Telepac in der Schweiz oder Datanet 1 in den Niederlanden, die auf dem standardisierten Paketvermittlungsprotokoll X.25 basieren. Die *Brutto-Datentransferraten* liegen bei Datex-P (vgl. Kapitel 3) mit X.25-Verbindung zwischen 0.3 KBaud bis 64 KBaud. Die *Netto-Transferrate* liegt im Mehrbenutzerbetrieb und unter normalen Bedingungen allerdings deutlich darunter; Untersuchungen ergaben Übertragungsraten zwischen 10 und 50 % der oben angegebenen Raten.

2.3. GERÄTE ZUR VERWALTUNG UND VERARBEITUNG

2.3.6 Archivierungseinheiten und Austauschmedien

Die Datenarchivierung und -sicherung ist ein wichtiger Aspekt moderner und professioneller EDV-Anwendungen, zumal hier immer größere Datenmengen zu bewältigen und Datenverluste teuer sind. *Tertiäre Speichersysteme* dienen als Archivierungssysteme (Backup-Systeme) der langfristigen Archivierung von Daten und Programmen. Diese Daten werden bei Bedarf wieder reaktiviert, indem sie von *Band, Kassette, Diskette oder optischer Platte* auf den Sekundärspeicher eingelesen werden. Die Sicherung auf Sekundärspeicher z.B. durch Plattenspiegelung, d.h. die Daten werden parallel auf zwei verschiedenen Platten gehalten, ist zwar eine schnelle, aber auch teuere Variante und aus diesem Grunde nur im sicherheitskritischen Bereich eingesetzt. Für die Datensicherung gibt es eine Reihe von Datenträgern. Bei der Auswahl zählen Aspekte wie die Backupzeiten, Kapazität des Datenträgers, Preis des Datenträgers pro MByte, Lebensdauer, Platzbedarf, Austauschbarkeit usw. Generell muß man zwei Arten von Backup-Datenträgern unterscheiden: diejenigen, bei denen man direkt auf die Daten zugreifen kann (z.B. CD-ROM), und solche, bei denen die Daten zuerst wieder auf die Festplatte des Rechners kopiert werden müssen (Magnetband). Bei Datenmengen bis zu 100 MByte pro Medium bieten Wechselplattensysteme, ZIP- und JAZ-Laufwerke die Lösung, während für größere Datenmengen optische Laufwerke und Magnetbandkassetten zum Einsatz kommen. Für sehr große Datenvolumina werden Plattenschränke und Plattenwechsler (*Juke-Box*) angeboten, die einer großen Zahl von Platten Platz bieten. Der Wechsel zwischen zwei Platten kann dann automatisch und sehr schnell erfolgen. Für die Datenhaltung und -archivierung sind folgende Aussagen zur Datennutzung zu berücksichtigen: auf etwa 80 % aller Daten wird weniger als einmal im Monat zugegriffen, nicht einmal 5 % der Daten werden öfter als einmal pro Woche verwendet.

Tabelle 2.8 : Datenmengen und Preise ausgewählter Archivierungsmedien

Datenträger	Kapazität	Preis/MByte
3.5"-Diskette	1.44 MByte	0.50DM
ZIP-Diskette	100 MByte	0.25DM
JAZ-Platte	1 GByte	0.17DM
1/4"-Kassette	150 MByte	0.10DM
DAT-Kassette	8 GByte	< 0.01DM
Exabyte-Kassette	40 GByte	< 0.01DM

Diskettenlaufwerk

Disketten – sogenannte 'Floppy Disks' oder noch kürzer 'Floppies' – sind bekannte Austauschmedien am PC. Diskettenlaufwerke gibt es in 3.5 Zoll- und 5.25 Zoll-Format. Die typische Kapazität einer Diskette liegt zwischen 1.4 MByte und 2.8 MByte. Sie sind leicht transportierbar, klein und unempfindlich.

Inzwischen sind sogenannte *ZIP-Drives* verfügbar, auf denen bis zu 100 MByte, neuerdings sogar 300 MByte, Daten Platz finden. Der Preis für ein solches Laufwerk liegt bei knapp 200DM.

Wechselplattenlaufwerk

Größere Datenmengen lassen sich mit Wechselplatten verwalten, ohne daß durch Umkopieren Zeit verloren geht. Es gibt unterschiedliche Technologien, vom *JAZ-Laufwerk* mit 1 GByte über Wechselplatten, in die normale Festplatten eingesetzt werden bis hin zu Syquest-Laufwerken. Sinnvoll ist der Einsatz von Wechselplatten z.B. bei ständig wechselndem Einsatzort, also z.B. im Außendienst bei einem Ver- und Entsorgungsunternehmen.

Magnetbandgeräte

Das 1/2-Zoll-Magnetband wird durch die CD-ROM (beschreibbar) sowie Magnetbandkassetten mehr und mehr verdrängt. Die Gründe für die bisherige weite Verbreitung und Akzeptanz waren der relativ niedrige Preis, die leichte Transportierbarkeit und die Austauschbarkeit auch zwischen verschiedenen Rechnern. Dies gilt inzwischen aber auch für die neueren Techniken.

Beispiel 2.3 zur Bandbeschreibung:

> Ein Magnetband ist mit verschiedenen Datendichten zu beschreiben (800, 1.600 oder 6.250 Bits per inch (bpi)), wobei effektiv 730 m als Standardbandlänge genutzt werden können. Die Kapazität eines mit 1.600 bpi beschriebenen Bandes liegt bei ca. 30 MByte, bei Beschreibung mit 6.250 bpi passen über 100 MByte auf ein Band. Die Übertragungsrate liegt bei 300 KBit/Sekunde.

Nachteil des Magnetbandes sind der langsame, sequentielle Zugriff. Magnetbänder dienen als Austauschmedien. Typische Bandbeschreibungen, die fast überall lesbar sind, erfolgen als ASCII-Codierung auf einem Band ohne Führungscode (No-Label). Die Magnetbandstation ist in der Regel recht groß und daher am Server eingebaut. Sie dient als Backupstation des Betriebssystems und der Software und Daten.

Magnetbandkassettenlaufwerke

An einzelnen Graphik-Arbeitsstationen sind oftmals Magnetbandkassettenlaufwerke – sogenannte *Streamer* – integriert. Diese Systeme arbeiten sequentiell. Ein Nachteil der Kassetten ist die wesentlich langsamere Schreib- und Lesegeschwindigkeit im Vergleich mit der auf mehreren Spuren parallel schreibenden Magnetbandstation. Standard ist die 1/4 Zoll-Kassette, auf der bis zu 150 MByte zu speichern sind. Die verschiedenen neuen Technologien unterscheiden sich nach dem Aufzeichnungsverfahren. Für alle Laufwerktypen sind auch Jukeboxen mit

2.3. GERÄTE ZUR VERWALTUNG UND VERARBEITUNG

bis zu 100 Datenträgern erhältlich. Die *DLT-Technologie* (Digital Linear Tape) beschreibt 1/2 Zoll-Magnetbänder in kompakten Kassetten mit bis zu 70 GByte bei einer Transferrate von 3 MByte/s.

Neuere Magnetbandkassettengeräte gingen aus der Audio- und Videoaufzeichnung hervor, verwenden z.B. das Laufwerk von Video 8-Rekordern und nutzen zur Aufzeichnung das Helical-Scan-Verfahren. Die Schreib-/Leseköpfe sind auf einer rotierenden Kopftrommel angelegt, an der sich das Band vorbeibewegt. Die Kassetten (Video 8 Kassetten) können etliche GByte Daten bei Transferraten von mehreren MByte/s unterbringen. Vertreter dieser Kategorie ist z.B. EXABYTE (bis zu 40 GByte), DAT (Digital Audio Tape, bis zu 8 GByte) oder AIT (Advanced Intelligent Tape, bis zu 25 GByte). HP und Sony entwickeln das DDS-Format (Digital Data Storage) für DAT-Laufwerke, während GigaTape das DataDat-Format vertritt. Die digitale Aufzeichnung bietet als Vorteile unter anderem bessere Fehlererkennung und Präventivmaßnahmen sowie kürzere Zeiten zum Wiederauffinden von Dateien, ist aber noch nicht standardisiert, so daß Austauschprobleme zwischen verschiedenen Systemen entstehen können.

Optische Laufwerke

Optische Laufwerke haben mit der CD-ROM allgemeine Verbreitung gefunden. Neuere Techniken wie CD-R, CD-W und DVD lassen diesen Markt weiter anwachsen. Bei optischen Speichern muß man drei sehr unterschiedliche Technologien unterscheiden. *CD-ROM* (Compact Disc-Read Only Memory) sind wechselbare optische Platten, die bei der Herstellung einmalig beschrieben werden. Der Inhalt kann beliebig oft gelesen, aber nicht mehr verändert werden. Hersteller verwenden diese Technik zur Verteilung der Software und Manuals an ihre Kunden, da die Produktionskosten bei entsprechenden Stückzahlen sehr gering sind. Das Fassungsvermögen liegt bei ca. 650 MByte. Die Nachteile der CD-ROM sind die Nichtwiederbeschreibbarkeit und die langsame Zugriffszeit. Neuere CD-ROM Laufwerke haben 32fache Geschwindigkeit verglichen mit einem Audio-Laufwerk und können bis zu 4.8 MByte/s transferieren. Desweiteren bietet die neue Generation von Laufwerken auch die Option Multiread, d.h. sie können auch die wiederbeschreibbaren CD lesen.

Mit *CD-Recordern* (CD-R) können CD-Rohlinge ohne großen Aufwand beschrieben werden. Dabei werden die Daten mit Hilfe eines Laserstrahles auf die CD geschrieben. Selbst die Herstellung einer einzigen CD ist bei Anschaffungspreisen für den Recorder ab 1 TDM und bei CD-Preisen von wenigen DM damit erschwinglich geworden. Diese Technik wird von allen GIS-Datenanbietern eingesetzt, ist aber auch im kleineren Unternehmen als Backup- und Datenverteilungsmethode geeignet. Auch Datenanbieter im GIS-Umfeld nutzen diese Technik und bedienen damit einen Massenmarkt, da heute jeder PC ein CD-Laufwerk besitzt. CD-RW erlaubt eine CD mehrfach zu beschreiben. Diese CD's können in Laufwerken mit der Multiread-Option gelesen werden.

Die *DVD-Technologie* (Digital Versatile Disk) erweitert die Speicherkapazitäten bis in den 5 GByte-Bereich. DVD-Laufwerke können darüberhinaus auch alle CD-Formate lesen. DVD-Recorder und DVD-Laufwerke sind seit 1997 zum Preis ab 1 TDM auf dem Markt, es gibt allerdings noch Probleme mit der Standardisierung.

Magneto-optischen Platten (auch *MO-Disks* genannt) zeichnen kontaktfrei und verschleißfrei mittels eines Lasers durch Erhitzen und Anlegen eines Magnetfeldes auf. Die Datenträger können doppelseitig beschrieben werden. Bei einem Durchmesser von 5.25 Zoll und einer Kapazität von 1.3 GByte/Seite lassen sie sich wie normale Magnetplatten beschreiben. Anbieter solcher Platten zu einem Preis ab etwa 5 TDM ist z.B. Digital und HP.

2.4 Geräte zur Ausgabe

Das interaktive Arbeiten mit dem Geo-Informationssystem geschieht mittels eines alphanumerischen/graphischen Bildschirms, an dem die Ein- und Ausgabe erfolgt – diese Komponente ist auf Seite 97 ausführlich beschrieben. An vermessungstechnische Datenspeicher können ebenfalls GIS-Daten ausgegeben werden. Die vorher beschriebene Einspiegelung an photogrammetrischen Auswertegeräten ist eine weitere Ausgabeform. Wir beschränken uns aber hier auf passive Ausgaben in Papier-, Karten- oder Bildform zur Präsentation alphanumerischer oder graphischer Ergebnisse, welche die folgenden Ausgabegeräte gestatten.

2.4.1 Drucker

Zur Ausgabe alphanumerischer Ergebnisse in Form von Berichten, Statistiken und Berechnungsprotokollen bis hin zur Ausgabe hochwertiger kleinformatiger Graphiken sind Drucker erforderlich. Diese können teilweise auch Sofortkopien (Hardcopy) des graphischen Inhalts des Bildschirms ausgeben. Die gebräuchlichsten Druckertypen sind heute Tintenstrahl- und Laserdrucker. Alternativen hierzu sind die Nadel- und die Thermodrucker. Während der Nadeldrucker noch mechanisch das Papier beschreibt, geschieht bei den anderen eine pixelorientierte zeilenweise Übertragung der Information auf ein Zeichenmedium elektronisch gesteuert mit Licht (Laser), Wärme (Thermotransfer), Aufsprühen (Ink-Jet) oder gegensätzlichen elektrischen Ladungen (Elektrostaten, siehe Plotter). Neben dem Anschaffungspreis und der gewünschten Druckqualität sind auch die Kosten für die Verbrauchsmaterialien zu berücksichtigen. Gängige Anbieter sind u.a. HP, Lexmark, Tektronix und Digital.

Nadel- oder *Matrixdrucker* setzen jedes Zeichen durch Anschlagen dünner Nadeln auf ein Farbband auf dem Papier zusammen. Je dichter die von den Nadeln hinterlassenen Punkte zusammenrücken, desto besser wird das Schriftbild. Leistungsfähige Nadeldrucker erreichen dabei fast die Qualität einer Schreibmaschine. Man unterscheidet bei den Druckköpfen zwischen 9-, 18- und 24 Na-

2.4. GERÄTE ZUR AUSGABE

deln. Die Auflösung beträgt bei 9 Nadeln ca. 240 dpi, während der Drucker mit 24 Nadeln eine Auflösung von 360 dpi garantiert. Der Preis liegt unter 1TDM. Nadeldrucker haben bei geringerer Druckqualität relativ geringe Kosten für Verbrauchsmaterialien, entwickeln aber einen durchaus hohen Geräuschpegel.

Laserdrucker funktionieren in ähnlicher Art und Weise wie Photokopierer und liefern qualitativ hochwertige Bilder. An die Stelle des Lichtmusters beim Kopieren tritt der Laserstrahl. Zur Erzeugung des Bildes bewegt ein rotierender Spiegel den Strahl in einem Rastermuster, während gleichzeitig eine Lichtklappe den Strahl abhängig vom Bildinhalt ein- oder ausschaltet. Das so entstehende Bild wird dann auf Papier kopiert. Die Auflösung liegt bei 300 bis 1200 dpi, zwischen 4 und 32 Seiten können pro Minute gedruckt werden und der Preis beginnt unter 1TDM. Laserdrucker können teilweise auch höhere Beschreibungssprachen wie PostScript (siehe Kapitel 3) oder HP PCL 5 oder 6 verstehen – man spricht von postscriptfähigen oder HP-Laserjet- emulierenden Laserdruckern – und setzen deren Anweisungen vor dem Druck um. Laserdrucker bieten eine exzellente Druckqualität und Graphikfähigkeit bei geringer Geräuschentwicklung. Auch Farblaserdrucker sind verfügbar, dabei wird der Druckvorgang für jede der drei (CMY, vgl. Kapitel 3) oder vier (CMYK, vgl. Kapitel 3) Farbkomponenten wiederholt.

Tintenstrahldrucker (Ink-Jetdrucker) spritzen Tinte unter hohem Druck aus mehreren (z.B. 12) Düsen auf das Papier. Zu unterscheiden ist das Bubble-Jet-Verfahren und das Drop-on-Demand-Verfahren. Ihre Auflösung liegt bei ca. 300 bis 1200 dpi. Der Preis beginnt selbst bei farbfähigen Ink-Jet Druckern bereits bei wenigen 100DM.

Einfache *Thermodrucker* brennen durch Wärmeeinwirkung eines Druckkopfes aus Thermoelementen kleine Punkte auf das Papier. Ihre Auflösung liegt bei 360 dpi und sie kosten etwa 1TDM. *Thermotransferdrucker* arbeiten ähnlich. Der Druckkopf schmelzt hier Punkte von einer mit Wachsfarbstoff beschichteten Polyesterfolie ab. Als Farbträger können hier monochrome, drei- (CMY) und vierfarbige (CMYK) Thermotransferrollen eingesetzt werden. Diese Drucker findet man häufig als Hardcopy-Einheiten. Die Vorteile liegen in einer brillianten, stark abdeckenden Farbpalette. Mit *Thermosublimationsdruckern* lassen sich photorealistische Ausdrucke erzeugen. Ähnlich zum vorgenannten Prinzip wird auch hier mit einer Trägerfolie in den Grundfarben gearbeitet, das Wachs wird jedoch so stark erhitzt, daß es gasförmig in Spezialpapier hineindiffundiert. Hohe Qualität wird hier mit Kosten für Spezialpapier erreicht. Die Anschaffungskosten für einen solchen Drucker liegen noch über 10TDM. Bei *Phase-Changer-Druckern* ändern die Farbträger mehrmals während des Druckvorgangs den Aggregatzustand. Als Farbträger dienen vier feste Farbstifte, von denen beim Druckvorgang jeweils eine kleine Menge abgeschmolzen wird. Die flüssige Farbe wird nach demselben Druckprinzip wie beim Tintenstrahldrucker auf das Druckmedium aufgesprüht. Vorteil ist die verbrauchsorientierte Abnutzung der Farbträger und die Verwendung von Normalpapier. Ein solcher Farbdrucker kostet noch über 10TDM, ein A4-Seitendruck liegt bei etwa 1DM.

2.4.2 Zeichengeräte

Plotter oder Zeichengeräte erzeugen hochwertige Karten und kartenähnliche Ausgaben von raumbezogenen Daten. Nach dem Funktionsprinzip unterscheidet man zwischen Vektor- und Rasterplottern. Die graphisch hochwertige Ausgabe erfolgt heute meist noch vektororientiert, während schnelle genaue Zeichnungen (Plots) auf Rasterplottern ausgegeben werden.

Vektorplotter

Ein Vektorplotter ist das adäquate Ausgabegerät zur Erstellung von Punkt- und Liniengraphiken. Ein oder mehrere Stifte (z.B. Tusche, Kugelschreiber, Gravurstichel) werden gemäß Anweisungsplan auf das Papier abgelassen oder angehoben und bewegen sich in x- und y-Richtung. So entsteht bei herabgelassenem Stift ein Punktsymbol oder eine Linie. Der Anweisungsplan (eine Liste von zu zeichnenden Symbolen und Linien) wird zusammen mit den Steuerbefehlen an das Ausgabegerät gesandt, welches diese Datei einmal abarbeitet. Man unterscheidet analog zu den Scannern zwischen

- *Trommelplottern* (Abbildung 2.23), bei denen die Trommelrotation die x-Bewegung übernimmt, während das Zeichenwerkzeug sich auf einer Führung in y bewegt. Diese Kategorie ist in der Regel preislich günstiger jedoch qualitativ weniger hochwertig.

- *Tisch- (oder Flachbett-)plottern*, bei denen beide Bewegungen i.d.R. durch Spindel- oder Zahnstangenantrieb erfolgen. Qualitativ hochwertige Geräte werden beidseitig geführt.

Die Zeichengeschwindigkeit liegt im Schnitt bei 300 mm/Sekunde, maximal bei 1.000 mm/Sekunde; die Beschleunigung liegt bei bis zu $5m/s^2$. Die Auflösung (oder Schrittweite als minimal mögliche Bewegung des Stiftes) ist für Qualitätszeichnungen kleiner als 0.001 inch, tlw. bis 0.01 mm. Die Reproduzierbarkeit liegt bei etwa 0.1 mm. Vektorplotter im Format DIN A 3 gibt es ab etwa 1TDM, im Format DIN A 0 ab etwa 12TDM. Der Vektorplotter ist mittels V-24-Schnittstelle mit dem Computer verbunden; die Übertragungsraten liegen bei 110 bis 9600 Baud. Moderne Geräte verfügen über eine Eigenintelligenz und einen, den Hauptspeicher entlastenden eigenen Speicher der Größenordnung mehrerer MByte. Teilweise setzen sie Anweisungen in Standardsprachen wie HP-GL (HP-Graphics Language) eigenständig um. Anbieter von Vektorplottern sind z.B. Benson, Calcomp, HP u.a.

2.4. GERÄTE ZUR AUSGABE

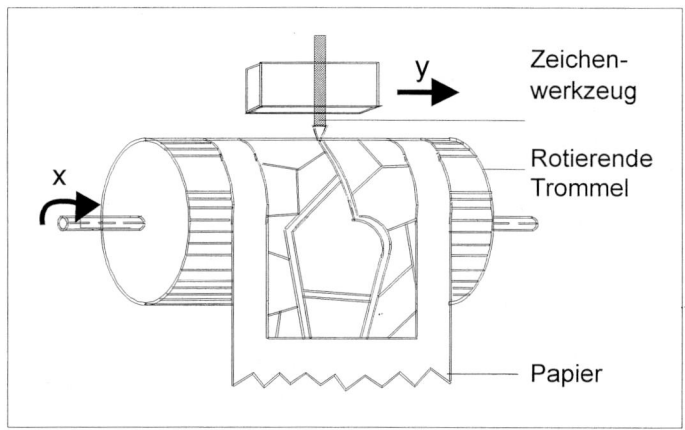

Abbildung 2.23: Prinzipskizze eines Trommelplotters

Elektrostatische Plotter

Elektrostatische Plotter (Abbildung 2.24) verwenden ein Feld aus Drähten, an die eine Spannung selektiv gelegt werden kann. Während das Papier von der Rolle über Führungselemente in Durchlaufrichtung auf ebenem Papierweg über die Drähte gleitet, prägen gegensätzliche elektrostatische Ladungen das Abbildungsmuster auf. Anschließend läuft das Papier durch einen Flüssigkeitstoner, der wie ein Magnet an dem elektrostatischen Muster hängen bleibt. Farbfähige Elektrostaten tragen nacheinander das Farbmuster auf. Ihre Farben entstehen nach dem CMY-Farbmodell (vgl. Kapitel 3 und Band 2 Kapitel 3). Anbieter sind z.B. Barco Graphics und Versatec.

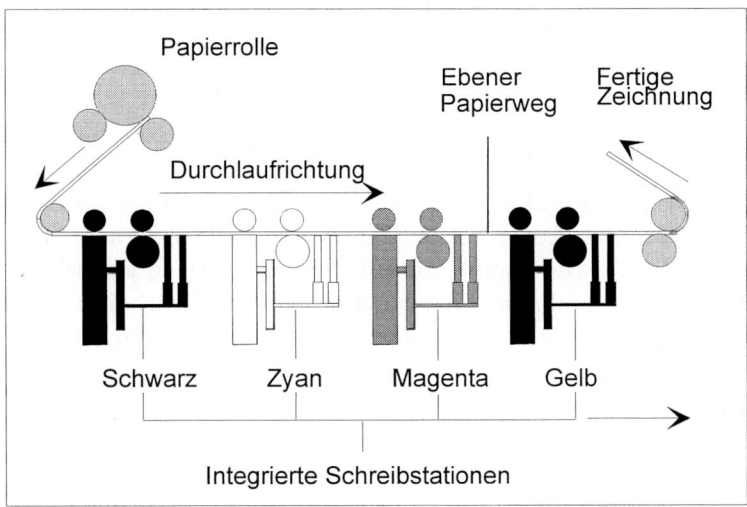

Abbildung 2.24: Schemaskizze eines elektrostatischen Plotters

Filmplotter und Filmbelichter

Filmplotter werden hauptsächlich in der Mikroverfilmung z.B. zur Leiterplattenplanerstellung verwendet. Man unterscheidet zwischen dem

- direkten Verfahren, bei dem ein Laser direkt auf belichtungsfähiges Material schreibt und dem

- indirekten Verfahren, bei dem auf einen Bildschirm geschrieben wird und der dann abphotographiert werden kann.

Anwendungen für derartige Geräte ergeben sich in der Ausgabe von digitalen Orthoprojektionen, Ergebnissen der digitalen Bildverarbeitung sowie Resultaten hybrider Geo-Informationssysteme.

Filmbelichter kommen in der digitalen Bildverarbeitung und rechnergestützten Kartographie als Ausgabegeräte zum Einsatz (J. WIESEL (1985)). Das auf einer rotierenden Trommel aufgespannte Filmmaterial wird zeilenförmig von einem Schreibkopf und einer Laserlichtquelle belichtet. Das Format darf variieren – hier sind Luftbilder wie auch großmaßstäbige Karten in DIN A0 mit einer Auflösung von 25 bis 200 μm darzustellen. Die maximale Pixelanzahl beginnt ab 9.000* 9.000. Sie sind farbfähig durch Bearbeitung der einzelnen Farbauszüge nacheinander. Anbieter sind u.a. Hell, Scitex, Optronics und Joyce-Loebl.

2.4.3 Weitere Aufzeichnungsgeräte

Videorekorder nach den geläufigen Video-Standards wie VHS, Video8 usw. eignen sich ebenfalls als Archivierungseinheiten von Bildsequenzen, für Computeranimation und synthetische Filme. Sie wandeln das digitale Bild (mit einem CCD-Sensor gewonnen) in Analogform um und speichern in analoger Aufzeichnung. CCD-Videokameras werden zum Teil auch in Erfassungsgeräten eingesetzt z.B. Theodolitmeßsystemen oder photogrammetrischen Auswertegeräten wie der P-Serie von Zeiss oder der DSR-Serie von Leica (CH), um digitale Daten direkt zu gewinnen.

Videoboards als Bestandteil multimedialer Rechner eignen sich zur Videobearbeitung und wandeln das vom Videorekorder stammende analoge Signal unmittelbar, tlw. in Echtzeit, in digitale Signale um. Sie bedienen eigene Bildschirmteilausschnitte und gestatten eine schnelle Visualisierung und Bearbeitung von Videosequenzen, wie sie im GIS-Bereich z.B. aus TV-Befahrungen von Kanalsystemen entstehen.

2.5 Zusammenfassung

Unter dem Begriff 'Hardware' subsumieren sich alle physischen Bestandteile einer DV-Anlage. Wir schließen hier die GIS-spezifische Geräteperipherie mit ein.

Für die Eingabe von Texten, Karten und Bildern stehen Digitalisiertisch, photogrammetrische Auswertegeräte, Scanner sowie die direkte Übertragung von Daten der Tachymetrie oder Satellitensensoren zur Verfügung. Die Fusion verschiedener Sensoren führt zu neuen Datenerfassungs- und -fortführungsmethoden wie mobilen Mappingsystemen. Dies wird im wesentlichen durch die Positionierungstechnik mittels GPS ermöglicht. Die Verwaltung und Präsentation der Daten wird während der interaktiven Nutzungsphase wesentlich durch den Arbeitsplatzrechner mit seinen Komponenten Zentral- und Speichereinheit, Tastatur, Bildschirm und Maus unterstützt, an dem Peripheriegeräte zur Archivierung wie Magnetbandkassettengeräte u.a. angeschlossen sind. Als Ausgabekomponenten für Text, Karte und Bild dienen Drucker, Vektor- und Rasterplotter bis hin zu Präzisionsausgabegeräten für Bilder. Da Hardware für sich nicht eigenständig ist, bedarf es der Software, die wir im folgenden Kapitel beschreiben, zur Zusammenstellung eines funktionsfähigen GIS-Produktes.

2.6 Aufgaben

2.6.1 Eine dreifarbige Strichvorlage im Format DIN A 1 (594*840mm) soll mit einem Scanner mit 400 dpi abgetastet werden. Welches ist die Minimalanforderung an den Sekundärspeicher der Arbeitsstation, an der ein solches digitales Bild gespeichert werden soll? Welches Backupmedium (Tertiärspeicher) ist zur Archivierung solcher Datenmengen geeignet ?

2.6.2 Welche Genauigkeit ist (bei Voraussetzung korrekter Kartenrepräsentation bei einer Strichgenauigkeit von etwa 1/10mm) durch manuelles Digitalisieren einer Karte im Maßstab 1:1.000 zu erwarten?

2.6.3 Eine Datenbank besitzt den Umfang von 100 MByte. In welcher Zeit (ca.) ist diese Datenmenge von einem Datenbankserver über Ethernet an eine Workstation übertragbar?

2.6.4 Eine dreikanalige SPOT-Satellitenszene (HRV-MS) der Größe 60*80km besitzt welchen Datenumfang ? Mit welchem Kartenmaßstab ist bei der gegebenen Bodenauflösung von SPOT eine Überlagerung gerechtfertigt ?

2.6.5 Geben Sie eine etwaige Minimalkonfiguration (Hardware) für ein kleineres Dienstleistungsunternehmen an, welches mit Datenerfassungsarbeiten ins GIS-Geschäft einsteigen will. Schätzen Sie die Kosten der Geräteinvestitionen ab.

2.6.6 Geben Sie eine geeignete Konfiguration (Hardware) für ein Energieversorgungsunternehmen an, welches seine Daten (Karten, Betriebsmittel, Kunden etc.) mit einem GIS verwaltet und diese parallel mehreren Nutzern zugängig macht.

2.6.7 Nennen Sie Sensoren in einem mobilen Mappingsystem. Welche Meßgrößen werden damit erfaßt? Für welche Aufgaben ist ein solches Meßsystem gedacht?

Kapitel 3

Softwareaspekte in GIS

3.1 Einführung

Definition 3.1 : *Unter Software sind alle immateriellen Teile einer EDV-Anlage, d.h. alle auf einer Datenverarbeitungsanlage einsetzbaren Programme und Daten zusammengefaßt. Dies schließt Betriebssystem, Programmiersprachen, Graphik, Datenbanken usw. ein.*

Da auf die Daten ab Kapitel 4 ausführlich eingegangen wird, konzentriert sich dieser Abschnitt lediglich auf Programme. Ausgehend von den Standards zu Betriebssystemen und Programmiersprachen, für Graphik, Datenbanken und Benutzerführung sind die darauf aufbauenden, GIS-spezifischen Grundfunktionen und Applikationen zu erklären.

Die in der nachfolgenden Tabelle angedeutete Softwarehierarchie gilt i.d.R. nicht nur für Programmpakete im GIS-Bereich. Dabei sind die untersten beiden Ebenen eher geräteabhängig und werden als *Systemsoftware* bezeichnet. Die darauffolgende Ebene enthält die Softwarebibliotheken, um Graphik, Datenbank, das Windowsystem und andere Teile eines GIS realisieren zu können. Wir fassen diese drei Ebenen unter dem Begriff *Grundsoftware* zusammen. Die oberen drei Ebenen, vertreten durch die Grundfunktionalitäten, Anwendungsprogramme und die Benutzeroberfläche, repräsentieren die Möglichkeiten und Benutzeraspekte eines Geo-Informationssystems. Zwischen den Ebenen und auch untereinander sind die Übergänge fließend. Es gilt: Je höher der Benutzer in dieser Hierarchie angesiedelt ist, desto einfacher ist das System i.d.R. für ihn zu bedienen.

3.2 Grundsoftware

Die Verwendung von *Standards* – seien es nun formale Normen oder defacto Standards – ist an vielen Stellen gebräuchlich; sie unterstreicht die Bemühungen in der Softwareentwicklung der achtziger Jahre zur Erreichung der Geräteunabhängigkeit.

"Offene und geschlossene Systeme, genormte und de-facto-Standards bestimmen die DV-Landschaft."

" In der Vergangenheit gab es zahllose Ansätze, dieses ursprüngliche Chaos ein wenig zu ordnen."

Tabelle 3.1 : Softwarehierarchie in einem GIS-Produkt

high level

GIS - Kommunikationsformen
GIS - Applikationspakete
GIS - Grundfunktionen
Standards (Graphik, Datenbank, Windowsystem usw.)
Systembibliotheken (Programmiersprachen, Mathematik usw.)
Betriebssystem (Systemaufrufe, Gerätetreiber, Netzwerk usw.)

low level

Die beiden Zitate aus K. EMONTS (1989) spiegeln sehr gut die Situation in der kommerziellen und graphischen Datenverarbeitung wider. Daher werden wir uns in diesem Kapitel den für GIS wichtigen Softwarestandards widmen. Dagegen soll in Band 2 Kapitel 3 unter dem Aspekt des Datenaustausches auf die Aktivitäten im Normungsbereich der Geodaten eingegangen werden: Stichworte sind hier Normungsaktivitäten auf CEN- und ISO-Ebene sowie die Open GIS-Vorhaben.

Normung ist die einmalige, bestimmte Lösung einer sich wiederholenden Aufgabe unter den jeweils gegebenen wissenschaftlichen, technischen und wirtschaftlichen Möglichkeiten. Ziel einer Normung ist die Vereinheitlichung von Konzepten, Funktionen und Begriffen und damit die Gewährleistung der Geräteunabhängigkeit und Portabilität von Anwendungen. Dadurch ergibt sich für den Nutzer eines GIS eine größere Hardware- und Softwareunabhängigkeit, womit ein Wechsel von einem Hardwarehersteller zu einem anderen erleichtert wird. Dies bietet längerfristig die Möglichkeit, die jeweils modernste Hardwaretechnologie einzusetzen und so vom Preisverfall bei gleichzeitiger Leistungssteigerung zu profitieren. Diesem Gewinn steht andererseits gegenüber, daß Normen und Standards die technische Evolution und neue bahnbrechende Konzepte in ihrer Entwicklung behindern können. Zudem zeigen auf Normen aufbauende Programme selten die Durchsatzgeschwindigkeit solcher Anwendungen, die herstellerspezifische Gegebenheiten direkt nutzen. Prüfdienste und Zertifizierungsprogramme bestätigen die Übereinstimmung eines Standards mit den in der Norm spezifizierten Angaben. Sie sind insbesondere im Graphikbereich üblich. Die Vorgabe von Standards stellt oftmals bei der Aufstellung eines Kriterienkataloges ein absolutes Muß dar, so daß die Kaufentscheidung für ein Produkt direkt davon abhängig ist. Daher sollen die gängigen Standards für die einzelnen Ebenen der vorgenannten Softwarehier-

3.2. GRUNDSOFTWARE

archie genannt und jeweils relevante Standards weitergehend erläutert werden. Dabei soll der am weitesten verbreitete Standard näher beschrieben, Vor- und Nachteile der Standards herausgearbeitet sowie auf sich abzeichnende Standardisierungstendenzen hingewiesen werden.

3.2.1 Systemsoftware

Definition 3.2 : *Die Systemsoftware beinhaltet die Gesamtheit aller von einem Hersteller für ein bestimmtes Rechnersystem entwickelten Programme; sie orientiert sich an den Eigenschaften der Hardware, für die sie geschaffen wurde. Insgesamt umfaßt sie Betriebssystem, Übersetzer (Compiler) für Programmiersprachen, Dienstprogramme für die ständige Durchführung notwendiger Arbeiten im Rahmen des Betriebs der Anlage (Utilities), Bibliotheken für mathematische Funktionen und Algorithmen, zur Dateien- und Textbearbeitung, Editoren, Peripheriegerätesteuerung (Treiber (Driver)), Netzwerkbehandlung u.v.a.m.*

Betriebssysteme

Definition 3.3 : *Das Betriebssystem (Operating System) ist die Summe derjenigen Programme, die als residenter Bestandteil einer EDV-Anlage für den Betrieb der Anlage und für die Ausführung der Anwendungsprogramme erforderlich sind.*

Betriebssysteme der achtziger Jahre waren mit wenigen Ausnahmen herstellerbezogen. Zu nennen sind hier z.B. BS2.000/BS3.000 (BS-Betriebssystem) von Siemens, VM/MVS (VM-Virtual Machine/Multiple Virtual System) von IBM auf der IBM/370-Architektur, VMS auf der DEC-VAX Linie und Mac-OS auf Apple Rechnern. Erst mit der weiten Verbreitung von Personal-Computern und der vermehrten Nutzung von graphischen Arbeitsplätzen konnten sich zwei herstellerunabhängige Betriebssysteme – DOS (Disk Operating System) und UNIX – durchsetzen.

Standardbetriebssysteme, auf denen heutige GIS-Produkte laufen, sind überwiegend UNIX, DOS mit Windows 3.11 als graphische Oberfläche, Windows 95 oder WindowsNT (siehe auch Kapitel 7).

Die Wahl des Betriebssystems war früher oftmals durch die Applikation vorgegeben. Das verwendete Betriebssystem ist von Bedeutung, falls Programme für spezielle Aufgabenstellungen existieren oder entwickelt und in das System integriert werden müssen. Dagegen kommt ihm bei schlüsselfertigen Lösungen eine eher untergeordnete Rolle zu, zumal die bekannteren GIS-Produkte heute oder in naher Zukunft alle unter UNIX und Windows NT lauffähig sind.

UNIX (S. R. BOURNE (1985), K. THOMPSON UND D. R. RITCHIE (1978)) als einigermaßen portables 'offenes' Betriebssystem findet eine weite Verbreitung im GIS-Umfeld und ist auf PC's bis hin zu Großrechnern verfügbar, womit eine Hardwarevielfalt generell möglich ist. Dies ist insoweit einzuschränken, daß ein

GIS über eine Benutzeroberfläche (Menüführung, Graphik) verfügt, die ebenfalls portabel sein sollte. Weiteres Argument ist, daß es viele UNIX Derivate gibt, deren Verträglichkeit untereinander fraglich ist. UNIX entstand Ende der sechziger Jahre in den Bell Laboratories auf einer PDP 7 von Digital Equipment Corporation (DEC). In den frühen siebziger Jahren wurde es weiterentwickelt, auf verschiedene Rechner portiert und an amerikanische Hochschulen zu einem symbolischen Preis vergeben. Erst Anfang der achtziger Jahre ist UNIX vermehrt auch in der Industrie eingesetzt worden. Inzwischen hatten sich allerdings schon verschiedene Linien von UNIX entwickelt (z.B. AT & T System V, Berkeley BSD). Heutige UNIX-Implementationen lassen sich in zwei Standards zusammenfassen: Berkeley UNIX (BSD) und AT & T System V Release 4 (SVR4), wobei System V sich wohl durchsetzen wird. Gängige UNIX-Betriebssysteme sind Solaris (Sun), HP-UX (HP), IRIX (SGI), AIX (IBM) und Digital Ultrix (DEC) und Linux, eine herstellerunabhängige frei verfügbare UNIX-Version, die sich auch im PC-Bereich wachsender Beliebtheit erfreut. Die wesentlichen Systemkomponenten von UNIX sind:

- Das Kern-Betriebssystem (*Kernel* genannt), welches relativ klein ist und die Ressourcen des Rechners (Rechenzeiten, Peripherieinteraktionen, Speicherzuteilung etc.) verteilt. Der Kernel hat direkten Zugang zur Hardware.

- Ein *hierarchisches Dateiensystem*, welches nur drei Arten von Dateien kennt:
    - Normale Dateien (Programme, Daten, Skripts, Treiber etc.).
    - Dateiverzeichnisse (Directories), in denen logisch zusammengehörende Dateien in einer Ebene gesammelt werden.
    - Spezielle Dateien, in denen die Administrationsdaten zum Gesamtsystem enthalten sind.

- Eine Kommando- und Programmiersprache (*Shell* genannt), mit der die Prozeßphilosophie von UNIX unterstützt wird. Die Shell liest, analysiert und führt Befehle des Benutzers aus. Es gibt viele verschiedene Shells, so z.B. C-Shell, Bourne-Shell, t-Shell und Korn-Shell.

- Die Vielzahl der Hilfsfunktionen als Entwicklungsumgebung (*Utilities*), beginnend von Editoren über Texterstellungs- und Textanalysewerkzeuge bis hin zu Hilfsmitteln zum Compilerbau. Damit ist gleichzeitig angedeutet, daß UNIX von Programmierern für Programmierer geschaffen wurde. Diese Vielfalt ist nicht immer vorteilhaft: Bei der Interaktion können sich für den weniger geübten Nutzer durchaus Nachteile hinsichtlich der Befehlsstruktur und des Bedienkomforts ergeben.

- Die Integration des Netzwerkes.

In der UNIX-Welt wird die Portierbarkeit durch die Standardisierung der Befehle garantiert, mit denen der Anwender mit dem System kommuniziert. Dadurch

3.2. GRUNDSOFTWARE

ist UNIX auf verschiedenen Prozessoren und Hardwarearchitekturen (z.B. CISC oder RISC) lauffähig. Im Unterschied dazu ist die Portierbarkeit in der PC-Welt durch den Einsatz annähernd gleichartiger Prozessoren mit ähnlichen Hardwaremerkmalen und standardisierten Maschinenbefehlssätzen realisiert.

In der PC-Welt bieten sich heute zwei Betriebssysteme an: *Windows 95 bzw. 98* und Windows NT. Windows 95 war das erste 32 bit Microsoft Betriebssystem für den PC. Es handelt sich hier um ein vollwertiges Betriebssystem mit einer objektbezogenen Oberfläche. Windows 95 unterstützt preemptives Multitasking, erlaubt lange Dateinamen und verfügt über Plug & Play-Funktionalität, die ein schnelles und bequemes Wechseln von Hardwarekomponenten erlaubt. Im Netz unterstützt Windows 95 Netzwerkprotokolle wie TCP/IP. Windows 98 beinhaltet ein neues Standarddateisystem (FAT), mit dem Festplatten mit mehr als 2 GByte formatiert werden können. Mit der integrierten Internet-Benutzeroberfläche wird der Internetzugriff zum festen Bestandteil der Benutzeroberfläche. Somit können lokale, Netzwerk-, Intranet- und Internetdaten auf die gleiche Weise gesehen werden.

Windows NT (New Technology) ist ein 1993 eingeführtes 32 Bit-Betriebssystem von Microsoft, welches speziell für den Netzwerkbetrieb in Verbindung mit dem Client-Server-Konzept optimiert ist. Windows NT in der Version 4.0 gibt es als Workstation- und als Serverversion. Windows NT stellt sich in der Oberfläche von Windows 95 vor, hat jedoch intern einen anderen Aufbau. Auch hier sind Internetkomponenten bereits in Form des Internet-Explorers und des Internet-Information Servers integriert. Datenbankanbindungen können mittels ODBC über den Internet-Server realisiert werden. Windows NT baut ähnlich zu UNIX auf einer Kernelarchitektur auf. NT unterstützt ebenfalls preemptives Multitasking sowie auch Multiprocessing, d.h. das Verteilen von Programmteilen auf mehrere CPUs. Am weitesten verbreitet ist Windows NT auf der Intel-Architektur. Es läuft aber auch auf anderen Prozessoren. Windows NT beihaltet gängige Netzwerkprotokolle wie TCP/IP und darauf aufbauend Dienste wie telnet und ftp. Das kommende Windows NT 5.0 bzw. Windows 2000 wird um etliche Funktionen erweitert, u.a. bei der Administrierbarkeit durch Active Directory, der Skalierbarkeit, des Speichermanagements und der Sicherheitsfunktionen.

Mit dem Betriebssystem kommt der Benutzer eines GIS in Berührung, sobald Daten zu archivieren und zu organisieren sind. Teilweise werden die Standardeditoren eines Betriebssystems genutzt, um Makros zu schreiben, Daten einzugeben usw. Je weniger der Benutzer vom Betriebssystem wissen muß, desto besser und einfacher läßt sich das GIS bedienen. Befehle zum Lesen und Schreiben der Daten (z.B. der Datenbank), zur Benutzerführung (z.B. der Menüs und Kommandos), zum Anschluß peripherer Geräte (sogenannte Treiber), zur Integration von Mathematikmodulen (z.B. für Berechnungen) etc. werden im GIS-Programm als Systemaufrufe zu Standardbibliotheken des Betriebssystems integriert. Deren Kenntnis ist für den Anwender nur nötig, falls GIS-Erweiterungen durch den Benutzer programmiert werden. Dabei ist ein Produkt hilfreich, welches die

Systemaufrufe vor dem Benutzer verbirgt und höherwertige Aufrufe innerhalb der GIS-Produktwelt direkt unterstützt. Im Unterschied zu den Pionierjahren im GIS-Bereich, die bezüglich der Betriebssysteme und Benutzerführung noch bis in die neunziger Jahre reichte, sind heutige GIS-Produkte mit den graphikorientierten Betriebssystemen durchaus benutzerfreundlich. Zukünftig werden UNIX und Windows NT die beiden dominierenden Betriebssysteme im Client/Serverbereich sein (siehe Kapitel 7).

Programmiersprachen

Definition 3.4 : *Eine Programmiersprache ist ein künstliches Sprachsystem für die Erstellung von Programmen für Datenverarbeitungsanlagen. Zur Übersetzung in eine für den Rechner verständliche Sprache werden Übersetzer (Compiler) für die entsprechende Programmiersprache benötigt.*

Wir behandeln hier nur Programmiersprachen der 3. und 4. Generation, also höhere oder problemorientierte Sprachen. Programmiersprachen, die derzeit im GIS-Bereich Verwendung finden, sind prozedurale Sprachen der 3. Generation wie z.B. C, , C++, Fortran, Pascal, Basic und Modula2. Außer C, C++ und Fortran führen die anderen genannten Sprachen jedoch ein Schattendasein in der GIS-Programmentwicklung (siehe Kapitel 7). Dies gilt ebenfalls für Sprachen der 4. Generation wie die funktionsorientierte Programmiersprache Lisp, objektorientierte Sprachen wie Smalltalk, Objective C oder Programmiersprachen für die logische Programmierung wie Prolog.

Hinsichtlich der *Programmiersprachen* zeichnet sich ein Wandel von den prozeduralen Sprachen zu einer neuen Generation von Programmiersprachen – seien es nun objektorientierte, listenorientierte oder problemorientierte Sprachen – ab. Viele heute verwendete objektorientierte Programmiersprachen sind eigentlich nur Erweiterungen prozeduraler Programmiersprachen wie Pascal, Algol und C oder listenorientierter Sprachen wie LISP. Daraus entwickelten sich die heute eingesetzten Sprachen Turbo Pascal, Simula, C++, Objective C oder CLOS. Diese Sprachen erfuhren Erweiterungen um ein Klassenkonzept und die Möglichkeit der Vererbung. Damit wird dem objektorientierten Ansatz nur in sehr eingeschränktem Umfang Genüge getan. Den bisher genannten Sprachen stehen wenige echt objektorientierte Sprachen wie Eiffel, Clu und Smalltalk gegenüber, in denen die Klasse das tragende syntaktische Konstrukt ist (R. FISCHBACH (1991), B. MEYER (1990)).

Heute sind GIS-Produkte überwiegend in C++ und C geschrieben. C ist stark mit UNIX verbunden, da das Betriebssystem UNIX fast vollständig in C programmiert wird. Vorläufer von C waren Algol 60, CPL, BCPL und B, bevor 1972 die bisherige Entwicklung mit dem Namen C belegt wurde. 1972/ 1973 wurde das Betriebssystem UNIX in der Sprache C implementiert. Den Standard für ein portierbares C definierten B. W. KERNINGHAN UND D. M. RITCHIE (1977). C bietet im Gegensatz zu Fortran 88 einige Erweiterungen. Hierzu gehören z.B.

3.2. GRUNDSOFTWARE

eigendefinierbare Strukturen oder Zeiger (Pointers), mehrere Speicherklassen, eine Vielzahl von Operatoren unärer und binärer Art, die dynamische Speicherplatzverwaltung, die Rekursion und einiges andere. Weiterhin erlaubt C eine sehr systemnahe Programmierung, wodurch eine Assemblersprache – und damit die Hardwareabhängigkeit – vermieden werden kann.

Objektorientierte Sprachen wie C++ haben sich im GIS-Bereich verstärkt durchgesetzt, da sich mit ihnen die Benutzersicht der realen Welt wesentlich einfacher programmtechnisch umsetzen läßt. Zudem entwickelt sich die Datenbanktechnologie ebenfalls in die Richtung der objektorientierten Datenbanken, was wir noch näher in Kapitel 6 und in Band 2 Kapitel 5 erläutern werden. Funktionsorientierte Sprachen der Künstlichen Intelligenz wie Prolog und Lisp haben Probleme mit der Bearbeitungsgeschwindigkeit und finden bisher nur an Forschungseinrichtungen – und dort oberhalb des GIS plaziert – ihren Einsatz in der Modellierung und Entscheidungsunterstützung.

Weiterhin nehmen auch Internet-orientierte Sprachen an Bedeutung in der GIS-Entwicklung zu. Neben HTML als Sprache zur Seitenbeschreibung im World Wide Web sind es Makrosprachen wie JavaSkript und Visual Basic Skript, aber auch Java selbst. Gerade die jüngeren Internet-GIS-Produkte nutzen i.d.R. einen dieser Quasi-Standards sowie weitere Komponentensoftware wie Active X.

In Analogie zum Betriebssystem gilt ebenso für den Einsatz der Programmiersprache, daß sich nur der Benutzer intensiv mit der jeweiligen Programmiersprache auseinandersetzen muß, der Systemerweiterungen durchführen oder eigene Programme integrieren will.

Netzwerke

Der Computer steht heute nicht mehr isoliert, sondern ist mittels Netzwerk lokal innerhalb der Arbeitsstätte (LAN – Local Area Network, Intranet) kommunikationsfähig. Sobald Liegenschafts- oder Firmengrenzen überschritten werden, spricht man von WAN – Wide Area Network, wobei das weltweite Internet als prominentester Vertreter zu nennen ist. Ein Netzwerk besteht aus einer Menge von mindestens zwei autonomen Rechnersystemen, die über ein Kommunikationssystem ohne manuellen Eingriff miteinander kommunizieren können, d.h. Steuerinformationen, Nachrichten und Daten austauschen können. Netzwerke basieren praktisch alle auf dem *OSI/ISO 7 Ebenen-Modell* (vgl. nachfolgende Tabelle), einem Entwurf der OSI (Open System Interconnection) für die ISO (International Standard Organisation), welches von der physikalischen Realisierung (der Verkabelung) über die Austauschprotokolle bis zur Applikation das Netzwerkmodell und seine Zuständigkeiten definiert. OSI Normen sind Empfehlungen der ISO und des CCITT (Comité Consultatif International Télégraphique et Téléphonique).

X.25, X.400 und FTAM sind die bekanntesten OSI-Standards. X.25 definiert die Paketvermittlung, d.h. die untersten drei Ebenen des OSI Modells und wird auch im DATEX-P Dienst der Deutschen Bundespost (heute BTX) verwendet. X.400 ist das Mailsystem nach dem OSI-Standard. TCP/IP ist trotz einiger Schwächen zur Zeit der defacto Protokollstandard.

Tabelle 3.2 : Das OSI/ISO 7 Ebenen – Netzwerkmodell

ISO-Ebene	TCP/IP	ISO Standards
7: Anwendung	Telnet, FTP, SMTP	FTAM, X.400
6: Darstellung	..	..
5: Steuerung	..	ISO 8326/27
4: Transport	TCP	ISO 8072/8073 Klasse 4
3: Vermittlung	Internet Protocol IP	ISO 8473
2: Datensicherung	Ethernet, CSMA/CD	ISO 8802/3
1: Physikalisch	Ethernet 50 Ohm Basisband	ISO 8802/3

Legende:
FTP   – File Transfer Program
SMTP   – Simple Mail Transfer Protocol
FTAM   – File Transfer Access Method
TCP   – Transmission Control Protocol
IP   – Internet Protocol
ISO   – International Standardisation Organisation
CSMA/CD – Carrier Sense Multiple Access/Collision Detection

Nach P. MERDIAN (1988) sind die wesentlichen Dienste eines Netzwerkes:

- die Bereitstellung eines virtuellen Terminals,

- der Dateientransfer und

- die Kommunikation mittels eines Maildienstes.

Diese Dienste werden, wie nachfolgende Tabelle zeigt, von den gängigen Standards geboten.

Tabelle 3.3 : Netzwerkdienste gängiger Netzwerkstandards

Dienst	TCP/IP	DecNet	Datex-P	DFN	EARN
Virtuelles Terminal	telnet	set host	x.29/pad	x.29	–
Dateientransfer	ftp	copy	ft	ft	sendfile
Mail	mail	mail	–	ean	mail

3.2. GRUNDSOFTWARE

Legende:

DFN — Deutsches Forschungsnetz
Datex-P — Paketvermittlung über Datex-Netz
EARN — European Academic and Research Network
TCP/IP — Transmission Control Protocol/Internet Protocol
DecNet — Digital Equipment Corporation Network

TCP/IP verbindet heute Rechner unterschiedlichster Betriebssysteme miteinander. Datex-P ist eine Netzwerkverbindung der Deutschen Bundespost, DFN das Deutsche Forschungsnetz und EARN (European Academic and Research Network) das entsprechende europäische Pendant dazu. TCP/IP sollte – streng genommen – unter dem Begriff 'Internet' genannt werden, da es zwei Protokolle aus der Internet-Familie enthält. Wir verwenden hier jedoch den üblichen Begriff. Paketvermittelnde Netze wie TCP/IP teilen längere, zu übertragende Nachrichten in kleinere Segmente (Pakete) auf, die als separate Einheiten gesendet werden. Neben der eigentlichen Nachricht enthält ein Paket noch weitere Informationen wie z.B. Empfänger- und Senderadresse sowie Prüfsumme.

3.2.2 Graphikstandard

In der Computergraphik (M. GÖBEL UND M. MEHL (1989), S. HARRINGTON (1988) gibt es verschiedene Standards, die größere Verbreitung gefunden haben. Diese gehen weit über firmeninterne Standards hinaus und versuchen, gerätespezifische Daten- und Befehlstrukturen von Anwendungsprogrammen fernzuhalten. Die Portabilität graphischer Systeme ist unter den Gesichtspunkten Programm- und Modellportabilität, Geräteunabhängigkeit und Bilddatenportabilität zu sehen. Graphische Standards sollen den Anwender (oder Programmierer) in die Lage versetzen, die graphische Ein- und Ausgabe mit einer Vielzahl von Geräten durchzuführen (Abbildung 3.1) und bieten Schnittstellen auf beiden Seiten – zum Anwendungsprogramm und zu den Geräten.

In Anlehnung an M. GÖBEL UND M. MEHL (1989) sind die derzeit bekanntesten graphischen Standards:

- *GKS* (Graphisches Kernsystem), welches in Europa entworfen wurde und den ersten internationalen Standard im Bereich der Computergraphik darstellt (ISO 7942 (1985), bzw. DIN 66252 (1985)). GKS definiert die 2D-Darstellungselemente – auch graphische Primitive genannt – mit einem geometrischen Anteil (z.B. Position, Zeichenhöhe) und einem nichtgeometrischen Anteil (z.B. der Linienart und -farbe oder der Schriftart (vgl. Abbildung 3.2) hinsichtlich:

    – geometrischer Ausprägung wie Punktsymbol (Polymarker), Linienzug (Polyline), Flächenfüllung (Fill Area auf Vektorenbasis und Zellmatrix

(Cell Array) auf Rasterbasis) und

- beschreibender Ausprägung wie Text sowie
- verallgemeinerter Darstellungselemente (general drawing primitive) als funktionale Schnittstelle zu speziellen Gerätefunktionen.

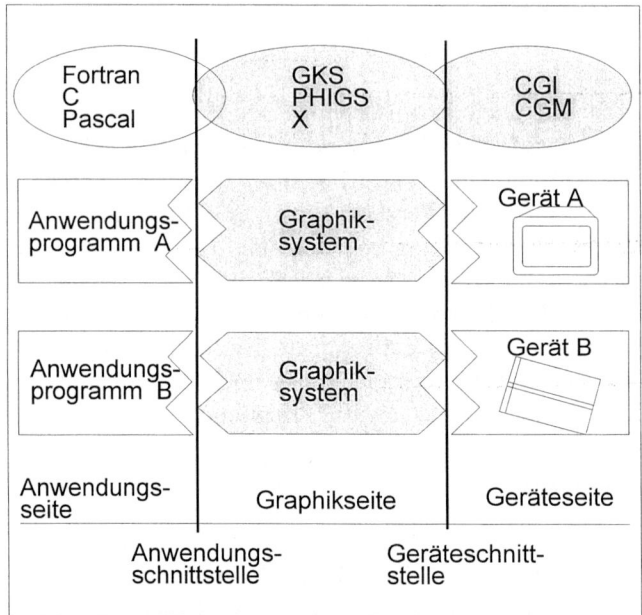

Abbildung 3.1: Graphische Standards und ihre Funktion zur Unterstützung der Portabilität graphikorientierter Software

Diese Primitive sind zu höherwertigen Teilbildern – Segmenten in GKS – zusammenzufassen, denen Attribute im Sinne von Sichtbarkeiten, Ansprechbarkeiten, Hervorhebung, Priorität und Transformation zugefügt werden können.

In GKS stehen sechs logische Eingabeklassen zur Verfügung, um Bedieneraktionen unterstützen zu können. Diese sind explizit aufgeführt:

- Lokalisierer (Locator) zur Positionseingabe,
- Liniengeber (Stroke) zur Eingabe einer Positionsfolge,
- Wertgeber (Valuator) zur Eingabe eines reellen Wertes,
- Auswähler (Choice) zur Eingabe einer Auswahl,
- Identifikator (Pick) zum Identifizieren graphischer Objekte und
- Textgeber (String) zur Eingabe alphanumerischer Zeichenfolgen.

Sie können mit den drei folgenden Betriebsarten aktiviert werden:

3.2. GRUNDSOFTWARE

- Anforderungsmodus (Request – das Anwendungsprogramm erfragt genau eine Eingabe zu einem Zeitpunkt),
- Abfragemodus (Sample – der jeweils aktuelle Wert des Eingabegerätes wird erfragt) und
- Ereignismodus (Event – die Bedienereingaben werden in einer Ereignisschlange gesammelt; das Anwendungsprogramm kann diese Schlange zu einem späteren Zeitpunkt abarbeiten).

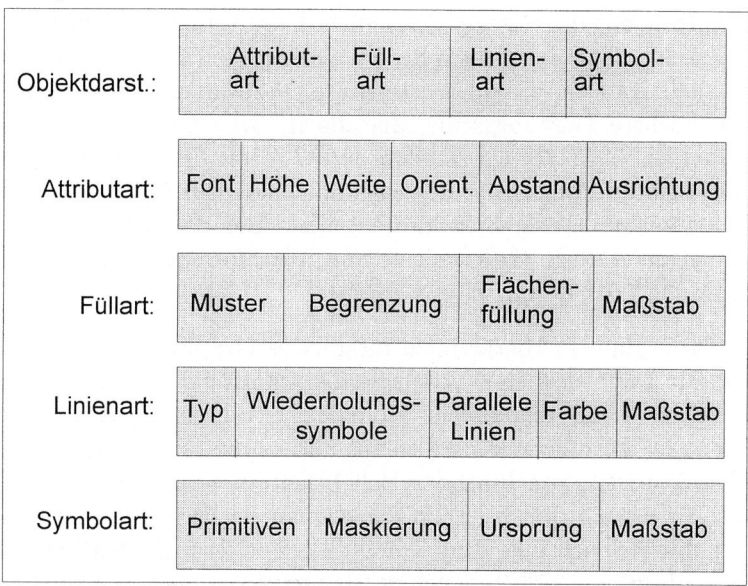

Abbildung 3.2: Nichtgeometrische Ausprägungen zu den 2D-Darstellungselementen

GKS kennt 3 verschiedene kartesische Koordinatensysteme:

- Weltkoordinaten, mit denen das Anwendungsprogramm arbeitet und die vom Nutzer definiert sind.
- Normierte Koordinaten, die ein geräteneutrales Koordinatensystem $[0,1]*[0,1]$ bilden. Weltkoordinaten werden zunächst in normierte Koordinaten gewandelt.
- Gerätekoordinaten des jeweilig angesteuerten Endgerätes, die sich aus den normierten Koordinaten errechnen.

GKS kennt nur das *RGB-Farbmodell*, das heute wichtigste Farbmodell, welches auf der additiven Farbmischung der drei Farbkomponenten Rot-Grün-Blau beruht. Die Primärfarben können Werte von 0 bis 1 annehmen; 0 bedeutet, daß diese Primärfarbe nicht vorhanden ist, 1 heißt in voller Stärke vorhanden. Die Farbe ergibt sich als Position innerhalb des RGB-Würfels, in dem die drei Primärfarben die drei Achsen eines Einheitswürfels aufspannen. Weitere Farbmodelle sind in Band 2 Kapitel 3 ausführlicher beschrieben. GKS basiert auf dem Arbeitsplatzkonzept (Workstation-Konzept), welches einem Programm die Kontrolle mehrerer graphischer Ein- (Maus, Tastatur etc.) und Ausgabegeräte (Bildschirm, Plotter) erlaubt. Es besitzt eine Sprachanbindung auf der Basis von Unterprogrammaufrufen zu geläufigen Programmiersprachen wie Fortran, Pascal und C. GKS ist in neun verschiedene Leistungsstufen aufgegliedert, die als Kombination die funktionale Mächtigkeit des Systems bezüglich der graphischen Ausgabe (Level 0 als niedrigste, 1, 2 als höchste Stufe) und der graphischen Eingabe (Level a als niedrigste, b, c als höchste Stufe) bezeichnen. Level 2c definiert somit die höchste Leistungsstufe, die alle in GKS angegebenen Funktionen beinhaltet. *GKS-3D* (ISO 8805 (1987)) ist die aufwärtskompatible dreidimensionale Erweiterung des zweidimensionalen GKS, wie es bisher beschrieben wurde. Dieser Standard enthält neben den 2D-Primitiven und Transformationen auch 3D-Primitive und Transformationen, wird aber in Zukunft durch PHIGS verdrängt werden.

- *PHIGS* (Programmers Hierarchical Interactive Graphics Standard) ist der Standard zur Definition einer Programmierschnittstelle für die dreidimensionale Beschreibung graphischer Modelle. Mittels eines zentralen Strukturspeichers ist PHIGS sehr performant und erfreut sich wegen dieser Leistungscharakteristik zunehmender Beliebtheit in technischen Anwendungen. *PHIGS+* erweitert PHIGS um Funktionen zur Darstellung realistischer 3D-Bilder mit Beleuchtung (Ray Tracing), Schattierung (Shading) und unterstützt dadurch hochleistungsfähige 3D-Graphikstationen. Die Kombination von PHIGS mit dem X11 Protokoll führt zu *PEX* (PHIGS Extension to X) und ermöglicht somit die Schaffung einer netzwerkweiten Graphikbasis,die eine verteilte 3D-Graphik erlaubt. Das Anwendungsprogramm spricht zuerst das Windowsystem an (die X-Seite), in das dann anschließend der PHIGS-Code geschrieben wird (die PHIGS-Seite).

- *X Window* oder *X11*, welches im folgenden Kapitel Windowsysteme beschrieben wird, da es sowohl Graphikfunktionalität als auch Windowmanagement bietet. Auf X-11-Basis hat sich eine Vereinheitlichung der Benutzeroberfläche in der UNIX-Welt ergeben.

- *CGI* (Computer Graphics Interface, ISO WD TC 97 (1986)) ist ein Standard für eine virtuelle 2D-Geräteschnittstelle, d.h. der Verbindung zwischen den geräteunabhängigen und geräteabhängigen Komponenten. CGI ist stark von den Primitiven des CGM (vgl. unten) beeinflußt. CGI wird in Zukunft deutlich geringere Bedeutung besitzen.

Im GIS-Bereich sind graphische Standards sehr zurückhaltend verwendet worden.

3.2. GRUNDSOFTWARE

Es reduziert sich im wesentlichen auf GKS, wenn überhaupt ein derartiger Standard verwendet wird und sich nicht auf die Windows-Fähigkeiten verlassen wird. GKS übernimmt mit seinen (oder darunterliegenden CGI-) Treibern die hardwarespezifischen Anpassungen und garantiert eine größere Geräteunabhängigkeit sowohl für die interaktiv-graphische Seite als auch für die Zeichnungsausgabe. Allerdings erzeugt GKS einen großen Verwaltungsaufwand und Speicherbedarf für die Graphik. PC-basierte GIS verwenden üblicherweise keinen Softwarestandard, sondern orientieren sich an den Fähigkeiten und Bibliotheken der im PC eingebauten Graphikkarte (EGA, CGA, VGA etc. vgl. Kapitel 2). Und auch die Windowssysteme übernehmen mit ihren Treibern heute einen Großteil der Funktionalitäten von Graphikstandards.

Graphiken können zwischen verschiedenen Rechnern oder zum Zwecke der Archivierung als sogenannte Bild- oder Metadateien ausgetauscht oder abgelegt werden. Bekannt sind hier:

- *GKSM* (ISO 8632 (1987)) – das GKS-Metafile definiert die Bilddatei zu GKS, ist aber kein Bestandteil der Norm

- *CGM* – das Computer Graphics Metafile ist ein international genormtes Dateiformat für Bildinformationen, das ein geräteunabhängiges Aufnehmen, Speichern und Übertragen ermöglicht. Die Erzeugung und Interpretation von CGM-Bilddateien wird durch CGM-Generatoren oder CGM-Interpreter bewerkstelligt. CGM wird in Geo-Informationssystemen häufiger genutzt, um Graphiken unterschiedlicher Programme zusammenzubringen. CGM ist allgemein anerkannt und hat GKSM verdrängt. Im Zusammenhang mit WWW-basierten GIS-Diensten spielt ActiveCGM eine wichtige Rolle, wenn es um die Übertragung von Vektordaten im Internet geht (vgl. Band 2 Kapitel 5). Produkte wie GeoMedia von Intergraph und AutodeskMapGuide nutzen dieses Format.

Für die Ausgabe von Text und Graphiken in Form von Vektor- und Rastergraphik auf peripheren Geräten ist mit PostScript (ADOBE (1990A/B)) eine druckerunabhängige Seitenbeschreibungs- und Programmiersprache gegeben. PostScript wurde entworfen, um mit einer großen Klasse von Rasterausgabegeräten – vom Laser- oder Matrixdrucker bis hin zum Bitmap-Terminal – kommunizieren zu können. Wegen ihrer hohen Leistungsfähigkeit und der flexiblen Befehlsstruktur wird in vielen Bereichen mit PostScript gearbeitet. Ebenfalls bedeutend ist HP PCL (Printer Communication Language, Version 5 oder 6), eine von Hewlett Packard entwickelte Steuersprache für Drucker. Standardsprache bei Plottern ist u.a. HP-GL (Hewlett Packard-Graphics Language), die aber auch von etlichen Druckern unterstützt wird. Neben den bisher beschriebenen allgemeinen Standards gibt es eine ganze Reihe firmenspezifischer Standards und Metadateienformate. Bedeutung wird auch dem mit virtuellen Realitäten verbundenen Standard VRML (Virtual Reality Modelling Language) zugemessen.

3.2.3 Windowsysteme

Die zentrale Komponente jedes GIS-Arbeitsplatzes ist ein Fensterverwaltungssystem (Windowsystem), mit dem Fenster oder Ausschnitte, Menübalken und Auswahlmöglichkeiten, Eingabeklassen u.ä. auf der Darstellungsfläche (Displayfläche) eines graphikfähigen Bildschirms definiert und behandelt werden.

Definition 3.5 : *Windowsysteme ermöglichen dem Benutzer den Zugang zum darunterliegenden Betriebssystem mittels einer graphischen Benutzerführung, die er z.B. mit der Maus bedient. Das Windowsystem verwaltet die zur Verfügung stehende Displayfläche des Graphikbildschirms und gestattet deren Aufteilung in eigenständige Ein- oder Ausgabebereiche, sogenannte Fenster (Abbildung 3.3), in denen verschiedenste Inhalte sichtbar sind (Graphik, Menüs, Texte, Nachrichten usw.).*

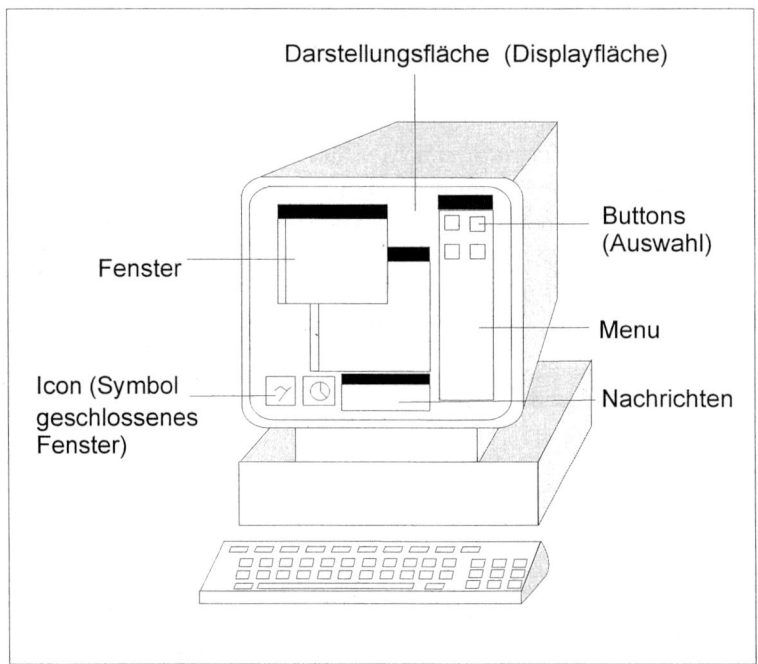

Abbildung 3.3: Das Windowsystem zur Verwaltung der Darstellungsfläche

Alle heutigen Benutzeroberflächen sind maßgeblich durch die XEROX Entwicklungen am Projekt Star beeinflußt worden. Die erste konsequent danach aufgebaute Benutzerführung zeigte der Apple Macintosh.

Die folgenden beiden hardwaremäßigen Voraussetzungen müssen zur Bereitstellung und Bedienung eines Windowsystems gegeben sein:

- Ein Bitmap-Display-Terminal, das heißt ein Terminal, das auf der Raster-

3.2. GRUNDSOFTWARE

codierung – in Zeilen und Spalten – basierende Darstellungen von Bildschirminhalten erlaubt.

- Eine angeschlossene Maus oder ähnliches wie Trackball, Joystick etc.

Generell wird zwischen kernelbasierten und serverbasierten Windowsystemen unterschieden. Kernelbasierende Windowsysteme wie SunView von SUN, DecVWS (Vax Window System) von DEC, Collage von Siemens auf Arbeitsplatzrechnern oder MS-Windows sowie Windows NT von Microsoft, GEM von Digital Research oder New Wave von HP auf Personalcomputern betreiben diese graphische Oberfläche durch Aufsetzen, d.h. Manipulation, auf den Betriebssystemkern der lokalen Arbeitsmaschine.

Das bekannteste serverbasierende Windowsystem ist das X Window System Version 11 (A. NYE (1990)) – oder auch kurz X11 genannt –, welches am MIT (Massachussetts Institute of Technology) in Kooperation mit DEC, SUN und IBM entwickelt wurde. Durch X Window wird eine erhöhte Portabilität garantiert. X11 unterscheidet zwischen Server und Client, wobei die Namensgebung hier genau umgekehrt zur Namensgebung im Rechnerbereich lautet. Der Client (als Rechner üblicherweise der Server oder ein Großrechner) führt rechenintensive Programme zur Erzeugung der Graphik aus und sendet Anzeigekommandos über das Netzwerk; der Server (als Rechner in der Regel der Client, eine graphikfähige Arbeitsstation) sorgt für die Bildschirmausgabe und Interaktionsverwaltung. Client und Server können (müssen aber nicht) zwei verschiedene Rechner sein und zwar sowohl

- physisch, d.h. 2 Arbeitsstationen von unterschiedlicher Leistungscharakteristik als auch

- logisch, also auch verschiedene Betriebssysteme,

die durch ein Netzwerk verbunden sind. X Window definiert

- den Window Manager, einen speziellen Client, der die Gestaltung der graphischen Benutzeroberfläche (des sogenannten Human Interface) steuert,

- den Input Manager, der die Schnittstellen der Interaktion (Maus, Tastatur) überwacht und

- das Base Window System als Basis, auf der Window- und Input-Manager sowie Anwendungen aufbauen.

Weiter enthält X Window das User Interface Toolkit mit den Objekten zur Realisierung der graphischen Oberfläche wie z.B. Windows, Icons, Scrollbars, Buttons, Dialogboxen usw. sowie eine Bibliothek xlib (Abbildung 3.4), in der auch Routinen zum Darstellen von Graphik enthalten sind. Somit gilt X Window auch als vollwertige Graphikplattform.

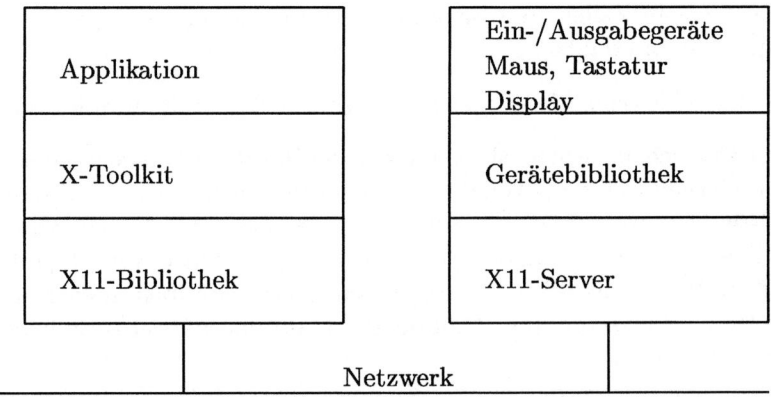

Abbildung 3.4: X Window Softwarestruktur

Umsetzungen von X Window finden sich auf Rechnern verschiedener Hersteller; wir nennen hier z.B. DECWindows (DEC) und Open Look von UNIX International oder HP X Widgets von HP. Eine andere Benutzeroberfläche auf Basis von X11 ist OSF/Motif in der Welt der Arbeitsplatzrechner, welches von der Open Software Foundation propagiert wird.

3.2.4 Internet und World Wide Web

Internet (International Network) als globales Informations- und Kommunikationsnetz wird inzwischen auch vermehrt zur Darbietung und Verteilung von Geoinformationen eingesetzt. Ende 1997 hatte das Internet über 30 Millionen Nutzer. Das Internet kann ohne Zweifel als das Netz der Netze bezeichnet werden. Es besteht aus einer umfangreichen Sammlung von Computernetzwerken, welche Millionen von Computern, Datenbanken und Programmen miteinander verbinden. Die Komponenten sind weltweit verteilt und stehen in dauernder Interaktion. Internet wurde vom amerikanischen Verteidigungsministerium zu Beginn der 70er Jahre initiiert. Erst mit Beginn der 90er Jahre gewann das Internet auch im privaten und geschäftlichen Anwendungsumfeld an Bedeutung. Heute werden über Internet Geschäfte abgewickelt, Informationen ausgetauscht und Recherchen durchgeführt. Die Anwendungsmöglichkeiten sind bei weitem noch nicht ausgeschöpft, sondern werden sich erst in den nächsten Jahren voll entfalten. Internet gewinnt auch zunehmend für GIS an Bedeutung (vgl. z.B. H. SAURER UND F.-J. BEHR (1997), C. JÜRGENS UND F. SPITZER (1995), M. RAUBAL (1997), E. BUHMANN UND J. WIESEL (1997) u.a) An dieser Stelle soll auf die grundsätzlichen Dienste des Internet eingegangen werden, während in Band 2, Kapitel 5 die neueren Möglichkeiten im Zusammenhang mit Geodaten ausführlicher behandelt werden.

Internet offeriert mehrere unabhängige *Dienste*. Während lange Zeit primär das Versenden von Nachrichten (Email) im Vordergrund stand, gewinnen nach

3.2. GRUNDSOFTWARE

der Einführung moderner Benutzeroberflächen und Informationsvernetzung wie dem World Wide Web (WWW) heute Informationsangebote, Dienstleistungen und Kommunikationsformen über Netz an Bedeutung. Voraussetzung für die Nutzung des Internet ist, daß beide Teilnehmer über einen Internetanschluß verfügen. Hierzu ist eine Netzwerkkarte (z. B. analog als Modem oder ISDN) am Rechner notwendig, die dann über Telefon- oder Datenleitung ins Netz einwählt sowie die entsprechende Netzwerksoftware. Ein Provider stellt den Einwahlzugang bereit und verteilt die Anfragen an die jeweiligen Adressaten. Neben Internet gibt es eine Menge kommerzieller Netze wie Compuserve, Aol, Microsoft Network u.a. In Firmen bieten sich auch *Intranet-Lösungen* an. Als Kommunikationsprotokolle dienen ftp und TCP/IP. Jedes moderne Betriebssystem verfügt über Schnittstellen zu Internet, so daß Benutzer sich direkt ins Internet einkoppeln und mit anderen Rechnern kommunizieren können.

Unter *Email* ist das Versenden und Empfangen elektronischer Nachrichten zu verstehen. An diese Nachrichten können aber auch Dateien mit Daten und Programmen angehängt werden, so daß auch hier schon ein Datenaustausch von Geodaten auf einfache Art ermöglicht wird. Die Nutzer dieses Dienstes benötigen eine Email-Adresse (z.B. ralf.bill@agrarfak.uni-rostock.de). Im Vergleich zu Telefon und Fax stellt Email oftmals eine wesentlich kostengünstigere Alternative dar, da hier nur die Einwahlgebühren zum lokalen Provider und die übertragenen Nachrichtenpakete zu zahlen sind. Außerdem liegt die Nachricht in Sekundenschnelle beim Adressaten in digitaler Form vor.

Im Internet gibt es Tausende sogenannter Newsgroups, das sind Austausch- und Kommunikationsplattformen zu bestimmten Themen, in denen ständig kommuniziert wird. Nutzer tauschen sich über Probleme und deren Lösungen in Diskussionsforen aus. Der Dienst hierzu ist *News*. Newsgruppen zu GIS finden sich z.B. unter comp.infosystem.gis.

Mailing Lists gibt es, so wie die Newsgroups, zu bestimmten Themen. Die meisten dieser Listen sind unmoderiert, die Nachrichten werden automatisch an die Interessenten, die sich bei dieser Mailingliste angemeldet haben, weitergegeben. Mailinglisten mit Bezug zu GIS sind z.B. GIS-L (Servername: LISTSERV, Adresse: UVBM.CC.BUFFALO.EDU), AKGIS-L (Servername: LISTSERV, Adresse: RZ.UNI-KARLSRUHE.DE) oder ACDGIS-L (Servername: LISTSERV, Adresse: AKH_WIEN.AC.AT). Weitere Mailinglistenangaben finden sich z.B. in H. SAURER UND F.-J. BEHR (1997).

Das *File Transfer Protocol (FTP)* ist eine Methode, um Dateien (Files) von einem Computer zu einem andern über Telefonleitungen zu transferieren. So kann man Software-Updates oder Datensätze plattform- und datenmengenunabhängig austauschen, ohne Disketten oder andere tertiäre Speichermedien zu verschicken. Mit Archie existiert ein Suchprogramm, mit dem der jeweilige Server ermittelt werden kann, auf dem die gewünschte Information steht. Hierzu muß nur der Dateiname bekannt sein.

Telnet bietet die Möglichkeit, auf einem entfernten Computer zu arbeiten.

Nachdem die Verbindung zum entfernten Computer hergestellt ist, verwendet man diesen als Rechner und nutzt nur zur Ausgabe sein eigenes Terminal. So läßt sich z.B. teure und spezielle Software auf einem Server in Anspruch nehmen. Dies könnte im GIS-Umfeld z.B. ein Simulationsprogramm sein, welches im Unternehmen nur als eine Lizenz vorhanden, aber von verschiedenen Nutzern an ihren Arbeitsplätzen genutzt werden soll.

Mit *Gopher* besteht ein umfassendes System mit eigener Benutzeroberfläche zum Suchen von Informationsquellen im Internet, deren Adressen nicht bekannt sind. Gopher beruht auf dem Client/Server-Prinzip. Die Bedeutung von Gopher ist aber durch Suchmaschinen im World Wide Web zurückgegangen.

Das *World Wide Web* (weltweites Spinnennetz, WWW) hat dem Internet zum Durchbruch verholfen. WWW ist ein am CERN (Conseil Européen pour a Recherche Nucléaire) in Genf Anfang der 90er Jahre entwickeltes Hypermediasystem, das über Internet beliebige Informationen erschließt. Dazu existieren *Browser*, mit denen die Informationsbestände betrachtet werden können und Suchmaschinen, mit denen gezielt nach Informationen weltweit gesucht werden kann. Bekannte Browser sind der Microsoft Internet Explorer und der Netscape-Navigator. WWW besitzt ein eigenes Kommunikationsprotokoll genannt http (Hypertext Transport Protocol). Die Information wird in Form von WWW-Pages auf einer graphisch orientierten Benutzeroberfläche verfügbar gemacht. Dabei kann der Browser i.d.R. html-, GIF- und JPEG-Daten darstellen. Andere Formate werden durch PlugIns oder Erweiterungen realisiert, die oftmals über das Internet bezogen (downloading) werden können. Ein sogenannter Uniform Resource Locator (URL) in der Form Transportprotokoll://Servername/Pfad gewährleistet die eindeutige Kennzeichnung eines Dokumentes. Gängige Transportprotokolle sind http und ftp. Der Servername beinhaltet den kompletten Internetnamen des Rechners, auf dem die Information an der Stelle Pfad abgelegt ist. Als Beispiel sei die Homepage des Instituts für Geodäsie und Geoinformatik angegeben: http://www.agr.uni-rostock.de/iggi/iggi.html. Die einzelne Webseite wird durch Überschriften und Gliederungen strukturiert. Bestimmte Wörter auf einer WWW-Page können Verweise (links) enthalten, die nach Anklicken zu anderen Seiten oder Dokumenten verzweigen. Dadurch entsteht ein komplexes vernetztes Informationsgebilde, welches die Gefahr des Verlaufens in sich birgt. Eingeschränkte Abhilfe schaffen hier Suchmaschinen wie Yahoo, Netscape-Search und WebCrawler (Webadressen siehe im Anhang). Entscheidend für die hohe Akzeptanz des WWW ist, daß als Informationseinheiten neben Text und Graphiken auch neue Medien wie Video und Ton übertragbar sind. Gerade diese Möglichkeiten machen das World Wide Web auch für GIS-Nutzer interessant (vgl. Band 2 Kapitel 5), Anwendungsbeispiele finden sich z.B. bei interaktiven Stadtplänen oder Tourismusinformationssystemen. Zahlreiche Medien publizieren inzwischen auch WWW-Adressen (URL-Uniform Resource Locator), so auch zum Thema GIS z.B. in der Zeitschrift GEOBit. Einzelne WWW-Adressen zu GIS ohne Anspruch auf Vollständigkeit und Korrektheit werden im Anhang zusammengestellt.

3.2.5 Datenbanksprachen

Datenbanken sind eine im GIS-Umfeld inzwischen akzeptierte Technologie. Als heutigen Stand der Technik bezeichnet man relationale Datenbanken (vgl. Kapitel 6), die auch in Geo-Informationssystemen genutzt werden. Viele relationale Datenbanken wie z.B. Oracle, Ingres, Informix auf UNIX-Rechnern oder dBase IV und ACCESS auf PC unterstützen eine standardisierte Datenbankabfragesprache namens SQL (Structured Query Language). Weitere Datenbanksprachen für relationale Datenbanken sind QUEL (Query Language), SEQUEL (Structured English Query Language) und QBE (Query By Example), welche aber weniger Verbreitung gefunden haben. Die SQL-Syntax ist einfach erlernbar, der natürlichen englischen Sprache angelehnt und läuft auf den verschiedensten relationalen Datenbanken, wodurch dem Benutzer in der Regel die Wahl der Datenbank freisteht; dies gilt auch für GIS-Produkte. Zumindest für die Sachdaten, zu deren Verwaltung relationale Datenbanken eingesetzt werden und die in einfach strukturierten Tabellen abgelegt sind, ergeben sich leichte Abfragen, die z.T. auch maskenorientiert oder menügeführt am Bildschirm erstellt werden. Viele GIS-Produkte bilden inzwischen Geometrie- als auch die Sachdaten in relationale Datenbanksysteme ab und können somit auf SQL als Sprache zurückgreifen.

SQL (heute SQL2) ist eine standardisierte Datenbanksprache für relationale Datenbanken, die auf allen Hardwareplattformen (PC, Graphik-Arbeitsstation, Mainframe) eingesetzt werden kann (ANSI X.3.135 (1986)). Sie beinhaltet verschiedene Befehlssätze, Schnittstellen und Operatoren, wie z.B.:

- DDL (Data Definition Language – Datenbeschreibung) zur Definition realer und virtueller Tabellen (Befehl: CREATE),

- DML (Data Manipulation Language – Datenmanipulation) zum Dateneintrag, zur Abfrage und Veränderung von Daten (Befehle: INSERT, SELECT, UPDATE, DELETE),

- DCL (Data Control Language – Transaktionsverwaltung) zur Festlegung der Transaktionseinheiten und Sperren (Befehle: COMMIT, ROLLBACK),

- Einbindung in eine Programmiersprache wie Fortran, C, PASCAL (Befehle: EXEC SQL, DECLARE, OPEN, FETCH, EXECUTE, CLOSE),

- DBA (Data Base Administrator – Datenbankadministration), die die Verteilung der Daten überwacht,

- DBMS (Data Base Management System – Datenbank-Verwaltungssystem), das den Zugriff auf die Daten kontrolliert,

- Standarddatentypen (Character, Integer, Float usw.), die logisch in WHERE-Klauseln verknüpfbar sind mit AND, OR etc.,

- Standardoperatoren (sogenannte BuiltIn-Funktionen, wie COUNT, AVERAGE, MIN, MAX usw.) zur Bedienung der Standarddatentypen.

Selbstverständlich bietet jedes Datenbanksystem auch sogenannte low level Schnittstellen zur Datenbank, welches Funktionsaufrufen in der entsprechenden Programmiersprache gleichkommt.

Wegen der großen Verbreitung relationaler Datenbanken zur Attributverwaltung und zur Geometriedatenverwaltung sollen an dieser Stelle die Grundbefehle von SQL an einem Beispiel zur Geometriedatenverwaltung aufgezeigt werden.

Beispiel 3.1 zu SQL:

Wir stellen uns hier die Aufgabe,

- eine kleine Datenbank mit dem Befehl CREATE zu erzeugen,
- Daten zweier Polygone mit dem Befehl INSERT dort einzutragen und
- diese Daten dann mit dem Befehl SELECT wieder abrufen zu können.

In Kapitel 6 wird die relationale Datenbanktechnik vertieft. Dieses Beispiel benötigt jedoch keine größeren Vorkenntnisse. An dieser Stelle genügt es zu wissen, daß wir auf die Daten in Form von Tabellen schauen und zugreifen können. Das Beispiel erweitert das bereits in der Einleitung (vgl. Abbildung 1.11) dargestellte Polygonbild. Die beiden abgebildeten Polygone 1 und 2 mit den Punkten 1-6, den Kanten 1-7 und den beschreibenden Merkmalen 125 und 126 (Abbildung 3.5) sollen in einer relationalen Datenbank abgelegt werden.

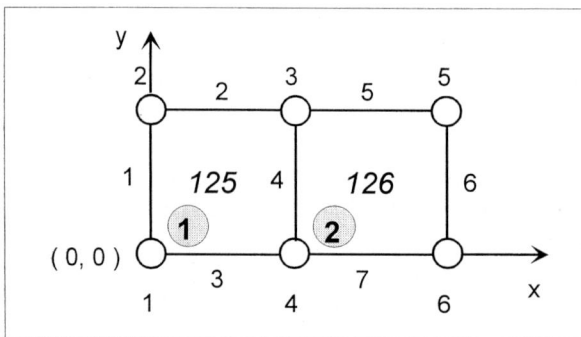

Abbildung 3.5: Ein Auszug einer Flächenkarte

Hierzu werden die folgenden Relationen definiert :

- Objekt (PNr, Nummer), daraus wird eine zweispaltige Tabelle namens Objekt mit den Spaltentiteln PNr und Nummer,
- Polygon (PNr, KNr), woraus wiederum eine zweispaltige Tabelle entsteht,

3.2. GRUNDSOFTWARE

- Kante (KNR, von, nach), eine dreispaltige Tabelle und
- Punkte (Pkt, x, y), eine dreispaltige Tabelle.

Nachdem wir uns dem Datenbanksystem bekannt gemacht haben, können zur Erzeugung der Tabellen in der relationalen Datenbank die folgenden Befehle eingegeben werden:

```
create table Objekt  (PNr integer not null, Nummer integer);
create table Polygon (PNr integer not null, KNr integer);
create table Kante   (KNR integer not null, von integer,
                                            nach integer);
create table Punkte  (Pkt integer not null, x float, y float);
```

Hat das Datenbanksystem diese Befehlsfolge akzeptiert, so sieht das Ergebnis des Befehls

```
display db;
```

etwa folgendermaßen aus:

```
Kante
Objekt
Polygon
Punkte
```

Wir nehmen nun vereinfachend an, daß die Daten formatfrei auf den folgenden Dateien stehen, die in ihrer Struktur zu unserer kleinen Datenbank passen.

```
objekt.dat:      polygon.dat:     kante.dat:       punkte.dat:
------------     ------------     ----------       ------------
1 125            1 1              1 1 2            1 0.0 0.0
2 126            1 2              2 2 3            2 0.0 5.0
                 1 3              3 1 4            3 5.0 5.0
                 1 4              4 4 3            4 5.0 0.0
                 2 4              5 3 5            5 10.0 5.0
                 2 5              6 5 6            6 10.0 0.0
                 2 6              7 4 6
                 2 7
```

Diese Daten werden mit den folgenden Befehlen in die Datenbank eingefügt:

```
insert into Objekt from "objekt.dat";
insert into Polygon from "polygon.dat";
insert into Kante from "kante.dat";
insert into Punkte from "punkte.dat";
```

Der Befehl

```
select from Objekt;
```

zeigt den Inhalt der Tabelle Objekt an.

PNr	Nummer
1	125
2	126

Analog gilt dies für alle anderen Tabellen. Soll nun beispielsweise die Anfrage gestellt werden, welche Kanten zum Polygon mit dem Wert 125 zum Attribut Nummer gehören, so wird die Anfrage schon deutlich komplexer.

```
select Knr from Polygon
    where PNr = ( select PNr from Objekt where Nummer = 125);
```

Das Ergebnis dieser Anfrage ist eine Liste der das Polygon 1 umschließenden Kanten.

Knr
1
2
3
4

Mit dieser kurzen Einführung in SQL lassen wir es an dieser Stelle bewenden und werden diese mit späteren Beispielen ergänzen. Zum Vertiefen in SQL eignet sich u.a. das Buch von A. ACHILLES (1989).

3.3 Anwendungssoftware

Definition 3.6 : *Anwendungssoftware ist der Oberbegriff für alle Programme, die nicht Teil der Grundsoftware sind. Diese Programme lösen die aus den Zielen des Anwenders abgeleiteten, klar definierten Datenverarbeitungsaufgaben – in*

3.3. ANWENDUNGSSOFTWARE

unserem Falle die Verarbeitung raumbezogener Daten – durch Nutzung der bisher behandelten Grundsoftware.

Während sich mit der Grundsoftware vielfältige Programmpakete – CAD mit Graphiksoftware, Datenverwaltung mit Datenbanksoftware etc. – erstellen lassen, sind die im folgenden beschriebenen Basisfunktionalitäten und Anwendungsprogramme sehr stark GIS-spezifisch. Eine Vereinheitlichung in diesem Umfeld ist erst mit den Normungs- und Open GIS-Aktivitäten zu erwarten (vgl. Band 2 Kapitel 5).

3.3.1 Grundfunktionalitäten eines GIS

Nach M. F. GOODCHILD (1989) benötigt ein Geo-Informationssystem in etwa 75 Grundfunktionen, die im nachfolgenden kategorisiert werden. Weitere Übersichten über Grundfunktionen geben P.A. BURROUGH (1985), J. DANGERMOND (in K. BRASSEL (1987)) und J. K. BERRY (1987). An dieser Stelle beschränken wir uns auf eine kurze Beschreibung und graphische Darstellung der Basisfunktionalität. Algorithmische Aspekte und ausführlichere Darstellungen bleiben dem Band 2 vorbehalten.

Erfassung, Fortführung und Modellierung raumbezogener Daten

- *Transformationen* (Karten- und Luftbildorientierung): Methoden wie die Digitalisierung von Karten (2D) oder von Stereoaufnahmen (3D) setzen die ebene oder räumliche Einpassung der Vorlage (Karte oder Bildverband) auf ein einheitliches Bezugssystem voraus, welches i.d.R. durch Paßpunkte gegeben ist. Die mathematisch-statistischen Methoden reichen von ebenen Verschiebungen (2 Translationen als 2-Parametertransformation) über die Helmerttransformation (2 Translationen, eine Rotation und eine Skalierung als 4-Parametertransformation) bis zu räumlichen Ähnlichkeitstransformationen (3 Translationen, 3 Rotationen und eine Skalierung als 7-Parametertransformation) sowie Kartenprojektionen zur gegenseitigen Überführung von Daten eines Koordinatensystems in andere Koordinatensysteme (Abbildung 3.6).

- *Digitalisierung*: Der Schritt der Umwandlung von Punkt- und Linieninformation (Gerade, Kreis, Splines etc.) eines kartenähnlichen Dokuments in digitale Form wird in der Abbildung 3.7 in Verbindung mit den folgenden beiden Funktionalitäten angedeutet.

- *Polygonisierung*: Der Prozeß des Zusammenfügens von linienhaften Gebilden zu Polygonen wird Polygonisierung genannt. Wichtig ist für diesen Schritt, inwieweit er vom System ohne Nutzereingriff realisiert wird und mit geringstem Erfassungs- und Editieraufwand abläuft.

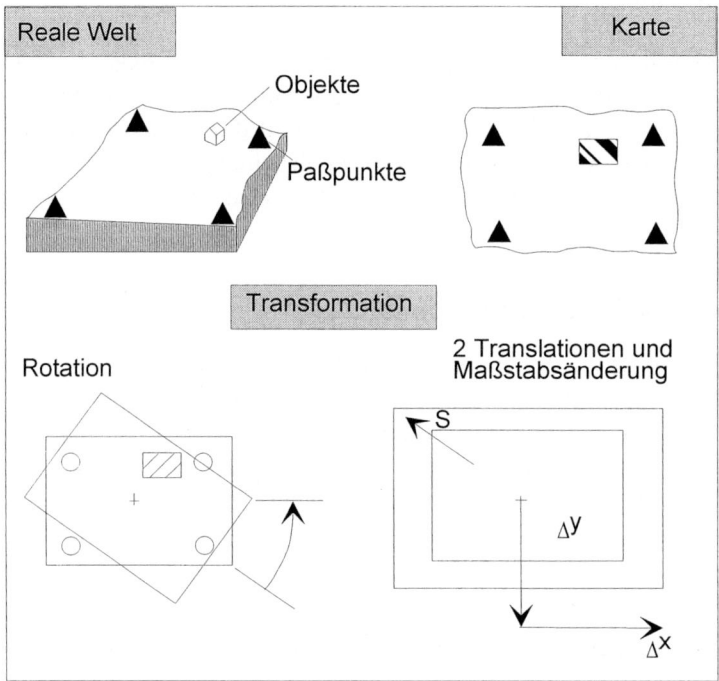

Abbildung 3.6: Transformationen

- *Objekterzeugung*: Den Prozeß der Bildung von in der realen Welt bedeutsamen Objekten aus den digitalisierten Punkt- und Linienfolgen fassen wir unter dem Begriff Objekterzeugung zusammen; wir zählen hierzu ebenfalls die Sachdateneingabe zu den Objekten. Abbildung 3.7 zeigt den Ablauf von der Digitalisierung über die Polygonisierung bis zur Objektbildung am Beispiel eines Kartenauszuges. Mit diesen drei Schritten vollzieht sich der Wandel vom analogen zum digitalen Bild der realen Welt, wobei für letzteres als Beispiel wieder eine relationale Datenbank verwendet wurde. Die Datenbankstruktur ist entsprechend komplexer, da hier auch schon eine Trennung zwischen Gerade und Kreisbogen als lineare Strukturen gezeigt wird. Die Angabe des Typs in der Poly_Kante Tabelle entscheidet über den Linientyp und damit direkt über die Weitersuche in der jeweiligen Tabelle Gerade oder Kreis. Die Digitalisierung wird in Kapitel 4 besprochen. Während die beschriebenen Schritte sowohl für die Digitalisierung in 2D als auch photogrammetrische Auswertung in 3D zutreffend sind, präsentiert sich der Datengewinnungsprozeß für vermessungstechnische Erfassung in etwas anderer Form.

3.3. ANWENDUNGSSOFTWARE

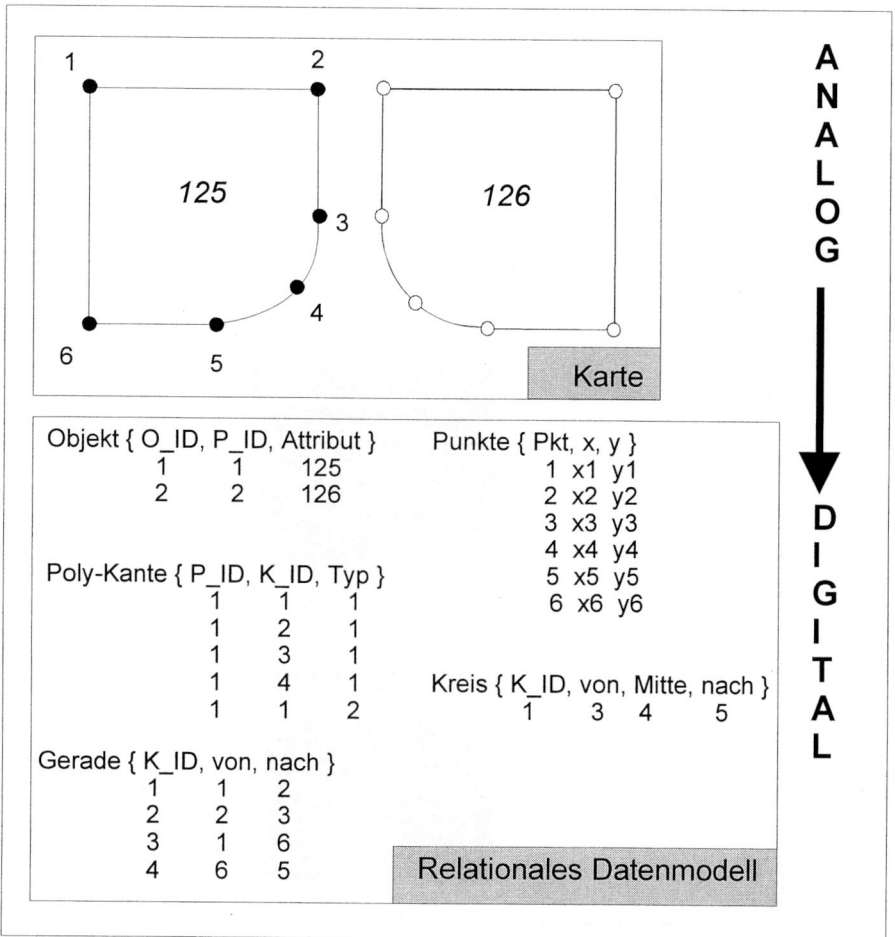

Abbildung 3.7: Vom analogen Kartenbild zum digitalen Datenmodell

- *Geodätische Datenerfassung*: Vermessungsmethoden bedingen i.d.R. nach der Feldarbeit einen aufwendigen Rechenprozeß zur Wandlung der ursprünglichen Beobachtungen (z.B. Winkel und Strecken) in Koordinaten. Dies liegt an der Überbestimmung in den Beobachtungen, wodurch aber auch Genauigkeitsaussagen möglich werden. Dieser Schritt kann losgelöst vom GIS erfolgen, neuere Produkte schließen allerdings geodätische Software mit ein. Dieses Geodäsiepaket leistet neben der Datenschnittstellensoftware vom Feldspeicher zum GIS einfache bis komplexe vermessungstechnische Berechnungen bis hin zu geodätischen Netzausgleichungen. Das Ziel ist die Übernahme von direkt im Feld objektcodierten Liegenschafts- oder topographischen Informationen in das GIS unter möglichst geringem Nachbearbeitungsaufwand. Mobile GIS-Erfassungs- und Fortführungsmethoden basieren auf der Nutzung elektronischer Tachymeter bzw. GPS-Empfängern in Kopplung mit feldtauglichen Computern, sogenannten GIS-Pads.

- *Homogenisierung*: Geometrische Restriktionen wie Rechtwinkelausgleich (s. Abbildung 3.8), Geradlinigkeit, Parallelität, Einhalten von Paßpunkten usw. dienen der Qualitätssteigerung der Digitalisierung und der Erhaltung der Formtreue. Sie sollten unmittelbar an den Erfassungsprozeß gekoppelt sein. Diese Restriktionen haben insbesondere für großmaßstäbige Anwendungen große Bedeutung, sind dagegen in den mittleren bis kleinen Maßstäben nahezu ohne Belang (siehe Kapitel 4).

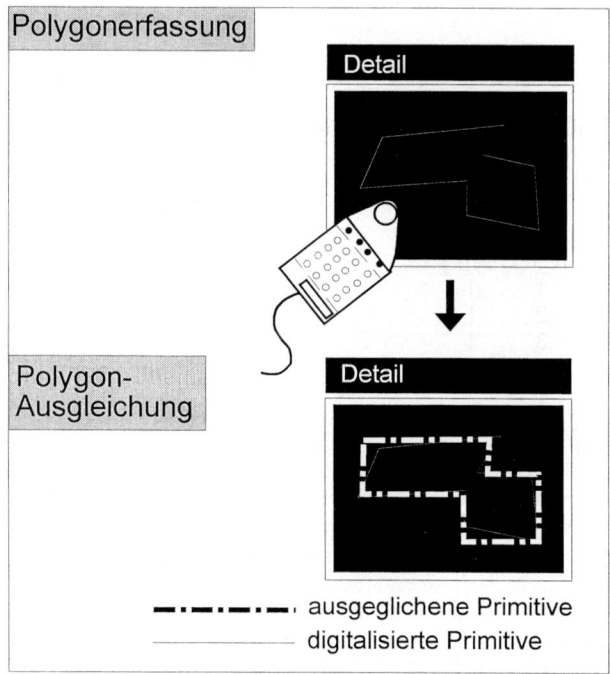

Abbildung 3.8: Rechtwinkelausgleich

- *Linienausdünnung* und *Glättung*: Aus Originaldaten, die insbesondere bei Digitalisierung im dynamischen Modus am Digitalisiertisch oder analytischen Plotter in deutlich zu engem Abstand gewonnen werden, soll durch Nachbearbeitung (Filterung, Ausdünnung) unter Beibehaltung des charakteristischen Linienverlaufs eine drastische Reduzierung der zu speichernden Punktmenge erfolgen (Abbildung 3.9). Dies kann auf der Ausgabeseite wiederum durch höherwertige Funktionen wie Spline- oder Bezierkurven unterstützt werden. Der Vorteil des Einsatzes solcher Methoden liegt im Einsparen von Speicherplatz und in der Steigerung der Geschwindigkeit des Bildschirmaufbaus. Bekannte Methoden zur Ausdünnung geben die Algorithmen von D.H.DOUGLAS UND T.K. PEUCKER (1973) an.

3.3. ANWENDUNGSSOFTWARE

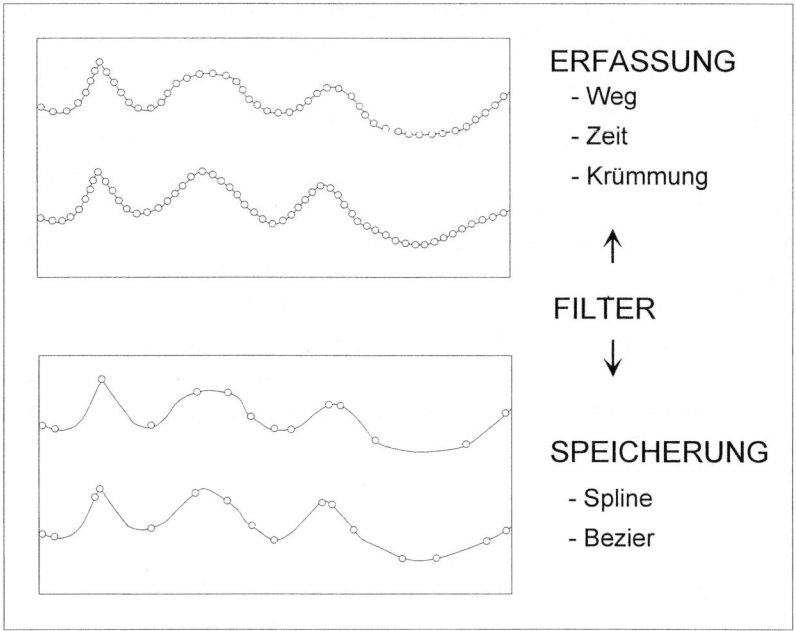

Abbildung 3.9: Linienausdünnung und -glättung

- *Datenkonversionen*: Zur Integration von Rasterdaten in Vektorsysteme und umgekehrt dienen Datenkonversionen (z.B. Raster zu Vektor oder Vektor zu Raster). Der Grund ist die Nutzung der jeweiligen Vorteile des Datentyps. Die Abbildung 3.10 zeigt ein flächenhaftes Element in Vektor- und Rasterdarstellung und deutet die notwendigen Konversionen zwischen beiden Präsentationen an. Wir kommen auf diese Konversionen erneut im Kapitel 4 zu sprechen.

- *Georeferenzierung und Geokodierung*: *Georeferenzierung* steht für den Prozeß der Zuweisung raumbezogener Referenzinformationen und Lageangaben, schließt aber den tatsächlichen Transformationsprozeß nicht ein. Georeferenzierung ist also eher ein raumbezogenes Metadatenkonzept. Auf georeferenzierten Daten können raumbezogene Abfragen gestartet werden (z.B. finde alle Rasterdaten im WGS'84 in der Gauß-Krüger-Zone 3 zwischen 45 und 55 Grad nördlicher Breite). Hierzu bedarf es der Angabe raumbezogener Referenzinformationen wie z.B. des geodätischen Referenzsystems (Datum, Ellipsoid, Projektionsart), des Koordinatensystems (geozentrisch kartesisch, geographisch, lokal). Ideal ist die Einbeziehung von

Bibliotheken aufgrund der enormen Vielzahl von Projektionen. Hier bietet sich z.B. EPSG von POSC (Petrotechnical Open Software Corporation) an, welches auch in GeoTIFF (N. RITTER UND M. RUTH (1995)) und den Open Geodata Interoperability Standards (OGIS (1997)) genutzt wird. Für Rasterdaten bedarf es weiterhin der Angabe von Paßpunkten oder der Orientierungsparameter. *Geokodierung* bezieht sich dagegen auf den Schritt der Transformation in ein gewähltes geodätisches Bezugssystem, also z.B. eine Kartenprojektion. Dies schließt für Rasterdaten den Schritt des Resamplings mit ein. Hierbei werden verschiedenste Fehlerquellen z.B. der Erdkrümmung, der Sensortechnik und der Aufzeichnungsplattformen bereinigt. Im Ergebnis entsteht ein Datensatz, der meßtechnisch bearbeitbar ist. Geokodierungsmethoden reichen von globalen Transformationen und Interpolationen über modellabhängige Berechnungen bis zur Orthorektifizierung.

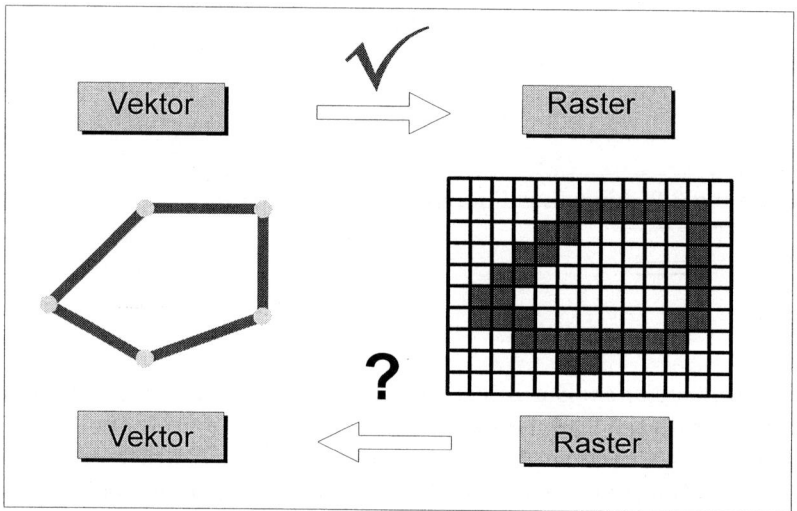

Abbildung 3.10: Datenkonversionen

- *Kartenrandbehandlung*: Da der Datenbestand im GIS blattschnittfrei, d.h. losgelöst von irgendwelchen durch die abzudigitalisierenden Karten vorgegebenen Blatteinteilungen, verwaltet und zugriffsbereit sein soll, bedarf es Funktionalitäten zur Behandlung von Kartenrandeffekten. Über die Kartenblattgrenzen hinweg verlaufende Kanten sind zusammenzuführen (Edgematching), so wie dies in Abbildung 3.11 angedeutet ist.

- *Editierung*: Nachdem ein Datenbestand durch Ersterfassung geschaffen ist, bedarf dieser der Pflege und Fortführung. Editierung – auch Edierung oder Redigierung genannt – ist ein interaktiver Überarbeitungsschritt zur Korrektur und Fortführung von geometrisch-topologischen und beschreibenden

3.3. ANWENDUNGSSOFTWARE

Daten mit den in Abbildung 3.12 angedeuteten Grundfunktionen Verschieben (Move), Drehen (Rotate), Löschen (Delete), Aufsplitten (Split), Verschmelzen (Amalgamate), Textplazierung (Position) und -änderung u.a.

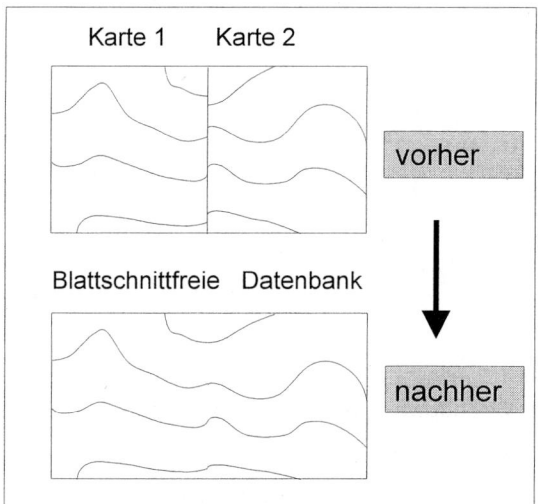

Abbildung 3.11: Kartenrandbehandlung

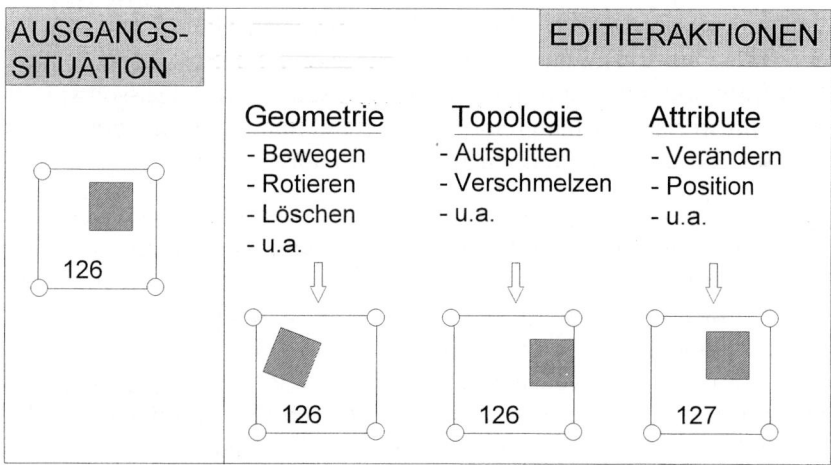

Abbildung 3.12: Editierung von Daten

- *Umklassifizierung*: Objekteinteilungen und Attributzuweisungen sind nicht statisch. Basierend auf Benutzerregeln und mit Benutzerführung muß u.a. das Aufsplitten von Objekten und das Zusammenführen von Objekten ebenso wie die Aggregation von Attributen nach räumlichen Kriterien durchgeführt werden. Abbildung 3.13 verdeutlicht die Umklassifizierung an einem Beispiel aus dem Forstwesen. Aus den Anteilen an Laub- und Nadelwaldarten (1) sollen durch Umklassifizierung diejenigen gebildet werden (2), in denen Laubwald den größten Anteil an der Fläche besitzt (3).

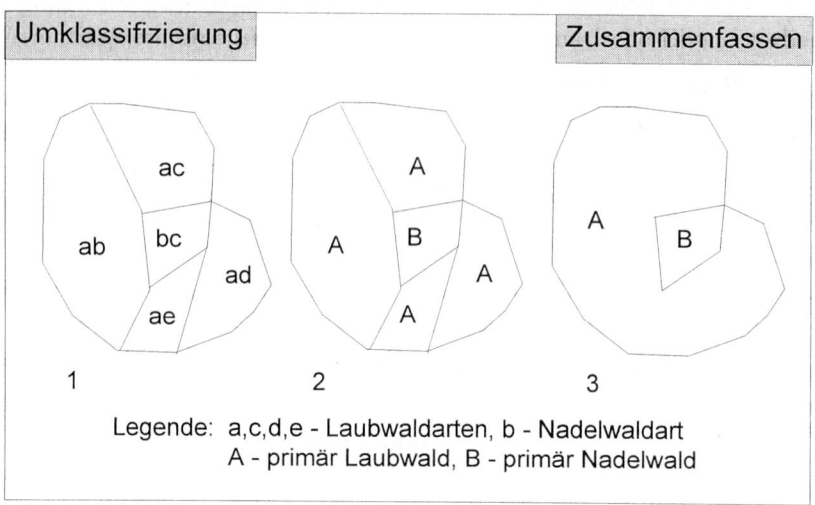

Abbildung 3.13: Umklassifizierung und Zusammenfassen

- *Interfaces (I/O)*: Datenaustauschfunktionen dienen der Eingabe von Daten anderer Systeme bis hin zu ASCII-Dateien ebenso wie der Ausgabe der Daten eines Systems im Format eines anderen Systems. Da sich bisher kein Datenaustauschstandard etabliert hat, sollte die Basissoftware flexibel sein, um weitere Formate einbeziehen zu können. Auf die gängigen Datenaustauschformate werden wir in Band 2 näher eingehen.

- *Datenbank-Erzeugung* und *-Management*: Unter diesem Thema sind Grundfunktionen zusammengefaßt, die auf das Datenbanksystem aufgesetzt sind und Manipulationen an dem Datenmodell ebenso wie an den Daten selbst unterstützen. Die Datenverwaltung ist hier auch eingeschlossen, sollte sich in einem modernen GIS dem Nutzer allerdings nicht präsentieren. Die Funktionalitäten reichen von der graphisch orientierten über menügeführte bis hin zur prozeduralen Erstellung des Datenmodells. Entscheidend ist die Flexibilität der Software, die Nutzersicht der realen Welt in das Datenverwaltungsmodell des GIS abbilden zu können. Weitere Funktionalitäten zur blattschnittfreien Verwaltung großer Datenbestände, zum Verschmelzen oder Aufteilen von Datenbeständen bis hin zur Archivierung sind bereitzustellen.

Verarbeitung und Analyse raumbezogener Daten

- *Datenabfragen*: Datenretrieval heißen Grundfunktionen, die geometrische Anfragen an den Datenbestand – innerhalb eines Fensters, Polygons, einer

3.3. ANWENDUNGSSOFTWARE

Nachbarschaft – ebenso beantworten können wie Anfragen nach bestimmten Attributkombinationen. Der Datenbestand soll nach räumlichen und beschreibenden Kriterien durchforstet werden; das Ergebnis soll graphisch oder in anderer Form (vgl. Ausgabefunktionalitäten) aufbereitet werden. Typische Anfragen zeigt Abbildung 3.14.

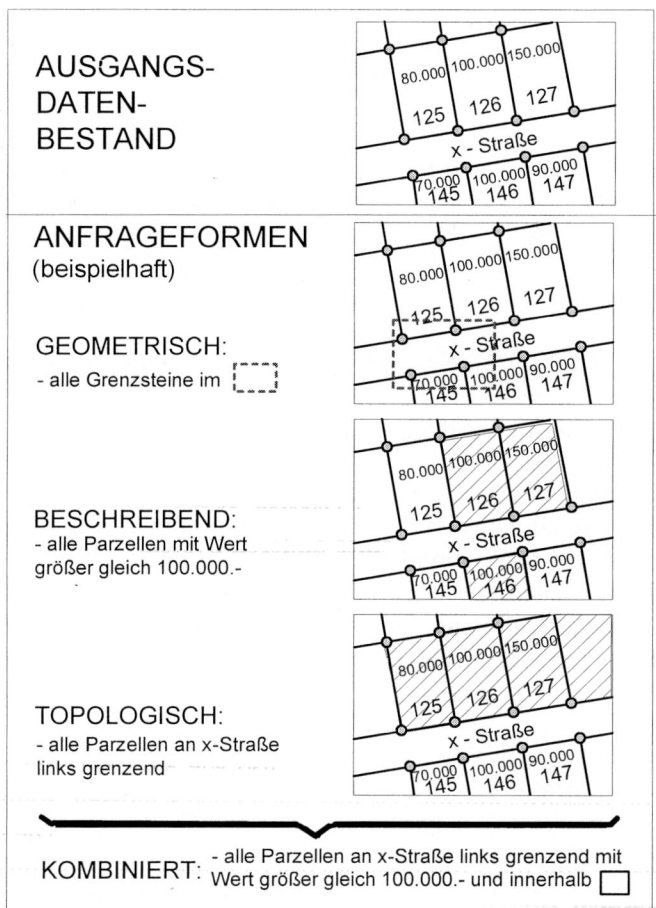

Abbildung 3.14: Datenretrieval

- *Messen, Zählen und Berechnen (COGO)*: Unter dem Stichwort 'Computed Geometry' sind eine Gruppe von Funktionen subsumiert, die im Datenbestand sowohl mit räumlichen als auch beschreibenden Daten Messungen und Berechnungen erlauben. Anzahlen und Häufigkeiten räumlicher und beschreibender Gegebenheiten, Abstände, Winkel, Höhenunterschiede, Flächen, Volumen, Umfang etc. aus geometrischen Daten abzuleiten (Abbildung 3.15) ist die Hauptaufgabe dieser Funktionengruppe.

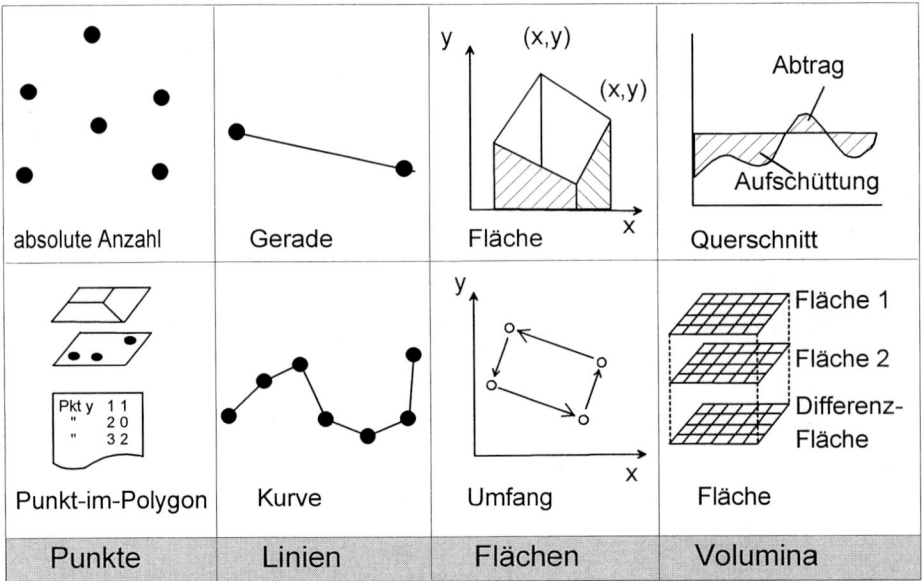

Abbildung 3.15: Messen und Zählen im Datenbestand

- *Zonen- oder Puffergenerierung*: Als Grundlage für Einflußberechnungen z.B. von Planungsmaßnahmen dient die Zonengenerierung um punkt-, linien- und flächenförmige Objekte (Abbildung 3.22). Man unterscheidet Quadrat- oder Kreispuffer, die sich einseitig oder zweiseitig um das Objekt legen können. Typische Fragestellungen dieser Art lauten: Welche Objekte (Parzellen, Wald, Leitungen etc.) liegen im Umkreis von 100 m um die geplante Trassierungsachse eines Verkehrsweges (vgl. auch R. BILL U.A. (1990)).

- *Flächenverschneidung*: (Polygon Overlay) beschreibt eine Methode, die aus Ausgangsdaten neue Daten durch geometrische Überlagerung bilden kann; sie ist eine der wichtigsten Analysefunktionen im GIS. In der Rasterwelt ist die Verschneidung (Abbildung 3.17) rechnerisch deutlich einfacher als in der Vektorwelt zu realisieren, da nur die jeweils entsprechenden Pixel miteinander zu verknüpfen sind. Fragestellungen der Art 'Welche Meßstellen liegen innerhalb einer Gemeinde?' sind in der Vektorwelt auf Verschneidungen von Punkten mit Flächen (Abbildung 3.18) zurückzuführen. Die Frage 'Welcher Anteil der Leitung y liegt auf Parzelle x?' dagegen läßt sich durch die Verschneidung von Linien mit Flächen beantworten (Abbildung 3.19). 'Welcher Anteil des Flurstücks wird wie genutzt?' ist durch Verschneidung von Flächen mit Flächen zu untersuchen (Abbildung 3.20). Dabei werden neben der geometrischen Verschneidung, auf die wir in Band 2 erneut eingehen, auch Sachdaten von den Ausgangsobjekten zu den erzeugten Objekten übertragen. Die Umkehrung der Flächenverschneidung

3.3. ANWENDUNGSSOFTWARE

ist die *Flächenauflösung* (Polygon Dissolve); Mehrfachattributierungen – z.B. als Ergebnis einer Flächenverschneidung – werden zurückzerlegt.

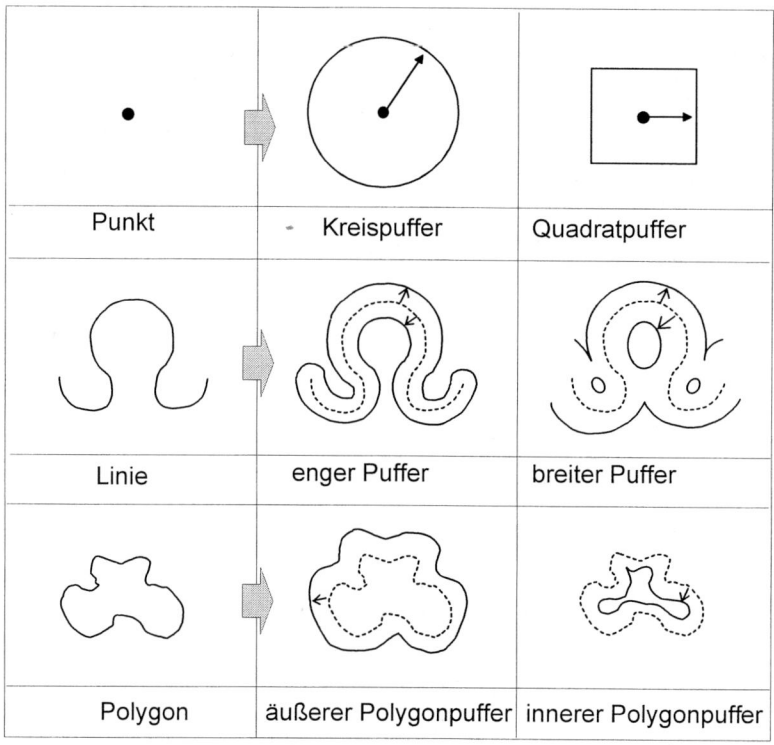

Abbildung 3.16: Zonengenerierung um die geometrischen Grundelemente

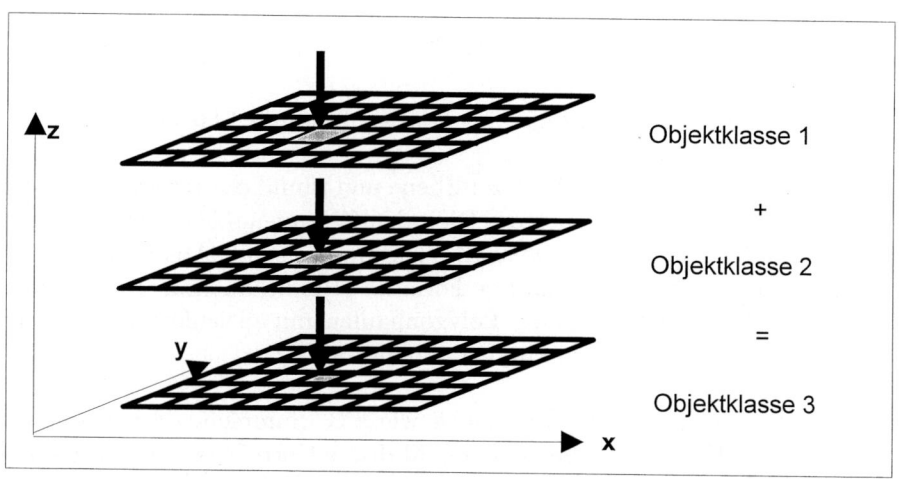

Abbildung 3.17: Verschneidung von Raster- mit Rasterdaten

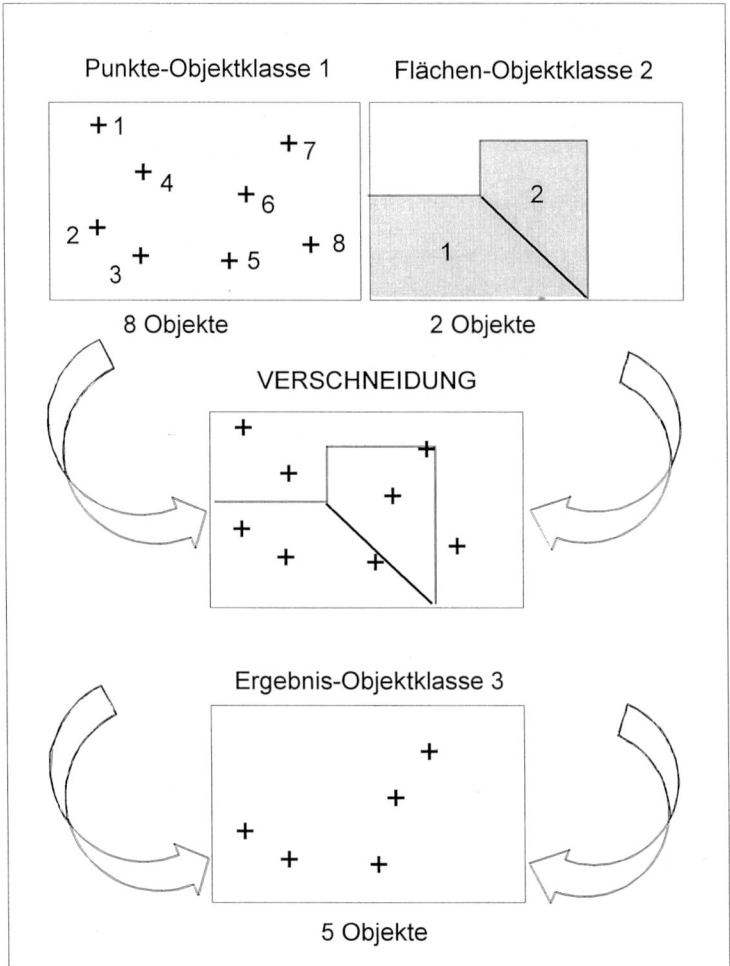

Abbildung 3.18: Verschneidung von Punkten mit Flächen

- *Interpolation und Abstraktion*: Ebene und räumliche Interpolationen treten z.B. als Grundfunktionen des Digitalen Geländemodells auf, sind aber auch auf andere Daten anwendbar. Die zugrundeliegende Abstraktion bildet Daten einer Form in eine andere Form ab (Punkthaufen in Höhenlinien oder in Nachbarschaftsgraphen, Polygonhaufen mit gleichförmigen Eigenschaften in ihre Zentroidpunkte, vgl. Abbildung 3.21).

- *Statistik-Funktionen*: Funktionen wie z.B. Summen- oder Durchschnittsbildung, Histogrammberechnung, Multiple Korrelation und Regression etc. sind seltener in der GIS-Software integriert, sondern werden oftmals durch Anbindung eines externen Statistikpakets realisiert.

3.3. ANWENDUNGSSOFTWARE

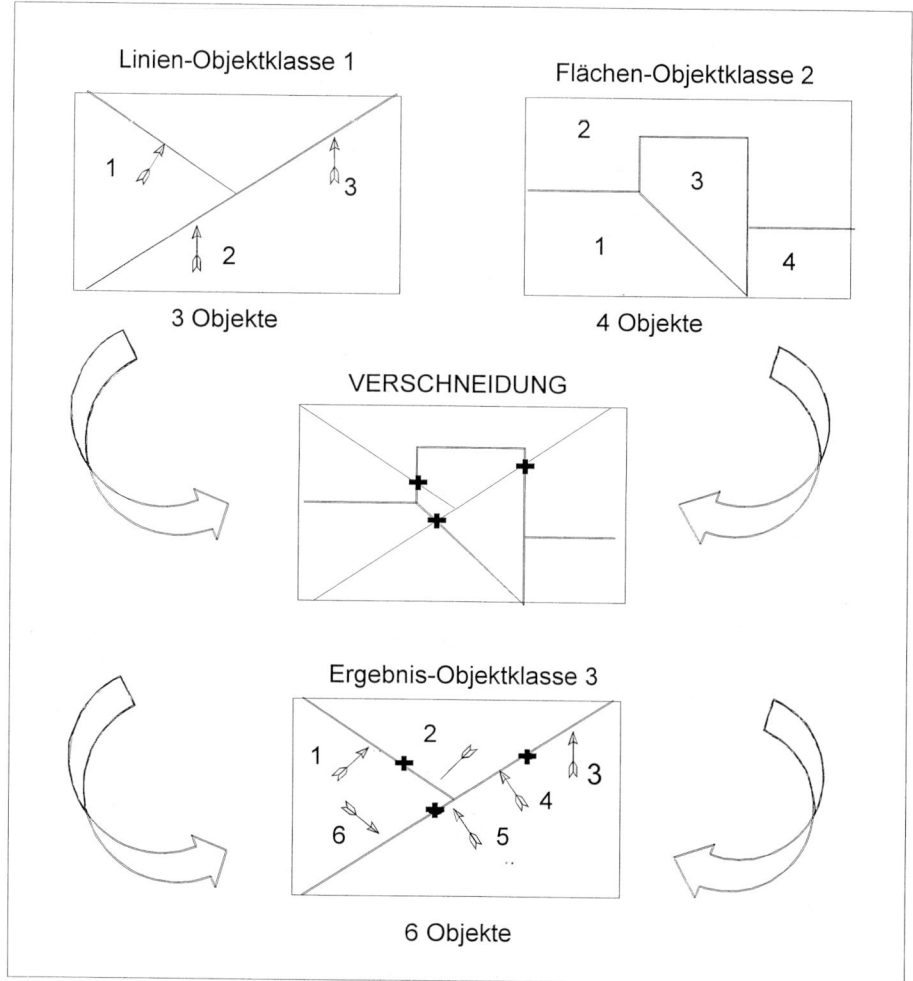

Abbildung 3.19: Verschneidung von Linien mit Flächen

- *Modellier- und Simulationsfunktionen*: Boolesche Verknüpfungen, Nachbarschafts- und Konnektivitätsanalysen in Verbindung mit Flächenverschneidungen und Abstraktionen unterstützen die Standortplanung (Location-Allocation, Abbildung 3.22). Simulationen und Szenarienberechnungen geschehen meist außerhalb des GIS.

- *Netzwerkfunktionen*: Die Suche nach dem nächsten Nachbarn, der kürzesten Verbindung zwischen zwei Orten, dem Leitungsverlauf zwischen zwei Orten bis hin zur vollständigen topologisch-geometrischen Netzwerkanalyse und -simulation beruhen in der Regel auf topologischen Informationen. Algorithmen hierzu sind Gegenstand des zweiten Bandes.

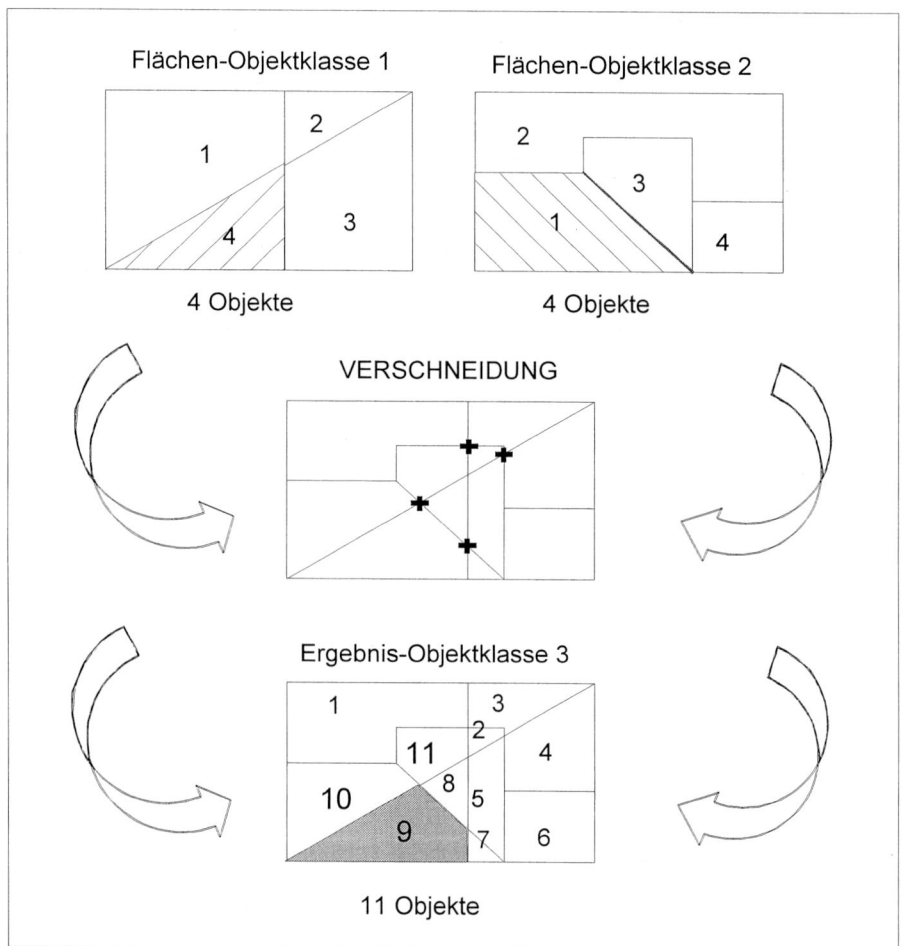

Abbildung 3.20: Verschneidung von Flächen mit Flächen

- *Bildverarbeitungs- und Fernerkundungsfunktionalitäten*: Nach K.R. CASTLEMAN (1979) können die Techniken der Bildverarbeitung in Operationen zur Histogrammerzeugung, zur punktweisen, algebraischen und geometrischen Verarbeitung und zur Filterung unterteilt werden. Aus diesen Grundfunktionalitäten lassen sich die Anwendungsgebiete Bildrestaurierung, Bildsegmentierung, Bildmessung, Klassifikation und räumliche Bildauswertung ableiten. Der in Abbildung 2.9 angedeutete Ausschnitt einer Landsat TM-Szene wird durch Nutzung der Kanäle 1, 2, 3, 4 und 5 hinsichtlich der Vegetationsverteilung interpretiert und klassifiziert (Abbildung 3.23). Das angewendete Auswerteverfahren ist eine überwachte *Maximum-Likelihood-Klassifikation* unter Nutzung von über 100 Trainingsgebieten. Ziel der Klassifikation ist der Nachweis der Vegetation und Versiegelung.

3.3. ANWENDUNGSSOFTWARE

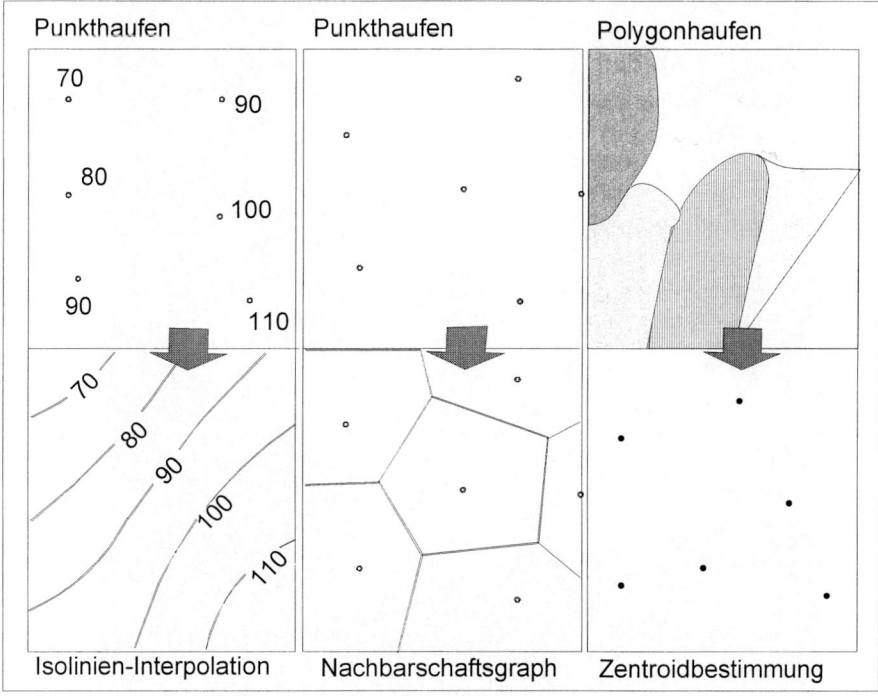

Abbildung 3.21: Interpolation und Abstraktion

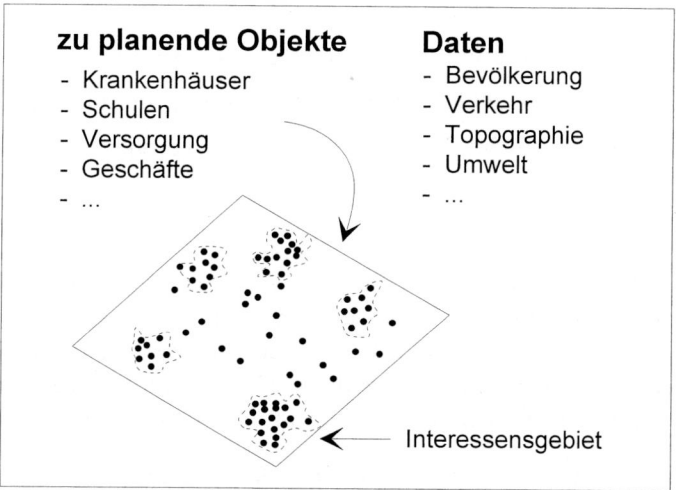

Abbildung 3.22: Standortplanung (Location-Allocation)

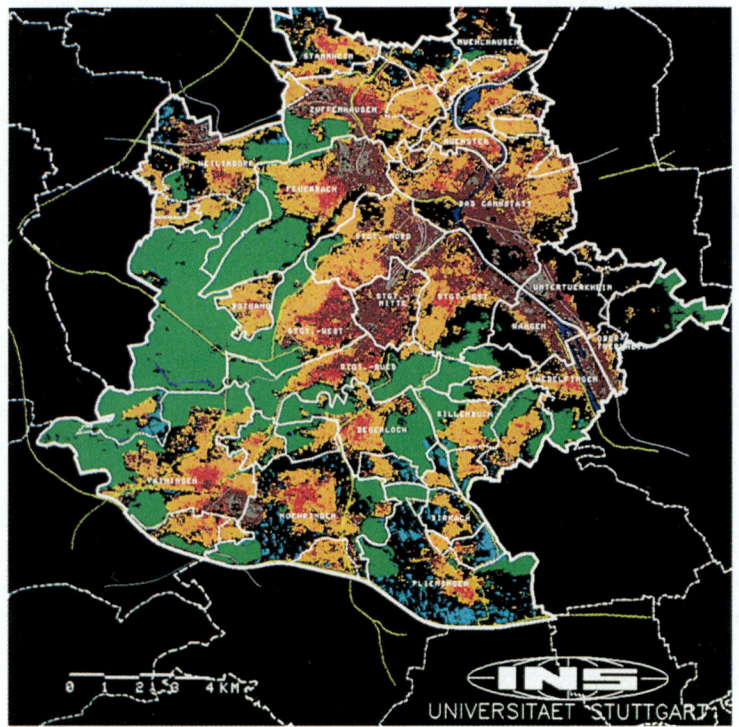

Abbildung 3.23: Klassifizierungsergebnis (Quelle: Institut für Navigation, Universität Stuttgart)

Anhand der Farbgebung lassen sich unterscheiden:

- dichter Baumbestand (Wald) in grün.
- große Wiesenflächen und offene Grasflächen in zyan.
- Wohn- und Industriegebiete (Lockere Besiedlung) in orange.
- Dichte Bebauung (dichte Bodenversiegelung) in dunkelrot bis rostfarben.
- Gewässer in blau.

Vektoriell überlagert ist die Information des Verkehrsnetzes (mindestens 4-spurige Straßen in gelb und Eisenbahnstrecken in grau). Gleichzeitig wurde durch Nutzung der administrativen Grenzen in Stuttgart der Außenbereich der Stadt durch Maskierung ausgeblendet und die Landsat-Szene mit den Stadtbezirks- und Gemeindegrenzen der Stadt Stuttgart überlagert.

- *Geländemodellfunktionen*: Funktionen zur Erfassung und Analyse dreidimensionaler Daten – oder allgemeiner Daten, die funktional von einer Punkt- und Werteverteilung in der Ebene abhängen – stellt Abbildung 3.24 dar.

3.3. ANWENDUNGSSOFTWARE

Diese reichen von der Erfassung (Primärdaten), der Vermaschung und DGM-Modellierung (Sekundärdaten) bis hin zu abgeleiteten Produkten wie Höhenlinien, Neigungslinien, 3D-Visualisierungen, Sichtbarkeits- und Beleuchtungsberechnungen usw. (Tertiärdaten). Abbildung 3.31 zeigt einen 1km*1km Ausschnitt aus dem Schweizer Mittelgebirge (R. BILL UND F. STEIDLER (1986), R. BILL (1987)) einer photogrammetrischen Auswertung mit einem Analytischen Plotter (R. BILL U.A. (1990)), bei dem neben der Erfassung von Geländekanten wie Straßenböschungen, Aussparungsflächen wie Waldgebiete und Gebäude eine Vielzahl regelmäßig verteilter Punkte durch Gittermessung bestimmt sind. Die Dreiecksvermaschung nach Delaunay als Geländemodellstrukturierung wird in einem zweiten Fenster angezeigt, aus der durch Interpolation mittels der Zienkiewiz-Formfunktionen (G.P. BAZELEY U.A (1965), O.C. ZIENKIEWICZ (1984)) die Höhenlinien – visualisiert im dritten Fenster – abgeleitet werden.

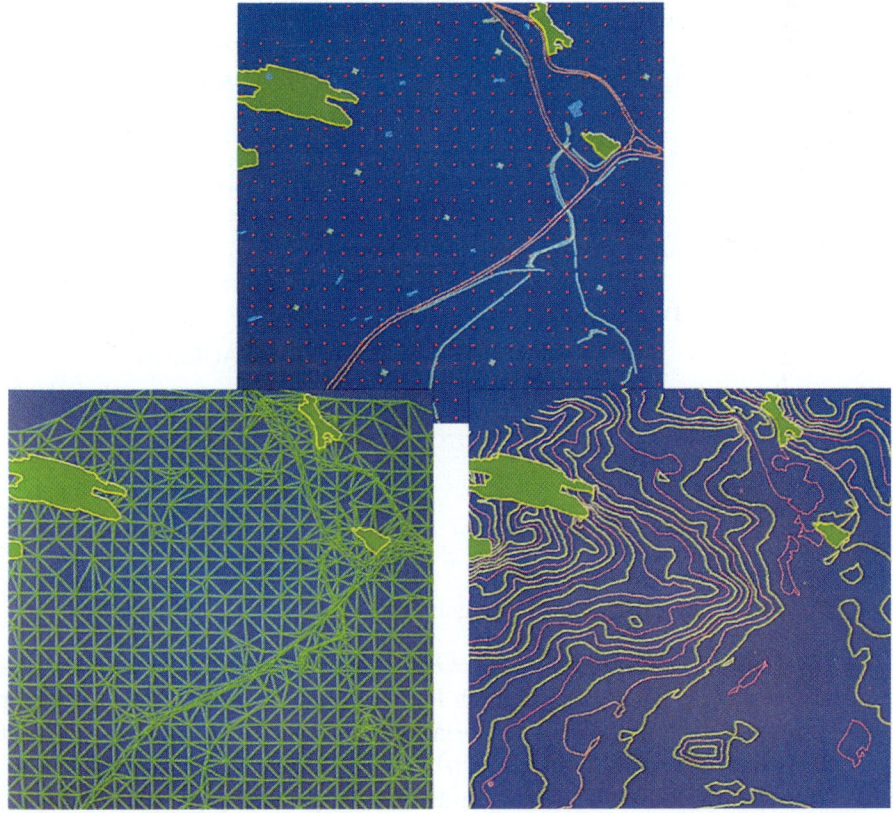

Abbildung 3.24: Von der Erfassung über die Dreiecksvermaschung zur Höhenlinieninterpolation

KAPITEL 3. SOFTWAREASPEKTE

Präsentation raumbezogener Daten

- *Displaymanagement*: Unter dem Begriff 'Displaymanagement' fassen wir die wichtigsten Grundfunktionen wie Displaying – Anzeigen, Panning – Verschieben, Zooming – Vergrößern/Verkleinern, Windowing – Fenstertechnik u.a. zusammen (Abbildung 3.25). Das interaktiv-graphische Arbeiten mit dem System ist ein wichtiger Aspekt der GIS-Nutzung.

- *Gestaltungsfunktionen* zur Erzeugung graphischer Symbole, Linienarten und Flächendarstellungen (Abbildung 3.26): Diese sollten als Bibliothek – als digitale Mustersammlung – für sämtliche zu bearbeitenden Projekte zur Verfügung stehen. Die interaktiv-graphische Konstruktion solcher Muster steht im Vordergrund dieser Grundfunktion. Dabei unterscheiden sich die Muster je nach Ausgabemedium sehr stark; in der interaktiven Graphik werden einfacherere, tlw. hardwarenahe Muster bevorzugt, um schnelleren Displayaufbau zu garantieren. Für die Kartengestaltung werden aufwendige Muster gewünscht, um das auf digitalem Weg erzeugte Kartenprodukt dem auf analogem Weg hergestellten möglichst anzugleichen.

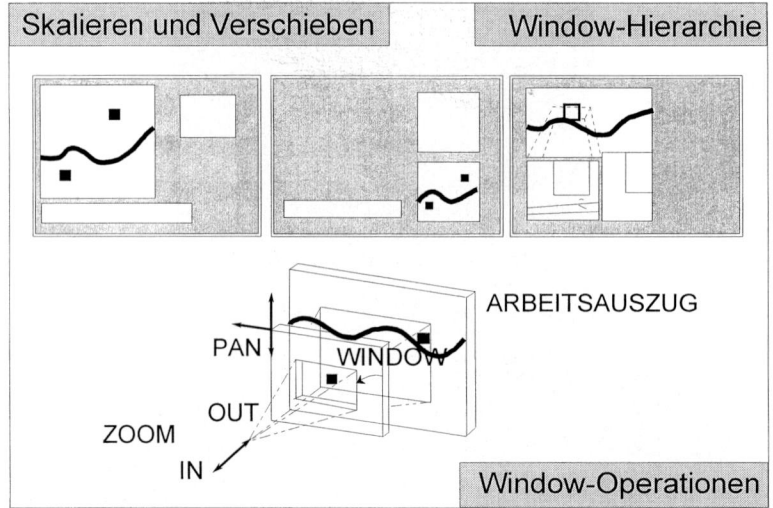

Abbildung 3.25: Displaymanagement

- *Graphische und alphanumerische Ausgaben*: Typische graphische Ausgabeformen sind neben Karten auch Perspektiven, Längsschnitte, Sichtbarkeitskarten, Kartodiagramme, Überlagerungen von Rasterdaten und Vektordaten usw. Zur alphanumerischen Ausgabe sollen Berichte und Listen generiert werden können, die Datenbankauszüge und thematische Übersichten präsentieren (Abbildung 3.27).

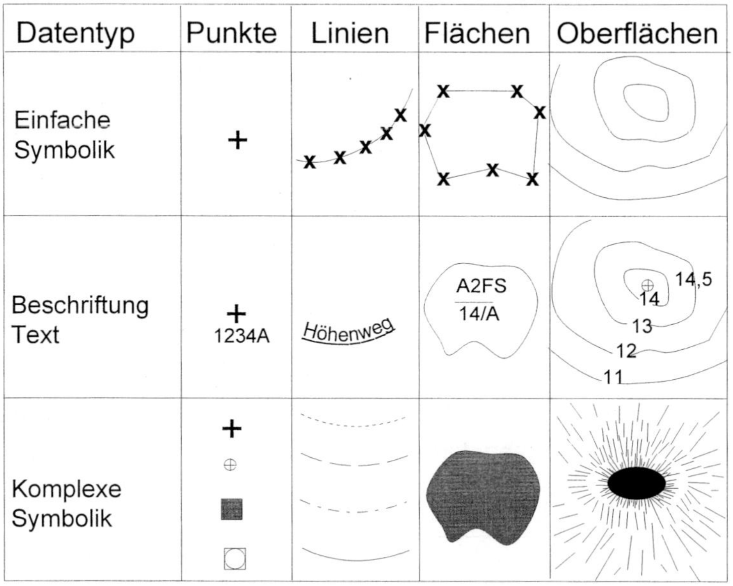

3.3. ANWENDUNGSSOFTWARE

Datentyp	Punkte	Linien	Flächen	Oberflächen
Einfache Symbolik	+	x x x x x	x x x x x x x	(Höhenlinien)
Beschriftung Text	+ 1234A	Höhenweg	A2FS 14/A	14,5 14 13 12 11
Komplexe Symbolik	+ ⊕ ■ ☐	- - - -	(Fläche)	(Stern)

Abbildung 3.26: Erstellung graphischer Gestaltungsmuster

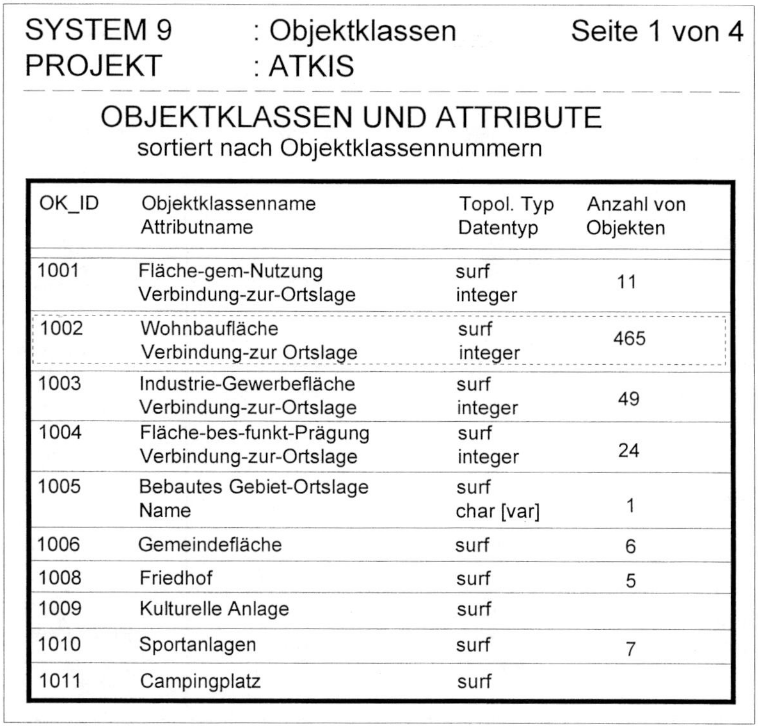

```
SYSTEM 9      : Objektklassen       Seite 1 von 4
PROJEKT       : ATKIS
```

OBJEKTKLASSEN UND ATTRIBUTE
sortiert nach Objektklassennummern

OK_ID	Objektklassenname Attributname	Topol. Typ Datentyp	Anzahl von Objekten
1001	Fläche-gem-Nutzung Verbindung-zur-Ortslage	surf integer	11
1002	Wohnbaufläche Verbindung-zur Ortslage	surf integer	465
1003	Industrie-Gewerbefläche Verbindung-zur-Ortslage	surf integer	49
1004	Fläche-bes-funkt-Prägung Verbindung-zur-Ortslage	surf integer	24
1005	Bebautes Gebiet-Ortslage Name	surf char [var]	1
1006	Gemeindefläche	surf	6
1008	Friedhof	surf	5
1009	Kulturelle Anlage	surf	
1010	Sportanlagen	surf	7
1011	Campingplatz	surf	

Abbildung 3.27: Erzeugung von Berichten

- *Generalisierung*: Nach G. HAKE (1982) beginnt die Generalisierung bereits bei der Erfassung (Erfassungsgeneralisierung als Prozeß der Auswahl der wesentlichen Objekte und deren Merkmale); er setzt sich durch den ganzen Verarbeitungsprozeß fort bis zur Ausgabe (kartographische Generalisierung bei der Wiedergabe von analogem oder digitalem Abbild zu Karte). Die Problematik der kartographischen Generalisierung (vgl. auch Band 2 Kapitel 3), also der maßstabs- und sachgebundenen, graphischen und inhaltlichen zweckorientierten Umsetzung einer Ausgangskarte in eine Folgekarte, tritt insbesondere dann zu Tage, wenn ein Datenbestand in extrem unterschiedlichen Maßstäben präsentiert werden soll.

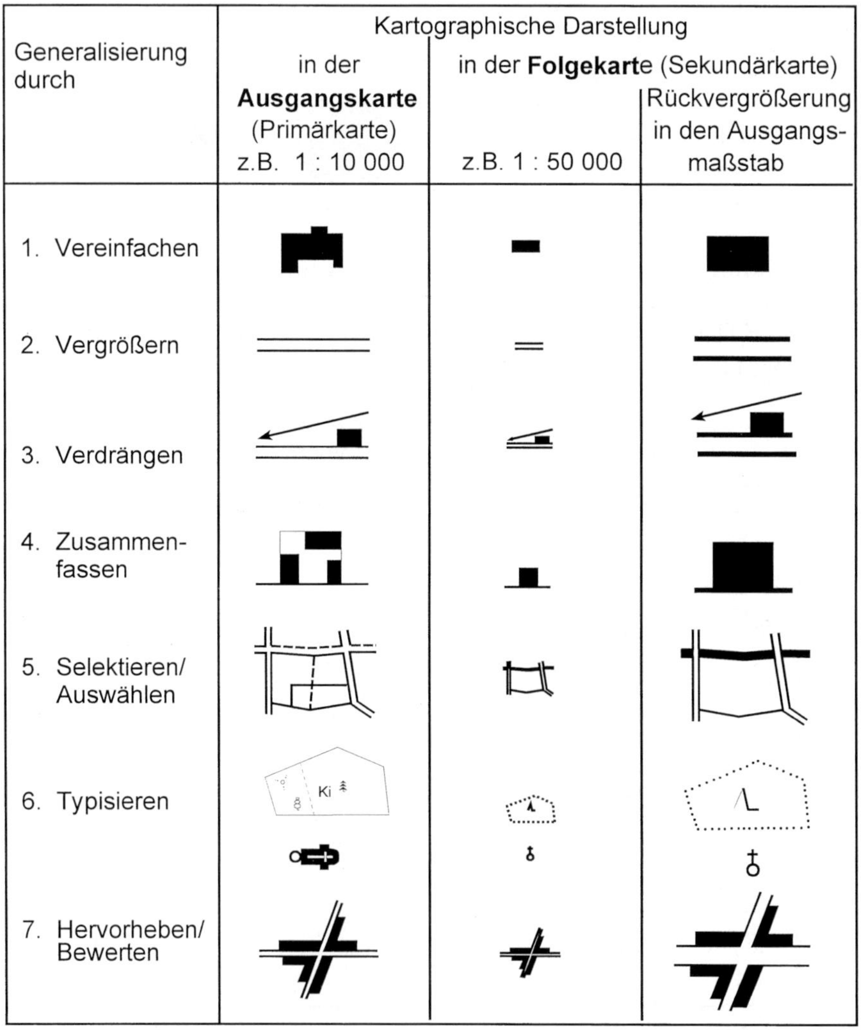

Generalisierung durch	Kartographische Darstellung		
	in der **Ausgangskarte** (Primärkarte) z.B. 1 : 10 000	in der **Folgekart**e (Sekundärkarte) z.B. 1 : 50 000	Rückvergrößerung in den Ausgangsmaßstab
1. Vereinfachen			
2. Vergrößern			
3. Verdrängen			
4. Zusammenfassen			
5. Selektieren/ Auswählen			
6. Typisieren			
7. Hervorheben/ Bewerten			

Abbildung 3.28: Generalisierung (nach G. HAKE (1982))

3.3. ANWENDUNGSSOFTWARE

Die oftmals propagierte Maßstabsfreiheit des GIS-Datenbestandes gibt es nicht, da das Generalisierungsproblem noch nicht gelöst ist. Es ist allerdings Gegenstand zahlreicher Forschungsarbeiten.

- *Zeichnungserzeugung*: Routinen zur Erzeugung von Zeichnungen auf Papier als Quickplot oder qualitativ hochwertig als Vektor- oder Rasterkarte kombinieren den Kartenrahmen und das Gitterkreuz mit dem darzustellenden Datenbestand sowie einer Legende zur fertigen Karte (Abbildung 3.29).

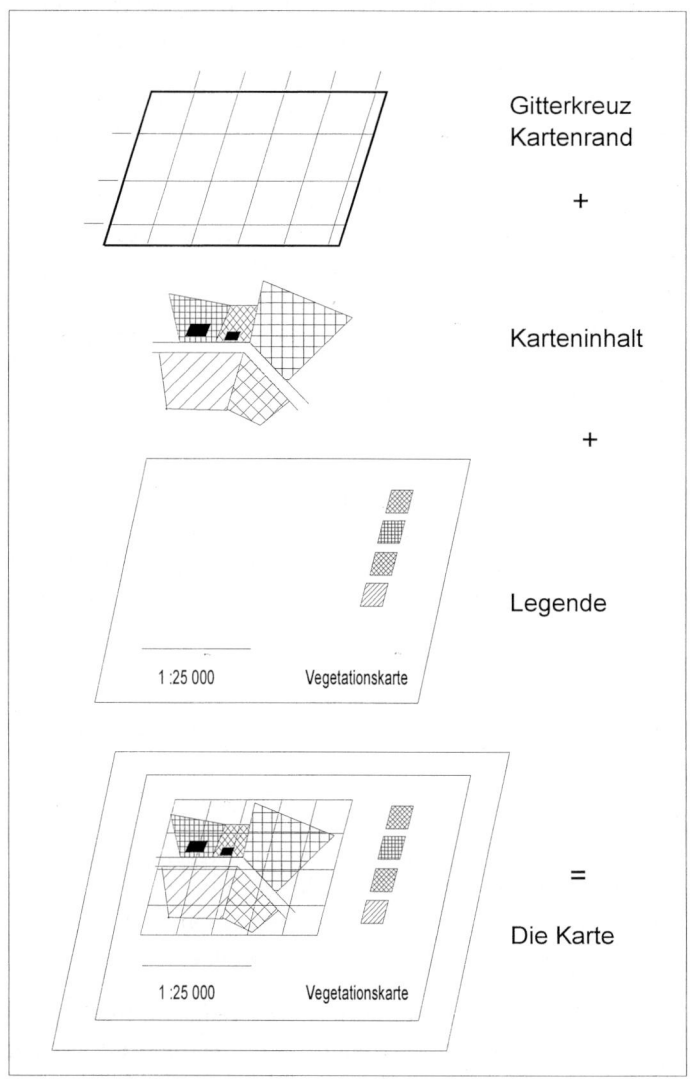

Abbildung 3.29: Erzeugung von kartographischen Zeichnungen

3.3.2 Die Applikationspakete eines GIS

Im Anwendungsspektrum variieren die meisten Systeme je nach der Art der vom Systemanbieter anvisierten Zielgruppe, die ja vom Vermessungswesen über die Leitungsdokumentation, den Planungsbereich bis hin zum Transportwesen und zur Logistik reicht. Diese bisher beschriebenen Grundfunktionen werden in der Regel in Applikationsprogrammen zusammengefaßt:

- Die *Modelldefinition* (Datenmodell) umfaßt alle Grundfunktionen zur Definition des Datenmodells und der verschiedenen Betrachtungen. Hierzu gehören auch die Verschmelzung von Projekten, die Verwaltung von Arbeitsauszügen spezieller Thematik und die Verwaltung von Versionen beim Zusammenführen von Daten. Neuere Produkte definieren und präsentieren das Datenmodell mit graphischer Unterstützung.

- Zur *Erfassung, Editierung und Display* von Objekten, d.h. geometrisch-topologischer Daten ebenso wie beschreibender Daten, gehören auf der Geometrieseite neben der Karten- oder Luftbildorientierung sämtliche Erfassungs- und Editierfunktionen sowie die Module zur Manipulation der Geometrie. Für die beschreibenden Daten zählen dazu maskengeführte Eingabe, Defaultwertvergabe usw. Die interaktive Graphik, d.h. alle Displayfunktionen sind ebenfalls Bestandteil. COGO-Funktionen (Computational Geometry) zählen wir auch zu diesem Bereich.

- Die *Rasterdatenverarbeitung* erweitert die möglichen Datenquellen um die Satellitensensoren zur Fernerkundung und ist insbesondere für Maßstäbe ab 1:50.000 eine wertvolle Bereicherung durch aktuelle Daten. Mit den digitalen Orthophotos entstehen weitere Möglichkeiten zur Rasterdatenintegration, die von der reinen Hintergrunddarstellung als Ersatz für gescannte Karten bis zur Klassifikation reichen.

- *Plotting* ist die Applikation zur Erstellung von Papierausgaben des raumbezogenen Datenbestands.

- Zur *Datenanalyse* bedarf es einer Vielzahl von Funktionen wie z.B. der Flächenverschneidung, der Zonengenerierung, der Aggregation u.a. Interaktive Anfragen und das Erstellen von Berichten und Datenbankauszügen gehören auch hierzu. An diesem Punkt unterscheiden sich interaktiv-graphische Systeme und Geo-Informationssysteme sehr wesentlich.

- Das *Digitale Geländemodell*-Paket integriert alle Grundfunktionen zur dreidimensionalen Behandlung raumbezogener Daten. Dabei muß es sich nicht notwendigerweise um ein Geländemodell handeln, d.h. als 3. Dimension sollten auch beschreibende Phänomene wie z.B. der Schadstoffgehalt der Luft zugelassen sein.

3.3. ANWENDUNGSSOFTWARE

- Die *Netzwerkapplikation* schließt alle Funktionen zur Analyse von Netzen ein und zielt z.B. auf den Anwenderkreis Energieversorgung ab.

- *Anfragen und Berichte* (Query and Report) sollten durch eine Applikation unterstützt, auswertbar und graphisch anschaulich aufbereitet werden. *Statistiken* und *thematische Präsentationen* in Businessgraphikmanier gehören hierzu.

- Die *Photogrammetrie-* und *Geodäsiedateneinbindung* reicht von der direkten Einbeziehung z.B. einer photogrammetrischen Arbeitsstation bis hin zu Datenaustauschschnittstellen zu externen Geräten. Wichtig ist dabei die Möglichkeit des beidseitigen Transfers, d.h. auch Informationen aus dem GIS (z.B. Koordinatenverzeichnisse zur Absteckung in der Örtlichkeit) müssen auf die Datenträger der geodätischen oder photogrammetrischen Auswertestationen übertragbar sein.

- *Datenaustauschmodule* – sogenannte DIM's (Data Interchange Modules) – dienen dem Austausch von Daten von und mit Fremdsystemen. Hier sind z.B. Schnittstellen zur EDBS, zur SICAD-GDB, zu IGES etc. vorzusehen.

- *Tools* entstehen oftmals während der Entwicklung und erledigen vielfältige Aufgaben von der Fehlerbereinigung bis zur Archivierung.

- Viele *optionale Pakete* bzw. Fachschalen leiten sich aus den vorgenannten Applikationspaketen ab wie z.B. Forstanwendungen, Kataster aller Art vom Baum- bis zum Kanalkataster, Flurbereinigung, Umwelt usw.

Die strikte Trennung in Einzelprogramme ist nicht unbedingt nötig. Teilweise sind die Grundfunktionen nur als Kommandos direkt aufrufbar und nicht in Applikationen gebündelt, teilweise sind alle Grundfunktionen in einer Applikation zusammengefaßt. Bei einer Auftrennung in Einzelprogramme ist die Flexibilität und Geschwindigkeit des Hin- und Herspringens zwischen den Applikationen ein wichtiger Gesichtspunkt.

Die folgenden Module sollte allerdings jedes Geo-Informationssystem bieten:

- Grundpaket mit Modelldefinition, Erfassung, Editierung, Display und Plotting.

- einfache Analysefähigkeit mit Flächenverschneidung, Zonengenerierung und Aggregation.

- Austauschschnittstellen zu vielen anderen Systemen.

- Digitales Geländemodell für alle 3D-Fragestellungen.

Der Preis eines solches Standardpaketes orientiert sich in der Regel an der Hardware, auf der es lauffähig ist. Die Kosten von Hardware zu Software stehen zueinander im Verhältnis von 1:1 bis 1:10. Demnach sind PC-Programme (und auch

Public Domain Software für Graphik-Arbeitsstationen) schon ab einigen TDM erhältlich, während sich die GIS-Software für Workstations eher im Bereich von einigen 10TDM bewegt. Der Umfang solcher Applikationspakete schwankt zwischen einigen MByte bis zu mehreren 100 MByte.

3.4 Die Kommunikation mit einem GIS

Im folgenden Abschnitt wollen wir uns zwei wichtigen Fragestellungen widmen. Die erste Frage zielt auf die Kommunikationseinheiten eines GIS ab. Wie kommuniziert der Benutzer (bzw. das GIS) mit dem GIS (bzw. dem Benutzer)? Hier ist die Benutzeroberfläche angesprochen, d.h. die Gesamtheit aller Eigenschaften und Funktionen, durch die ein Benutzer mit einem System in Berührung tritt. Sämtliche Teile der Benutzeroberfläche sollten sowohl die volle Skala der Möglichkeiten des Rechners und der Programme ausschöpfen sowie ergonomischen Bedingungen (Software-Ergonomie) voll entsprechen. Die zweite Frage zielt auf die äußere Präsentationsform eines GIS ab. Wie präsentiert sich das GIS-Produkt dem Nutzer ?

3.4.1 Die Kommunikationseinheiten

In einem GIS-Produkt kann man hinsichtlich der Kommunikationseinheiten (vgl. Abbildung 3.30) grundsätzlich zwischen zwei Arten der Kommunikation unterscheiden: der aktiven und passiven Kommunikation. Darunter versteht man die Art und Weise, wie der Nutzer das System zu Aktionen bewegt und wie das System dem Nutzer Ergebnisse von Aktionen präsentiert. Diese Kommunikationsformen werden unter Zuhilfenahme der Systembibliotheken, Graphikstandards und der GIS-Basissoftware umgesetzt.

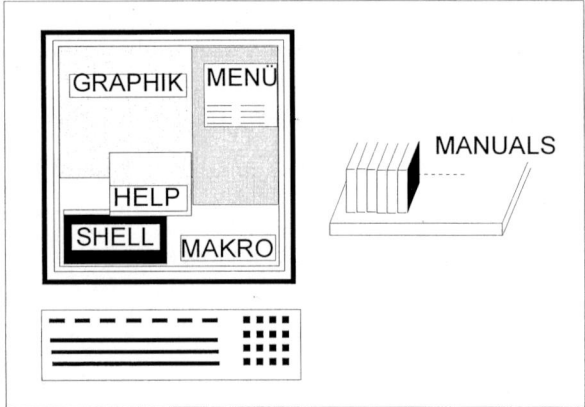

Abbildung 3.30: Eine mögliche Benutzeroberfläche eines GIS und ihre Kommunikationseinheiten

3.4. DIE KOMMUNIKATION MIT EINEM GIS

Die nachfolgende Abbildung zeigt die Benutzeroberfläche des Intergraph-Systems MGE (Quelle: Intergraph, Ismaning).

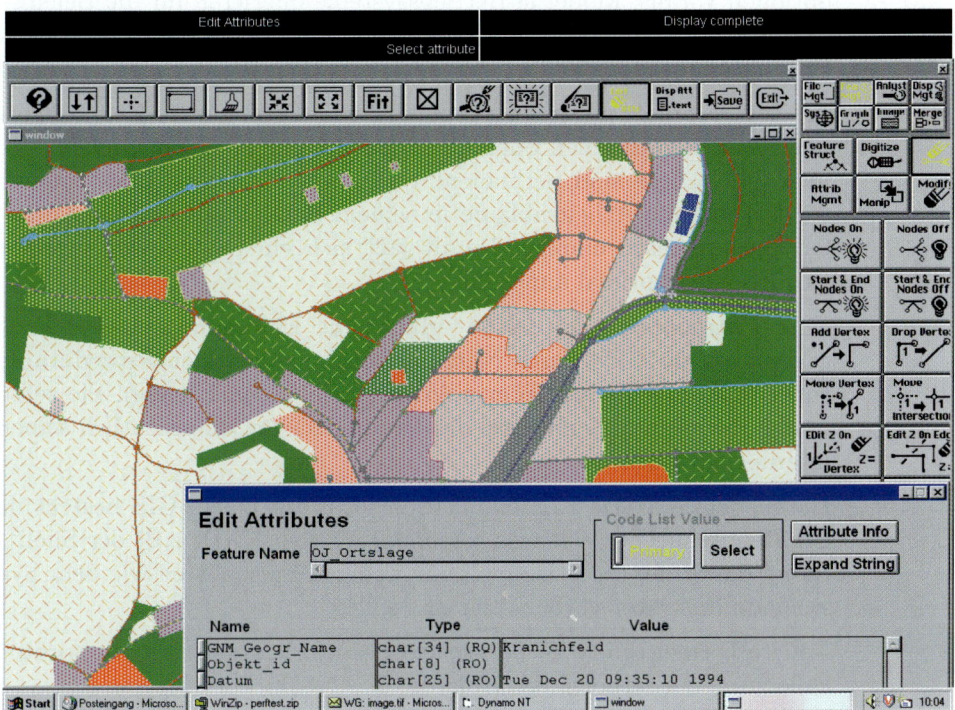

Abbildung 3.31: Benutzeroberfläche von MGE (Quelle: Intergraph, Ismaning).

- *Aktive Kommunikation* betreibt der Nutzer mit einem Geo-Informationssystem mittels Menüs, Kommandosprachen etc., die folgend kurz aufgeführt werden:

    – Ein *Menü* kann sowohl ein Fenster auf dem Bildschirm sein oder aber auch eine, auf einem Blatt Papier geordnete Sammlung, die auf einem Digitalisiertisch montiert ist. Auf dem Bildschirmausschnitt oder dem Formblatt werden verschiedene Auswahl- und Eingabemöglichkeiten dargestellt, die der Nutzer an der aktuellen Stelle für seine Arbeiten nutzen kann. Hier erfährt er direkt alle Möglichkeiten, die ihm gerade zur Verfügung stehen, womit der Auswahlbereich einschränkbar ist. Eine Menüführung ist in der Regel auch wenig erfahrenen Benutzern und Gelegenheitsbenutzern zumutbar. Nachteil ist allerdings, daß bei Nichtvorhandensein der gewünschten Wahl im aktuellen Menü das Blättern und Suchen in anderen Menüs beginnt.

- Unter *Kommandosprache* verstehen wir die Eingabe von Befehlen an das GIS mittels einer Tastatur – dem Keyboard. Diese Art der Kommunikation mit einem System ist sehr effektiv; sie setzt jedoch die Kenntnis der Kommandos und ihrer Befehlsstruktur und Parameteroptionen voraus. Moderne Betriebssysteme offerieren für die Befehlseingabe Abkürzungen oder Kommandoergänzungen, welches in GIS-Produkten meistens fehlt.

- Als *Makrosprache* bezeichnet man eine vom Benutzer frei definierbare Folge von Menüwahlen oder Kommandos, der er einen eigenen Namen gibt. Diese sind permanent verfügbar und lassen somit immer wiederkehrende Arbeitsabläufe in seinem Bereich zu wenigen Aufrufen zusammenschrumpfen. Damit läßt sich ein System den eigenen Bedürfnissen optimal anpassen.

- Eine *Programmierschnittstelle* erlaubt die Einbindung eigener Programme in das GIS durch Nutzung von höherwertigen Prozeduraufrufen (z.B. in Fortran Unterprogramme, in C Funktionen). Sie setzt in der Regel gute Kenntnisse des Produkts – auch hinsichtlich seiner internen Struktur – voraus.

- Die niederste aktive Kommunikationsform mit einem GIS besteht in der Benutzung der *Betriebssystemaufrufe* (bei UNIX z.B. der Shell). Es ist die Stufe, die prinzipiell nur wenigen Spezialisten wie dem Systemadministrator vorbehalten sein sollte.

- Neuere Formen sind z.B. *Lernsysteme* (Tutorials) oder Sitzungsprotokolle zum Wiederholen des Ablaufs.

- *Passive Kommunikationseinheiten* sind:

  - Sämtliche Arten von *Meldungen*, die das System dem Nutzer präsentiert. Dies reicht von Aufforderungen zu Aktionen über Ergebnispräsentationen bis hin zu Fehlermeldungen.

  - Eine interaktiv abrufbare *Kurzbedienungsanleitung* – auch Online Help genannt – ist sehr hilfreich, wenn man an der aktuellen Stelle die genaue Befehlssyntax nicht kennt. Dies wird von allen neueren Betriebssystemen angeboten und ist in GIS-Produkten inzwischen auch üblich, so daß hier schon der Begriff *Helpware* als dritte Dimension der Informationstechnik neben Hardware und Software etabliert ist, da die Qualität der Bedienhilfen entscheidend für die Nutzung im Anwendungsumfeld ist.

3.4. DIE KOMMUNIKATION MIT EINEM GIS

- Das ausführliche *Handbuch* (Manual) als Nachschlagewerk für genauere Details ist ebenfalls unentbehrlich, wird aber mit zunehmender Erfahrung seltener genutzt. Heute werden Software, Handbücher und Helpware auf CD-ROM ausgeliefert und sind via Internet aktualisierbar.

Diese hier beschriebenen Kommunikationsformen erfreuen sich je nach Erfahrungsgrad mit dem System unterschiedlicher Beliebtheit (Abbildung 3.32). Neuere Kommunikationsformen werden mit der Multimediatechnik kommen. Zu nennen sind hier z.B. Spracheingaben, berührungssensitive Bildschirme und kontextabhängige Hilfe.

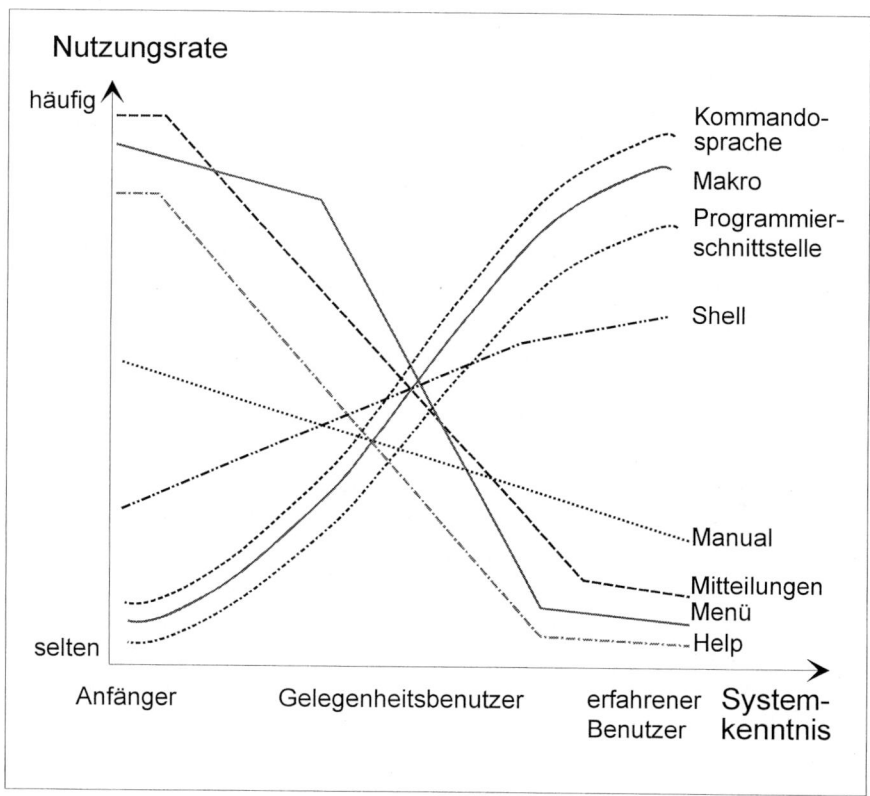

Abbildung 3.32: Nutzung der Kommunikationsformen als Funktion der Erfahrung am System

3.4.2 Die Präsentationsformen eines GIS

Ein Geo-Informationssystem präsentiert sich hardwareseitig dem Benutzer i.d.R. – dies wurde auch schon im Kapitel 2 angesprochen – mit einem Bildschirm, einer Maus und einer Tastatur. Obwohl dies ausreichen würde, gibt es dennoch interessante Unterschiede, auf die wir hier kurz eingehen werden.

Generell können wir *drei Kategorien* von Präsentationsformen von GIS-Produkten unterscheiden:

- Ein *System mit einem graphikfähigen Bildschirm*, einem Bitmap-Terminal mit einer Tastatur und Maus bietet den Vorteil, daß sowohl Graphik als auch Kommunikationsformen wie Menüs, Kommandos an einer Stelle sind und somit vom Nutzer nur diese Stelle zu beachten ist. Der Aufbau des Bildschirms wird durch das Windowsystem in der Regel sehr einheitlich und einfach überschaubar gehalten. Der Nachteil ist die etwas geringere Graphikfläche und die eventuelle Überlappung von Graphik und anderen Kommunikationseinheiten, welches aber in der Regel durch ein modernes Windowsystem wettgemacht wird.

- Eine Variante hiervon ist die *Doppelbildschirmlösung* mit Tastatur und Maus, bei der zwei kleinere Bildschirme in einem gemeinsamen Gehäuse untergebracht sind (Abbildung 3.33). Hier ist das Menü evtl. auf einem der graphikfähigen Bildschirme sichtbar oder als Papiermenü auf dem Tisch angebracht. Dabei ergeben sich ähnliche Vorteile wie bei der Einzelbildschirmlösung. Zudem steht hier natürlich mehr Graphikfläche zur Verfügung. Der Nachteil sind die erhöhten Kosten für diese Spezialanfertigung. Der Standardvertreter dieser Arbeitsplatzgestaltung ist Intergraph mit seinen GIS-Produkten MicroStation GIS Environment und Framme.

- Ein *alphanumerischer und ein graphikfähiger Bildschirm* stellen mit Maus und Tastatur (evtl. auch mit einem Papiermenü ergänzt) kombiniert das System dar. Der Vorteil ist in der Trennung der alphanumerischen Eingabe von der graphischen Ausgabe zu sehen. Der graphikfähige Bildschirm kann in voller Größe für graphische Darstellungen genutzt werden. Es finden keine Überlappungen zwischen Ein- und Ausgabefenstern statt. Als Nachteil ist anzusehen, daß somit zwei Einheiten (oder bei zusätzlichen Papiermenüs sogar drei) zu beachten sind. Diese Form findet sich heute noch bei überwiegend kommandoorientierten Systemen und ist als Auslaufmodell zu bezeichnen.

3.5 Zusammenfassung

Mit Software bezeichnen wir im GIS sämtliche implementierten Funktionalitäten. Die dem Benutzer sichtbaren Teile wie Benutzeroberfläche, Grundfunktionen und Applikationen setzen dabei auf der Systemsoftware auf. Die Systemsoftware, beginnend vom Betriebssystem über die graphischen Standards und Datenbanksprachen, unterliegt in den letzten Jahren vermehrt einer Standardisierungsbewegung, die sich in Zukunft noch weiter fortsetzen wird. Die gängigen Standards wurden in diesem Kapitel beschrieben. Sämtliche in den nachfolgenden Kapiteln

3.6. AUFGABEN

beschriebenen Funktionalitäten – von der Datenerfassung über die Datenmodellierung und -verwaltung bis hin zur Datenanalyse und Datenpräsentation sind in Software realisiert. Sie wurden hier nur kurz angeführt und werden später weiter ausgeführt.

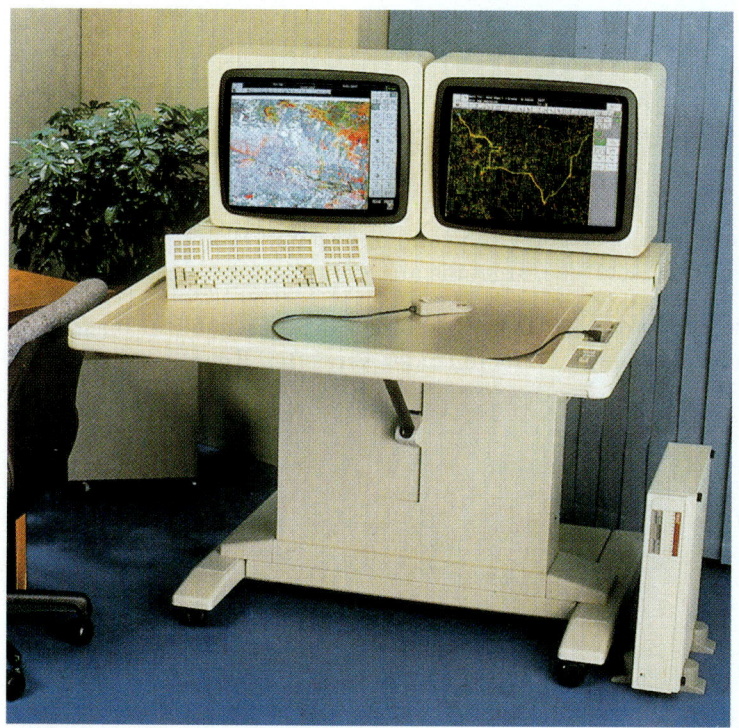

Abbildung 3.33: Doppelbildschirmlösung von Intergraph (Quelle: Intergraph, Ismaning)

3.6 Aufgaben

3.6.1 Stellen Sie hinsichtlich der Standards der Grundsoftware eine softwareseitige Spezifikation für ein GIS-Produkt zusammen.

3.6.2 Nennen Sie Beispiele für Basisfunktionalitäten eines GIS, die zur Datenanalyse in den Bereichen a) Energieversorgung, b) Umweltmonitoring sinnvoll einsetzbar sind.

3.6.3a Erweitern Sie das Abbildung 3.5 zugrundeliegende relationale Datenmodell dahingehend, daß die Nummer nun als Schlüssel verwendet wird, um in einer weiteren Relation namens obj_attr mehrere optionale Attribute zu jedem individuellen Polygon zuweisen zu können. Als Attributbeispiele verwenden Sie Werte in DM, Fläche und Umfang.

3.6.3b Tragen Sie die folgenden Daten ein. Die Daten stehen auf der Datei 'obj_attr.dat' und lauten:

```
obj_attr.dat:
--------------
125 102000.00 225.0 60.0
126  95000.00 200.0 56.0
```

3.6.3c Fragen Sie nach dem Polygon (Polygonnummer und Wert), das den Wert > 100.000.00 besitzt. Wie sieht das Ergebnis aus ?

3.6.4 Begründen Sie die unterschiedliche Beliebtheit der Kommunikationsformen Menü und Kommandosprache bei zunehmender vertiefter Kenntnis eines GIS-Produktes.

Kapitel 4

Erfassung raumbezogener Daten

4.1 Einführung

Der wesentlichste Bestandteil von Geo-Informationssystemen sind die Daten, mit denen sie arbeiten. Deshalb ist die Erfassung von Daten, oftmals einhergehend mit der Wandlung analoger Vorlagen in digitale Form, die entscheidende Basis für Anwendung und Erfolg eines GIS. In diesem Kapitel werden die verschiedenen Methoden der Datenerfassung und die gängigen Quellen für raumbezogene Daten behandelt. Die Erfassung raumbezogener Daten ist eine höchst arbeitsintensive und kostenaufwendige Tätigkeit, vor allem auch deshalb, weil die Anforderungen an Vollständigkeit, Aktualität, Fehlerfreiheit und Struktur der Datenbasis sehr hoch sind. Bei den Daten unterscheidet man analog zur bisher gewohnten Betrachtung die geometrischen Daten einschließlich topologischer Angaben und die beschreibenden, thematischen Daten als die beiden Hauptklassen. Eine andere Aufteilung setzt sich aber zunehmend durch, und zwar die Unterscheidung in Geodaten und (Geo)-Fachdaten.

Definition 4.1 : *Geodaten sind Daten über Gegenstände, Geländeformen und Infrastrukturen an der Erdoberfläche, wobei als wesentliches Element ein Raumbezug vorliegen muß. Sie beschreiben die einzelnen Objekte der Landschaft. Geodaten lassen sich über den Raumbezug miteinander verknüpfen, woraus insbesondere unter Nutzung von GIS-Funktionalitäten wiederum neue Informationen abgeleitet werden können. Auf und mit ihnen lassen sich Abfragen, Analysen und Auswertungen für bestimmte Fragestellungen durchführen. Geodaten sind als Ware im Geodatenmarkt anzusehen. Geodaten lassen sich in zwei große Teilkomplexe aufteilen, nämlich die Geobasisdaten und die Geofachdaten (Fachdaten).*

Neben öffentlichen Anbietern wie den zuständigen Behörden auf Bundes-, Landes- und Kommunalebene sind auch private Anbieter vertreten, so z.B. im

Bereich der Verkehrsdaten, der Satellitendaten und im Anwendungssegment des Geomarketing. Jeder Nutzer von GIS kann auch Datenanbieter sein, er kann auch gleichzeitig Nutzer von Angeboten anderer Datenanbieter sein. Voraussetzung ist, daß die bereitgestellten Daten auch für andere Anwender interessant und verwertbar sind. Den Zugang zu Geodaten unterstützen sogenannte Metainformationssysteme (vgl. Band 2 Kapitel 5) wie der UDK, MetaGeo und MEGRIN auf Seiten der öffentlichen Stellen. Datenbörsen und Geodatenwarenhäuser (vgl. ebenfalls Band 2 Kapitel 5) treten vermehrt als Datenprovider auf.

Eine grobe Charakterisierung des Geodatenmarktes mag wie folgt aussehen:

- Flächendeckende Geodaten sind noch nicht der Regelfall.

- Mühsamer Zugang zu Geodaten (Internet, Benutzerschnittstelle, Genehmigungsverfahren).

- Kostenfrage ist zum Teil unklar.

- Problem ist und bleibt die föderalistische Struktur.

- Gängige Marktmechanismen wie Verfügbarkeit, Angebotstransparenz und ökonomische Prinzipien sind nicht in allen Fällen funktionsfähig.

Definition 4.2 : *Geobasisdaten sind eine Teilmenge der Geodaten. Zu ihnen zählen insbesondere die Daten der Vermessungsverwaltung, die als Grundlage für viele Anwendungen geeignet sind. Speziell umfaßt der Geobasisdatensatz die vorhandenen Daten aus ALK, ALB und ATKIS sowie die bisher separat geführten DGM und die gescannten topographischen Kartenwerke. Zukünftig zählen hierzu auch die Bilddaten wie Orthophotos, Luft- und Satellitenbilder.*

Beispiel 4.1 zu Geobasisdaten des Stadtmessungsamtes Stuttgart:

In Stuttgart steht ein beträchtliches und dem Hamburger Datenangebot durchaus vergleichbares Datenvolumen digital bereit (siehe im Detail hierzu W. BAUER (1999) bzw. das Online-Informationssystem der Stadt Stuttgart namens SIAS-Spatial Information and Access System, vielfältige Nutzergruppen zu bedienen. Die Kunden teilen sich im wesentlichen in zwei Gruppen auf, die ebenfalls für den Geobasisdatenmarkt als charakteristisch angesehen werden können:

- Öffentlicher Bereich mit den Ämtern der Stadtverwaltung, den Beteiligungsunternehmen der Stadt, dem Regionalverband, den Landes- und Bundesverwaltungen sowie Hochschulen und Forschungseinrichtungen.

- Privater Bereich mit Ingenieur- und Planungsbüros, Verbänden, Banken, Versicherungen, Industrie, Handel und Gewerbe, Telekommunikation, Presse, kommerzielle Adreßanbieter und Softwarehäuser.

4.1. EINFÜHRUNG 169

Beispiel 4.2 zu Geobasisdaten im Stadtstaat Hamburg:

Das Amt für Geoinformation und Vermessung der freien und Hansestadt Hamburg stellt nach W. HAWERK (1999) im wesentlichen die folgenden Geobasisdaten in digitaler Form und verstärkt auch im Internet bereit:

- Digitale Stadtgrundkarte im Maßstab 1:500 (Kosten etwa 1.000DM/km^2).

- Digitales Liegenschaftsbuch in einer speziellen Hamburger ALB-Version (HALB) (Kosten Grundgebühr 1.000DM plus 1.50DM/Datensatz).

- Digitale Karte 1:5.000 (Fertigstellung 1999, geschätztes Datenvolumen 2.5 GByte) als Ersatz der Deutschen Grundkarte.

- Digitale Stadtkarte 1:10.000 bis 1:60.000 als Stadtübersichtskarte für Hamburg und Umland (Fertigstellung bereits 1992, Datenmenge 200 MByte).

- Digitale Regionalkarte 1:100.000 bis 1:300.000 für die gesamte Region (Fertigstellung 1996, Datenmenge 200 MByte).

- Weitere Daten wie die digitale Luftbildkarte, die digitale Bodenrichtwertkarte, einen 3D-Datenbestand aus einem Gebäudedatenbestand, die Verwaltungsgrenzen inklusive Baublockgrenzen und Wahlbezirksgrenzen, die Höhendaten und das Wegenetz, so daß vielfältige Verknüpfungen der Daten über verschiedenste Raumbezugsformen möglich werden. ATKIS-Daten erstellt das Landesvermessungsamt in Schleswig-Holstein für Hamburg. Auch sie sind zum inzwischen bundesweit eher vereinheitlichten Preis von 30,-DM/km^2 beziehbar.

Die Verwendung derartiger Daten ist natürlich gesetzlich eingeschränkt bzw. durch Nutzungsvereinbarungen mit den jeweiligen Kunden geregelt. Immerhin lassen sich in Hamburg in den letzten Jahren durch die Geobasisdatenvermarktung mehrere Millionen DM jährlich erzielen.

Definition 4.3 : *Geofachdaten (oder Fachdaten) sind die in den jeweiligen Fachdisziplinen erhobenen Daten. Durch den Zusatz 'Geo' soll konkretisiert werden, daß auch diese Daten einen Raumbezug besitzen. Zumeist wird dieser Zusatz aber weggelassen.*

Die Wahl der Erfassungsmethode für Geodaten hängt im wesentlichen von der Anwendung und dem zu erfassenden Objekt ab. Verfügbares Budget und die vom GIS bereitgestellte Funktionalität sind Rahmenbedingungen. Die Datenerfassung sollte zum einen so genau und vollständig wie notwendig und zum anderen so wirtschaftlich wie möglich erfolgen. Bei der Vielzahl möglicher Informationen, die heute bereits in digitaler Form vorliegen, ist es umso wichtiger, generell vor einer Neuerfassung abzuklären, inwieweit existierende Daten Verwendung finden können. Die Fragen, die vorweg zu beantworten sind, betreffen die

- Genauigkeit, sowohl geometrisch (maßstabsorientiert) als auch thematisch,
- Exaktheit, Vollständigkeit und Sachgerechtheit der Daten,
- Aktualität der Daten und eine
- Aufwandsabschätzung der Datengewinnung.

Tabelle 4.1 : Grobe Charakterisierung wichtiger Erfassungsmethoden

Methode	Primäres Element	Genauigkeit (ca.)	Eignung für Gebiete	Aufwand (Geräte) (Verarbeitung)
Vermessung				
Tachymetrie	P/L	cm-dm	l	mittel
Orthogonal-aufnahme	P/L	cm-dm	l	gering
GPS	P/L	cm-m	l-g	gering
Photogrammetrie				
Stereoauswertung	P/L	$1 * 10^{-5} * m_b$	l-r	hoch
DGM (Höhe)	P/L	$1 * 10^{-4} * h_g$	l-r	hoch
Interpretation	F	-	l-r	gering
Fernerkundung	F	>10m	r-g	hoch
Digitalisierung				
manuell	P/L	$2.5 * 10^{-4} * m_k$	l-g	mittel
semi-autom.	P/L	$2.5 * 10^{-4} * m_k$	l-g	hoch
autom.	P-F	$2.5 * 10^{-4} * m_k$	l-g	hoch

Legende: (m_b=Bildmaßstab, m_k=Kartenmaßstab, h_g=Flughöhe)

Primäres Element		Gebietsausdehnung	
P	Punkt	l	lokal
L	Linie	r	regional
F	Fläche	g	global

G. HAKE (1982), (1985) unterscheidet hinsichtlich der Herkunft der Daten zwischen:

- *Originärer und unmittelbarer Erfassung* am Objekt oder an dessen unverarbeitetem Abbild (Bild). Diese liegt bei der Ersterfassung primär für

4.2. ORIGINÄRE ERFASSUNGSMETHODEN

topographisch-kartographische Zwecke vor. Methoden stammen u.a. aus der Vermessung und der Photogrammetrie.

- *Sekundärer und mittelbarer Erfassung* ausgehend von Daten, die bereits in verarbeiteter Form vorliegen (z.B. als Karte, Statistik). Dies ist die verbreitetere Methode z.B. in Form der manuellen bis automatischen Digitalisierung.

In Tabelle 4.1 ist eine grobe Charakterisierung der wichtigsten Erfassungsmethoden hinsichtlich ihrer Genauigkeiten und Einsatzmöglichkeiten gegeben.

Für Daten mit Raumbezug ist ein einheitliches Bezugssystem Voraussetzung. Geodätische Koordinatensysteme (vgl. Band 2, Kapitel 3) beziehen sich auf die gängigen Projektionssysteme wie das Gauß-Krüger-System, das UTM-System (Universal Transversal Mercator Projektion), das geographische System oder lokale kartesische Koordinaten. Die Projektions- und Transformationssoftware des Geo-Informationssystems erlaubt die gegenseitige Überführung bei heterogenen Quellen.

G. HAKE (1982) definiert den Bereich der topographischen und thematischen Kartenmaßstäbe wie folgt:

- *Große Kartenmaßstäbe* (> 1:10.000)

- *Mittlere Kartenmaßstäbe* (1:10.000 - 1:300.000)

- *Kleine Kartenmaßstäbe* (< 1:300.000)

Daran schließen sich die kleinmaßstäbigen geographischen Kartenwerke mit Maßstäben von 1:1.000.000, 1:10.000.000 und kleiner an. Für Geo-Informationssysteme gelten grob die folgenden Maßstabsbereiche in den Anwendungen und die wesentlichen Datenquellen (Abbildung 4.1). Der Begriff *Maßstab* wird im GIS-Bereich auch häufig als *Aggregationsebene* bezeichnet. Damit kommt implizit die Generalisierung der raumbezogenen Daten zum Ausdruck, die bei den niederen Aggregationen noch eine 1:1 Abbildung (*grundrißtreu*) zuläßt, dies jedoch bei den mittleren und hohen Aggregationen in 1:m bzw. 1:n (*grundrißähnlich*) zusammenfaßt. Daher unterscheiden wir bzgl. der Anwendungen die drei dargestellten Bereiche.

4.2 Originäre Erfassungsmethoden

Definition 4.4 : *Originäre bzw. primäre Erfassungsmethoden sind solche Methoden, die Daten direkt am Objekt oder dessen Abbild gewinnen. Als wichtigste Methoden der topographisch-geographischen Erfassung digitaler Geodaten sind die Vermessung sowie die Photogrammetrie und Fernerkundung zu nennen. Andere* originäre Erfassungsmethoden sind *thematische Felderhebungen (z.B. Biotopkartierung) oder Permanentregistrierungen (Wasserstände, Gewässergüte, Radioaktivität etc.). Auch Interviews und Befragungen können zu primären Daten, dann aber eher Sachdaten, führen.*

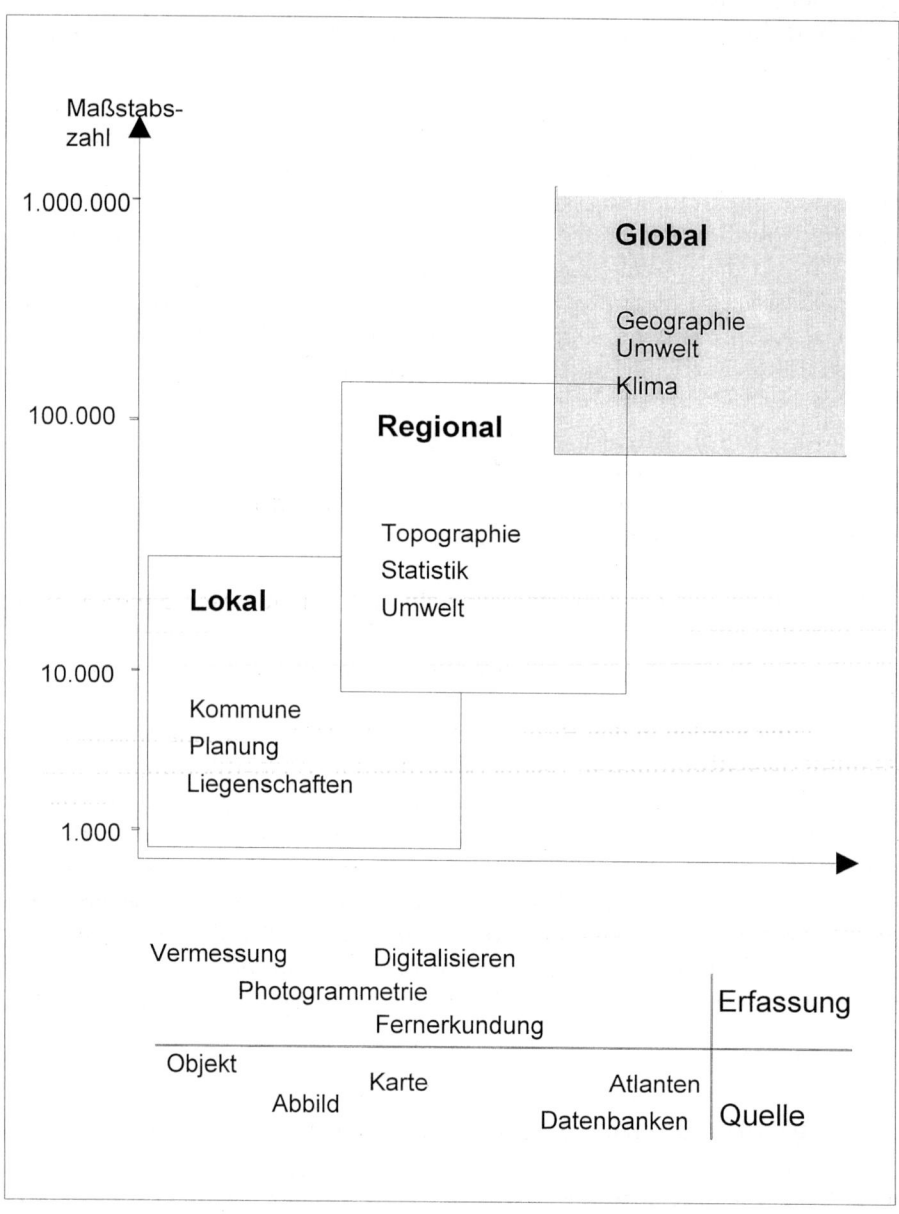

Abbildung 4.1: GIS-Anwendungen in Abhängigkeit von den Maßstäben und Datenquellen

4.2. ORIGINÄRE ERFASSUNGSMETHODEN

4.2.1 Vermessungsmethoden

Die Vermessungskunde befaßt sich mit der Vermessung und Abbildung der wichtigsten und auffälligsten Strukturen und Objekte der Erdoberfläche, und zwar der natürlichen und anthropogenen. Sie liefert überwiegend geometrische Beschreibungen von Liegenschafts- und topographischen Objekten. Dabei arbeitet die Vermessung nach dem Prinzip vom Großen ins Kleine: Durch die Anlage von hierarchischen Festpunktnetzen (Grundlagenvermessung) verschiedener Ordnung wird der Bezugsrahmen für die örtliche Punktaufnahme geschaffen. Die Grundlagenvermessung bezieht sich auf Erdkugel oder Erdellipsoid als Bezugsfläche und stellt die Basisnetze bereit. Man unterscheidet nach Methoden und Anwendungen drei Hauptbereiche der Vermessung:

- Die *Erdmessung* bestimmt die Erdfigur und das äußere Schwerefeld durch globale Meßmethoden. Fragen der mathematisch-physikalischen Erdform (Geoid, Ellipsoid, Kugel) und der globalen Koordinatensysteme (Geozentrische Koordinaten auf der Kugel oder dem Ellipsoid, z.B. Geographische Koordinaten mit der Angabe von Länge und Breite) werden dort behandelt (vgl. auch W. TORGE (1975). Der Zusammenhang mit GIS ist im wesentlichen durch die fundamentalen Bezugssysteme (ETRS'89, WGS'84) gegeben.

- Die Methoden der *Landesvermessung* zur Bestimmung des Grundlagennetzes beruhen auf der Strecken- (Trilateration) und Winkelmessung (Triangulation) und in letzter Zeit vermehrt auf der Nutzung von Satelliteninformation mit dem Navstar-GPS (Global Positioning System). Daten der Landesvermessung werden in den Bezugssystemen der Erdvermessung erstellt (z.B. Gauß-Krüger-Koordinaten, Soldnerkoordinaten, UTM-Koordinaten usw.). GIS-Anwendungen sind meist in diesen Koordinatenrahmen eingebettet.

- Die *Detailvermessung* (Topographische Vermessung, Liegenschaftsvermessung und Ingenieurvermessung) verdichtet das Grundlagennetz durch Einzelpunkteinschaltung oder Polygonierung und führt ein-, zwei- oder dreidimensionale Messungen am Objekt selbst mittels Nivellement, Orthogonalverfahren, Tachymetrie oder anderer Methoden aus (Abbildung 4.2). Sie eignet sich für große Kartenmaßstäbe, also Anwendungen im lokalen bis regionalen Bereich. Je nach eingesetzter Methode (Lagemessung, kombinierte Lage- und Höhenmessung) entstehen durch Berechnungen unter Einsatz trigonometrischer Beziehungen und statistischer Verfahren aus den Feldmessungen (Winkel, Strecken, Höhenunterschiede, Orthogonalmaße) zwei- oder dreidimensionale Koordinaten in einem rechtwinkligen (kartesischen) Koordinatensystem. Die Methoden der Detailvermessung sind die direkten Datenlieferanten für Geo-Informationssysteme. Nachfolgend sollen einige Angaben über die wichtigsten Methoden gegeben werden. Als weiterführende

Literatur sei H. KAHMEN (1997) bzw. B. WITTE UND H. SCHMIDT (1991) empfohlen.

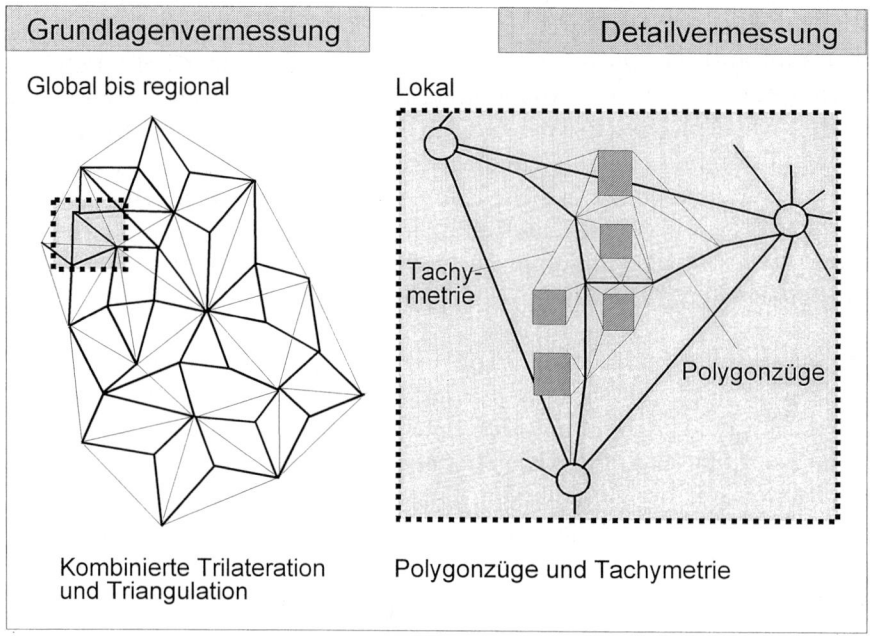

Abbildung 4.2: Vermessung vom Großen ins Kleine

Tachymetrie

Die Tachymetrie ist noch immer das wichtigste Verfahren der Feldmessung. Sie kombiniert Horizontalwinkel- und Vertikalwinkelmessung mit der Streckenmessung (optisch oder elektronisch). Dies kann mit einem Gerät (Tachymeter) oder durch Einsatz von zwei separierten Einheiten (z.B. Theodolit und Entfernungsmesser) erfolgen. Das anschließende Berechnungsverfahren gestattet die Ableitung 3-dimensionaler Koordinaten (Abbildung 4.3).

Das wesentliche Kennzeichen der Tachymetrie ist das punktweise Erfassen der Situation und der Geländeoberfläche durch polare Bestimmung. Als Instrumentarium kommen heute registrierende elektronische Tachymeter zum Einsatz (vgl. Abbildung 2.3). Diese erlauben eine objektkodierte Datengewinnung, d.h. den im Felde registrierten Punkten wird ein entsprechender Objektidentifikator (Objektcode) zugewiesen. Die Daten können nach der Ableitung von Koordinaten aus den Originärbeobachtungen (Horizontal- und Vertikalwinkel und Strecken) dann direkt in ein GIS übernommen werden. Im GIS sind nur sehr geringe Nacharbeiten notwendig. Als Genauigkeit für die Tachymetrie läßt sich der cm-dm Bereich angeben; sie hängt im wesentlichen von der Gebietsgröße und den Genauigkeitsspezifikationen der Geräte ab. Tachymetrische Verfahren werden im topographischen Bereich insbesondere dort eingesetzt, wo kleine Aufnahmegebiete

4.2. ORIGINÄRE ERFASSUNGSMETHODEN

zu bearbeiten sind, die nicht aus der Luft eingesehen werden können (z.B. Wald) oder aus anderen Gründen nicht photogrammetrisch erfaßt werden können.

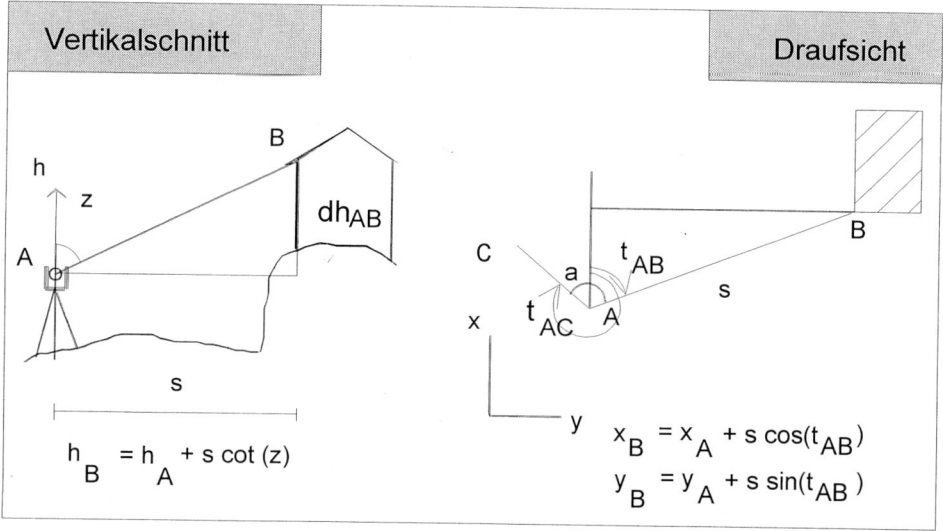

Abbildung 4.3: Tachymetrische Vermessung

Die Tachymetrie ist heute sehr leistungsfähig. Das Verfahren liefert aus GIS-Sicht direkt digitale objektkodierte Daten. Das Tagespensum liegt je nach Gelände und Anwendungszweck bei etwa 400 bis 800 Punkte/Tag (H.E. GRANDJEAN (1988), U. VÖLTER (1988) bei einer Genauigkeit von +- 0.05m. U. VÖLTER (1988) gibt für das Liegenschaftskataster als Punktverteilung ca. 100 Punkte/Hektar an, für das Leitungskataster allerdings 1.000 Punkte/Hektar. Die resultierenden Datenmengen liegen bei wenigen MByte/km^2.

GPS-Meßverfahren

Neuerdings werden vermehrt Vermessungen unter Nutzung des satellitenbasierten Systems Navstar-GPS (vgl. auch Kapitel 2) durchgeführt. Dieses erlaubt sowohl statische, d.h. durch längeres Aufstellen des Empfängers auf dem zu bestimmenden Punkt, als auch kinematische dreidimensionale globale Punktbestimmungen auf Land, zu Wasser und in der Luft (M. BAUER (1997)). Wegen der zunehmenden Bedeutung von GPS auch im GIS-Umfeld soll das Meßverfahren hier etwas ausführlicher beschrieben werden. Außerdem sei auf die vorhandene Fachliteratur verwiesen (z.B. M. BAUER (1997)). Weiterhin soll vorab angemerkt sein, daß die hier unter dem Stichwort 'GPS' getätigten Ausführungen analog auch für das russische System GLONASS oder für das zukünftig aufzubauende GNSS (Global Navigation Satellite System) gelten, so daß GPS hier im Sinne eines Oberbegriffes der satellitengestützten Positionierung und Navigation verwendet wird.

Die geringe Genauigkeit einer absoluten Positionierung von ± 100m in der Lage und ± 150m in der Höhe bei eingeschalteter Selective Availability (vgl. Seite 56) reicht in der Regel nur für die wenigsten GIS-Anwendungen aus. Daher wurde schon früh an differentiellen Beobachtungs- und Auswertetechniken gearbeitet, mit denen Genauigkeiten bis in den Millimeterbereich möglich werden. Die Charakteristika der differentiellen Meßmethoden faßt nachfolgende Tabelle zusammen (nach M. KUHN, S. OBERMEIER UND B. HECK (1998)), die im nachfolgenden Text noch näher ausgeführt werden:

Tabelle 4.2 : Charakteristika differentieller GPS-Methoden (nach M. KUHN U.A. (1998))

Meßverfahren	Basislinienlänge	Meßdauer	Lagegenauigkeit
statisch	bis 50 km	> 60 Minuten	± 5mm + 1ppm
kurzzeit-statisch	bis 10 km	15 Minuten	± 5-20mm + 1ppm
Stop and Go	bis 10 km	< 1 Minute	± 10-20mm + 1-2ppm
kinemat.	bis 10 km	eine Epoche	± 10-20mm + 1-2ppm
kinemat. DGPS-Codephasen	bis 10 km		± 0.3-3.0m
kinemat. DGPS-Codephasen	bis 500 km		± 1.0-5.0m
kinemat. RTK-Trägerphasen	5-50 km		± 10-30mm + 1 ppm

Mittels GPS werden Strecken gemessen. Man unterscheidet im wesentlichen zwischen der Pseudorange- und der Phasenmessung. Die *Pseudorangemessung* kann sowohl mittels C/A- oder P-Code erfolgen. Die Messung ist innerhalb der Bandbreite von 1 msec eindeutig. Die Näherungsposition muß auf besser als 150 km bekannt sein. Mittels Pseudorangemessung lassen sich Strecken besser als $\lambda/100 = 3m$ bestimmen. Mißt man zu vier Satelliten gleichzeitig, d.h. also 4 Strecken, so kann man die Position des Empfängers, den zu bestimmenden Punkt in X, Y und Z an der Erdoberfläche also, festlegen. Die vierte Streckenmessung dient der Bestimmung des Uhrenoffsets und synchronisiert Empfänger- und Satellitenuhr. Mittels Pseudorangebeobachtungen lassen sich Strecken frei von Ionosphäreneinflüssen durch Kombination von C/A-Code auf L1- und L2-Trägerfrequenzen gewinnen.

Die *Phasenmessung* beruht auf einer Messung auf der Trägerphase. Die Eindeutigkeit der Strecke ist nur innerhalb einer Wellenlänge von etwa 20 cm gegeben. Daher müßte die gesuchte Position auf besser als 10 cm bekannt sein. Die Streckenmessung selbst kann auf $\lambda/100 = 2mm$ genau aufgelöst werden. Erneut ergibt sich das Synchronisationsproblem zwischen Empfänger- und Satellitenuhr. Da nur innerhalb der einen Wellenlänge gemessen wird, bedarf es noch der Bestimmung der N-Wellenlängen zwischen Satellit und Empfänger. Dieses N ist auf jeden Fall eine ganze Zahl (Integer, Phasenvieldeutigkeit). Für jeden genutzten Satelliten ist N unterschiedlich. Damit erhöht sich die Anzahl der zu bestimmenden Unbekannten auf die Anzahl der Satelliten plus 3 Koordinaten plus Uhrenoffset und eine Bestimmung der Strecke mit nur einem Beobachtungssatz ist nicht

4.2. ORIGINÄRE ERFASSUNGSMETHODEN

möglich. Der Empfänger mißt bzw. zählt daher neben dem Wellenlängenstück $\Delta\lambda$ noch die volle Anzahl Korrelationen G zu verschiedenen Zeitpunkten. Der Wert $\Delta\lambda + G\lambda$ entspricht der Streckenänderung von t_1 nach t_2. Tritt ein Fehler in der Zählung von G auf, so nennt man das *Cycle Slips*. Die Phasenvieldeutigkeit ist stets eine ganze Zahl von Wellenlängen. Sie bleibt konstant, solange der Empfänger das Signal vom Satelliten kontinuierlich beobachten kann. Für jeden Satellit ist dies ein gleicher Wert über die Zeit, jeder Satellit hat jedoch eine eigene Vieldeutigkeit. Phasenvieldeutigkeiten können häufig auftreten, insbesondere bei älteren Empfängern. Zur Bestimmung der Phasenvieldeutigkeiten gibt es mehrere Möglichkeiten:

- Bei der statischen Initialisierung werden solange Phasendaten gemessen, bis das Gleichungssystem lösbar ist. Dies kann bei konventionellen geodätischen Verfahren bis zu 20 oder 30 Minuten Beobachtungszeit auf einem Standpunkt bedingen, während der sich der Empfänger nicht bewegen darf.

- Der Start auf einem bekannten Punkt ist als weitere Möglichkeit zu sehen, welches aber nicht immer möglich ist und auch bei Bewegung zu Signalabrissen führen kann.

- Der Lösungsansatz zur Bestimmung der Vieldeutigkeiten 'on the fly' nutzt Suchverfahren unter Verwendung der Integerbedingung. Der Suchraum wird durch Pseudorangelösungen eingeschränkt und die Beobachtungsgenauigkeiten statistisch analysiert. Nur vier Messungen sind nötig für eine eindeutige Positionslösung. Jede weitere Messung ergibt ein Genauigkeitsmaß der Lösung. Die Anzahl der möglichen Lösungen kann sehr groß sein. Zum Finden der korrekten Lösung wird als Testkriterium die Varianz der Phasenbeobachtung, die Kompatibilität mit der Pseudorangelösung genutzt. Die wahrscheinlichste Lösung ist die Lösung mit der minimalen Varianz.

Eine von Ionosphäreneinflüssen freie Beobachtung läßt sich bei Phasenbeobachtungen durch Kombination der L1- und L2-Trägerfrequenzen erreichen. Kombinationen von Pseudorange- und Phasenmessungen sind ebenfalls durchführbar. Diese werden mittels Kalmanfilter oder Phasentrendfunktionen ausgewertet.

Um nun von Streckenmessungen zu Positionen zu gelangen, greift man auf die Idee des Bogenschnittes zurück. In der Ebene genügen zwei Strecken von bekannten Punkten aus, um die Koordinaten des gesuchten Punktes zu bestimmen. Im Raum sind hierfür drei Strecken notwendig. Da zusätzlich noch der Uhrenabgleich zwischen Satellit und Empfänger gesucht ist, sind insgesamt pro Standpunkt 4 Unbekannte $(x, y, z, \Delta t)$ zu bestimmen. Daher benötigt man eine weitere Streckenmessung zu einem weiteren Satelliten. Für eine vollständige Punktbestimmung im Raum (GPS liefert ellipsoidische Koordinaten im WGS'84) sind also unabhängige Messungen zu vier verschiedenen Satelliten durchzuführen. Beim Verfahren der Phasenbeobachtung sind zusätzlich noch die Phasenvieldeutigkeiten zu bestimmen. Das nichtlineare Gleichungssystem muß linearisiert werden, wozu gute Näherungswerte benötigt werden. Die verschiedenen Arten der Positionslösung können nach den folgenden 5 Kriterien klassifiziert werden.

Tabelle 4.3 : Differenzierungsmöglichkeiten der Positionslösungen

Beobachtungstyp	Empfänger	Differenzenbildung	Empfängeranzahl	Zeitpunkt der Auswertung
Phase	statisch	Differenzierungsstufe	absolut	Echtzeit
Pseudorange	kinematisch	Differenzierungsart	relativ	Nachbearbeitung
Linearkomb.	stop and go		Netz	
Phasenglättung				

Im *statischen Fall* bleibt die Empfangsstation auf der Erdoberfläche an einem festen Punkt stehen. Über die gesamte Beobachtungszeit wird nur ein Satz Koordinatenunbekannte bestimmt. Im *kinematischen Fall* bewegt sich der Empfänger (z.B. in einem Fahrzeug), womit jeder Beobachtungssatz (Epoche) einem neuen Satz von Koordinatenunbekannten entspricht. Der *Stop and go Fall* stellt einen Wechsel zwischen statischem und *kinematischem Fall* dar.

Die Anzahl der eingesetzten Empfänger entscheidet über die Art der Positionsbestimmung. *Absolute Koordinaten* lassen sich mit nur einem Empfänger bestimmen. Dabei bleiben jedoch satellitenspezifische Fehler voll erhalten, wodurch sich eine geringere Genauigkeit ergibt. *Differentielle relative Koordinaten* erhält man durch Positionierung mittels zweier Empfänger. Dies ist als die häufigste Form der Positionierung anzusehen. Es sind Differenzenbildungen zwischen Empfänger und Satellit möglich. Anwendung findet die differentielle Methode sowohl im statischen als auch kinematischen Fall. Durch die Differenzenbildung werden die meisten Fehlereinflüsse eliminiert. Im statischen Fall gibt es die weitere Möglichkeit, durch Einsatz vieler Empfänger gleichzeitig ein ganzes *Netz von Punkten* zu bestimmen. Prinzipiell können alle differentiellen Methoden durch den Einsatz einer Telemetrieausrüstung auch in Echtzeit durchgeführt werden. Ein Referenzempfänger sendet hierbei seine Beobachtungsdaten an einen oder mehrere bewegte Empfänger, die gemeinsam einer differentiellen Auswertung zugeführt werden. Damit ist es im Gegensatz zum Post-Processing möglich, die Ergebnisse einer relativen Positionierung unverzüglich im Feld bereitzustellen. Je nach dem Typ der übertragenen Daten werden heute prinzipiell zwei differentielle Echtzeitmethoden unterschieden: bei DGPS (Differential GPS) werden Korrekturen der Codephasen übertragen, wohingegen bei RTK-GPS (Real-Time Kinematic GPS) auch Korrekturen an den Trägerphasen übermittelt werden. Für RTK-GPS sind erhöhte Rechenleistungen im Feld zur Lösung der Phasenmehrdeutigkeiten notwendig.

Hinsichtlich der *Art der Differenzenbildung* unterscheidet man, ob diese zwischen den Empfängern, zwischen den Satelliten oder über die Zeit erfolgt. Die *Stufe der Differenzenbildung* besagt, ob man einfache Differenzen oder zweifache Differenzen verwendet. Die am häufigsten verwendete Form der Differenzenbil-

4.2. ORIGINÄRE ERFASSUNGSMETHODEN

dung sind Doppeldifferenzen zwischen Empfängern und zwischen Satelliten, wodurch die meisten Fehler eliminiert werden. Zusätzlich kann die Ganzzahligkeit der Phasenvieldeutigkeit hier genutzt werden.

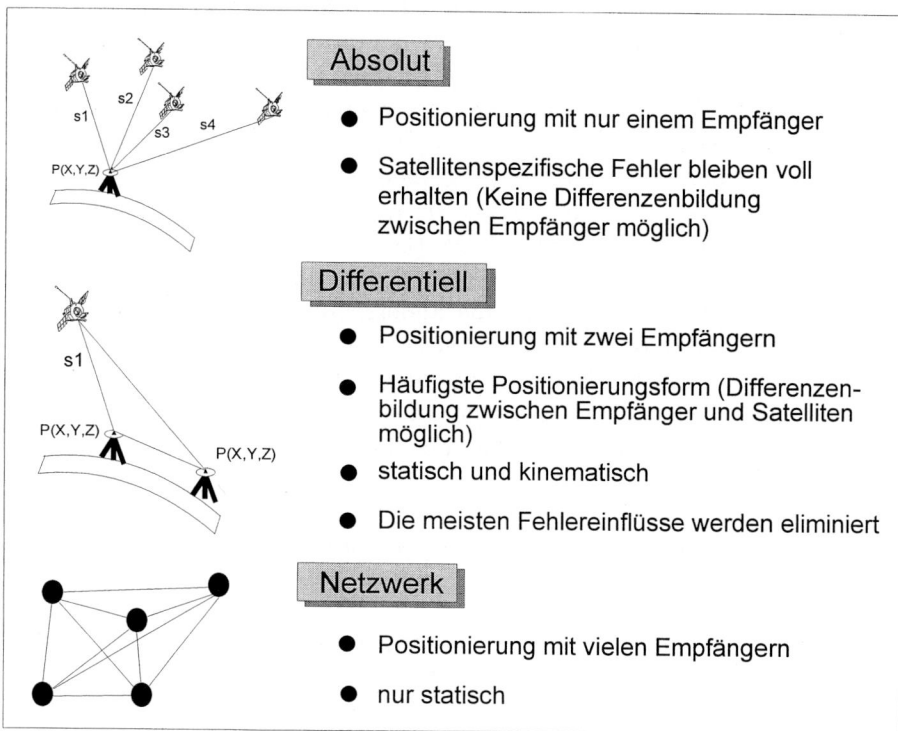

Abbildung 4.4: GPS-Positionsbestimmungsverfahren

Dadurch daß die Positionen der Satelliten erst im Nachhinein durch Beobachtung im Kontrollsegment exakt bekannt sind und an den Satelliten gemeldet werden, sind für höchste Genauigkeitsansprüche Nachbearbeitungen (*Postprocessing-Ansätze*) gängig. Dies wird insbesondere in der Vermessung genutzt. Bei Echtzeitanforderungen z.B. zur unmittelbaren Positionsbestimmung in bewegten Fahrzeugen kommt nur die *Realtime-Prozessierung* in Frage. Dabei müssen die Phasenvieldeutigkeiten während der Bewegung direkt bestimmt werden. Hierzu bedarf es auch einer Telemetrieverbindung, um Positionskorrekturen und Streckenkorrekturen zu übermitteln (vgl. Kapitel 2). Dies kann heute bereits über moderne Rundfunkempfangsanlagen, die mit dem Radio Data System (RDS) ausgestattet sind, geschehen. Schließt man eine feste Basisstation mit ein, die bei vielen Landesvermessungsbehörden aufgebaut ist oder wird, so kann man als kombiniertes Verfahren die *Real-Time Differentialpositionierung* ansetzen.

GPS ermöglicht aufgrund der verschiedenen bisher beschriebenen Wahlparameter eine Streckenmessung resp. Positionierung mit unterschiedlichen Genauigkeiten. Die am Markt erhältlichen Empfänger von wenigen 100DM bis zu einigen 10TDM unterscheiden sich signifikant in ihren Möglichkeiten. Bei der Absolutpositionierung mit Pseudorangemessungen liegen die Genauigkeiten der 3D-Positionierung bei 30 bis 100m. Mittels Differential-Pseudorangemessungen, d.h. unter Nutzung von zwei Empfängern, lassen sich 3D-Positionierungsgenauigkeiten von 5 bis 10m erreichen. Phasengeglättete Pseudorangemessungen ergeben ebenfalls eine Genauigkeit im Bereich von 2 bis 5m. Beim Differential-Phaseverfahren reicht die Genauigkeit bereits in den Zentimeterbereich (1-5cm). Damit ist GPS insbesondere bei großen Streckenlängen von einigen Kilometern anderen Verfahren wie der elektronischen Distanzmessung überlegen.

Als Maß der Güte der Schnittgeometrie der Strahlen vom Satelliten zum Empfängerstandort dient die Angabe DOP (Dilution of Precision), welche eine Funktion des mittleren Punktfehlers darstellt. Die beste Konfiguration ergibt sich, wenn ein Satellit im Zenit und die anderen drei Satelliten am Horizont gleichmäßig verteilt sind, d.h. etwa im Abstand von 120 Grad stehen.

Die GPS-Messung ist wie jede Messung nicht fehlerfrei. Verschiedene Fehlereinflüsse entscheiden über die Qualität der Messungen. Diese lassen sich aufteilen nach satellitenspezifischen, atmosphärenbedingten und empfängerspezifischen Fehlern.

- Satellitenspezifische Fehler betreffen im wesentlichen die hochgenaue Satellitenuhr und die Bahnfehler.

- Atmosphärenbedingte Fehler berücksichtigen das Durchlaufen der elektromagnetischen Welle durch die Ionosphäre und Troposphäre.

- Empfängerspezifische Fehler sind auf die Fehler in der Empfängeruhr, auf Mehrwegeffekte, auf die Nichteindeutigkeit des Antennenphasenzentrums und Phasenvieldeutigkeiten zurückzuführen.

Eine Vielzahl der Fehlereinflüsse lassen sich jedoch durch das gewählte Meßverfahren eliminieren. Bei der Differenzenbildung zwischen zwei Empfängern, d.h. ein Empfänger steht auf einer bekannten Position, und simultaner Messung zum Satelliten werden die satellitenspezifischen Fehler eliminiert. Die Differenzenbildung zwischen Satelliten eliminiert die Empfängerfehler. Hierzu müssen die Messungen zu den Satelliten simultan erfolgen und die Positionen der beiden genutzten Satelliten bekannt sein. Bildet man dagegen Differenzen über die Zeit, d.h. man beobachtet die Satelliten zu zwei aufeinanderfolgenden Epochen, so werden bezogen auf die Messungsdifferenzen zu einem Satelliten die zeitkonstanten Fehler wie z.B. die Phasenvieldeutigkeit eliminiert.

Alle besprochenen Fehlereigenschaften wirken sich als Streckenmeßfehler aus. Die Summe aller Fehler nach korrekter Modellierung wird als "User Equivalent Range Error (UERE)" bezeichnet, der vom Betreiber des GPS in 95 % der Zeit kleiner als 100 m gehalten wird. Nur durch die hier angesprochenen Verfahren können dagegen im praktischen Betrieb höhere Genauigkeiten erreicht werden.

4.2. ORIGINÄRE ERFASSUNGSMETHODEN

Interessant für unsere Zwecke sind die möglichen zivilen Nutzungen des GPS. Dabei sind nicht unbedingt nur Genauigkeiten im Zentimeterbereich angestrebt, sondern oftmals genügen Metergenauigkeiten. An Land wie auch auf dem Meer wird GPS zur Vermessung, im Transportwesen und der Kommunikationstechnik sowie zur Navigation genutzt. An Bord von Flugzeugen dient GPS ebenfalls zur Navigation sowie zur hochgenauen Positionierung von anderen Sensoren. GPS unterstützt Freizeitanwendungen wie z.B. Segeln und Fliegen, andere Satelliten tragen GPS-Empfänger zur Positionierung an Bord. Einige Beispiele sollen das hohe Potential an Anwendungen von GPS im GIS-Umfeld illustrieren:

- Zur Verfolgung und Untersuchung der Wanderungen von Rotwild wird dieses mit Miniaturempfängern und Telemetrieeinrichtungen ausgestattet. Diese Daten werden mittels Telemetrie zu einem Rechner übertragen, an dem dann die Bewegungen ausgewertet und z.B. mit den Habitatqualitäten im GIS korreliert werden.

- Im Flottenmanagement werden die Fahrzeuge ebenfalls mit GPS und Telemetrie ausgestattet. Die aktuelle Position wird an einen Rechner in dem Unternehmen übertragen und dort analysiert. Die Leitzentrale kann z.B. aktuelle Verkehrsinformationen oder neue Routen übermitteln. Potentielle Nutzer sind z.B. Einsatzdienste wie Polizei, Feuerwehr oder aber Transportunternehmer. Ohne die aktive Komponente der Telemetrie arbeiten sogenannte Fahrzeugleitsysteme oder KFZ-Navigationssysteme (CARIN, Travelpilot, AutoScout u.a., vgl. Band 2 Kapitel 4).

- Kombinierte Anwendungen von GPS und GIS ergeben sich z.B. im Forstbereich. Mittels GPS lassen sich Baumbestände positionieren, die Vitalitäts- oder Krankheitsstufe als Attribut in ein angekoppeltes GIS eingeben und im Büro räumliche Muster analysieren.

- GPS in Verbindung mit Straßen- oder Wasserstraßendatenbanken können zur Aktualisierung des Datenbestandes oder zur Bestandsdatenerhebung genutzt werden. Auf befahrenen Wasserstraßen können durch Kombination mit anderen Sensoren (z.B. Sonar) Tiefen gemessen werden.

- Zur Plazierung und Wiederauffindung von Containern in Hafenarealen wird ebenfalls GPS und GIS eingesetzt. Beim Aufstellen wird die Position des Containers mit GPS besser als 1 m genau bestimmt. Die Position wird an die Zentrale gesendet und im GIS gespeichert. Container lassen sich dann durch Datenbankrecherchen und Navigation zur entsprechenden GPS-Position wiederauffinden.

- Bei geringeren Genauigkeitsanforderungen lassen sich GPS-Empfänger auch zum Bergsteigen, Wandern, für Rallyes und Segeln anwenden. Preisgünstige Empfänger und permanente Verfügbarkeit lassen hier noch große Zuwachsraten erwarten.

4.2.2 Photogrammetrie und Fernerkundung

Für GIS von besonderer Bedeutung sind Photogrammetrie und Fernerkundung als flächenhafte Aufnahmemethoden. Beides sind indirekte Meßmethoden, da sie geometrische Messungen nicht direkt am Objekt sondern an photographischen Abbildungen des Objekts ausführt. Wichtigster Bereich für die *Photogrammetrie* ist die Luftbildauswertung zur Ableitung topographischer und thematischer Karten der Maßstäbe bis 1:100.000, d.h. für lokale bis regionale Anwendungen. Das Verfahren geht von der Tatsache aus, daß die in der Natur vorhandene oder künstliche Strahlung (z.B. Sonnenlicht, Radar, Schall) von den Objekten unterschiedlich reflektiert wird, in einem Sensor (z.B. einer Kamera) gesammelt und auf einem Informationsträger (z.B. Film) gebunden wird. Es werden sowohl analoge als auch digitale Erfassungs- und Verarbeitungsmethoden eingesetzt.

Luftbilder sind photographische Bilder eines Teils der Erdoberfläche, die von Luftfahrzeugen, i.d.R. Flugzeugen mit passiven Aufnahmesystemen, aufgenommen werden. Je nach spektraler Empfindlichkeit des verwendeten Filmmaterials unterscheidet man zwischen Schwarz-Weiß-Bildern, Farbbildern, Farbinfrarotbildern (CIR-Colour Infrared), Thermalbildern u.a. *Satellitenbilder* sind solche Bilder der Erdoberfläche, die von bemannten oder unbemannten Satelliten aus gewonnen werden. Diese können photographische Aufnahmen (z.B. KFA-1000, Metric Camera) oder durch andere Aufnahmetechniken (z.B. CCD-Zeilensensoren) gewonnene Abbilder der Erdoberfläche sein. *Radarbilder* werden von aktiven Mikrowellensensoren an Bord von Flugzeugen oder Satelliten erzeugt.

Derartige Bilder speichern eine Fülle von Information über das abgebildete Gelände, die für zahlreiche Anwendungen von großem Wert sind. Um diese Informationen nutzbar zu machen, bedarf es der Auswertung, die i.d.R. nach dem Flug am Bodensegment erfolgt. Basiert die Auswertung vorwiegend auf der Ausmessung der Bilder, so handelt es sich um die *Photogrammetrie*. Der klassische Weg der Datenerfassung führt dabei vom analogen (photographischen) Luftbild über die photogrammetrische Stereoauswertung zur Strichkarte bzw. zum digitalen 3D-Vektordatenbestand.

Demgegenüber bezeichnet man die mehr am Inhalt (besonders der spektralen Abbildung) orientierte Auswertung als *Bildinterpretation*. Eine strenge Trennung zwischen Messung und Interpretation ist jedoch nicht so einfach möglich, denn Kenntnisse der Prinzipien der Photogrammetrie sind für den Interpreten wichtig, wenn es darum geht, Bildinhalte im Sinne ihres räumlichen Bezugs und ihres Ausmaßes zu quantifizieren. Dieser Quantifizierungsprozeß ist notwendig, wenn nach der Frage des Interpreten, welche Zusammenhänge im Bild erkennbar sind, auch die Frage, *wo* sich diese am Boden befinden und *wie groß* sie sind, zu beantworten ist.

4.2. ORIGINÄRE ERFASSUNGSMETHODEN

Stereoauswertung

Die räumliche Rekonstruktion eines Objekts aus Bildern ist nur möglich, wenn die gegenseitige räumliche Lage von Bildebene und Projektionszentrum (innere Orientierung), die richtige gegenseitige (relative) Orientierung zwischen den Bildern und die Orientierung der Bilder auf ein übergeordnetes Koordinatensystem (absolute Orientierung) gegeben ist oder bestimmt werden kann (Abbildung 4.5). Die Bestimmung der Orientierungsparameter erfolgt heute meist durch Herstellen der analytischen Beziehungen zwischen Bildkoordinatensystem, den Orientierungsparametern und den Landeskoordinaten von Paßpunkten mit Methoden der Ausgleichungsrechnung. Wir verweisen hier auf die zahlreiche photogrammetrische Literatur (z.B. K. SCHWIDEFSKY UND F. ACKERMANN (1976), K. KRAUS (1982), (1984), J. ALBERTZ (1991)).

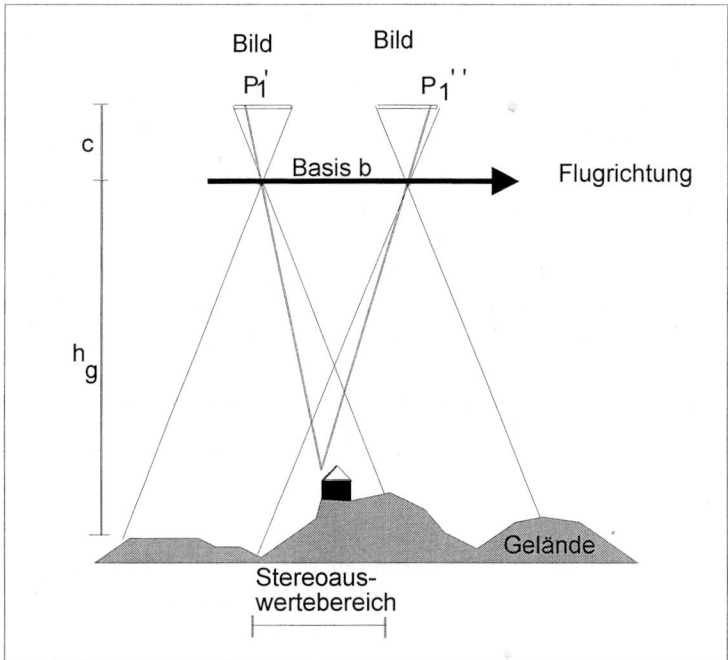

Abbildung 4.5: Photogrammetrische Stereoaufnahme

Die manuelle Stereoauswertung am analogen oder analytischen Plotter ist das heute immer noch übliche Verfahren zur Erstellung von topographischen Karten. Ein Wandel zu digitalen Auswertesystemen ist aber erkennbar. Der Operateur führt am analytischen Auswertegerät die räumliche Meßmarke an den Objekten entlang; er sieht das Gelände stets plastisch vor seinen Augen und digitalisiert objektweise die wichtigsten Gegebenheiten.

Ein Nachteil ist die Unvollständigkeit mancher Objekte bedingt durch die Verdeckung durch andere Objekte oder an aus dem Luftbild uneinsichtigen Stellen, die durch örtliche Vermessung z.B. mit Tachymetrie ergänzt werden. Der Operateur erzeugt direkt objektcodierte Informationen für das GIS, welche über Schnittstellen vom photogrammetrischen Gerät zum GIS übertragen werden. Moderne analytische oder digitale Auswertegeräte sind integrierte Arbeitsstationen des GIS und füllen somit die Datenbasis des GIS mit 3-dimensionalen Koordinaten (vgl. Abbildung 2.4). Die Forschung und Entwicklung ist in diesem Bereich bereits weit fortgeschritten, so daß verschiedene Arbeitsschritte in der digitalen Photogrammetrie bereits teilautomatisiert ablaufen. Die digitale Photogrammetrie zeigt ihre Stärken, wenn es zur Anwendung automatischer Verfahren kommt (I. COLOMINA UND J.L. COLOMER (1995)). Speziell in der Orientierungsberechnung sind Schritte wie die innere und relative Orientierung automatisiert, teilautomisiert ist die äußere Orientierung. Die DGM-Erzeugung ist ebenfalls automatisch möglich und wird manuell geprüft und überarbeitet. Die DGM-Generierung erfolgt im dichten Raster, die Höhengenauigkeit liegt bei 0.01 % bis 0.02 % der Flughöhe und ist wesentlich schneller als manuelle Messungen. Daraus wird dann wiederum automatisch das digitale Orthophoto abgeleitet, dem zukünftig im GIS-Bereich eine wichtige Rolle zukommt.

Als Faustregel für die mit der Stereoauswertung erreichbare Genauigkeit, unabhängig von analogen oder digitalen Verfahren, kann folgende Angabe gelten: Geht man von einer auf das Bild bezogenen Meßgenauigkeit von 0.01 mm aus, so ergeben sich bei Bildmaßstäben – als Verhältnis von Kammerkonstante zur Höhe über Grund ($c : h_g$) – zwischen 1:10.000 und 1:30.000 Punktgenauigkeiten von 0.10 m und 0.30 m für Lage und Höhe. Für die Genauigkeit der photogrammetrischen Höhenauswertung gilt allgemein der Ansatz, die erreichbare Höhengenauigkeit liegt maximal bei etwa 0.1 Promille der Flughöhe h_g.

Die nachfolgende Abbildung zeigt den digitalen photogrammetrischen Arbeitsplatz ImageStation Z von Intergraph (Quelle: Intergraph, Ismaning).

Digitales Geländemodell

Die Photogrammetrie ist der Hauptdatenlieferanten für digitale Geländemodelle als Erdoberflächenbeschreibungen in Form der Höhenpunkte oder Höhenlinien. Abbildung 4.7 zeigt gängige Methoden der Primärdatenerfassung für digitale Geländemodelle:

- Direkt abgefahrene *Höhenlinien*: Die Registrierung am photogrammetrischen Auswertegerät erfolgt vorzugsweise nach konstantem Zeitintervall, da dadurch automatisch eine Verdichtung der Punkte im Bereich stärkerer Krümmung entsteht (K. KRAUS (1984)). Direkt abgefahrene Höhenlinien stellen bereits ein Endprodukt der Geländebeschreibung dar. Sie sind somit schlecht geeignet, um daraus ein DGM abzuleiten, da die Punktdichte in Richtung der Höhenlinie deutlich höher ist als senkrecht dazu. In der Regel werden deutlich zu viele Punkte registriert, soweit nicht Filtermethoden z.B. nach D.H. DOUGLAS UND T.K. PEUCKER (1973) eingesetzt werden.

4.2. ORIGINÄRE ERFASSUNGSMETHODEN

Abbildung 4.6: ImageStation Z von Intergraph (Quelle: Intergraph, Ismaning).

- Morphologisch ausgewählte *Einzelpunkte* und *Bruchkanten*: Die Auswahl morphologisch bedeutsamer Einzelpunkte vollzieht den tachymetrischen Prozeß im photogrammetrischen Modell nach. In der Regel sind noch morphologische Daten wie Bruchkanten, Kamm- und Tallinien aufzunehmen. Diese Methode kommt mit der geringsten Anzahl Punkte aus, bedingt allerdings den sehr gut geschulten Operateur. Die Höhengenauigkeit entspricht der höchsten erreichbaren Genauigkeit im Stereomodell.

- *Dynamische Profilierung*: Das Gelände wird in Einzel- oder Parallelprofilen abgefahren; der Operateur führt nur die Höhe nach. Weg-, Zeit- oder Krümmungskriterien sorgen für die automatische Auslösung von Punkten, die der Operateur durch manuelle Auslösung ergänzen kann. Die Höhengenauigkeit der dynamischen Profilierung hängt von der Abtastgeschwindigkeit und der Geländeneigung ab (H. RUEDENAUER (1980)). Diese Daten zeigen systematische Abtastfehler in Abhängigkeit von der Fahrrichtung.

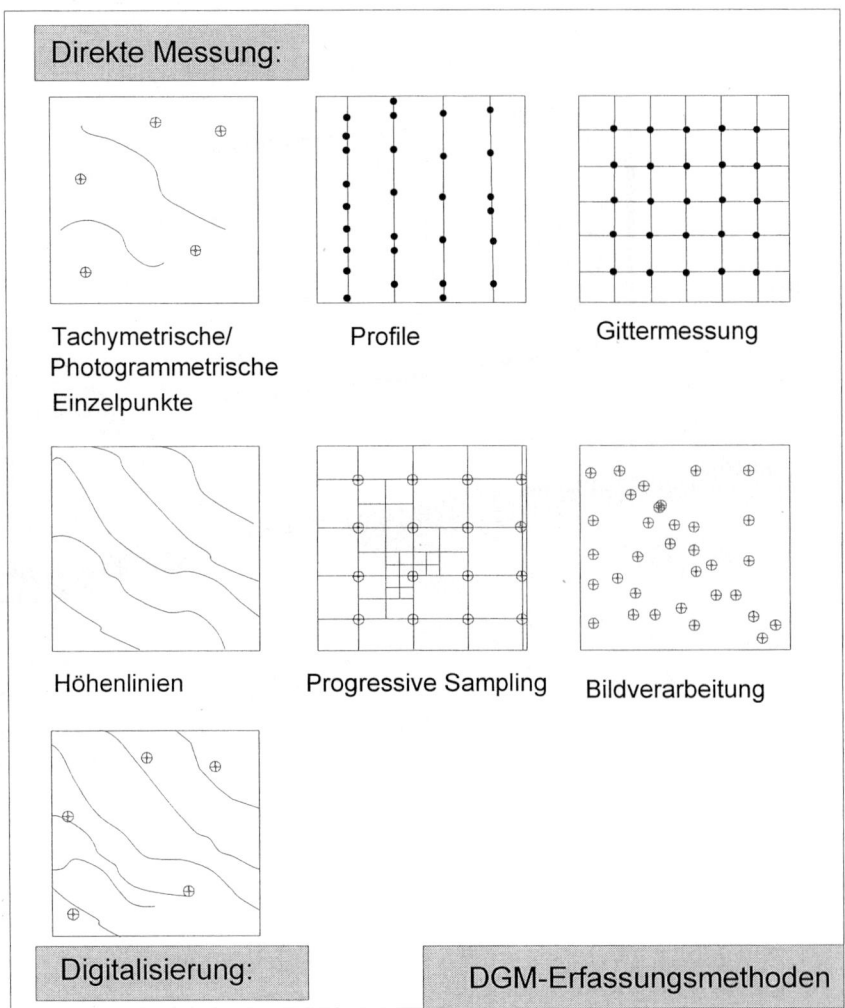

Abbildung 4.7: Datenerfassung für digitale Geländemodelle

- *Gittermessung*: Das Gelände wird durch ein regelmässiges Gitter überdeckt. Das Auswertegerät positioniert nach den ebenen Koordinaten mit einer genäherten Höhe – z.B. Mittlere Geländehöhe oder vorher gemessene Höhe – und wartet auf die manuelle Auslösung des Operateurs, nachdem dieser die Höhe nachgestellt hat. Diese statische Meßmethode besitzt die Genauigkeit der Einzelpunktmessung, erlaubt aber geordnet ein ganzes Gebiet durch Massenpunkte zu bedecken. Sie ist bezüglich des Zeitaufwandes der

4.2. ORIGINÄRE ERFASSUNGSMETHODEN

Höhenlinien- oder Einzelpunktmessung überlegen.

- *Progressive Sampling*: Progressive Sampling ist der Versuch, das Gelände entsprechend seiner Bewegtheit in angepasster Punktdichte zu erfassen. Die Idee hierzu wurde von B. MAKAROVIC (1973) erstmals publiziert und ständig weiter ausgearbeitet. Ein regelmässiges grobes Raster wird an solchen Stellen durch fortlaufende Halbierung der Rasterweite gezielt verdichtet, an denen es die Topographie erfordert. Ob und wo zu verdichten ist, wird anhand verschiedener Maße, die die Krümmung des Gelände modellieren, entschieden. Moderne analytische Plotter bieten Softwarepakete zum Progressive Sampling an.

- *Digitale Bildverarbeitungsverfahren*: Die Automatisierung der digitalen Geländemodelldatenerfassung durch digitale Bildverarbeitungsverfahren ist inzwischen weit gediehen (M. HAHN (1989)). Als Methoden kommen hierbei Matching-Verfahren zum Einsatz, die die Übereinstimmung von Grauwertmustern (Least-Squares-Matching) oder anderen Merkmalen (Feature-Based-Matching) zwischen den beiden Stereobildpartnern nutzen. Diese Verfahren sind inzwischen praxisreif und haben Eingang in marktgängige Software an digitale Stereoauswertestationen gefunden. Die erwartete Genauigkeit liegt in der Größenordnung der manuellen Einzelpunktmessung. Eine interaktive Kontrolle durch einen Operateur ist durchaus gewünscht, wird softwareseitig unterstützt und steigert die Qualität insbesondere an Brüchen im Gelände.

- *Laserscanning-Verfahren:* Mit einem Lasersystem (vgl. Seite 90) an Bord eines Flugzeugs, bestehend aus GPS zur Sensorpositionierung, GPS oder INS zur Sensororientierung und einem Laserprofiler oder Laserscanner zur Abstandsmessung besteht die Möglichkeit, die topographische Geländeoberfläche direkt zu erfassen. Dabei handelt es sich nach J. KILIAN UND M. ENGLICH (1994) nicht um eine qualifizierte Geländeaufnahme, bei der gezielt markante Geländeformen wie z.B. Formlinien und Bruchkanten aufgenommen werden, sondern um eine unqualifizierte, also zufällige Geländeaufnahme, die aber aufgrund ihrer Punktdichte in der Lage ist, das Gelände genau genug zu approximieren. Bevor die Punkte, welche die topographische Geländeoberfläche beschreiben, in einem Landeskoordinatensystem vorliegen und damit als DGM interpretiert werden können, bedarf es einer Reihe von Auswerteschritten. Hierzu gehören die Vorprozessierung der GPS- und INS-Daten inklusive der Synchronisation und Kalibration aller Sensoren an Bord, die Datumstransformation ins Landeskoordinatensystem und die Ableitung der Messungen auf der Geländeoberfläche. Diese Schritte sind in J. KILIAN UND M. ENGLICH (1994) näher beschrieben. Flächendeckende Laserdaten eröffnen eine interessante Perspektive auf dem Gebiet der digitalen Bildverarbeitung. Durch Kopplung mit Luftbildern entstehen Hilfsinformationen, die bei der Extraktion von Objekten aus Luftbildern wie Gebäuden mittels digitaler photogrammetrischer Methoden genutzt werden können (vgl. z.B. N. HAALA, B. PLIETKER UND M. SESTER (1994)).

Sämtliche manuellen photogrammetrischen Methoden verlangen einen geschulten Auswerter. Als Alternative zur photogrammetrischen Gewinnung von DGM-Daten ist die Tachymetrie sowie die Digitalisierung vorhandener Kartenunterlagen wie z.B. der Höhenlinienfolien (vergleiche dort) zu sehen.

Die Erfassung und Ableitung digitaler Geländemodelle resultiert in sehr hohen Datenmengen und hohen Verarbeitungszeiten. R. BILL UND F. STEIDLER (1986) berichten über einen Vergleich der photogrammetrischen Erfassungsmethoden in einem Testgebiet im Schweizer Mittelgebirge. Hinsichtlich Genauigkeit und Wirtschaftlichkeit (Erfassungszeit, Punktmenge, Speicherbedarf) schneidet dabei Progressive Sampling deutlich besser ab als alle anderen Methoden. Die Genauigkeit der Erfassung entspricht der statischen Einzelpunktmessung; die Anzahl zu erfassender Punkte ist nach der Einzelpunktmethode mit am geringsten. Für den 1 km^2 großen Geländeauschnitt ergaben sich im günstigsten Fall Eingabedaten von über 6.000 Punkten (Progressive Sampling mit morphologischen Informationen), aus denen durch Dreiecksvermaschung und Interpolation nach Zienkiewicz etwa 24.000 Punkte abgeleitet wurden. Die erreichte Genauigkeit der Geländebeschreibung lag bei unter 1 m bei Rechenzeiten von 1,5 Stunden.

Orthophotos und andere photogrammetrische Verfahren

Analoge Orthophotos sind schon seit vielen Jahren im Einsatz. Durch die rasante Entwicklung in der digitalen Photogrammetrie lassen sich aber sehr effizient und kostengünstig *digitale Orthophotos* erzeugen. Sie stellen für etliche GIS-Anwendungssegmente eine ernstzunehmende Alternative zu den amtlichen Geobasisdaten dar. Zahlreiche Firmen drängen in diesen Markt.

Liegt das Orthophoto digital vor, so kann in diesem entzerrten Bild direkt digitalisiert werden. Dieses Verfahren, genannt *Monoplotting*, entspricht der manuellen Digitalisierung einer Karte und liefert auch nur zweidimensionale Daten. Zieht man das Digitale Geländemodell in Echtzeit hinzu, so lassen sich unmittelbar auch Höhen aus dem DGM zuweisen, so daß dreidimensionale Daten entstehen. Man nennt diese Methode auch *One-Eye-Stereo-Methode*.

Digitale photogrammetrische Verfahren sind heute darüberhinaus in der Lage, echte 3D-Landschaften zu erzeugen. Insbesondere in der Erstellung *digitaler 3D-Stadtmodelle* konnten gewaltige Fortschritte erzielt werden. Hier sind 3D-Vektormodelle und 3D-Oberflächenmodelle in Rasterform zu unterscheiden. Während 3D-Vektormodelle durch teilautomatisierte Verfahren aus gescannten Bildern erzielt werden, lassen sich Oberflächenmodelle aus Laserbefliegungen und Radardaten ableiten. Einen Überblick geben E. GÜLCH UND H. MÜLLER (1998). Anwendungen finden diese in der Funknetzplanung, in der Stadtplanung, in der

4.2. ORIGINÄRE ERFASSUNGSMETHODEN

Umweltsimulation und als virtuelle Stadtmodelle in multimedialen Stadtinformationssystemen.

Visuelle Bildinterpretation

Photographische Abbildungen dienen nicht nur der Vermessung; auch reine Bildinterpretationen werden sehr oft durchgeführt. Die visuelle Bildinterpretation durch den Menschen ist zur Zeit noch die am häufigsten benutzte Methode der Informationsgewinnung aus Bildern, die auch mit relativ geringem Geräteeinsatz wie z.B. einem Stereoskop realisierbar ist. Die Interpretation ist abhängig von einer Vielzahl von Faktoren und läßt sich als Vorgang auch nicht streng linear anordnen. Erfahrungen des Interpreten und klare Handlungsanweisungen entscheiden wesentlich mit über die Qualität der Bildinterpretation. Bei der Interpretation eines oder mehrerer Luftbilder sollte nach K.R. DIETZ (1981) zunächst von den Bildeigenschaften ausgegangen werden. Bildeigenschaften sind z.B.:

- *Grauton*: der Schwarz-Weiß-Umfang eines panchromatischen Luftbildes.

- *Fleckung*: das Vorkommen von unregelmäßig begrenzten und unregelmäßig verteilten Flächen unterschiedlicher Größe.

- *Textur*: Feinstrukturen im Bild, d.h. Punkt-, Linien- oder Flächentexturen, so z.B. in einem Wald, wo nicht der Einzelbaum, sondern die Gesamtheit der Bäume die Textur konstituiert.

- *Struktur*: die geometrische oder charakteristische Anordnung, d.h. die Musterbildung größerer Bildelemente im Luftbild.

- *Form*: die Form der Objekte wird natürlich im Luftbild anders vom Interpreten wahrgenommen als in der Natur.

- *Größe*: ist abhängig von der Objektgröße und dem Bildmaßstab, der sich reliefbedingt leicht verändert.

- *Schattenwurf*: verdeckt einerseits evtl. wichtige Information und läßt andererseits Rückschlüsse auf die Höhe von Objekten zu.

Neben den Bildeigenschaften werden auch Zusatzinformationen wie topographische Situation und geographische Lages des Gebiets, Literatur und Karteninformation miteinbezogen. Bei der Interpretation sollte vom Allgemeinen zum Speziellen, vom Bekannten zum Unbekannten prozediert werden. In diesem Stadium ist das Vorwissen des Interpreten und dessen Umsetzung und Erfahrungsgewinn ausschlaggebend. Zur Systematisierung wird i.d.R. ein *Interpretationsschlüssel* entwickelt. Interpretationsschlüssel liegen z.B. für die Biotoptypenkartierung mittels Farbinfrarotbildern vor (LAUN-MV (1995), BFN (1995)). Die Ergebnisse der Interpretation werden entweder direkt im Bild vermerkt oder auf eine parallel mitgeführte Karte übertragen und dann in das GIS digitalisiert. Die Genauigkeit der Interpretation (geometrisch und thematisch) hängt neben dem Bildmaßstab wesentlich von der Schärfe der Abgrenzung des Interpretationsgegenstandes ab. Eines der bekanntesten Beispiele für die Nutzung der Bildinterpretation im GIS-Umfeld ist die Biotoptypenkartierung, die insbesondere in den neuen Bundesländern mittels Farbinfrarotaufnahmen durchgeführt wurde (vgl. Band 2 Kapitel 1). Hier ist der Mensch als Interpret den rechnergetriebenen Verfahren auch noch bei weitem überlegen.

Beispiel 4.3 zur Biotoptypenkartierung in Mecklenburg-Vorpommern:

Die Biotoptypenkartierung in Mecklenburg-Vorpommern (LAUN (1995)) begann im Juli 1992 und wurde von einer Vielzahl von Zeichnern und Kartierern in den Staatlichen Ämtern für Umwelt und Natur durchgeführt. Basis war eine landesweite flächendeckende Farbinfrarotbefliegung (CIR) im Bildmaßstab 1:10.000 aus dem Jahre 1991. Die CIR-Aufnahmen eignen sich besonders gut für die Vegetationskartierung, da das Blattgrün im Infrarotbereich ein größeres Reflexionsvermögen als im sichtbaren Bereich besitzt, so daß eine stärkere Helligkeits- und Farbdifferenzierung in den Vegetationsflächen auftritt. Für die Interpretation wurde ein Interpretationsschlüssel entwickelt, der Luftbildausschnittsvergrößerungen, Farbphotos aus der Örtlichkeit und einen Erläuterungstext beinhaltet. Zusätzlich lagen Meßtischblätter der preußischen Landesaufnahme 1:25.000 und die Topographische Karte 1:10.000 vor. Die Interpretation wurde auf eine über der TK angeordnete Folie gezeichnet. Diese wurde anschließend digitalisiert und steht seit 1995 als digitale Biotop- und Nutzungstypenkartierung den Nutzern auf CD-ROM zur Verfügung.

Rechnergestützte Fernerkundung

Definition 4.5 : *Die Fernerkundung ist ein indirektes berührungsfreies Beobachtungsverfahren. Messungen werden nicht direkt am Objekt, sondern an dessen Abbild ohne direkten Kontakt des Sensors mit dem zu erkundenden Objekt durchgeführt. Die zu messende Größe wird aus der vom Objekt reflektierten oder emittierten elektromagnetischen Strahlung abgeleitet. Das Verfahren geht von der Tatsache aus, daß die in der Natur vorhandene oder künstliche Strahlung (z.B. Sonnenlicht, Radar, Schall) von den Objekten unterschiedlich reflektiert wird, in einem Sensor (z.B. einer Kamera oder Zeilenabtaster) gesammelt und auf einem Informationsträger (z.B. Film oder Magnetspeicher) gebunden wird. Es werden sowohl analoge als auch digitale Erfassungs- und Verarbeitungsmethoden eingesetzt.*

Unter Fernerkundung sind hier solche Verfahren zu verstehen, die

- zur Gewinnung von Informationen die elektromagnetische Strahlung benutzen, die von einem Ort abgestrahlt wird,

4.2. ORIGINÄRE ERFASSUNGSMETHODEN

- die Empfangseinrichtungen (vgl. Seite 73ff) für diese Strahlung in Luftfahrzeugen (i.d.R. Flugzeugen) oder Raumfahrzeugen (i.d.R. Satelliten) mitführen und

- zur Beobachtung der Erdoberfläche mit allen darauf befindlichen Objekten, der Meeresoberfläche oder der Atmosphäre dienen.

Durch Fernerkundung der Erdoberfläche können wertvolle Basisinformationen zur Beurteilung des Zustandes unserer Umwelt gewonnen werden. Die Vorteile der Fernerkundung liegen dabei vor allem in ihrer multispektralen und multitemporalen Datenaufnahmemöglichkeit. Neben der Photographie im sichtbaren Bereich sind z.B. die Aufnahmesysteme in den Bereichen des mittleren und fernen Infrarots und der Radar- und Mikrowellen von großer Bedeutung im GIS-Umfeld.

Unter den Verfahren der Fernerkundung sind jene besonders wichtig und am weitesten verbreitet, die zu einer bildhaften Wiedergabe der Erdoberfläche führen. Diese sogenannten *abbildenden Fernerkundungssysteme* benötigen drei Teile:

- zur Datenaufnahme aktive oder passive Sensoren.

- zur Datenspeicherung, analog oder digital, Luftbilder oder Satellitenbilder.

- zur Datenauswertung Bodensegmente (Ground Truth und Paßpunkte).

Die Fernerkundung findet, bedingt durch die bisherige geringe Auflösung der Satellitensensoren von maximal 5-30m (IRS1C-Landsat), Einsatz in den Maßstabsbereich kleiner als 1:50.000, d.h. für regionale bis globale Anwendungen, in denen sie sich zunehmender Beliebtheit erfreut. Dies wird sich durch die kommende 1m-Generation der Satellitensensoren (vgl. Seite 73ff) jedoch schnell verändern. Fernerkundungsmethoden finden heute allgemeine Anerkennung in sehr vielen Disziplinen, so z.B. Kartographie, Geographie, Geologie und Geomorphologie, Bodenkunde, Forst- und Landwirtschaft, Regionale Planung, Siedlungswesen, Archäologie, Gewässerkunde, Meteorologie und Klimatologie, Planetenforschung u.a. (vgl. J. ALBERTZ (1991)). Diese Disziplinen nutzen Multispektralaufnahmen von Satellitensensoren (vgl. Kapitel 2) überwiegend zur Interpretation und Klassifizierung, aus GIS-Sicht also zur Ableitung von Attributen zu den raumbezogenen Daten. Die 7 Spektralkanäle von Landsat mit MSS, RBV und TM ermöglichen z.B. in Kombination verschiedenster Kanäle die Ableitung insbesondere von Vegetationsinformationen (Kanäle 1,2,3) oder Feuchte- und Wärmedaten (Kanäle 5 und 6). Die einzelnen Kanäle bieten sich hierbei für spezifische Anwendungen an:

- Kanal 1 (blau, 0.45-0.52 μm): Unterscheidung Boden/Vegetation, Laubwald/Nadelwald, Eindringen in Klarwasser.

- Kanal 2 (grün, 0.52-0.60 μm): Maximum der Grünreflexion, Wachstums- und Vitalitätsindex für Vegetation, Sedimentabschätzung, Eindringen in bewegtes Wasser.

- Kanal 3 (rot, 0.63-0.69 μm): Minimum der Grünreflexion, Klassifikation von Feldfrüchten, Eis- und Schneekartierung.

- Kanal 4 (nahes Infrarot, 0.76-0.90 μm): Maximum der Chlorophyllreflexion, Untersuchungen zur Biomasse, Bestimmen von Bodenfeuchtigkeit.

- Kanal 5 (kurzwelliges Infrarot, 1.55-1.75 μm): Indikator für Feuchtegehalt der Vegetation und des Bodens, Unterscheidung Wolken-Schnee.

- Kanal 6 (thermales Infrarot, 10.4-12.5 μm): Erkennen von Pflanzenstreß, Bestimmen der Bodenfeuchtigkeit, thermale Aufzeichnungen.

- Kanal 7 (kurzwelliges Infrarot, 2.08-2.35 μm): Geologie, Unterscheidung von Mineral- und Gesteinstypen, hydrothermale Aufzeichnungen.

Verwendung finden Methoden der digitalen Bildverarbeitung zur Manipulation, Auswertung, Analyse und kartographischen Aufbereitung der Satellitendaten (W. MARKWITZ UND M. WINTER (1990), H.P. BÄHR UND T. VÖGTLE (1998), J. ALBERTZ (1991)). Die vorbereitenden Arbeitsfolgen reichen vom Import der Bilddaten zur Bildvorverarbeitung und Bildoptimierung. Hierunter fallen radiometrische Korrekturen ebenso wie die geometrische Entzerrung und Mosaikierung. Spezielle Techniken zur Kontrastverbesserung, Filterung und Bildtransformationen in andere Farbräume sind hier ebenfalls zu nennen. In der Regel schließt sich dann das digitale Pendant zur Bildinterpretation, nämlich die Bildklassifikation an, die überwacht und unüberwacht geschehen kann. Ein wichtiger Verarbeitungsschritt liegt auch in der Integration von Geodaten in den Auswerteprozeß sowie in der Übernahme der Fernerkundungsergebnisse in das GIS.

Einen Überblick zum allgemeinen Ablauf der *multispektralen Klassifikation* gibt nachfolgende Abbildung. Verschiedenste unterschiedlich ausgereifte Klassifikationsverfahren stehen hierbei zur Verfügung, die sich entweder an den spektralen Eigenschaften, der Form und Größe der Objekte, deren Textur oder anderen Struktureigenschaften orientieren. Bei *unüberwachten Verfahren* benutzt die Software eine Reihe von Regeln, um automatisch die gewünschte Anzahl der vorkommenden spektralen Klassen aus dem gegebenen Bild zu ermitteln. Die ermittelten Klassen müssen nachher Gegebenheiten in der Realität zugeordnet werden. Zu nennen sind hier z.B. das ISODATA-Verfahren und die k-means-Klassifikation. *Überwachte Verfahren* ordnen die im Bild vorhandenen Informationen bereits vorgegebenen Musterklassen zu, die i.d.R. mittels Trainingsgebieten bestimmt wurden. Gängige Verfahren sind z.B. die Minimum-Distance-, die Parallelepipedmethode und das Maximum-Likelihood-Verfahren. Auch neuronale Netze kommen hier zum Einsatz. Für weitergehende Beschreibungen sei auf die zahlreich verfügbare Literatur verwiesen.

4.2. ORIGINÄRE ERFASSUNGSMETHODEN

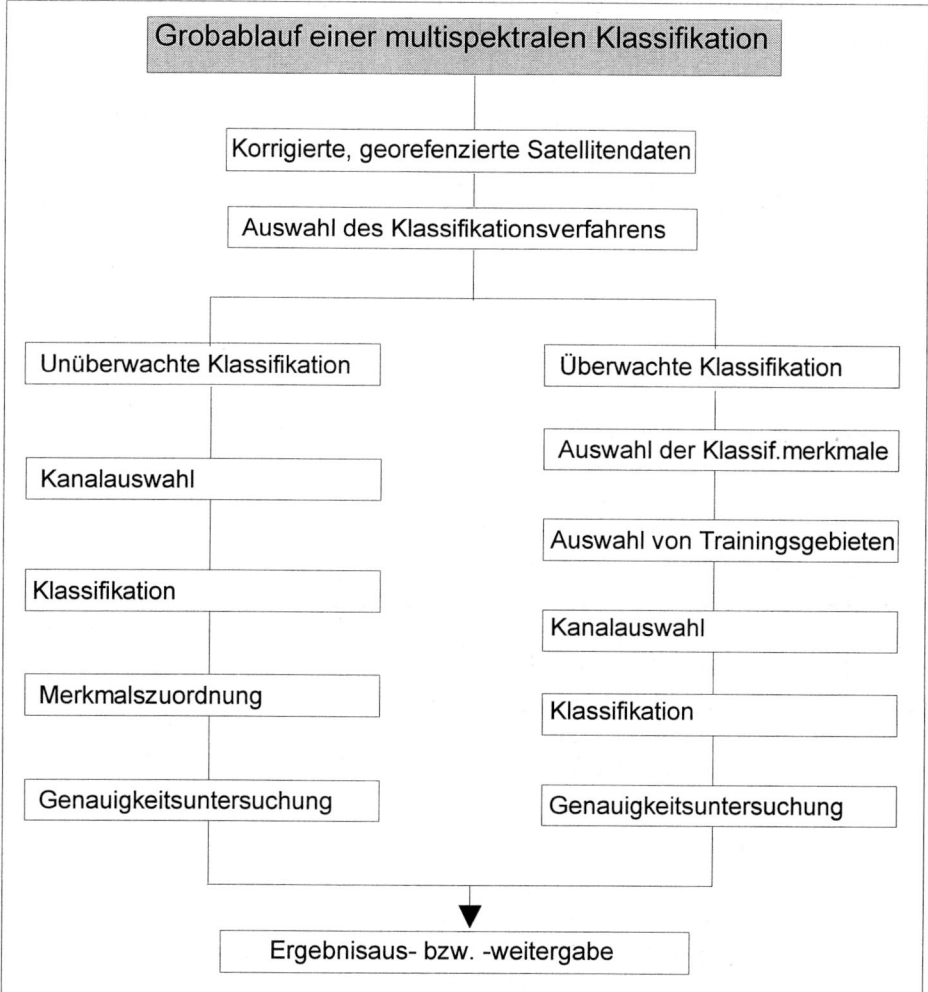

Abbildung 4.8: Ablaufschema einer multispektralen Klassifikation.

Als problematisch erweisen sich immer noch folgende Randbedingungen der Fernerkundung:

- Eine vollautomatische Auswertung ist noch nicht gegeben. Statt dessen werden teilautomatisierbare Methoden wie z.B. die überwachte Klassifizierung angewendet, bei der nach Festlegen von in der Örtlichkeit definierten Trainingsgebieten das gewählte Klassifizierungsverfahren unter Nutzung der Spektraleigenschaften der zu klassifizierenden Objektarten geeicht und anschließend auf die gesamte Szene angesetzt wird. Neue Entwicklungen im Bereich der Texturinterpretation, der Einbeziehung von Vorwissen aus GIS und lernfähige Systeme mittels neuronalen Netzen lassen jedoch zukünftig auf eine noch intensivere Einbeziehung der Fernerkundung schließen.

- Für die Bundesrepublik liegen aufgrund der Bewölkungssituation flächendeckend nicht immer genügend Szenen guter Qualität zum gewünschten Zeitpunkt vor. Dies kann sich evtl. durch neue Satellitensensoren ändern.

- Die geringe Auflösung der Daten und der große Bedarf an Speicherplatz schaffen Probleme. Zumindest das Auflösungsproblem wird durch neue Sensoren behoben, wodurch Anwendungen bis in den Maßstabsbereich von 1:10.000 möglich werden. Die großen Datenmengen setzen weiterhin leistungsfähige Hardware voraus.

4.2.3 Andere Erfassungsmethoden

In verschiedenen Fachdisziplinen kommt eine Vielzahl fachspezifischer Methoden und anderer Erhebungsarten von in der Regel thematischen Informationen mit Raumbezug vor. Beispiele solcher Daten sind geologische Strukturen, Pflanzengesellschaften, Landnutzung, rechtlich-administrative Strukturen, statistische, soziologische und Umweltphänomene, archäologische Funde, physikalisch-chemische Bodeneigenschaften u.v.a. Derartige Daten werden manuell an einem alphanumerischen Bildschirm in das GIS übertragen, sofern nicht beleglesfähige Vordrucke verwendet wurden oder die Daten direkt digital anfallen. Für einige dieser Erhebungsmethoden bietet sich zukünftig eine Kombination mit mobiler GPS-Technik an, wodurch der Raumbezug unmittelbar im Felde hergestellt werden kann. Als wichtigere Aufnahmemethoden für raumbezogene Daten seien genannt:

- Die *Feldaufnahme* der substantiellen Merkmale der Objekte sowie deren raumzeitlichem Verhalten *durch Messen* oder *Zählen* dient der Erhebung diskreter und kontinuierlicher Daten (z.B. Temperaturverteilungen, Verkehrszählungen, Pegelstände, Bodenproben, Luftqualitäten). Die Daten können in regelmäßigen Raum- oder Zeiteinheiten oder unregelmäßig in einem absoluten Bezugssystem oder relativ zu topographischen Vorkommnissen gewonnen werden. Die geometrische Genauigkeit der Erfassung richtet sich dabei nach der Schärfe, mit der das Objekt überhaupt abgrenzbar ist.

- Die *Feldaufnahme durch Einbindung* im Bezug zu topographischen oder liegenschaftsmäßigen Gegebenheiten durch Anlehnung an die Kartengeometrie findet z.B. Einsatz bei der Biotopkartierung. Dort werden Biotopbegrenzungen im Bezug zum Parzellennachweis in Form der Katasterkarte oder zu topographischen Objekten eingetragen. Die analogen Karten dienen im Feld zum Eintragen der Ergebnisse und werden anschließend digitalisiert.

- Erhebungen in Form von *Interviews* (Befragungen, Telefonaktionen), *Stichprobenerhebungen*, *repräsentativen Umfragen* und *Volkszählungen* sind bekannte Mittel, um sozio-ökonomische Daten wie z.B. Bevölkerungsdaten zu gewinnen.

4.3. SEKUNDÄRE ERFASSUNGSMETHODEN

- Eine Vielzahl von raumbezogenen Daten entsteht im Verwaltungsvollzug so nebenbei. So sind z.B. per Gesetz oder Verordnung gewisse *Meldepflichten* gegeben wie z.B. im Falle eines Umzuges (Einwohnermeldeamt), bei Fahrzeugzulassungen (KfZ-Zulassungsstelle) oder bei Kauf- und Nutzungsaktionen (Strom, Gas, Wasser, Telefon etc.). Diese mittels sekundären Metriken, i.d.R. Straße und Hausnummer, verorteten Daten stellen einen nicht unerheblichen Marktwert im Sinne raumbezogener Daten dar.

- Die *kontinuierliche Meßwerterfassung* in Netzen von Meßstationen dient der Erfassung von Daten im Umweltbereich (z.B. Schadstoffverteilungen, Wetterstationen). Wesentliches Kriterium aus GIS-Sicht sind die enormen Datenmengen, die permanent anfallen, sowie die notwendigen Erweiterungen hinsichtlich der vierten Dimension, der Zeit.

- *Ortungsmethoden* dienen der Lokalisierung von unterirdischen Leitungen mit entsprechenden Ortungsgeräten, die oberirdisch signalisiert und dann mit klassischen Vermessungsmethoden in das Grundlagennetz eingebunden werden (D. HÖPER UND G. KEHNE (1990) in B. SCHRADER (1990)).

- Andere *Spezialmethoden*, die dem zu erfassenden Sachverhalt angepaßt sind, wie z.B. seismische Methoden, Georadar oder Bohrungen zur Bestimmung der vertikalen Schichtung im Erdboden.

- Zukünftig werden vielleicht Briefträger, Zeitungsausträger oder Polizisten vermehrt auch Geodaten nebenbei erheben.

4.3 Sekundäre Erfassungsmethoden

Definition 4.6 : *Die sekundären Erfassungsmethoden sind weit verbreitet und spielen im GIS eine bedeutende Rolle. Gemeinsam ist ihnen, daß sie von einem vorgegebenen, für einen bestimmten Zweck erstellten Produkt ausgehen und damit genau der Informationsgehalt vorliegt, der bei der Primärerfassung von Interesse war. Weiterhin ist die Genauigkeit i.d.R. schlechter als bei der Urerfassung. Zudem stimmt der Aktualitätszustand mit dem Sekundärmedium, nicht aber mit der Realität überein.*

4.3.1 Manuelle Digitalisierung

Die Digitalisierung (manuell oder automatisch) von vorliegenden Karten oder Kartenauszügen ist eine der häufigsten Methoden der Datenerfassung für GIS. Dies ist unter anderem darin begründet, daß sehr viele Daten bereits in analoger Kartenform vorliegen (vgl. Seite 212ff). Außerdem ist diese Methode bewährt, auf hohem Niveau und durch komfortable Benutzerführung unterstützbar (B. SCHRADER (1990)).

Beim manuellen Digitalisieren spielt der Mensch als Erfasser die wesentliche Rolle: Er erkennt die Bedeutung der einzelnen Punkte, Linien und Flächen und codiert die Geometrie und Topologie sowie die beschreibenden Informationen direkt in entsprechende Objekte des GIS.

Die Einpassung der zu digitalisierenden Vorlage am Digitalisiertisch erfolgt durch Nutzung und Anmessung von mindestens 2 Paßpunkten auf der Vorlage und in Weltkoordinaten, wobei i.d.R. mehr als zwei Punkte genutzt werden, um die Genauigkeit beurteilen zu können. Die Transformationssoftware überführt anschließend Digitizerkoordinaten in Weltkoordinaten. Zur Erfassung der einzelnen Objektpunkte fährt der Operator objektweise mit der Maus – ausgestattet mit einer Cursorlupe – die zu koordinierenden Punkte an und löst per Mausdruck aus. In bestimmten Modi kann er auch dynamisch an Objekten entlangfahren, wobei nach Zeit-, Wege- oder Krümmungskriterien automatisch ausgelöst wird. Letztere Methode bietet sich z.B. bei Höhenlinien oder anderen geschwungenen Linienverläufen an.

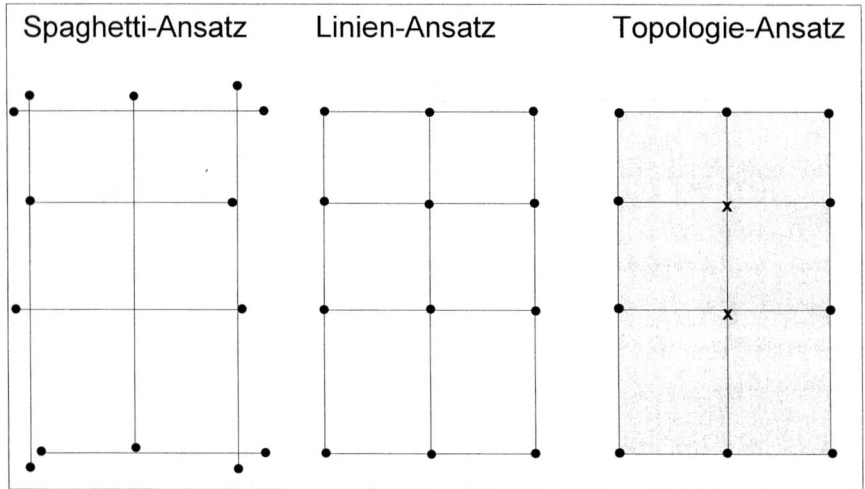

Abbildung 4.9: Verschiedene Ansätze zur Digitalisierung von Vorlagen

In der einfachsten Form der manuellen Digitalisierung – dem sogenannten *Spaghettiansatz* – erfaßt der Operateur ohne Rücksicht auf topologische Beziehungen oder Objektstrukturen punkt- oder linienweise und überläßt die Topologie- und Objektbildung einem später ablaufenden Programm (falls vorhanden). In der nächsthöheren Form – dem *Linienzugansatz* – digitalisiert der Auswerter linienzugweise; Topologie- und Objektbildung erfolgen wiederum anschließend. Die höchste Form der Digitalisierung – der *Polygonansatz* – verlangt auch die größte Funktionalität und Performanz des Systems, da hier polygonweise erfaßt wird, automatisch und in Echtzeit die Topologie- und Objektbildung stattfindet und somit der gerade erfaßte Datenbestand direkt Berücksichtigung findet (vgl. Abbildung 4.10).

4.3. SEKUNDÄRE ERFASSUNGSMETHODEN

Die Vorzüge der topologisch strukturierten Vorgehensweise im Polygonansatz stellt Abbildung 4.10 zusammen. In einem solchen System sind deutlich weniger Digitalisieraktionen nötig; das System erkennt selbständig zu berechnende Schnittpunkte, bildet automatisch geschlossene Polygone und Flächen, erlaubt sofort die Attributeingabe und hängt diese – sofern nicht anders gewünscht – an eine aus dem Polygon abgeleitete Position ohne erneute Interaktion.

Der Vorteil der letztgenannten Methode ist darin zu sehen, daß bei entsprechender Intelligenz der GIS-Software direkt objektweise topologisch strukturierte Daten entstehen und auch ein Teil der Sachdaten direkt miterfaßt wird. Der Arbeitsfortschritt ist kontrollierbar hinsichtlich Vollständigkeit, Plausibilität und Korrektheit; direkte Interaktion zur Behebung von Fehlern ist möglich, sofern dies von der Erfassungssoftware bereitgestellt wird. Es sei an dieser Stelle besonders deutlich darauf hingewiesen, daß mit der Digitalisierung die Qualität der erfaßten Daten festgelegt wird und hier unbedingt auf die höchste Qualitätsstufe zu zielen ist. Das nachträgliche Überarbeiten von Daten, auch automatisiert, löst einmal vorhandene Probleme i.d.R. nur unzureichend. Dem Operateur kann dagegen während des interaktiven Erfassungsschrittes durchaus eine Zusatzarbeit mit aufgebürdet werden, sofern die Software dies nicht automatisiert durchführt. Allerdings setzt dies bei den Operateuren die notwendige Kenntnis der Topologie voraus. Hierzu wird im nachfolgenden Kapitel die Grundlage gelegt.

Der Komfort bei der Digitalisierung wird erhöht durch Abspeicherung und Einstellen von Standardparametern wie Punktidentitätstoleranzen, Snap-Toleranzen, automatischer Polygonschluß zur Flächenbildung sowie durch Anbieten verschiedener Digitalisiermodi (statisch, dynamisch nach Zeit-, Weg- oder Krümmungskriterien), Objektbildungsverfahren (nach Geometrie, auf Anweisung etc.) und direkte Plausibilitätskontrollen. Während früher Digitalisierarbeiten nicht am GIS-Arbeitsplatz stattfanden, sondern an einem getrennten Digitalisiertisch minderer Softwareintelligenz, konzentrieren sich heutige GIS-Produkte auf die Datenerfassung und stellen eine Digitalisierstation als Arbeitsplatz und entsprechende Funktionalität zur Erfassung qualitativ hochwertiger Datenbestände bereit. Der Vorteil der manuellen Digitalisierung liegt in dem hohen Komfort, dem nahezu vollständigen Vermeiden interaktiver Nacharbeiten und in der uneingeschränkt einsetzbaren Technik.

Manuelle Digitalisierung ist dann vorteilhaft einsetzbar, wenn komplexe Karteninhalte mit unregelmässigen Geometrien, viel Symbolik und heterogene Objektarten für kleinere Kartenserien zu erfassen sind. Als Nachteil steht dem der vergleichsweise hohe Zeitaufwand und Personaleinsatz gegenüber. Versuche und Auswertungen zur Digitalisierung der OEEPE (1984) schlagen vor, daß die größte Abweichung eines Digitalisierungsvorganges nicht mehr als das 3-6-fache der Geräteauflösung überschreiten soll. Dies ergibt bei der in Kapitel 2 genannten durchschnittlichen Auflösung von 0.025 mm eine zu erwartende Digitalisiergenauigkeit von etwa 0.07 bis 0.15 mm, welches bei einer Kartenvorlage im Maßstab 1:1.000 einer Genauigkeit von etwa 0.07 bis 0.15 m in der Örtlichkeit entspricht.

Eine geometrisch grundrißtreue Digitalisierung ist von Kartenvorlagen bis zum Maßstab 1:5.000 möglich; beim Digitalisieren von Karten 1:25.000 und kleiner ist der Generalisierungsanteil in der Karte schon in einer Größenordnung zu erwarten, die nur eine grundrißähnliche Darstellung im Detail gewährleistet.

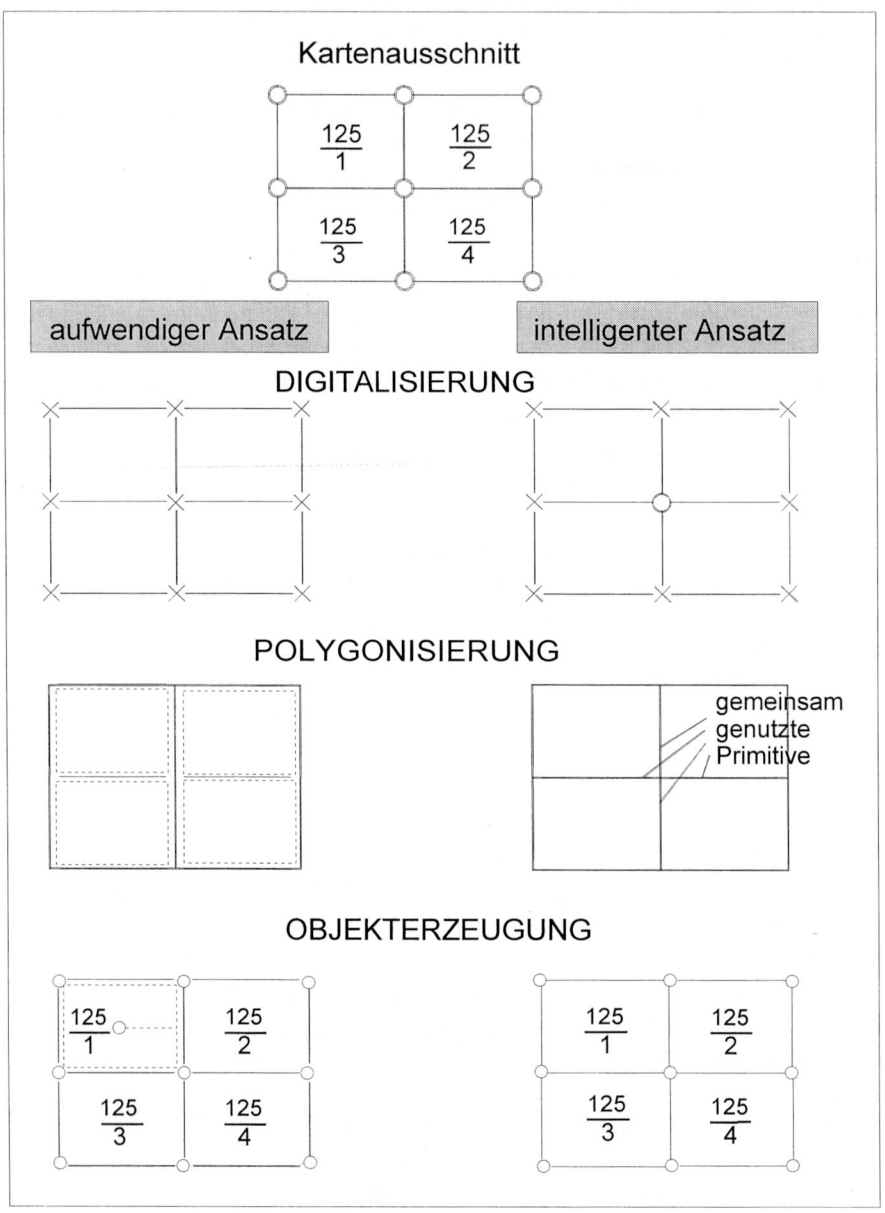

Abbildung 4.10: Vergleich zweier Digitalisiervarianten

Die folgenden Ausführungen stellen exemplarisch publizierte Beispiele hinsichtlich der Datenmengen, Erfassungszeiten und Kosten zusammen. Sie sollen Ansatzpunkte für Abschätzungen für ähnliche Aufgabenstellungen geben.

Beispiel 4.4 zur manuellen Digitalisierung von Katasterkarten:

J. KILIAN (1991) gibt Erfassungszeiten für die Digitalisierung von Flurstücken, Nutzungs-, Wert- und Neigungsartengrenzen aus Karten im Maßstab 1:2.500 mit dem System SICAD (jedoch noch unter BS2.000) von Siemens wie folgt an: Je Fläche mit im Schnitt 6 bis 10 Begrenzungslinien wurden etwa 2 Minuten Erfassungszeiten benötigt. Vorbereitungsarbeiten und die Zeiten zur Abspeicherung der Daten sind eingeschlossen. Für die Digitalisierung des Gesamtgebietes von etwa 190 Hektar wurden über 110 Stunden benötigt. Der Gesamtdatenumfang in Form der SICAD-GDB (Geographische Datenbasis) schließt Graphik- und Sachdaten ein und beträgt etwa 8 MByte.

Beispiel 4.5 zum Vergleich manueller und automatischer Digitalisierung:

J. BRENNECKE (1987) vergleicht manuelle Digitalisierung und automatische Erfassung durch Scannen der Flächenfüller des Straßenbestandes der militärischen Karte 1:250.000 und kommt zu enormen Zeiteinsparungen bei der automatischen Digitalisierung:

- Scannen und Nachbearbeiten des Flächendeckers ca. 80 Stunden (ca. 2/3 Nacharbeit),
- manuelle Erfassung ca. 400 Stunden.

4.3.2 Semi-automatische Digitalisierung

Das manuelle Digitalisieren ist ein sehr aufwendiger Vorgang; daher bestand schon sehr früh die Tendenz zu automatischen und halbautomatischen Verfahren. Beim semi-automatischen Digitalisieren wird das manuelle Nachführen entlang einer Kurve durch einen automatisch gesteuerten Linienverfolgungsprozeß ersetzt. Der Operateur positioniert auf den Anfangspunkt des Linienzuges, gibt entsprechende Attributwerte ein oder führt die Objektzuweisung durch und läßt dann das System diesem Linienelement folgen. Kann das System nicht selbständig an komplizierten Kreuzungspunkten entscheiden, so greift erneut der Operateur ein. Gerade im Zeitalter der hybriden GIS, in denen also Rasterdaten vollwertig integriert sind, lassen die semi-automatischen Methoden erhebliche Rationalisierungspotentiale erkennen. Gescannte Karten können einerseits als Rasterhintergrund dienen. Andererseits können die davon interessierenden Objekte in einer halbautomatischen Weise schnell erhoben werden. Dies gilt umso mehr, je einfacher die Kartenvorlagen sind. Handelt es sich also z.B. um die einzelnen separaten Folien topographischer Karten, z.B. die Höhenlinien oder den Gewässerdecker, so ist das semi-automatische Digitalisieren bis zu 10 mal schneller als das manuelle und bis zu zweimal schneller als die automatische Digitalisierung (W. LICHTNER (1986)), da hier auch gleichzeitig eine Qualitätskontrolle und Objektzuordnung erfolgt.

4.3.3 Automatische Digitalisierung (Scannen)

Beim automatischen Digitalisieren läuft das Abtasten einer graphischen Vorlage ohne Operateurunterstützung ab. Die Vorlage wird beim Abtastvorgang in eine Matrix einzelner Rasterpunkte mit definierten Grauwerten überführt, die auch einzeln weiterbehandelt werden. Die erzeugten Rasterdaten sind topologisch jedoch nicht objektweise strukturiert und sind eventuell anschließend in Vektordaten zu transformieren. Sie können aber auch als reine Hintergrunddaten betrachtet werden. Die Vorlage sollte hohe graphische Qualität besitzen. Manipulationen sind im Rasterbild möglich und teilweise nötig zum Entfernen kleinerer Flecken. Diese Retuschen – unter dem Begriff *Rasterdatenvorverarbeitung* anzusiedeln – beziehen sich sowohl auf die Geometrie z.B. Fehler bei Kreuzungsgeometrien, Achsunterbrechungen, Schleifen als auch die Logik durch Fehlinterpretation oder Schmutzpartikel.

Die Investitionskosten für Scanner sind noch recht hoch. Die geometrische Genauigkeit ist sehr hoch; der reine Abtastvorgang ist sehr schnell, bedingt aber noch – falls eine Vektordarstellung und -speicherung gewünscht ist – enorme interaktive Nacharbeit. Qualifizierte Software insbesondere zur kartographischen Mustererkennung ist ebenfalls noch nicht in hoher Zahl am Markt. Am erfolgsversprechendsten erscheint derzeit die automatische Abtastung einsetzbar für einfache Kartentypen mit regelmässigen Geometrien, geringer Symbolik und einheitlichen Objektarten (nur Höhenlinien, nur Gebäude und Grundstücke) bei großen Kartenserien, für die sich der Erfahrungsaufbau und der Lerneffekt in der Software niederschlagen kann. Eine solche Möglichkeit ist gegeben, wenn die Karte aus einzelnen Deckfolien aufgebaut ist; dies bedingt die geringsten Nachbearbeitungszeiten, die allerdings immer noch sehr hoch sind. Erfahrungen liegen insbesondere für Katasterkarten und Einzelfolien topographischer Karten vor.

4.3.4 Alphanumerische Dateneingabe

Alphanumerische Daten gibt es in vielfältiger Form; sie sind mit geeigneten Methoden dem GIS in digitaler Form verfügbar zu machen. Dies kann z.B. durch manuelle Eingabe bestehender Zahlenlisten wie Koordinatenverzeichnisse (ca. 300 2D-Punkte/Stunde), von Daten aus Felderhebungen, Statistiken oder Karteien usw. geschehen. Es entstehen – sofern es sich um graphikorientierte Sachverhalte handelt – vollständig unstrukturierte Daten, die interaktiv am graphischen Arbeitsplatz überarbeitet und strukturiert werden müssen. Dies ist i.d.R. heute weniger üblich. Bei alphanumerischen Sachdaten ist dagegen die manuelle Eingabe gängige Praxis; das Problem ist die Zuordnung zu den Objekten im GIS, die in der Regel mittels des Objektidentifikators – teilweise auch über ein

Referenzkoordinatentupel – erfolgt. Vorteilhaft ist, wenn das GIS ein alphanumerisches Bildschirmformular als Eingabeeinheit bereitstellt und dort z.B. die maskengeführte Eingabe solcher Attributwerte mit gleichzeitiger Plausibilitäts- und Integritätskontrolle ermöglicht. Oftmals wird im Zusammenhang mit mobiler GIS-GPS-Technik aber die Ersterhebung und Fortführung auch überwiegend alphanumerischer Daten direkt ins Feld verlagert. Hierzu liegen dann enstprechende Erhebungsmasken vor, in denen Themenkataloge und Attributdomänen festgelegt sind, aus denen im Felde nur noch auszuwählen ist. Als Beispiel hierfür sei die Biotopkartierung genannt.

Weiterhin kann zum Bereich der alphanumerischen Dateneingabe auch die Übernahme oder Einbindung sämtlicher existenter Datenbestände aus Datenbanken, Informationssystemen etc. gezählt werden. Über die in diesem Kontext entstehende Schnittstellenproblematik wird in Band 2 Kapitel 3 aus Sicht der Datenausgabe näher referiert.

4.3.5 Ausgewählte Verarbeitungsschritte zur Datenerfassung

Unmittelbar an den eigentlichen Erfassungsschritt schließen oftmals bestimmte Verarbeitungsschritte an, um aus den Rohdaten für das GIS verwertbare Informationen zu machen. Hierunter fallen Datenkonversionen, Homogenisierungen, Linienglättungen, geodätische und photogrammetrische Ausgleichungen u.v.a., von denen einige nun etwas näher betrachtet werden.

Datenkonversionen

Unterschiedlichste Datenarten müssen ineinander überführt werden. Dies soll Gegenstand des nachfolgenden Abschnittes sein, wobei wir uns zwei Aspekten widmen. Bedingt durch die beiden verschiedenen Datenformate für Geometriedaten bedarf es der Konversion in beiden Richtungen, d.h. von Vektor- zu Rasterdaten wie auch umgekehrt von Raster- zu Vektordaten. Beide Datenarten bieten nämlich Vorteile, die bei entsprechender Umwandlung genutzt werden können. Darüberhinaus sind verschiedenartige Raumbezugsformen ineinander zu überführen. Besondere Bedeutung kommt dabei dem Adressmatching zu.

Vektor-Raster-Konversion findet permanent Anwendung bei der graphischen Darstellung von Vektorgraphik auf Rasterbildschirmen. Sie bietet mathematisch keine größeren Probleme und ist auch in entsprechender Performanz durch die gängige Computertechnik realisierbar. Vektor-Rasterkonvertierung mag aber auch neben der Visualisierung in der Datenanalyse zum Einsatz kommen, wenn Rasteranalyseverfahren vorteilhaft anwendbar sind.

Über die Vektorvorlage denke man sich ein Rechengitter mit der gewünschten Rasterauflösung (Pixelgröße) gelegt. Dann ist nur noch zu bestimmen, welches Rasterelement belegt ist oder nicht. Ein Punkt wird demjenigen Bildelement zugeordnet, dem er in der Rastermatrix am nächsten liegt. Liniengraphen werden als Punktfolgen im Raster betrachtet; es wird punktweise verfahren. Nach E. JÄGER

(1987) gliedert sich der Ablauf der Vektor-Raster-Transformation in die Verfahrensschritte Datensegmentierung und Vektor-Sortierprozesse, die Transformationsberechnungen und die Linienverdickung. Während der erste Teil primär der Effizienzsteigerung dient, erzeugt die Transformation aus beliebigen Koordinaten z.B. von Anfangs-, Zwischen- und Endpunkten einer Linie ganzzahlige Rasterkoordinaten. Gerade für die Zwischenpunkte sind hier verschiedene Algorithmen zur Erlangung eines optisch befriedigenden Bildes bekannt (W.R. FRANKLIN (1979), M.S. MONMONIER (1982), W. WEBER (1982)). Zur Ausgabe bedarf es eventuell noch einer Linienverdickung, die z.B. durch viermalige Parallelverschiebung in vertikaler und horizontaler Richtung oder durch kreisförmige Rasterschablonen entlang der Mittelachsenführung erreicht wird.

Der *Bresenham-Algorithmus* als bekannteste Methode in der Computergraphik beruht ausschließlich auf Integer-Arithmetik und verzichtet auf Rundung, ist daher sehr effizient. Der Algorithmus kommt mit Addition, Subtraktion und Multiplikation mit 2 (einer Shift-Operation) aus. Eine Beschreibung des Algorithmus sowie weitere Ausführungen zur Vektor-Rasterproblematik finden sich z.B. in A. MEIER (1986), S. HARRINGTON (1988), A.D. FOLEY U.A (1984).

Die *Raster-Vektor-Konversion* verläuft je nach Vorlage über eine Skelettbildung bei linienhaften Phänomenen oder mittels Umringpolygonen bei eher flächenhaften Phänomenen (vgl. A. ILLERT (1990) bzw. M. CRAMER (1993)). Voraussetzung ist ein sauberes ungestörtes Binärbild, in dem die Merkmalspixel einen Wert tragen, während der Hintergrund einen anderen Pixelwert enthält. Es gibt eine Vielzahl von Methoden zur Raster-Vektor-Konversion. Bei Erstellung des Distanzbildes wird jedem Element des Objektes sein kürzester Abstand zum Rand des Objektes zugeordnet. Die Vektorlinie ergibt sich dann durch Verfolgung der Pixel mit dem höchsten Distanzwert. Ein weiterer Ansatz beruht auf der Konturverfolgung. Die Kontur eines Objektes im Binärbild besteht aus allen Pixeln, die selbst Teil des Objektes sind und mindestens einen N.4-Nachbarn (vgl. Band 2 Kapitel 1) haben, der nicht zum Objekt gehört. Die Kontur ist bezüglich der N.8-Umgebung eine lückenlos zusammenhängende Pixelfolge. Verfolgt man die Kontur des Objekts, so erhält man dessen Umring, der nach einer Raster-Vektor-Transformation und Glättung dann das Umringspolygon in Vektorform ergibt. Die Extraktion der Mittelachse durch Schnittbildung geschieht durch kontinuierliche Schnittbildung im Raster in Spalten- und Zeilenrichtung. Eine Vielzahl von Methoden ist der Gruppe der Skelettierungsverfahren zuzuordnen. *Skelettierung* nennt man die Abbildung des ursprünglichen, unter Umständen mehrere Pixel breiten Linienmusters auf ein topologisch äquivalentes, in der Mitte des Ausgangsmusters liegendes Muster von einem Pixel Linienbreite. Das Skelett bezeichnet die Menge aller Punkte, um die herum ein Kreis mit größtmöglichem Radius in das Objekt einbeschrieben werden kann. Ein gängiges Verfahren der Skelettierung ist der Wavefront- oder Grassfire-Algorithmus (vgl. Band 2 Kapitel 1). An allen Rändern des Objektes wird gleichzeitig eine Wellenfront ausgelöst, die sich gleichmäßig in das Innere des Objektes fortbewegt. Die Wellen treffen

4.3. SEKUNDÄRE ERFASSUNGSMETHODEN

sich in der Objektmitte (am Skelett des Objektes). Bei der Distanzskelettierung werden im Distanzbild sämtliche Pixel gelöscht, die in ihrer Nachbarschaft ein Element mit größerer Distanz aufweisen. Die topologische Skelettierung mit dem GMD-Verfahren (G. WOETZEL (1978)) skelettiert ein Binärbild allein durch Klassifikation der Nachbarschaftskonstellation. Insgesamt gibt es in einer N.8-Umgebung $2^8 = 256$ mögliche Pixelkonstellationen. Diese Anzahl läßt sich unter Symmetrie- und Spiegelungsannahmen auf 51 Grundmuster reduzieren. Die Markierung der Rasterpunkte wird nun nach der Linienbedeutung durchgeführt. Das Verfahren läuft iterativ solange, bis keine unwesentlichen Punkte mehr im Rasterbild existieren. Die Skelettbildung nach dem GMD-Verfahren tendiert dazu, das Skelett zum Objektrand zu verschieben. Abhilfe schafft die Kombination mit dem Distanzbild oder das Skelettieren in vier disjunkten Teilmengen, deren Skelette anschließend zusammengefaßt werden. Der Vorteil des GMD-Verfahrens liegt darin, daß alle Skelettpunkte bereits nach ihrer Bedeutung als Knoten, Linienanfang oder Zwischenpunkt markiert sind, so daß danach die Linienverfolgung trivial ist (vgl. G. HEUBACH (1992)).

Die an das Scannen anschließende Weiterverarbeitung (C. EIDENBENZ (1989), A. ILLERT (1987), R.H. KLAUER (1987)) zur Erlangung von Vektordaten besteht bei Liniengraphiken wie Karten und Plänen aus

- Vektorisierung (Raster-Vektor-Konversion) und Trennung in Linien verschiedener Strichstärken (*topologische Skelettierung*)

    1. Verdünnen aller Linien auf Skelettlinie von 1 Pixel Breite,
    2. Suchen und Registrieren aller Knoten,
    3. Durchlaufen des Rasterfeldes zeilenweise und Feststellen von Linienanfängen am Blattrand, auf der Zeile oder bei Knoten, Verfolgen der Linie bis zum Blattrand, zur Vereinigung mit anderen Linien oder bis Knoten, Registrieren der Pixelkoordinaten der Anfangs-, End- und Zwischenpunkte.
    4. Transformieren in Landeskoordinaten anhand von Paßpunkten.

- *Interaktive Nacharbeiten* zur Korrektur von schlechten Schnitten, Fehlzuweisungen und Genauigkeitsverlusten. Das Ergebnis sind *unstrukturierte Vektordaten*.

- *Mustererkennung* zum Erkennen und Klassifizieren von

    1. Zahlen und Schrift,
    2. Symbolen,
    3. Linien und
    4. Objekten.

Das Ergebnis sind *objektweise strukturierte Vektordaten*. Die eingesetzten Methoden hierzu sind entweder:

- *Bildverarbeitungstechniken* zur Erarbeitung von Eigenschaften der Pixelmatrix.

- *Geometrische Algorithmen* auf Vektordaten anhand von Krümmung oder Rechtwinkligkeit, Knoten und Kanten.

- *Logische oder topologische Algorithmen* auf Vektordaten (innerhalb, benachbart, enthält mindestens usw.).

Beispiel 4.6 zu Bestandsplänen eines EVU's:

T. SPOEDE (1999) berichtet über ein etwas anderes Vorgehen zur Gewinnung der digitalen Bestandsplaninformation, welches im wesentlichen die jeweiligen Vorteile der Raster- und Vektordaten zu bestimmten Prozessen ausspielt. Bereits wenige Wochen nach dem Scannen und Vorverarbeiten der Mikrofilme mit den Bestandsplänen wird das analoge Kartenwerk durch die Rastervariante ersetzt. Durch gezielte Kombination mit digital vorhandenen Grundrißdaten im DXF-Format werden Diskrepanzen zwischen den Gebäudebeständen in beiden Datensätzen aufgedeckt und manuell bereinigt. Gleichzeitig erfolgt auch eine Adreßanreicherung der Daten, die auch zur automatisierten Objektbildung genutzt wird. Durch Einsatz von Mustererkennungssoftware lassen sich spezielle Graphikelemente wie Texte als Leitungsbezeichnungen, die Leitungen separiert nach Nieder-, Mittel- und Hochspannung selbst anhand der unterschiedlichen graphischen Gestaltungen sowie Symbole wie Muffen etc. ermitteln. Trotz vieler automatisierbarer Schritte sind manuelle Nachbearbeitungen noch in erheblichem Umfang nötig, die entweder in der Rasterwelt mit RoSy oder in der GIS-Welt mit Sicad/open bearbeitet werden, will man einen intelligenten, topologisch- und objektstrukturierten Vektordatenbestand generieren. Die Bemaßung bleibt aufgrund der enormen Probleme zur automatisierten Wandlung weiterhin in der Rasterdarstellung erhalten.

Ziel einer *Adressenkonvertierung* ist die Zuweisung von Lageinformationen zu jeder gespeicherten Adresse. Es handelt sich hierbei also um eine spezielle Form der Geokodierung, nämlich das Hinzufügen eines Koordinatenpaares zu jeder Straße-Hausnummern-Kombination. Benötigt werden die Straßenverzeichnisse mit den Straßenkoordinaten (z.B. aus den Straßendatenbanken wie MultiMap) und den Hausnummernbereichen. In kleineren Orten, in denen diese Daten noch nicht detailliert genug vorliegen, genügen oftmals Mittelpunktskoordinaten. Die Adressen-Koordinatenbeziehung kann weiterhin in einem Schritt um den offiziellen 8-stelligen Gemeindeschlüssel des Statistischen Bundesamtes ergänzt werden, so daß z.B. Mailings gezielt an Kunden in Wohngebieten mit ausgewählten soziodemographischen Kennzahlen durchgeführt werden können.

4.3. SEKUNDÄRE ERFASSUNGSMETHODEN

Insbesondere bei der Adresskonvertierung kommt es auf eine hohe Fehlertoleranz an. Ziel sollte es sein, möglichst viele Adressen zu identifizieren, auch wenn sie falsch geschrieben sind. Eine hohe Trefferrate bedeutet weniger Nachbearbeitungsaufwand und spart Kosten z.B. im Portobereich bei nicht zustellbaren Sendungen. Folgende Maßnahmen sind durchzuführen: Berichtigung von falschen Postleitzahlen, Korrektur von Buchstaben- und Zahlendrehern (Schreibfehler), Vereinheitlichung der Schreibweise gemäß der von der Deutschen Post veröffentlichten Leitdateien, richtige Gemeindezuordnungen gemäß den aktuellen Angaben des Statistischen Bundesamtes, Erkennen und Markieren von Adressdubletten. Nach einen ersten automatischen Lauf können markierte unsichere Adressen interaktiv bereinigt werden. Eine Software, die hierfür speziell entwickelt ist und mit Hilfe von Fuzzy-Logik-Techniken Problemfälle bereinigt, ist AmaGeo von CARDY.

Die Visualisierung der Ergebnisse der Transformation auf dem sonstigen GIS- und Kartenbestand ist eine Nutzungsform, gezielte datenbankmäßige Selektionen sind weitere Verwendungsmöglichkeiten. Mittels Adressenmatching lassen sich eine große Zahl von digital vorhandenen Datenbeständen erschließen. Interessante Anwendungen liegen speziell im Geomarketing, aber auch bei Notdiensteinsätzen u.v.a.

Kartenhomogenisierungen und geometrische Bedingungen

Neben der überbestimmten Transformation zur Beseitigung von Inhomogenitäten der Vorlage können von seiten des GIS weitreichende Algorithmen zur Nachbearbeitung der Daten angeboten werden. Bei vom Menschen geschaffenen Objekten sind viele geometrische Parameter von vornherein bekannt. Insbesondere in größeren Kartenmaßstäben müssen diese dargestellten Objekte daher gewisse Bedingungen erfüllen. In der Datengewinnungs- und -verarbeitungsphase im GIS werden diese Bedingungen zu einem Modul der *Kartenhomogenisierung* vereint, welches integraler Bestandteil des GIS ist oder ein externes Verarbeitungsprogramm darstellt. Durch kleinere Abweichungen bei der Datenerhebung werden z.B. Geradheitsbedingungen, Orthogonalitäten, Parallelitäten, Koordinaten-, Abstands- und Flächenbedingungen nicht erfüllt sein und sind durch mathematisch-statistische Methoden erst wieder herzustellen. Hierzu seien einige Beispiele aus T. SCHOLZ (1992) und K. KRAUS (1984) aufgegriffen, wobei wir die in K. KRAUS (1984) angegebene Form der Bedingungsgleichungen nutzen, auch wenn in der Praxis und in der EDV-technischen Umsetzung primär der vermittelnde Ausgleichungsansatz, das sogenannte Gauß-Markoff-Modell mit Restriktionen, genutzt wird. Weiterhin verweisen wir auch auf die in K. KRAUS (1984) angegebenen Beispiele.

Rechtwinkligkeiten treten in Kataster- und Flurkarten relativ häufig an Gebäuden auf, da in der Realität der überwiegende Teil an Gebäuden zumindest annähernd rechtwinklig gebaut wird (vgl. auch Abbildung 3.14 in Band 1). Die

Orthogonalitätsbedingung kann durch das skalare Produkt zweier Vektoren definiert werden. Als Beobachtungen fließen in diese Bedingungen die gemessenen oder digitalisierten Koordinaten der Eckpunkte (x, y) ein, an denen kleine Verbesserungen v_x, v_y angebracht werden, um so endgültige Koordinaten $\hat{x}, \hat{y}$ zu erhalten, die die Bedingungen erfüllen. Die Vorgehensweise sei an der Ecke j dargestellt.

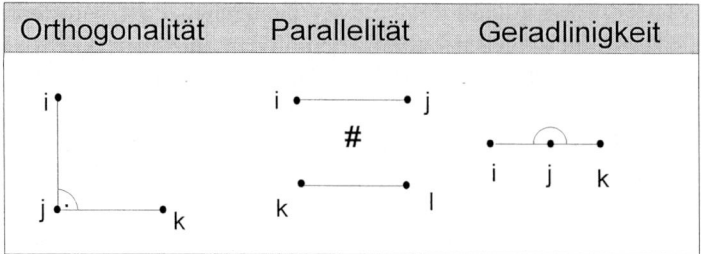

Abbildung 4.11: Geometrische Bedingungen.

$$\vec{JI}^T \vec{JK} = \left| \begin{array}{c} (\hat{x}_i - \hat{x}_j) \\ (\hat{y}_i - \hat{y}_j) \end{array} \right|^T \left| \begin{array}{c} (\hat{x}_k - \hat{x}_j) \\ (\hat{y}_k - \hat{y}_j) \end{array} \right| = 0$$

$$(\hat{x}_i - \hat{x}_j)(\hat{x}_k - \hat{x}_j) + (\hat{y}_i - \hat{y}_j)(\hat{y}_k - \hat{y}_j) = 0 \qquad (4.1)$$

Ausmultipliziert und um die Verbesserungsanteile erweitert ergibt sich eine nichtlineare Bedingungsgleichung, die vorweg zu linearisieren ist.

$$((x_i + v_{x_i}) - (x_j + v_{x_j}))((x_k + v_{x_k}) - (x_j + v_{x_j}))$$
$$+ ((y_i + v_{y_i}) - (y_j + v_{y_j}))((y_k + v_{y_k}) - (y_j + v_{y_j})) = 0 \qquad (4.2)$$

Dies führt mit $w_{ijk} = (x_i - x_j)(x_k - x_j) + (y_i - y_j)(y_k - y_j)$ als Widerspruch gegenüber der Einhaltung der Bedingung zu einer linearen Gleichung (Glieder höherer Ordnung können vernachlässigt werden):

$$(x_k - x_j)v_{x_i} + (y_k - y_j)v_{y_i} + (2x_j - x_i - x_k)v_{x_j} + (2y_j - y_i - y_k)v_{y_j}$$
$$+ (x_i - x_j)v_{x_k} + (y_i - y_j)v_{y_k} + w_{ijk} = 0 \qquad (4.3)$$

Für die weiteren Eckpunkte z.B. eines Gebäudes können diese Bedingungen durch Vertauschen der Indizes analog ermittelt werden. In einem Viereck, in dem alle vier Kanten rechtwinklig zueinander stehen sollen, ergeben sich drei unabhängige Bedingungen. Die vierte Bedingung ist abhängig, d.h. sie ist als Linearkombination der anderen drei Bedingungen herstellbar und stellt somit keine neue Information dar. Alle unabhängigen und linearisierten Bedingungen können nun zu einem linearen Gleichungssystem zusammengefaßt werden, in dem die gesuchten Größen die kleinen Koordinatenverbesserungen v_x, v_y sind. Den einzelnen Koordinaten können bei entsprechender fachlicher Begründung auch unterschiedliche Gewichte zugewiesen werden, die dann in der Matrix **P** zusammengefaßt

4.3. SEKUNDÄRE ERFASSUNGSMETHODEN

sind. I.d.R. wird hier eine Diagonalmatrix (im einfachsten Fall die Einheitsmatrix $\mathbf{P} = \mathbf{I}$) angesetzt. Da das Gleichungssystem bisher unterbestimmt ist, d.h. die Anzahl der Unbekannten ist größer als die Anzahl der Bedingungsgleichungen, muß durch Substitution ein anderes Gleichungssystem gelöst werden. Hierzu werden die Korrelaten $\mathbf{k}$ eingeführt, die in linearem Zusammenhang mit den Verbesserungen $\mathbf{v} = \mathbf{P}^{-1}\mathbf{A}\mathbf{k}$ stehen.

$$\mathbf{A}^T \mathbf{v} + \mathbf{w} = \mathbf{0} \tag{4.4}$$

$$(\mathbf{A}^T \mathbf{P}^{-1} \mathbf{A})\mathbf{k} + \mathbf{w} = \mathbf{0} \tag{4.5}$$

Dieses Gleichungssystem mit $\mathbf{k}$ als Korrelaten ist lösbar. Es ergibt sich:

$$\mathbf{k} = -(\mathbf{A}^T \mathbf{P}^{-1} \mathbf{A})^{-1} \mathbf{w} \tag{4.6}$$

$$\mathbf{v} = \mathbf{P}^{-1} \mathbf{A} \mathbf{k} \tag{4.7}$$

Eine solche *bedingte Ausgleichung* bewirkt eine Transformation der Eckpunkte unter Minimierung der Quadratsumme der erforderlichen Lageveränderungen $\sum(v_x^2 + v_y^2) = Minimum$. Nach den errechneten und angebrachten Lageverschiebungen erfüllen die Eckpunkte die Rechtwinkligkeitsbedingungen.

Analog erfolgt die Berücksichtigung einer *Parallelität zweier Linien*. In der Praxis sind vornehmlich Straßenbegrenzungen und Gebäudeseiten parallel zu stellen. Der einfacheren Darstellung wegen führen wir einen Hilfspunkt J' ein, der rechtwinklig zur Gerade IJ liegt. Zu erzwingen ist die Parallelität der Linien $\vec{IJ}$ und $\vec{KL}$ (vgl. Abbildung 1.32 mitte).

$$\vec{IJ'}^T \vec{KL} = \begin{vmatrix} -(\hat{y}_j - \hat{y}_i) \\ (\hat{x}_j - \hat{x}_i) \end{vmatrix}^T \begin{vmatrix} (\hat{x}_l - \hat{x}_k) \\ (\hat{y}_l - \hat{y}_k) \end{vmatrix} = 0$$
$$-(\hat{y}_j - \hat{y}_i)(\hat{x}_l - \hat{x}_k) + (\hat{x}_j - \hat{x}_i)(\hat{y}_l - \hat{y}_k) = 0 \tag{4.8}$$

Analog zum vorangegangenen Orthogonalfall ergeben sich die linearen Bedingungsgleichungen mit $w_{ijkl} = (y_j - y_i)(x_l - x_k) - (x_j - x_i)(y_l - y_k) = 0$ zu:

$$(y_l - y_k)v_{x_i} + (x_k - x_l)v_{y_i} + (y_k - y_l)v_{x_j} + (x_l - x_k)v_{y_j}$$
$$+ (y_i - y_j)v_{x_k} + (x_j - x_i)v_{y_k} + (y_j - y_i)v_{x_l} + +(x_i - x_j)v_{y_l} + w_{ijkl} = 0 \quad (4.9)$$

Auch diese Bedingungsgleichungen können mit den vorhergenannten in einem Gesamtgleichungssystem vereint werden und so in einem Guß gelöst werden. Weitere Bedingungen ergeben sich z.B. für den Fall, daß drei oder mehr Objektpunkte auf einer Geraden liegen sollen. Ebenso können als weitere Bedingungen gefordert werden, daß der *Abstand zweier Punkte* einzuhalten ist oder der Abstand eines Punktes zu einer Geraden einzuhalten ist. Derartige Bedingungen ergeben sich häufig in Planungsgrundlagen oder bei Berücksichtigung des Zahlenwerkes der Messungen. Zu den Abstandsbedingungen gehören z.B. Grenzlängen, Gebäudemaße, Straßenbreiten und Kreisradien. Weiterhin kann gefordert sein, daß ein

Festpunkt in seinen Koordinaten nicht verändert werden darf. Die *Kreiskontinuitätsbedingung* rechnet Punkte in einen Kreisbogen ein. Dieser Bedingungstyp tritt z.B. bei der Digitalisierung von Straßenbegrenzungslinien im Kreuzungsbereich auf. Wir verweisen erneut zum Studium dieser geometrischen Bedingungen auf die Arbeit von T. SCHOLZ (1992) und die darin erwähnte weiterführende Literatur.

Andere algorithmische Unterstützung kann z.B. geboten werden bei der Randbereinigung zur Erlangung von blattschnittfreien Datenbeständen, zur Stützpunktausdünnung bei dynamischer Datenerfassung oder zur Homogenisierung verschiedenster Kartensätze.

Linienglättung und -ausdünnung

Natürliche Phänomene in der Realität sind i.d.R. durch gekrümmte Kurven im GIS zu approximieren. Dabei tritt bereits bei der Datenerfassung das Problem der Linienausdünnung auf: Der i.d.R. zu eng diskretisierte Kurvenverlauf ist vor Abspeicherung in der GIS-Datenbank auszudünnen, um Speicherplatz zu sparen. Jedoch soll die Liniencharakteristik erhalten bleiben. Die Linienvereinfachung, -glättung oder auch -ausdünnung hat in GIS Bedeutung sowohl bei der Datenerfassung – als Teil der *Objektgeneralisierung* nach G. HAKE (1982) – als auch bei der Datenausgabe – als Teil der *kartographischen Generalisierung* nach G. HAKE (1982). Während der Erfassung z.B. von Höhenlinien nach Zeit-, Abstands- oder Krümmungskriterien an einem analytischen Plotter werden i.d.R. zu viele Punkte registriert. Die Form der Linie läßt sich meist durch deutlich weniger Punkte gleich gut repräsentieren. Die Punktreduktion hat enorme Vorteile für die Datenverwaltung. Bei der Ausgabe können zusätzlich höherwertige Interpolationsverfahren eingesetzt werden, um so den glatten Verlauf der Kurve zu visualisieren. Die kartographische Generalisierung hat zum Ziel, aus einem Datensatz in einem bestimmten Maßstab Darstellungen auch in anderen kleineren Maßstäben zu ermöglichen. Im kleineren Maßstab gilt es, die Punkte beizubehalten, die die charakteristische Form der Linie festlegen, also auch ein Datenreduktionsproblem. Für die Glättung von linearen Objekten wurde eine Vielzahl von Verfahren entwickelt, die überwiegend mit Vektordaten arbeiten. Dieser Abschnitt stellt eine Auswahl der gängigen Verfahren vor. Ausführliche Übersichten, Vergleiche und eigene Verfahren geben D.H. DOUGLAS UND T.K. PEUKER (1973), R.B. MC MASTER (1987), G. HEUBACH (1992) und G. HEUBACH UND R. BILL (1992) an. Die Qualität der Linienglättung kann anhand der von R.B. MC MASTER (1986) entwickelten Generalisierungsmaße beurteilt werden.

Die Verfahren der Linienvereinfachung lassen sich nach den zugrundeliegenden Methoden in die folgenden drei Gruppen einteilen:

- Geometrisches Vereinfachen der Linie durch Auslassen von Stützpunkten nach bestimmten Kriterien wie z.B. der Douglas-Peuker-Ansatz als bekanntestes Vektorverfahren.

4.3. SEKUNDÄRE ERFASSUNGSMETHODEN

- Approximation der Linie durch mathematische Funktionen wie z.B. kubische Polynome oder Splines.
- Ersetzen von spezifischen kartographisch unbedeutenden Linienteilen durch einfachere Linienstücke. Dies entspricht der manuellen Methode, die an die Automation die höchsten Anforderungen stellt.

Linienglättung mit Vektorverfahren

Die hier vorgestellten Vektorverfahren gehören der Gruppe der geometrischen Vereinfachung an, die nach geometrischen Kriterien diejenigen Punkte der Linie heraussucht, die ohne wesentliche Formveränderung gelöscht werden können. Ein einzelner Schrankenwert – eine bestimmte Anzahl, ein vordefinierter Abstand, eine vorgegebene Winkeländerung benachbarter Punkte etc. – entscheidet also über die Linienvereinfachung. Nach der Ausdehnung der dabei berücksichtigten Nachbarschaftsgeometrie können die Verfahren eingeteilt werden in Punktverfahren, lokale Verfahren, sektionale Verfahren und globale Verfahren. Abbildung 4.12 stellt einzelne Verfahren beispielhaft gegenüber.

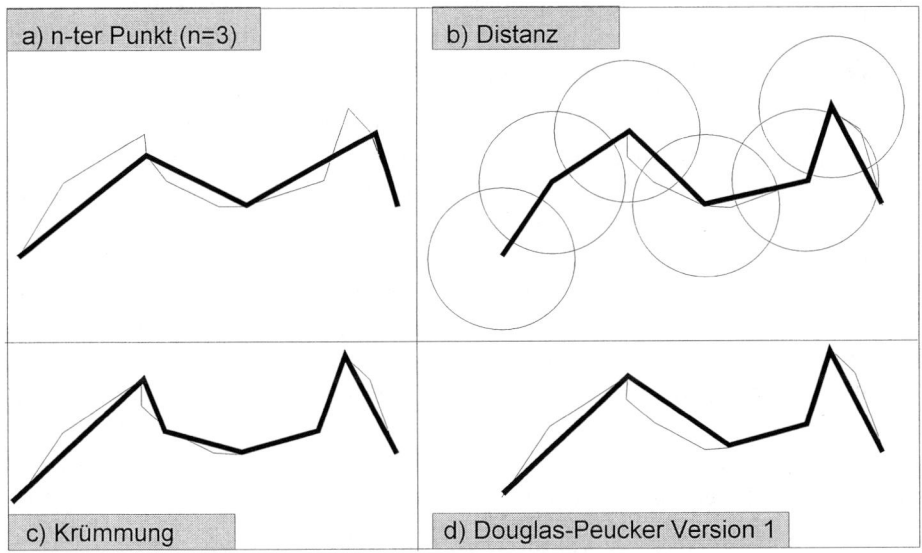

Abbildung 4.12: Linienvereinfachung mittels Vektorverfahren.

Bei den *Punktverfahren* erfolgt die Punktauswahl völlig unabhängig von den benachbarten Punkten, d.h. die Liniengeometrie bleibt vollständig unberücksichtigt. Das *n-ter-Punktverfahren* ist der einfachste Ansatz der Linienvereinfachung. Hierbei wird einfach nur jeder n-te Punkt der Stützpunktfolge beibehalten, während die dazwischenliegenden Punkte entfallen. Das Verfahren hat den Vorteil, daß der Reduktionsgrad schon vorab über die Größe n genau festliegt und keine aufwendigen Berechnungen nötig sind. Die Auswahl der Punkte kann auch mittels Zufallsgenerator erfolgen. Nachteilig ist aber, daß auch für den Linienverlauf signifikante Punkte entfallen können.

Lokale Verfahren berücksichtigen nur die unmittelbare Umgebung des zu untersuchenden Stützpunktes, d. h. nur die lokale Geometrie wird betrachtet, während die Gesamtcharakteristik der Linie ohne Einfluß auf das Ergebnis bleibt. Beim *Distanzverfahren* werden alle Punkte aus der Stützpunktmenge entfernt, die innerhalb einer bestimmten Distanz – einem Kreis – vom aktuellen Punkt liegen. Die hierzu nötige Euklidische Abstandsberechnung kann auch durch Koordinatenvergleiche – ein Quadrat als City-Block-Metrik in Vektordaten – ersetzt werden. Das Verfahren bewirkt eine gleichmäßigere Punktdichte, läßt jedoch die Liniencharakteristik nahezu ohne Einfluß auf das Ergebnis. Beim *Pfeilhöhenverfahren* und *Krümmungsverfahren* werden drei Punkte in Folge untersucht. In einem aus diesen drei Punkten gebildeten Dreieck wird am mittleren Punkt entweder der Lotabstand, auch als Pfeilhöhe bezeichnet, oder die Winkeländerung als Ersatz für die Krümmung gegen einen Schrankenwert verglichen. Unterschreitet das Kriterium den Schrankenwert, so kann der mittlere Punkt im Dreieck entfallen. Überschreitet Pfeilhöhe resp. Krümmung den Schrankenwert, so bleibt der mittlere Punkt erhalten. Beide Verfahren nehmen also Rücksicht auf den lokalen Linienverlauf; es kann allerdings maximal jeder zweite Punkt entfernt werden. Um hier bei relativ geradlinigem Linienverlauf eine höhere Reduktion zu erreichen, ist das Verfahren mehrmals hintereinander anzuwenden.

Die im nachfolgenden Abschnitt beschriebene Rastermethode ist ein *sektionales Verfahren*. In der Vektorwelt ist dagegen ein Verfahren von T. Lang vorgestellt und in D.H. DOUGLAS UND T.K. PEUKER (1973) beschrieben, welches die Berücksichtigung der Liniencharakteristik auf größere Regionen erweitert. Der Grundgedanke ist, die Linie durch Sehnen zu ersetzen, die so gewählt sind, daß die Punkte zwischen Sehnenanfang und Sehnenende innerhalb eines Toleranzstreifens um die Sehne liegen. Auswahlkriterium ist also der Abstand eines Linienpunktes zu einer Sehne als Repräsentant für die geglättete Linie. Von einem Startpunkt ('anchor') aus werden zu den nachfolgenden Punkten ('floater') Sehnen gezogen. Dies geschieht solange, bis ein Punkt zwischen dem 'anchor' und dem 'floater' einen größeren Abstand als der Schrankenwert zur Verbindungslinie besitzt. Ist dies der Fall, wird der Punkt vor dem 'floater' zum neuen 'anchor' und die Prozedur wird wiederholt. Der Einfluß der Liniencharakteristik ist also wesentlich größer, da mehr als nur die direkten Nachbarn betrachtet werden.

Das *globale Verfahren* von D.H. DOUGLAS UND T.K. PEUKER (1973) geht vom selben Grundgedanken wie das Lang-Verfahren aus. Ein gekrümmtes Linienstück kann durch eine seine Endpunkte verbindende Sehne angenähert werden, sofern kein Punkt des Linienstücks einen größeren Abstand als den Schrankenwert von der Sehne hat. Bei Nichterfüllung dieser Bedingung wird als neuer Zwischenpunkt der Punkt mit dem größten Abstand von der Sehne gewählt, da dort die Wahrscheinlichkeit am höchsten ist, daß er im Scheitelpunkt eines spitzen Bogens liegt. Im Unterschied zur Langmethode arbeitet das Verfahren nach Douglas-Peuker vom Großen ins Kleine. Es verläuft nach folgendem Schema: Der erste

Punkt der Linie ('anchor') und der letzte Punkt der Linie als Laufpunkt ('floater') definieren eine Sehne. Die Abstände aller Linienpunkte zur Sehne werden berechnet und der Punkt mit dem größten Abstand ermittelt. Dieser ist gegen den Schrankenwert zu vergleichen und wird bei Überschreitung des Schrankenwertes zum neuen 'floater'. Mit der nunmehr neu festgelegten Sehne wiederholt sich das Verfahren, solange bis die Abstände der Punkte von der Sehne kleiner als der Schrankenwert sind. Der 'floater' wandert also vom Linienende aus auf den 'anchor' zu. Nach Beendigung des Verfahrens wird die Linie durch die Verbindungslinien aller ermittelten 'anchor'-Punkte gebildet.

Rechentechnisch günstiger, aber speichertechnisch aufwendiger, ist eine weitere Version des Douglas-Peuker-Ansatzes, die alle auftretenden 'floater' in einem Vektor stapelt. Wenn ein neuer 'anchor' bestimmt ist, wird der neue 'floater' von der Spitze des Stapels genommen. Dadurch kann die erneute Prüfung der Punkte zwischen dem 'floater' und dem Linienende vermieden werden.

Linienglättung mit Rasterverfahren

Das hier vorgestellte *Rasterverfahren* ist in der Kategorie der sektionalen Approximationsverfahren anzusiedeln. Auch für im Rasterdatenformat vorliegende Linien sind zahlreiche Verfahren zur Generalisierung (Glättung, Vereinfachung) entwickelt worden. Dabei handelt es sich entweder um zweidimensionale Tiefpaßfilter oder Kombinationen von Verdickungs- und Verdünnungsoperationen. Letztere folgen der Grundidee, daß durch Verdicken der Urlinie kleinere Lücken und Flexionen im Linienverlauf überlagert werden und durch anschließendes Verdünnen verschwinden oder abgeschwächt werden. Die Linie erhält damit einen glatteren Verlauf, der durch das Ausmaß der Verdickung beeinflußbar ist. Die *Verdickung* kann auf verschiedene Weise erreicht werden. W. WEBER (1982) erzielt die Verdickung durch wiederholte Parallelverschiebung des Urbildes und Addition der jeweiligen Zwischenergebnisse. G. SCHWEINFURTH (1984) verwendet quadratische Verdickungsschablonen, die zeilen- oder spaltenweise über das ganze Rasterbild geschoben werden. Trifft das Zentralpixel der Schablone auf ein Linienpixel, so wird der ganze Inhalt der Schablone in das Rasterbild abgelegt. Anschließend an die Verdickung erfolgt die *Verdünnung*. Dies geschieht z.B. mit Skelettierungsverfahren wie dem *GMD-Ansatz*, der die Pixel bereits für die anschließende *Linienverfolgung* klassifiziert. Wird eine Darstellung in Vektordaten gewünscht, so sind die Rasterkoordinaten noch in Vektorkoordinaten zu wandeln. Der unruhige Linienverlauf kann nachträglich durch einen der vorgestellten Vektoransätze geglättet werden.

4.4 Datenquellen

Zur Erfassung sekundärer Daten gibt es sehr viele Quellen je nach Ursprung und Vorgeschichte der Daten, wobei grob zwischen Karten, Bildern und existierende Datenbeständen unterschieden werden kann. Während Bilder neben der reinen

Dokumentation insbesondere im Zusammenhang mit der Photogrammetrie und Fernerkundung als Auswertegrundlagen zu sehen sind, sind vorhandene Karten ein wesentliches sekundäres Erfassungsmedium, da eine Vielzahl von Themen heute bereits in Karten dargestellt ist. Nach G. HAKE (1982) unterscheiden wir in:

- *Amtliche Kartographie*, die von den Vermessungsverwaltungen der Länder, dem Bundesamt für Kartographie und Geoinformation (BKG, früher IFAG (Institut für Angewandte Geodäsie)) und anderen autorisierten Stellen (wie dem Hydrographischen Institut, der Schiffahrtsverwaltung, der Bundesbahn, der Flurbereinigungsverwaltung u.v.a) betrieben wird.

- *Gewerbliche Kartographie*, zu deren wichtigstem und auflagestärkstem Kartenwerk die Straßenkarten gehören.

Darüberhinaus gewinnen gerade jetzt die vorhandenen digitalen Datenbestände mehr und mehr Bedeutung im GIS-Anwendungsumfeld. Sie eröffnen neue Anwendungssegmente und stellen oftmals eine treibende Kraft für die Weiterentwicklung dar. In diesem Zusammenhang entwickelt sich der Begriff des *Geodatenwarenhauses*, auf den später noch ausführlicher eingegangen wird.

4.4.1 Amtliche topographisch-geographische und Katasterkartenwerke

Die amtlichen Kartenwerke umfassen im wesentlichen die topographischen und Katasterkartenwerke. Die amtlichen Daten der Landesvermessung und des Liegenschaftswesens sind nach den Vermessungsgesetzen der Länder und dem Urheberrecht gesetzlich geschützt. Daten des Liegenschaftskatasters können nur an Nutzer abgegeben werden, die ein 'berechtigtes Interesse' daran nachweisen können.

Definition 4.7 : *Zu den Katasterkartenwerken, d.h. dem graphischen Nachweis an Grund und Boden, gehören Flurkarten, Schätzungspausen und Schätzungskarten. In den Flurkarten sind alle Flurstücke im Land graphisch dargestellt. Sie enthalten insbesondere Angaben wie Flurstücksgrenzen mit dazugehörigen Grenzpunkten, Flurstücksnummern, Nutzungsarten und Gebäude sowie ausgewählte topographische Objekte. Katasterkarten enthalten i.d.R. keine Höhenangaben. In den Schätzungspausen werden die Ergebnisse der amtlichen Bodenschätzung nachgewiesen. Die Schätzungskarte enthält die Angaben der Flurkarte und der Schätzungspause, ist also im GIS-Sinne eine Flächenverschneidung beider Themen.*

Katasterkarten werden von den staatlichen und städtischen Vermessungsbehörden i.d.R. in den Maßstäben 1:1.000 bis 1:2.500 geführt – Genaueres regelt das Vermessungsgesetz des jeweiligen Landes, da dies Länderhoheit ist – und sind daher auch nur dort zu beziehen. Die Erteilung von Auszügen aus Katasterkarten

4.4. DATENQUELLEN

setzt ein berechtigtes Interesse des Abnehmers voraus und ist gebührenpflichtig. In digitaler Form wird das Katasterkartenwerk im Verfahren der Automatisierten Liegenschaftskarte (ALK) geführt.

Definition 4.8 : *Topographische Kartenwerke sind maßstäblich verkleinerte, vereinfachte (generalisierte), inhaltlich ergänzte, erläuterte Grundrißdarstellungen der Erde (bzw. von Teilen der Erde). Das Anliegen topographischer Karten ist die Inventarisierung der natürlichen (z.B. Gewässer und Relief) und gesellschaftlichen Situation (z.B. Siedlung, Grenzen) und die Orientierung im Gelände.*

Topographische Kartenwerke im engeren Sinne, d.h. bis zum Maßstabsbereich 1:300.000, sind:

- topographische Grundkarten (1:5.000 bis 1:100.000) mit vorwiegend grundrißtreuer und in kleineren Maßstäben dann grundrißähnlicher Darstellung,

- topographische Sonderkarten (i.d.R. zwischen 1:20.000 bis 1:75.000 als amtliche Wanderkarten, Radwanderkarten, Naturparkkarten und sonstige amtliche Freizeitkarten) mit vorwiegend grundrißähnlicher Wiedergabe als Aufdruck auf topographischen Karten,

- topographische Gebietskarten, die auf der Basis topographischer Karten in Sonderschnitten herausgegeben werden, die der jeweiligen Gebietsausdehnung (Land, Region, Regierungsbezirk oder Kreis) angepaßt sind und

- Luftbildkarten (> 1:25.000) bzw. Satellitenbildkarten (< 1:50.000) (vgl. Seite 217ff).

In den Maßstabsbereichen von 1:100.000 bis 1:1.000.000 spricht man auch von *topographischen Übersichtskarten*, darüber hinaus dann von *geographischen Kartenwerken*, so z.B. in Form der

- Generalkarte (> 1:1.000.000),

- Regional- und Länderkarten (> 1:10.000.000) und

- Erdteil- und Erdkarten (< 1:10.000.000).

Derartige Kartenwerke sind über den Buchhandel oder die Landesvermessungsämter bzw. das Bundesamt für Kartographie und Geoinformation beziehbar. Sie dienen vielen Fachplanungen als Basis, Bezugssystem und in abgeschwächter Darstellung als Hintergrund.

Die Maßstäbe 1:25.000, 1:50.000 sind in den meisten europäischen Ländern in den amtlichen Kartenwerken zu finden. Ähnliche Maßstabsabstufungen wie sie am Beispiel der topographischen Kartenwerke in der Bundesrepublik Deutschland nachfolgend aufgezeigt werden, finden sich auch in den benachbarten deutschsprachigen Ländern. Weltweit liegen jedoch Kartierungen eher in kleinmaßstäblicher

Form vor, wie die UN in ihren periodischen Statistiken zum Stand der kartographisch erfaßten Gebiete der Erde immer wieder dokumentiert (vgl. G. KONECNY (1996)). Demnach lagen 1994 in nur 66% der Länder der Erde Karten im Maßstab 1:50.000 vor. Jährlich nimmt die Kartenbedeckung in diesem Maßstab nur um 2 % zu, und weltweit werden davon nur gut 2% jährlich fortgeführt. Hier kann nur die zunehmende Verwendung von GIS in Kombination mit schnellen flächendeckenden Datenerhebungsmethoden wie der Fernerkundung Abhilfe schaffen.

Die Anforderungen an die Lagegenauigkeit in topographischen Karten liegt bei etwa 0.2mm im Kartenmaßstab, d.h. also bei einem Maßstab von 1:25.000 etwa eine Genauigkeit von 5m im Gelände, die aber bereits in diesem Maßstab durch Generalisierungseffekte weit überschritten sein kann.

Amtliche topographische Kartenwerke in der Bundesrepublik

Die deutschen amtlichen topographischen Kartenwerke umfassen den Maßstabsbereich 1:5.000 bis 1:1.000.000. Die Bearbeitung erfolgt bundesweit nach einheitlichen Zeichenvorschriften, sogenannten *Musterblättern*. Sie stellen im wesentlichen die Erdoberfläche mit allen ihren wahrnehmbaren natürlichen und künstlichen Erscheinungen dar. Ab dem Maßstab 1:25.000 handelt es sich um sogenannte Gradabteilungskarten, d.h. Karten, deren Blattgrenzen nach geographischen Koordinaten bzw. Netzlinien geschnitten sind. Somit fällt das Kartenblatt in mittleren Breiten trapezförmig aus. Es gibt sie als Normalausgabe im mehreren Farben sowie als einfarbige Ausgabe in Schwarz-Weiß. Zu nennen sind in der topographischen Kartenserie:

- *Deutsche Grundkarte 1:5.000 (DGK 5)*, 2 farbig, weitgehend grundrißtreu, in Schwarz die Situation und Schrift, in Braun die Höhenlinien und Kleinformen, Format 40*40cm, Fläche im Gelände 4 km^2. In Bayern und Württemberg existieren als Pendant die Höhenflurkarten 1:5.000 und 1:2.500.

- *Topographische Karte 1:10.000 (TK 10)*, in den neuen Bundesländern als der Ausgangsmaßstab etabliert und hier in zwei Ausgaben, einer für die Volkswirtschaft (AV) und einer Ausgabe für staatliche Aufgaben (AS) mit unterschiedlichen geodätischen Bezugssystemen (AS auf Krassowski-Ellipsoid im 6 Grad-Meridianstreifensystem als Gradabteilungskarten im System der Internationalen Weltkarte, AV auf Bessel-Ellipsoid im 3 Grad-Streifensystem als Rahmenkarten) vorliegend. Der Maßstab 1:10.000 wird aber inzwischen auch bundesweit insbesondere im ATKIS-Umfeld als wichtiger Basismaßstab gehandelt.

- *Topographische Karte 1:25.000 (TK 25)*, 3-4 farbig, weitgehend grundrißähnlich, in Schwarz die Situation und Schrift, in Blau die Gewässer, in Braun die Höhenlinien und Kleinformen, in Grün der Waldflächendecker, Format etwa 47.5*42.5cm, Fläche 10'* 6' (Länge*Breite), das entspricht im Gelände etwa 120-140 km^2, Gauß-Krüger-Kartennetz.

- *Topographische Karte 1:50.000 (TK 50)*, 4-8 farbig, weitgehend grundrißähnlich, in Schwarz die Situation und Schrift, in Blau die Gewässer, in Braun die Höhenlinien und Kleinformen, in Grüntönen der Bodenbewuchs und Waldflächen, Schummerung evtl. in grau, Straßennetz in gelb-orange, Fläche 20'*12', d.h. im Gelände ca. 480-560 km^2, Gauß-Krüger-Kartennetz.

- *Topographische Karte 1:100.000 (TK 100)*, 4-8 farbig, weitgehend grundrißähnlich, in Schwarz die Situation und Schrift, in Blau die Gewässer, in Braun die Höhenlinien und Kleinformen, in Grüntönen der Bodenbewuchs und Waldflächen, Schummerung in grau sowie Wege in gelb-orange, Fläche 40'*24' d.h. im Gelände ca. 1920-2240 km^2, Gauß-Krüger-Kartennetz.

- *Topographische Übersichtskarte 1:200.000 (TÜK 200)*, die als 7-11 farbige Ausgabe im Inhalt etwa der TK 100 entspricht und vom Bundesamt für Kartographie und Geoinformation herausgegeben wird, Fläche 80'*48' d.h. im Gelände ca. 7680-8960 km^2, Gauß-Krüger-Kartennetz.

- *Übersichtskarte 1:500.000 (ÜK 500)*, 6 farbig, Geographisches Kartennetz.

- *Internationale Weltkarte 1:1.000.000 (IWK)*, Geographisches Kartennetz.

Topographische Kartenwerke werden i.d.R. im 5-7-Jahreszyklus fortgeführt, um den hohen Gebrauchswert zu erhalten. Hierbei werden wesentliche Veränderungen an der Erdoberfläche sowie Namens- und Grenzänderungen mittels Luftbildern, Orthophotos, örtlichen Erkundungen und Meldediensten nachgeführt.

Inzwischen sind in fast allen Bundesländern auch digitale Versionen topographischer Karten auf CD-ROM mit Betrachtungsfunktionalität, evtl. auch mit geringen Bearbeitungsfunktionen, zu erhalten. Die TOP 50 (TK 50) aus den Bundesländern und die TOP 200 (TÜK 200) vom Bundesamt für Kartographie und Geoinformation erscheinen in einheitlicher Form seit 1997. Die Karten sind mit etwa 400 dpi (160 Linien/cm) gescannt, und verschiedene Bezugssysteme sind wählbar. Darüberhinaus bieten verschiedene Länder noch weitere Kartenmaßstäbe als Rasterdatensätze ebenso wie Digitale Geländemodell an. Der Aktualitätsstand der digitalen Daten entspricht jedoch dem der analogen Karten. Dies gilt weitestgehend auch für benachbarte Staaten. Auf deren automatisierten Ansätze wird in Band 2 Kapitel 4 zurückgekommen.

4.4.2 Thematische Kartenwerke

Neben den Liegenschafts- und topographischen Kartenwerken existieren eine Vielzahl thematischer Kartenwerke, die für die Erledigung fachspezifischer Aufgaben in ein GIS übertragen werden müssen.

Definition 4.9 : *Thematische Karten dienen der Darstellung von konkreten und abstrakten, raumbezogenen Erscheinungen (Sachverhalten, Zuständen) oder*

Prozessen sowohl des natürlichen als auch des gesellschaftlichen/sozio-ökonomischen Bereichs des geographischen Raumes und beruhen i.d.R. auf der Grundlage von topographischen Karten. Das Anliegen thematischer Karten ist die Information über bestehende Zusammenhänge eines oder mehrerer Sachverhalte des jeweiligen thematischen Bereichs.

Solche thematischen Kartenwerke liegen z.B. vor aus:

- der Geophysik: Isogonenkarte (erdmagnetische Deklination), Isoklinenkarte (erdmagnetische Inklination), Isoseismenkarte (Seismik, Erdbeben), Karten zum Schwerefeld;

- der Geologie: Geologische Karte 1:25.000 (GK 25), Geologische Übersichtskarte 1:200.000 (GÜK 200), Geologische Karte der BRD 1:1.000.000, Geologische Karte von Mitteleuropa 1:2.000.000, Internationale Geologische Karte von Europa 1:1.500.000, Internationale Quartärkarte von Europa 1:2.500.000, Internationale Karte der Eisenerzlagerstätten 1:2.500.000, Internationale Geologische Karte von Europa 1:5.000.000;

- der Bodenkunde: Bodenkarte 1:25.000, 1:50.000, Bodenartenkarte der BRD 1:1.000.000, Bodenkundliche Standortkarten (BSK 200), teilweise Einzelkarten bis 1:2.000 (Bodenschätzungskarte);

- der Geomorphologie: Reliefkarten;

- der Hydrologie: Hydrologische Übersichtskarten (nicht flächendeckend);

- der Ozeanographie;

- der Glaziologie;

- der Meteorologie: Bekanntestes Beispiel sind Wetterkarten;

- der Klimatologie;

- der Geographie: Pflanzen- und Tiergeographie (Vegetationskarte 1:200.000), Siedlungsgeographie, Atlantengeographie;

- der Ökologie und des Umweltschutzes;

- der Bevölkerungskartographie und Soziographie;

- der amtlichen Statistik;

- der Verwaltungskartographie: Staat, Verwaltung, Recht wie z.B. Bodenrichtwertkarten, Regionalkarten;

- der Wirtschaft und des Handels: Fischereikarten, Forstkarten, Landwirtschaftliche Karten, Wasserwirtschaftskarten;

4.4. DATENQUELLEN

- des Verkehrs: Verkehrsdichtekarten, Straßenkarten, Schiffahrtskarten, Luftfahrtkarten (ICAO 1:500.000), Seefahrt (1:30.000-1:5.000.000);

- der Raumordnung und zugeordneter Fachplanungen: Bauleitpläne (Bebauungspläne in den Maßstäben 1:1.000 und Flächennutzungspläne in den Maßstäben 1:25.000) und Landschaftspläne resp. Grünordnungspläne, Regionale Raumordnungspläne, Naturraumpotentialkarten, Übersichtskarten der Natur- und Landschaftsschutzgebiete;

- der Ver- und Entsorgungsunternehmen: von Konstruktionszeichnungen 1:50 über Betriebsmitteldatennachweise bis zu Bestandsplänen 1:5.000/1:10.000;

- des Militärs: Übersichtskarte JOG 250;

- der Geschichte, Archäologie und Heimatkunde: z.B. Archäologische Fundstellen und Vorbehaltsflächen;

- der Astronomie: Himmelskarten, Gestirne, Sternkarten, extraterrestrische Karten wie z.B. Mondkarten 1:1.000.000, Planetenkarten;

- Stadtkarten: Stadtgrundkarte 1:500, 1:1.000 oder 1:2.000 und daraus abgeleitete Folgekarten;

- Karten der Binnengewässer: Flüsse, Ströme, Seen im Maßstab von 1:5.000 bis 1:100.000, die stark an die TK angelehnt sind sowie Wattkarten und das Küstenkartenwerk 1:25.000 ;

- Karten für Tourismus und Freizeit: entweder auf die TK-Darstellung aufgedruckt (Radwegekarten, Freizeiteinrichtungen) oder vollständig eigenständige Kartenwerke (Straßenkarten) in den Maßstäben 1:20.000 bis 1:100.000;

- Weltkarten: 1:500.000 (GB), 1:2.500.000, 1:5.000.000 (World – American Geographical Society), Carte des Continents – IGN (Institute Geographique Nationale, Frankreich), Deutsche Weltkarte (Bibliographisches Institut Mannheim), 1:10.000.000 (Carte Général du Monde – IGN, Frankreich), General Bathymetric Chart of the Oceans.

4.4.3 Bildkarten

Moderne Kartenformen verwenden direkt entzerrte Bilder als Hintergrunddarstellungen. Dies kann in unterschiedlicher Form geschehen

- entzerrtes Luftbild,

- analoges oder digitales Orthophoto (J. WIESEL (1985)) oder der Orthophotokarte,

- Satellitenbild oder der Satellitenbildkarte.

Definition 4.10 : *Luftbildkarten sind die Wiedergaben photographischer Senkrechtaufnahmen mit kartenähnlicher Ausgestaltung und erläuternder Kartenbeschriftung. Das umgebildete Luftbild wird mit Kartenrahmen, Legende, Gitterkreuz und Beschriftung ergänzt und als Luftbildkarte im Maßstab 1:2.000 bis 1:25.000 präsentiert. Analog gilt dies bei Verwendung von Satellitenaufnahmen in Maßstäben ab 1:50.000, die man dann Satellitenbildkarten nennt.*

Im Rahmen der topographischen Landesaufnahme wird i.d.R. ein Teil eines Landes beflogen. Dabei werden Luftbilder als Senkrechtaufnahmen im Maßstabsbereich 1:15.000-1:25.000 erzeugt, woraus durch differentielle Entzerrung unter Nutzung eines digitalen Geländemodells Orthophotos im Maßstab von 1:10.000 entstehen. Diese mit Karteninformation kombinierte Bildkartenformen erfreut sich nach Rasterisierung zunehmender Beliebtheit als Hintergrundinformation in einem hybriden GIS. Auf der Grundlage eines derartigen Rasterbildhintergrundes können Datenbestände am Bildschirm sehr effizient fortgeführt werden. Digitale Bildmodelle sind nun auch im ATKIS-Konzept als weitere Modelle neben dem Landschafts- und kartographischen Modell vorgesehen (vgl. Band 2 Kapitel 4).

Vergleicht man Bildkarten mit topographischen oder thematischen Karten, so lassen sich etwa folgende Eigenschaften erkennen:

- Bildkarten repräsentieren einen Momentzustand einer Landschaft zum Zeitpunkt der Aufnahme, während topographische oder thematische Karten eher einen gemittelten Zustand über eine gewisse Zeitspanne der Erhebung darstellen.

- Das Aufnahmemedium Bild selektiert unmittelbar in Abhängigkeit von der Filmemulsion oder den spektralen Empfindlichkeiten des Sensors. Dagegen selektiert und typisiert der Ersteller einer Karte zweckgebunden, er leitet Informationen aus vorhandenen Daten ab.

- Bildkarten sind leichter lesbar und besitzen einen höheren, vor allem aber nicht vorinterpretierten Informationsgehalt als Karten. Jedoch ist nicht jedes Merkmal eines Objektes direkt im Bild erkennbar und muß evtl. indirekt über andere Merkmale erschlossen werden. Dies setzt ein hohes Knowhow beim Interpreten voraus. Dagegen ist das Dekodieren (Lesen) von Karten mittels Legende sofort möglich. Kartenzeichen (Signaturen) geben direkte Auskunft über Objektmerkmale.

Bilder an sich sind im Zusammenhang mit multimedialen Systemen Zusatzinformationen zu Objekten, die zur Dokumentation und gelegentlich auch zur Erläuterung von Zusammenhängen dienen können.

4.4.4 Existierende Datenbestände

In den nachfolgenden Ausführungen betrachten wir im wesentlichen digital vorliegende Datenbestände. Dabei gehen wir davon aus, daß heute bei den vielen datenerhebenden Stellen eine Wandlung z.B. vom analogen Formular in eine EDV-gerechte Weiterverarbeitungsform stattfindet. Dennoch mag es an der einen oder anderen Stellen noch ausschließlich klassische analoge Datenquellen geben. Als Beispiel seien hier *Fachliteratur und Archivalien sowie alte Karten* genannt, die eine Suche nach raumbezogenen Phänomenen insbesondere bei archäologischen und historischen Fragestellungen ermöglichen. Sie weisen aber z.B. auch Schadstoff- oder Temperaturverteilungen über Jahrhunderte nach. Oftmals ist hier die Analog-Digital-Wandlung nicht gerade trivial wegen der erschwerten Zugängigkeit derartiger Unterlagen.

Statistische Erhebungen und Berichte

Statistische Erhebungen jeglicher Art präsentieren als beschreibende Statistik eine Vielzahl von Informationen. Die Gremien, die solche Statistiken publizieren, reichen von UN-Kommissionen über internationale und nationale Organisationen bis hin zu Kommunen und Unternehmen. Wir nennen hier besonders die Gruppe der demographischen, wirtschaftlichen und sozialen Zensusdaten z.B. in Form der *Statistischen Berichte* wie das

- Statistische Jahrbuch der BRD,
- Statistische Berichte der Statistischen Landesämter und
- Statistische Jahrbuch der Gemeinden des Deutschen Städtetags.

Der Raumbezug ist gegeben durch das Gemeindegebiet oder Stadtteile bis zu Maßstäben 1:1.000.000; im städtischen Bereich sind die Daten Baublöcken zugeordnet. Gemeinsam mit dem Bundesamt für Statistik geben die Landesämter das Software- und Datenpaket *Statistik-Regional* heraus, das einen weitreichenden Datensatz über fast 1.000 wirtschaftliche und soziale Fakten zu 16 Fachgebieten (z.B. Bevölkerung, Gesundheitswesen, Bildung, Erwerbstätigkeit, Industrie und Handwerk, Tourismus usw.) in der Verwaltungshierarchie beinhaltet. Die Länder gehen hier teilweise noch weiter bis auf Gemeindeebene. Die *Bundesforschungsanstalt für Landeskunde und Raumordnung (BfLR)* liefert neben den europäischen Daten auf NUTS-Ebene weitere regionalisierte Informationen, die aus der 'Raumbeobachtung' entstanden sind. Für das Fahrzeugwesen ist das *Kraftfahrt-Bundesamt* in Flensburg zuständig. Informationen auf der Ebene der Zulassungsbezirke sind monatlich zu erhalten.

Beispiel 4.7 zu europäischen statistischen Daten

Regiomap ist ein kombinierter Geodaten- und statistischer Datensatz auf CD-ROM des statistischen Büros Eurostat der EU. Es beinhaltet EU-weit harmonisierte Informationen zur Landwirtschaft, zur Demographie, zur Industrie, zum Arbeits- und Arbeitslosenmarkt, zum Transport und zur Ökonomie auf Basis der statistischen territorialen Einheiten auf dem NUTS 3-Level.

Amtliche Verzeichnisse

Amtliche Gemeindeverzeichnisse beinhalten geographische Namen und topographische Namen (wie Ortsnamen, Berge, Seen, Wälder etc.). Sie werden herausgegeben von den Statistischen Ämtern der Bundesländer und dem Statistischen Bundesamt. Das *Geographische Namenbuch* der Bundesrepublik Deutschland (R. BÖHME (1980)) ist dem Maßstabsbereich 1:500.000 zugeordnet und ist aus einem Informationssystem mit dem Datenbanksystem DATAS abgeleitet. Es beinhaltet den Namen, die Kategorie, die Größe, die Lage in Koordinaten sowie Kennziffern und Funktionsangaben. Das Wörterbuch geographischer Namen definiert diese für Europa (Ausnahme: Gebiete der ehemaligen Sowjetunion).

Amtliche Veröffentlichungen und Nachweise z.B. in Form von Gesetzes- und Verordnungsblättern beinhalten Informationen über Gebietsreformen und Namensänderungen. Amtliche Bekanntmachungen definieren z.B. Richtlinien für die Darstellung von Grenzen und Namen in Atlanten; sie geben aber auch Wahlergebnisse oder Straßenumwidmungen bekannt. Das Buchwerk im öffentlichen Vermessungswesen und bei den Amtgerichten beschreibt die Eigentums- und Rechtsverhältnisse an Grund und Boden. Einwohnermeldekarteien halten den aktuellen Einwohnerbestand vorrätig, die Fahrzeugzulassungsstellen dagegen den Fahrzeugbestand in der Bundesrepublik. Eine Vielzahl anderer Nachweise aufgrund gesetzlicher Bestimmungen und Verordnungen sind vorhanden.

Halbamtliche Datenanbieter über Unternehmen sind z.B. bei den *Industrie- und Handelskammern* auf Kreisebene oder beim *Deutschen Industrie- und Handelstag (DIHT)* als Statistik der kammerzugehörigen Unternehmen geführt.

Informationssysteme und Datenbanken

Informationssysteme und Datenbanken befinden sich derzeit an vielen Stellen im Aufbau. Raumbezogene Informationen sind durchaus verfügbar. So liegen z.B. inzwischen flächendeckend ATKIS- und ALB-Daten vor. Aus dem Liegenschaftsbereich sind weiterhin zu nennen die Grundstücksdatenbank (GDB) und die ALK. Letztere liegt zu etwa 25% für die Bundesrepublik in digitaler Form vor. Auf STABIS (Statistisches Informationssystem zur Bodennutzung) und andere Vorhaben wird näher in Band 2 eingegangen. Die Bedeutung dieser Datenquellen wächst mit der flächendeckenden Bereitstellung zunehmend. In Zukunft wird der digitale Informationsabruf z.B. via Internet mehr und mehr zum Standard werden.

Kartographische Datenbanken und Namensdatenbanken (Geographisches Namenbuch der BRD, Namenbuch Antarktis) werden ebenso wie das Topographische Landschaftsmodell Mitteleuropa beim BKG geführt. Geplant ist dort auch die Fernerkundungs-Landschaftsdatenbank (FL).

Verschiedene globale Datenbanken (K. BRASSEL (1987)) existieren für die USA, Kanada und Europa. Wir nennen hier:

- GEMS (Global Environment Monitoring System) der UNEP (United Nations Environment Protection)

4.4. DATENQUELLEN

- GRID (Global Resource Information Database) der UNEP als Teil von GEMS.

- WDB I (World Databank I) des CIA (Central Intelligence Agency) mit 115.000 Punkten und 15.000 Linien im Maßstab 1:12.000.000.

- WDB II (World Databank II) des CIA mit 6.000.000 Punkten und 30.000 Linien im Maßstab 1:4.000.000 bis 1:1.000.000.

- MUNDOCART der Ölindustrie (MUNDOCART (1989)) weist weltweit blattschnittfrei einen Datenbestand mit 20.000.000 Punkten, 300.000 Segmenten und 40.000 Labels gewonnen aus den Daten im Maßstab 1:1.000.000 der US-Defence Mapping Agency (DMA) in den Maßstabsbereichen 1:250.000 bis 1:1.000.000 nach. 500.000 Objekte wie Küstenlinien, administrative Grenzen, Städte, das Gewässernetz sind zum Preis von 8.000,- englischen Pfund für IBM-kompatible PC auf CD-ROM erhältlich; lokale Subsets z.B. für Europa sind deutlich günstiger. Die Daten sind teilweise in Austauschformaten von Arc/Info, AutoCAD oder Spans in verschiedensten Projektionen und Ellipsoiden vorrätig und können um eigene Daten erweitert werden (dBase III). Ihre Genauigkeit wird mit besser als 1mm Abweichung von der Digitalisiervorlage angegeben; beim Digitalisiermaßstab von 1:1.000.000 bedeutet dies besser als 1 km bzw. $2.5 * 10^{-5}$ Relativgenauigkeit. Die Daten werden permanent aktualisiert.

- Landsat DB vom Eros Data Center (USGS), weltweit multispektral im Maßstab ab 1:1.000.000.

- CLDS/CGIS (Canada Land Data System/ Canada Geographic Information System) als ältestes raumbezogenes Informationssystem, erstellt vom kanadischen Umweltministerium, abgeleitet aus Maßstäben von 1:50.000 bis 1:250.000.

- die EURODB, eine Digitalisierung der Kartenblätter von Europa aus der IWK 1:1.000.000, mit VGRENZ, den Verwaltungsgrenzen der BRD bis hinunter zu den Kreisgrenzen, wird vom BKG angeboten. Weiter stellt das BKG ein Digitales Geländemodell im 1km-Raster, die geographische Namensdatei und verschiedene Digitale Landschaftsmodelle (DLM 1:200.000, DLM 1:500.000, DLM 1:1.000.000 als Vorstufe zum jeweiligen ATKIS-DLM 200/500/1.000) bereit. Diese Daten sind auch Bestandteil des MEGRIN.

- Eine große Zahl europäischer Landesvermessungsstellen unterstützt das Vorhaben *MEGRIN* (Multipurpose European Ground Related Information Network). Erste Produkte sind das Geographical Data Description Directory (GDDD), ein Metadatensatz über europäische Geobasisdaten und die Seamless Administrative Boundaries of Europe (SABE). SABE ist eine blattschnittfreie europäische vektorbasierte Verwaltungsgrenzensammlung, die im Maßstab 1:100.000 (SABE 30, die Zahl entspricht der räumlichen Auflösung) und 1:1.000.000 (SABE 200) vorliegt. SABE 30 umfaßt etwa 250 MByte und kostet etwa 100.000 EUR, SABE 200 dagegen bei 165 MByte etwa 10.000 EUR. MEGRIN-Servicecenter in Deutschland ist das Geodatenzentrum in Leipzig.

- Verlage wie z.B. Bartholomew haben inzwischen einen Datensatz im Maßstab 1:1.000.000 für Europa auf CD-ROM am Markt.

Geodatenangebote am Markt

Auf das Geobasisdatenangebot der amtlichen Vermessung in Form von gescannten Karten, Digitalen Geländemodellen und digitalen Orthophotos wurde bereits im vorangegangen Kapitel (siehe Seite 215ff, vgl. auch F. CHRISTOFFERS (1997)) eingegangen. Die amtlichen Basisvorhaben wie ALK und ATKIS, die zu Vektordaten führen, werden ausführlicher in Band 2 Kapitel 4 behandelt. Die Preise amtlicher Geobasisdaten sind im wesentlichen abhängig vom Inhalt (eine oder mehrere Informationsebenen) und der abgenommenen Fläche. Darüberhinaus gibt es aber auch heute bereits ein vielfältiges digitales Datenangebot, welches von Datenanbietern wie z.B. Versorgungsunternehmen, amtlichen Stellen und privaten Datenprovidern bereitgestellt wird. GIS-Produkteanbieter liefern ebenfalls auch Datensammlungen mit aus, so z.B. die ArcData- und ArcData Online-Kollektion von ESRI oder AutodeskWorld von Autodesk.

Für derartige digitale Datenquellen läßt sich keine allgemeingültige Preisgestaltung definieren. Die Preisgestaltung ist einzig und alleine eine Frage der Firmenstrategie und unterliegt durchaus raschen Änderungen speziell mit zunehmender Marktsättigung. Leider ist auch die Qualität und Aktualität der Daten nicht gekoppelt mit dem Kaufpreis. Eine große Bedeutung besitzt daher der Aufbau von Metainformationssystemen, um Übersicht in den diffusen Datenmarkt zu bringen und Geodatenwarenhäuser erst zu ermöglichen (vgl. Band 2 Kapitel 5).

Regionalisierte Daten sind insbesondere im Zusammenhang mit DirectMarketing bzw. Geomarketinganwendungen in großer Zahl verfügbar (W. STEINBORN (1998), siehe insbesondere P. LEIBERICH (1997)). Als Raumbezug dienen Postleitgebiete, Kreise, Gemeinden, Statistische Bezirke, Ortsteile und Marktzellen resp. Straßenabschnitte bis auf wenige Haushalte heruntergerechnet. Diese Daten entstehen einerseits durch systematische Erhebungen mittels Interviews und Begehungen, andererseits aber z.B. auch durch kommerzielle Adressenaufkäufe bei Kaufaktionen. Vom Datenumfang her sind kundenorientierte Aussagen zu Bebauungsstruktur, zum Konsumentenverhalten, zum Fahrzeugbesitz und demographische und sozio-ökonomische Daten enthalten. Für den betrieblichen Bereich sind Industrie- und Handelsdaten enthalten. Abgeleitet sind aus diesen Daten Kaufkraft (z.B. Kaufkraftindex, Kaufkraft pro Kopf) und Typologien (z.B. etablierte Oberschicht, traditionelle Kleinbürger, konsumstarke Aufsteiger) der Kunden.

4.4. DATENQUELLEN

Anbieter sind z.B. Adreßhändler wie AZ Direct Marketing, Merkur, pan-adress und Schober Direkt Marketing, Marktforschungsinstitute wie GfK Gesellschaft für Konsumforschung, Infas GeoDaten AG, microm Gesellschaft für Mikromarketing mbH sowie branchenspezifische Anbieter wie z.B. das Institut für Medizinische Statistik als Pharmadatenanbieter. Eine Übersicht findet sich in P. LEIBERICH (1997). Anwender sind u.a. Banken, Versicherungen, Handel und Gewerbe, Gesundheitsbereich, Medien oder der Automobilsektor (vgl. auch Band 2 Kapitel 4). Auch im Shareware- und Public-Domain-Bereich liegen Daten vor, für die allerdings keine Qualitätsgarantie gegeben wird. Eine umfassende Übersicht zu Business-Mapping-Anwendungen und -Daten gibt P. LEIBERICH (1997).

Beispiel 4.8 zu Daten zur Routenplanung:

Verlage wie Bertelsmann, DTP Neue Medien, RV, Polyglott, Wenninger und selbst Microsoft drängt in den Massenmarkt mit preisgünstigen Produkten wie AND Route, CARDY, Map& Guide, MarcoPolo, TelInfo CityGuide, StreetPilot, CityMaps, Polyglott City Kompass, geografix Route 3.0 usw. Sie dienen der Tourenplanung und kosten ab etwa 50,-DM. Eine Übersicht über derartige Routen-/Tourenplaner findet sich in GEOBIT HEFT 5 (1997). Sie bringen einen großen Datenbestand an Orten (Ortssuche über Name/PLZ/Karte) und Straßendaten zusammen mit Wegeoptimierungsalgorithmen (vgl. Band 2 Kapitel 1 und 2), Routensuchfunktionen nach Schnelligkeit, Streckenlänge, ökonomischster Variante, mit Zwischenstationen und Kostenkalkulationen zusammen. Geometriedaten können im Vektor- oder/und Rasterformat vorkommen. Datensätze über einzelne Länder oder/und ganz Europa existieren. Derartige Programme laufen auf gängigen PC's und sind evtl. mit Infoteilen zu Freizeit, Restaurants, Hotels ausgestattet. Sie verfügen über GPS-Schnittstellen und sind dann kombinierbar mit Fahrzeugnavigationsssystemen. Eine Datenbankanbindung ist ebenfalls möglich.

Über vorhandene gängige *Satellitendaten* informiert das *ISIS (Intelligentes Satelliteninformationssystem)*, ein Metainformationssystem der DLR. Das Satellitenbildarchiv des Deutschen Fernerkundungsdatenzentrums (DFD) in Oberpfaffenhofen und Neustrelitz wächst täglich um etliche GByte und umfaßt inzwischen TByte an Daten, die archiviert sind und per Roboterzugriff auf Anfrage ausgewählt werden.

Flächendeckende *Landnutzungsklassifizierungen* auf der Basis derartiger Fernerkundungsdaten werden ebenfalls angeboten. So bietet z.B. Phoenics, ein Dienstleistungsunternehmen der digitalen Photogrammetrie, eine Klassifizierung auf 25m-Rasterbasis an, die fünf Bebauungsklassen, versiegelte nicht bebaute Flächen, Tagebau, landwirtschaftliche Nutzungsflächen, sechs Waldklassen und Gewässer unterscheidet. Diese Daten sind ebenfalls im Zusammenhang mit der Mobilfunknetzplanung für Mannesmann Mobilfunk entstanden.

CORINE (Coordinated Information on the Environment) ist ein 1985 begonnenes Programm der Europäischen Gemeinschaft zur Deckung des Informationsbedarfs über den Zustand und die Entwicklung der europäischen Umwelt (J.C. WIGGINS U.A. (1986), CORINE (1992), M. DEGGAU (1992), E. AHLCRONA (1995)). Die erste Phase erstreckte sich bis 1990 und erbrachte als Ergebnisse ein Informationssystem, Methoden und Definitionen sowie Vereinbarungen über Zusammenarbeiten innerhalb europäischer Expertenteams, welches inzwischen ein Bestandteil von GISCO, dem europäischen statistischen GIS ist. CORINE-Landcover ist ein Teilprojekt des CORINE-Programmes. Die Hauptaufgabe des CORINE-Landcover-Projektes liegt in der Erhebung der Bodenbedeckung bzw. Landnutzung in Europa nach einheitlichen Kriterien. Im wesentlichen fand eine Einigung auf eine Nomenklatur in 44 Klassen auf 3 Ebenen und auf den Bezugsmaßstab 1:100.000 statt. Die CORINE-Landcover-Datenbank basiert auf einer computergestützten manuellen Photointerpretation von entzerrten geokodierten Landsat-Satellitenbildern unter Verwendung von zusätzlichen Hilfsmitteln wie topographischen Karten und Luftbildern. Die kleinste zu kartierende Einheit beträgt 25 ha. Die Bodenbedeckungen werden manuell auf Transparentfolie hochgezeichnet und anschließend gescannt und digital nachgearbeitet. Alle 10 Jahre soll eine Revision der Datenbank durchgeführt werden und dadurch die Veränderungen der Landnutzung auf europäischem Level registriert werden. CORINE-Daten erlauben in Verbindung mit anderen thematischen Daten wie Höhe, Klima, Boden komplexe Analyseverfahren im mittleren Maßstabsbereich.

Fernerkundungsdaten finden sich heute teilweise schon im Kaufhaus. K. GREVE UND M. HEYNEN (1998) vergleichen die angebotenen CD's, die i.d.R. von den Bildern der russischen KVR-1000 Satellitenbildkamera abgeleitet sind und teilweise in Stadtbereichen durch entzerrte Bildflugdaten ergänzt werden. Sie sind preisgünstig, richten sich nicht an den professionellen Nutzer, sondern eher an einen Massenmarkt, bieten Auflösungen bis in den wenige Meterbereich mit Zusatzinformationen in Vektorform (Beschriftungen) und gelegentlich auch kleinere GIS-Funktionalitäten. Ungeklärt bleibt jedoch zumeist das Entstehungsdatum der Bilder und die Verarbeitungsmethodik. Eingeschränkt sind diese Daten jedoch auch für Hintergrunddarstellungen im mittel- bis kleinmaßstäblichen Bereich geeignet. Anbieter sind GeoSpace, Topware u.a. Inzwischen liegen auch Luftbildatlanten, also aus normalen Bildflügen erzeugt, von einzelnen Städten in digitaler Form vor.

Teilweise werden auch darüber hinausgehend digitale 3D-Stadtmodelle von größeren Städten angeboten, die insbesondere für die Mobilfunknetzplanung im innerstädtischen Bereich Verwendung finden. Das 3D-Stadtmodell beinhaltet ein Reliefmodell sowie Gebäude und Dachformen in drei Dimensionen. Es läßt sich teilautomatisiert gewinnen. Einfachere Modelle, sogenannte Bauklötzchenmodelle, entstehen sogar durch Kopplung von 2D-Geometrien mit einer Attributierung z.B. der Traufhöhen oder der Stockwerkszahlen.

Landesweite *digitale Geländemodelle (DGM)* sowie daraus abgeleitete Folgeinformationen (Höhenlinien, Neigungslinien etc.) sind Informationsquellen insbesondere für die dritte Dimension. Sie liegen in den meisten Bundesländern digital

4.4. DATENQUELLEN

vor. Die Erfassungsmethoden variieren, die Erfassungsabstände liegen zwischen 20 und 80 m, die DGM-Rasterweite variiert von 10 bis 50 m. Die Genauigkeiten liegen zwischen +-0.5 bis +-10m. Die Datendichte schwankt je nach Rasterweite zwischen 2.000 und 8.000 Punkte/DGK 5-Blatt. Für die Bundesrepublik steht weiterhin ein vom Militär erstelltes DGM im Maßstabsbereich 1:50.000 zur Verfügung. Der Bedarf an Geländemodelldaten wächst permanent z.B. in Anwendungsbereichen wie der Mobilfunkplanung, so daß sich Dienstleistungsunternehmen auf diese Bereiche spezialisiert haben.

Beispiel 4.9 zu Luftbild- und Satellitendaten:

Angebote von Datenanbietern aus dem Luft- und Satellitenbildbereich umfassen inzwischen auch georeferenzierte *digitale Luftbildkarten* für die Verwendung in GIS- und CAD-Systemen mit Auflösungen von 25cm im städtischen und 50cm im ländlichen Bereich, die jährlich aktualisiert werden können. Diese Daten werden verteilt auf CD-ROM, geschnitten in km^2-Kacheln orientiert am Blattschnitt der Deutschen Grundkarte zum Preis von etwa 20DM/km^2. Die Genauigkeit der Georeferenzierung ist abhängig von der verfügbaren DGM-Genauigkeit. Bei Stereoaufnahmen ist jedoch auch die Erstellung von genauen DGM möglich. Bekannte Anbieter sind z.B. Phoenics oder GeoSpace (Projekt Digitale Luftbildkarte Fertigstellung im Jahr 2000). Zielgruppen derartiger Datenangebote sind insbesondere in der Verkehrstelematik, in der Logistik, aber auch in klassischen GIS-Anwendungssegmenten zu finden.

Beispiel 4.10 zu Geoinformationsbeständen im Bereich der Post:

Die Schweizer Post zusammen mit dem Kartographieveralg Kümmerly & Frey initiierte 1998 ein Projekt namens Geo-POST, in dem die Kerndaten der Post, das sind etwa 1.6 Millionen Gebäude mit Straße, Hausnummer, Postleitzahl und Ort, mit Koordinaten und zusätzlichen Daten ergänzt werden. Damit soll eine vollständige Geodatenbasis der Schweiz aufgebaut werden. Zusatzdaten sollen insbesondere Points of Interest beinhalten, also z.B. Hotels, Museen, Sportanlagen, die mit Informationen zu Öffnungszeiten u. dgl. angereichert werden. Die Fortführung der Datenbasis soll durch das Zustellpersonal der Post erfolgen. Neben der Nutzung in der posteigenen Betriebsorganisation (Zustellorganisation, Botentouren etc.) ist auch an die freie Vermarktung der Daten (Geomarketing, Immobilienmanagement, Sicherheit usw.) gedacht. Eine Test-CD ist inzwischen verfügbar (J. ISELI (1998)).
Auch die Deutsche Post verfügt über Informationen zu rund 16 Millionen Gebäuden. Die Daten stammen vom Direktmarketing-Unternehmen Schober, einem der größten Adressensammler in der Bundesrepublik.

Im Bereich der *Verkehrsleittechnik* ist in den letzten zehn Jahren ein großer Datenbestand erhoben worden, der inzwischen europaweit vorliegt, tlw. in unterschiedlichem Detaillierungsgrad zwischen Ballungsgebieten und ländlichem Raum. Der Grunddatenbestand umfaßt die Straßengeometrie, Straßenattributierungen,

Ortsverzeichnisse und weitere nützliche Hintergrundinformation. Die Attribute beinhalten Straßennamen, Straßentyp, Postleitzahlbereiche, Hausnummern, verkehrstechnische Informationen wie Geschwindigkeits- und Lastbeschränkungen, Abbiegehinweise und dergleichen.

Als heute bereits bestehende *Straßendatenbestände* sind z.B. zu nennen:

- European Geographic Technologies (EGT): Europaweit entstand hier ein Datensatz, in dem Straßen nach ihrer Bedeutung klassifiziert sind, verkehrsrelevante Sachdaten und politisch administrative Daten hinzugefügt sind. Zwischen den einzelnen Nationen sind versatzfreie Übergänge geschaffen.

- Multimap von Bosch: Dieser Datenbestand beinhaltet über 50.000 Ortsmittelpunkte, 250.000 Straßennamen und über 500.000 Straßenkilometer, die direkt adressierbar sind. Die deutschen Ballungszentren und Wirtschaftsräume sind mit allen befahrbaren Straßen enthalten, während der ländliche Bereich sukzessive hinzugefügt wird. Innenstadtbereiche liegen in der Genauigkeit von ca. 10 m vor, im Überlandbereich gelten etwa 30 m Genauigkeit.

- Navtech Technologies bietet für Europa und Nordamerika auf CD-ROM Straßendaten an. Jedes Straßensegment ist hier mit bis zu 150 Attributen inklusive Hausnummern gekennzeichnet. Sehenswürdigkeiten und andere touristische Information ist ebenfalls integriert.

- Mehrere Angebote im Tourismus- und Stadtinformationssektor von kartographischen Verlagen und Routenplanern, die teilweise über den normalen Handel am Massenmarkt plaziert sind. Angebote unterbreitet z.B. CARDY mit etwa 2.000 Stadtplänen und Dienstleistungen auf Basis dieser Daten wie z.B. Adresskonvertierungen mit AmaGeo. Das Atelier für Computergraphik und Dokumentation in Eisenhüttenstadt besitzt etwa 1.000 Orte der BRD mit 250.000 Straßen und 2.5 Millionen einzeln selektierbaren Straßenabschnitten. Erfaßt sind die dazugehörigen Straßennamen, Stadt- und Gemeindegrenzen sind als Hintergrund vorhanden, jede Häuserzeile ist einzeln digitalisiert und damit individuell adressierbar. Diese Daten repräsentieren über 40 Millionen Menschen und sind somit idealer Fundus für Geomarketinganwendungen.

Konstruktionszeichnungen technischer Anlagen aber auch existierende Netzinformationssysteme und Betriebsmittel-Datenbestände sind weitere Quellen insbesondere im Ver- und Entsorgungsbereich, der Industrie, über Großanlagen usw.

Existierende Datenbestände über Schadstoffverteilungen und dergleichen sind wichtige Quellen für den Umwelteinsatz von GIS. Meßnetze zur Luftqualität, zur Radioaktivität, zur Gewässergüte etc. liefern darüberhinaus permanent Daten.

4.4. DATENQUELLEN

Beispiel 4.11 zu Bilddaten:

> Die Firma TeleInfo geht in Deutschland noch einen Schritt weiter als z.B. das GEO-POST-Projekt oder die Verkehrsdatenanbieter, in dem sie Fahrzeuge mit GPS und mehreren Kameras bestückt und durch die Städte schickt und systematisch Bilddatenbanken zum Gebäudebestand erzeugt. Alle Städte mit mehr als 20.000 Einwohnern sollen bis Ende 1999 so abphotographiert werden. Für die Stadt Hannover mit etwa 500.000 Einwohnern wird der komplette Bilddatensatz etwa 200 GByte umfassen und soll so zwischen 50 bis 85TDM kosten. Mit Straßenname und Hausnummer sowie GPS-Koordinaten kodiert, stehen die Daten für Nutzer wie die kommunale Verwaltung, Notdienste, Immobilienmakler, Banken und Versicherungen bereit (SPIEGEL (1998)).

Webkarten stehen im Internet bereit. Die wohl umfassendste Übersicht hierzu ist in den Oddens's Bookmarks unter dem Titel 'The fascinating world of maps and mapping' unter http://kartoserver.frw.ruu.nl/html/staff/oddens/oddens.htm zu finden.

Es ist bei der Vielzahl existierender Daten kaum möglich, diese in eine einheitliche Datenstruktur einzubinden. Daher ist eine wichtige Forderung an ein GIS, den Zugang zu externen Fachdatenbanken zu ermöglichen und damit diese aus Nutzersicht so zu behandeln, als seien sie Bestandteil der GIS-Datenbank, aus Erstellersicht sind es dennoch dessen originäre Datenbestände. Die relationale Datenbanktechnik und SQL als deren Abfragesprache stellt die Hilfsmittel in diese Richtung bereit.

Eine weitere wichtige Forderung zur systematischen Erschließung der bereits vorliegenden Datenbestände ist der Aufbau von sogenannten *Metainformationssystemen*. Nur so kann ein funktionierender Geodatenmarkt entstehen. Wir gehen hierauf in Band 2 Kapitel 5 ausführlicher ein. Genauso wichtig ist in diesem Zusammenhang die Schaffung von Auskunftsarbeitsplätzen, an denen derartige Datenbestände befragt und zu eigenen thematischen Produkten verarbeitet werden können.

Beispiel 4.12 zu einem Auskunftsystem:

> Eine besondere Bedeutung kommt der Auskunft über Geodaten und deren Weiterverarbeitung in PC-Netzen zu. So liefert z.B. die kombinierte Auskunft von ALK- und ALB-Daten schnellere Verfahrensabläufe bei der Bearbeitung von Liegenschaftsaufgaben. Ein zu einem Eigentümer gehöriges Flurstück kann unmittelbar angezeigt werden, ebenso wie die Eigentümer aller in der Graphik selektierten Flurstücke. Dabei ist es wichtig, daß die Geodaten unmittelbar mit Programmen der gewohnten MS-Windows-Umgebung weiterverarbeitet werden können. Die Abbildung zeigt die integrierte Verarbeitung von Grundkarte und Liegenschaftsbuch (Quelle: SICAD GEOMATICS, München).

Für die Archivierung der digitalen Datenbestände, insbesondere der gescannten Karten und Bilder, werden inzwischen *digitale Planschränke* als Software angeboten, die über eine komfortable Ablagegestaltung einen raschen Zugriff auf den individuellen Datensatz ermöglichen und das traditionelle Kartenarchiv ersetzen.

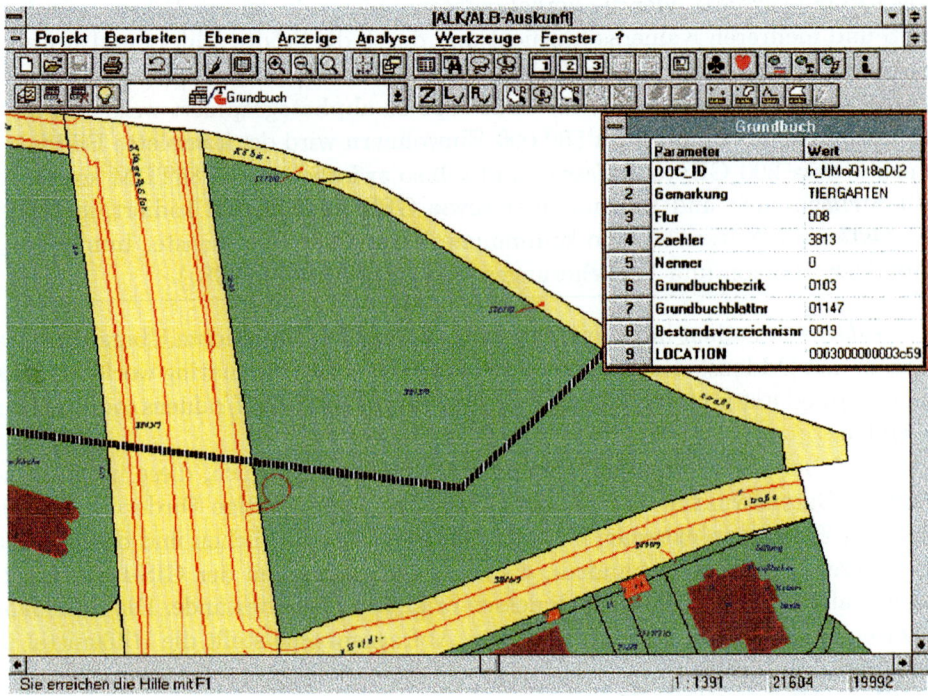

Abbildung 4.13: Auskunftsystem (Quelle: SICAD GEOMATICS, München).

4.5 Zur Qualität der Daten

4.5.1 Qualität im Kontext der Normung

Im Zuge europäischer Normierungsaktivitäten (CEN, vgl. auch Band 2 Kapitel 5) entstand auch ein ganzes Paket an Normen zum Qualitätsmanagement, die auch in deutsche Normen (DIN) überführt wurden. Damit ist zumindestens die Begriffswelt einigermaßen standardisiert und das Fundament für Qualitätssicherungssysteme abgesteckt.

Unter *Qualität* eines Produktes oder einer Dienstleistung versteht man die Gesamtheit aller Merkmale und Eigenschaften, die sich auf deren Eignung zur Erfüllung festgelegter oder vorausgesetzter Erfordernisse beziehen (DIN ISO 8402). Qualitätsmanagement umfaßt alle Tätigkeiten der Gesamtführungsaufgabe, welche die Qualitätspolitik, Ziele und Verantwortungen festlegen sowie diese durch Mittel der Qualitätsplanung, Qualitätslenkung, Qualitätssicherung und Qualitätsverbesserung im Rahmen des Qualitätsmanagementsystems verwirklichen. Qualitätssicherung bezeichnet alle geplanten und systematischen Fähigkeiten, die notwendig sind, um ein angemessenes Vertrauen zu schaffen, daß ein Produkt oder eine Dienstleistung die gegebenen Qualitätsanforderungen erfüllen wird (DIN ISO 9000-9004).

Ein Grundprinzip der *Qualitätssicherung* besagt, daß sämtliche Produkte und Tätigkeiten von vorneherein so zu konzipieren sind, daß die aus einem abstrakten Qualitätsverständnis abzuleitenden relevanten konkreten Qualitätsmerkmale und -anforderungen integrativer Bestandteil des Entwicklungskonzeptes sowie der Realisierungsphase in Form des Qualitätssicherungssystems sind. Leider muß man im GIS-Bereich feststellen, daß nahezu sämtliche GIS-Vorhaben gegen dieses Grundprinzip verstoßen. Erst mit der zunehmenden Verfügbarkeit der Daten diskutiert man über deren Qualitätsbeschreibung.

4.5.2 Geodatenqualität

Die Beschreibung der Qualität der Geodaten kann als Teilmenge eines Metainformationssystems angesehen werden. Für die interne Nutzung, d.h. der Ersteller der Daten ist gleichzeitig der Nutzer, genügen oftmals nur Angaben zur Datenqualität. Für die Mehrfachnutzung von Daten in fachlich unterschiedlichen Gebieten bedarf es jedoch über die Datenqualität hinausgehender Metainformationen.

Nach N. BARTELME (1995) sind hohe Qualitätsforderungen an Geodaten zu stellen:

- Geodatenbestände sollen langlebig sein; ein Ziel, das nur bei vernünftigen Qualitätskontrollen erreichbar ist.

- Die geometrische Güte ist eine bekannte und geschätzte Eigenschaft bei Daten, die im Nahbereich des Vermessungswesens entstehen.

- Um die Möglichkeit der Mehrfachnutzung zu gewährleisten bzw. einen entsprechenden Ansporn zu geben, muß ein System mit allgemein akzeptierten Bewertungsskalen geschaffen werden.

Vor und während des Vorgangs der Erfassung raumbezogener Daten bedarf es der kritischen Wertung der Qualität der Daten hinsichtlich ihrer Eignung und Zuverlässigkeit für den gewünschten Zweck. Dies gilt analog auch für die Übernahme digitaler Daten. Im folgenden Abschnitt seien daher mögliche Fehlerquellen in raumbezogenen Daten näher diskutiert. Während für die originär ermittelten Daten durch Vermessung und Photogrammetrie Genauigkeitsnachweise ableitbar sind, existieren für viele Datenarten – insbesondere für beschreibende Daten – und auch für die sekundären Erfassungsmethoden selten Angaben zur Genauigkeit und oftmals nicht einmal Hinweise zur Erfassungsmethode. Diese Angaben zu Genauigkeit und Zuverlässigkeit sind aber auch für solche Daten dringendst zu fordern. Sie sind Bestandteil eines Metainformationssystems (vgl. Band 2 Kapitel 5), werden aber bereits hier im Zusammenhang mit der Datenerfassung behandelt. Im wesentlichen sind hinsichtlich der Datenqualität mindestens die folgenden Aspekte wichtig: Herkunft der Daten, Positions- und Attributgenauigkeit, Konsistenz, Vollständigkeit und Aktualität.

In Anlehnung an P.A. BURROUGH (1985) unterteilen wir die möglichen Fehlerursachen in allgemeine Ursachen, natürliche Variationen und Verarbeitungsfehler.

Als *allgemeine Ursachen* für Fehler und Unzulänglichkeiten in raumbezogenen Daten sind zu nennen:

- *Unterschiedliches Alter der Daten*: Andere Erfassungsstandards, -methoden und -genauigkeiten sind damit verbunden. Weiterhin ist die Langzeitgültigkeit der Daten zu hinterfragen.

- *Verschieden dichte Gebietsbedeckung*: Dem Wunsch einer gleichförmigen Gebietsbedeckung steht oftmals in der Praxis eine sehr inhomogene Datendichte gegenüber. Das Problem der Bestimmung des optimalen Erfassungsintervalls, wofür mathematische Methoden z.B. bei der Geländemodellerfassung vorliegen (K. KRAUS (1984)), und der Füllung der Lücken z.B. durch Interpolationsverfahren stellt sich somit.

- *Maßstab und Generalisierung*: Zu große Maßstäbe führen zu sehr detailreichen Aussagen und hohem Speicherbedarf; zu kleiner Maßstab zu stark generalisierter Daten mit wenig Aussagekraft.

- *Gültigkeit und Eignung der Daten*: Sekundäre Daten sind aus Prozessen entstanden, über deren Originärdatenverteilung und -genauigkeit in der Regel keine Information mehr vorliegt.

- *EDV-technische Aufbereitung*: Fragen der Datenformate, der Kodierung und der Daten selbst (Maßstab, Projektion etc.) spielen eine Rolle, da an diesen Stellen Genauigkeitseinbußen auftreten.

- *Verfügbarkeit und Kosten*: Oftmals sprechen politische Gründe, Datenschutzgründe oder Kosten dagegen, Originaldaten zur Verfügung zu stellen. Eine Neuerfassung scheitert in den meisten Fällen an zu hohen Kosten.

Raumbezogene Daten weisen naturgemäß *räumliche Variationen* bestimmter Größenordnung auf. Wir nennen hier:

- *Positionsgenauigkeiten*: In Abhängigkeit von der Erfassungsmethode, der Gebietsgröße und der zu erfassenden Datenart ergeben sich unterschiedliche Genauigkeiten.

- *Inhaltsgenauigkeit*: Es stellt sich die Frage nach der Gültigkeit und Repräsentativität eines einem Objekt zugeordneten Attributes.

- *Natürliche Variation der Daten*: Meßfehler, Interpretationsfehler, Auflösung, Vergleichbarkeit und Reproduzierbarkeit von Meßergebnissen fallen in diesen Bereich.

4.5. ZUR QUALITÄT DER DATEN

Als weitere Fehlerquelle in Daten kommen *Verarbeitungsfehler* hinzu:

- *Rechenschärfe des Computers*: Dieser Themenbereich schließt Fehler ein, die von Rundungsfehlern über Folgen der Abbildbarkeit von ausgedehnten Gebieten auf den Zahlenbereich des Rechners bis hin zur Wahl ungeeigneter Formate zur Darstellung raumbezogener Daten reichen.

- *Fehlerhafte Annahmen*: Den meisten Datenverarbeitungsalgorithmen liegen Annahmen zugrunde, die von den wenigsten Daten erfüllt sind. Derartige Annahmen sind z.B.

    - gleichförmige Verteilung der Daten,
    - fehlerfreie Digitalisierung,
    - ebene Geometrie, d.h. Ignorieren der Verzerrungen durch Abbildung von Erdteilen auf eine Ebene,
    - scharf definierbare Abgrenzungen zwischen Objekten,
    - allgemein gültige Klassifizierung hinsichtlich der Objekte und der sie charakterisierenden Attribute.

- *Fehler in der Erfassung und Verarbeitung*: Fehlerhafte Klassifikation, Fehler durch Generalisierung oder Inter- bzw. Extrapolation sowie die Anwendung ungeeigneter Methoden auf bestimmte Datentypen führen zu unvorhersehbaren Fehlergrößen.

Beispiel 4.13 zur Kartiergenauigkeit:

Obwohl die Datenausgabe – also auch die Kartenform – erst in Band 2 behandelt wird, seien hier einige Angaben zur *Kartiergenauigkeit* gegeben, da diese neben der Digitalisierungsgenauigkeit wesentlichen Einfluß auf die erreichbare Genauigkeit beim Digitalisieren besitzt. Im allgemeinen kann man als Maß für die reine Kartier- oder Auftragsgenauigkeit von Hand als Punktgenauigkeit etwa 1/10 bis 1/20 mm angeben. Die größte Fehlerquelle ist der persönliche Fehler. Bei Verwendung von Zeichengeräten zur Erstellung der Karte zählt deren Auflösung als Kartiergenauigkeit; sie wurde in Kapitel 2 mit bis zu 1/100 mm für Qualitätszeichnungen mit Vektorplottern angegeben. Die Kartierung erfolgt somit sowohl manuell als auch automatisch in der Regel immer besser als der anschliessende Digitalisierschritt bei der sekundären Erfassung, so daß sich ausschließlich aus dessen Anteil die zu erwartende Genauigkeit abschätzen läßt. Dies schließt selbstverständlich gröbere Fehler in der Kartengrundlage sowie Kartenverzug u.a. aus.

4.5.3 Behandlung der Datenqualität in GIS

Während sich in den Normungsaktivitäten auf internationaler und nationaler Ebene erste Versuche der Standardisierung eines Qualitätsmodells andeuten, konzentrieren sich bisherige Forschungsarbeiten im wesentlichen auf die Behandlung geometrischer Datenqualität in GIS (R. BILL (1996). So behandelt z.B. M. GLEMSER (1992) verschiedene Ansätze wie Toleranzband, Wahrscheinlichkeits- und Fuzzy-Subsettheorie für geometrische Fragestellungen. K. KRAUS UND H. KAGER (1993) betrachten das Problem der Fehlerfortpflanzung durch die Flächenverschneidungsoperation. R. BILL UND P. KORDUAN (1998) untersuchen hierzu effiziente Lösungsstrategien sowie Methoden zur stochastischen Modellierung. K. KRAUS UND K. HAUSSTEINER (1993) stellen Visualisierungsansätze für die Genauigkeitaussagen im Punkt-im-Polygon-Problem dar. Ebenfalls mit Visualisierungsfragen zur Qualität von Oberflächenmodellen (DGM) setzt sich K. KRAUS (1994) auseinander. R. ROSCHLAUB (1996) beschreibt einen Ansatz zur Ableitung homogen transformierbarer Punktfelder auf der Basis von Thiessenpolygonen. Mit Beobachtungsunsicherheiten und der Bestimmung topologischer Relationen zwischen unscharf begrenzten Regionen beschäftigt sich S. WINTER (1996).

4.6 Datenverifikation

Definition 4.11 : *Als Datenverifikation bezeichnet man die Prüfung der Vollständigkeit, Zuverlässigkeit, Korrektheit und Eindeutigkeit der Datenerfassung und damit des GIS-Datenbestandes. Vollständigkeit besagt, daß alle interessanten Gegebenheiten der realen Welt in Geometrie, Topologie und Attributierung in das GIS als Objekte überführt sind. Korrektheit und Eindeutigkeit der Erfassung heißt, daß die Objekte lagerichtig in sich, in Beziehung zur Nachbarschaft korrekt und mit den zugehörigen beschreibenden Informationen abgelegt sind. Sowohl Überdefinitionen – Mehrfacherfassungen mit geringen Abweichungen – als auch Unterbestimmungen – fehlende Information, die im Original oder der Vorlage gegeben war – kommen vor und sind zu beseitigen; im ersten Fall ist eine Datenbereinigung dahingehend vorzunehmen, daß ein redundanzfreier Datenbestand entsteht, während im zweiten Fall die noch fehlende Information zu ergänzen ist.*

Die geometrische Qualität und die der gewünschten Anwendung zweckmäßige Qualität der Geometrie- und Sachdaten muß verifiziert werden. Die Datenverifikation stellt sich als ein großes Problem bei der Datengewinnung dar, ihr kommt aber im GIS höchste Bedeutung zu, da ein schlechter Datenbestand das GIS völlig wertlos und irreführend machen kann. Das von GIS-Nutzern gezeigte unkritische Verhalten gegenüber der Datenqualität kann in naher Zukunft zu enormem Nachbearbeitungsaufwand und hohen Kosten führen. Im Extremfall führt es zu einem nicht mehr nutzbaren Datenbestand.

Typische Datenfehler im GIS-Bereich sind z.B. nicht geschlossene Polygone bei flächenhaften Phänomenen, die doppelte Digitalisierung mit geringfügig unterschiedlicher Geometrie, unvollständige Attributeingaben, falsche Zuordnungen zu Layern und Objektklassen sowie nicht berücksichtigte topologische Grundbeziehungen. Die meisten dieser Fehler sind in einem intelligenten GIS durch das System selbst detektierbar und kontrollierbar. Jedoch existeren am Markt noch immer genügend Systeme, die nicht über derartige Funktionalitäten verfügen.

Sehr verschiedene Methoden der Verifikation existieren. Sie sind abhängig von dem erfaßten Datentyp (Vektor, Raster, Beschreibend), dem zur Verfügung stehenden Instrumentarium und der Kenntnis über das Objekt.

Einfachste Methoden der Verifikation bestehen bei der Digitalisierung z.B. darin, den erfaßten Datenbestand auf transparenter Folie auszuzeichnen und nach Übereinanderlegen mit der Digitalisiervorlage visuell systematisch den Vergleich vorzunehmen. Fehler werden markiert und anschliessend nachbearbeitet. Automatische Prüfroutinen lassen sich z.B. entwickeln, um geometrisch-topologische Beziehungen zu verifizieren, so z.B. Minimalanforderungen an Linien und Polygone. Für alphanumerische Daten können kleinere Programme geschrieben werden, die Grobtests im Datenbestand durchführen. Diese prüfen z.B. die Korrektheit dahingehend, daß nur Zahlen vorkommen (bei Koordinateneingabe), bestimmte Wertebereiche eingehalten sind (minimale und maximale Gebietsausdehung, Attributdomänen usw.). Zur Prüfung der Zuordnung geometrisch-topologischer Daten und beschreibender Daten können Routinen entwickelt werden, die zu jedem Objekt das Vorhandensein von räumlichen und beschreibenden Daten prüfen. Grobe Fehler lassen sich mit derart einfachen Prüfroutinen aufspüren, sofern das GIS gewisse topologische Grundkenntnisse umsetzt.

Für die Verifikation digitaler Geländemodelle eignet sich z.B. die Ausgabe von Perspektiven oder Höhenlinien, in denen gröbere Höhenfehler relativ leicht erkennbar sind. Einfache Filtermethoden (minimale und maximale Geländehöhe, analytische Funktionen, Nachbarschaftsanalysen) können als Hintergrundprozesse den Datenbestand untersuchen. Bei Arbeiten am analytischen Plotter ersetzt die Einspiegelung, bei digitalen Plottern die Überlagerung den oben beschriebenen Prozeß des Auszeichnens und Überlagerns direkt während der interaktiven Arbeit. Bei Monoeinspiegelung kontrolliert man direkt die Vollständigkeit der Erfassung, bei Stereoeinspiegelung vollständig die 3D-Geometrie und Geländebeschreibung z.B. durch Einspiegeln von aus dem DGM abgeleiteten Höhenlinien. Eine generelle Beurteilung der Qualität des DGM geben z.B. sogenannte 'True Error Points' oder hochgenaue Testprofile, also Sollhöhen, an denen ein Vergleich der vorgegebenen Höhe mit der aus dem DGM abgeleiteten Höhe erfolgt.

4.7 Datenfortführung

Definition 4.12 : *Datenaktualisierung resp. Datenfortführung ist der andauernde Vorgang, mit dem der digitale Datenbestand den laufenden Veränderungen der erfaßten Objekte in der realen Welt angepaßt wird.*

Der GIS-Datenbestand kennt meist jeweils nur einen eindeutigen Zustand der Sicht der realen Welt. Ausnahmen sind Anwendungen im Umweltbereich oder bei historischen Untersuchungen. Der GIS-Datenbestand verliert rasch an Wert, wenn er nicht permanent aktualisiert und fortgeführt wird. Von daher ist eine

Datenfortführung weniger im Sinne von Versionenverwaltung zu sehen, welches eher im CAD-Bereich anzusiedeln ist, sondern sorgt dafür, daß stets der aktuellste Zustand in der Geodatenbank vorhanden ist. Der Bedarf an Nachführung der Daten aufgrund zeitlicher Veränderungen ist sehr verschieden je nach Objektarten, die im GIS verwaltet werden. Während geologische oder administrative Datenbestände eher langfristige Fortführungszyklen besitzen, ändern sich die Landnutzung oder die Eigentumsverhältnisse häufiger. Dies reicht in Umweltanwendungen bis hin zu Fortführungszyklen in wenigen Stunden, wenn Originalmeßdaten aktuell zu halten sind (vgl hierzu Band 2 Kapitel 5).

Die Datenfortführung ist ein zeitintensiver interaktiver Prozeß, der manchmal länger als die Urerfassung selbst dauern kann. Als Problem ist anzusehen, inwieweit der Einfluß von Fortführungsaktionen nur lokale Auswirkung besitzt. Dies ist abhängig vom Datentyp. Die Aktualisierung von Vektordaten hat größeren Einfluß auf die Daten in der lokalen Umgebung als dies bei Änderungen an Rasterdaten oder beschreibenden Daten der Fall ist.

Bei flexiblen und mehrfach genutzten Datenbeständen bedingt eine Fortführung jedoch, daß alle nutzenden Stellen diese Daten und die daraus abgeleiteten Daten ebenfalls fortführen. Beispielsweise muß ein Versorgungsunternehmen, welches seine Leitungen auf Basis der amtlichen Katastergeometrie im Sinne eines Sekundärnachweises führt, sich mit der Vermessungsverwaltung über die Fortführungsprozedur und den Fortführungszyklus einigen. Analog gilt dies für ein Umweltinformationssystem, welches auf der vorhandenen ATKIS-Geometrie aufbaut. Die Anforderungen zu Aktualisierungsraten reichen dabei teilweise von Echtzeit bis zu langen Zeiträumen, also z.B. einmal pro Jahr. Die Form der Fortführung kann durch Austausch von Datenbeständen via CD-ROM oder immer mehr via Internet erfolgen.

Wesentliche Funktionalitäten des GIS zur Datenfortführung sind die interaktiven Editierfunktionen (vgl. Abbildung 3.18) wie Bewegen, Drehen, Löschen, Einfügen, Dehnen oder Kürzen, Verschmelzen, Auftrennen usw., die sowohl auf Geometrie-, Topologie- als auch beschreibende Daten Anwendung finden.

4.8 Schritte zur Datenerfassung

Angesichts der Bedeutung der Daten wurde dem Aspekt der Planung und der Kosten der Datengewinnung bisher recht wenig Aufmerksamkeit geschenkt. Dabei sind dies die ersten Schritte nach Beschaffung und Implementation eines GIS im Unternehmen (s. auch F.J. BEHR (1998)).

4.8.1 Zur Planung der Datengewinnung

J. DANGERMOND U.A (1987) geben in J. RIPPLE (1987) einen guten Überblick zum Ablauf von der Datenbeschaffung bis zur Datenerfassung. Danach gliedert

4.8. SCHRITTE ZUR DATENERFASSUNG

sich der Gesamtablauf in mehrere Phasen, die sich in ähnlicher Form auch in der Honorarordnung für Architekten und Ingenieure (HOAI, 1996) finden:

- Die Informations-Bedarfseinschätzung (*Ist-Analyse, Sollkonzept*) behandelt die Fragen nach dem Datenbestand

    - Welche Daten (Karten, Pläne, Karteien, Listen, Verzeichnisse usw.) existieren?
    - Wo existieren diese Daten?
    - Wie aktuell sind diese Daten?
    - In welcher Form existieren diese Daten?

    und dem zusätzlichen Datenbedarf

    - Welche Daten werden zusätzlich benötigt?
    - Wo und wie sind diese Daten erhältlich?

    sowie nach den Daten, die sich durch die Verarbeitung ergeben sollen:

    - Welche Daten werden zur Erledigung der Aufgaben präsentiert?
    - In welcher Form (Häufigkeit, Umfang) werden diese Daten benötigt?
    - Wer benötigt und wer nutzt diese Daten?
    - Wie werden diese Daten genutzt?

Methodisch werden zur Erstellung einer solchen Gesamtinventur – der Ist- und Sollanalyse – Interviews durchgeführt, Arbeitsdokumentationen gelesen, das Projektgebiet inspiziert und der Informationsbedarf und der Datenfluß evaluiert. Das Ergebnis kann graphisch in einer *Darstellung der Nutzungshäufigkeiten* repräsentiert werden.

- Die Sammlung und *Evaluation der Datenquellen* und Erfassungsmethoden dient

    - dem Zusammentragen aller Datenquellen und Erfassungsmethoden,
    - der Prüfung der Qualität (Gebietsbedeckung, Alter, Genauigkeit etc. vgl. Datenqualität in diesem Kapitel) der Ausgangsdaten oder Erfassungsmethoden,
    - der Prüfung der Bedeutung, Eignung und dem Nutzen der Datenquellen oder Erfassungsmethoden und
    - der Ableitung von Metainformation zur Beschreibung der Daten (vgl. Band 2 Kapitel 5).

Methodisch sind vor Ort eventuell Erkundungen durchzuführen, die geeignetesten Daten bei Mehrfachdaten auszuwählen, Objektarten zu katalogisieren und zu gruppieren sowie fehlendes Datenmaterial zu beschaffen. Die datenverarbeitungstechnischen Gegebenheiten und Schwachstellen sind aufzudecken sowie Mengengerüste zu erstellen. Geeignete Systeme sind zu benennen. Dieser Schritt resultiert im Zusammenstellen von Arbeitsabläufen, Auswertemethoden und -formularen und dergleichen, nach denen die spätere Erfassung dann systematisch durchgeführt werden kann.

Beim Zusammenspielen heterogener Datenbestände für eine interoperable Nutzung sind im wesentlichen die Schritte der geometrisch-topologischen Harmonisierung, der Vereinheitlichung der semantischen Sicht und die Schaffung eines einheitlichen Zeit- und geodätischen Referenzssystems zu lösen.

- Die *Datenmodellierung* unter Berücksichtigung der beiden vorangegangenen Schritte bildet Daten und Sollkonzept in einem Datenbankentwurf für ein bestimmtes GIS ab, nach dem anschließend die Datenerfassung, -verwaltung, -analyse und -ausgabe erfolgt. Sie schließt die logische Strukturierung der Objektarten (Katalogisierung) und deren Verknüpfungen ein.

- Die eigentliche *Datenerfassung* erfolgt meist als Kombination der in diesem Kapitel aufgeführten originären und sekundären Erfassungsmethoden.

Selbstverständlich erbringen diese Einzelschritte keine statischen Ergebnisse. Permanente Aktualisierungen an allen Stellen sind mit zunehmender Erkenntnis über die Datenquellen, Methoden und Arbeitsabläufe nötig.

4.8.2 Zur Abschätzung der Kosten der Datenerfassung

Um realistische Abschätzungen für Aufwand und Kosten der Datenerfassung zu erhalten, können zwei Ansätze verfolgt werden. Zum einen gilt es, den Zeitaufwand zur Erfassung genauer zu spezifizieren und mit den Arbeitskosten zu multiplizieren. Hierzu können die in den vorangegangenen Kapiteln eingeflossenen Beispiele Hilfestellung geben über die prozentuale Aufteilung der Erfassungsarbeiten.

Zum anderen können Abschätzungen der zu erwartenden Datenmengen nützlich sein. Als *Mengengerüst* definieren wir hier die für das Gesamtprojekt zu erwartenden geometrischen Elemente, Objekte und deren Attribute sowohl in Anzahl als auch in Speichereinheiten. Weitere nützliche Angaben sind die Gebietsgröße, die Themenbereiche u.a. Diese Grundeinheiten werden mit Werteinheiten kapitalisiert und gestatten so eine genauere Eingrenzung der Kosten.

Zur Abschätzung des *Zeitaufwandes* und/oder Mengengerüstes empfiehlt sich – sofern keine Informationen und Erfahrungen aus eigenen oder anderen Projekten vorliegen – die Durchführung eines kleineren Pilotprojektes – einzelnes charakteristisches Kartenblatt oder prozentuale Anteile des Gesamtgebietes – unter den später der Gesamterfassung zugrundeliegenden Bedingungen. Aus den ermittelten Daten wie

- Anzahl Punkte/Linien/Flächen/Objekte/Attribute pro Kartenblatt oder km^2,
- Zeitaufwand pro Kartenblatt oder km^2,

können Hochrechnungen für das Gesamtgebiet erstellt werden. Für Datenerfassungen ähnlicher Kartenarten können Ansätze, wie wir sie in Auszügen in diesem Kapitel präsentiert haben, eventuell übertragen werden. Daraus lassen sich dann Kosten der Datengewinnung ableiten. Ausführliche Beispiele zu solchen Berechnungen bei der Einrichtung von Geo-Informationssystemen finden sich in der HOAI (1996).

4.9 Zusammenfassung

Die Datenerfassung ist der erste wesentliche Schritt zur sinnvollen Nutzung der GIS-Technologie. Der digitale Datenbestand ist nach sehr hohen Qualitäts- und methodischen Ansprüchen zu gewinnen. Die gängigen originären Erfassungsmethoden wie Vermessung und Photogrammetrie resultieren in Genauigkeiten im cm-dm Bereich. Neue Erfassungsmethoden wie mobiles GPS und die hochauflösenden Satellitensensoren zielen teilweise in den cm-m-Bereich. Sekundäre Erfassungsmethoden überwiegen aber noch immer wegen der Vielzahl vorhandener Karten, Karteien und sonstiger analoger alphanumerischer Datenquellen. Jedoch sind Methoden wie das manuelle oder automatische Digitalisieren i.d.R. weniger genau und weniger aktuell. Daneben existieren eine Vielzahl datenabhängiger, fachspezifischer Erfassungsmethoden, die in diesem Kapitel gestreift wurden. Erfreulich ist die heute vermehrte Verfügbarkeit digitaler Daten, die den GIS-Markt weiter vorantreiben wird.

Die Anforderungen an die Erfassung genauer, gut strukturierter Daten stellt bereits den Einstieg in die Datenmodellierung dar, die in den folgenden Kapiteln behandelt wird. In die Datenerfassung fließt das der Anwendung zugrundeliegende Datenmodell mit ein. Hier wird die Basis für die Datenqualität und Mehrfachnutzbarkeit der Daten gelegt.

4.10 Aufgaben

4.10.1 Nennen Sie die gängigen Originär- und Sekundärdatenerfassungsmethoden. Vergleichen Sie diese Datenerfassungsmethoden hinsichtlich ihrer Eignung und Bedeutung für Geo-Informationssysteme.

4.10.2 Zur Erfassung eines Gebietes von etwa 100 km^2 soll eine geeignete Erfassungsmethode vorgeschlagen werden, mit der Genauigkeiten im dm-Bereich erreicht werden können. Für dieses Gebiet existieren sowohl Karten im Maßstab 1:1.000 als auch Luftbilder im Bildmaßstab 1:3.000. Das Unternehmen, welches die Datenerfassung durchführen soll, verfügt über eine sehr gut ausgestattete Vermessungsabteilung (Vermessungsgeräte, photogrammetrische Arbeitsstationen, Digitalisiertische). Begründen Sie ihre Entscheidung.

4.10.3 Welche Methoden der Datenverifikation gibt es für die Erfassung digitaler Geländemodelle ?

4.10.4 Welche Datenquellen eignen sich z.B. als Hintergrunddaten für ein bundesweit agierendes Unternehmen, welches seine Standorte und thematisch-statistische Auswertungen der Betriebsdaten präsentieren will? Auf welcher Rechnerkategorie und unter Zuhilfenahme welcher Softwarebausteine kann diese Aufgabenstellung des Unternehmens durchgeführt werden?

4.10.5 Diskutieren Sie Eigenschaften von Karte und Luftbild als Repräsentanten der realen Welt.

4.10.6 Vergleichen Sie die Genauigkeiten einer Digitalisierung mit der Kartierung am Beispiel einer topographischen Karte im Maßstab 1:25.000. Welche weiteren Aspekte sind in diesem Vergleich zu berücksichtigen?

4.10.7 Gegeben ist der nachfolgende Ausschnitt einer Katasterkarte. Stellen Sie die möglichen Bedingungen zusammen. Hierbei sind durchaus alternative Vorgehensweisen möglich.

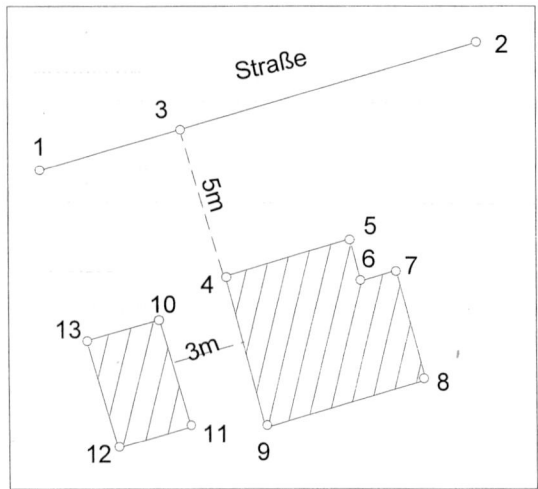

Abbildung 4.14: Bedingungen an Objekten.

Kapitel 5

Datenmodellierung

5.1 Einführung

Die Abbildung der verschiedenartigen Ausgangsdaten (Vektor-, Raster- und Sachdaten) in raumbezogene Datenbanken erfordert eine geeignete und systematische Datenmodellierung. Mit Hilfe von Datenmodellen können die Daten in verschiedenen logischen Ebenen geordnet dargestellt werden. Im einfachsten Fall stellen sich Beziehungen zwischen Daten in der Form von Knoten- und Kantenlisten dar, die bereits gewisse komplexe Fragestellungen zulassen. Eine vollständige Datenstrukturierung führt zu einer *Dreiebenen-Hierarchie*, wobei die unterste Ebene die Metrik enthält, die i.d.R. durch die Koordinaten gegeben ist, die mittlere Ebene die Topologie aufnimmt, und die oberste Ebene die semantische Bedeutung des raumbezogenen Objekts wiedergibt.

Definition 5.1 : *Ein Datenmodell beschreibt die grundlegenden Eigenschaften, die für alle Erscheinungen einer bestimmten (fachbezogenen) Sicht auf die Wirklichkeit eine einheitliche Abbildung erleichtern. Es bestimmt die grundsätzlichen Strukturen, die Beziehungen, die prinzipiell möglich sind, und die Eigenschaften, die zugeordnet werden können. Im Modellierungsprozeß werden für die fachlich notwendigen Erscheinungen der Wirklichkeit im Rahmen der grundlegenden Vorgaben des Datenmodells detaillierte Festlegungen getroffen. Diese Festlegungen enthalten alle Definitionen und Beschreibungen von Inhalt, Struktur und Regeln, die auf Daten über die Erscheinungen der Wirklichkeit angewendet werden können (http://www.adv-online.de).*

Gemäß der Objektbeschreibung in Kapitel 1, S. 13, kann jedes Objekt der realen Welt durch einen *geometrischen* und einen bestimmten *thematischen* Aspekt dargestellt werden. Aus diesem Grund ist hier in das geometrisch-topologische und das thematische Modellieren von Daten einzuführen.

Die Grundlagen zur Datenstrukturierung bilden die geometrischen und thematischen Datenmodelle. Bereits bei der Datenerfassung sind die Daten durch vorgegebene thematische Charakteristika entsprechend zu kodieren; dieses ist in vielen Fällen jedoch nicht ausreichend und führt zu unvollständig strukturierten Daten. Gleichsam liegen vielfach nicht strukturierte Daten vor, so daß im nachhinein die Daten hinsichtlich ihrer geometrisch-topologischen und thematischen Bedeutung zu ordnen sind.

In der Vergangenheit sind verschiedene *geometrische Datenmodelle* entwickelt worden, die sich überwiegend an graphischen Kartendarstellungen orientierten und daher nur eine beschränkte Leistungsfähigkeit aufweisen. Dabei handelt es sich in erster Linie um Linien- und Flächenmodelle, wie sie z.B. durch DIME (J.P. CORBETT (1979)) und TIGER (R.W. MARX (1989)) des *U.S. Bureau of the Census* gegeben sind, auf die wir an späterer Stelle nochmals zurückkommen. Aus heutiger Sicht ist die geometrische Modellbildung ein wesentlicher Faktor, der alle Modellansätze zur Quantifizierung der Daten berücksichtigen sollte. So kann es durchaus angebracht sein, Flächenmodelle um parametrische Objektbeschreibungen zu ergänzen, wenn beispielsweise in der Perspektivdarstellung eines digitalen Geländemodells auch einfache Bauwerke visualisiert werden sollen. Aus diesem Grund können häufig verschiedene Ansätze gemeinsam zu einem geometrischen Modell in der raumbezogenen Datenhaltung beitragen.

In der *thematischen Modellierung* hat sich mittlerweile die Objektklassenbildung und Objekthierarchie als *ein* mögliches Modell durchgesetzt. Auf dieser Grundlage ist z.B. der *Objektschlüsselkatalog (OSKA)* der ALK oder der *Objektartenkatalog (ATKIS-OK)* in ATKIS entstanden.

Die thematische Objektmodellierung führt zu dem sogenannten *räumlichen* Modell, in dem der Anwender das Objekt explizit hinsichtlich seiner thematischen Ausdehnung und Abgrenzung festlegt. Die Abbildung des vom Anwender vorgegebenen Objekts in festgelegte Datenstrukturen geschieht im *konzeptionellen* Modell: Hier sind in erster Linie das geometrische Modellieren des Objekts sowie die Festlegung der thematischen Hierarchie einzuordnen. Als weitere Stufen der raumbezogenen Datenhaltung können das *logische* und das *physikalische* Datenmodell genannt werden, auf die im nächsten Kapitel näher eingegangen wird. Dort erfolgt die eigentliche Datenverwaltung in einem Datenbankverwaltungssystem, das auf Tabellen-, Baum- und Listenstrukturen als physikalische Organisationsform aufsetzt. Mit der zuvor aufgezeigten Modellunterscheidung ist die Datenmodellierung in Geo-Informationssystemen generell durch ein *Vierschalen-Modell* festzulegen; dies wird mit der Abbildung 5.1 angedeutet. Das Vierschalen-Modell bildet gleichzeitig die Interdisziplinarität ab, die in Geo-Informationssystemen zwangsläufig gegeben ist. So kann z.B. ein Geologe oder ein Geograph das ihn interessierende Objekt hinsichtlich seiner thematischen Ausdehnung umfassend beschreiben; es mag ihm jedoch die Grundlage zur Datenstrukturierung fehlen. Diese ist von dem *Geo-Informatiker* bereitzustellen, der das Bindeglied zwischen der Anwendung und der reinen Informatik darstellt. Der Informatiker kennt die Datenbanken und die entsprechenden Zugriffsmechanismen, so daß er innerhalb

5.1. EINFÜHRUNG

des logischen und physikalischen Datenmodells arbeiten kann. Damit ist explizit die *Verzahnung* verschiedener Fachdisziplinen aufgezeigt.

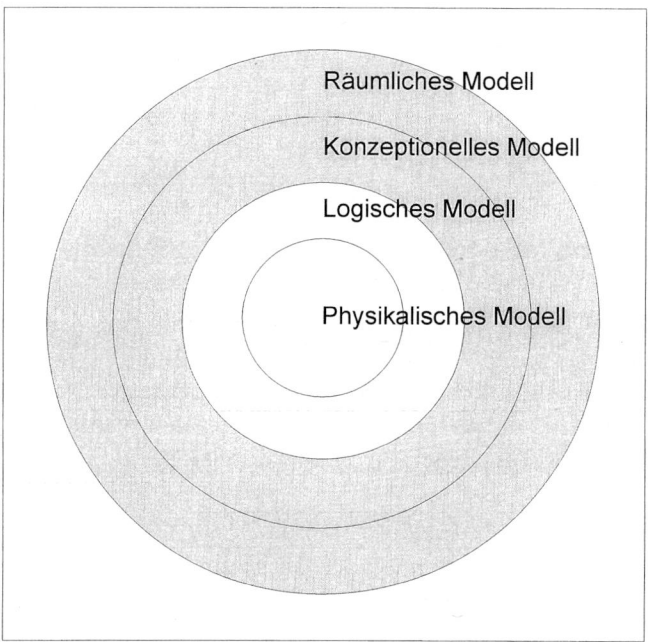

Abbildung 5.1: Vierschalen-Modell der raumbezogenen Datenhaltung

5.1.1 Ungeordnete raumbezogene Daten

Werden die erfaßten Geometriedaten lediglich in Koordinatendateien oder Bildmatrizen vorgehalten, so liegt keinerlei oder nur rudimentäre Information über logische Zuordnungen der Nachbarschaft vor. In diesem Fall erfolgt die Datenhaltung rein *punktuell*, d.h. es kann lediglich eine *Punktwolke* durch die Position ihrer Punkte – z.B. Koordinaten oder Zeilen- und Spaltennummer der Bildmatrix – geometrisch konstruiert werden. Somit lassen sich nur Punktobjekte geometrisch definieren, wobei jedem Objekt ein Koordinatentupel oder -tripel bzw. die Pixelposition zugeordnet ist (vgl. Abbildung 5.2).

Die thematische Beschreibung des Punktobjekts durch zugeordnete thematische Attribute ist strukturell sehr einfach: Dem geometrischen Punkt als Vektorgröße können Punktnummern, Buchstaben und verschiedene Attribute qualitativer Art zugeordnet sein, dem Rasterelement sind entsprechend verschiedene Grauwerte sowie weitere thematische Punktdaten zugeordnet. Da die geometrischen Punktdaten keine gegenseitigen Beziehungen oder Strukturen wiedergeben, kann auf ihrer Grundlage keine Zuordnung von Attributen erfolgen, die sich auf Linien oder Flächen beziehen.

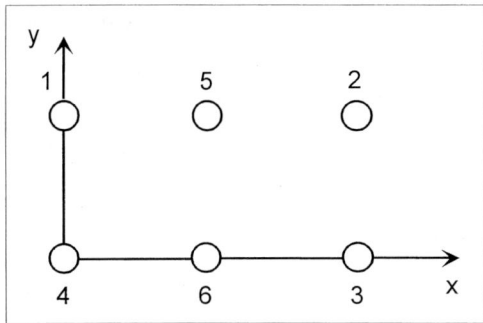

Abbildung 5.2: Ungeordnete Geometriedaten

Die Attribute (Sachdaten) liegen meist in der Form von Tabellen vor. Im ungeordneten Zustand gibt es keinerlei Verbindungen zwischen diesen Tabellen; ebenso weisen die Tabellen unterschiedliche Ausdehnungen auf, d.h. zur Abspeicherung in Datenbanksysteme müssen *Normierungen* durchgeführt werden, um einheitliche Dimensionen bzgl. der Tabellengröße zu gewährleisten.

Beispiel 5.1 zu ungeordneten Sachdaten:

Es seien ungeordnete Sachdaten aus dem Bereich der Geographie gegeben. Die Strukturierung der Daten kann in diesem Beispiel in der richtigen Kategorisierung in Länder, Sprachen und Städte bestehen.

> Frankreich, Italien, Deutsch, Rom, Berlin, Paris, Lyon, Deutschland, Frankfurt, Franzoesisch, Muenchen, Marseille, Italienisch, Mailand, Turin

⇓

> A1 Laender: Frankreich, Deutschland, Italien
> A2 Sprachen: Deutsch, Italienisch, Franzoesisch
> A3 Staedte: Rom, Berlin, Paris, Lyon, Frankfurt,
>   Muenchen, Marseille, Mailand, Turin

Spaghetti-Daten

Die erste und einfachste Form einer Datenstruktur bildet die Datenorganisation von Vektordaten in sogenannter *Spaghetti-Form*. Dabei werden einer definierten Punktfolge sequentiell die Koordinatentupel oder -tripel der Knick- bzw. Einzelpunkte angehängt – es entstehen lange, dünne Datenlisten (wie Spaghettis). Eine logische Zuordnung ist dabei nur rudimentär durch die Sequenz gegeben, d.h. gleiche Koordinaten für verschiedene Objekte sowie Koordinaten für einen im Linienpolygon mehrfach auftretenden Punkt sind dabei entsprechend der Punktfolge

5.1. EINFÜHRUNG

explizit vorzuhalten. Dadurch treten Redundanzen auf, die ggfs. viel Speicherplatz erfordern und bzgl. der Konsistenz die Fortführung der Daten erschweren.

In der Abbildung 5.3a sind zwei Ringpolygone dargestellt und mit den zugehörigen Listen in Abbildung 5.3b als Spaghettis alphanumerisch wiedergegeben. Dabei zeigt sich die Redundanz der Punktobjekte 1,2,5 und 6, die in beiden Listen mehrfach auftreten.

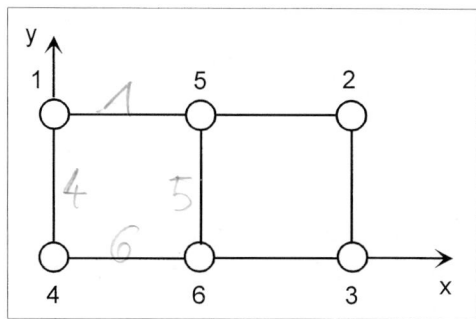

Abbildung 5.3a: Graphische Darstellung zweier Linienobjekte

```
Objekt: Linie 1,5,6,4,1      Objekt: Linie 2,3,6,5,2
x1,y1                         x2,y2
x5,y5                         x3,y3
x6,y6                         x6,y6
x4,y4                         x5,y5
x1,y1                         x2,y2
```

Abbildung 5.3b: Beschreibung zweier Linienobjekte als Spaghettis

Werden vermittels Spaghetti-Strukturen lediglich *Linienobjekte* erzeugt wie z.B. Gewässer oder generalisierte Verkehrsverbindungen, so bezeichnet man diese spezielle Struktur als *linienkonsistent*. Eine Erweiterung der Objektdefinition hinsichtlich einer Flächenbildung führt zu den *umrißkonsistenten* Spaghetti-Strukturen (A. FRANK UND B. STUDEMANN (1983)). Weitere Betrachtungen zu Spaghetti-Daten sind in D. FINDEISEN (1990) zu finden.

5.1.2 Ordnen raumbezogener Daten

Die Leistungsfähigkeit eines Geo-Informationssystems ist entscheidend von einer effizienten Datenorganisation abhängig. Dies bedingt umfangreiche Überlegungen zur Festlegung von geeigneten *Datenstrukturen*, um den Informationsgehalt der Daten voll auszuschöpfen und effizient auf ihnen operieren zu können. Aus heutiger Sicht ergeben sich topologisch-orientierte Datenstrukturen, die bereits den topologischen Grundprimitiven verschiedene thematische Bedeutungen zuordnen können. So belegt eine Stadt bei einer großmaßstäblichen Beschreibung eine Fläche, während bei einer Generalisierung zu einer anderen Aggregationsebene – z.B. bei einer kleinmaßstäblichen Wiedergabe – diese Fläche zu einem Punkt zusammenschrumpfen kann.

Von einer leistungsfähigen Datenstruktur wird daher eine hohe Flexibilität bezüglich der Objektdefinition, der Objektrelation und des Datenzugriffs im Rechner erwartet. Generell gelten für die Strukturierung von raumbezogenen Daten die folgenden Bedingungen:

- Objekte mit gemeinsamer Charakteristik sind in *Objektklassen* zusammenzufassen.

- Objekthierarchien sollten in *Baumstrukturen* organisiert sein. Alternativ zur Hierarchie sind auch Vernetzungen zuzulassen, die dann zu *semantischen Netzen* (vgl. Band 2 Kapitel 5) führen.

- *Wachsen* und *Ändern* muß zugelassen werden.

- Möglichkeit des effizienten *Zugriffes* auf beliebige Objekte und Relationen.

Mit diesen Vorgaben ergeben sich im Vergleich zu einfachen Dateien zwangsläufig neue Organisationsformen für raumbezogene Daten, die innerhalb des räumlichen und konzeptionellen Modells herauszuarbeiten sind und die im Rechner physisch realisiert werden müssen.

5.2 Geometrisches Modellieren

Das *geometrische Modellieren* von raumbezogenen Objekten bildet den Ausgangspunkt der in der Einleitung zu diesem Kapitel angesprochenen Dreiebenen-Hierarchie. Hierzu dienen die

Definition 5.2 : *Unter geometrischem Modellieren versteht man die Beschreibung, Bearbeitung und Speicherung der zugrundeliegenden Geometrie von raumbezogenen Objekten, indem analytische und approximierende Verfahren eingesetzt werden.*

Die obige Definition soll sich nur auf die Geometrie des Raumes (Position), nicht jedoch auf die Geometrie der Lage (Topologie) beziehen, wenngleich diese vielfach implizit mit angesprochen wird. Im folgenden lehnen wir uns an die Ausführungen von A. MEIER (1986) an, der die wichtigsten Methoden zur Modellierung geometrischer Problemstellungen zusammengestellt hat. Da dies überwiegend aus der Betrachtungsweise eines CAD-Systems erfolgt, sind aus Gründen der Allgemeinheit dreidimensionale Modelle vorausgesetzt. Eine Einschränkung auf zwei Dimensionen ist allerdings unproblematisch, so daß für die

5.2. GEOMETRISCHES MODELLIEREN

in Geo-Informationssystemen vielfach vorkommenden planimetrischen Objekte die gleichen Betrachtungen gelten.

Gemäß der gegebenen Definiton kann beim Modellieren von 3D-Objekten unterschieden werden in:

- *Analytische Verfahren*, die auf Flächengleichungen oder Standardvolumen beruhen

- *Approximierende Verfahren*, die auf Interpolationen oder Approximationen in finiten Elementen aufbauen.

Innerhalb der vektororientierten graphischen Datenverarbeitung wird grundsätzlich in *Linien* oder *Kanten*, *Flächen* oder *Maschen* und *Volumen* oder *Körper* unterschieden. Daraus ergeben sich beispielsweise die drei wichtigsten Modellansätze des CAD-Bereichs, nämlich das:

- *Kanten- oder Drahtmodell*, welches Objekte durch geradlinige oder gekrümmte Verbindungen von Punkten (Knoten), die in der Menge V der Daten enthalten sind, beschreibt, also $E = E(V)$, mit E als Menge der Verbindungslinien. Es enthält in der Grundform keine Information über Flächen und Volumina.

- *Flächen- oder Maschenmodell*, welches Objekte durch analytische (Standard-, Rotations-, Translations- oder Regelflächen) sowie approximierende Flächen (Bezier-, Coons- oder Splineflächen) definiert. Dabei sind analytisch nicht einfach beschreibbare Flächen durch die Angabe von Stützinformation (Stützpunkte, Kanten, etc.), Tangentenvektoren und Krümmungseigenschaften zu approximieren. Dies führt zu der Beschreibung $S = S(E, V)$ als Menge der Flächenelemente.

- *Volumen- oder Körpermodell*, in dem Objekte durch Standard- oder Profilkörper oder durch Boolesche Ausdrücke über Primitivzellen angegeben werden. Der funktionale Ansatz lautet: $B = B(S, E, V)$. B ist die Menge der Volumen- oder Körpermodelle.

In der Abbildung 5.4 sind diese drei Modellansätze am Beispiel eines Würfels wiedergegeben. Die funktionale Beschreibung der vier Modelle zeigt, daß durch die Benutzung von Kanten und Grenzflächen zur geometrischen Wiedergabe räumlicher Objekte die Dimensionen der Darstellungsprimitive um jeweils einen Freiheitsgrad reduziert werden können. Entsprechend diesen Betrachtungen lassen sich *topologische Grundprimitive* einführen: Es sind dies p Punkte (Knoten) V_j, l Linien (Kanten) E_k und f Flächen (Maschen) S_m, mit denen 3D-Objekte beschrieben werden können. Jedes dieser Modelle hat Vor- und Nachteile, die sich anhand der folgenden Kriterien beurteilen lassen:

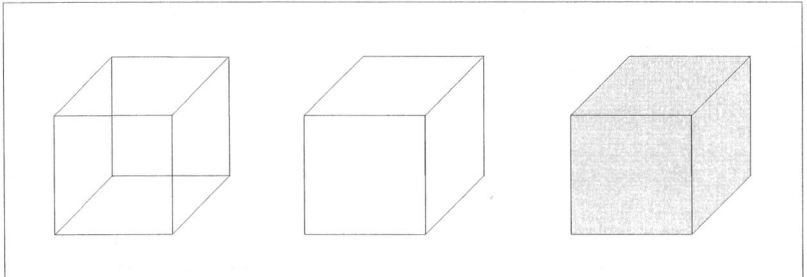

Abbildung 5.4: Kanten-, Flächen- und Volumenmodell eines Würfels

- Definitionsbereich: Menge der Objekte, die zur Darstellung zu erklären sind.
- Wertebereich: alle syntaktisch und semantisch korrekten Darstellungen.
- Vollständigkeit: alle Darstellungen, die wenigstens einem Objekt entsprechen.
- Eindeutigkeit: jedes Objekt besitzt nur *eine* Darstellung.
- Effizienz: Komplexität für die Algorithmen, Rechenzeit und den Speicherbedarf.

In der Computergraphik sind zur Quantifizierung von dreidimensionalen Objekten aus den zuvor genannten *drei* Modellierungsansätzen des CAD mindestens *fünf* Darstellungsformen entstanden, auf die im einzelnen näher einzugehen ist. Eine Überführung von einer Darstellungsform in eine andere ist nicht immer möglich. Von den beschriebenen fünf Ansätzen finden im wesentlichen in GIS die Randbeschreibung und das Enumerationsverfahren ihren Einsatz.

Die Anwendung dieser Datenmodelle soll beispielhaft an einem Haus demonstriert werden, welches sich aus dem Grundkörper und dem Dachkörper zusammensetzt (vgl. Abbildung 5.5).

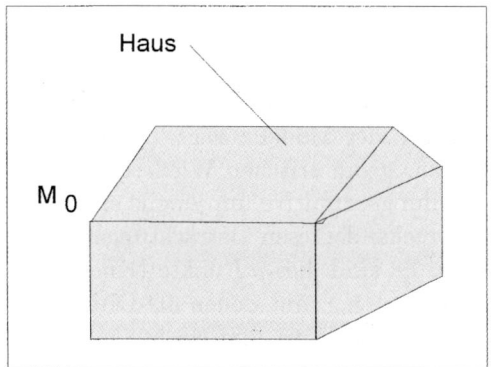

Abbildung 5.5: Reales raumbezogenes Objekt

5.2. GEOMETRISCHES MODELLIEREN

5.2.1 Parametrisierte Darstellung

Die *parametrisierte Darstellung (primitive instancing)* charakterisiert jedes Element der Objektfamilie durch eine feste Anzahl von Parametern wie z.B. Länge a, Breite b, Höhe h, Tiefe c und Radius r. Jedes Objekt wird somit durch die fünf Parameter (a, b, c, h, r) beschrieben. Diese Darstellungsform eignet sich besonders gut für eine Variantenkonstruktion, z.B. reines Vergrößern. Nach Bedarf ist auch der Werte- und Definitionsbereich erweiterbar. Die Darstellungsform kann bei entsprechender Parameterwahl auch eindeutig und vollständig sein. Ihre Vorteile liegen in der Standardisierung und Katalogisierung von Formen, welches für den CAD-Bereich wichtiger erscheint als für ihren Einsatz innerhalb der Geo-Informationssysteme. Diese Parameter müssen nicht notwendigerweise innerhalb der Geometrie abgespeichert sein, sondern können auch als Objektattribute aufgefaßt und der Thematik zugeordnet werden.

Vermittels der parametrisierten Darstellung läßt sich ein Haus über dessen Grundfläche (Parameter a, b) mit Hilfe weiterer Parameter wie Dachtraufenhöhe c und der Höhe des Dachfirstes $c + h$ vollständig beschreiben, welches Abbildung 5.6 zeigt. Die Zusammenfassung dieser Parameter kann mit den Hilfsmitteln der Mengenlehre erfolgen. Bei diesem Beispiel ist grundsätzlich in die beiden Elementarmengen M_I und M_{II} aufzuteilen, in denen die Parameter als Elemente auftreten.

$$M_0 = M_I \cup M_{II} \left\{ \begin{array}{l} M_{II} = \{a, b, h\} \\ M_I = \{a, b, c\} \end{array} \right\}. \tag{5.1}$$

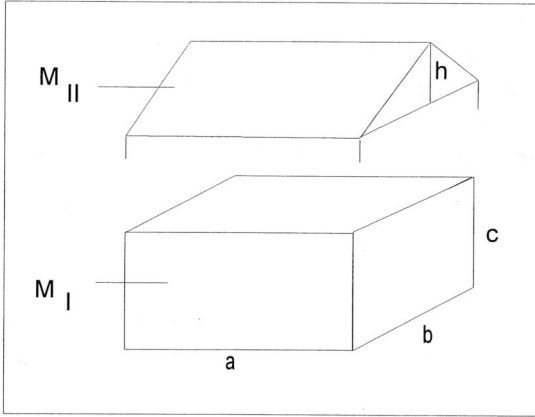

Abbildung 5.6: Haus in parametrisierter Darstellung

5.2.2 Enumerationsverfahren

Das *Enumerationsverfahren (spatial occupancy enumeration)* beschreibt ein 3D-Objekt durch eine Menge von gleichförmigen Raumzellen. Der Darstellungsraum ist in der Regel durch ein festes Raumgitter definiert oder es werden gleichförmige

Zellen zu größeren Blöcken zusammengefaßt. Beim Enumerationsverfahren sind Definitions- und Wertebereich abhängig von der Größe und Form der Raumzellen. Die Darstellungsform ist vollständig und kann durch die Wahl einer Enumerationsregel auch eindeutig gemacht werden. Wird ein Würfel in 2^{3k} Elementarkuben zerlegt, so resultiert der *Oktagonbaum (Oktree)* als mögliche Beschreibungsform; sein Pendant in der Ebene ist der *Quadtree*, der häufig zur Datenorganisation in Geo-Informationssystemen eingesetzt wird.

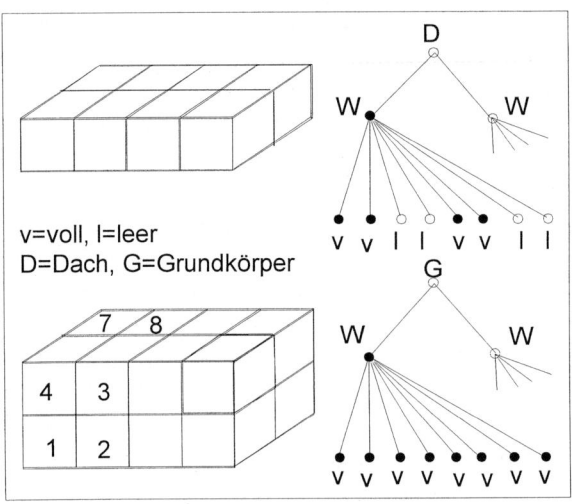

Abbildung 5.7: Haus im Enumerationsverfahren

Beim Oktree wird ein Objekt durch die Kombination von Würfeln gegeben. Im Raumgitter besitzt ein solches Würfelelement je nach Objektform die Eigenschaft P leer (l), voll (v) oder teilweise (p) belegt. Jedes Objekt entspricht einer Familie von Paaren (P,E_k), wobei E_k die 2^{3k} Elementarkuben der Ordnung k bezeichnet. Jeder Knoten im Baum hat möglicherweise acht Nachfolger und die Knotenadresse wird durch die eindeutige Enumerationsregel bestimmt.

In der Abbildung 5.7 ist der Grundkörper des Hauses durch zwei Würfel wiedergegeben, was durch die beiden Oktrees angedeutet wird. Das Dach kann bei der hier gewählten Auflösung lediglich approximativ dargestellt werden – sein zugeordneter Oktreeast enthält daher für jedes große Würfelelement *vier* leere Elementarkuben.

Die mathematische Beschreibung erfolgt auch hier wieder elementar vermittels der Mengenalgebra. Insgesamt ergeben sich somit 24 Elementarkuben.

$$M_{I_{21}} = \{e_{11}, e_{11}, ..., e_{11}\} = 4e_{11} \qquad (5.2)$$

$$M_{I_{11}} = \{e_{11}, e_{11}, ..., e_{11}\} = 8e_{11} \qquad (5.3)$$

$$M_0 = M_{I_{11}} \cup M_{I_{12}} \cup M_{I_{21}} \cup M_{I_{22}} = 24e_{11} \qquad (5.4)$$

5.2. GEOMETRISCHES MODELLIEREN

Die Elementarkuben e_{11} werden auch als *Volumenelemente (volume elements)* oder kurz als *Voxels* bezeichnet. Das Enumerationsverfahren findet bisher weniger in der 3D-raumbezogenen Datenhaltung Anwendung, sondern wird häufig in der Computertomographie und Umweltsimulation eingesetzt.

Die Einschränkung des Enumerationsverfahrens auf die x,y-Ebene liefert eine diskrete, regelmäßige Beschreibung des entsprechenden ebenen Elements in Matrixform, so daß hier eine direkte Analogie zur Rasterdatenverarbeitung gegeben ist. Somit kann das Enumerationsverfahren ebenso als Grundlage zur Bildung von homogenen thematischen Rastern dienen, wie sie beispielsweise bei der Klassifizierung von Luft- und Satellitenbildern anfallen.

5.2.3 Zellenzerlegung

Die *Zellenzerlegung (cell decomposition)* setzt Objekte in übersichtlicher Weise aus einfacheren Bausteinen zusammen. Normalerweise sind die Zellen einfach zusammenhängende Teilkörper (z.B. Würfel, Tetraeder, Zylinder), die verschiedenartig zusammengesetzt werden können. Dies ist mit dem Baukastenprinzip zu vergleichen, in dem mehrere, voneinander verschiedene Elemente zur Verfügung stehen und in vielfältiger Weise zu kombinieren sind und jeweils zu neuen Körpern führen. Der Definitions- und Wertebereich der Darstellungsform kann groß sein; die Darstellung ist vollständig, aber nicht eindeutig.

Die Abbildung 5.8 gibt die Zellenzerlegung des Hauses wieder – dabei ist der Dachkörper bereits als *Elementarzelle* vorgegeben. Hinsichtlich der mathematischen Wiedergabe ist bei diesem Beispiel lediglich eine Vereinigungsmenge der drei Elementarmengen zu bilden.

$$M_0 = M_{I_1} \cup M_{I_1} \cup M_{II} \tag{5.5}$$

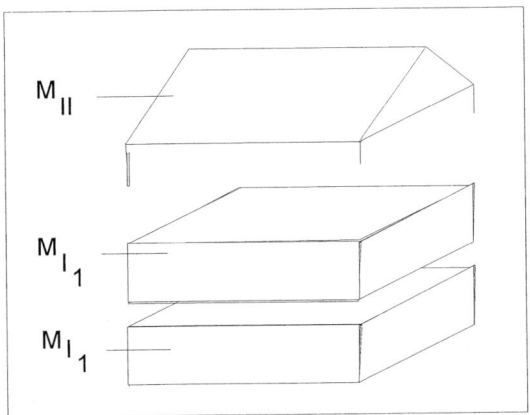

Abbildung 5.8: Haus in Zellenzerlegung

5.2.4 Randdarstellung

Bei der *Randdarstellung (boundary representation)* wird ein räumliches Objekt durch seine Begrenzungselemente beschrieben. Dies sind Flächen (Maschen), Linien (Kanten) und Punkte (Knoten), die durch analytische Funktionen oder Interpolation und Approximation bestimmt sein können. Ein räumliches Objekt kann sich z.B. aus ebenen und gekrümmten Flächen zusammensetzen, deren Begrenzung durch Geraden, Kreisbogen oder Kurven festliegt. Der Definitions- und Wertebereich ist groß – nicht zuletzt durch das Zulassen von Freiformen (Bezier- und Splineflächen). Die Darstellung ist vollständig, aber nicht eindeutig. Dieser Ansatz erlaubt eine einfache Trennung zwischen metrischer und topologischer Information – daher ergeben sich Vorteile zur Überprüfung der topologischen Konsistenz. Auf dieses Problem wird im Abschnitt zur Topologie vertieft eingegangen.

In der Abbildung 5.9 ist das Haus durch seine Randelemente beschrieben. Aufgrund der vorgegebenen Regularität fallen für den Grundkörper lediglich zwei verschiedene Randflächen an, und das Dach besteht in diesem Fall aus drei voneinander verschiedenen Begrenzungsflächen. Die Randflächen treten als Elemente des Grund- und Dachkörpers auf. Dies ist mit den Grundmengen M_I und M_{II} angedeutet.

$$M_0 = M_I \cup M_{II} \left\{ \begin{array}{l} M_{II} = \{a_2, a_3, a_3, t_1, t_1\} \\ M_I = \{a_1, a_1, a_2, a_2, a_2, a_2\} \end{array} \right\}. \tag{5.6}$$

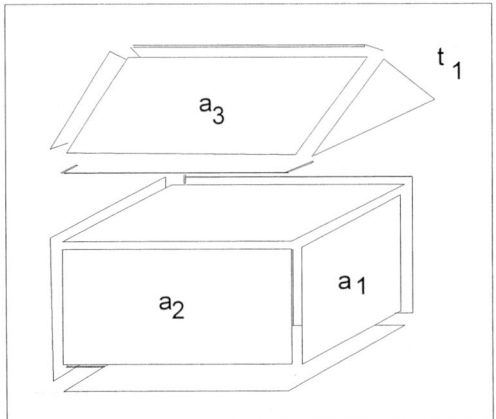

Abbildung 5.9: Haus in Randdarstellung

5.2.5 Konstruktion mit Raumprimitiven

Ein räumliches Objekt kann als mengentheoretische Kombination von Standardprimitiven oder Halbräumen definiert werden. Diese Darstellungsform heißt *Konstruktion mit Raumprimitiven (constructive solid geometry)*. An die Raumprimi-

5.2. GEOMETRISCHES MODELLIEREN

tive werden keine weiteren Anforderungen gestellt – sie sollten lediglich feste (ausgefüllte) Körper darstellen. So ist z.B. ein Quader, der einen ausgeschnittenen Zylinder enthält, durch die Differenzmenge des ausgefüllten Quaders und des ausgefüllten Zylinders darzustellen. Mittels Boolescher Algebra (vgl. Band 2 Kapitel 1) für Raumprimitive sind Mengendurchschnitt, -vereinigung und -differenz erklärt. Der aufgespannte Konstruktionsbaum enthält in den Blättern die Raumprimitive und in den Knoten die Booleschen Operatoren. Der Darstellungs- und Wertebereich gilt für viele Objekte. Diese Darstellungsform hat bisher innerhalb der Geo-Informationssysteme wenig Anwendungen gefunden, ist im CAD-Bereich jedoch weit verbreitet.

Am Beispiel des vorgegebenen Hauses ist in der Abbildung 5.10 seine Konstruktion mit Raumprimitiven vorgegeben. Somit ergibt sich das Haus M_0 als Vereinigungsmenge:

$$M_0 = M_I \cup M_{II} \tag{5.7}$$

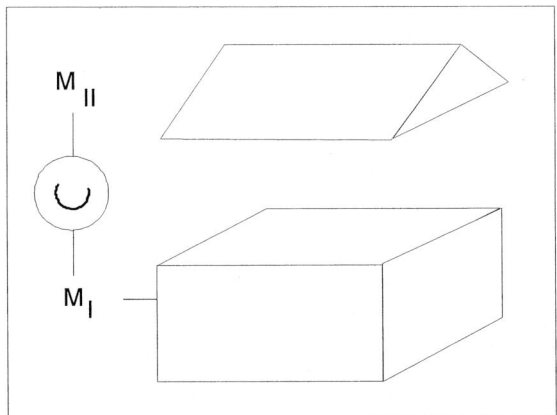

Abbildung 5.10: Haus als Konstruktion mittels Raumprimitiven

5.2.6 Geometrische Abfragen

Mit Hilfe der hier aufgeführten geometrischen Modelle zur 3D-Beschreibung von raumbezogenen Objekten läßt sich ein *geometrischer Abfrageraum (geometrical query space)* definieren, der alle Abfragen bezüglich der geometrischen Wiedergabe enthält. Aus der parametrisierten Beschreibung ergeben sich Parameter wie Länge a, Breite b, Höhe h usw., während das Enumerationsverfahren als Grundlage für Verschneidungen mit Rasterdaten gesehen werden kann. Die Zellenzerlegung stellt explizit Raumkörper verschiedener Größe zur Verfügung, deren Volumina vielfach von Interesse sein können – ähnliches gilt für die Konstruktion mit Raumprimitiven. Aus der Randbeschreibung ergeben sich Punkt-, Linien- und Flächenmaße, so daß hier verschiedene Daten direkt anstehen.

Im folgenden soll beispielhaft für die Abbildung 5.11 ein geometrischer Abfragekatalog aufgestellt werden, um die Vielfalt der geometrischen Abfragen aufzuzeigen. Dabei ist jedoch kein Anspruch auf Vollständigkeit erhoben.

a) Perspektivische Darstellung einer Realszene

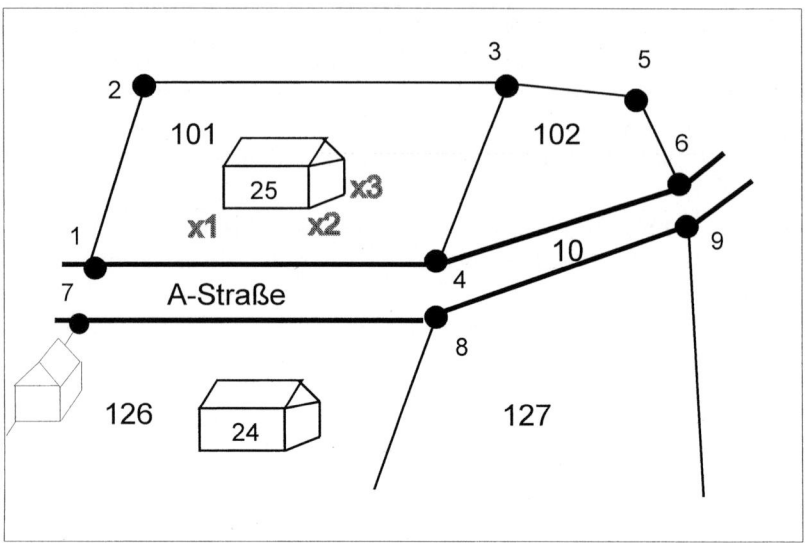

b) Alphanumerische Randdarstellung der Realszene

Punktliste			
PNr	x	y	z
1	x_1	y_1	z_1
2	x_2	y_2	z_2
3	x_3	y_3	z_3
4	x_4	y_4	z_4
X1	x_{X1}	y_{X1}	z_{X1}
X2	x_{X2}	y_{X2}	z_{X2}
..	...	...	...

Linienliste				
LNr	A-Pkt	E-Pkt	li. Fl.	re. Fl.
A	1	2	100	101
B	2	3	111	101
C	4	3	101	102
D	1	4	101	10
XA	X1	X2	25	101
..	..	..	..	..

c) Parametrische Beschreibung der Häuser

Häuserliste (Dimension m)				
Nr.	a	b	c	h
24	10	6	5.5	3
24-1	5	3	2.5	1.2
25	12	7	5	4

Abbildung 5.11: Randdarstellung und parametrisierte Beschreibung in Kombination

5.2. GEOMETRISCHES MODELLIEREN

Die natürliche Oberfläche ist als Randdarstellung gegeben, während die Häuser in parametrisierter Form vorliegen. Als Abfragen wären denkbar:

1. Welche Grenzpunkte liegen innerhalb des Intervalles 200 m und 250 m über Normal-Null?

2. Welche Hausteile (Garagen) sind Bestandteile von Grenzlinien?

3. Ermittle alle Doppelgaragen, d.h. Hausteile mit $a > 2.5$ m.

4. Zeige alle Flurstücke, deren Breite $b < 25.00$ m ist.

5. Wie viele m^3 umbauten Raum hat das Haus Nr. 25?

6. Ermittle die tatsächliche Grundflächenzahl (GFZ) für das Flurstück 101.

7. Liegt der Dachfirst von Haus Nr. 25 unterhalb 257.0 m über Normal-Null?

8. Finde alle Häuser mit Dachtraufhöhen $c > 3.00$ m.

Generell läßt sich der geometrische Abfrageraum hinsichtlich seiner äußeren und inneren Geometrie einteilen. Die oben beispielhaft angegebenen Abfragen beziehen sich ausschließlich auf die äußere Geometrie, d.h. *Position*, während Abfragen für die innere Geometrie, d.h. *Topologie*, erst nach eingehenden Betrachtungen zum topologischen Modellieren aufgezeigt werden können. Aus der Definition der geometrischen Dimensionen für ein Geo-Informationssystem sind die Abfragen bezüglich ihrer primären äußeren Geometrie zu unterteilen in:

- 1D-Abfragen, d.h. Fragestellungen, die sich nur auf die z-Koordinate beziehen.

- 2D-Abfragen, d.h. positionsgebundene bzw. inventorische Abfragen zu den x,y-Koordinaten.

- 2D+1D-Abfragen, wenn Fragestellungen zur Randbeschreibung des entsprechenden raumbezogenen 3D-Objekts vorliegen.

- 3D-Abfragen, wenn zusätzlich zur Randbeschreibung noch weitere Informationen zu dem entsprechenden raumbezogenen Objekt vorliegen, z.B. eine parametrisierte Darstellung.

- 4D-Abfragen, wenn neben der x,y,z-Geometrie noch die Zeit t zu berücksichtigen ist.

5.3 Topologisches Modellieren

Die Topologie ist ein selbständiger Bestandteil der Mathematik. Sie entwickelte sich aus der *Analysis situs* und der *Geometrie der Lage* – Bezeichnungen, die bis zum 19. Jahrhundert noch für die Topologie geläufig waren. Frühe Arbeiten zu topologischen Problemen gehen auf L. Euler und C.F. Gauß zurück, die sich der Lösung des Königsberger Brückenproblems gewidmet und sich mit den Verschlingungszahlen zweier Kurven auseinandergesetzt haben.

Die heutige Topologie beschäftigt sich mit den nichtmetrischen räumlichen und strukturellen Beziehungen beliebiger Elemente in abstrakten Räumen. Sie kann in eine *algebraische* und eine *mengentheoretische* Topologie unterteilt werden. Innerhalb der ersteren versucht man, mit algebraischen Hilfsmitteln konkrete Fragen des euklidischen Raumes zu klären, wie z.B. Verschlingungen und Verkettungen von Knoten und Kanten. Dagegen untersucht die mengentheoretische Topologie spezielle Abbildungen in allgemeinen Räumen, um eine Klassifizierung von Figuren zu ermöglichen.

Aufgabe der Topologie ist es, *topologische Invarianten* zu bestimmen. So kann eine Figur, die auf einem Luftballon aufgezeichnet ist, sich durchaus metrisch deformieren, jedoch in allen Fällen topologisch invariant bleiben. In diesem Sinne existieren erlaubte Deformationen wie z.B. verlängern, verkürzen, verbiegen, umklappen, zerschneiden und verformen (an derselben Stelle wieder anfügen), die auch alle zu ihr topologisch äquivalente Figuren haben. In diesem Zusammenhang spricht man vielfach von der *Geometrie auf der Gummihaut*. Zur Festlegung dieser Invarianten kann sich im allgemeinen auf den dreidimensionalen euklidischen Raum beschränkt werden. Diese sind:

- Geschlossenheit

- Schnittpunkttreue

- Trennung innen/außen

- Randpunkteigenschaften

Innerhalb der Geo-Informationssysteme tragen die Ausprägungen der Topologie zu verschiedenen Problemstellungen bei. So erlaubt die algebraische Topologie Konsistenzprüfungen, beinhaltet Nachbarschaftsbeziehungen und läßt kürzeste Wege berechnen: Methoden, die bei den anstehenden großen Volumina in raumbezogenen Datenbanken unerläßlich sind. Von daher bietet eine topologische Strukturierung den Vorteil, raumbezogene Objekte ohne Kenntnis ihrer Koordinaten in ihren gegenseitigen Beziehungen zu manipulieren. Diese koordinatenfreien Manipulationen sind wesentlich effizienter als ihre metrischen Äquivalente. Somit läßt sich die folgende Definition für das topologische Modellieren angeben:

Definition 5.3 : *Unter topologischem Modellieren versteht man die Beschreibung, Bearbeitung und Speicherung der Geometrie der Lage von räumlichen Ob-*

5.3. TOPOLOGISCHES MODELLIEREN

jekten. Als Hilfsmittel dienen dabei topologische Invarianten und Konsistenzbedingungen.

5.3.1 Topologische Grundlagen

Wie bereits im ersten Kapitel angedeutet, müssen zur Abspeicherung der Geometriedaten in Datenbanksystemen explizit topologische Beziehungen aufgestellt werden. Erst die Vereinigung von metrischen und topologischen Daten kann zu umfassenden räumlichen Datenmodellen führen, die in der Lage sind, auf einen breitgefächerten Abfrageraum zu antworten. Da innerhalb der raumbezogenen Datenhaltung häufig mit Randdarstellungen gearbeitet wird, bewirkt erst die strenge Berücksichtigung der Topologie die geschlossene geometrische Wiedergabe von Objekten. In diesem Sinne kann ein raumbezogenes Objekt hinsichtlich seiner geometrischen Darstellung als eine *Menge* von Punkten interpretiert werden, die durch ihre Nachbarschaftsbeziehungen den Zusammenhalt der Figur gewährleisten. Dies soll mit der Abbildung 5.12 verdeutlicht werden, in der die Nachbarschaftsgeometrie eines Würfels vollständig wiedergeben wird.

Die grundlegenden topologischen Elemente der Abbildung 5.12 sind in der Knotenmenge V und Kantenmenge E enthalten, da hiermit die Flächenmenge S und somit der Würfel B topologisch zu rekonstruieren sind. Als wichtige topologische Grundgrößen eines räumlichen Objekts folgen damit:

- p – Anzahl der Punkte (Knoten).

- l – Anzahl der Linien (Kanten).

- f – Anzahl der Flächen (Maschen).

- v – Anzahl der Volumenelemente (Körper).

Wie bereits im einführenden Kapitel erwähnt, können vektorielle Darstellungen als Graph interpretiert werden. Da die geometrische Darstellung von räumlichen Objekten stets *endlich* ist, handelt es sich um *endliche* Graphen. Die Graphentheorie ist in die algebraische Topologie eingebettet. Zum besseren Verständnis spezieller Ausdrücke im Umgang mit Graphen werden nachfolgend einige Definitionen zitiert:

Definition 5.4 : *Ein endlicher Graph ist definiert durch seine Menge V und seine Menge E; man schreibt $G = (V, E)$. Die Elemente der Menge V heißen die Knoten, die der Menge E die Kanten.*

Ein *Weg (Path)* in einem endlichen Graphen ist eine zusammenhängende Folge von Kanten, die von einem Knoten zu einem anderen Knoten führen. Ein Graph heißt *zusammenhängend*, wenn es zu je zwei verschiedenen Knoten mindestens *einen* Weg gibt.

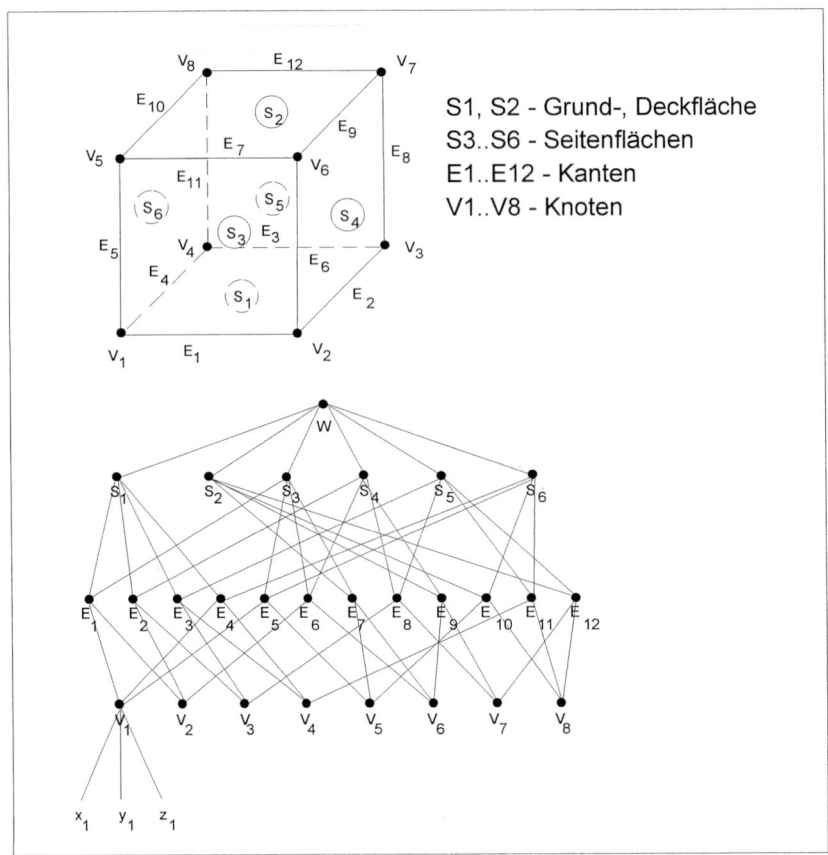

Abbildung 5.12: Topologische Zerlegung eines Würfels

In der Abbildung 5.13 werden verschiedene Beispiele für endliche Graphen wiedergegeben. Existieren mehrere Wege, so enthält der Graph einen *Zyklus*, d.h. es gibt einen Knoten, von dem ein Weg ausgeht, der in demselben Knoten endet. Dabei sind die Anfangskante und die Endkante voneinander verschieden. Als Spezialfall wird erhalten, wenn der Graph *ausschließlich* Zyklen enthält, also wenn die zuvor zitierte Eigenschaft für jeden Knoten gilt. Als Beispiel für Graphen mit Zyklen sind in der raumbezogenen Datenhaltung *Flurkarten* zu nennen, die nur geschlossene Flächen enthalten. Zusammenhängende Graphen, die keine Zyklen enthalten, werden als *Bäume* bezeichnet. Beispiele für Bäume finden sich im Leitungskataster, Wege- und Gewässernetz u.a.m.

Resultieren endliche Graphen aus der Modellierung von Linien- und Maschennetzen sowie Flächenstrukturen, so werden die Graphen als *planar* bezeichnet. Für sie gilt:

5.3. TOPOLOGISCHES MODELLIEREN

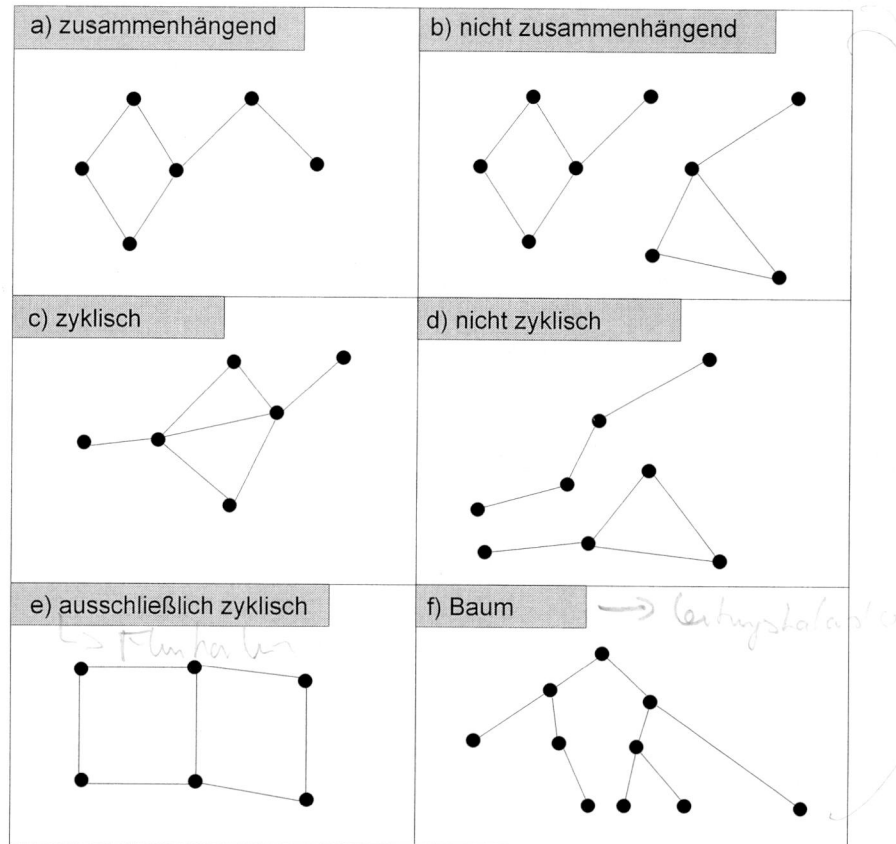

Abbildung 5.13: Verschiedene endliche Graphen

Definition 5.5 : *Ein Flächenmodell $S = S(E, V)$ heißt plättbar, wenn es in der Ebene so gezeichnet werden kann, daß keine Schnittpunkte von Kanten $E_i, E_j \in E$ vorkommen, die nicht zugleich Knoten $V_k \in V$ des Flächenmodells sind. Man spricht von einer isomorphen Abbildung. Der resultierende Graph ist ein planarer Graph.*

Definition 5.6 : *Eine ebene Abbildung (Plan, Landkarte) besteht aus einem plättbaren Flächenmodell. Die Kanten des Flächenmodells heißen Grenzen, die Ebenenstücke zwischen den Kanten nennt man Flächen (Maschen). Die Abbildung heißt zusammenhängend, wenn das zugehörige Flächenmodell zusammenhängend ist. Der entsprechende Graph ist ein zusammenhängender planarer Graph.*

Die Menge V der Knoten wird vermittels einer sogenannten *Inzidenzabbildung* Φ der Menge E der Kanten logisch zugeordnet, was nichts anderes heißt, als das die Anfangs- und Endpunkte einer Kante aufzusuchen sind.

Die Abbildung 5.14 gibt einen zusammenhängenden planaren Graphen wieder, der aus den zwei Flächen 125 und 126 besteht.

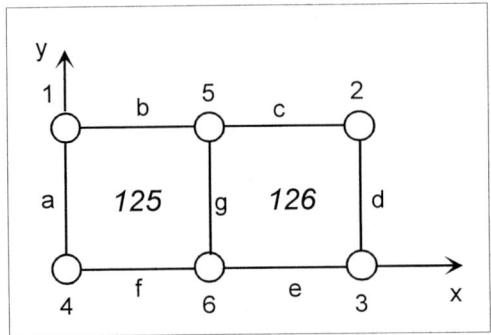

Abbildung 5.14a: Graphische Darstellung eines planaren Graphen

Zusammenhängender planarer Graph		
Menge V (Knoten)	Menge E (Kanten)	$\longrightarrow$ Inzidenzabb. Φ
1	a	$\longrightarrow$ (1,4)
2	b	$\longrightarrow$ (1,5)
3	c	$\longrightarrow$ (2,5)
4	d	$\longrightarrow$ (2,3)
5	e	$\longrightarrow$ (3,6)
6	f	$\longrightarrow$ (4,6)
	g	$\longrightarrow$ (5,6)

Abbildung 5.14b: Planarer Graph in topologischer Darstellung

In der Graphentheorie wird nun streng unterschieden zwischen *Knoten* und *Punkten*. Die folgende Definition für einen Knoten bietet sich an:

Definition 5.7 : *Als Knoten wird die Stelle bezeichnet, in der eine Kante beginnt oder endet, oder in der sich mehrere Kanten treffen können.*

Ebenso muß eine Kante nicht unbedingt eine geradlinige geometrische Verbindung zwischen zwei Knoten darstellen, sondern kann ein *Polygon* mit Zwischenpunkten ($\neq$ Knoten) oder eine beliebige *Kurve* repräsentieren. Die Knickpunkte innerhalb dieser Verbindungselemente werden als *Punkte* bezeichnet. Daraus folgt:

Definition 5.8 : *Eine Kante stellt die Verbindung zwischen zwei Knoten dar. Jede Kante besitzt exakt einen Anfangs- und einen Endknoten.*

Ferner gibt es spezielle Kanten, die eine Beziehung eines Knotens mit sich selbst abbilden. Solche Kanten werden als *Schleifen* bezeichnet, und der resultierende Graph ist ein *Pseudograph*.

5.3. TOPOLOGISCHES MODELLIEREN

Erhalten alle Kanten eines Graphen eine Richtung bzw. Orientierung, so nennt man diesen Graphen einen *gerichteten* Graphen oder *Digraphen*. Im Falle der Modellierung von dreidimensionalen Knotennetzen treten im allgemeinen *nichtplanare* Graphen auf. Hierzu sind zwei Beispiele in der Abbildung 5.15 angegeben.

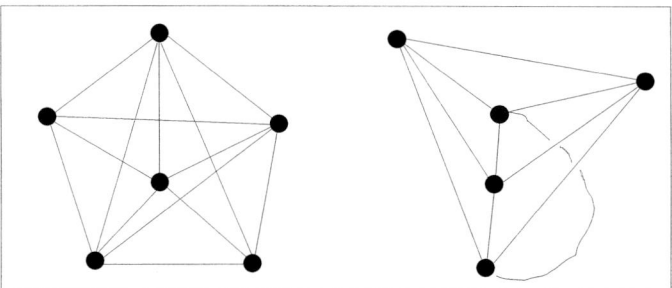

Abbildung 5.15: Zwei Beispiele für einen nichtplanaren Graphen

5.3.2 Inzidenz und Adjazenz

Zur Beschreibung der topologischen oder auch strukturellen Beziehungen in Graphen werden häufig die Begriffe *Inzidenz* und *Adjazenz* verwendet. Für diese beiden Ausdrücke gelten die Definitionen:

Definition 5.9 : *Inzidenz bezeichnet das 'Ineinanderfallen' oder 'Ineinanderverschachtelt sein' der Elemente eines Graphen, d.h. eine Kante inzidiert mit ihrem Anfangs- und Endknoten. Umgekehrt sind alle von einem Knoten abgehenden Kanten mit diesem inzident. Somit bezeichnet Inzidenz die Beziehungen zwischen verschiedenartigen Elementen eines Graphen.*

Definition 5.10 : *Mit Adjazenz wird das 'Aneinandergrenzen' oder auch 'Berühren' gleichartiger Strukturelemente bezeichnet. Adjazenz liegt dann vor, wenn zwei Knoten über eine Kante miteinander verbunden sind. Darüber hinaus ist Adjazenz bei in einem Knoten endenden Kanten gegeben. Somit bezeichnet Adjazenz die Beziehungen zwischen gleichartigen Elementen eines Graphen.*

Sowohl die Inzidenz als auch die Adjazenz geben unterschiedliche topologische Nachbarschaftsbeziehungen in Graphen wieder. Die oben angeführten Beziehungen gelten ebenso für Singularitäten. Abbildung 5.16 weist Inzidenz und Adjazenz mit ihrer Singularität nach. Bei bestimmten topologischen Abbildungen zwischen planaren Graphen bleiben Inzidenz und Adjazenz invariant. Diese Abbildungen werden als *isomorph* bezeichnet – sie sind umkehrbar eindeutig. In der Abbildung 5.17 wird der *Isomorphismus* offensichtlich.

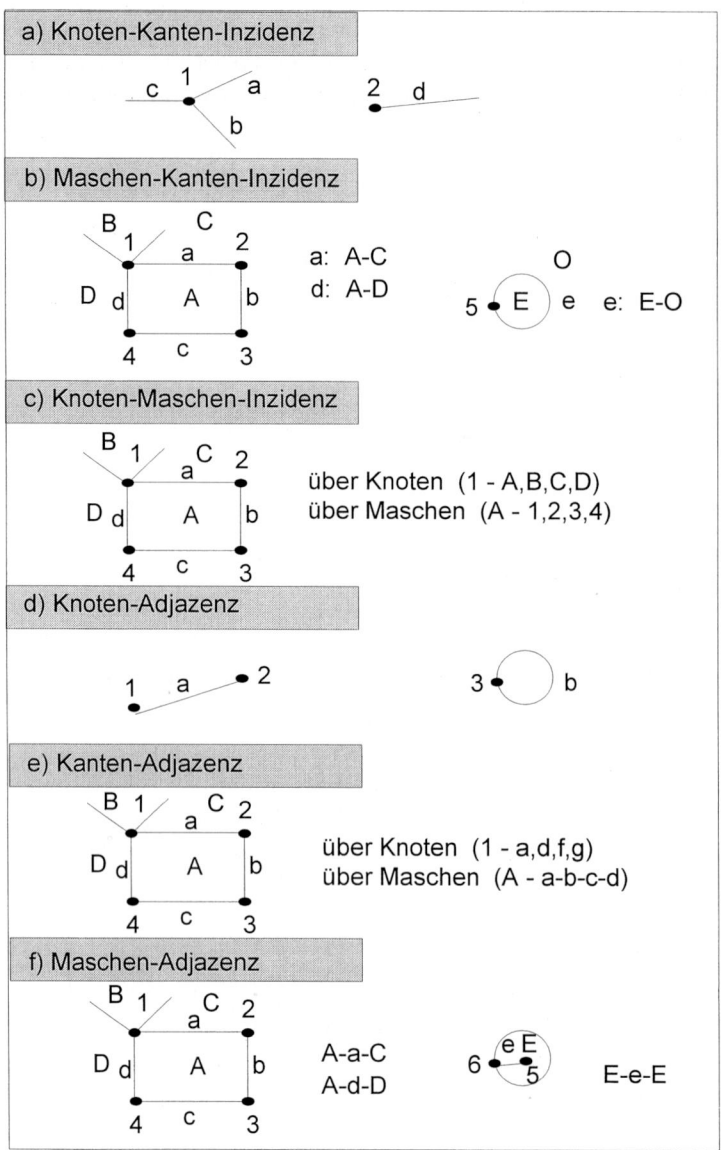

Abbildung 5.16: Inzidenz und Adjazenz für Knoten, Kanten und Maschen

Zur mathematischen Beschreibung von Inzidenz und Adjazenz lassen sich spezielle Matrizen aufbauen. Dabei genügt es, wenn beispielsweise die Inzidenzmatrix **B** vorliegt – mit ihrer Hilfe kann dann die Adjazenzmatrix $\mathbf{A} = \mathbf{B}^T\mathbf{B}$ berechnet werden (H.J. SCHEK (1989)). Die Inzidenzmatrix **B** wird auch als *Kanten-Knotenmatrix* bezeichnet und ihre Matrizenelemente sind folgenderma-

5.3. TOPOLOGISCHES MODELLIEREN

ßen zu besetzen (L. GRÜNDIG (1988)):

$$B_{j,i} = 1, \text{wenn die Kante } j \text{ vom Knoten } i \text{ ausgeht}$$
$$B_{j,i} = -1, \text{wenn die Kante } j \text{ im Knoten } i \text{ endet} \quad (5.8)$$
$$B_{j,i} = 0, \text{in allen übrigen Fällen}$$

Das Bildungsgesetz für die Adjazenzmatrix **A** als *Knoten-Knotenmatrix* lautet wie folgt:

$$A_{i,i} = \text{Anzahl der im Knoten } i \text{ zusammentreffenden Kanten für } i = j$$
$$A_{i,j} = -1, \text{wenn } i, j \text{ eine Kante des Graphen darstellt} \quad (5.9)$$
$$A_{i,j} = 0, \text{in allen übrigen Fällen}$$

Am Beispiel des planaren Graphen von Abbildung 5.17 werden die zugehörige Inzidenz- und Adjazenzmatrix angegeben. Dabei geht man von der Kanten-Knotenliste aus:

Kante	Kanten-Knotenliste Anfangsknoten	Endknoten
a	1	4
b	1	5
c	2	5
d	2	3
e	3	6
f	4	6
g	5	6

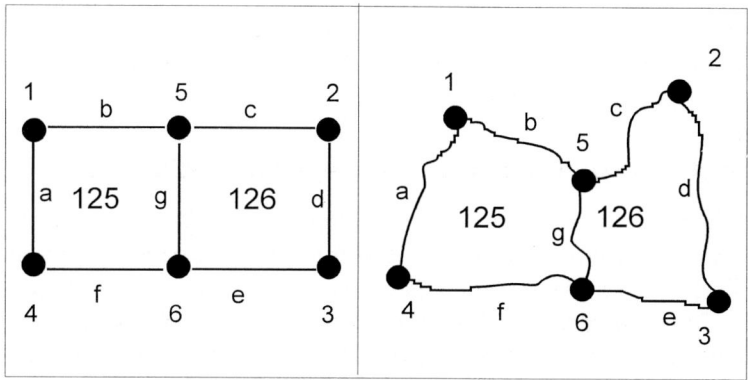

Abbildung 5.17: Isomorphe Abbildung eines planaren Graphen

Mit ihrer Hilfe läßt sich die Inzidenzmatrix **B** direkt angeben, indem für den Anfangsknoten +1 und den Endknoten −1 gesetzt wird. Ein Vergleich der obigen Kanten-Knotenliste mit der Abbildung 5.14 zeigt, daß diese direkt aus der Inzidenzabbildung erhalten worden ist.

$$\mathbf{B} = \begin{pmatrix} 1 & 0 & 0 & -1 & 0 & 0 \\ 1 & 0 & 0 & 0 & -1 & 0 \\ 0 & 1 & 0 & 0 & -1 & 0 \\ 0 & 1 & -1 & 0 & 0 & 0 \\ 0 & 0 & 1 & 0 & 0 & -1 \\ 0 & 0 & 0 & 1 & 0 & -1 \\ 0 & 0 & 0 & 0 & 1 & -1 \end{pmatrix}$$

Die Zeilen j der Inzidenzmatrix enthalten die einzelnen Kanten, und die Spalten i die Knoten. Somit ergibt sich z.B. für die Kante c der Zeilenindex $j = 3$; Anfangs- und Endknoten von c legen jeweils den Spaltenindex i fest: $i = 2$ und $i = 5$. Die Knoten-Adjazenzmatrix folgt zu:

$$\mathbf{A} = \begin{pmatrix} 2 & 0 & 0 & -1 & -1 & 0 \\ 0 & 2 & -1 & 0 & -1 & 0 \\ 0 & -1 & 2 & 0 & 0 & -1 \\ -1 & 0 & 0 & 2 & 0 & -1 \\ -1 & -1 & 0 & 0 & 3 & -1 \\ 0 & 0 & -1 & -1 & -1 & 3 \end{pmatrix}$$

Die Matrix **A** soll näher erläutert werden: In Knoten 1 verzweigen z.B. *zwei* Kanten, in Knoten 5 *drei* Kanten. Ferner ist Knoten 1 adjazent mit Knoten 4 und 5, Knoten 5 adjaziert mit Knoten 1,2 und 6. Eine vollständige Interpretation der Adjazenzmatrix entsprechend dem Bildungsgesetz (5.9) ergibt erste Hinweise auf Konsistenzbedingungen. Hierzu genügt die obere Dreiecksmatrix der symmetrischen Matrix **A**: So verzweigen in den Knoten 1,2,3,4 jeweils *zwei* Kanten, und in den Knoten 5,6 jeweils *drei* Kanten; dies entspricht genau den auf der Hauptdiagonalen wiedergegebenen Zahlen. Die Spaltenelemente -1 identifizieren die Endknoten der abzweigenden Kanten des Graphen.

5.3.3 Topologische Beziehungen und Konsistenzbedingungen

Aus der Datenmodellierung als Graphen resultieren *topologische Beziehungen* und *Konsistenzbedingungen* für die raumbezogene Datenhaltung. Darunter versteht man in erster Linie geometrische Beziehungen, um die Daten auf Eindeutigkeit zu überprüfen. Insbesondere die Datenfortführung muß immer wieder solche Prüfmechanismen durchlaufen. Damit können beispielsweise Doppelspeicherungen vermieden, Nachbarschaftsbeziehungen auf ihre Vollständigkeit überprüft und thematische Daten auf ihre Verknüpfungen untersucht werden.

Entsprechend den vorangegangenen Modellierungsstrategien sind verschiedene Konsistenzbedingungen aufzustellen. Da jedoch die Randdarstellung die am häufigsten eingesetzte Modellierungsform innerhalb der Geo-Informationssysteme

5.3. TOPOLOGISCHES MODELLIEREN

darstellt, sollen topologische Beziehungen und Konsistenzbedingungen für planare Graphen, Bäume und nichtplanare Graphen angegeben werden.

Für allgemeine Netzstrukturen, in denen keine regelmäßigen Maschen vorkommen, lassen sich die folgenden vier topologischen Beziehungen angeben:

- Inzidenzbeziehung eines Knotens zu allen in ihm endenden Kanten.

- Inzidenzbeziehung einer Kante zu ihren beiden Endknoten.

- Adjazenzbeziehung eines Knotens zu allen über jeweils eine Kante verbundenen Nachbarknoten.

- Adjazenzbeziehung einer Kante zu allen in den gleichen Knoten endenden Nachbarkanten.

Der Sonderfall der *Maschenstrukturen*, wie sie bei den Modellierungsstrategien der planaren Graphen anfallen, läßt weitere fünf topologische Beziehungen zu (M. NEUREITHER (1991)):

- Inzidenzbeziehung eines Knotens zu allen Maschen, denen der Knoten angehört.

- Inzidenzbeziehung einer Kante zu den (höchstens zwei) Maschen, denen eine Kante angehört.

- Inzidenzbeziehung einer Masche zu allen Knoten, die auf dem die Masche definierenden geschlossenen Kantenzug liegen.

- Inzidenzbeziehung einer Masche zu allen Kanten, die den die Masche definierenden Kantenzug bilden.

- Adjazenzbeziehung einer Masche zu allen Nachbarmaschen, die mit der Masche mindestens eine Kante gemeinsam haben.

Wie mit der Abbildung 5.17 angedeutet, sind in den obigen Nachbarschaftsbeziehungen auch Sonderfälle enthalten, z.B. eine Kante liegt in einer Masche oder eine Kante bildet den gesamten Umring einer Masche. Demnach ergeben sich für die drei Strukturelemente von Flächen- bzw. Flächennetzstrukturen – Knoten, Kante, Masche (Fläche) – insgesamt *sechs* verschiedene Inzidenzbeziehungen und *drei* verschiedene Adjazenzbeziehungen. Diese topologischen Beziehungen sind jedoch nicht voneinander unabhängig. Wie bereits vorher angedeutet, läßt sich ein planarer Graph durch die Angabe seiner Inzidenzbeziehungen der Kanten zu ihren Anfangs- bzw. Endknoten eindeutig beschreiben.

Für alle zusammenhängenden planaren Graphen gilt folgender Satz von Euler, der ein maßgebliches Konsistenztheorem innerhalb der flächenhaften Datenhaltung darstellt.

Definition 5.11 : Für jede zusammenhängende Abbildung (planarer Graph) mit p Knoten, l Kanten und f Flächen gilt:

$$C = p - l + f = 2 \tag{5.10}$$

Der Beweis des Euler'schen Satzes ist in K.P. MÜLLER UND H. WÖLPERT (1976) wiedergegeben. Man nennt C die *Charakteristik* der Abbildung; f muß dabei stets den Außenraum enthalten. Der Satz von Euler gilt nicht nur für flächenhafte Netze, sondern auch für Sonderfälle (siehe Abbildung 5.18).

Plättbares Flächenmodell	p	l	f	p-l+f
	1	0	1	2
	2	1	1	2
	3	2	1	2
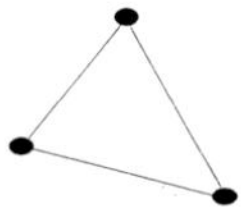	3	3	2	2
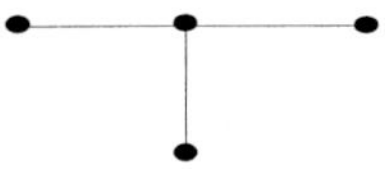	4	3	1	2
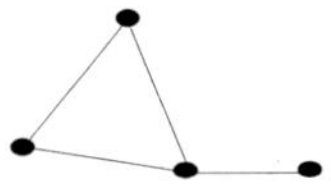	4	4	2	2
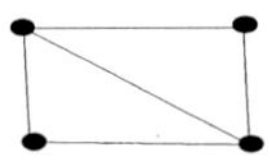	4	5	3	2
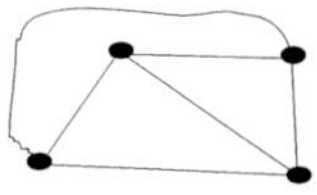	4	6	4	2

Abbildung 5.18: Planare Graphen mit zugehöriger Euler'scher Charakteristik

Für alle planaren Graphen besitzen die folgenden Konsistenzbedingungen Gültigkeit:

- Die Kanten in planaren Graphen sind entweder disjunkt oder sie schneiden sich in den Knoten.

5.3. TOPOLOGISCHES MODELLIEREN

- Die Flächen (Maschen) in planaren Graphen sind entweder disjunkt oder sie schneiden sich in gemeinsamen Kanten.

- Jede Fläche ist topologisch eindeutig durch einen geschlossenen Kantenzug definiert, der genausoviele Kanten wie Knoten besitzt. Im Mindestfall besteht eine Fläche aus drei verschiedenen Kanten und ebenso vielen verschiedenen Knoten.

- Zwischen der Anzahl der Knoten p, der Anzahl der Kanten l und der Anzahl der Flächen f gilt in einem zusammenhängenden planaren Graphen der Euler'sche Satz.

Definition 5.12 : *Nach einer Verallgemeinerung des Satzes von Euler gilt für zusammenhängende, jedoch nicht plättbare Abbildungen (nichtplanare Graphen) die Beziehung*

$$p - l + f \leq 2 \tag{5.11}$$

Nichtplättbares Flächenmodell	p	l	f	p-l+f
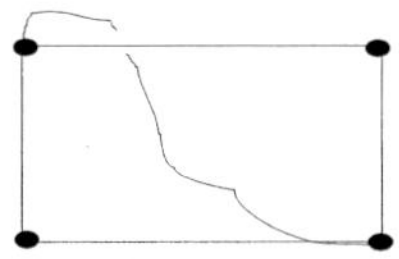	4	5	1	0
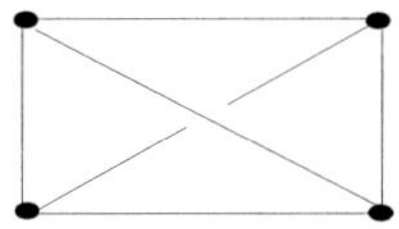	4	6	2	0
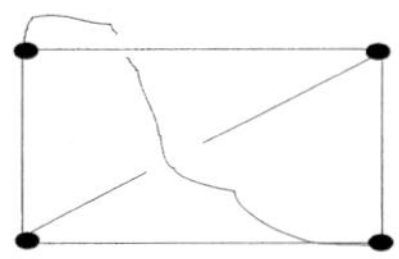	4	6	2	0
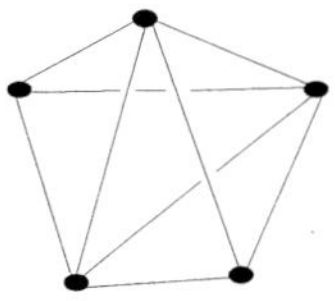	5	9	2	-2
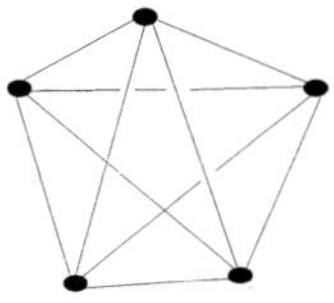	5	10	3	-2

Abbildung 5.19: Nichtplanare Graphen mit Euler'scher Charakteristik

Damit können auch nichtplanare Graphen auf ihre Konsistenz untersucht werden. In der Abbildung 5.19 sind nichtplättbare Flächenmodelle mit ihrer zugehörigen Euler'schen Charakteristik angegeben. Somit lassen sich für nichtplanare Graphen die folgenden Konsistenzbedingungen angeben:

- Die Anzahl der Kanten in nichtplanaren Graphen beträgt bei p Knoten unter Vernachlässigung von Mehrfachkanten höchstens $l = p(p-1)/2$.

- Zwischen der Anzahl der Knoten p, der Anzahl der Kanten l und der Anzahl der Maschen in zusammenhängenden nichtplanaren Graphen gilt die erweiterte Euler'sche Formel $p - l + f \leq 2$.

In Bäumen ist die Anzahl der Kanten bei vorgegebener Anzahl der Knoten genau festgelegt:

- Die Anzahl der Kanten in Bäumen beträgt bei p Knoten genau $l = p - 1$.

5.3.4 Topologische Abfragen

Die differenzierte Abspeicherung der Topologie eines raumbezogenen Netzwerks gestattet die Erweiterung des geometrischen Abfrageraumes. Dadurch können erst Fragen zur Nachbarschaft beantwortet werden, die teilweise sehr elementar, durchaus aber auch von komplexer Natur sein können.

Entsprechend der topologischen Grundprimitive – Knoten, Kanten, Maschen – bei zusammenhängenden planaren Graphen können Abfragen bezüglich der Topologie unterteilt werden in (vgl. Abbildung 5.20):

1. Knoten-Knoten-Beziehungen

    (a) Welcher Knoten V_i adjaziert mit Knoten V_j?

    (b) Mit wievielen Knoten adjaziert Knoten V_i?

2. Knoten-Kanten-Beziehungen

    (a) Welcher Knoten V_i inzidiert mit der Kante E_j?

    (b) Mit wievielen Kanten inzidiert Knoten V_i?

3. Knoten-Maschen-Beziehungen

    (a) Welcher Knoten V_i bildet eine *Insel* in der Masche S_j, d.h. liegt innerhalb der Masche?

    (b) Welcher Knoten V_i liegt auf dem *Rand* der Masche S_j?

    (c) Mit wievielen Maschen inzidiert Knoten V_i?

4. Kanten-Kanten-Beziehungen

5.3. TOPOLOGISCHES MODELLIEREN

(a) Welche Kante E_i verzweigt von der Kante E_j? Diese Frage stellt sich häufig bei der Analyse von Bäumen, d.h. bei Leitungs-, Verkehrs- und Gewässernetzen.

(b) Welche Kante E_i schneidet in welchem Knoten V_j die Kante E_k?

(c) Welche Kante E_i über-/unterquert Kante E_j? Diese Abfrage ist mit einem planaren Graphen nur dann zu beantworten, wenn ein zusätzlicher Knoten eingeführt wird, der besonders zu kennzeichnen ist.

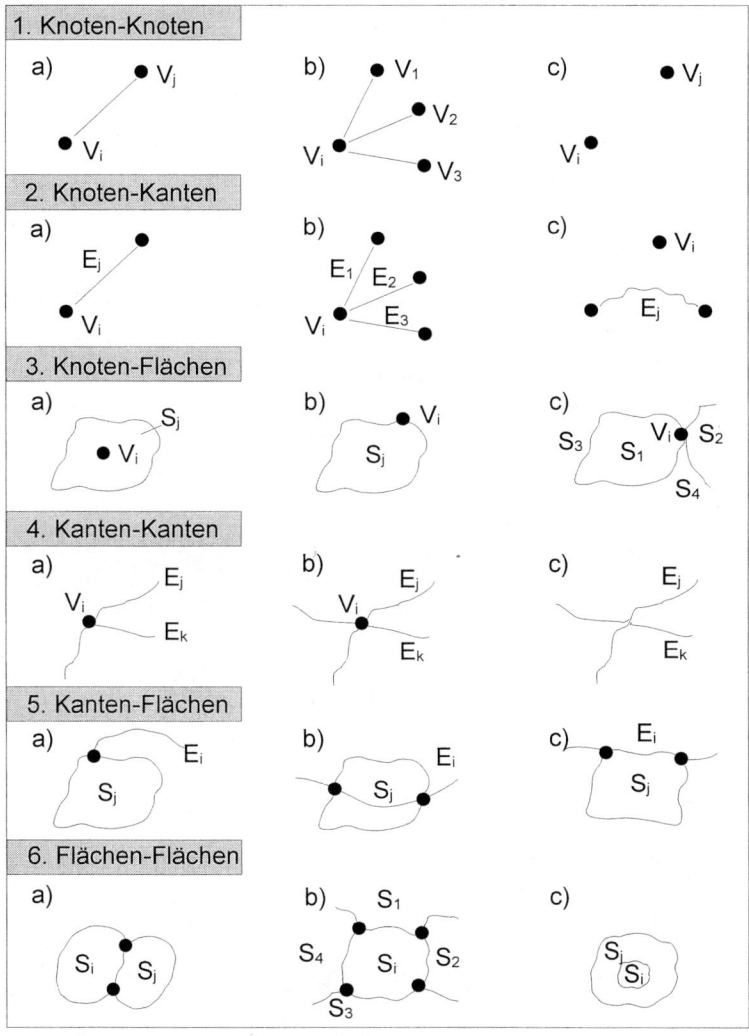

Abbildung 5.20: Verschiedene topologische Beziehungen

5. Kanten-Masche-Beziehungen

    (a) Welche Kante E_i endet in eine Fläche S_j?
    (b) Welche Kante E_i schneidet eine Fläche S_j?
    (c) Welche Kante E_i ist Randlinie einer Fläche S_j?
    (d) Zu welchen Flächen (Maschen) gehört eine Kante E_i?

6. Maschen-Maschen-Beziehungen

    (a) Masche S_i hat welchen Nachbarn S_j?
    (b) Mit wievielen Maschen adjaziert die Masche S_i, d.h. wieviele Nachbarn hat S_i?
    (c) Welche Masche S_i ist eine *Insel* in der Masche S_j?

Darüber hinaus gibt es topologische Abfragen für nichtplanare Graphen: Zum Beispiel die Abfrage nach der Überführung/Unterführung von zwei Kanten. Wie bereits angedeutet, muß dies in planaren Graphen durch das Einfügen eines zusätzlichen Knotens gelöst werden.

Beispiel 5.2 zur topologischen Knoten-Kantenstruktur in ALK-Daten:

> Die Abbildung zeigt eine Knoten- und Kantendarstellung von ALK-Daten nach der Übernahme mit der EDBS-Schnittstelle. Gekennzeichnet sind die nach graphentheoretischen Bedingungen erzeugten Knoten und Kanten für die topologische Nutzung und Speicherung der geometrischen Attribute der Datenbankobjekte (Quelle: SMALLWORLD Systems, Ratingen).

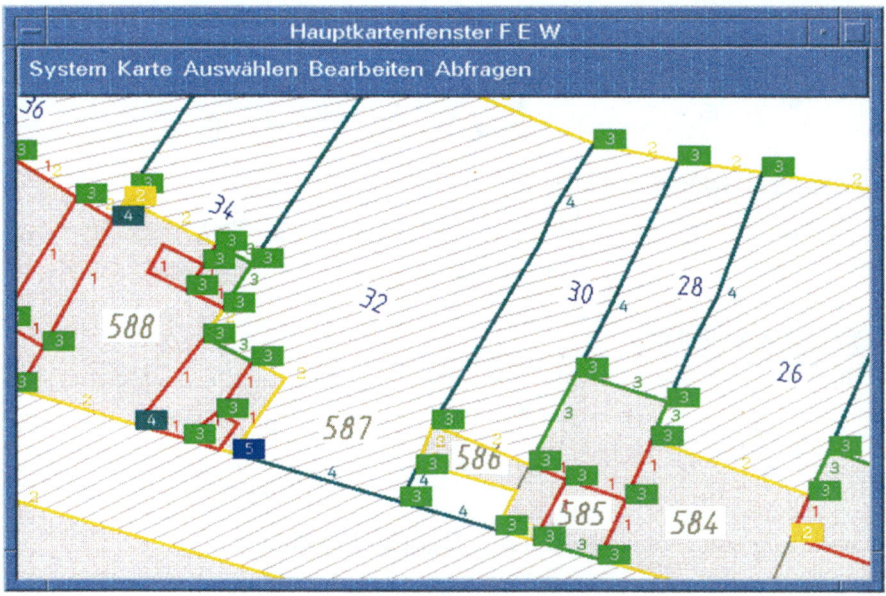

Abbildung 5.21: ALK-Topologie (Quelle: SMALLWORLD Systems, Ratingen)

Die vorstehende Aufzählung möchte aufzeigen, wie mächtig der geometrisch-topologische Abfrageraum werden kann, wenn topologisches Modellieren innerhalb der raumbezogenen Datenhaltung berücksichtigt worden ist. Die Vertiefung der hier generellen topologischen Abfragen an praktischen Beispielen bleibt dem Leser vorbehalten. Theoretische Betrachtungen zu topologischen Abfragen sind in M. MOLENAAR (1989), (1991) zu finden. Die grundlegenden mathematischen Verarbeitungsmethoden zur Topologie werden in Band 2 Kapitel 1 weiterbehandelt.

5.4 Thematisches Modellieren

Das thematische Modellieren bildet die Grundlage für die Zuweisung unterschiedlicher Thematiken sowie zur weiteren Zuordnung der topologischen Grundprimitive hinsichtlich verschiedener Objektcharakteristiken. Somit ist diesem Punkt ebenso größte Sorgfalt zuzuwenden. Wie bereits im einleitenden Kapitel angedeutet, erfolgt die Zuweisung unterschiedlicher Thematik zur Geometrie eines raumbezogenen Objekts über den Objektidentifikator. Dadurch können nicht nur jedem Objekt semantische Daten von beliebiger Tiefe hinterlegt werden, sondern damit ist ebenso eine Basis für die *Zusammenfassung* der Objekte zu verschiedenen Aggregationsebenen gegeben. Für das thematische Modellieren gilt:

Definition 5.13 : *Unter thematischem Modellieren versteht man die Beschreibung, Bearbeitung und Speicherung der zugrundeliegenden Thematik eines räumlichen Objekts. Als Hilfsmittel dienen z.B. thematische Ebenen, Objektklassen und Hierarchien, in denen verschiedene thematische Inhalte vorgehalten und Objekte zusammengefaßt werden können.*

Thematisches Modellieren ist stets von der Anwendung abhängig. Jedoch finden sich grundlegende Konzepte und damit Gemeinsamkeiten in vielen, voneinander unterschiedlichen Problemstellungen. Aus diesem Grund sind mittlerweile thematische Modelle entstanden, die in vielen Geo-Informationssystemen Anwendungen finden. Aus Informatiksicht können thematische Modelle nach dem Informationsgehalt in einer Hierarchie angeordnet werden (Abbildung 5.22). Auf der untersten Ebene stehen die *primitivenbasierten Modelle*, in denen z.B. nur die geometrischen Primitive (z.B. eine Linie) und die Records bei Sachdaten (z.B. ein Text) betrachtet werden können. Auf der nächsthöheren Ebene lassen sich aus diesen Primitiven Objekte formen, weshalb man von *objektbasierten Modellen* spricht. Für diese Objekte sind Datenstrukturen und Bearbeitungsmethoden spezifiziert. Werden diese Objekte gemäß ihren gemeinsamen Eigenschaften zu Objektklassen zusammengefaßt, so handelt es sich um das *klassenbasierte Modell*. Klassen stellen statische Beschreibungen der gemeinsamen Eigenschaften der Objekte dar. Als höchste Ebene, die wir hier betrachten wollen, ergeben sich die *objektorientierten Modelle*, in denen Eigenschaften vererbt werden können und die Ausführung zum jeweiligen Zeitpunkt erst über die zu verwendende Methode entscheidet.

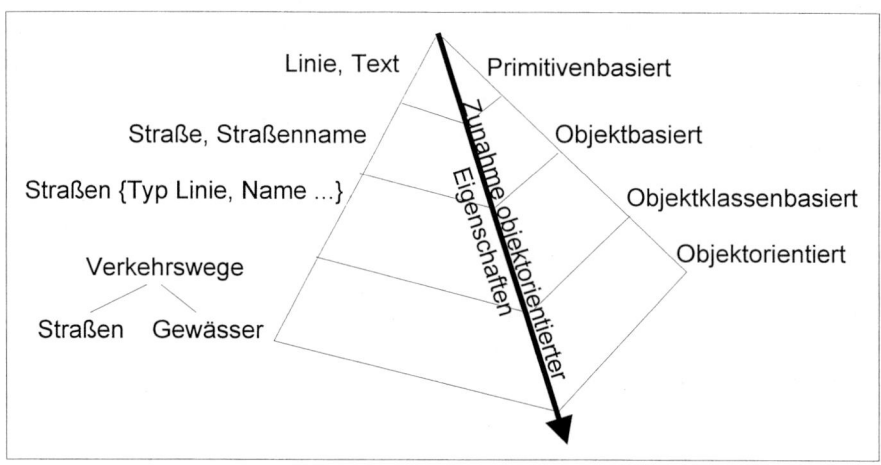

Abbildung 5.22: Modellhierarchie in der Thematik

Die im GIS-Bereich üblichen Modelle lassen sich in diese Hierarchie einsortieren. Die ältere Methode zur Separation von verschiedener Thematik ist das sogenannte *Ebenen- oder Folienprinzip (Layer principle)*. Je nachdem was auf diesen Ebenen angesiedelt ist, handelt es um einen primitivenbasierten oder objektbasierten Ansatz. Der Begriff 'Objekt' ist in der jüngsten Vergangenheit verstärkt aufgegriffen worden, da sich damit wesentlich flexiblere und realitätsnähere thematische Zusammenhänge wiedergeben lassen. Dabei bedient man sich des sogenannten *Objektklassenprinzips*, bei dem ein Graph aufgebaut wird, der im einfachsten Fall einen Baum darstellt. In der Objektklasse sind alle Objekte einer bestimmten Art zusammengefaßt und werden mit einheitlichen Methoden für diese Art bearbeitet. Die Verzweigung des Baumes nach oben kann beliebig sein, d.h. einer Objektklasse wird eine *Hyperklasse* überlagert – auch Super- oder komplexe Klasse genannt –, und eine Hyperklasse kann einer Hyper-Hyperklasse angehören. Das resultierende Modell ist ein *Hyper-Hyperklassenmodell* – jedoch ist auch dieses Modell unter den Begriff des Objektklassenprinzips zu subsumieren. Da ein Baum in der Graphentheorie einen Spezialfall des planaren Graphen darstellt, gelten die Überlegungen des topologischen Modellierens auch hier. Für den Objektklassenansatz wird leider schon häufig der Begriff 'Objektorientiert' verwendet, der andeuten will, daß die raumbezogenen Daten objektweise gesehen werden können. Jedoch steht dieser Ausdruck im Konflikt mit den objektorientierten Techniken in der Informatik, die mit der objektweisen Behandlung raumbezogener Daten zwar Gemeinsamkeiten aufweist, jedoch ganz neue Konzepte wie z.B. die *Einkapselung* und *Vererbung* von Objekten anbietet. Im Band 2 Kapitel 5 wird ausführlicher auf objektorientierte Methoden eingegangen und

5.4. THEMATISCHES MODELLIEREN

deren Auswirkungen auf die Entwicklung von raumbezogenen Datenbanken aufgezeigt. Von daher empfiehlt es sich, strikt zwischen Objektklassenansatz und Objektorientierung zu trennen. Dies wird in den nachfolgenden Ausführungen noch weitergehend verdeutlicht.

Einige grundsätzliche semantische Abstraktionsmethoden zur Objektklassenbildung stellt Abbildung 5.23 graphisch anschaulich dar. *Klassifikation* ist dabei die Abstraktion von Individuen mit gemeinsamen Eigenschaften auf eine Klasse (Instance-of-Relation). Hierdurch werden Mengen von Objekten mit gleichem (oder verträglichem) Typ gebildet. *Generalisierung* bezeichnet die Kombination verschiedener Klassen in eine allgemeinere übergeordnete Klasse (is-a-Relation). Wenn eine Klasse eine Spezialisierung (Unterklasse) einer anderen Klasse darstellt, dann besitzen alle Objekte der Unterklasse die Eigenschaften der Oberklasse. *Aggregation* gruppiert multiple Objekte zu einem neuen komplexen Objekt (part-of-Relation). Hierdurch entstehen neue Objekttypen durch Zusammensetzen aus (einfacheren) Objekttypen. Unter *Assoziation* versteht man das Bilden eines neuen Objekttyps durch Mengenbildung mit (einfacheren) Elementobjekttypen.

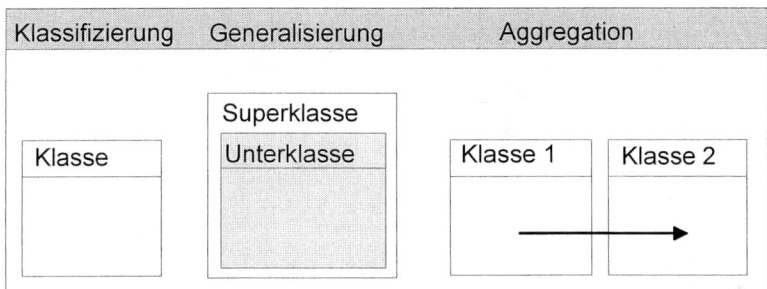

Abbildung 5.23: Klassifikation, Generalisierung und Aggregation.

5.4.1 Das Ebenenprinzip

Das Ebenenprinzip separiert die Geometriedaten von verschiedener thematischer Bedeutung streng durch die Abspeicherung in verschiedenen *Ebenen (Layer)*. Durch das Übereinanderlegen dieser Ebenen wird dann die Gesamtdarstellung gewonnen. Historisch ist das Ebenenprinzip auf das Folienprinzip der analogen Karten zurückzuführen, bei dem Folien mit verschiedenem thematischen Inhalt durch die Superimposition z.B. in der Druckmaschine zu der jeweils gewünschten Darstellung führen.

Bezeichnet $E_i \forall i = 1, 2, ..., n$ die jeweilige Ebene, so läßt sich das Ebenenprinzip darstellen als Vereinigungsmenge aller verfügbaren oder als Teilmenge selektiv gewünschter Ebenen, also:

$$E = E_1 \cup E_2 \cup .... \cup E_n \tag{5.12}$$

Die Verknüpfung der Ebenen miteinander erfolgt durch den Raumbezug, der in diesem Fall direkt durch Ursprung, Richtung und Maßstab der Folien gegeben ist. Auf diese Weise kann z.B. im Vermessungswesen die Flurkarte mit der Bodenschätzungskarte miteinander *vereinigt* werden.

Das Ebenenprinzip ist in vielen Geo-Informationssystemen realisiert: Die Anzahl der Ebenen, in der die nun digitalen Daten vorgehalten werden, ist oftmals begrenzt z.B. zwischen $32 \leq n \leq 256$.

In der Abbildung 5.24 ist das Ebenenprinzip am Beispiel einer Flurkarte demonstriert. Die Ebene 1 enthält die Flurstücksgrenzen, die Ebene 6 die Hausnummern und die Ebene 11 die Gebäudegrenzen. Werden nun diese drei Ebenen miteinander überlagert – sprich superimpositioniert – so ergibt sich eine Geometriedarstellung, die für *Energieversorgungsunternehmen (EVU)* als Basisdaten zur Einbindung der Leitungsinformation von großem Interesse ist. Das Ebenenprinzip besitzt keine Hierarchie, da alle Ebenen gleichberechtigt sind. Es bietet eine sehr einfache thematische Separation; diese kann jedoch in vielen Fällen durchaus gewünscht sein. So lassen sich auch Rasterdaten mit Vektordaten vereinigen, indem eine Ebene die entsprechenden Bilddaten enthält. Andererseits können hier auch verschiedene geometrische Folgeprodukte mit einer vektoriellen oder gerasterten x,y-Geometrie überlagert werden, wie z.B. die Höhenlinien eines digitalen Geländemodells oder weitere aus dem DGM abgeleitete Produkte.

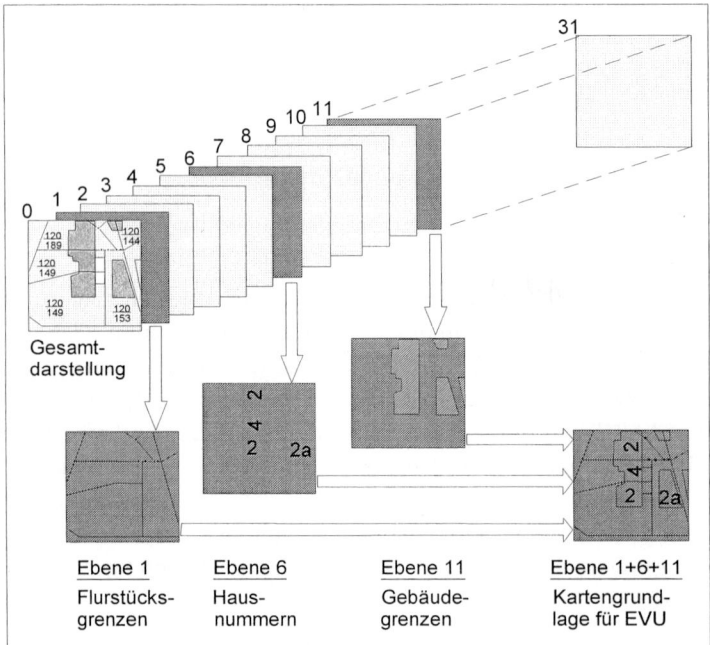

Abbildung 5.24: Ebenenprinzip in der raumbezogenen Datenhaltung

5.4. THEMATISCHES MODELLIEREN

Beispiel 5.3 zu thematischen Ebenen des Umlandverbandes Frankfurt

Übertragen auf thematische Modellierung kann auf den einzelnen Ebenen ein einzelnes Fachthema abgebildet sein. So liegen z.B. beim Umlandverband Frankfurt die folgenden thematischen Kartenebenen flächendeckend digital vor. Der Umlandverband schließt neben Frankfurt und Offenbach mehrere Gemeinden der Region Rhein-Main ein, die übergeordnete Aufgaben wie z.B. die Flächennutzungsplanung, die Abfallwirtschaft und Maßnahmen des Umweltschutzes an den Umlandverband übertragen. Dieser ist bereits seit zwei Jahrzehnten in der digitalen Datenverarbeitung aktiv und kann somit auf eine Vielzahl digitaler Geodaten zurückgreifen. Die untersten drei Ebenen, die Realnutzungskartierung, die administrativen Grenzen und die Höhenlinien stellen die Basiskarte dar, auf der thematische Ebenen hinzuaddiert werden können (Quelle: UMLANDVERBAND (1994)).

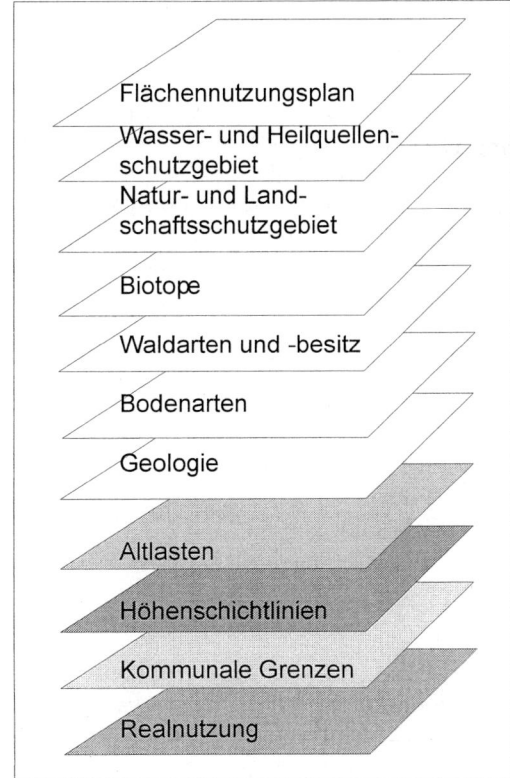

Abbildung 5.25: Thematische Ebenen am Beispiel des Umlandverbandes Frankfurt

5.4.2 Das Objektklassenprinzip

Das *Objektklassenprinzip* geht von einer hierarchischen Anordnung verschiedener thematischer Mengen aus. Wie später zu zeigen ist, braucht jedoch keine strenge Hierarchie aufrechterhalten zu werden, sondern zwischen den Mengen sind durchaus netzwerkartige Verbindungen erlaubt. Die Definition der objektbezogenen Vorgehensweise ist mit der Abbildung 5.26 gegeben: Die Zuweisung verschiedener thematischer und geometrischer Inhalte erfolgt durch den *Objektidentifikator O_ID*. Objektidentifikatoren stehen stellvertretend für das Objekt. Er ist systemweit eineindeutig, sein Entstehen zeigt an, daß ein Objekt entstanden ist. Er bleibt während der Lebensdauer eines Objektes unverändert und erlischt mit dem Untergehen des Objektes. Dieser Objektidentifikator steht in Beziehung zu einem *Klassenidentifikator (K_ID)*, da Objekte einer Objektklasse zugeordnet sind. Der Klassenidentifikator kennzeichnet wiederum eineindeutig die jeweilige Objektklasse. Dadurch ergibt sich für den aus den beiden Identifikatoren zusammengesetzten *Objektschlüssel OS* im allgemeinen ein Tupel $OS = \{K\_ID, O\_ID\}$.

Beispiel 5.4 zum Objektklassenprinzip:

> Gegeben sei eine Objektklasse der Städte. Das Attribut ist in diesem Fall: Ortsname. Der Klassenidentifikator für das Attribut Ort kann die *Telefonvorwahl* sein. Somit liegen nun durch den Objektidentifikator die sogenannten *Attributwerte* der Städte fest: Der O_ID 0381 führt zum Attributwert *Rostock*, der O_ID 0711 zu *Stuttgart* und der O_ID 089 zu *München*. Dieses einfache Beispiel verdeutlicht die *Verzahnung* zwischen Objektklasse und den Individualobjekten.

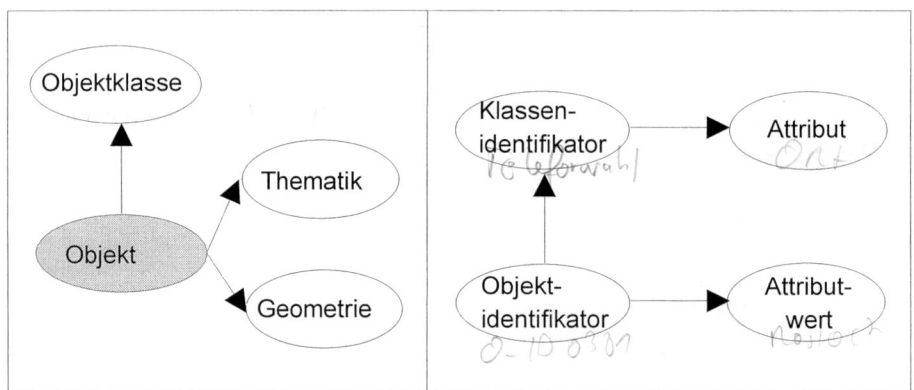

Abbildung 5.26: Definition von Objektklasse und Individualobjekten

Wird nun eine Hyperklasse eingeführt, so gilt dasselbe Prinzip: Der Klassenidentifikator ist Bestandteil des *Hyperklassenidentifikators (HK_ID)*, welcher wiederum zu dem Attribut der Hyperklasse führt.

5.4. THEMATISCHES MODELLIEREN

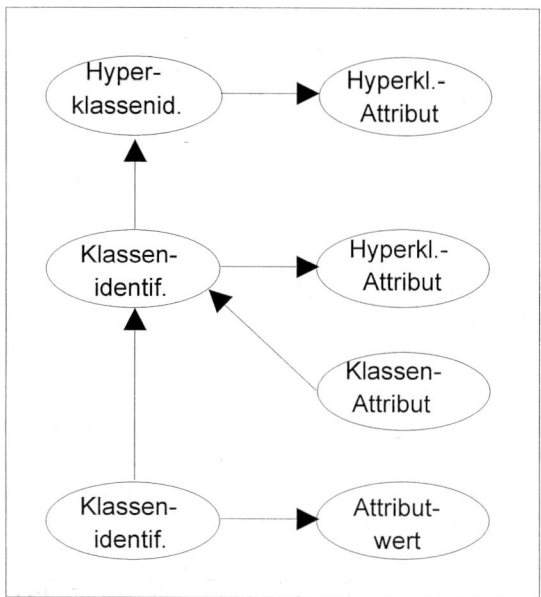

Abbildung 5.27: Definition von Hyperklassen

Beispiel 5.5 zur Hyperklassendefinition:

Wir möchten aus einem Nationenverzeichnis der Erde das folgende Problem lösen: Welche Bundesländer bilden die Bundesrepublik Deutschland? Als Attribut für die Hyperklasse gilt: Staat der Erde. Der entsprechende Hyperklassenidentifikator ist hier das eindeutige *Nationalitätenkennzeichen*, aus dem das spezielle Nationalitätenkennzeichen D entnommen wird. Dieser Klassenidentifikator führt zum *Hyperklassenattributwert* Bundesrepublik Deutschland. Alle Bundesländer der BRD besitzen das D als Nachweis für ihre Zugehörigkeit zur BRD. Das Attribut lautet dann: Bundesland der BRD, dessen Klassenidentifikator nun die Abkürzungen sein können, wie z.B. MV für Mecklenburg-Vorpommern, BW für Baden-Württemberg und BY für Bayern. Die Klassenattributwerte sind die Namen der Bundesländer, so daß schließlich alle Bundesländer durch Kombination der Identifikatoren ermittelt werden können. Diese Vorgehensweise ist in den obersten beiden Ebenen der Abbildung 5.25 angedeutet. Länder ohne weitere Bundesstaatenunterteilung müßten dann z.B. ein NULL als Identifikator führen.

.., ..
D, BY
D, BW
D, MV

Ein anderes Beispiel ist denkbar wie: Finde alle Millionenstädte der Erde. Hierbei dient wiederum als Hyperklassenattribut *Staat der Erde*, der Hyperklassenattributwert ist durch den individuellen Staat gegeben, in dem sich Millionenstädte befinden, und als Attribut gilt *Stadt*, welches wiederum durch die Postleitzahl zu dem Attributwert *Name der Millionenstadt* führen kann.

Thematischer Baum

Aus den zuvor angegebenen Überlegungen lassen sich verschiedene *Objektbeziehungen* angeben. Bei einer strengen hierarchischen Vorgehensweise innerhalb des Objektklassenprinzips ergeben sich $1 : m$ Beziehungen zwischen den einzelnen thematischen Mengen, d.h. eine Objektklasse verzweigt sich in m Individualobjekte O_i, wobei jedes Individualobjekt wiederum m Objektteile Ot_j besitzen darf. Unterhalb der Objektteile sitzt das topologische Subsystem, das die Kanten- und Knotenlisten enthält. Ein solcher *thematischer Baum* ist mit der Abbildung 5.28 wiedergegeben.

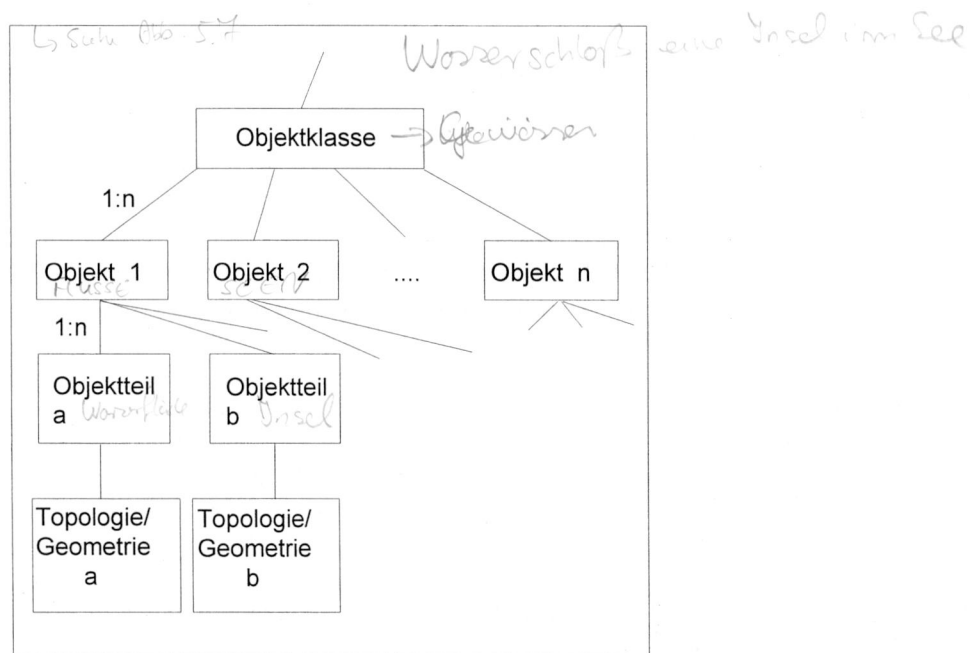

Abbildung 5.28: Objektklassenprinzip als thematischer Baum

Auf der Grundlage dieser strikten Hierarchie ist der *Objektschlüsselkatalog (OSKA)* des Vermessungswesens entstanden. Dabei wird nicht explizit unterschieden in Objektklasse, Objekt und Objektteil, sondern es existieren für den Anwender lediglich Objekte. Jedoch ist diese Unterteilung implizit im OSKA enthalten, wie mit der Tabelle 5.1 gezeigt ist. Der OSKA wurde aus der Not-

5.4. THEMATISCHES MODELLIEREN

wendigkeit des Aufbaus der ALK aufgestellt. Sein *Objektschlüssel* entspricht dem Objektidentifikator, so daß hierdurch die Verknüpfung der Geometriedaten mit der Thematik gewährleistet ist. Da der OSKA bereits vorliegt, kann sich schon die Datenerfassung an der Objektschlüsselkodierung orientieren, was zur *objektweisen* oder *objektbezogenen Datenerfassung* führt.

Tabelle 5.1 : Auszug aus dem Objektschlüsselkatalog der ALK

Objektschlüssel	Objekt
0000	Grenze, Schrift, Gelände, Kartenrahmen, -rand, -netz
0200	Grenze
0400	Geländeform natürlichen Ursprungs
.	.
5000	Verkehrsfläche
5100	Straße
5200	Weg
.	.
5110	Straße – mehrspurig
.	.
5111	Autobahn
5121	Bundesstraße

Beispiel 5.6 für den Einsatz des OSKA:

Hier soll der Objektschlüssel OS 5111 näher interpretiert werden: Dieser ergibt sich aus der Objekthierarchie: Verkehrsfläche, Straße, Straße – mehrspurig und Autobahn.

        5000   Verkehrsfläche
        5100   Strasse
        5110   Strasse – mehrspurig
        5111   Autobahn

Beispiel 5.7 zur strengen Objekthierarchie:

Der Nachteil einer strengen thematischen Hierarchie ist an einem einfachen Beispiel aufzeigen. Dabei sei angenommen, daß ein Wasserschloß eine Insel in einem See bildet. Der thematische Baum hierzu könnte folgendermaßen aussehen: Als Objektklasse dienen die Gewässer, die wiederum unterteilt werden in die Objekte Flüsse und Seen. Die Objektteile der Seen bilden die Wasserflächen und Inseln – in diesem Fall soll die gesamte Insel mit der Gebäudefläche des Wasserschlosses ausgefüllt sein. Eine Doppelkodierung ist im OSKA nicht erlaubt, d.h. entweder ist der Objektteil eine Insel oder aber ein Wasserschloß.

Thematisches Netzwerk

Das kleine Beispiel zuvor belegt die Notwendigkeit von $m:n$-Beziehungen zwischen den thematischen Mengen, was nichts anderes bedeutet, als daß eine Zuordnung zwischen beliebig vielen Objekten des Typs A mit Objekten des Typs B bestehen darf. Dies führt zu einem *thematischen Netzwerk*, das mit der Abbildung 5.27 demonstriert werden soll.

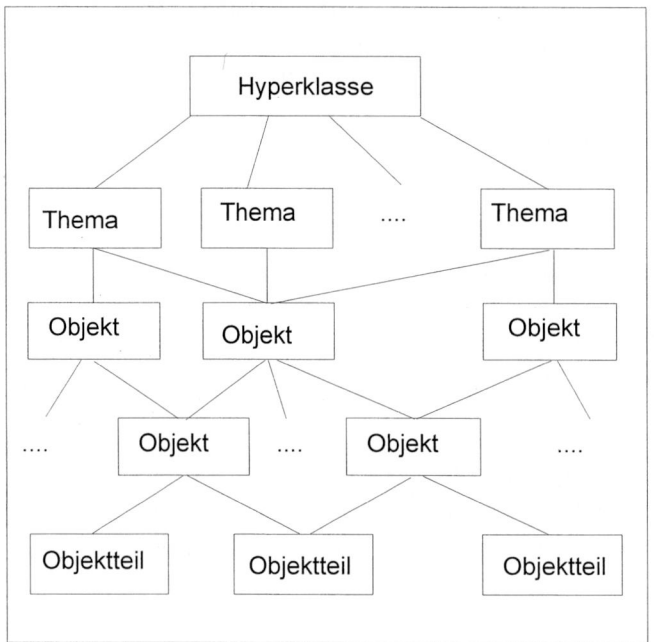

Abbildung 5.29: Thematisches Netzwerk

Im thematischen Netzwerk sind alle Wege offen: Eine Hyperklasse H_i kann sich mit einer anderen Hyperklasse H_j verbinden, die einzelnen Objektklassen – nun als Thema bezeichnet – sind nun auch mit anderen Objektfamilien zu verknüpfen. Es gibt keine strenge Hierarchie mehr in der Objektebene, so daß viele Objekte zugelassen werden, die auch untereinander Verbindungen haben können. Dasselbe wäre auch auf der Objektteilebene denkbar.

Das Objekt kann als Objektteile Maschen, Kanten und Knoten besitzen, bzw. es kann selbst als Maschen-, Kanten- oder Knotenobjekt ausgewiesen sein. Auf dieser Basis läßt sich ein weiterer thematischer Graph bilden, der die Grundlage zur Strukturierung der topologischen Grundprimitive darstellt (siehe Abbildung 5.30).

5.4. THEMATISCHES MODELLIEREN

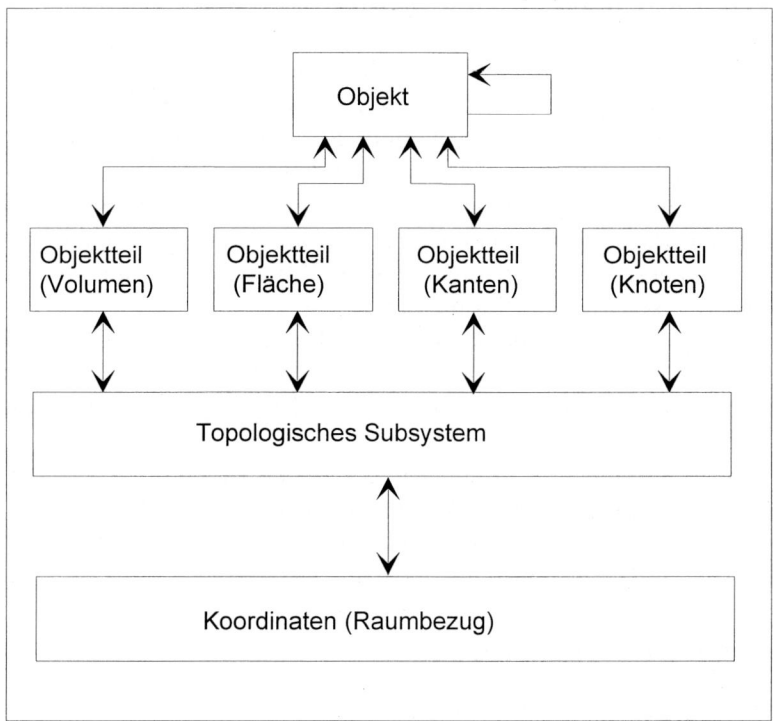

Abbildung 5.30: Objektrelationen der topologischen Grundprimitive

5.4.3 Thematische Abfragen

Der *thematische Abfrageraum* eines Geo-Informationssystems ist wie der geometrische und topologische Abfrageraum sehr vielfältig. Meistens ist dieser durch die Anwendungen direkt vorgegeben, so daß hier lediglich zu unterscheiden ist zwischen Abfragen auf der:

- Objektteilebene.

- Objektebene.

- Objektklassen- oder Themenebene.

- Hyperklassenebene.

Thematische Abfragen zu raumbezogenen Daten dienen häufig inventorischen Fragestellungen. Diese Fragen beginnen meistens mit *Wie viele ...* – im Gegensatz zu speziellen thematischen Charakteristika, deren Fragen mit *Welche ...* beginnen. Positionsgebundene Abfragen sind mit dem Fragewort *Wo ...* gekennzeichnet, so daß der Anwender bereits durch die Fragewörter eine Abfrage klassifizieren kann.

5.5 Strukturierung raumbezogener Daten

Mit den Hilfsmitteln des geometrischen, topologischen und thematischen Modellierens können die raumbezogenen Daten *strukturiert* werden. Zur Darstellung der Datenstrukturen bedient man sich sogenannter *Struktogramme*, in denen der Datenfluß und die logische Zuordnung aufgezeigt werden.

Vektordaten sind durch Parameter, Zellenzerlegungen, Randbeschreibungen und Raumprimitive zu beschreiben. Von daher erfolgt ihre Strukturierung durch den Aufbau von Parameterlisten, Zellennachweisen, Kanten- und Knotenlisten sowie der Kombination verschiedener Raumkörper.

Zur Strukturierung von *Rasterdaten* bildet das Enumerationsverfahren auf der Pixelebene die geeignete Grundlage: Höherwertige Strukturen sind nur durch die Kombination von Pixelgruppen zu erzielen. Die resultierende Struktur ist das Oktree- bzw. Quadtree-Prinzip.

Sachdaten fallen in Tabellen an, unter Strukturierung werden hier Normierungen verstanden. Die Normierung bezeichnet den Prozeß der *Atomisierung*, d.h. das Zerlegen von Tabellen mit beliebig vielen Attributwerten pro Zeile und *einer* Spalte in viele Spalten mit nur einem Attributwert.

5.5.1 Historische Datenstrukturen

Mit den Anfängen der digitalen raumbezogenen Datenhaltung in den sechziger Jahren sind schon vektorielle *Datenstrukturen* entwickelt worden, um die Daten nach den Ordnungsprinzipien der Topologie abzuspeichern. Diesen Strukturen ist gemeinsam, daß sie nicht alle topologischen Bedingungen realisieren konnten, jedoch wurden die Nachbarschaftsbeziehungen mehr oder weniger vollständig berücksichtigt.

Die Abspeicherung der topologischen Merkmale schließt eine *redundante* Datenhaltung mit ein. Je umfangreicher die Topologie in das Datenmodell einfließt, desto mehr Speicherplatz wird zur Anlage einer raumbezogenen Datenbank benötigt. Der große Vorteil eines umfangreichen topologischen Datenmodells besteht jedoch im schnellen Zugriff, so daß Analysen schnell ablaufen können.

Im folgenden sollen anhand bekannter Strukturen von Vektordaten die Entwicklung zur Integration der Topologie aufgezeigt werden.

DIME-Datenstruktur

Schon mit Beginn der frühen siebziger Jahre wurde die *Dual Independent Map Encoding (DIME)*-Datenstruktur des *U.S. Bureau of the Census* als System zur Suche nach fehlerhaft abgespeicherter Topologie entwickelt (T. PEUCKER UND N. CHRISTMAN (1975)). Das Grundelement der DIME-Struktur ist der geradlinige Teil einer Kante, auch als *Liniensegment* bezeichnet. Nur in speziellen Fällen ist die Kante selbst repräsentiert. Dieses Liniensegment wird von zwei Knotenpunkten begrenzt; jedoch müssen dies nicht unbedingt der Anfangs- und Endknoten

5.5. STRUKTURIERUNG RAUMBEZOGENER DATEN

einer Kante, sondern können durchaus auch die Zwischenpunkte des Kantenpolygons sein. Jedes Geradenstück besitzt vier *Zeiger (Pointer)*, von denen zwei auf den Anfangs- und Endknoten verweisen und dadurch dem Liniensegment seine Richtung verleihen. Somit entspricht die DIME-Struktur einem gerichteten Graphen. Die zwei verbleibenden Zeiger verweisen auf die links und rechts vom Liniensegment liegenden Flächen.

In der Abbildung 5.31 ist das Schema der DIME-Datenstruktur dargestellt. Der Nachteil dieser Struktur liegt darin, daß Polygonobjekte nur unter großem Aufwand gebildet werden können, da sehr viele Kantenstücke existieren, deren Verzeigerungen immer wieder durchlaufen werden müssen.

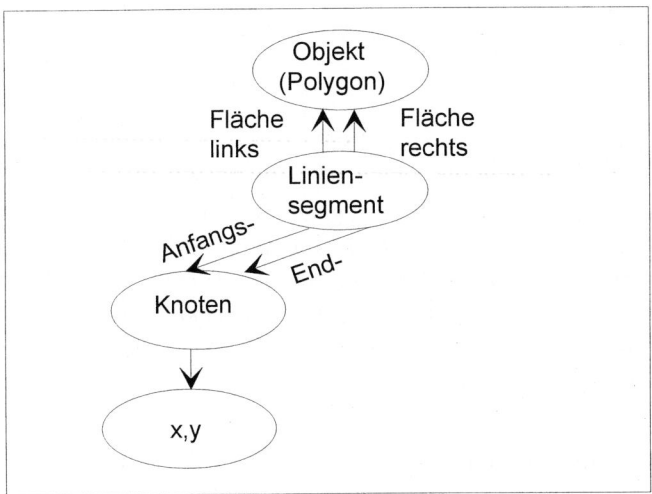

Abbildung 5.31: DIME-Datenstruktur

POLYVRT-Datenstruktur

Eine Überführung der DIME-Datenstruktur in eine graphentheoretische strenge Struktur ist mit der *Polygonkonvertierung (Polygon-Converter, POLYVRT)* gegeben (T. PEUCKER UND N. CHRISTMAN (1975)). Dabei wird das Linienstück zur echten Kante und die Anfangs- und Endpunkte zu echten Knoten. Alle Zwischenpunkte einer Kante werden für jede Kante unter einer bestimmten Adresse abgelegt, so daß jeder geometrische Ort speicherplatzsparend nur einmal abgespeichert wird. Das Struktogramm der Datenstruktur von POLYVRT ist mit der Abbildung 5.32 wiedergegeben.

Als Nachteil hat sich bei dieser Struktur das Fehlen von *Objekt-* und *Flächenhierarchien* bemerkbar gemacht. Dennoch konnte POLYVRT zum damaligen Zeitpunkt die Ansprüche an die raumbezogene Datenhaltung gut erfüllen.

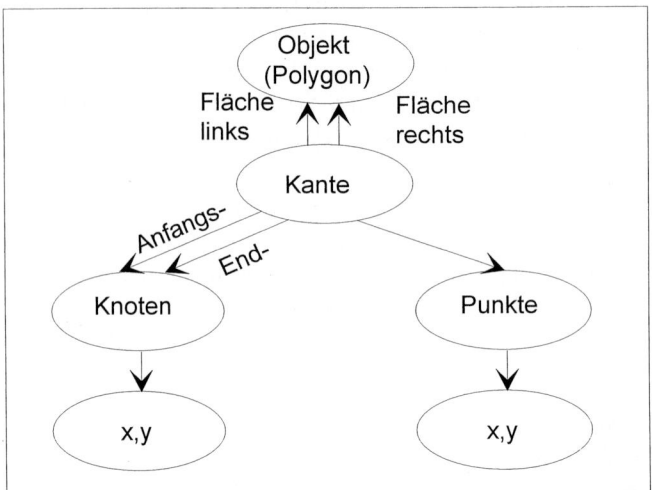

Abbildung 5.32: POLYVRT-Datenstruktur

Weitere historische vektorielle Strukturen sind gegeben mit der GEOGRAF-Struktur (R. MCEWEN UND H. JACKNOW (1980)), die auch in die Realisierung des Geo-Informationssystems Arc/Info des *Environmental Systems Research Institute (ESRI)* eingegangen ist, mit der NDCB des *U.S. Geological Service* und TIGER des *U.S. Bureau of the Census* gegeben (R.W. MARX (1989)), die in D. FINDEISEN (1990) ausführlich dargestellt sind.

5.5.2 Strukturen für Vektordaten

Aus den historischen Entwicklungen der Datenstrukturen ist der Weg für leistungsfähige topologische Datenmodelle, die objektweise geordnet werden können, bereits vorgegeben. Die Grundphilosophie für diese Strukturen besteht in der Zuordnung der topologischen Grundprimitive zu Objekten und Objektklassen, so daß hier das *Objektklassenprinzip* in die Datenstruktur integriert ist. Somit läßt sich allgemein die folgende Zuordnung aufbauen (durch $\Longrightarrow$ angedeutet):

- Knoten $\Longrightarrow$ Punktobjekt $\Longrightarrow$ Objektklasse

- Kanten $\Longrightarrow$ Linienobjekt $\Longrightarrow$ Objektklasse

- Flächen $\Longrightarrow$ Flächenobjekt $\Longrightarrow$ Objektklasse

- Raumkörper $\Longrightarrow$ Volumenobjekt $\Longrightarrow$ Objektklasse

In Arbeiten zur Bereitstellung dieser Strukturen sind Parallelitäten zu erkennen so z.B. zwischen H.J. SCHEK (1989) und M. MOLENAAR (1989), so daß nachfolgend eine in M. MOLENAAR UND D. FRITSCH (1990) abgeleitete Struktur

5.5. STRUKTURIERUNG RAUMBEZOGENER DATEN

mit der Abbildung 5.33 erweitert wiedergeben wird. Diese Struktur ist mit der Integration von Volumenmodellen auch für die 3D-Wiedergabe geeignet.

			Knoten			
Adresse	Knoten	x	y	Zeiger 125	Zeiger 126	Objektz.
400	1	x_1	y_1	408	–	600
402	2	x_2	y_2	–	404	600
404	3	x_3	y_3	–	410	600
406	4	x_4	y_4	500	–	600
408	5	x_5	y_5	410	505	600
410	6	x_6	y_6	406	408	600

			Kanten			
Adresse	Kante	Anfang	Ende	Zeiger 125	Zeiger 126	Objektz.
350	a	1	4	360	–	700
352	b	5	1	500	–	700
354	c	5	2	–	356	700
356	d	2	3	–	358	700
358	e	3	6	–	362	700
360	f	4	6	362	–	700
362	g	6	5	352	505	700

		Flächen		
Adresse	Fläche	Knotenzeiger	Kantenzeiger	Objektzeiger
500	125	400	350	750
505	126	402	354	750

		Punktobjekte	
Adresse	Objekt-ID	Semantik	Objektklassenzeiger
600	0201	Grenzpunkt	800

		Linienobjekte	
Adresse	Objekt-ID	Semantik	Objektklassenzeiger
700	0200	Grenze	800

Abbildung 5.33: Physikalische Realisierung der allgemeinen Datenstruktur für Vektordaten

Zur Demonstration dieser Datenstruktur diene wiederum das zusammenhängende Objekt, das aus den beiden Flächen 125 und 126 besteht (vgl. Abbildung 5.14) – dieses ist hier in Listenform abgespeichert.

Die Listen sollen andeuten, wie die allgemeine Datenstruktur physikalisch umgesetzt werden kann. Hier wurde ein *Netzwerkmodell* realisiert; eine andere Möglichkeit wäre ein *relationales Modell*, in dem die Daten in Tabellen aufgenommen werden. Dies wird im nächsten Kapitel noch ausführlich erläutert. Ebenso wurde in diesem Beispiel die objektweise Zuordnung nicht in letzter Konsequenz verfolgt, sondern lediglich für die Knoten- und Kantenliste angegeben. Als semantische Bedeutung für den Objektklassenzeiger 800 könnte das *Kataster* dienen. Eine ausführliche Ausarbeitung und Verifikation bleibt dem Leser vorbehalten.

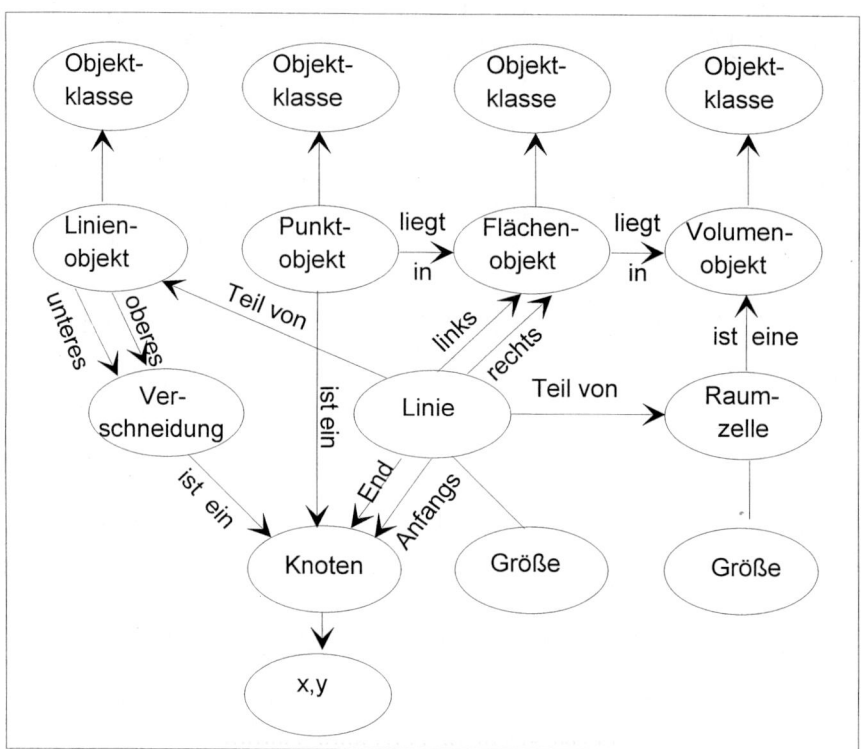

Abbildung 5.34: Allgemeine formale Datenstruktur für Vektordaten

5.5.3 Strukturen für Rasterdaten

Wie bereits mit den historischen Entwicklungen im Kapitel 1 aufgezeigt, bildet die Rasterdatenverarbeitung die jüngere Entwicklung im Bereich der graphischen Datenverarbeitung. Auf die Abgrenzung der Rasterdaten gegenüber den Vektordaten wurde ebenfalls dort hingewiesen. Allen Rasterdaten ist gemeinsam, daß das raumbezogene Gebiet mit einem geometrischen Raster in der Art eines planaren, ungerichteten Graphen überzogen wird. Die Geometrie des Rasters muß nicht unbedingt regulär sein – jedoch sind irreguläre Raster in der raumbezogenen Datenhaltung selten anzutreffen. In der Abbildung 5.35 ist eine Auswahl von drei regelmäßigen Rastern gegeben.

Die verbreiteste Form ist das Viereck- oder Quadratraster. Dabei kann jede Rastermasche durch die Kombination von Zeilen- und Spaltennummer leicht erreicht werden, was für die Handhabung wesentlich ist. Als Nachteil ergibt sich dabei die unterschiedliche Entfernung der *acht* Nachbarn, d.h. die Berechnungen

5.5. STRUKTURIERUNG RAUMBEZOGENER DATEN

sind abhängig davon, ob nur die unmittelbar vier oder alle acht Nachbarn (vgl. Band 2 Kapitel 1) in die Analysen bzw. Transformationen einbezogen wurden.

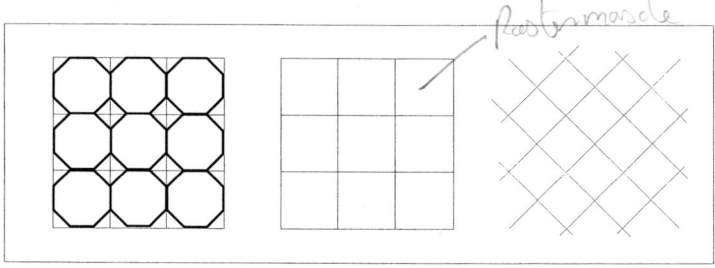

Abbildung 5.35: Regelmäßige Raster als Dreiecks-, Vierecks- und Hexagonalraster

Eine Grundstruktur von Quadratrastern ist mit der Position eines Funktionswertes bereits vorgegeben – man spricht auch von einer *punktbezogenen* Topologie. Darüber hinaus kann die Nachbarschaft direkt berücksichtigt werden, wenn die *Verzweigungsrichtungen* angegeben sind. Die Abspeicherung dieser Richtungen kann zu *linienhaften* Rasterdaten führen, da hiermit quasi Linienstrukturen zu erzeugen sind. Eine flächenhafte bzw. hierarchische Vorgehensweise ist mit dem Quadtree-Verfahren möglich – auch dies wird im folgenden kurz vorgestellt.

Die Zuordnung von Thematik zu Rasterdaten geschieht wiederum durch Objektidentifikatoren, so daß auf die Ausführungen zuvor verwiesen wird.

Kettencode-Struktur

Ein sehr einfaches Prinzip zur Ableitung von linienhaften Strukturen für Quadratraster verfolgt das *Kettencode-Prinzip (Freeman chaining)*. Dabei bedient man sich der Abspeicherung der *acht* möglichen Verzweigungsrichtungen (siehe Abbildung 5.36). Die Linienstruktur ergibt sich, wenn ihre Orientierung in Form einer zahlenmäßig codierten Verzweigungsrichtung abgespeichert wird. Dieser Code heißt *Freeman-Zahl*.

Das Ergebnis einer Linienverfolgung mit Kettencode-Struktur können die Anfangsposition im Raster sowie die Freeman-Zahlen sein. Darüber hinaus kann jedoch auch die jeweilige Zeilen- und Spaltennummer des Quadratrasters mit ihrer zugehörigen Freeman-Zahl abgespeichert werden. Betrachtet man die Freeman-Zahlen bzw. die Zeilen- und Spaltennummern als *Koordinaten*, so ergeben sich lange, dünne Linienlisten, die wir zu Beginn als *Spaghettis* bezeichnet haben. Als Nachteil des Kettencodes gilt seine ungünstige Weiterverarbeitung – ebenso fällt ein unnötig hoher Speicherbedarf insbesondere bei langen, geraden Linien an. Er eignet sich aber für die Ausgabe auf dem Rasterplotter. Die Linienverfolgung mit Kettencodes ist auch häufig in Raster-Vektor-Konvertierungen integriert. Dabei muß nicht unbedingt die Freeman-Zahl mitabgespeichert werden, sondern es genügt die Ermittlung der jeweiligen Positionsintegerwerte. Nach einer *Vektorisierung* ergeben sich dann Vektordaten.

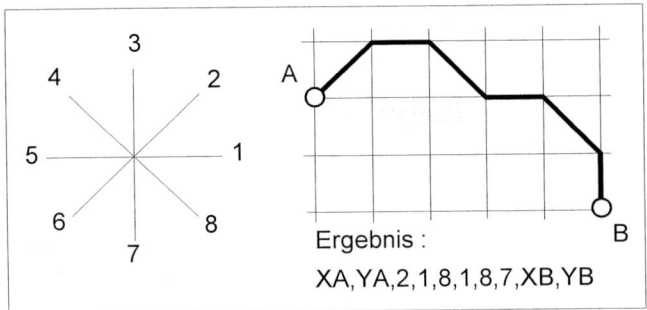

Abbildung 5.36: Mögliche Verzweigungsrichtungen bei regulären Rastern und Anwendung des Kettencodes

Quadtree-Prinzip

Das *Quadtree-Prinzip* eignet sich insbesondere als flächenhafte Datenstruktur für thematische Raster, die in einem Vorverarbeitungsschritt bereits zu sogenannten *homogenen Einheiten* zusammengefaßt worden sind. Innerhalb der digitalen Bildverarbeitung sind dies die Schritte der manuellen oder computergestützten Klassifikation. Das Quadtree-Prinzip kann ebenso als hierarchische Zugriffsstruktur gesehen werden. In diesem Sinne wird es gerne als *Verwaltungsschema* eingesetzt, um möglichst schnell auf beliebige raumbezogene Elemente zugreifen zu können. Als Ergebnis ergibt sich hier wiederum ein Baum, dessen Knoten sich weiter verzweigen können oder nicht. Die Definition des Quadtree-Prinzips ist sehr einfach: Ein quadratischer Ausschnitt wird durch sukzessive Viertelung unterteilt, wobei die letztlich zu erreichende Auflösung – die kleinste Einheit des Quadtrees – durch den Anwender vorgegeben werden kann. Der Baum repräsentiert dann den Weg zum Zugriff auf das entsprechende Element (siehe Abbildung 5.37). Durch die sukzessive Viertelung werden einem Vater vier Söhne zugewiesen – jeder Sohn kann wiederum vier Kinder haben.

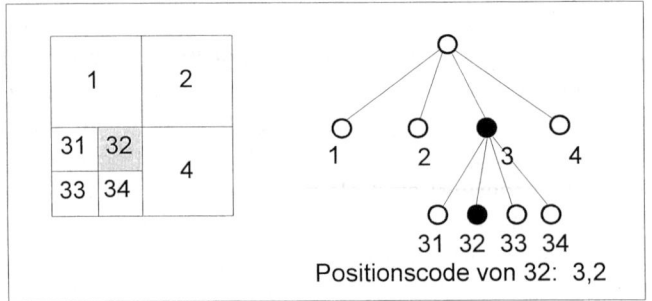

Abbildung 5.37: Quadtree-Prinzip

5.5. STRUKTURIERUNG RAUMBEZOGENER DATEN

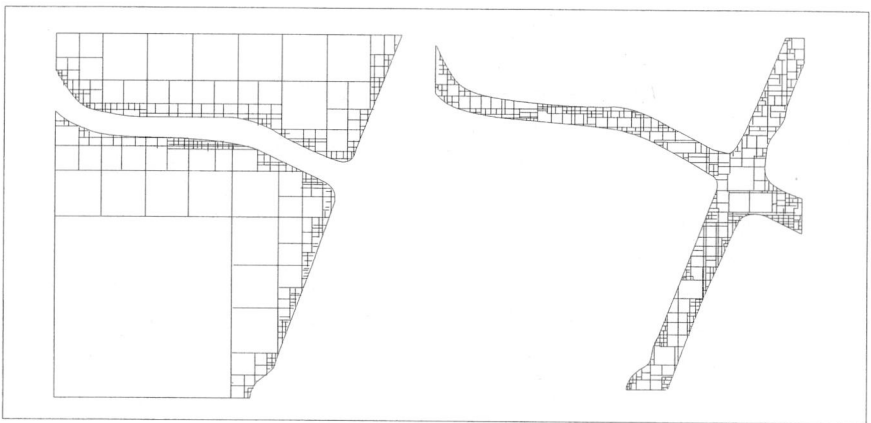

Abbildung 5.38: Quadtree-Zerlegung eines flächenhaften Objekts nach H. YANG (1991)

Die flächenhafte Anwendung der Quadtree-Methode ist mit der Abbildung 5.38 wiedergegeben. Dabei war mit fünf unterschiedlichen Segmentquadraten auszukommen. Die Quadtree-Struktur enthält zwar die vollständige Geometrie, nicht jedoch einen Objektbezug. Dazu müssen, wie auch bei den Vektordaten, Objektidentifikatoren die Geometrie mit der zugehörigen Thematik verknüpfen. Auf die ausführlichen Betrachtungen zum Quadtree-Prinzip in H. YANG (1991) sei an dieser Stelle verwiesen. Da die hierarchische Quadtree-Unterteilung ein häufig genutztes Prinzip zum Zugriff auf raumbezogene Daten darstellt, kommen wir auf diese nochmals in Abschnitt 6.4 zurück.

Andere Raumordnungsprinzipien

Eine gängige Form der Anordnung von Raumzellen ist das sequentielle Ordnen nach einer bestimmten Strategie, wie sie auch schon bei der Runlength- und Kettenkodierung vorkamen. Problem bleibt die Abbildung der zweidimensionalen Anordnung auf einen eindimensionalen Speicher. In der Vergangenheit haben sich verschiedene Raumordnungsprinzipien entwickelt, die speziell auch im Bereich der raumbezogenen Speicher- und Zugriffsmechanismen Bedeutung haben. Neben der Zeilenanordnung (Row ordering) sind als prominente Vertreter noch die Morton-Ordnung und die Hilbert-Peano-Ordnung zu nennen. Das Prinzip sollte in der nachfolgenden Abbildung ohne Probleme erkannt werden. Die räumliche Datenbankerweiterung Spatial Data Option von Oracle nutzt z.B. eine kombinierte Form der Morton-Ordnung mit einem Quadtreekonzept, genannt Hyperspatial Helical Code (HHCODE).

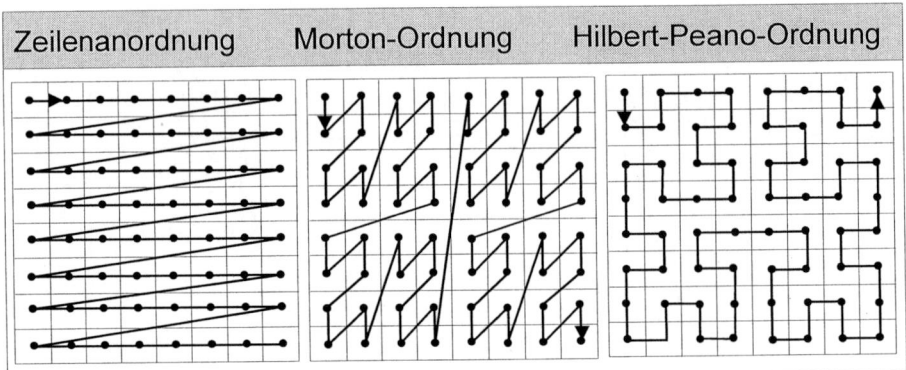

Abbildung 5.39: Raumordnungsprinzipien

5.5.4 Strukturen für Sachdaten

Sachdaten fallen zumeist in der Form von Tabellen an. Diese sind i.d.R. nicht geordnet, d.h. die Strukturierung besteht in der richtigen semantischen Zuordnung.

Beispiel 5.8 zur Strukturierung von Sachdaten:

Am auf Seite 242 angegebenen Beispiel möchten wir die Strukturierung nachfolgend aufzeigen:

A1 Laender	A2 Sprache	A3 Staedte
Frankreich	franzoesisch	Paris, Lyon, Marseille
Deutschland	deutsch	Berlin, Frankfurt, Muenchen
Italien	italienisch	Rom, Mailand, Turin

Die vorstehende Ordnung wird als *nichtnormiert* bezeichnet. Eine Normierung wird herbeigeführt durch die Zuweisung von nur einem Wert in jeder Spalte, was auch unter dem Begriff der *Atomisierung* bekannt ist.

Die entsprechenden Attributgruppen sind: Land, Sprache und Stadt, denen in den verschiedenen Spalten entsprechende Attributwerte zugewiesen werden. Man erkennt hier bereits, daß in der ersten Normalform, um die es sich hier handelt, die Datenmenge i.d.R. aufgebläht ist. Erst durch weitere Normierungen entsteht ein Datenmodell, welches dann in relationalen Datenbanken abgelegt werden kann. Eine Zerlegung dieser *zweiwertigen* Tabelle in zwei *einwertige* Tabellen wäre denkbar, d.h. als Objektidentifikator kann das Land dienen, dem dann in den einwertigen Tabellen die Sprache bzw. die Städte zugewiesen werden könnte. Diese Schaffung von Normalformen ist Bestandteil des *logischen Datenmodells*, so daß hierauf an späterer Stelle nochmals einzugehen ist.

Beispiel 5.9 zur Atomisierung der Sachdaten (1. Normalform):

In der ersten Normalform ist ein Datenmodell, wenn in jeder Zelle (Zeile, Spalte) der Tabelle exakt nur ein Wert steht.

Land	Sprache	Stadt
Frankreich	franzoesisch	Paris
Frankreich	franzoesisch	Lyon
Frankreich	franzoesisch	Marseille
Deutschland	deutsch	Berlin
Deutschland	deutsch	Frankfurt
Deutschland	deutsch	Muenchen
Italien	italienisch	Rom
Italien	italienisch	Mailand
Italien	italienisch	Turin

5.5.5 Hybride Datenstrukturen

Unter einer *hybriden* Datenstruktur ist die Kombination von Vektor-, Sach- und Rasterdaten zu verstehen. So kann beispielsweise die Geometrie als ein *Netzwerk* und die Sachdaten in der Form von untereinander unabhängigen Tabellen vorliegen. Ähnliches gilt für Rasterdaten: Auch hier gibt es verschiedene Ausprägungen, die miteinander kombiniert sein können.

Hybride Strukturen finden sich derzeit häufig in der Kombination von Vektordaten mit Rasterdaten und von Vektordaten mit Sachdaten. In diesem Sinne werden Vektordaten häufig als *Netzwerk* physikalisch in Kanten- und Knotenlisten aufgebaut, während die Sachdaten i.d.R. eine relationale Struktur aufweisen. Rasterdaten dagegen werden z.B. mittels Quadtree verwaltet. Ein erster Versuch zur Bereitstellung einer kombinierten Datenstruktur für Geometriedaten, die Vektor-, Raster- und thematische Rasterdaten berücksichtigen kann, ist nach M. MOLENAAR UND D. FRITSCH (1990) in der Abbildung 5.40 angegeben. Dabei wird das Quadtree-Prinzip als Grundstruktur des thematischen Rasters benutzt. Hybride Datenstrukturen zur Integration von Rasterdaten sind intensiv von H. YANG (1991) untersucht worden.

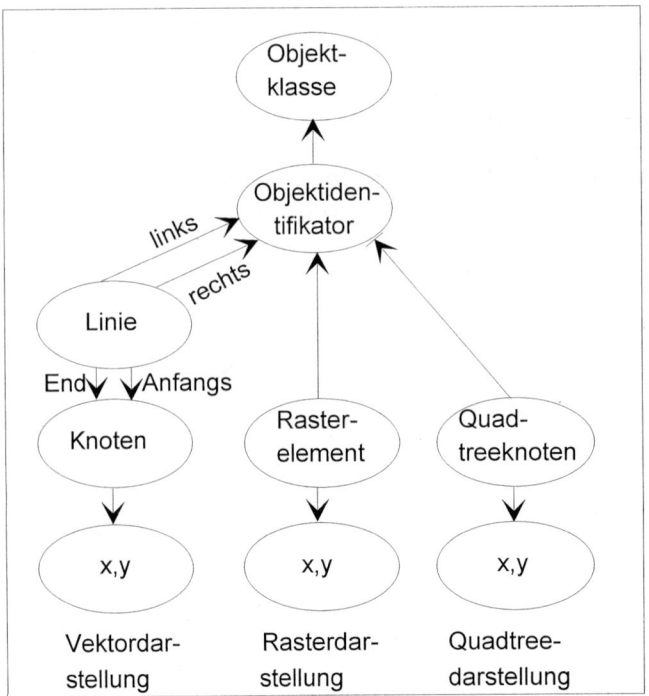

Abbildung 5.40: Kombinierte Datenstruktur für Vektor- und Rasterdaten

5.6 Zusammenfassung

Das vorliegende Kapitel führte in die Datenmodellierung ein. Dabei zeigt sich, daß generell das geometrische, topologische und thematische Modellieren unterschieden werden kann. Beim geometrischen Modellieren kommt der Randbeschreibung der größte Stellenwert zu, da aus dieser leistungsfähige Datenstrukturen zur Beschreibung von raumbezogenen Objekten hervorgehen. Der große Vorteil der Randbeschreibung liegt in der relativ einfachen Integration von topologischen Modellen, mittels derer Nachbarschaftsbeziehungen aufgebaut und überprüft werden können. Hierzu steht mit der Graphentheorie ein mächtiges Instrument zur Verfügung. Die Graphentheorie findet weiterhin Eingang in die Welt des thematischen Modellierens. Hier ist generell zu unterscheiden zwischen einer einfachen Separation verschiedener Inhalte durch das Ebenenprinzip und einer komplexeren Vorgehensweise in der Form des Objektklassenprinzips, in der thematische Netzwerke aufgebaut werden. Diese objektweise Ordnung und Strukturierung von raumbezogenen Daten hat sich mittlerweile in vielen seitens der Industrie angebotenen Geo-Informationssystemen durchgesetzt. Eine neue Strategie zeichnet sich mit den objektorientierten Methoden ab. Aus den Betrachtungen zum geometrischen, topologischen und thematischen Modellieren ergeben sich jeweilige Abfrageräume, die in ihrer Vereinigungsmenge den Gesamtabfrageraum eines GIS ergeben.

Innerhalb der Datenstrukturen wurde differenziert hinsichtlich der Strukturen für Vektor-, Sach- und Rasterdaten. Dabei zeigt sich, daß hybride Anordnungen zu leistungsfähigeren Konzepten beitragen können. Während in den Anfängen die digitalen raumbezogenen Datenhaltungen sich meistens an den analogen Kartendarstellungen orientierten und daraus entsprechende Strukturen abgeleitet wurden, stehen mit der objektweisen Konzeption wesentlich effizientere Datenstrukturen zur Verfügung. Die Generalisierung zwischen verschieden Aggregationsebenen ist mit diesen Strukturen zwar generell möglich, jedoch mangelt es noch an den entsprechenden Algorithmen.

Die räumlich und konzeptionell nach den vorangegangenen Ansätzen modellierten Daten sind nun auf einem Rechner zu speichern und zur Verarbeitung bereitzustellen. Hierzu dienen Datenbanksysteme, auf deren Konzepte im nachfolgenden Kapitel eingegangen wird.

5.7 Aufgaben

5.7.1 Man bilde eine Dreiecksvermaschung von vier Punkten in der Ebene. Für diese Dreiecksvermaschung sind eine Knoten-, Kanten- und Maschenliste anzulegen. Außerdem ist der Euler'sche Satz zu verifizieren.

5.7.2 Man konstruiere die Inzidenzmatrix für die in Aufgabe 5.7.1 aufgebaute Dreiecksvermaschung und berechne die Adjazenzmatrix. Das Ergebnis soll hinsichtlich seiner Konsistenz geprüft werden.

5.7.3 Wie bezeichnet man den Graphen, der sich aus der Dreiecksvermaschung der Aufgabe 5.7.1 ergibt? Welche Eigenschaften besitzt er?

5.7.4 Welche topologischen Beziehungen gelten für allgemeine Netzwerke?

5.7.5 Welche grundsätzlich voneinander verschiedenen thematischen Modelle sind Ihnen bekannt und wie unterscheiden sie sich?

5.7.6 Man bilde ein thematisches Modell für die Hyperklasse der Verkehrswege eines Landes.

5.7.7 Wie lautet eine allgemeine Datenstruktur für die Dreiecksvermaschung von Aufgabe 5.7.1?

5.7.8 Was versteht man unter der Strukturierung von Sachdaten?

Kapitel 6

Datenbanken

6.1 Einführung

In einem Geo-Informationssystem kommt der Datenverwaltung und -speicherung eine zentrale Rolle zu. Gegenüber der Dateienverwaltung der Vergangenheit findet man heutzutage in Geo-Informationssystemen zusehends Datenbanken als Speichermedien eingesetzt, wobei die Verwaltung der Daten vermittels komplexer Datenbankmanagementsysteme (DBMS) erfolgt. Die Abbildung der strukturierten Daten (vgl. Kapitel 5) in diese Datenbanken geschieht mit Hilfe von *logischen Datenmodellen*. Diese Modelle beinhalten die Festlegung von Datenbankschemata zur Aufnahme der gegebenen Datenstrukturen. Die Art der Datenspeicherung auf der Festplatte sowie der dazugehörige Zugriffsmechanismus wird im *physikalischen Datenmodell* festgelegt. Somit sind das logische und das physikalische Modell eng miteinander verknüpft. Aus diesem Grunde setzt sich das vorliegende Kapitel mit diesen beiden Modellen auseinander. Zur Verdeutlichung der Aufteilung der schematischen Modellebenen in Geo-Informationssystemen wird nochmals die Abbildung 5.1 als Abbildung 6.1 wiedergegeben; jedoch nun mit *Füllungen* in der logischen und physikalischen Schale. Dadurch kann der Leser die nachfolgenden Ausführungen besser einordnen, da diese sich ausschließlich mit den beiden inneren Schalen beschäftigen.

6.1.1 Dateisystem

Ein *Dateisystem* zeichnet sich durch einen parallelen Datenbestand aus. Jeder Anwender (Nutzer) legt abhängig von seiner Anwendung Dateien an, führt sie fort und setzt sie zur Lösung seiner Aufgabenstellung ein. Bei einem Dateisystem werden hinsichtlich einer redundanzarmen Datenhaltung, einem einheitlichen Datenmodell, Datensicherungsmechanismen und Konsistenzbedingungen keine allzu hohen bzw. tlw. überhaupt keine Anforderungen gestellt, da die angelegten Datensätze meistens nur für eine ganz bestimmte Anwendung gelten. Vielfach sind diese Anwendungen lokal beschränkt und überschaubar, so daß keine umfangreichen topologischen und thematischen Modellvorstellungen angestellt werden müssen.

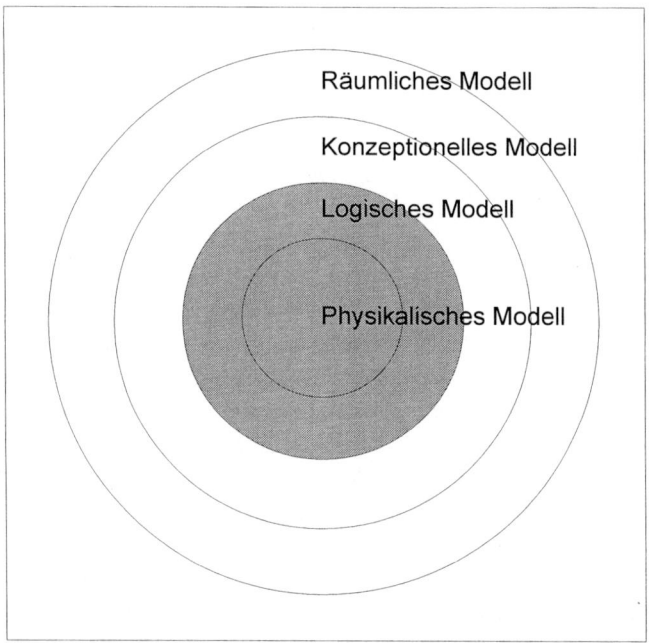

Abbildung 6.1: Vierschalenmodell der raumbezogenen Datenhaltung

Durch den parallelen Datenbestand ergeben sich zwangsläufig Redundanzen, die vielfach sogar gewünscht sind, um möglichst schnell eine entsprechende Aufgabe zu lösen. Häufig weiß der Anwender A nichts vom Datenbestand des Anwenders B; ein Mehrfachzugriff auf ein und dieselbe Datei durch verschiedene Anwender scheidet daher von vornherein aus.

Dateisysteme sind meistens batchorientiert. Ihre Datenstrukturen können sehr speziell sein, d.h. auf die jeweilige Anwendung zugeschnitten. Da der Batchbetrieb einen schnellen Datendurchsatz garantiert, ist hierfür eine einfache Datenstruktur vielfach Voraussetzung.

Das Problem der Datensicherheit ist bei Dateisystemen von sekundärer Natur. Hier reichen häufig mehr oder weniger regelmäßige Archivierungen auf Tertiärspeicher aus. Zusammenfassend lassen sich die folgenden Eigenschaften für ein Dateisystem angeben:

- Parallele Datenbestände.

- Keine Mehrbenutzerzugriffe.

- Batchorientiert.

6.1. EINFÜHRUNG

- Wenig Strukturflexibilität

- Gutes Antwortzeitverhalten

- Geringe Datensicherheit

6.1.2 Datenbanksystem

Beim Aufbau von raumbezogenen Datenbanken in Geo-Informationssystemen bedient man sich mehr und mehr den Richtlinien der *Informatik* zu den *Datenbanksystemen*. Das bedeutet, daß einige wichtige Forderungen eingehalten werden sollten (J. NIEDEREICHHOLZ (1983)). Aus den vorangegangenen Betrachtungen zu den Dateisystemen ergeben sich somit zwangsläufig die folgenden Charakteristika, auf die Datenbanksysteme besonders achten müssen:

- Redundanzfreiheit der Daten

- Mehrbenutzerzugriff und Datenverteilung

- Batch- und interaktiver Betrieb mit Abfragemöglichkeiten

- Strukturflexibilität

- Gutes Antwortzeitverhalten evtl. auch durch Parallelisierung

- Hohe Datensicherheit und Zugriffsberechtigungen

- Gute Benutzerschnittstelle und leistungsfähige Werkzeuge

Diese Vorgaben sind nur mit einer umfangreichen Programmsammlung – dem *Datenbankverwaltungs- oder Datenbankmanagementsystem (DBMS)* – zu gewährleisten. Dabei kommt der Datensicherheit ein immer größer werdender Stellenwert zu. Die Daten stellen den größten Investitionsumfang in einem GIS dar – von daher sind sie besonders gegen unberechtigte Zugriffe z.B. durch *Hacker* zu schützen, zumal Daten heute oftmals in firmenweiten (Intranet) und weltweiten (Internet) Netzen bereitgestellt werden.

Ein Datenbanksystem ergibt sich als Kombination von Datenbankmanagementsystem und den Daten, die durchaus in *mehreren* Datenbanken (verteilte Datenhaltung) abgespeichert sein können. Somit ergibt sich der in der Abbildung 6.2 dargestellte allgemeine Aufbau eines raumbezogenen Datenbanksystems, in dem unterschiedliche Datensätze von dem Datenbankmanagementsystem angesprochen werden.

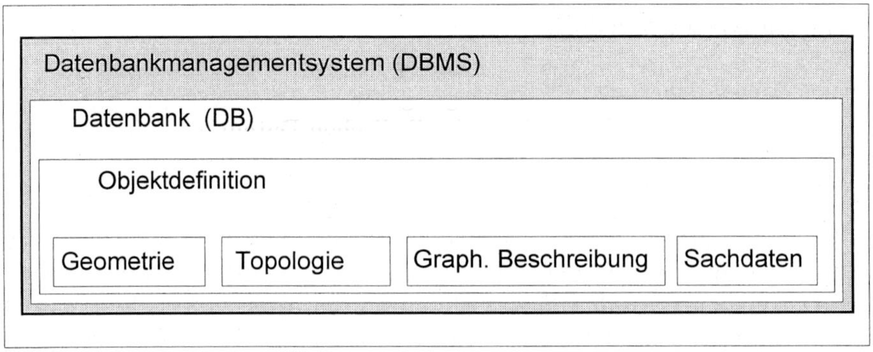

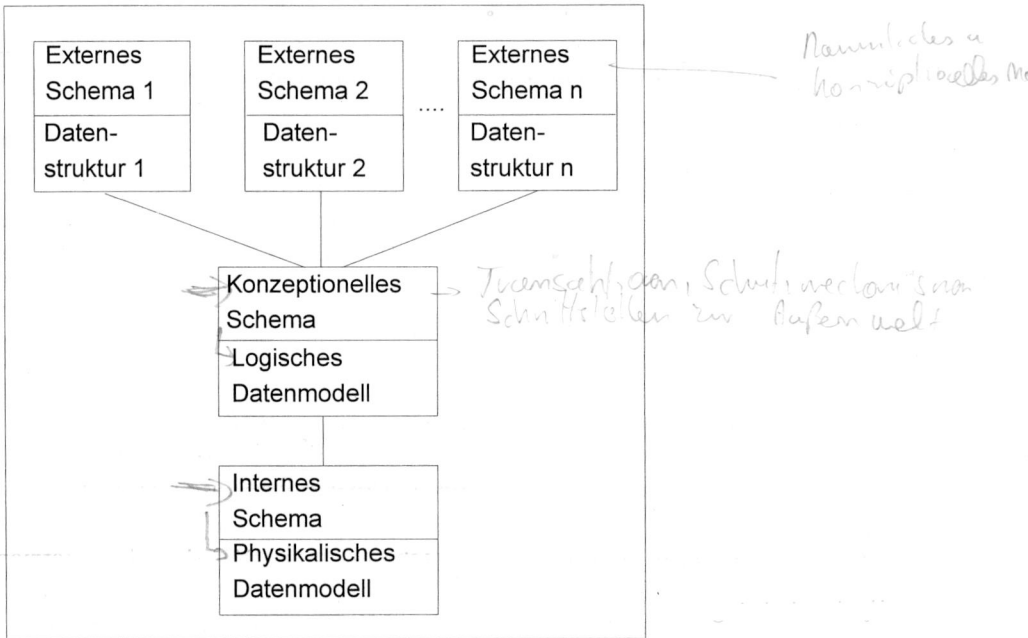

Abbildung 6.2: Allgemeiner Aufbau eines raumbezogenen Datenbanksystems

Bei der Architektur eines Datenbanksystems ist grundsätzlich in drei Ebenen zu unterscheiden (C.J. DATE (1986)), was zu einem Dreischemata-Modell (Abbildung 6.3) führt:

Abbildung 6.3: Dreischemata-Modell eines Datenbanksystems

- Externes Schema.
- Konzeptionelles Schema.

6.1. EINFÜHRUNG

- Internes Schema

Der Vergleich dieser drei Ebenen mit dem bereits eingeführten *Vierschalenmodell* der raumbezogenen Datenhaltung zeigt, daß das externe Schema den beiden äußeren Schalen – räumliches und konzeptionelles Modell – entspricht. Das konzeptionelle Schema beinhaltet die Festlegung des logischen Datenmodells, und das interne Schema setzt sich mit dem physikalischen Datenmodell auseinander. Dementsprechend wird das Modell für das Datenbanksystem – auch als Datenbankmodell bezeichnet – aufgeteilt in das externe, konzeptionelle und interne Modell. Die Funktionen des DBMS kommen auf unterschiedliche Weise zum Ausdruck. Diese Querverbindung wird mit der Abbildung 6.3 verdeutlicht.

Im *internen Schema* wird die Art und Weise der physikalischen Datenspeicherung festgelegt. Die Daten nehmen hier ihre *Primitivform* an, d.h. sie sind in Dateien (Files), Listen oder Tabellen organisiert.

Dem *konzeptionellen Schema* kommt eine besonders wichtige Bedeutung zu, da hier alle Funktionen bereitgestellt werden müssen, um logische Datenorganisationen unabhängig von den Speichermethoden durchführen zu können. Diese Funktionen sind häufig mit der *Datendefinitionssprache (DDL)* und der *Datenmanipulationssprache (DML)* gegeben. Spezielle Funktionen der DDL und DML wurden bereits im Kapitel 3, Abschnitt 3.2.4, vorgestellt. Das konzeptionelle Schema enthält außerdem die wesentlichen *Transaktionen*, die *Schutzmechanismen (Zugriffsrechte)* und Schnittstellen zur Außenwelt, auf die noch näher einzugehen ist.

Die *externen Schemata* dienen den Anwendern. Hier werden die Anwenderprogramme, die Objektbeschreibung und -strukturierung definiert. Auf dieser Ebene können die Anwenderprogramme durch entsprechende Programmschnittstellen (Parameterlisten, Datenfelder etc.) auf die in der Datenbank gespeicherten Daten zugreifen. Da dieser Zugriff nicht direkt geschieht, sondern via konzeptionellem Schema, muß einer entsprechenden *Datenaufbereitung* Rechnung getragen werden. Diese Aufgabe übernimmt das DBMS – sie ist rechenintensiv und zeitaufwendig. Dem Vorteil der Unabhängigkeit von Daten und Anwendungsprogrammen steht somit eine gewisse Einbuße an Performanz gegenüber.

Insbesondere *relationale* DBMS bieten mittlerweile eine ausgereifte Technologie. Es handelt sich dabei um die im konzeptionellen Schema bereits angesprochenen Charakteristika (R. BILL (1991A)):

- Transaktionskonzept und Recovery-Mechanismus im Mehrbenutzer-Betrieb
- Systemkatalog
- Zugriffsrechte
- Verschiedene Sichten auf ein DBMS
- Ebenenarchitektur eines DBMS
- Datenbankwerkzeuge

Transaktionskonzept und Recovery-Mechanismus im Mehrbenutzer-Betrieb

Die Datensicherheit in einem Datenbanksystem wird durch das *Transaktionskonzept* gewährleistet. Unter dem Transaktionskonzept versteht man eine ununterbrochene Folge von Datenmanipulationsbefehlen, welche die Datenbank von einem logisch konsistenten Zustand in einen neuen logisch konsistenten Zustand überführt. Kann ein Eintrag in eine Datenbank erfolgreich abgeschlossen werden, so hat sich ihr Zustand geändert – bei nicht erfolgreichem Abschluß wird der Ursprungszustand wieder eingesetzt. Dadurch erklärt sich die hohe Sicherheit der Daten in einer von einem DBMS kontrollierten DB. Dies gilt für alle Grundoperationen: *Einfügen (Insert)*, *Ändern (Modify)* und *Löschen (Delete)*.

In der Abbildung 6.4 ist das Transaktionskonzept graphisch angedeutet. Dabei ändert der Bearbeiter A einen Datenbestand, der aus Nadelwald und Laubwald besteht. Die zeitliche Dauer der Änderung sei mit der Zeitachse $t_0 \longrightarrow t_n$ visualisiert: Es wachse der Datenbestand des Nadelwalds zuungunsten des Laubwalds. Während des Zeitpunkts t_0 liest der Bearbeiter B den Laubwaldbestand aus der Datenbank in den Kernspeicher ein, und erhält den alten, unveränderten Datenbestand des Laubwalds. Zum Zeitpunkt $t + dt$ greift der Bearbeiter B nun auf den Datenbestand des Nadelwalds zu und erhält wegen des Transaktionskonzeptes ebenfalls noch den alten, konsistenten Zustand. Somit ist gewährleistet, daß jeweils konsistente Datenbestände vorliegen, obwohl diese gerade Änderungen unterworfen sind. Erst wenn der Sachbearbeiter A seine Arbeiten mit den Datenbeständen des Nadelwalds und Laubwalds abgeschlossen hat, wird der veränderte neue Datenbestand als nunmehr gültiger, konsistenter Zustand vom Datenbanksystem übernommen. Der Vor- und Nachteil des Transaktionskonzepts ist somit offensichtlich: Da stets eine konsistente Datenbank vorliegen muß, ergeben sich fachliche Inkonsistenzen, d.h. obwohl sich der Datenbestand verändert hat, werden die alten, unveränderten Daten abgefragt. Jedoch können immer mehrere Benutzer *gleichzeitig* auf diese Datenbestände zugreifen.

Dem Transaktionsparadigma liegt das *ACID-Prinzip* zugrunde (Atomicity, Consistency, Isolation, Durability), welches besagt, daß eine Transaktion auf atomarer Basis abläuft, einen konsistenten Datenbestand gewährleistet, isoliert von anderen Atomen nur auf die betroffenen Atome wirkt und nach Vollendung in der Auswirkung dauerhaft ist.

Zur Unterstützung des Transaktionsparadigmas bieten Datenbanksysteme den *Recovery-Mechanismus* (teilweises UNDO, REDO und globales UNDO, REDO), der für den Fehlerfall (nicht vollständig abschließbare Transaktion oder auch beim Systemabsturz) die Datenbank wieder in einen konsistenten Status versetzt. Dies wird durch Transaktionsprotokollierung in log-Dateien ermöglicht. Derartige Konzepte dienen auch dem Mehrbenutzer-Betrieb, in dem höchste Anforderungen an das Datenbanksystem gestellt werden. Der gleichzeitige Zugriff durch mehrere Benutzer wird durch *Sperren* zum *Lesen* und *Schreiben* sichergestellt.

6.1. EINFÜHRUNG

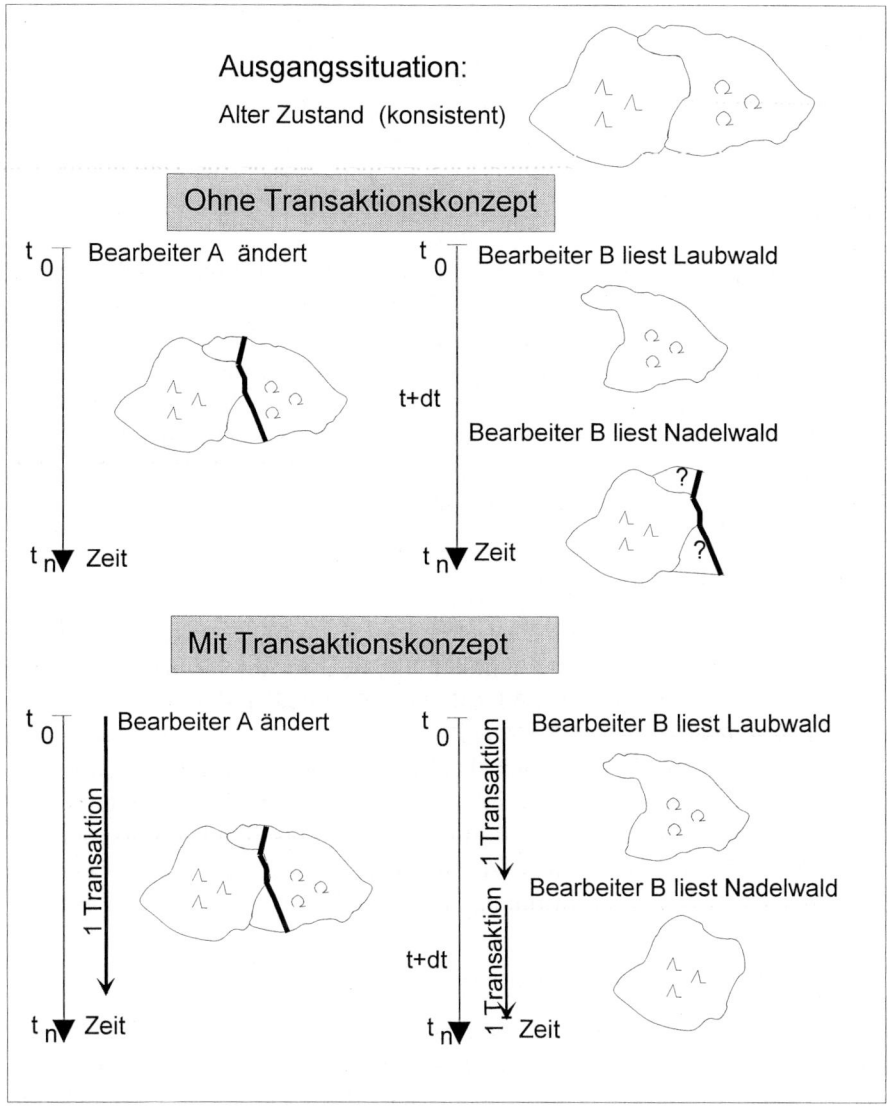

Abbildung 6.4: Transaktionskonzept der Datenbanksysteme

Systemkatalog

Jede Datenbank beinhaltet einen *Systemkatalog (Data Dictionary)*. Unter einem Systemkatalog versteht man eine eigene Systemdatenbank mit detaillierten Informationen über alle Datenbankobjekte, also alle Datenorganisationen (Dateien, Listen, Tabellen), Sichten, Indizes, Benutzer, Autorisierungen usw. Dieser Systemkatalog wird auch vom DBMS selbst verwendet, um Informationen über die Struktur der Datenbank zu erhalten. Der Systemkatalog besteht somit selbst aus einer Menge von Dateien, Listen, Tabellen, die mit den Standardbefehlen (z.B. SQL-Anweisungen) bedient werden können, i.d.R. aber nur vom Datenbankadministrator manipuliert werden. Dieser Systemkatalog ist oftmals als Ausgangspunkt für die Ableitung von Metainformationen (vgl. Band 2 Kapitel 5) geeignet, sofern die Datenbank nach fachlichen Kriterien strukturiert ist.

Zugriffsrechte

Im Systemkatalog werden auch die Zugriffsrechte (Lesen, Einfügen, Löschen und Verändern) auf die Datenbank verwaltet. Im Gegensatz zu Dateisystemen sind bei Datenbanksystemen im allgemeinen eine Vielzahl von Zugriffsberechtigungen möglich, die vom globalen Lesen und Verändern bis hin zu sehr lokalen Zugriffen reichen können, so z.B. nur Berechtigungen auf einzelne Attribute, auf ganze Tabellen oder die gesamte Datenbank. Das DBMS kennt verschiedene Kategorien von Benutzern: diese können der *Datenbankadministrator* oder aber individuelle Nutzer sein, die Rechte an speziellen Datenbankauszügen zugewiesen bekommen.

Sichten in einem DBMS

Die Daten einer Datenbank werden in der Form von Dateien, Listen und Tabellen physikalisch vorgehalten. Demgegenüber sind nun für unterschiedliche Sichten verschiedene neue Dateien, Listen und Tabellen zu erzeugen, die nicht permanent vorzuhalten, sondern mittels einer Ableitungsvorschrift im Systemkatalog definiert sind und beim Zugriff entstehen. Dadurch können verschiedene Anwender sich von ein und demselben Datenbestand eine der eigenen Problemstellung angepaßte Sicht verschaffen; allerdings sind dabei Leistungseinbußen hinzunehmen. Auf diesen Sichten (Views) kann wiederum mit dem zur Verfügung stehenden Vokabular der DML (mit Einschränkungen bei Änderungen) gearbeitet werden.

Ebenenarchitektur eines DBMS

Ein Datenbanksystem gliedert sich in verschiedene Ebenen (Layer), hier allerdings nicht gleichzusetzen mit den thematischen Ebenen eines thematischen Datenmodells. Auf der obersten Ebene sieht man das logische Datenmodell, das mit der Abfragesprache bedient wird. Darunter liegen die logischen *Zugriffspfade* gefolgt von den Speicherstrukturen wie B*-Bäumen und Hashing-Tabellen. Als speicherplatznah können dann die Dateien und Listen angesehen werden. Zwischen dem physikalischen Permanentspeicher und dem DBMS befindet sich oftmals noch ein *Datenpuffer (Cache)*, in dem einmal von einem Speicher gelesene Daten aufzubewahren sind. Die physikalische Datenspeicherung bleibt eigentlich vor dem Nutzer des Datenbanksystems versteckt und ist nach DBMS-Kriterien strukturiert. Diese Ebenenarchitektur unterscheidet ein DBMS auch wesentlich von einem Dateiverwaltungssystem, bei dem die Daten nach Applikations- oder Programmgesichtspunkten abgelegt sind.

6.1. EINFÜHRUNG

Beispiel 6.1 zu DB-Entwicklungswerkzeugen:

Die nachfolgende Abbildung zeigt ein integriertes Datenbank-Entwicklungswerkzeug als CASE-Tool für das Design und die Implementierung eines alphanumerischen und geometrischen Datenbankmodells für die Fachschale Strom im SMALLWORLD GIS. Darunter wird die objektorientierte Benutzeroberfläche mit class-Browser, CASE-Tool und GUI-Builder für das Anlegen von Individualmenüs dargestellt (Quelle: SMALLWORLD Systems, Ratingen).

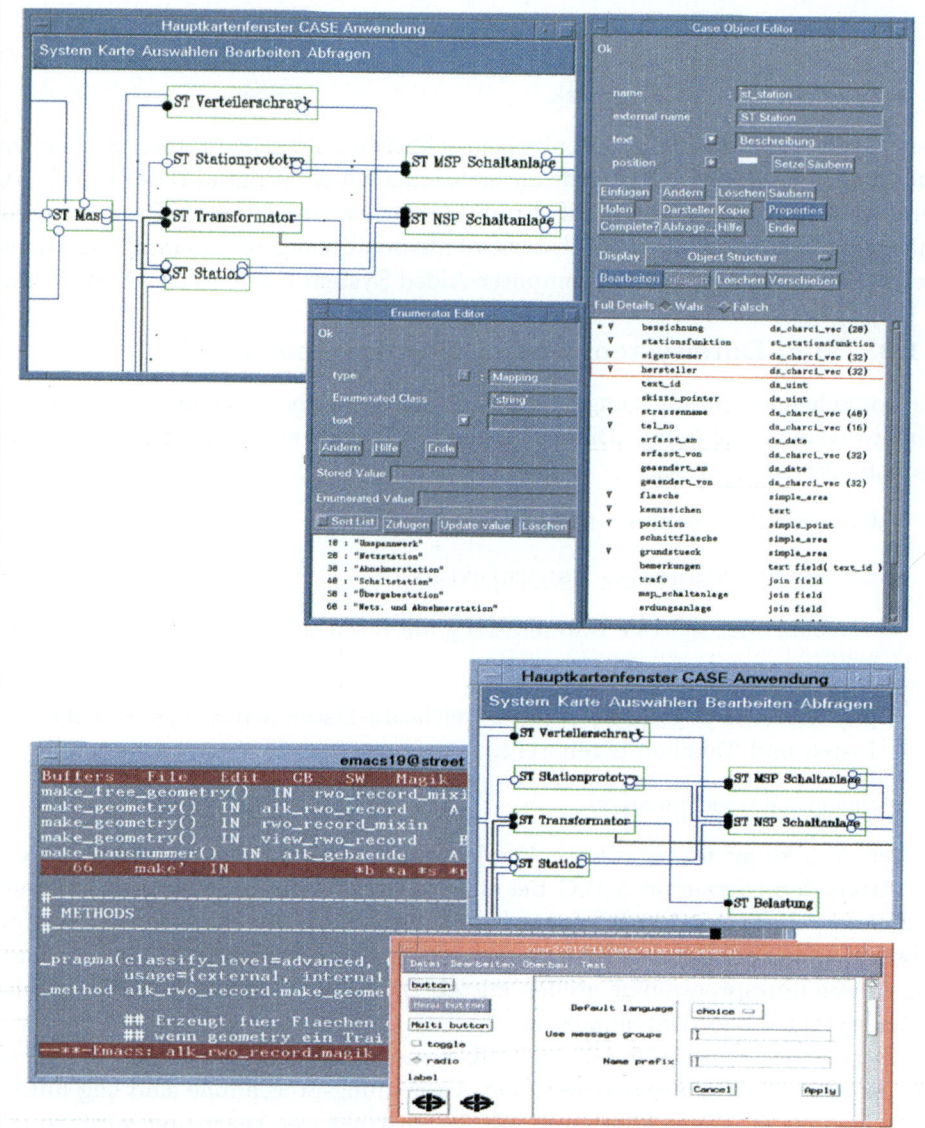

Abbildung 6.5: DB-Entwicklungswerkzeuge (Quelle: SMALLWORLD Systems, Ratingen).

Datenbankwerkzeuge

Datenbankmanagementsysteme bieten heute neben dem eigentlichen Datenverwaltungssystem eine Vielzahl von *Werkzeugen*, die den Datenbestand in die Arbeitsumgebung integrieren sollen. Hierzu gehören u.a. Werkzeuge zur

- Erstellung von Menüs und Masken für die Dateneingabe,
- Ermöglichung der Bürokommunikation,
- Unterstützung der Softwareentwicklung und
- Integration in ein Netzwerk.

Verschiedene kommerzielle Datenbanken schließen inzwischen raumbezogene Datentypen, Operatoren und Zugriffsmechanismen mit ein (Spatial Datablades). Auf derartigen Konzepten setzen GIS-Produkte noch weiterreichende Programmteile auf, um insbesondere den Prozeß der Datenmodellierung zu unterstützen. Hierzu bieten sich Ansätze aus dem Computer-Aided System Engineering (CASE) an.

6.1.3 Vom Dateisystem zu Datenbanksystemen

Die vorstehenden Betrachtungen lassen einen Vergleich zwischen Datei- und Datenbanksystemen ableiten. Dieser Vergleich läßt sich an den Anforderungen an Datenbanksysteme messen:

- Umfassende Beschreibung der realen Objekte.
- Einsatz von abstrakten Datenstrukturen.
- Verteilte oder zentrale Datenhaltung mit ihren entsprechenden Anforderungen.
- physikalische Organisationsform, welche die Daten in der Form von Dateien, Listen und Tabellen bereitstellt.
- Sicherheitsmechanismen.

In der Abbildung 6.6 ist dieser Vergleich graphisch wiedergegeben. Während die Anwenderprogramme A,B,C bei einem Dateisystem auf zugehörige Dateien A,B,C zugreifen, existiert in einem Datenbanksystem nur ein *zentraler* Datenbestand. Dieser ist durch die Vereinigungsmenge der Dateien A,B,C angedeutet. Die Anwendungsprogramme greifen mittels DBMS-Funktionen auf den vereinten Datenbestand in der Datenbank zu.

Bei einem Dateisystem gibt es i.d.R. keine umfassende Beschreibung der realen Objekte. Die Datenstrukturen und Anwendungsprogramme sind eng miteinander verknüpft. Wenn überhaupt mit Datenstrukturen gearbeitet wird, so entsprechen diese meistens nicht den Modellvorstellungen von Kapitel 5. Das Dateiverwaltungssystem - falls überhaupt ein solches existiert – stellt keine bzw. nur

6.1. EINFÜHRUNG

geringe Sicherungsmechanismen bereit. Die physikalische Organisationsform der Daten in einem Dateisystem ist meistens durch sequentielle Dateien (Files) gegeben; lediglich in Spezialanwendungen kommen *direkte Zugriffe* oder *Verkettungen* zur Anwendung.

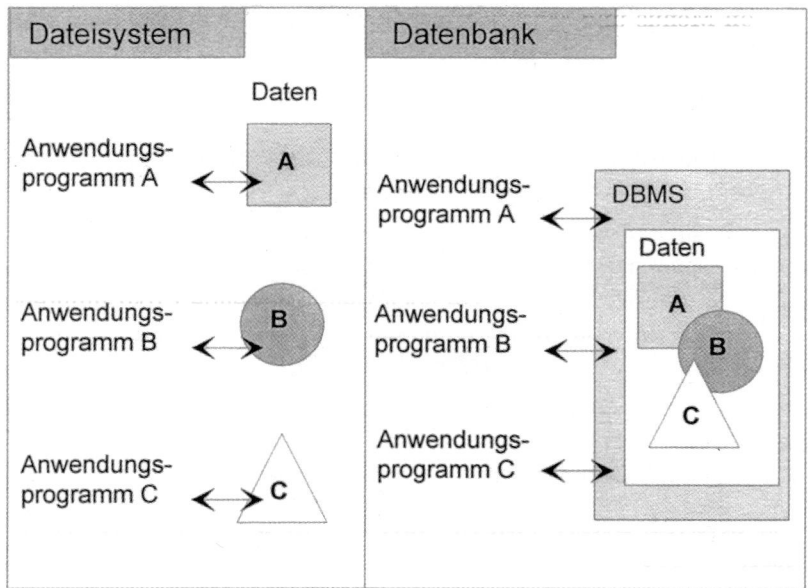

Abbildung 6.6: Dateisystem versus Datenbank

Die Datenstrukturen in einem DBMS sind dagegen von den Anwendungen losgelöst – die Unterteilung in Geometrie, Topologie und Thematik stellt ein umfassendes konzeptionelles Datenmodell dar, welches den meisten Anwendungen gerecht werden kann. Das DBMS trägt mit seinen Mechanismen zum Datenschutz und zur Datenkonsistenz zu einem stets homogenen Datenbestand bei. Durch verschiedenartige logische Modelle zur Architektur von Datenbanksystemen kann auch den speziellen Anforderungen der physikalischen Datenspeicherung Rechnung getragen werden. So können miteinander verkettete Listen durchaus netzwerkartig organisiert sein, während Sachdaten in gleichberechtigten Tabellen dem relationalen Modus entsprechen. Der große Vorteil des Datenbanksystems besteht jedoch in der Zentralität der Daten, d.h. alle Anwendungen greifen auf ein und denselben Datenbestand zurück, auch wenn dieser durchaus auf verschiedene Datenbanken verteilt sein kann. Zudem zeigen die heute verfügbaren DBMS eine recht gute Performanz auch bezogen auf Geometriedaten und unterstützen teilweise auch raumbezogene Zugriffe. S. NEBIKER (1997) untersucht und demonstriert die hohe Leistungsfähigkeit einer ORACLE-Datenbank bei landesweiten Rasterdatensätzen der Schweiz, die immerhin einen Datenumfang von einigen GBytes haben.

Die gegenwärtige Entwicklung im Datenmanagement läßt sich gut mit einer aus M. STONEBRAKER UND D. MOORE (1996) entnommenen und für das GIS-Umfeld modifizierten Graphik darstellen. Die beiden Autoren geben eine 2*2-Matrix zur Klassifizierung von Datenbankmanagementaufgaben (Abbildung 6.7) an, wobei sie zwischen Anforderungen hinsichtlich der Datenstrukturierung (einfache und komplexe Daten) und der Datenabfragen (keine Abfragen und Abfragen im Sinne von SQL) unterscheiden.

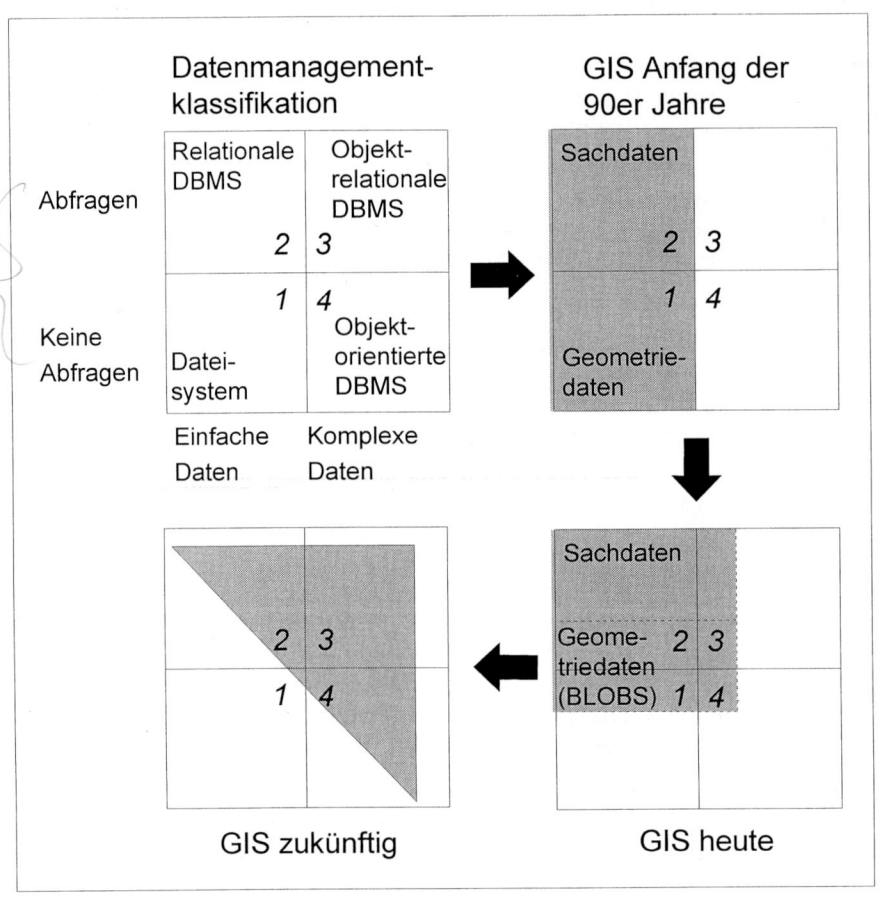

Abbildung 6.7: Klassifizierung des Datenbankmanagements aus GIS-Sicht

Einfache Daten, auf denen keine Abfragen stattfinden, finden sich üblicherweise in *Dateisystemen* (links unten) abgelegt. Die Dokumentenverwaltung von Texten, Tabellen etc. wäre eine solche klassische Domäne. Hier startete auch die GIS-Produktentwicklung, zwar durchaus auch mit komplexeren Daten, aber ohne Abfragemöglichkeit. Laufen Abfragen auf einfachen Daten ab, so ist dies die klassische Form der Businessdaten in *relationalen Datenbanken* (links oben). Komplexere Daten, für die aber keine Abfragesprache im Sinne von SQL geboten wird, sind in *objektorientierten Datenbanken* (rechts unten) abgelegt. *Objektrelationale Datenbanken* dagegen unterstützen sowohl die Modellierung komplexer Daten als auch deren Abfragen mit Standardabfragesprachen wie SQL und dessen absehbaren Erweiterungen. Ordnen wir die GIS-Entwicklung nun hier ein, so läßt sich sagen, daß mit dem Aufkommen der relationalen Datenbanken die Sachdaten auch schnell ihren Weg in diese relationale DBMS fanden, während die Geometriedaten weiterhin in Dateisystemen verblieben. Heute wird auch das Geometriedatenmanagement zunehmend den relationalen DBMS zugemutet, wobei Ansätze wie BLOB's (Binary Large Objects) oder BULK-Daten (unstrukturierte Datenströme) genutzt werden. Dies gehört zwar nicht zum klassischen Leistungsumfang relationaler DBMS, hat sich aber bei den DB-Systemanbietern als Erweiterung des relationalen Standards etabliert. So verbleiben im Dateisystem höchstens noch große Rasterdatensätze, zu deren Speicherort aus der relationalen Datenbank verwiesen wird. Aus Sicht des Autors ist aber die GIS-Anwendung eine sich über die vier Quadranten ingesamt erstreckende Form der Datenbanknutzung, so daß gerade den neuen Technologien wie den objektorientierten und objektrelationalen Datenbanksystemen ein großes Zukunftspotential zuzuweisen sein wird (vgl. Band 2 Kapitel 5).

6.2 Logische Datenmodelle

Die Kommunikation mit einer Datenbank aus Nutzersicht geschieht durch Applikationsprogramme oder mit einer Standardabfragesprache (SQL). Da der Anwender möglichst komfortabel mit der Datenbank kommunizieren möchte und die ihn interessierenden Daten seinem Anwenderprogramm möglichst schnell zur Verfügung zu stellen sind, werden an die Datenbank sehr hohe Anforderungen gestellt. Von daher muß bei der Entwicklung eines Datenbanksystems ein Modell aufgestellt werden, welches diesen Anforderungen genügen kann. Dieses Modell wird als *logisches Datenmodell* bezeichnet, da hier die logischen Zusammenhänge zwischen den verschiedenen Objektmengen zu berücksichtigen sind.

Das logische Datenmodell stellt wie das räumliche und konzeptionelle Datenmodell ein Basismodell innerhalb eines Geo-Informationssystems dar. Die Realwelt beschreiben wir im logischen Modell mit Objekten, den Beziehungen zwischen der Realwelt und den modellierten Objekten und den Beschreibungsregeln für beide. Daher muß die Datenstruktur für Objekttypen logische, technische, administrative und geographische Beziehungen beinhalten. Der Begriff 'logisches Datenmodell' wird vielfach mit dem Datenbankmodell gleichgesetzt, wobei wir zwischen *hierarchisch*, *netzwerkartig*, *relational*, *objektrelational* und *objektorientiert* unterscheiden. Bevor jedoch ein den Objektbeziehungen adäquates Datenbankmodell entwickelt werden kann, muß sich speziell der Abbildung der Realobjekte in die Datenbank angenommen werden. Einen grundlegenden Ansatz hierzu stellt das Entitäten-Relationenmodell (ER-Modell) dar, das nachfolgend erläutert ist.

6.2.1 Entitäten-Relationenmodell

Zu der Entwicklung bzw. dem Entwurf eines raumbezogenen Datenbanksystems ist ein logisches Datenmodell vorauszusetzen, welches aus dem *Entitäten-Relationenmodell (Entity-Relationship Model, ER-Modell)* resultieren kann (C.J. DATE (1986)) und graphisch in einem Entity-Relationship-Diagramm visualisiert werden kann. Dabei sind *Entitätsmengen* und *Relationsmengen* zu definieren. Die Menge der Entitäten ist durch die vorgegebenen Attribute genau festgelegt, d.h. ein Attribut charakterisiert die spezielle Eigenschaft der Entitätsmenge. Eine *Entität (Entity)* stellt ein Element dieser Menge dar und kann aus einem oder mehreren Attributwerten bestehen. Aus dem thematischen Modell ergeben sich verschiedene Entitätsmengen, wie z.B. die Menge der Eigentümer, der Bodenbedeckungen, der Nutzung usw., die miteinander verknüpft werden müssen. Diese Verknüpfungen bilden in ihrer Gesamtheit die Menge der *Relationen (Relationships)*, d.h. eine Relation ist nichts anderes als die Verbindung von zwei Entitäten. Am Beispiel der Randbeschreibung des Hauses (vgl. Abbildung 5.10) wird mit der Abbildung 6.8 das ER-Modell demonstriert. Mathematisch lassen sich die Entitäten- und Relationenmengen mit den Hilfsmitteln der Mengenlehre angeben:

$$E_1 = \{M_I, M_{II}\} \tag{6.1}$$

$$E_2 = \{a_1, a_2, a_3, t_1\} \tag{6.2}$$

$$R_{1,2} = \{<M_I, a_1>, <M_I, a_2>, <M_{II}, a_2>, <M_{II}, a_3>, <M_{II}, t_1>\} \tag{6.3}$$

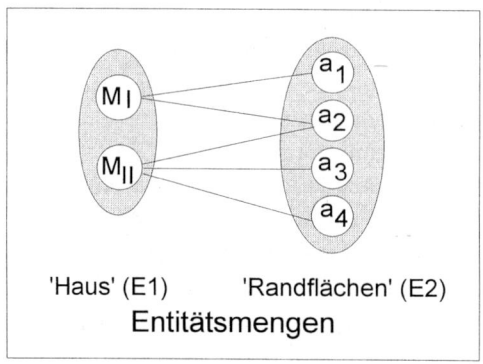

Abbildung 6.8: Entitäten-Relationenmodell

Während in der Datenbankwelt unter den Begriffen 'Entität' und 'Relation' die kleinsten Dateneinheiten und Beziehungen in einer Datenbank zu verstehen sind, wird in der GIS-Anwendung unter Entität schon ein in der realen Welt bedeutungsvolles Objekt verstanden (z.B. ein Haus). Dessen Relation kann im Falle des Hauses seine Verbindung zu einem Flurstück sein. Diese unterschiedliche Auffassung kann zu Konflikten bei der Umsetzung der realen Objekte in die raumbezogene Datenbank führen.

6.2. LOGISCHE DATENMODELLE

Zwischen den Entitäten werden die folgenden Beziehungen (Relationen) zugelassen (siehe hierzu auch die Abbildung 6.9):

- 1:1-Beziehung: Eine Entität des Typs A ist umkehrbar eindeutig einer Entität des Typs B zugeordnet.

- 1:n-Beziehung: Einer Entität des Typs A sind n-Entitäten des Typs B zugeordnet (oder umgekehrt).

- m:n-Beziehung: Es besteht eine Zuordnung zwischen m-Entitäten des Typs A und n-Entitäten des Typs B.

- Konditionelle Beziehungen: Keiner Entität des Typs A ist eine Entität des Typs B zugeordnet.

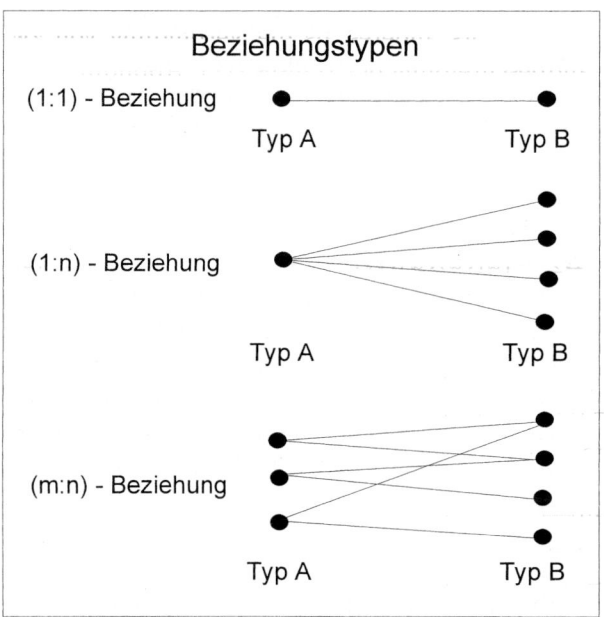

Abbildung 6.9: Beziehungstypen zwischen Entitäten

ER-Modellierung und Implementation im Datenbanksystem

Folgender Sachverhalt soll einmal mit der Methode der Entity-Relationship-Modellierung abgebildet und anschließend in ein relationales Datenbanksystem umgesetzt werden. Weiterführende Literatur zum Datenmodellieren ist z.B. mit T. TEOREY (1994) gegeben. Die Anwendung sei folgendermaßen verbal beschrieben: In der Nutzerwelt seien Gebäude und Parzellen betrachtet. Dabei tragen Gebäude die Eigenschaften Hausnummer, Stockwerkszahl und Baualter, während Parzellen die Eigenschaften Fläche, Nutzungsart und Eigentümer tragen sollen. Die ER-Modellierungsregeln können grob folgendermaßen skizziert werden.

1. Identifiziere die aus der Anwendung gegebenen Entitäten: Dies sind hier Gebäude und Parzellen. Sie werden durch eine Box dargestellt, in der die Boxbezeichnung der Entität entspricht.

2. Identifiziere die Attribute zu den Entitäten: Dies sind zum Gebäude die Hausnummer, die Stockwerkszahl und das Baualter, analog zur Parzelle die Fläche, die Nutzungsart und der Eigentümer. Die Attribute schreiben wir in die Box hinein. Sie sind später auch noch genauer hinsichtlich der Attributart, den vorkommenden Möglichkeiten (Domäne) etc. zu spezifizieren, welches wir hier vernachlässigen.

3. Gib jeder Entität einen eindeutigen Identifikator: Da die die Entitäten beschreibenden Attribute oftmals doch nicht eindeutig sind, empfiehlt es sich, diesen Schritt dem System durch einen automatisch zugewiesenen eindeutigen Identifikator (GID bzw. PID) zu überlassen. Der Identifikator wird wie ein Attribut behandelt.

4. Identifiziere die Art der Beziehung (Relationship), in der die Entitäten stehen, sowohl hinsichtlich der Kardinalität als auch der Bedeutung: Wir unterscheiden die 1:1-, 1:n- und m:n-Beziehung. Die Beziehung zwischen Gebäude und Parzelle beschreiben wir durch den Term Gebäude 'steht auf' Parzelle, wobei der Beziehungstyp m:n gelte. Ein Gebäude kann demnach über mehrere Parzellen reichen. Mehrere Gebäude können aber auch auf einer Parzelle stehen. Markiere die Art der Beziehung durch eine Verbindungslinie, an der Beziehungstyp und Kardinalität dargestellt sind.

5. Identifiziere die Attribute, die die Beziehung tragen kann: Hier sei z.B. der Flächenanteil des Gebäudes an der Parzelle als Attribut behandelt.

Somit resultiert als ER-Diagramm für unser kleines Beispiel die nachfolgende Abbildung. Es gibt jedoch auch alternative Vorgehensweisen zur Definition des Datenmodells. So ist z.B. das ER-Verfahren erweitert worden. Für diese Entwurfsphase gibt es auch graphische Hilfswerkzeuge, die dann gleich die Umsetzung in die Datenbank unterstützen. Diesen Implementationsschritt wollen wir anschließend angehen. Auch hierfür gibt es einen Grundsatz an Regeln, die zur Anwendung kommen und die mit dem 'Create Table'-Befehl in die Datenbank eingetragen werden.

6.2. LOGISCHE DATENMODELLE

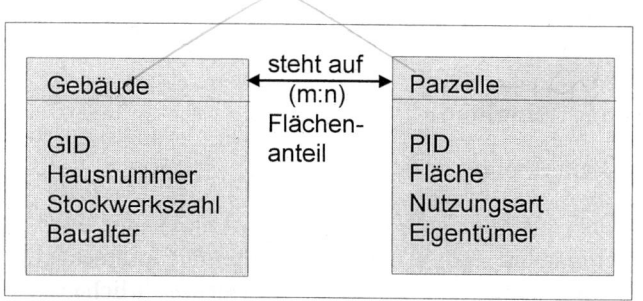

Abbildung 6.10: ER-Diagramm

1. Für jede Entität wird eine Relation resp. Tabelle mit allen Attributen inklusive dem Identifikator als Primärschlüssel erzeugt. Es entstehen somit die Relationen Gebäude{GID, Hausnummer, Stockwerkszahl, Baualter} und Parzelle{PID, Fläche, Nutzungsart, Eigentümer}.

2. Für jede m:n-Beziehung erzeuge eine neue Relation, eine Verknüpfungstabelle also, in der die jeweiligen Identifikatoren beider Entitätsseiten übernommen werden. Außerdem wird hier auch noch das Attribut der Beziehung eingetragen. Somit entsteht also die Relation GebäudeParzelle{GID, PID, Flächenanteil}.

3. Für jede 1:n-Beziehung addiere den Identifikator der 1-Seite zu der Relation (Tabelle) der Entität mit der n-Seite. Es wird also eine Spalte mit dem Identifikator angehängt. Ebenso werden auch alle Beziehungsattribute als Spalten angehängt. In unserem Beispiel gibt es allerdings keine solche Relation.

4. Für jede 1:1-Beziehung füge jeweils den Identifikator der anderen Entität als Spalteneintrag hinzu und addiere ebenfalls die Beziehungsattribute. Auch diesen Fall haben wir in unserem kleinen Beispiel nicht.

Mit diesen wenigen Regeln haben wir ein Datenmodell eines kleinen Weltausschnittes erstellt und in eine relationale Datenbank übertragen.

6.2.2 Hierarchisches Datenmodell

Hierarchische Datenmodelle oder kurz 'hierarchische Modelle' sind die ältesten der logischen Datenmodelle. Sie setzen eine Hierarchie in den Beziehungen der Daten voraus und nutzen diese bei der Verwaltung aus. Die Vater-Sohn-Beziehungen werden von den Operatoren explizit erwartet und genutzt. Operationen navigieren durch die Baumstruktur. Das hierarchische Datenmodell unterstützt relativ einfach die 1:n Beziehung, während m:n Beziehungen nur durch redundante Speicherung von Daten modelliert werden können. Jedes hierarchische Datenmodell erlaubt eine sehr rationelle Einreihung der Daten (sequentiell) und ist sehr effizient, wenn den Daten diese Eigenschaft zugrundeliegt.

Entsprechend der Baumstruktur eines hierarchischen Modells spricht man von:

- ROOT - Stamm, Ausgangskriterium.
- LEAVES - Blätter, Folgemerkmale.

Da die Relationen in der realen Welt nur durch eine beschränkte Anzahl von Verknüpfungen zwischen den Datenzeilen dargestellt werden können, ist ihre Handhabung vielfach schwierig. Dabei kann die eigentliche Verwaltung der Daten in einfachen Listen oder sequentiellen Dateien erfolgen – Verfeinerungen sind geordnete Listen und indexsequentielle Dateien.

Beispiel 6.2 zum hierarchischen Datenmodell:

Die Vorgehensweise des hierarchischen Datenmodells wird an der Verwaltung eines zusammenhängenden räumlichen Objekts, welches aus zwei Flächen besteht, demonstriert (vgl. Abbildungen 6.9 und 6.10).

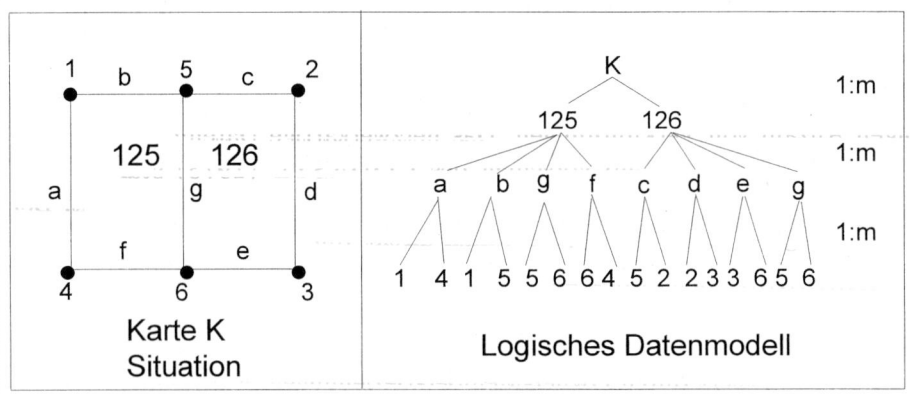

Abbildung 6.11: Hierarchisches Datenmodell

Die physikalische Realisierung wird mit der nachfolgenden Maschen- und Kanten-Knotenliste (Abbildung 6.12) angedeutet. Die natürliche Art der Abspeicherung von Geometriedaten wird hier offensichtlich: Während die Wege fest definiert sind, und dadurch einen schnellen Datenzugriff gewährleisten, müssen die Koordinaten der Anfangs- und Endknoten redundant abgespeichert werden. Dies belegt die starre Definition des hierarchischen Modells, die jedoch in speziellen Fällen z.B. bei den Zugriffsmechanismen durchaus gewünscht ist. Auf dieses Problem werden wir im Abschnitt 6.4 nochmals zurückkommen.

ROOT: Maschen		
Adresse	Fläche	Zeiger
500	125	350
505	126	354

6.2. LOGISCHE DATENMODELLE

LEAVES: Adresse	Kanten Kante	Knoten Anfang	Knoten Ende	Koordinaten x_A	y_A	x_E	y_E
350	a	1	4	x_1	y_1	x_4	y_4
351	f	4	6	x_4	y_4	x_6	y_6
352	g	6	5	x_6	y_6	x_5	y_5
353	b	5	1	x_5	y_5	x_1	y_1
354	c	5	2	x_5	y_5	x_2	y_2
355	d	2	3	x_2	y_2	x_3	y_3
356	e	3	6	x_3	y_3	x_6	y_6
357	g	6	5	x_6	y_6	x_5	y_5

Abbildung 6.12: Logischer und physikalischer Aufbau eines hierarchischen Datenmodells

6.2.3 Netzwerk-Datenmodell

Das *Netzwerk-Datenmodell* oder kurz 'Netzwerkmodell' ist eine Erweiterung des hierarchischen Datenmodells, indem neben den $1:n$ Beziehungen nun auch $n:1$, $1:m$ und $n:m$ Beziehungen zugelassen werden. Der große Vorteil des Netzwerks liegt in der *Redundanzfreiheit* und seiner *Flexibilität*. Man kann es somit als verallgemeinerte Methode des hierarchischen Modells betrachten mit einer beliebigen Anzahl von Verknüpfungen. Das netzwerkartige Datenmodell ist durch den Data Base Task Group-Vorschlag des CODASYL (1973) standardisiert. Eine solche Datenbank wird daher auch CODASYL-Datenbank genannt. Beim netzwerkartigen Datenmodell spricht man direkt von

- RECORDS - den Objekten.
- LINKS - den Beziehungen.

Es ist charakterisiert durch Owner-Member-Beziehungen. Ein Owner ist ein Objekt, dem andere Datenobjekte – Members – über einen Set-Typ in fester Reihenfolge nachgeordnet sein können. Einem Owner können viele Members derselben Art, ein Member kann mehreren Ownern über jeweils ein Set zugeordnet sein. Jeder Set-Typ besitzt einen Owner- und einen Membertyp, womit indirekt auch m:n Beziehungen realisiert werden. Rekursive Strukturen sind schwer zu behandeln. Operationen in netzwerkartigen Modellen können durch das Navigieren auf Set-Typen charakterisiert werden.

Netzwerkartige Strukturen findet man häufig in der Geometriedatenverwaltung von GIS. Eine zusätzliche *Verzeigerung* zur Verdeutlichung der Laufrichtung der zugrundeliegenden planaren Graphen sorgt für einen schnellen Bildschirmaufbau der Geometriedaten. Dem guten Antwortzeitverhalten, das gerade im interaktiven Betrieb wichtig ist, steht die erschwerte Fortführung der Daten gegenüber, da die Verzeigerungen ebenfalls fortgeführt werden müssen. Aus diesem Grund ist das Netzwerkmodell für raumbezogene Daten geeignet, die wenig Dynamik besitzen.

Beispiel 6.3 zum Netzwerk-Datenmodell:

Das netzwerkartige Datenmodell sei wiederum an der Verwaltung des zusammenhängenden räumlichen Objekts demonstriert (siehe Abbildung 6.13).

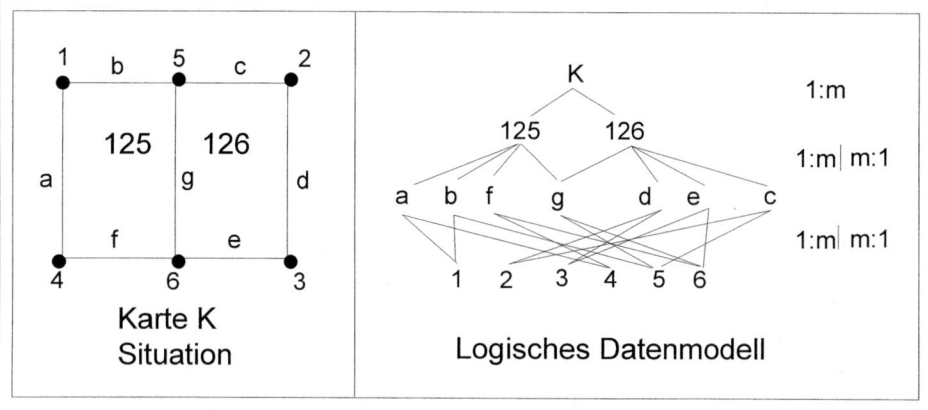

Abbildung 6.13: Netzwerkartiges Datenmodell

Die Netzwerkstruktur soll logisch und physikalisch an dem Beispiel der Abbildung 6.14 verdeutlicht werden; dabei sind lediglich drei Ebenen des Netzwerks vorgestellt – das topologische Subsystem bestehend aus Maschen- und Kantenliste sowie die äußere Geometrie in Form der Knotenliste. Der Aufbau der einzelnen Listen ist mit der Abbildung 6.14 nachgewiesen.

Maschenliste			
Adresse	Fläche	Knotenzeiger	Kantenzeiger
500	125	400	350
505	126	402	354

Kantenliste							
Adresse	Kante	Anf.	Ende	li. Fl.	re. Fl.	Zeiger 125	Zeiger 126
350	a	1	4	125	0	360	–
352	b	5	1	125	0	500	–
354	c	5	2	0	126	–	356
356	d	2	3	0	126	–	358
358	e	3	6	0	126	–	362
360	f	4	6	125	0	362	–
362	g	6	5	125	126	352	505

6.2. LOGISCHE DATENMODELLE

		Knotenliste			
Adresse	Knoten	x	y	Zeiger 125	Zeiger 126
400	1	x_1	y_1	408	–
402	2	x_2	y_2	–	404
404	3	x_3	y_3	–	410
406	4	x_4	y_4	500	–
408	5	x_5	y_5	410	505
410	6	x_6	y_6	406	408

Abbildung 6.14: Logischer und physikalischer Aufbau eines Netzwerkmodells

Bezugnehmend auf die Darstellung von Fläche 125 ist die Maschenliste durch den Knotenzeiger 400 vermittels eines sogenannten *Kantenrings* mit der Knotenliste verbunden. Innerhalb der Knotenliste sind nun die Knoten der Figur 125 ebenfalls durch Zeiger miteinander verbunden: Knoten 1 verweist mit der Adresse 408 auf Knoten 5, Knoten 5 verweist mit der Adresse 410 auf Knoten 6 usw., bis der Kantenring der Fläche 125 vollständig aufgebaut ist. Nach Aufruf des letzten Knotens – in diesem Fall Nr. 4 – kann das Polygon 125 geschlossen und mit dem Rückzeiger 500 der Kantenring *logisch* beendet werden.

Der Einsatz der Kantenliste führt in diesem Fall zu einem sogenannten *Knotenring*. In der Flächenliste wird für das Polygon 125 ein Kantenzeiger mit der Adresse 350 bereitgehalten. Die Kantenliste ist intern mit Rücksicht auf die verschiedenen Polygone verzeigert, so daß die Kanten zu den Knoten hinführen und hier eine Figur losgelöst von den Koordinaten erzeugt werden kann. Nach der Schließung des Polygons 125 wird der Knotenring durch den Rückzeiger 500 logisch abgeschlossen.

Dieses kleine Beispiel will anzeigen, wie die aus dem topologischen und thematischen Modellieren gewonnenen Listen *logisch* zu einem Netzwerk zusammengefügt werden können. Zur graphischen Darstellung der Figur 125 wäre nicht unbedingt eine Kantenliste erforderlich – jedoch sind hier die Nachbarschaftsbeziehungen zwischen Knoten, Kanten und Maschen explizit gegeben, die die Grundlage für Konsistenzbedingungen und topologische Abfragen liefern.

6.2.4 Relationales Datenmodell

Das *relationale Datenmodell*, oder kurz 'relationales Modell' genannt, ist ein tabellares Konzept, in dem die Daten und Beziehungen zwischen den Daten verwaltet werden. Diese Tabellen sind auch als *Matrizen* aufzufassen, deren Spalten über die Spaltennamen bzw. Spaltennummern und deren Zeilen über die Zeilennamen bzw. Zeilennummern erreicht werden können. Im Umfeld des relationalen Modells arbeitet man mit den folgenden Begriffen:

- RELATION = Menge von Tupeln (Daten und Beziehungen zwischen Daten, deren Umsetzung in eine Tabelle mit Tabellenname gleich Relation), die durch Angabe des Namens und der beteiligten Attribute festgelegt ist.

- TUPEL = geordneter Satz von Attributen, untereinander in zweidimensionalen Tabellen eingetragen, in Tabellensicht eine Zeile einer Tabelle mit einem eindeutigen Schlüssel auf das Tupel.

- ATTRIBUT = eine Charakterisierung eines bestimmten Merkmals (Entität oder Beziehung) einer Relation; aus Tabellensicht entspricht ein Spaltenwert einem Attributwert.

- DOMÄNE = Wertebereich oder die Menge der verschiedenen Feldwerte eines Attributes.

- SCHLÜSSEL = ein Attribut (oder eine Kombination von Attributen) mit der Eigenschaft, daß in allen möglichen Ausprägungen der Relation jeder Wert nur einmal vorkommt. Man unterscheidet *Primär-* und *Fremdschlüssel*.

- RELATIONALE OPERATOREN = mathematisch auf der relationalen Algebra beruhenden Operationen auf eine Datenbank (vgl. Band 2 Kapitel 1).

Dieses auf E.F. CODD (1970) zurückzuführende Modell verdankt seine Verbreitung der klaren mathematischen Darstellung auf Basis der relationalen Algebra (vgl. Band 2 Kapitel 1) und dem am strengsten realisierten Entkoppeln der Datenbereitstellung von der Anwendung, d.h. einer strikten Trennung der physikalischen Speicherung von der logischen Datenmodellierung. Die Tabelle ist die einzig gültige Datenstruktur. Den Objekten und Beziehungen werden Attribute zugeordnet, die als atomare (unstrukturierte) Einheiten betrachtet werden.

Bemerkenswert am relationalen Modell ist, daß Beziehungen zwischen Objekten ebenfalls als Werte in Tabellen, also wie die Objekte selbst verwaltet werden. Entitäten und Relationen werden also in einer Weise repräsentiert. Zudem ist die Tabellenform leicht zu verstehen und mit einem einfachen Operationsset bedienbar. Das relationale Modell ist schlecht für den räumlichen Zugriff, jedoch gut zur Garantie der Topologie und des Objektbezugs geeignet. Unterhalb der logischen Modellierung im relationalen Modell kann die physikalische Umsetzung im Speicher der Rechner wiederum auf hierarchische oder netzwerkartige Strukturen aufbauen. Für den Entwurf eines relationalen Modells und dessen Umsetzung sind *Normalisierungsregeln* zu berücksichtigen. Man spricht von *1., 2., 3.* usw. *Normalform*, je nachdem wie weit die Normalisierung der Entitäten und Relationen fortgeschritten ist.

Die *1. Normalform (NF)* wird häufig bereits durch die bei der Datenstrukturierung (vgl. Kapitel 5, Abschnitt 5.5.4) eingeführte Atomisierung erhalten, d.h. sie liegt vor, wenn eine Relation nur noch einfache Attribute enthält. Das bedeutet, daß in jeder Tabellenspalte nur noch ein Atom vorkommt. In der *2. Normalform* befindet sich eine relationale Datenbank, wenn zusätzlich die volle

6.2. LOGISCHE DATENMODELLE

funktionale Abhängigkeit der Nichtschlüsselattribute von jedem Schlüsselkandidaten gegeben ist. In der *3. Normalform* gilt zusätzlich die wechselseitige (transitive) Unabhängigkeit der Nichtschlüsselattribute von jedem Schlüsselkandidaten. Eine andere Definition der Normalformen führt auf die sogenannte Boyce-Codd-Normalform (BCNF), bei der jedes Schlüssel- und Nichtschlüsselattribut von jedem Schlüssel voll funktional abhängig ist. Das nachfolgende Beispiel möchte die Erzeugung von Normalformen demonstrieren.

O_ID	A_ID	K_ID	von	nach	li_Fl	re_Fl
1	125	a	1	4	125	0
		b	1	5	0	125
		g	6	5	125	126
		f	6	4	0	125
2	126	g	6	5	125	126
		c	5	2	0	126
		d	2	3	0	126
		e	3	6	0	126

Die Atomisierung dieser Tabelle würde lediglich die ersten beiden Spalten mit den angegebenen Objekt- und Maschenidentifikatoren auffüllen – sie braucht daher nicht weiter in Betracht gezogen werden. Um jedoch die Transformation in verschiedene Normalformen aufzuzeigen, wird eine etwas erweiterte Tabellenform eingeführt. Dabei seien für die Kanten *zwei* Attributmengen angenommen, die die Knoten- und Maschenadjazenz wiedergeben – ferner ist die Objekthierarchie noch mit zu berücksichtigen. Der Übergang von dieser nichtnormierten Tabelle in eine 1. Normalform führt zu einer sogenannten *Enthierarchisierung*, die zwei Relationen sieht. Man erkennt schnell, daß bei der Relation 2 ein eindeutiger Schlüssel aus der übergeordneten Relation mitgeführt werden muß. Dieser stellt jedoch nichts anderes als einen *Querverweis* dar.

Relation 1	
O_ID	A_ID
1	125
2	126

Relation 2					
O_ID	K_ID	von	nach	li_Fl	re_Fl
1	a	1	4	125	0
1	b	1	5	0	125
1	g	6	5	125	126
1	f	6	4	0	125
2	g	6	5	125	126
2	c	5	2	0	126
2	d	2	3	0	126
2	e	3	6	0	126

Eine Transformation in eine 2. Normalform spaltet die Kanten-Maschenadjazenz von der Kanten-Knotenadjazenz ab – dies führt zu den drei Relationen. Um dann die 3. Normalform zu erreichen, müssen alle transitiven Abhängigkeiten zwischen den Attributpaaren beseitigt werden. Daraus folgt, daß in der Tabelle zur Relation 3 die Spalte der O_ID nicht extra aufzuführen ist. Ferner wäre noch eine sogenannte optimale 3. Normalform anzustreben, bei der die Anzahl der erstellten Relationen minimal ist.

Relation 1	
O_ID	A_ID
1	125
2	126

Relation 2			
O_ID	K_ID	von	nach
1	a	1	4
1	b	1	5
1	g	6	5
1	f	6	4
2	g	6	5
2	c	5	2
2	d	2	3
2	e	3	6

Relation 3			
O_ID	K_ID	li_Fl	re_Fl
1	a	125	0
1	b	0	125
1	g	125	126
1	f	0	125
2	g	125	126
2	c	0	126
2	d	0	126
2	e	0	126

Beispiel 6.4 zum relationalen Datenmodell:

Zur Demonstration des relationalen Datenmodells sei wieder die Verwaltung des zusammenhängenden räumlichen Objekts bestehend aus den beiden Flächen 125 und 126 aufgezeigt – der Aufbau der hierzu notwendigen Tabellen ist mit der Abbildung 6.15 wiedergegeben. Dabei werden eine Knoten- (0-Tabelle), Kanten- (1-Tabelle) und Maschentabelle (2-Tabelle) angelegt, die dann durch die Objektrelation – Objekt, Fläche, Kanten, Knoten – gemeinsam in das Datenmanagement einzubeziehen sind. Die _ID dienen als *Primärschlüssel*. In diesem Beispiel liegen alle Tabellen bereits *atomisiert* und *normiert* vor.

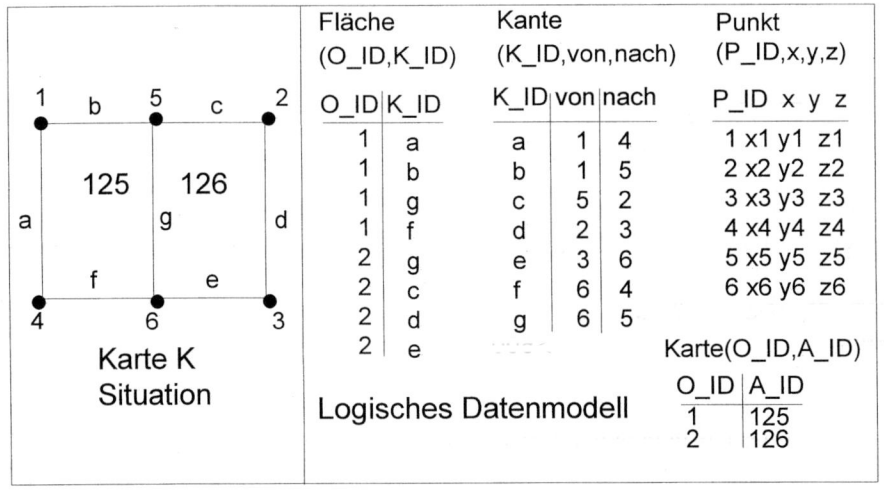

Abbildung 6.15: Relationales Datenmodell

6.2. LOGISCHE DATENMODELLE

Den Einsatz der *strukturierten Abfragesprache (SQL, Structured Query Language)* möchte ein die Abbildung 6.15 ergänzendes Beispiel aufzeigen.

Beispiel 6.5 zum Einsatz der SQL:

Zu den in der Abbildung 6.15 gegebenen zwei Flächen (Flurstücke) liegen die Daten des Flurbuchs und des Liegenschaftsbuchs (LB-Buch) atomisiert vor. Diese sind in der Abbildung 6.16 niedergelegt, wobei mit O_ID der Primärschlüssel und LB_NR ein Fremdschlüssel gegeben ist.

Flurbuch					
O_ID	Flur	Lage	Nutzung	Groesse	LB_NR
125	12	In den Wiesen	Bauplatz	519	512
126	12	In den Wiesen	Bauplatz	520	674
0	12	Außenraum	Unland	NULL	NULL

LB-Buch				
LB_NR	Name	Geburtsdatum	Wohnort	Grundbuch
512	Hubert Schmitz	30.1.1919	Stuttgart	15-481
674	Marion Huber	12.5.1927	Muenchen	15-498

Abbildung 6.16: Sachdaten im relationalen Datenmodell

Als Aufgabe möchten wir uns stellen: Finde einen Bauplatz mit der Lagebezeichnung 'In den Wiesen', dessen Größe $> 500 m^2$ ist und dessen Eigentümer nicht in Stuttgart wohnt. Das Ergebnis wird tabellarisch dargestellt.

```
SELECT LB-Buch.NAME,
       LB-Buch.WOHNORT,
       Flurbuch.O_ID,
       Flurbuch.FLUR,
       Flurbuch.LAGE,
       Flurbuch.NUTZUNG,
       Flurbuch.GROESSE
FROM LB-Buch, Flurbuch
WHERE Flurbuch_ID=O_ID
AND LB-Buch_ID=LB_NR
AND NOT (LB-Buch.WOHNORT = Stuttgart)
AND Flurbuch.LAGE = In den Wiesen
AND Flurbuch.NUTZUNG = Bauplatz
AND Flurbuch.GROESSE = >500
```

| Marion Huber | Muenchen | 126 | 12 | In den Wiesen | Bauplatz | 520 |

Kommerzielle Datenbanken, die auf dem relationalen Modell aufbauen, sind heute in großer Anzahl erhältlich. Dies reicht von relationalen Datenbanksystemen auf dem PC (ACCESS, dBase usw.) über Systeme auf Graphik-Arbeitsstationen (ORACLE, INGRES, INFORMIX, EMPRESS u.a) bis hin zu Großrechnersystemen (DB2, SQL/DS, DDB/4 u.a.).

Ein Problem der relationalen Datenbanken ist ihr Antwortzeitverhalten bei komplexen raumbezogenen Abfragen. Für GIS-Anwendungen sind relationale Datenbanken um die in Abschnitt 6.4 angegebenen Speicher- und Zugriffsmechanismen zu erweitern. Weniger problematisch ist dagegen die Verwaltung von Sachdaten, deren Struktur mit der des relationalen Modells sehr ähnlich ist.

Eine Weiterentwicklung des relationalen Datenmodells unter Einbeziehung einer Vielzahl objektorientierter Eigenschaften finden gegenwärtig im Bereich der objektrelationalen Datenbanken statt, auf die wir aber detaillierter in Band 2 Kapitel 5 eingehen.

6.2.5 Objektorientierte Modelle

Derzeit treten auch vermehrt objektorientierte Datenbanken auf. Das Ziel ist dabei die Unterstützung neuer Datentypen, die nicht mehr in einer höheren Normalform vorliegen (d.h. z.B. eine Linie als ein Atom in der Datenbank), der dazugehörigen Operatoren (Geradenschnitt etc.) und der Implementation raumbezogener Speicher- und Zugriffsmechanismen (H.J. SCHEK (1989))

Hinsichtlich der objektorientierten Datenmodelle kann man drei Klassen unterscheiden (K.R. DITTRICH (1989)), die sich hinsichtlich der Flexibilität unterscheiden:

- *Strukturell objektorientierte Datenmodelle* können komplexe Objekte als ein Atom in der Datenbank behandeln, wobei die Operatoren, die auf diese Objekte angewendet werden können, vorweg definiert sind. Sie haben große Ähnlichkeit mit dem objektrelationalen Ansatz.

- *Verhaltensmäßig objektorientierte Datenmodelle* erlauben anwendungsspezifische Datentypen und Operatoren und Integritätsbedingungen.

- *Voll objektorientierte Datenmodelle* sind strukturell und verhaltensmäßig objektorientiert.

Zum Verständnis des objektorientierten Konzepts für GIS-Anwendungen seien einige Begriffe erläutert (H. GÜNTSCH (1988)). Weitere Ausführungen befinden sich in Band 2 Kapitel 5.

Ein Objekt besteht aus einem Datensatz und einer Anzahl von Anweisungen (Operationen, Methoden), die es ausführen kann. Ein Objekt kann über *Kanäle (channels)* mit anderen Objekten verbunden sein. Als Verbindungen werden der Typ $1:1$, $1:n$ oder $m:n$ zugelassen. Ein Objekt ist nur über einen seiner Kanäle mit einer *Nachricht (message)* anzusprechen und somit zum Einsatz seiner Operationen zu veranlassen. Der Benutzer sieht nur die Ausführung, nicht die interne Realisierung. Das Objekt ist eine kleine Welt für sich, weshalb man

6.3 PHYSIKALISCHE DATENMODELLE

auch von der *Einkapselung (encapsulation)* spricht. Jedes Objekt gehört einer Objektklasse an, aus der es durch die Festlegung bestimmter Attribute entstanden ist. Erst bei Vorliegen aller Attribute wird es zu einem *Individuum (instance)*. Durch *Vererbung (inheritance)* von Eigenschaften können neue Objektklassen gebildet werden. Die daraus gebildete Unterklasse erbt alle Funktionen und Daten dieser Oberklasse, es können Methoden umdefiniert und neue ergänzt werden.

Die Vorteile des objektorientierten Ansatzes liegen auf der Hand. Das Objekt ist flexibel definierbar und dem optimalen Abbild eines Bestandteils der realen Welt anzupassen; es besitzt ein Eigenleben und verwaltet seine Daten selbständig. Der Nachteil liegt allerdings neben der tlw. fehlenden bisherigen Verfügbarkeit solcher Datenbanken in deren Antwortzeitverhalten und dem raschen Anwachsen von Quellcode. Der Rechenaufwand und Speicherbedarf sind extrem hoch. Dennoch wird dieses Modell zukünftig größere Bedeutung erlangen. Innerhalb der derzeit verfügbaren Geo-Informationssysteme gibt es nur vereinzelte Produkte (z.B. Smallworld GIS von Smallworld), die als weitestgehend objektorientiert bezeichnet werden können.

Beispiel 6.6 für ein objektorientiertes Datenmodell:

Die Schemadefinition für ein objektorientiertes Flächenkonzept im GIS nach R. BILL (1991) zeigt Abbildung 6.17 anhand der beiden Polygone 125 und 126.

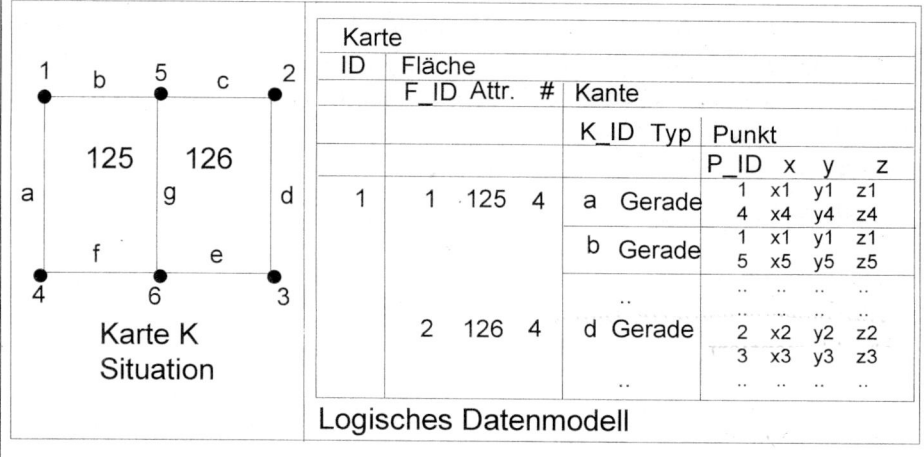

Abbildung 6.17: Objektorientiertes Datenmodell

6.3 Physikalische Datenmodelle

Die endgültige Datenorganisation der raumbezogenen Datenhaltung auf der Festplatte oder weiteren Speichermedien wird durch das *physikalische Modell* vorgegeben. Darunter versteht man die Auflistung der Daten zueinander, wofür sequentielle Dateien, direkte Zugriffsdateien und Listen zur Verfügung stehen.

Bei lokalen Anwendungen können durchaus einfache Organisationen in der Form von sequentiellen Dateien ausreichend sein; sehr einfach strukturierte Daten z.B. in Rasterform (Digitale Geländemodelle, Satellitenbilddaten) werden gerne in Dateien mit direktem Zugriff abgespeichert. Dagegen ist eine Integration von topologischen Modellen bei unregelmäßig verteilten Geometriedaten nur durch gegenseitige Verweise zwischen Kanten-, Knoten- und evtl. Maschendateien möglich, wozu leistungsfähige Listenstrukturen zur Verfügung stehen. Diese Verweise können auch in einer hierarchischen Organisation von Tabellen gegeben sein, so daß die tabellarische Auflistung ebenfalls eine Möglichkeit der Aufnahme von geometrischen, topologischen und thematischen Datenmodellen darstellt.

6.3.1 Sequentielle Dateien

Eine *sequentielle Datei (sequentieller File)* entsteht, wenn die Daten in einer Reihenfolge abgespeichert sind. Dabei kann auf später abgelegte Datenelemente nur dann zugegriffen werden, wenn die vorher abgelegten Elemente schon dem Rechner bekannt sind, d.h. innerhalb des Lese- oder Schreibprozesses ist eine fest vorgegebene Reihenfolge einzuhalten. Diese Reihenfolge wird mit der Abbildung 6.18 veranschaulicht: Die sequentielle Datei besitzt eine Hierarchie mit einer 1:1 Beziehung zwischen ihren Zeilen (Records) und ihren zugehörigen Datenelementen (Elements), d.h. auf den Record 2 kann erst dann zugegriffen werden, wenn Record 1 bereits abgearbeitet wurde. Somit ist das Datenelement i erst dann verfügbar, wenn alle Elemente $1, 2, ... i - 1$ in den jeweiligen Lese- bzw. Schreibprozess einbezogen worden sind. In diesem Zusammenhang spricht man auch von *linearer Speicherung*.

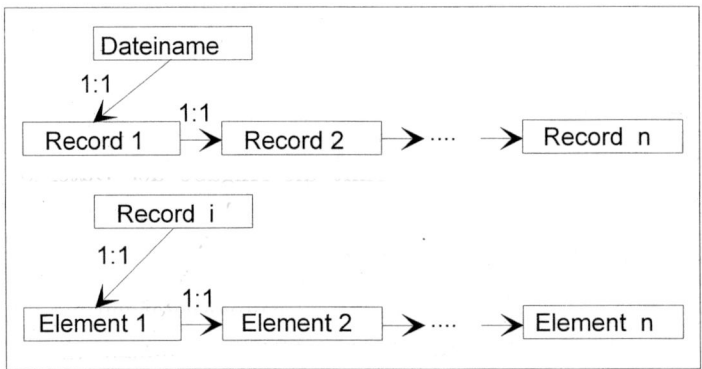

Abbildung 6.18: Struktur einer sequentiellen Datei

In der raumbezogenen Datenhaltung sind sequentielle Dateien wegen ihrer einfachen Organisationsform überwiegend in kleinen, lokalen Anwendungen zur Abspeicherung von Vektordaten vorzufinden. Jedoch werden sie häufig zur Spei-

6.3. PHYSIKALISCHE DATENMODELLE

cherung von Rasterdaten eingesetzt; hier ist beispielsweise die nachfolgend beschriebene Archivierung von Fernerkundungsdaten auf dem Magnetband zu nennen oder die Runlength-Kodierung bei der Datenkomprimierung von gescannten Karten und Bildern. Somit haben sie innerhalb der Abspeicherung von Bilddaten eine größere Bedeutung erlangt. Dabei können die Datenformate durchaus sehr kompliziert sein. Zum Lesen der Bänder mit Satellitendaten muß dem Anwender das Datenformat vorher bekannt sein. Hierzu werden i.d.R. verschiedene sequentielle Dateien angelegt, wobei die Dateien mehrere Zeilen mit unterschiedlichen Längen haben können.

Der Nachteil der sequentiellen Datei liegt in der schlechten Performanz. Bei der Suche nach einer bestimmten Datenzeile müssen alle vorhergehenden Zeilen abgearbeitet werden. Befindet sich der betreffende Eintrag am Ende der Datei ist die gesamte Datei zu durchsuchen. Abhilfe schaffen hier Reorganisationen in der Form von *Indexregistern*, auf die später eingegangen wird.

Datenformate von Satellitendaten

Die sequentiellen Files der Satellitendaten sind auf sogenannten *Computer Compatible Tapes (CCT)* angelegt. Dabei wird zwischen drei verschiedenen Speicherungstypen unterschieden:

- *Band sequential (BSQ)*, bei dem die einzelnen Spektralbereiche sequentiell hintereinander geschrieben werden. Jeder Spektralbereich stellt einen eigenen Datensatz (Datenfile) dar.

- *Band interleaved by line (BIL)*, bei dem das Bild zeilenweise abgespeichert wird. Ein Bild repräsentiert dadurch einen einzigen Datensatz, der die einzelnen Spektralkanäle parallel enthält.

- *Band interleaved by pixel (BIP)*, bei dem jedem Pixel die Grauwerte aller Spektralkanäle zugewiesen sind. Das Bild kann somit punktuell alle Grauwerte zur Verfügung stellen.

Der Anwender von Satellitendaten benötigt somit die Angabe der Datenformate, um die sequentiellen Dateien auf den CCT's lesen zu können. Während Landsat TM-Daten in Europa im BSQ-Mode gespeichert sind, werden SPOT-Daten zumeist im BIL-Format vorgehalten. Die Datensätze stehen nicht isoliert; weitere Daten über Aufnahmezeitpunkt, Aufnahmeort, Bildvorverarbeitung u.a. ergänzen die reinen Bilddaten. Dadurch ergeben sich verschiedene Dateigruppierungen, die durchaus auf verschiedenen CCT's angeordnet sein können. In der Abbildung 6.18 ist die sequentielle Dateianordnung einer 7-kanaligen Landsat TM-Viertelszene im BSQ-Modus wiedergegeben. Diese Anordnung zeigt den sequentiellen Charakter der Datenspeicherung, die oft noch um ein 4. CCT mit Informationen über die Radiometrie und Telemetrie ergänzt angeboten wird.

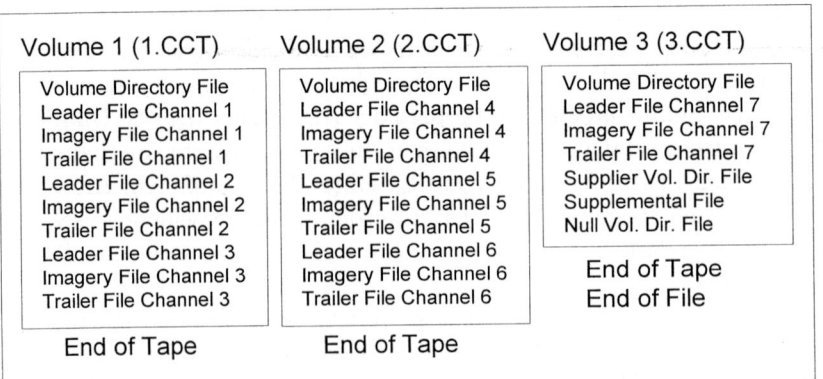

Abbildung 6.19: Dateianordnung einer 7-kanaligen Landsat TM-Viertelszene (Quelle: K.KRAUS (1990))

Runlength-Kodierung

Bei der *Runlength-Kodierung* wird die Eigenschaft genutzt, daß vielfach der gleiche Funktionswert (Grauwert) neben- und hintereinander vorkommt. Dadurch können aufeinander folgende Grauwerte zu Gruppen zusammengefaßt und somit komprimiert gespeichert werden. Die Runlength-Kodierung repräsentiert eine zeilenweise, sequentielle Speicherform. Ihre Daten sind die Anzahl der gleichen Grauwerte und die Grauwerte selbst.

Beispiel 6.7 zur Runlength-Kodierung:

In der Abbildung 6.20 wird eine Runlength-Kodierung demonstriert. Dabei seien vier Zeilen einer binären Abtastung gegeben, die in komprimierter runlength-kodierter Form in einer sequentiellen Datei gespeichert werden sollen.

```
0 0 0 0 0 1 1 1 1 1 1 0 0 0 0 0 0 0 1 1 1 1 1 1 1 0 0 0 1 1 1
0 0 0 1 1 1 1 1 1 1 1 1 1 0 0 0 0 1 1 1 1 1 1 1 1 1 0 1 1 1
0 0 0 0 1 1 1 1 1 1 1 1 0 0 0 0 1 1 1 1 1 1 1 1 1 1 1 1 1 1
0 0 0 0 0 1 1 1 1 1 0 0 0 0 0 0 1 1 1 1 1 1 1 1 0 0 0 0 1
```

⇓

```
5 0 7 1 7 0 7 1 3 0 3 1
3 0 10 1 5 0 10 1 1 0 3 1
4 0 8 1 5 0 15 1
5 0 6 1 7 0 9 1 4 0 1 1
```

Abbildung 6.20: Runlength-Kodierung einer binären Zahlenfolge

6.3. PHYSIKALISCHE DATENMODELLE

Diese kleine Beispiel zeigt, daß die Daten sehr speicherplatzsparend abgelegt werden können. In diesem Fall wäre die explizite Angabe der Binärzahlen 0 und 1 nicht unbedingt notwendig, da sie sich zwangsläufig in Folge ergeben. Die Runlength-Kodierung ist in vielen Scannern das gängige *Datenkomprimierungsverfahren*, wobei als Grauwerte zumeist Zahlen der 8-Bitskala anfallen. Der Speicherplatzgewinn ist dann besonders hoch, wenn viele homogene Flächen in dem Bild vorliegen – bei inhomogenen Halbtonbildern ergibt sich kein allzu hoher *Komprimierungsfaktor*.

6.3.2 Inverse Dateien

Vielfach werden die sequentiellen Dateien durch *inverse* Dateien – auch als inverse Files (IF) bezeichnet – ergänzt. Darunter versteht man die Anlage von zusätzlichen Dateien, wenn Werte von bestimmten Datenfeldern besonders oft vorkommen. Die Vor- und Nachteile von inversen Dateien sind:

- Auskunftsfreundlich, d.h. die SQL eines DB-Systems mit ihren entsprechenden Boole'schen Operatoren UND, ODER und NICHT ist leicht anzuwenden.

- Flexible Datenstrukturierung durch das Erstellen neuer Indizes möglich.

- DB-Philosophie ist einfach und transparent.

- Durch Indizes erschwerte Datenfortführung.

- Mehr Speicherplatz zur Aufnahme der Indexdateien erforderlich.

- Evtl. langsamere Antwortzeit als bei rein physikalisch organisierten Files.

In der Abbildung ist der Speicherplatzbedarf von inversen Dateien gegenüber sequentiellen Dateien und Listen angegeben.

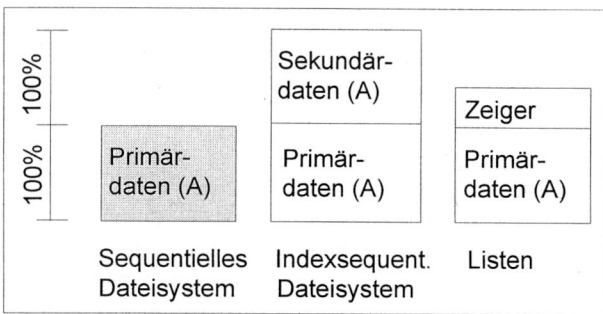

Abbildung 6.21: Speicherplatzbedarf im Vergleich

Beispiel 6.8 zur Anlage einer inversen Datei:

Die Anwendung von IF-Systemen in der raumbezogenen Datenhaltung soll im folgenden demonstriert werden: Gegeben sei nochmals der atomisierte Sachdatensatz des Flurbuchs, für den jeweils Indexdateien bzgl. der Flur, Lage und Nutzung anzulegen sind (siehe Abbildung 6.22).

		Flurbuch			
O_ID	Flur	Lage	Nutzung	Groesse	LB_NR
125	12	In den Wiesen	Bauplatz	519	512
126	12	In den Wiesen	Bauplatz	520	674
227	13	Im Dorf	Hf	419	674
228	13	Im Dorf	Bauplatz	365	512
491	15	Dorfmitte	Weg	1.265	10

Abbildung 6.22a: Auszug aus dem Flurbuch

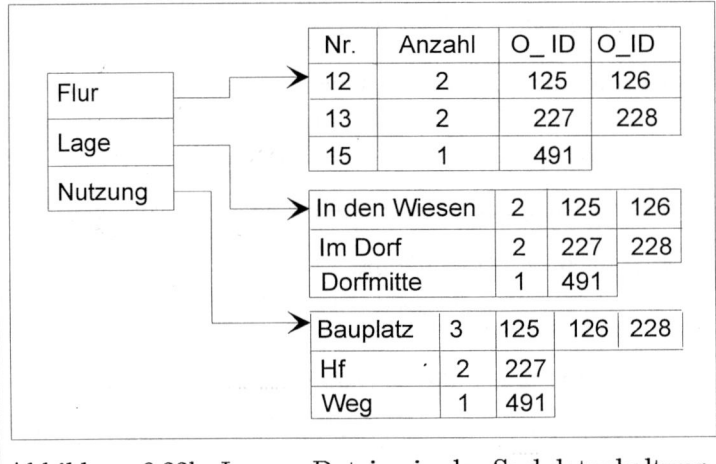

Abbildung 6.22b: Inverse Dateien in der Sachdatenhaltung

Mittels invertierter Dateien, die über *Sekundärschlüssel* angesprochen werden (hier: Flur, Lage, Nutzung), sind verschiedene Anfragen sehr schnell zu beantworten. Fragen wir nach der Anzahl der Bauplätze, so ist diese Frage direkt zu beantworten. Dagegen ist die Abfrage nach einem Bauplatz 'Im Dorf' nur über Verknüpfung möglich. Direkte und invertierte Dateien stellen in Kombination einen schnelleren Informationszugang bereit.

6.3.3 Direkter Zugriff

Die Speicherung im *direkten Zugriff* kann auf Sekundär- und Tertiärspeichermedien angewendet werden. Dabei kann man sich verschiedener Zugriffsmechanismen bedienen, um möglichst schnell auf den gesuchten Datensatz zuzugreifen. Dies bedeutet, daß auf Daten zugegriffen werden kann, die unabhängig von der Abspeicherung ihrer Reihenfolge sind. Diese Form des Datenzugriffs ist insbesondere

6.3. PHYSIKALISCHE DATENMODELLE

bei regelmäßigen Anordnungen sehr beliebt. Auf diese Weise lassen sich Punktdaten, die in einem Rastermodus organisiert sind, schnell aufrufen, da der Zugriff durch die Rasterposition vorgegeben ist. Häufig werden bestimmte Teilgebiete zellenartig organisiert, so daß der direkte Zugriff über einen hierarchischen Baum ganz gezielt möglich ist.

6.3.4 Listenstrukturen

Wie bereits mit den Beispielen zu den logischen Datenmodellen angedeutet, stellen *Listen* eine häufig gewählte Form zur physikalischen Organisation von Vektordaten dar. Unter einer Liste versteht man die Anordnung von Daten, die untereinander durch *Zeiger (Pointer)* verbunden sind. Im einfachsten Fall treten die Daten sequentiell auf, was zu den *linearen* Listen führt, die sich *nicht* von sequentiellen Dateien unterscheiden. Die effizienteste Form einer Listenstruktur stellt die *Ringliste*, die wegen ihrer beliebigen Verzeigerungen eine *nichtlineare* Speicherform bereithält. In der Abbildung 6.23 sind Listenstrukturen wie lineare Listen, Zeigerlisten, Kreislisten, Kreislisten mit Kopf (Header), Kreislisten mit doppelten Verknüpfungen und Ringlisten dargestellt. Den Einsatz von linearen Listen und Ringlisten erläutern Abbildungen 6.24 und 6.25. Als raumbezogenes Objekt diene wiederum das zur Demonstration der logischen Datenmodelle eingesetzte zusammenhängende räumliche Objekt, um Parallelitäten zu den dort angegebenen Listen aufzuzeigen.

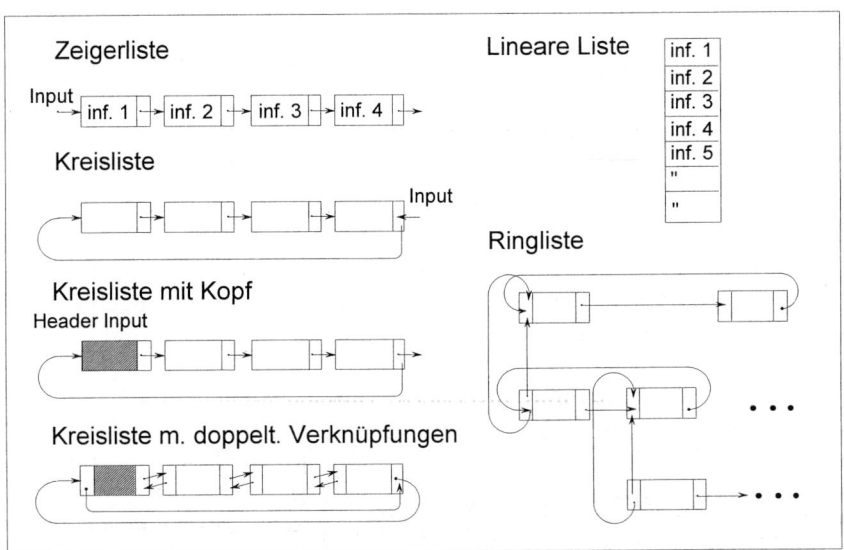

Abbildung 6.23: Listenstrukturen

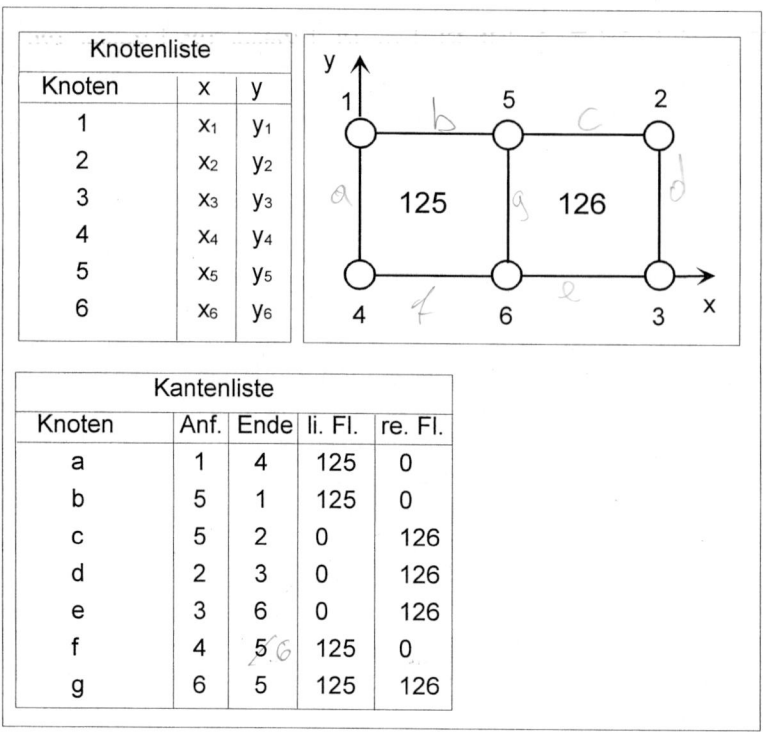

Knotenliste		
Knoten	x	y
1	x_1	y_1
2	x_2	y_2
3	x_3	y_3
4	x_4	y_4
5	x_5	y_5
6	x_6	y_6

Kantenliste				
Knoten	Anf.	Ende	li. Fl.	re. Fl.
a	1	4	125	0
b	5	1	125	0
c	5	2	0	126
d	2	3	0	126
e	3	6	0	126
f	4	6	125	0
g	6	5	125	126

Abbildung 6.24: Lineare Listen zu einem einfachen räumlichen Objekt

Die Interpretation der obigen Listenform ergibt eine sequentielle Verknüpfung der Geometrie und Topologie. Nachdem die Koordinaten der Knoten bekannt sind, dienen die Kantenbeziehungen zur Definition von Nachbarschaftsbeziehungen, so daß beispielsweise ein Bildschirmaufbau erst eine *Punktwolke* und danach erst die Kanten und Maschen präsentiert. Der Knoten- bzw. Kantenzugriff erfolgt dabei sequentiell.

Dasselbe Beispiel in der Form von Ringlisten demonstriert die nachfolgende Abbildung. Hierbei werden Knoten-, Kanten- und Maschenlisten aufgebaut, die über entsprechende Linien- und Punktringe miteinander verknüpft sind.

Maschenliste			
Adresse	Fläche	Knotenzeiger	Kantenzeiger
500	125	400	350
505	126	402	354

Kantenliste							
Adresse	Kante	Anf.	Ende	li. Fl.	re. Fl.	Zeiger 125	Zeiger 126
350	a	1	4	125	0	360	–
352	b	5	1	125	0	500	–
354	c	5	2	0	126	–	356
356	d	2	3	0	126	–	358
358	e	3	6	0	126	–	362
360	f	4	6	125	0	362	–
362	g	6	5	125	126	352	505

Knotenliste					
Adresse	Knoten	x	y	Zeiger 125	Zeiger 126
400	1	x_1	y_1	408	–
402	2	x_2	y_2	–	404
404	3	x_3	y_3	–	410
406	4	x_4	y_4	500	–
408	5	x_5	y_5	410	505
410	6	x_6	y_6	406	408

Abbildung 6.25: Ringlisten als physikalische Datenorganisation

Ein Vergleich mit dem logischen Datenmodell des Netzwerks zeigt die Analogien: Hier können die Knoten- und Kantenringe direkt als n:m-Beziehungen interpretiert werden, so daß Ringlisten kleine *Netzwerke* in der physikalischen Datenspeicherung darstellen.

6.4 Zugriffsmechanismen für raumbezogene Daten

Die Verwaltung raumbezogener Daten stellt aus der Sicht der Informatik eine Nichtstandardanwendung (NSA) von Datenbankmanagementsystemen (DBMS) dar. In diesem Abschnitt wird die Begründung für diese Aussage gegeben und Methoden aufgezeigt, wie sich mit Standard-DBMS dennoch raumbezogene Daten verwalten lassen oder auf welchen Methoden der Datenspeicherung und des Datenzugriffs die DBMS für CAD- und GIS-Anwendungen aufbauen.

Wie in der Einleitung zu diesem Kapitel erwähnt, gibt es verschiedene Sichten auf ein DBMS. Der Anwender eines solchen Systems erwartet aus seiner *externen Sicht* die Behandlung von Objekten. In der Entwurfs- und Implementationsphase werden diese Objekte aus *konzeptioneller Sicht* mittels der logischen Modelle in einen Datenbankentwurf umgesetzt. Das DBMS betrachtet in der *internen Sicht* die physikalische Verwaltung der Daten. An dieser Stelle ist nur die konzeptionelle und interne Sicht von Bedeutung; es werden also Methoden und Konzepte zur Verwaltung raumbezogener Daten aufgezeigt sowie deren physikalische Realisierung im Speicher eines Rechners angesprochen. Fragen der Modellierung der realen Welt mit den Methoden eines GIS (also die externe Sicht) sind bereits ausführlich innerhalb des thematischen Modellierens im Kapitel 5 angesprochen worden.

Zur Verdeutlichung der hier zu behandelnden Problematik diene ein einfaches Kanten-Knotenmodell in relationaler Darstellung (siehe Abbildung 6.26). Die Abspeicherung dieses Beispiels würde dann zur angegebenen Datenbank führen. Das vorliegende Modell ist sehr einfach gehalten. Ein Geo-Informationssystem mit diesem logischen Datenbankmodell wird sehr schnell scheitern, wenn es um die Verwaltung großer Datenmengen geht. Typische Anfragen an ein solches DBMS aus der Sicht eines GIS-Anwenders können in *punktbezogene* und *bereichsbezogene* Anfragen unterteilt werden.

Beispiel 6.9 für eine punktbezogene Abfrage:

Gegeben sei ein bestimmter Punkt mit seinen Koordinaten; innerhalb welchem Objekt liegt dieser Punkt?

Wir nehmen an, wir lösen an einem interaktiv graphischen Bildschirm durch Tastendruck die aktuelle Position des Cursors aus. Der Cursor befinde sich nun innerhalb einer Parzelle. Das Graphiksystem gibt uns Auskunft über die aktuelle Position des Cursors. Aus dem Datenbestand soll nun herausgefunden werden, in welchem Objekt (Parzelle) sich der Cursor befindet. Im einfachsten Fall versuchen wir möglichst gut einen Eckpunkt zu treffen und erhalten x_k, y_k. Die Datenbankanfrage lautet dann:

```
SELECT PNr
FROM Polygon, Kantenzug, Kante, Knoten
WHERE x= xk and y = yk
```

Folgende Probleme zeigen sich bereits hier:

- Als Ergebnis erhalten wir mindestens vier Parzellen.

- Nur bei exakter Gleichheit der Koordinaten resultiert überhaupt ein Ergebnis.

Positionieren wir den Cursor an eine beliebige Stelle im Flurstück, so müssen wir eine Abfrage stellen, die aus dem Datenbestand der Datenbank selbst nicht beantwortet werden kann, sondern erst durch eine Nachbearbeitung der von der Datenbank erhaltenen Kandidaten. Ein anderes Beispiel hierfür wäre: Suche den in der Nähe des Cursors liegenden Punkt und ersetze die Cursorposition durch die Datenbankposition, eine typische Grundfunktion des *Punkteinfangens (Snap to Point)* oder des *Linieneinfangens (Snap to Line)* (vgl. Band 2 Kapitel 3).

6.4. ZUGRIFFSMECHANISMEN FÜR RAUMBEZOGENE DATEN

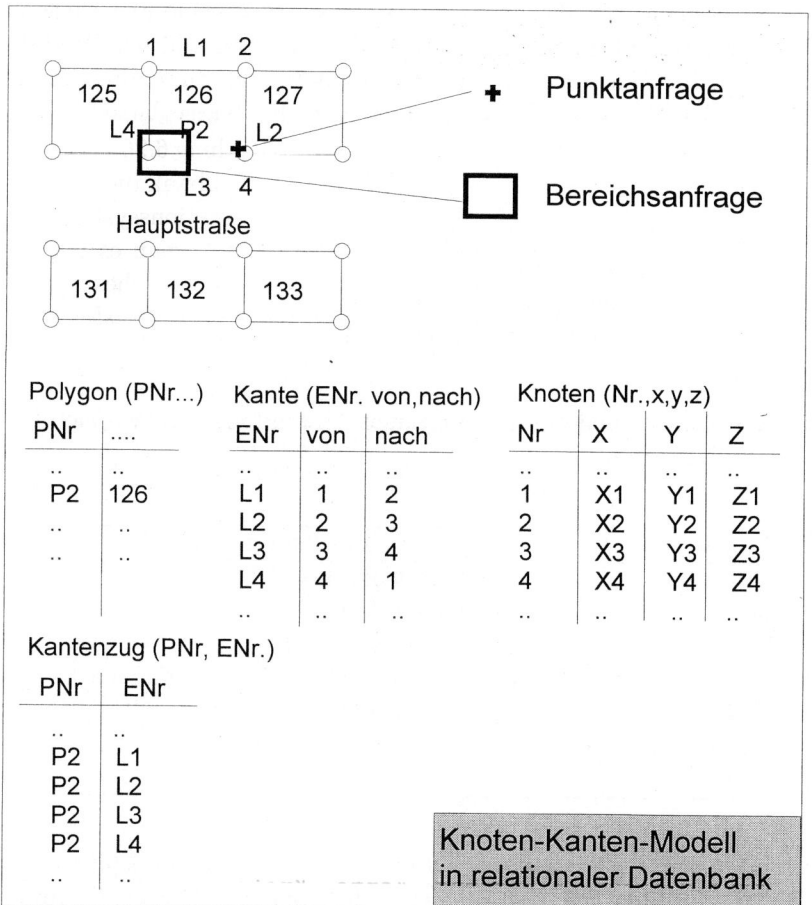

Abbildung 6.26: Knoten-Kanten-Modell eines Flurkartenausschnitts

Beispiel 6.10 einer Bereichsabfrage:

Gegeben sei ein bestimmter Bereich – welche Objekte schneiden diesen Bereich?

Ein typisches Beispiel hierzu ist das Anzeigen raumbezogener Daten in einem Fenster am Graphikbildschirm – die entsprechenden Grundaktionen sind das *Clipping* und *Intersect*. Auch hier handelt es sich um Abfragen, die nicht explizit aus dem Datenbestand beantwortet sondern abgeleitet werden müssen.

6.4.1 Standard- versus Nichtstandardanwendungen von DBMS

Veranschaulichen wir uns einmal die wesentlichen Anwendungen und Unterschiede zwischen Standard- (SA) und Nichtstandard-Anwendungen (NSA) von Datenbankmanagementsystemen. Standardanwendungen von DBMS sind überwiegend im Lohn- und Bankwesen zu sehen, in der Materialbestellung und der Produktion (Stücklistenerstellung etc.), wohingegen als Nichtstandardanwendungen die Bereiche des CAD, der Geo-Informationssysteme und des Leiterplattendesigns gelten.

SA	NSA
Bankwesen	CAD
Lohnwesen	GIS
Produktion	Elektronik

Einige wesentlichen Unterschiede in den einzelnen Anwendungen lassen sich folgendermaßen charakterisieren:

Standardanwendung	Nichtstandardanwendung
Einfachschlüssel	Mehrfachschlüssel
feste Länge	variable Länge
exakter Match	unsicherer Match
einige logische Verknüpfungen	vielfache logische Verknüpfungen
leichte Operatoren	komplexe Operatoren
kurze Transaktionen	lange Transaktionen
..	..

In Standardanwendungen basiert die Auswahl von Daten auf einem Schlüsselelement (wie z.B. der Kontonummer), wohingegen sich bei raumbezogenen Informationssystemen der Schlüssel mindestens über zwei Größen, nämlich x und y erstreckt, in den meisten Fällen aber weit mehr als zwei Schlüsselgrößen benötigt.

Jede Zeile in Standardanwendungen hat eine feste Länge und Format. Dies gilt für Nichtstandardwendungen nicht, eine Linie setzt sich z.B. aus mehreren Punkten zusammen, die z.T. abhängig von der Datenquelle eine unterschiedliche Auflösung der Koordinaten besitzen.

Eine Anfrage in einem DBMS beruht auf dem exakten Match, der jedoch wegen der Unsicherheit der Koordinaten in GIS-Problemen nie gegeben ist.

Eine Linie besteht aus einem Satz von Punkten – ein Polygon kann aus einer Vielzahl von Linien (Kanten) zusammengesetzt sein. Solche logischen Verknüpfungen führen durch die Normalformforderungen bei relationalen DBMS zur starken Aufsplittung in viele Tabellen.

Einfügen, Verändern und Löschen sind Standardoperationen in DBMS. Auf diesen aufbauend müssen für raumbezogene Daten eine Vielzahl wesentlich komplexerer Operationen aufsetzen (Clipping, Schneiden, Polygonbildung, Einschluß, Ausschluß).

6.4. ZUGRIFFSMECHANISMEN FÜR RAUMBEZOGENE DATEN

Eine typische Transaktion in Standardanwendungen ist sehr kurz; z.B wird nur der gegenwärtige Kontenstand geändert. Dagegen sind Transaktionen in GIS lang, da der Datenbestand (z.B. die Polygone) nach einer Aktion (Verändern, Löschen ..) wieder konsistent hergestellt werden muß.

Es gibt noch weitere Unterschiede, auf die hier nicht eingegangen werden soll. Aus diesen Gründen gibt es seit einiger Zeit Forschungen auf dem Gebiet der Computerwissenschaften zur Erweiterung der klassischen Konzepte für DBMS hinsichtlich den Erfordernissen von raumbezogenen Daten. Die Verwaltung dieser Daten ist auch für die Informatik interessant, da hier das große Gebiet des CAD neben dem vergleichsweise kleineren Gebiet GIS eine hohe *Anziehung* ausübt. Diese Ansätze sollen hier zum Teil aufgezeigt werden. Allen Ansätzen gemeinsam ist die Vereinfachung der in der realen Welt vorkommenden Objekte für die Zwecke der Speicherung und des Zugriffes.

6.4.2 Approximation räumlicher Objekte

Die Approximation der Geometrie eines räumlichen Objekts geschieht u.a. für Speicher- und Zugriffszwecke. Hat man anhand der vereinfachten Objekte eine Liste von Kandidaten für weitere Untersuchungen erhalten, so werden diese detailliert mit der tatsächlich abgespeicherten Objektgeometrie behandelt. Durch die Approximation vereinfacht sich die Suche nach komplizierten Objekten von der Dimension (n = 2*m mit m = Anzahl der Begrenzungspunkte) auf 2, 3 oder 4-dimensionale Zugriffsschlüssel (Abbildung 6.27). Im einfachsten Fall wird ein ausgedehntes Objekt durch einen Zentroidpunkt approximiert (n=2). Wird diesem noch ein Radius mitgegeben, der das ganze Objekt umschließt, so ist n=3. Das minimal das Objekt einschließende, achsparallele Rechteck (MER) ist eine 4-dimensionale Approximation eines Objektes. Höherdimensionale Approximationen sind durch Zellen möglich (O. GÜNTHER (1989)).

6.4.3 Übersicht zu Speicher und Zugriffsmechanismen

Im Laufe der Nutzung von Datenbanksystemen für raumbezogene Daten haben sich verschiedene hierfür geeignete spezielle Speicher- und Zugriffsstrukturen entwickelt, die inzwischen teilweise von kommerziellen DBMS direkt unterstützt werden oder vom raumbezogenen Informationssystem selbst zu lösen sind. Die Erweiterungen der eindimensionalen Schlüsselzugriffe haben zu vielen Lösungsvorschlägen geführt, die hier nur exemplarisch aufgeführt werden sollen.

Raumbezogene Zugriffsmechanismen kann man in hierarchische und dynamische Methoden unterteilen. Hierarchische Methoden oder baumartige Strukturen sind z.B.:

- Rasterzelleneinteilung.

- Quadtrees (4 Nachfolger je Knoten).

- Halbebenenunterteilung (k-1-dimensionale Hyperebenen).
- K-d-Bäume.
- K-d-B-Bäume.

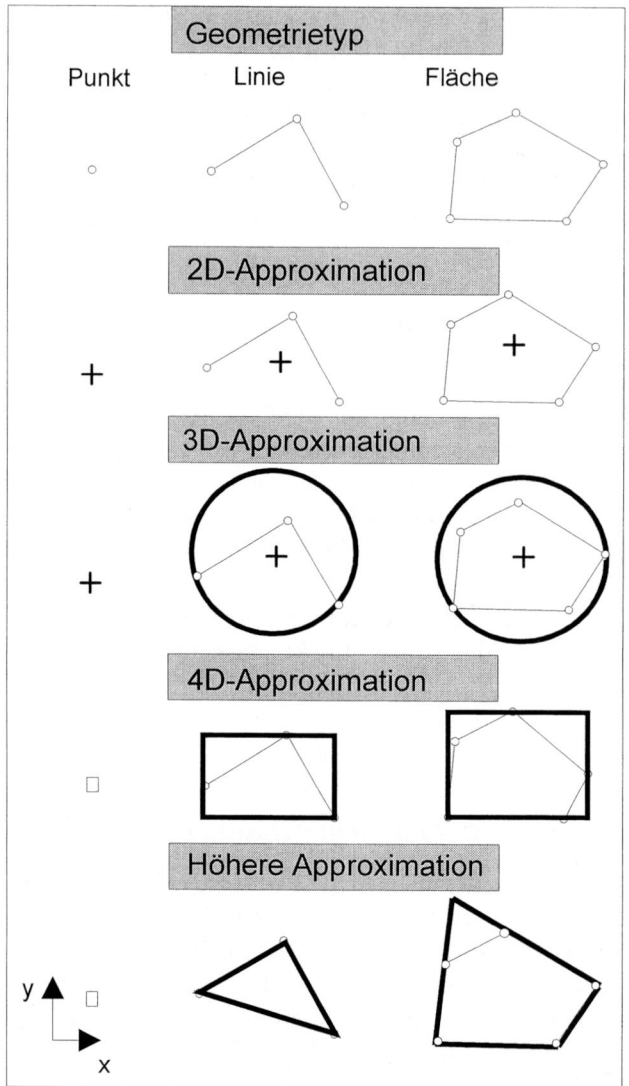

Abbildung 6.27: Approximation räumlicher Objekte

Mit dynamischen Methoden werden z.B. die folgenden Zugriffsmechanismen bezeichnet:

- Extendible hashing (Formelbasiertes Indexmanagement).

6.4. ZUGRIFFSMECHANISMEN FÜR RAUMBEZOGENE DATEN

- Extendible cell method (Erweiterung des extendible hashing)
- Gridfile
- R-Baum (R+-Baum)
- Zellbaum (Knoten mit komplexen Polyedern)

6.4.4 Hierarchische Methoden

Hierarchische Zugriffsmethoden stellen eine sehr einfache, jedoch effiziente Strategie innerhalb der raumbezogenen Datenhaltung dar. Auf diese Weise lassen sich Rasterdaten, wie sie bei digitalen Geländemodellen oder in der Bilddatenerfassung anfallen, leicht organisieren. Von daher sind sie in vielen Programmsystemen vorzufinden.

Rasterzelleneinteilung

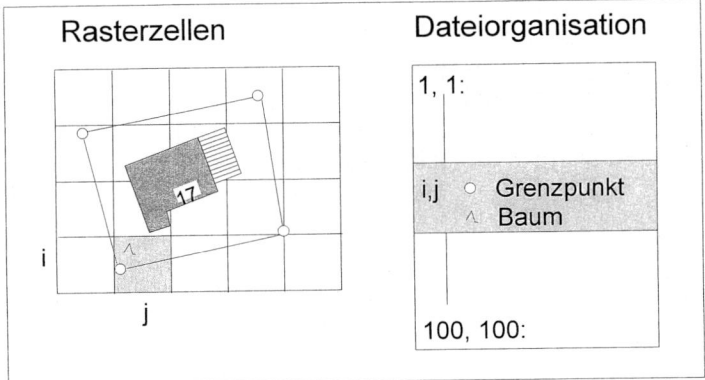

Abbildung 6.28: Rasterzelleneinteilung

Ein sehr einfacher Ansatz zur Beschleunigung des Zugriffs auf raumbezogene Daten ist die *Rasterzelleneinteilung*. Das zu bearbeitende Gebiet wird in Rasterzellen zerlegt, wobei je Projekt ein Raster von gleicher Rasterweite mit maximal n^2 Zellen vorgesehen werden. Alle Daten sind in einer Datei abgespeichert, die in einem Matrizenmodus strukturiert ist. Der Zugriff auf einen Punkt erfolgt durch Bestimmung der Rasterzelle, in der er liegt. Danach können indexsequentiell an der entsprechenden Stelle in der Datei, die das Matrixelement i, j enthält, alle Punkte gelesen und daraus der einzelne Punkt durch Nachbearbeitung identifiziert werden. Der Vorteil dieser Methode liegt in der einfachen Implementation ohne besonderen Speicheraufwand. Der Nachteil ist darin zu sehen, daß die Eindateienlösung keine besonders flexible Organisationsform darstellt und die Beschränkung durch die Auflösung der Rasterweite gegeben ist. Die Rasterzelleneinteilung ist in der Abbildung 6.28 dargestellt. Dabei wird unterschieden

334   KAPITEL 6. DATENBANKEN

hinsichtlich der graphischen Zelleneinteilung und ihrer zugehörigen Dateiorganisation, in der die Rasterindizes sequentiell hintereinander geschrieben sind.

Quadtree

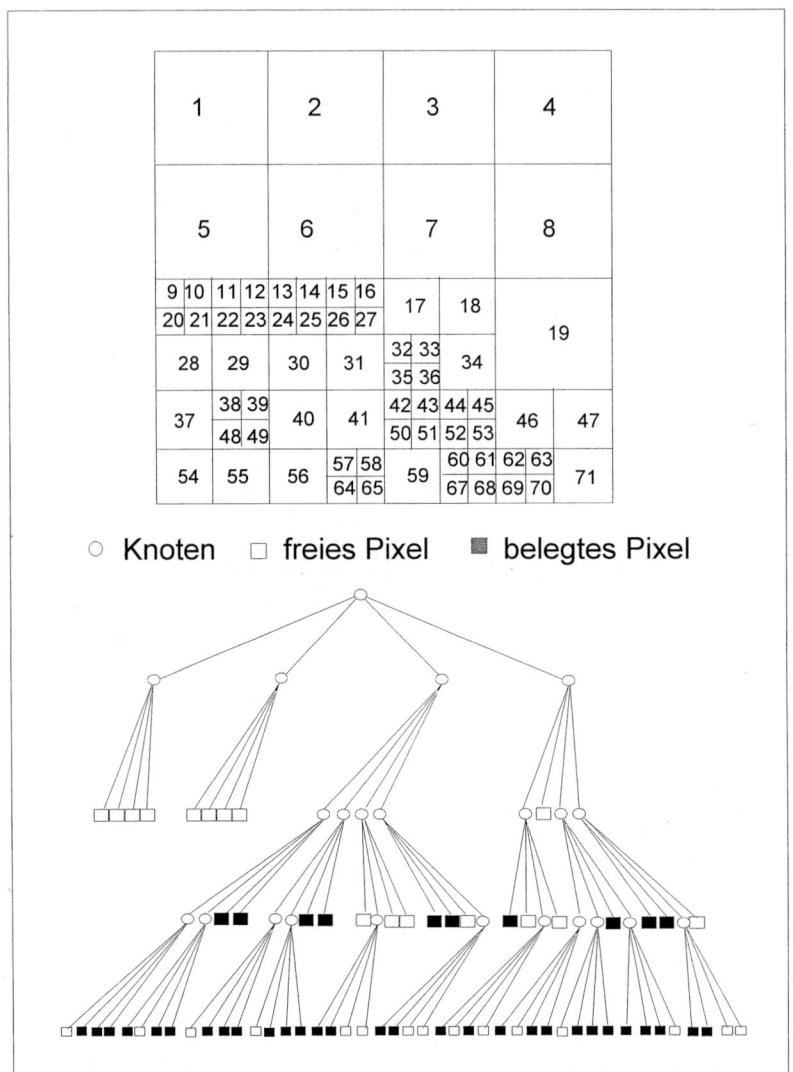

Abbildung 6.29: Quadtree als Zugriffsmechanismus

Während die Quadtree-Zerlegung bereits als Datenstruktur zur Verwaltung von Rasterdaten in Abschnitt 5.5 eingeführt wurde, soll an dieser Stelle nochmals auf den Einsatz innerhalb des Zugriffs eingegangen werden. Quadtrees sind Baumstrukturen, die im Gegensatz zum Binärbaum mit zwei Nachfolgern auf jeden

6.4. ZUGRIFFSMECHANISMEN FÜR RAUMBEZOGENE DATEN

Knoten, jeweils vier Nachfolger besitzen. Sie beruhen auf einer rekursiven Unterteilung des den gesamten zu betrachtenden Ortsraum umschliessenden Quadrats in jeweils vier neue Teilgebiete. Der Quadtree paßt sich der tatsächlichen Objektverteilung besser an. An Stellen, an denen mehr Objekte auftreten, wird der Baum verdichtet, an anderen Stellen nicht. Anwendung findet der Quadtree insbesondere bei der Beschleunigung des Zugriffs auf raumbezogene Daten. Es handelt sich ebenfalls um eine relativ einfache Datenverwaltungsstruktur. Der Nachteil ist in der stark unterschiedlichen Höhe des Baumes zu sehen bei ungleich verteilten Punkten, die dann auch zu unterschiedlichen Antwortzeiten führen kann und den Sekundärspeicher unterschiedlich auslastet. Abhilfe schaffen hier Methoden der Balanzierung des Baumes oder Restriktionen an die Baumtiefe. Mit der Abbildung 6.29 wird die unterschiedliche Höhe eines Quadtrees angedeutet.

Halbebenenunterteilung

Die *Halbebenenunterteilung* ist auch als Binary Space Partitioning (BSP, s. H. FUCHS U.A (1980), (1983)) bekannt. Die Idee des BSP ist eine rekursive Unterteilung eines gegebenen Raumes in trennende Unterräume durch (d-1)-dimensionale Hyperebenen. Jeder Teilraum wird unabhängig von seiner Entstehungsgeschichte und von den anderen Unterräumen weiter unterteilt (Abbildung 6.30). BSP-Bäume sind anpassungsfähiger als Quadtrees, jedoch allerdings üblicherweise sehr tief, welches einen Einfluß auf die Performanz hat. Auf dem BSP-Prinzip aufbauend sind verschiedene Speicher- und Zugriffsmechanismen wie der K-d-Baum und der K-d-B-Baum realisiert.

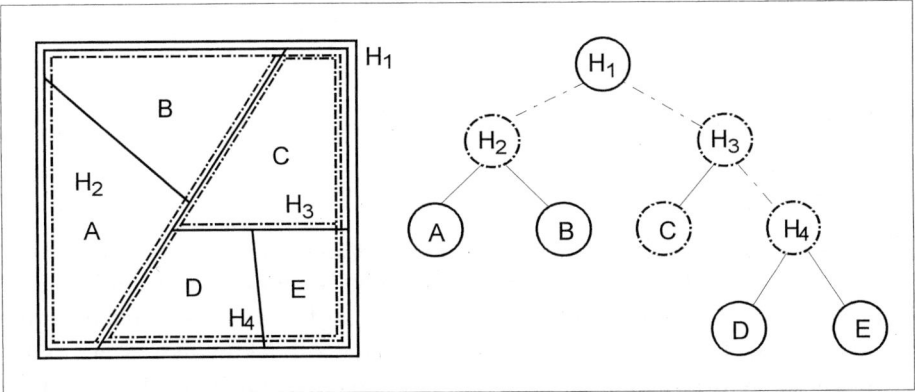

Abbildung 6.30: Binary Space Partitioning

K-d-Baum-Prinzip

Beim k-d-Baum (B.C. OOI (1987), T. MATSUYAMA U.A. (1984)) handelt es sich um einen k-dimensionalen binären Suchbaum. Der Unterteilungsalgorithmus funktioniert folgendermaßen:

- Vergleiche die Länge der vertikalen und horizontalen Seiten der zu unterteilenden Rechtecke.

- Unterteile das Rechteck in zwei Teile durch eine Gerade rechtwinklig zu der längeren Rechteckseite. Bestimme die Position der unterteilenden Linie derart, daß jedes resultierende Rechteck genau gleiche Mengen an Daten enthält.

- Wende diese Regeln rekursiv auf jedes entstehende Rechteck an, bis die Datenmenge in jedem Rechteck kleiner als die Fassungskapazität einer Seite auf der Festplatte (Disk) ist.

Diese Methode arbeitet nur punktbezogen; ausgedehnte Objekte müssen z.B. durch einen Zentroidpunkt approximiert werden. Die Abbildung 6.31 demonstriert an einem einfachen Beispiel den Aufbau eines k-d-Baumes.

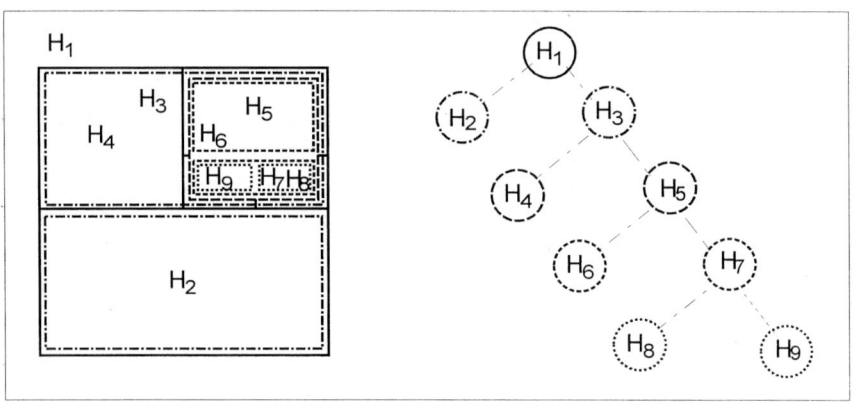

Abbildung 6.31: K-d-Baum-Prinzip

K-d-B-Baum

K-d-B-Bäume sind Verallgemeinerungen der B-Bäume auf höhere Dimensionen (J.T. ROBINSON (1981)). Der k-d-B Baum ist eine Generalisierung des B-Baums in Kombination mit dem k-d-Baum. Der B-Baum ist für eindimensionale Probleme ideal geeignet. Für dynamische Indexverwaltung auf Sekundärspeicher gibt es den k-d-Baum. K-d-B-Bäume sind Mehrfachwegbäume mit fester Knotengröße, die stets balanziert sind (d.h. die Anzahl Knoten von der Wurzel bis zum Blatt ist für alle Blätter gleich). Jeder Knoten ist als eine Seite (Page) gespeichert. Die Auslastung der Seite liegt bei ca. 60 Prozent. Die Partitionierung des Raumes erfolgt durch Aufteilung in einer Domäne. Die Strategie hierzu ist variabel (zyklisches Splitten analog der k-d-Strategie, Splitten längs nur einer Achse). Der Split geschieht nur im Unterraum, nicht über den vollständigen Raum. Der k-d-B-Baum ist nur zur Indizierung von Punkten in beliebigen Dimensionen geeignet, nicht für ausgedehnte geometrische Objekte. Zu erwarten ist, daß k-d-B-Bäume die Eingabe/Ausgabe-Effizienz von B-Bäumen und die mehrdimensionale Sucheffizienz von k-D-Bäumen approximieren.

6.4.5 Dynamische Methoden

Bei *dynamischen Methoden* bedarf es nicht jeweils der kompletten Reorganisation des Speicherraumes bei Einfüge- und Löschoperationen. Extendible hashing und die EXCELL Methode wären hier zu nennen, auf die jedoch nicht näher eingegangen wird. Stattdessen sollen modernere Methoden aufgezeigt werden, die heute in Geo-Informationssystemen Einsatz finden (R. BILL (1989)).

Gridfile-Methode

Die *Gridfile-Methode* wurde von J. NIEVERGELT U.A (1984) entworfen, um eine Sammlung von Daten effizient zu verwalten, die eine beschränkte Anzahl von Dimensionen ($k \sim 10$) besitzen und deren Domäne groß und linear geordnet ist. Sie zeichnet sich aus durch:

- Hohe Datenspeicherausnutzung (≥ 70 Prozent).

- Unsensitivität gegenüber Datenanhäufungen.

- Geschmeidige Anpassung an den zu speichernden Inhalt.

- Schnellen Zugriff zu individuellen Zeilen.

Es handelt sich um eine symmetrische, anpassungsfähige Mehrfachschlüssel-Dateienstruktur. Symmetrisch heißt in diesem Zusammenhang, daß jedes Schlüsselfeld als Primärschlüssel betrachtet wird. Anpassungsfähig bedeutet, daß die Datenstruktur ihre Form automatisch dem abzuspeichernden Inhalt anpaßt und somit Besetztheit und Zugriffszeit über den Gridfile gleichförmig bleibt. Die Grundforderungen sind ein Zwei-Platten-Zugriff und ein effizienter räumlicher Zugriff durch physikalisch benachbarte Ablage. Dabei werden unabhängige Attribute angenommen. Aus besagten Eigenschaften und unter den getroffenen Annahmen erscheint der Gridfile sehr gut für räumliche Problemstellungen geeignet, da die folgenden Punkte zu erfüllen sind:

- $2 \leq Dimension \leq 6$ (Die Dimension 2 tritt bei einem Punkt in einem ebenen Bezugssystem auf (x und y), während die Maximaldimension bei einem 3D-Objekt, welches durch einen rechteckigen Körper umschlossen idealisiert wird, 6 beträgt.).

- Die Koordinaten sind unabhängig.

- Ein mehrdimensionaler Zugriff ist erforderlich.

- Die Datenverteilung ist bei raumbezogenen Informationssystemen irregulär.
- Es handelt sich um große Datenmengen.

J. NIEVERGELT U.A (1984) gehen von einem k-dimensionalen Datenraum S aus (beispielhaft sei k=3 gesetzt, also ein dreidimensionales Problem)

$$S = X * Y * Z \tag{6.4}$$

auf den eine Partitionierung P durch Intervallbildung in jeweils einer Dimension angewendet wird

$$P = U * V * W \tag{6.5}$$

mit den Intervallen

$$\begin{aligned} U &= (u_0, u_1, .., u_l) \\ V &= (v_0, v_1, .., v_m) \\ W &= (w_0, w_1, .., w_n) \end{aligned} \tag{6.6}$$

die den Datenraum in Gridblöcke zerlegen (vgl. Abbildung 6.32).

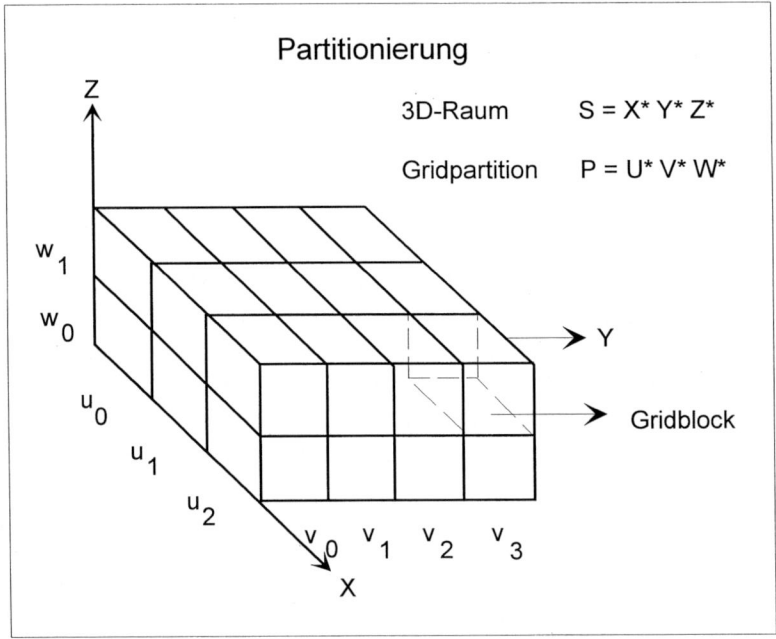

Abbildung 6.32: 3-D-Ortsraum und dessen Partitionierung

Die Idee hinter der Gridfile-Methode liegt in der Zuordnung der Gitterblöcke zu physikalischen Speichereinheiten (den Buckets) auf der Festplatte (Disk). Ein

6.4. ZUGRIFFSMECHANISMEN FÜR RAUMBEZOGENE DATEN

Bucket ist eine Speichereinheit mit jeweils c Datenzeilen ($10 \leq c \leq 1000$); es gibt eine unbegrenzte Anzahl von Buckets. Wichtig ist nicht die Anordnung der Datenzeilen innerhalb der Buckets, sondern die Organisation der Buckets. In einem Bucket können ein oder mehrere Gridblöcke sein. Ein Griddirectory beinhaltet ein Gridarray (k-dimensional), in dem als Elemente die Zeiger (Pointer) zu den Datenbuckets verwaltet werden. Diese Elemente stehen in 1:1 Korrespondenz zu den Gridblöcken der Partition P. Dabei enthalten k-eindimensionale Maßstäbe (linear scales) die Partitionierung je einer Domäne von P. Diese Scales werden, da ihr Datenumfang in der Regel recht klein ist, im Zentralrechner verwaltet, während das Gridarray auf Platte steht. Das Zwei-Platten-Prinzip heißt somit, daß nach einer Berechnung der aktuellen Matrixposition im Gridarray aus den linearen Scales (ohne Plattenzugriff) das Matrixelement gelesen wird (erster Plattenzugriff) und dann mit diesem Wert, nämlich der physikalischen Adresse des Buckets, die relevanten Datenzeilen direkt gelesen werden (zweiter Plattenzugriff).

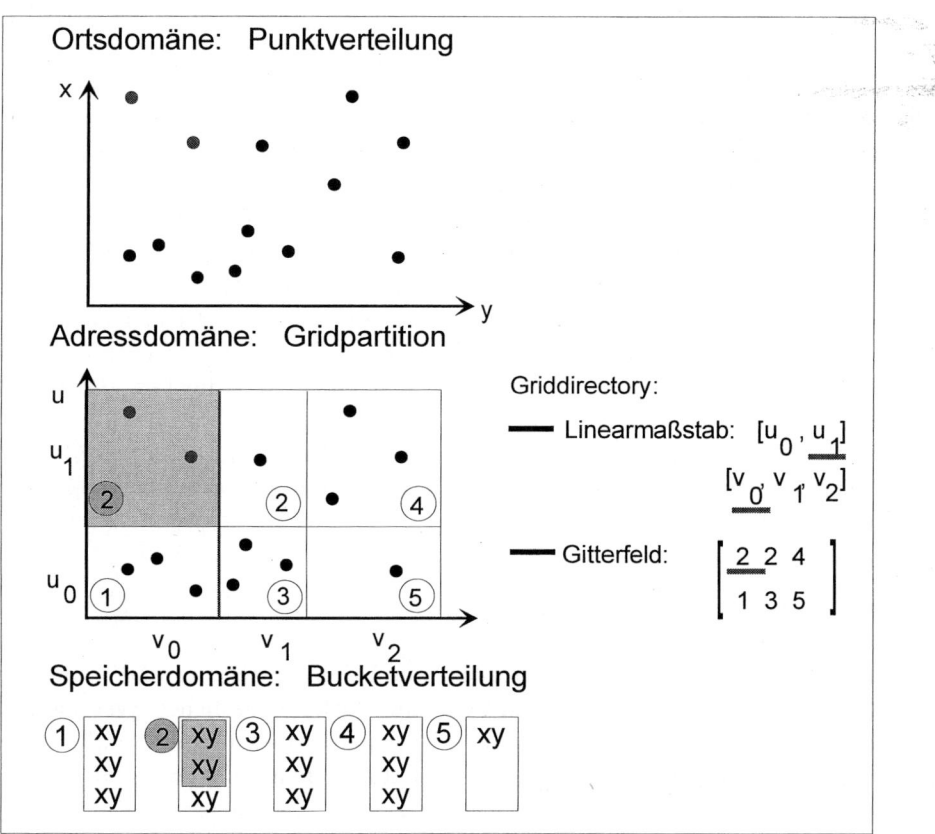

Abbildung 6.33: Gridfile-Methode

Beispiel 6.11 zur Gridfile-Methode:

Gegeben sei die in Abbildung 6.33 gegebene Punktverteilung im Ortsraum. In der Adressendomäne sei eine mögliche Partitionierung bei $c=3$ Datenzeilen (x,y) je Bucket angestrebt. Das Splitting erfolgt durch Wechseln der Richtung entlang der x- und y-Koordinatenachse. Daraus resultiert die Bucketverteilung in der Datendomäne, also die physikalische Speicherung. Gehen wir von einem planimetrischen Informationssystem (x,y) aus, so lassen sich Punkte in einem zweidimensionalen Gridfile-Ansatz verwalten, während bei Linien und Flächen wegen der Ausdehnung bereits ein mehrdimensionaler Ansatz nötig ist.

R-Baum

Der R-Baum geht auf A. GUTTMAN (1984) zurück. Achsparallele Rechtecke werden zur Beschreibung der Objekte für den räumlichen Zugriff verwendet (statt der räumlichen Objekte selbst). Der R-Baum ist für mehrdimensionale Räume und Phänomene räumlicher Ausdehnung geeignet. Es ist ein höhenbalanzierter Baum ähnlich einem Binärbaum, dessen Indexeinträge in den Blättern Zeiger zu den realen Objekten beinhalten. Die Knoten korrespondieren zu den physikalischen Plattenseiten. Er erfordert keine periodische Reorganisation. Zur Suche nach räumlichen Objekten ist nur eine kleine Anzahl von Knoten zu analysieren – im Gegensatz zu hierarchischen Baumstrukturen kann allerdings die parallele Suche in verschiedenen Ästen notwendig sein. Wenn mit M die maximale Anzahl der Einträge je Knoten und die minimale Belegung der Knoten mit $m \leq \frac{M}{2}$ bezeichnet wird, so ergibt sich die Höhe eines R-Baumes mit N-Objekten zu maximal $|log_m(N)| - 1$. Die Maximalzahl an Knoten folgt aus $|\frac{N}{m}| + |\frac{N}{m^2}| + ... + 1$. Die schlechteste Ausnutzung des Speicherraumes für alle Knoten liegt bei $\frac{m}{M}$.

Die Abbildung 6.34 veranschaulicht den R-Baum an einem Beispiel. Der obere Teil zeigt die im Ortsraum verteilten Objekte, die durch ein umgebendes Rechteck dargestellt sind. Der untere Teil zeigt einen möglichen R-Baum mit maximal 3 und minimal 3/2 Einträgen pro Knoten.

Der *R+-Baum* stellt eine Modifikation des R-Baums unter der Forderung von Überlappungsfreiheit dar, die durch Mehrfachspeicherung von überlappenden Rechtecken garantiert wird.

6.5 Zusammenfassung

Dieses Kapitel widmete sich dem Problem der Datenverwaltung und -speicherung. Während auch heute noch einige der am Markt befindlichen Systeme mit internen Datenstrukturen und Dateiorganisationen arbeiten und somit relativ unflexibel und wenig modern, hingegen aber ausreichend effizient sind, nutzen moderne Systeme die mittlerweile sehr gut bekannte Technologie von relationalen Datenbanksystemen.

6.5. ZUSAMMENFASSUNG

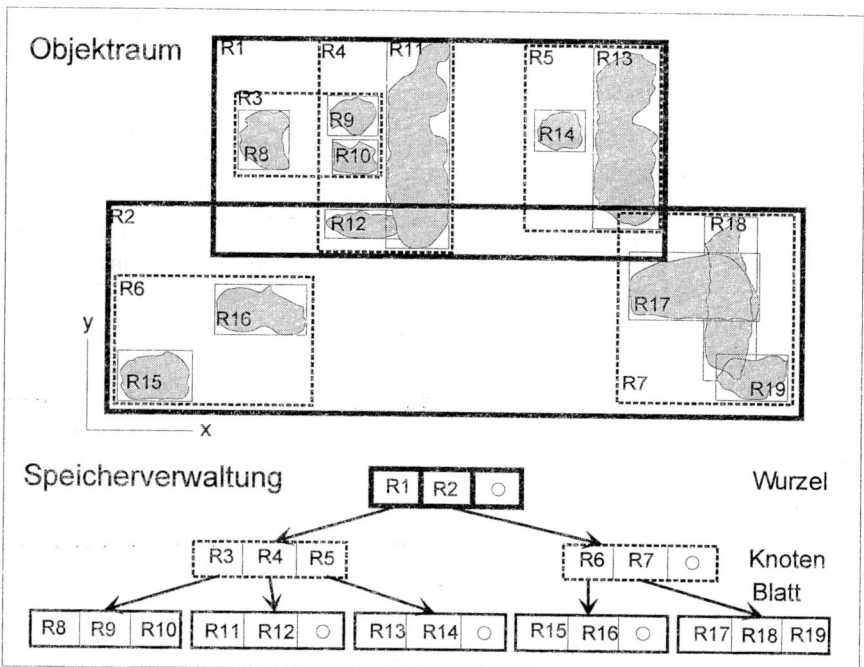

Abbildung 6.34: Das R-Baum-Prinzip

Häufig werden die Geometriedaten in *Netzwerkmodellen* oder als gekapselte Objekte in relationen Datenmodellen abgespeichert; die Sachdaten jedoch i.d.R. nach dem *relationalen Modell*. Ein Trend zur gemeinsamen Verwaltung in kommerziellen relationalen Datenbanksystemen ist zu verzeichnen.

Die Vorteile der Nutzung der relationalen kommerziellen Datenbanktechnologie liegen klar auf der Hand:

- Aktuelle Technologie.

- Leichte Pflege und Modifikation.

- Standardabfragesprache SQL.

- Trennung der Datenhaltung von der Applikation.

- Nutzung aller Vorteile der kommerziellen DB-Technologie.

Für den schnelleren Zugriff auf große Datenmengen sind spezielle raumbezogene Speicher- und Zugriffsmethoden zu implementieren. Dies geschieht vermehrt auch durch die kommerziellen Datenbankanbieter.

6.6 Aufgaben

6.6.1 Worin unterscheidet sich ein Dateisystem von einem Datenbanksystem?

6.6.2 Gegeben sei ein unregelmäßiges Viereck, welches in zwei Dreiecke unterteilt wird. Man bilde ein hierarchisches Modell für die Dreiecksvermaschung, in dem die vollständige Topologie enthalten ist.

6.6.3 Was versteht man im Kontext der relationalen Datenbanksysteme (RDBS) unter den Begriffen: Relation, Tupel, Attribut und Primärschlüssel?

6.6.4 Man stelle für ein Rechteck bestehend aus den Punkten 1,2,3,4 eine zweidimensionale Punktliste auf und atomisiere sie.

6.6.5 Gegeben sei die folgende Sachdatentabelle:

O_ID	Name	geb. am	Wohnort	Nutzung	Groesse m^2
I	Hans Meier	1.1.1921	x-Stadt	Bauplatz	650
II	Fritz Müller	6.5.1952	x-Stadt	Wiese	480
III	Berta Schmidt	3.3.1939	y-Stadt	Bauplatz	780

Bilden Sie weitergehende Normalformen, indem in eine Eigentümer- (Name, Geburtsdatum, Wohnort) und eine Nutzungstabelle (Nutzung, Größe) normiert wird.

6.6.6 Vermittels des Einsatzes der SQL soll aus der Tabellenstruktur in Aufgabe 6.6.5 der Bauplatz aufgezeigt werden, dessen Fläche $\geq 600\ m^2$ und dessen Eigentümer *nicht* in x-Stadt wohnt.

6.6.7 Entwerfen Sie ein relationales Modell mit dem folgenden Inhalt: Rom, Australien, Mexiko City, Deutschland, Europa, Boston, Los Angeles, Sydney, New York, USA, Paris, Amerika, Mexiko, London, Italien, England, Frankreich, Berlin, Hamburg.

- Welche Tabellen sind dabei aufzubauen, wenn zu berücksichtigen ist, daß Objekte mit gleichen Eigenschaften in Klassen *gruppiert* werden müssen?
- In welchen Relationen stehen diese Klassen zueinander?

Kapitel 7

GIS-Produkte – Übersicht und Entwicklungstendenzen

7.1 Einführung

Der GIS-Produktemarkt ist nahezu unüberschaubar (Abbildung 7.1). Nach groben Schätzungen gibt es alleine im deutschsprachigen Markt mindestens 200 Anbieter von Produkten mit GIS-Funktionalitäten. Produkte kommen und gehen schneller als es so manchem Nutzer gefällt. Auch jährliche Produktübersichten (vgl. z.B. E. BUHMANN UND J. WIESEL (1998)) oder Internetverweise (siehe Produktseiten des Autors im WWW) sind nur eingeschränkt hilfreich, insbesondere wenn es darum geht, sich konkret bei der Systemeinführung in einem Unternehmen für ein bestimmtes Produkt entscheiden zu müssen (F.J. BEHR (1998), R. BILL (1998)). Der Versuch einer Übersicht kann daher immer nur als unvollständige Momentaufnahme verstanden werden. Derartige Produktübersichten sollen Produkte vergleichbar machen. Sie erlauben durchaus die Evaluation des durchschnittlichen GIS, d.h. sie sind bei der Systemeinführung wichtig, um den Anforderungskatalog genauer zu definieren. Trends in der GIS-Entwicklung lassen sich in Verbindung mit permanenten Marktbeobachtungen (vgl. z.B. R. BILL (1990), R. BILL U.A. (1993)) daraus ableiten. Nachteile von Produktübersichten sind jedoch klar darin zu sehen, daß sie niemals komplett, niemals so neutral wie nötig und niemals erstellt sind für spezielle Anwendungen und für ein spezielles Unternehmen. Daher schließt dieses Kapitel auch keine detaillierten Produktangaben ein, sondern widmet sich mehr dem Anspruch, den Stand und die Entwicklungstendenzen aufzuzeigen.

344 KAPITEL 7. GIS-PRODUKTE

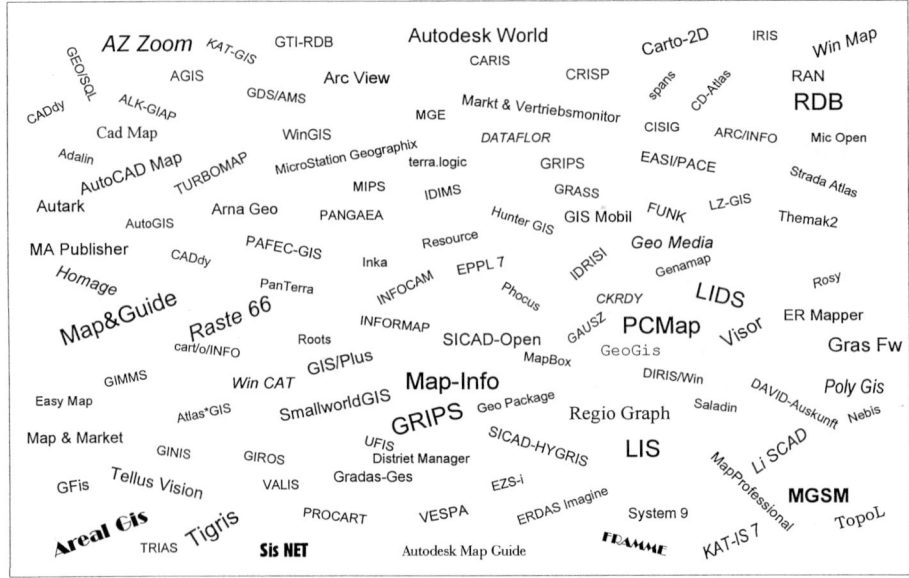

Abbildung 7.1: Ein Eindruck des GIS-Produktemarktes

7.2 Eine grobe Systemkategorisierung

Die Entwicklung in den neunziger Jahren verlief vom universellen GIS über Desktop GIS hin zu Internet-GIS-Komponenten. Mit dieser Entwicklung einher gehen insbesondere Vorteile für den Nutzer hinsichtlich geringerer Investitionskosten und geringerer Einarbeitungszeiten. Gekoppelt und befördert wird dies alles durch eine höhere Datenverfügbarkeit. Im Laufe dieser Entwicklung hat sich GIS vom Spezialistensystem über die allgemeine Sachbearbeiterebene hin zu GIS für jedermann gewandelt.

Heute kann man vielleicht die nachfolgend beschriebenen Systemkategorien mit ihren Beziehungen untereinander (Abbildung 7.2) unterscheiden. Andere Einteilungen sind jedoch möglich. So bilden z.B. E. BUHMANN UND J. WIESEL (1998) die Kategorien GIS, CAD-GIS, Desktop-GIS, Desktop-Mapping, GIS-Toolbox und GIS-Ergänzung. Selbstverständlich gibt es am Markt GIS-Produkte, die in mehreren dieser Systemkategorien beheimatet sind.

- *Universelle Geo-Informationssysteme (GIS) bzw. High end GIS:* Beispiele hierfür sind u.a. Arc/Info, Sicad/open, Smallworld GIS oder Microstation GIS Environment. Sie finden z.B. Anwendungen bei Ver- und Entsorgungsunternehmen, im Kataster- und Vermessungswesen und bei der Kommunalverwaltung. Sie bieten das volle Funktionalitätenspektrum (Erfassung, Verwaltung, Analyse und Präsentation) und sind in der Lage, große Datenmengen mehreren Nutzern aus unterschiedlichsten Anwendungsbereichen

7.2. EINE GROBE SYSTEMKATEGORISIERUNG

durch verschiedenste Anwendungsschalen bereitzustellen. Sie erheben den Anspruch, ein Thema und ein Gebiet vollständig, flächendeckend, redundanzfrei und konsistent bearbeiten zu können. Sie sind allerdings sehr personalintensiv und benötigen einen hohen Einarbeitungsaufwand. Die Kosten solcher Systeme liegen i.d.R. bei über 100TDM. Hierbei mag das Grundpaket durchaus günstiger sein, jedoch sind die jeweiligen Anwendungsschalen dann entsprechend teuer.

- *Low-cost-GIS oder PC-GIS:* In diese Produktkategorie fallen z.B. Produkte wie PC ARC/INFO, Atlas*GIS und MapInfo, die weitverbreitet bei qualifizierten Sachbearbeitern in Umwelt-, Planungs- und Kommunalverwaltungen vorkommen. Das Funktionalitätenspektrum wird nahezu komplett angeboten, jedoch sind eher mittlere Datenmengen meistens im Single user-Modus bearbeitbar. Auch werden weniger Anwendungsschalen angeboten, da sie eher projektbezogen arbeiten. Aus Nutzersicht sind sie weniger personal- und schulungsintensiv und auch mit unter 20 TDM deutlich günstiger.

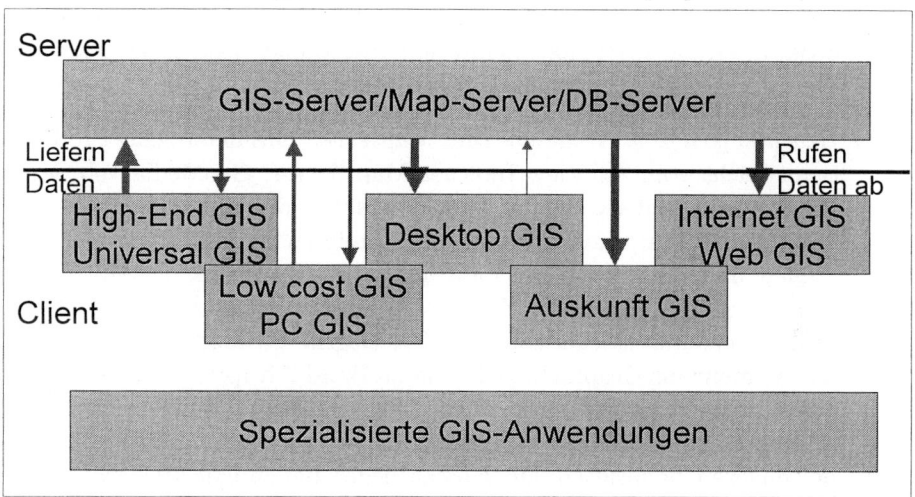

Abbildung 7.2: Systemkategorien im Zusammenspiel

- *Desktop-GIS:* Gängige Produkte sind hier z.B. ArcView, Sicad Spatial Desktop oder GeoMedia, die von Sachbearbeitern in Kommunalverwaltungen oder in Ingenieurbüros eingesetzt werden. Das Funktionalitätenspektrum ist eingeschränkt, oftmals im Bereich der Datenerfassung, aber auch in der Datenverwaltung und -analyse, weshalb eher kleinere Datenmengen projektbezogen bearbeitet werden. Sie betten sich vollständig in die Windowsumgebung mit OLE/COM/ODBC/DDE u. dgl. ein. Sie sind nicht für den Multiuserbetrieb konzipiert und verfügen kaum über Anwendungsschalen.

Diese Produkte sind sehr flexibel, bearbeitungsgerecht und nach geringer Einarbeitungszeit leicht bedienbar bei sehr niedrigen Kosten i.d.R. weit unter 10TDM.

- *Internet-GIS bzw. WebGIS:* Produkte wie z.B. ArcView Internet Map Server, AutoDesk Map Guide und GeoMedia Webmap u.a. sprechen über den Sachbearbeiter hinaus auch durchaus interessierte Gelegenheitsnutzer spezieller Dienste (z.B. Stadtpläne) an. Ihre Funktionalitäten liegen eher in der Präsentation raumbezogener Daten, die über einen Server projektbezogen abgerufen werden. Auch GIS-Funktionen kann dieser Server bereitstellen. Sie sind flexibel, bei Bedarf anstoßbar, bearbeitungsgerecht und leicht bedienbar. Ältere Versionen werden tlw. kostenfrei bereitgestellt. Ansonsten liegen die Kosten bei wenigen TDM.

- *Auskunftsystem:* Typische Produkte sind z.B. DAVID-Auskunft, AKSYS und visor, die entweder als reduzierte Version eines GIS erscheinen oder als Neuentwicklung im low-cost-Bereich angesiedelt sind und i.d.R. keine Datenmanipulationen erlauben. Als Betrachtungssysteme für Daten insbesondere im Umfeld der Geobasisdaten sprechen sie insbesondere Sachbearbeiter in Kommunalverwaltungen und interessierte Laien z.B. bei Lageplanauskünften an. Ihr Funktionalitätenschwerpunkt liegt in der Präsentation. Sie sind leicht bedienbar und kosten wenige TDM.

- *Geodatenpool bzw. Geodaten- oder Mapserver:* Das heterogene Produktspektrum reicht vom ArcView Internet Map Server, GeoMediaWeb Server bis zur Spatial Database Engine. Die Serversoftware beinhaltet im wesentlichen Funktionalitäten, um große Datenbestände zu verwalten und darauf zuzugreifen und diese evtl. mit bestimmten eingeschränkten GIS-Funktionen bearbeiten zu können. I.d.R. sind Datenadministratoren sowie Datenlieferanten Betreiber solcher Systeme. Der Begriff 'Geodatenwarenhaus' kommt immer mehr ins Gespräch (siehe hierzu Band 2 Kapitel 5). Solche Produkte treten auch in Kopplung zwischen Webserver und Geodatenbank auf und werden von Spezialisten aufgesetzt, die zur Betreibung eine höhere Einarbeitungszeit benötigten. Die Kosten liegen bei einigen 10TDM.

- *Spezialisierte GIS:* Gängige Produkte dieser Art existieren insbesondere bei Kanalinformationssystemen wie z.B. SICAD-KANDIS und InKa, im Bereich der Straßendaten mit Routensuche und Touristeninformation wie z.B. CardyTSP oder als Entwicklungswerkzeug mit dem Beispiel TellusVision. Nutzer reichen vom intensiv ausgebildeten Spezialisten im jeweiligen Anwendungssegment über Laien bis zum speziellen Systementwickler. Die angebotenen Funktionalitäten passen zur jeweiligen Anwendung (customized) oder lassen sich für eine Anwendung selbst zusammenstellen (customizable). Die Kosten reichen von Massenmarktpreisen um 100DM bis zu einigen 10TDM.

7.2. EINE GROBE SYSTEMKATEGORISIERUNG

Neben diesen GIS-Produktkategorien existieren noch etliche Produktgruppen, die in verschiedenen Anwendungssegmenten oder für bestimmte Arbeitsschritte zum Einsatz kommen. Die Abgrenzung zu GIS erfolgt zumeist über die Komplexität und Mächtigkeit der Software. Hierbei sind im wesentlichen zu unterscheiden:

- *Interaktiv graphische Systeme*, denen i.d.R. die Analysefunktionalität fehlt und die sich der Erstellung von Karten und anderen Graphiken widmen (vgl. Kapitel 1).

- *Desktop-Mapping- oder Business-Mapping-Systeme*, die in die PC-Welt integriert sind und sich i.d.R. mehr der kartographischen Präsentation zuwenden. Business-Mapping-Systeme (siehe hierzu auch P. LEIBERICH (1997)) sind auf die speziellen Bedürfnisse in wirtschaftlichen Anwendungen zugeschnitten. Hier werden speziell Funktionen zur Gebietsaggregation, zu Wege- und Zeitoptimierungen etc. angeboten. Das ausgelieferte System umfaßt neben der Software auch gleich die Grunddaten sowie thematische Daten zur Bevölkerungsdichte, Verkehrsaufkommen und Kaufkraft. Bekannte Systeme am Markt sind District, EasyMap, MapIt!, Map&Market, RegioGraph und AZ Zoom.

- *Computer-Aided-Design-Systeme*, die aus anderen Anwendungsbereichen wie z.B. dem Bauwesen, der Architektur und dem Maschinenbau übernommen wurden. Bekannte Vertreter sind AutoCAD, Microstation, Allplan Nemetschek u.a.

- *Fernerkundungssysteme*, die dem Bereich der Luft- und Satellitenbildverarbeitung entstammen und ihren Schwerpunkt in der Rasterdatenverarbeitung (Bildverarbeitung) haben. Hierzu gehören so bekannte Systeme wie ERDAS IMAGINE, ERMapper und EASI/PACE.

- *Aufsatzpakete*, die auf einem anderen System (meistens einem CAD-System) aufbauen und dieses um GIS-Funktionalitäten erweitern.

- *Datenvorverarbeitungspakete* z.B. zur Raster-Vektorkonvertierung (z.B. Rosy), zur Homogenisierung (HOMAGE) oder zum Adressenmatching (z.B. AmaGeo).

- *Datennachbereitungssysteme* insbesondere im kartographischen Umfeld wie z.B. MAPublisher.

- *Schnittstellenprogramme* zum Austausch von Daten zwischen heterogenen Systemen (wie z.B. die Citra-Schnittstellensoftware).

7.3 Stand und Entwicklungstendenzen

7.3.1 Allgemeine Informationstechnik

Der Begriff Hardware subsumiert alle physischen Bestandteile einer Datenverarbeitungsanlage, also die Geräte, und schließt wie in Kapitel 2 dargelegt neben dem eigentlichen Rechner auch die zahlreichen Peripheriegeräte im GIS-Bereich mit ein. Hardware ist eigentlich kein Thema mehr. Die GIS-Entwicklung profitiert von den allgemeinen IT-Entwicklungen und absorbiert diese i.d.R. durch größere Datenmengen. Folgende Trends im GIS-Umfeld lassen sich erkennen:

- Die Trennlinie zwischen PC und Workstation verschwimmt immer mehr.
- Hohe Leistungsfähigkeit der Computerhardware zu akzeptablen Preisen.
- Neue Peripheriegeräte insbesondere zur Geodatenerfassung (GPS, Digitale Photogrammetrie, Mobile Feldcomputer).
- Kaum Angebote auf anderen Plattformen als PC und Workstation.
- Mobile GIS-Pencomputer für den Feldeinsatz kommen zunehmend auf den Markt.

Unter Software sind alle immateriellen Teile einer EDV-Anlage, d.h. alle auf einer Datenverarbeitungsanlage einsetzbaren Programme und Daten zusammengefaßt. Dies schließt gemäß Kapitel 3 Betriebssystem, Programmiersprachen, Graphik, Datenbanksprachen usw. ein. Diese Basissoftware ist heute eigentlich auch kein Thema mehr. Generell erkennbar ist der Trend zu offenen Systemen. Interessant wird die Entwicklung um das Open GIS-Consortium sein. Im GIS-Umfeld verzeichnet man:

- Reduktion auf wenige Betriebssysteme wie Windows 95/98, Windows NT und Unix.
- Benutzerfreundlichere Oberflächen, WIMP statt Kommandos.
- Standards sind Windows NT und Unix als Betriebssystem, C und C++ als Programmiersprache, Windows NT und OSF/Motif als Benutzungsoberflächen sowie SQL als Datenbanksprache.
- Graphikstandards spielen eine geringe Rolle, hingegen aber die Windowsstandards wie OLE/COM, DDE etc., um die vollständige Einbindung in die Windowsphilosophie zu gewährleisten.
- Verstärkte Nutzung der Internettechnologie (vom Viewing System bis zum Geodatenserver).

7.3. STAND UND ENTWICKLUNGSTENDENZEN

7.3.2 Daten und Funktionalitäten

Der zunächst wesentlichste Bestandteil von Geo-Informationssystemen sind die *Daten*, mit denen sie arbeiten. Bei den Daten unterscheidet man die geometrischen Daten einschließlich topologischer Angaben und die beschreibenden, thematischen Daten (auch Sachdaten oder Attribute genannt) als die Hauptklassen. Als Trends lassen sich hier erkennen:

- Hybride GIS, d.h. Vektor-, Raster- und Sachdaten sind integriert vorhanden, auch neue Medien wie Bilder, Video und Audio werden rudimentär angebunden.

- Neue Erfassungsmethoden wie mobile GPS-Erfassung und digitale Photogrammetrie spielen zunehmend eine Rolle speziell auch zur Fortführung der Daten.

- Daten werden mehr und mehr verfügbar (z.B. ATKIS Stufe I flächendeckend für die Bundesrepublik, Straßendaten, Digitale Orthophotos, Markt- und demographische Daten).

- Trend zu Datenbanken für Geometrie-, Topologie- und Sachdaten gekoppelt mit einem Trend zu objektbezogenen Modellen (weg vom Ebenenmodell).

- Relationale, objektorientierte und objektrelationale Datenmodelle.

- Akzeptierte Austauschstandards wie EDBS, DXF und TIFF.

- Mit dem GIS-Produkt werden für spezielle Anwendungsgebiete wie z.B. Geomarketing auch Daten angeboten.

- Die Zeit der Mehrwertschöpfung aus Daten beginnt!

Im wesentlichen muß ein GIS das gesamte *Funktionalitätenspektrum* von der Datenerfassung über die Datenverwaltung und die Datenanalyse bis zur Datenpräsentation bedienen. Im letzten Jahrzehnt hat sich eine klare Entwicklung ergeben:

- Datenerfassung schließt alle Methoden zur Datengewinnung ein. Interessant werden insbesondere die GPS-gestützte mobile Datenfortführung, die Einbindung digitaler Orthophotos als Hintergrundkartenersatz sowie Raster-Vektorkonvertierungen (vgl. Kapitel 4).

- Datenverwaltung umfaßt die Prozesse der Datenmodellierung bis zur Abbildung in der Datenbank. Hier werden heute standardisierte marktgängige Datenbanksysteme vermehrt genutzt (vgl. Kapitel 5 und 6).

- Datenanalyse ist das Herzstück eines GIS. Hierzu gehören Funktionen wie die Flächenverschneidung, die Netzwerkverfolgung, digitale Geländeanalysen, Berichtsgenerierungen, statistische Analysen sowie sehr viele aus den Anwendungsanforderungen abgeleitete spezielle Funktionen, die vermehrt auch bereitgestellt werden (vgl. Band 2 Kapitel 1 und 2).

- Datenpräsentation schließt neben der Kartenausgabe auch Berichtsformen, Datenaustausch sowie multimediale Komponenten ein (vgl. Band 2 Kapitel 3).

- Eine große Anzahl von Fachschalen ist verfügbar, um das umfangreiche Anwendungsspektrum (vgl. Band 2 Kapitel 4) bedienen zu können.

7.4 Die GIS-Anwendungsvielfalt

Das Anwendungspotential von Geo-Informationssystemen ist enorm und noch lange nicht voll ausgeschöpft. Generell kann man sagen, daß GIS überall dort eingesetzt werden kann, wo Karten zur Planung, Dokumentation und Entscheidungsfindung genutzt und wo Daten durch einen gemeinsamen Raumbezug verknüpft werden. Die GIS-Anwendungsvielfalt (Band 2 Kapitel 4) ist heute ein wichtiger Motor der Marktentwicklung. Als gängige Anwendungssparten haben sich in den letzten Jahren herausgebildet:

- Vermessungswesen mit Vorhaben wie ALK, ALB, ATKIS, Stadtgrundkarte und amtlicher Kartographie.

- Ver- und Entsorgung mit den Sparten Strom, Gas, Wasser, Abwasser, Fernwärme, Kanal usw.

- Umwelt von Grünflächen-, Baum-, Friedhofs-, Biotop-, Boden-, Altlastenkatastern bis hin zu komplexen Umweltinformationssystemen (UIS) auf betrieblicher oder kommunaler Ebene bis hin zu bundesweiten UIS-Vorhaben.

- Planung mit Bauleitplanung, Landschaftsplanung, Verkehrsplanung usw.

- Marketing und Vertrieb (Geomarketing, Standortplanung).

- Land- und Forstwirtschaft vom Precision Farming bis zur Forsteinrichtung.

- Transport, Logistik und Verkehr (Flottenmanagement, Fahrzeugnavigation).

- Telekommunikation (Mobilfunk, Senderstandortplanung).

- Amtliche Statistik (laufende Raumbeobachtung, STABIS, CORINE).

- Andere wie z.B. im Bauwesen, im Gesundheitswesen, für Notfalldienste usw.

Als erfreuliche Entwicklungen sind hier zu verzeichnen:

- GIS erobert täglich neue Anwendungsfelder.
- GIS wird als Standardwerkzeug der raumbezogenen Datenverarbeitung akzeptiert.
- GIS wird zunehmend in Geschäftsabläufe vollständig und unternehmensweit integriert.

7.5 Marktaspekte

Vom Newcomer am Markt bis hin zu den Oldies im Geschäft, GIS-Produkte sind in zahlreicher und sehr variabler Form am Markt vorhanden. Marktbereinigungen sind nicht erkennbar, so daß wir weiterhin mit der großen Produktvielfalt konfrontiert werden. Es ist aus Sicht des Autors auch müßig, über Marktführerschaft zu diskutieren, da sie nur schwer abschätzbar ist. Der Markt bleibt weiterhin schwer durchschaubar, er wird aber auch im nächsten Jahrzehnt Wachstumsraten über 10% ausweisen. Daher sollen hier nur wenige Angaben das Produktspektrum charakterisieren:

- Einzelne Produkte sind international mit Hunderttausenden von Lizenzen vertreten, andere erobern gerade den Markt.
- Eine kleine Zahl von GIS-Anbietern (unter zehn) beherrscht den größten Teil des GIS-Marktes (über 90%).
- Oldies wurden erstmals zu Beginn der achtziger Jahre angeboten, aber auch 1998 werden neue Produkte dem Markt offeriert.
- Mit den GIS-Produkten kommen zunehmend direkt gekoppelt auch Daten ins Angebot.
- Eine Softwareeinstiegsversion ist bereits gelegentlich für wenige Hundert DM erhältlich. Spezialisierte Software kostet dagegen etliche 10TDM. Erweiterungspakete und Fachschalen sind i.d.R. die teuren Komponenten.

7.6 Zukunftsaussichten

Die zukünftige GIS-Produktfamilie, da es nicht mehr nur ein Produkt eines Anbieters sein wird, stellt sich aus Sicht des Autors wie folgt dar:

- Verteilt über Workstation und PC inklusive mobiler Stationen.
- Windows NT und Unix als Plattform.
- Hybride Systeme (mehr Rasterfunktionalitäten).

- Relationales, objektrelationales und/oder objektorientiertes DBMS.

- Erweitertes SQL-Interface (SQL3).

- Erweiterte Analysefunktionen.

- Gekoppelte Client/Server-Lösungen vom universellen GIS oder Geodatenserver bis hin zu Internet/WWW-GIS-Komponenten, insbesondere ermöglicht durch die Standardisierungs- und Open GIS-Aktivitäten und die verstärkte Nutzung der Internettechnologie (vgl. Band 2 Kapitel 5).

- GIS-Integration in gängige Arbeitsplatzumgebung und daher bei Bedarf vom Gelegenheitsnutzer anstoßbar.

- Software ist verstärkt über das Internet beziehbar, so daß zukünftig auch die monolithischen GIS an vielen Stellen durch verschiedene kleinere Lösungen ersetzt werden, die anwendungsspezifisch Daten und Programme im Baukastensinne zusammenstecken. Dies beeinflußt die gesamte Arbeitsweise und Arbeitsumgebung im GIS-Umfeld.

- Großes Datenangebot verfügbar (siehe Kapitel 4) und in Geodatenwarenhäusern abrufbar (vgl. Band 2 Kapitel 5).

Dies sind sehr erfreuliche Entwicklungen, die GIS auch in Zukunft zum interessanten Betätigungsfeld für viele Fachdisziplinen machen.

7.7 GIS-Produkteübersicht

Die nachfolgende Sammlung stellt Fakten zu marktgängigen Produkten im GIS-Umfeld in der Bundesrepublik Deutschland zusammen. Für detailliertere Produktangaben sei auf die Internetseiten des Instituts für Geodäsie und Geoinformatik, Universität Rostock unter http://www.agr.uni-rostock.de/iggi/produkte verwiesen, auf denen auch weitere Aktualisierungen stattfinden. Diese beinhalten nach einheitlichen Kriterien beschrieben ca. 80 Produkte im deutschsprachigen Bereich. Sämtliche Angaben sind sorgfältig auf Basis einer Fragebogenaktion zusammengestellt und mit eigenen Recherchen und anderen Quellen abgestimmt. Sie stellen den Stand der GIS-Produktlandschaft im Jahre 1998 dar und sind zuletzt Anfang 1999 durch die GIS-Anbieter geprüft worden. Fehler sind in diesem dynamischen Marktsegment jedoch nicht ganz vermeidbar, Veränderungen geschehen täglich! Über die angegebene WorldWideWeb-Seite kann jedoch weiter recherchiert und zu den Anbieterseiten verzweigt werden. Weitere Anregungen und Hinweise nimmt der Verfasser gerne entgegen.

7.7. GIS-PRODUKTEÜBERSICHT

Tabelle 7.1 : Produkte im GIS-Umfeld

Adalin	AKSYS	ALK-GIAP/AED-GIS
AmaGeo	ArcCAD	ArcExplorer
ARC/INFO	ArcView GIS	ArcView Internet Map Server
Areal GIS	Atlas GIS 4.0	Augustus GiS
AUTARK	AutoCAD Map 3.0	Autodesk MapGuide 3.0
Autodesk World 2.0	AZ Zoom	CADdy Vermessung u.a
CADdy++EnerGIS	CARDY Travell. Salesm.	CARDY Vektorkarten/Daten
DATAflor LandPlan GIS	DAVID	DAVID Auskunftarb.
DAVID-PenGIS	DEC	EASI/PACE
EasyMap	Efi	ERDAS IMAGINE
ERMapper	FRAMME	GAUSZ
GAUSZ/web	GeoGIS	GeoMedia
GEONIS	GISMobil	GRICAL
GRIPS	GTI/RDB	HOMAGE
IBM GTIS	IDRISI for Windows	INFOCAM
INGRADA	InKa	KANDIS
KAT GIS	LIDS	LISCAD
MapGrafix	MapInfo	MapObjects
Map Obj. Intern. Map Server	Map Objects LT	MAPublisher
Map & Market for Windows	MGE	MGSM
MicroStation GeoGraphics	PC ARC/INFO	PCMap
PHOCUS	PIA	PolyGIS
RAPS	RegioGraph	RoSy
SICAD/Open	SICAD Spatial Desktop	sisNET
SMALLWORLD GIS	Spans	Spatial Database Engine
Strada Atlas & Netz	SupportGIS	Tellus Vision
Themak2 Version 3.2	TopoL	TRiAS
VALIS	visor	WinGIS professional
WinGIS professional+	WinGIS standard	WinMAP
WinMap SDK		

Tabelle 7.2 : Systemtypen

IGS - Interaktiv graphisches System
DMS - Desktop Mapping System
FE - Fernerkundungssystem
AKS - Auskunftsystem
VV - Vorverarbeitung für GIS
IG - Internet GIS
GIS - GIS (Vektor/Raster/Hybrid/Desktop)
CAD - Computer-Aided Design System
ASP - Aufsatzpaket
DP - Datenpool für GIS
NB - Nachbearbeitung für GIS
SGIS - Spezialisierte GIS

Produktname	IGS	GIS	DMS	CAD	FE	ASP	AKS	DP	VV	NB	IG	SGIS
Adalin	x	x						x				
AKSYS	x	x					x					
ALK-GIAP/AED-GIS	x	x	x									
AmaGeo	x								x			
ArcCAD			x	x		x						
ArcExplorer										x	x	
ARC/INFO		x										
ArcView GIS		x										
ArcView Internet Map Server											x	
Areal GIS		x	x									
Atlas GIS 4.0		x	x									
Augustus GiS	x	x		x								
AUTARK	x								x			
AutoCAD Map 3.0	x	x	x	x		x						
Autodesk MapGuide 3.0											x	
Autodesk World 2.0		x	x									
AZ Zoom		x	x			x						
CADdy Vermessung u.a	x	x		x			x		x			x
CADdy++ EnerGIS	x	x		x			x					
CARDY Travelling Salesman		x										x
CARDY Vektorkarten und Daten							x					
DATAflor LandPlan GIS	x	x	x	x		x						
DAVID	x	x										
DAVID-Auskunftarbeitsplatz		x					x					
DAVID-PenGIS		x										x
Digital Equipment GmbH												x
EASI/PACE		x	x		x							
EasyMap		x										
Efi		x										x
ERDAS IMAGINE		x			x							
ERMapper			x		x							
FRAMME	x	x		x		x	x					
GAUSZ	x						x					
GAUSZ/web							x				x	
GeoGIS	x	x		x		x	x				x	
GeoMedia		x										
GEONIS	x	x					x					
GISMobil		x					x					
GRICAL	x						x	x		x		
GRIPS	x	x					x					
GTI/RDB		x										

7.7. GIS-PRODUKTEÜBERSICHT

IGS - Interaktiv graphisches System
DMS - Desktop Mapping System
FE - Fernerkundungssystem
AKS - Auskunftsystem
VV - Vorverarbeitung für GIS
IG - Internet GIS
GIS - GIS (Vektor/Raster/Hybrid/Desktop)
CAD - Computer-Aided Design System
ASP - Aufsatzpaket
DP - Datenpool für GIS
NB - Nachbearbeitung für GIS
SGIS - Spezialisierte GIS

Produktname	IGS	GIS	DMS	CAD	FE	ASP	AKS	DP	VV	NB	IG	SGIS
HOMAGE						x			x	x		x
IBM GTIS		x										
IDRISI for Windows		x										
INFOCAM	x	x		x								
INGRADA		x	x									
InKa		x										x
KANDIS	x					x	x					x
KAT-GIS	x	x										
LIDS	x	x				x						
LISCAD				x								
MapGrafix	x	x	x		x							
MapInfo		x	x									
MapObjects												x
MapObjects Internet Map Server						x					x	
MapObjects LT												x
MAPublisher	x					x			x			
Map & Market for Windows	x	x										
MGE	x	x		x	x	x						
MGSM	x	x				x						
MicroStation GeoGraphics	x	x	x	x								
PC ARC/INFO	x	x										
PCMap	x	x	x	x								
PHOCUS		x										
PIA	x	x	x									
PolyGIS	x	x				x						
RAPS						x			x			x
RegioGraph			x									
RoSy	x	x		x								x
SICAD/Open	x	x										
SICAD Spatial Desktop	x		x									
sisNET	x	x		x	x							
SMALLWORLD GIS		x					x				x	
Spans	x	x										
Spatial Database Engine (SDE)							x					x
Strada Atlas & Netz	x											
Support GIS		x										
Tellus Vision		x										x
Themak2 Version 3.2	x		x						x			
TopoL	x	x	x		x							
TRiAS		x										
VALIS	x	x										
visor	x	x	x				x				x	x
WinGIS professional	x	x	x	x	x							
WinGIS professional+	x	x	x	x	x							
WinGIS standard	x	x	x	x	x							
WinMAP	x	x	x	x	x							
WinMap SDK												x

Tabelle 7.3 : Hardware und Software (1)

WS - Workstation   PC - Personal Computer   A - Andere   DOS - Disk Oper. System
W3 - Windows 3.x   W95 - Windows 95   WNT - Windows NT   Unix - Unix-Varianten
F - Fortran   P - PASCAL   VB - Visual Basic

Produktname	Hardware			Betriebssystem						Programmierung				
	WS	PC	A	DOS	W3	W95	WNT	Unix	A	C++	C	F	P	VB	A
Adalin	x	x	x			x	x	x	x						x
AKSYS		x				x	x			x				x	x
ALK-GIAP	x	x				x	x	x		x	x	x			x
AmaGeo		x				x	x			x					
ArcCAD		x		x	x	x					x	x			
ArcExplorer		x				x	x			x				x	
ARC/INFO	x	x				x	x			x	x			x	x
ArcView GIS	x	x	x		x	x	x			x	x				x
ArcView Int. Map S.	x	x				x	x	x							x
Areal GIS		x		x	x										
Atlas GIS 4.0		x		x	x	x	x			x				x	x
Augustus GiS		x				x				x					
AUTARK		x				x	x			x	x			x	x
AutoCAD Map 3.0		x				x	x			x					x
Autod. MapGuide 3.0		x			x	x	x			x					x
Autodesk World 2.0		x				x	x			x					
AZ Zoom		x			x	x	x								x
CADdy Vermessung		x		x	x	x	x				x				
CADdy++EnerGIS		x				x	x			x					
CARDY Travel. S.		x				x	x			x					
CARDY Vektork./D.		x													
DATAflor LandPl.		x		x		x	x			x	x				
DAVID	x	x				x	x			x	x	x			
DAVID-Auskunftarb.	x	x				x	x			x	x	x			
DAVID-PenGIS		x			x					x	x	x			
Digital Equipment	x	x	x	x	x	x	x	x	x	x	x	x	x	x	x
EASI/PACE	x	x				x	x	x	x	x	x				
EasyMap		x		x	x	x	x		x	x					
Efi	x	x				x	x	x		x	x	x			
ERDAS IMAGINE	x	x				x	x	x		x	x				
ERMapper	x	x				x	x	x		x	x				
FRAMME	x	x				x	x	x		x	x			x	
GAUSZ		x			x	x	x			x	x				
GAUSZ/web		x			x	x	x	x		x					x
GeoGIS	x	x				x	x	x	x	x	x				x
GeoMedia		x				x	x			x			x	x	x
GEONIS		x				x				x					x
GISMobil		x				x	x			x					
GRICAL		x				x				x				x	x
GRIPS	x	x				x	x	x		x				x	x
GTI/RDB	x	x				x	x			x	x				

7.7. GIS-PRODUKTEÜBERSICHT

WS - Workstation PC - Personal Computer A - Andere DOS - Disk Oper. System
W3 - Windows 3.x W95 - Windows 95 WNT - Windows NT Unix - Unix-Varianten
F - Fortran P - PASCAL VB - Visual Basic

Produktname	Hardware			Betriebssystem						Programmierung					
	WS	PC	A	DOS	W3	W95	WNT	Unix	A	C++	C	F	P	VB	A
HOMAGE	x	x					x	x		x	x				
IBM GTIS	x	x	x			x	x	x	x	x	x				x
IDRISI for Windows		x			x	x	x			x					
INFOCAM	x						x	x		x	x				
INGRADA	x	x		x			x	x							
InKa	x	x			x	x	x	x		x	x	x			
KANDIS	x	x			x	x	x			x	x	x			
KAT-GIS	x	x					x	x		x					x
LIDS	x	x					x								x
LISCAD		x			x	x				x					
MapGrafix			x					x		x					
MapInfo	x	x	x		x	x	x	x		x					
MapObjects		x				x	x			x	x	x	x	x	x
MapObj. Inter. M. S.		x				x	x			x	x	x	x	x	x
MapObjects LT		x				x	x			x	x	x	x	x	x
MAPublisher		x	x			x	x		x						
Map & Market for W.		x			x	x				x			x		
MGE	x	x			x	x	x	x		x	x	x			
MGSM	x	x				x	x	x		x	x	x		x	
MicroSt. GeoGraphics	x	x		x	x	x	x	x	x	x	x			x	
PC ARC/INFO		x		x	x	x	x	x			x	x			x
PCMap		x			x	x	x						x		
PHOCUS	x						x			x	x	x			
PIA	x	x		x	x	x	x			x					
PolyGIS		x				x	x							x	
RAPS	x	x					x	x		x	x				
RegioGraph		x			x	x	x								
RoSy	x	x				x	x	x		x	x				
SICAD/Open	x	x					x	x		x	x				
SICAD Spatial Deskt.		x			x	x	x			x				x	
sisNET	x	x	x	x	x	x	x	x	x	x				x	x
SMALLWORLD GIS	x	x					x	x		x					x
Spans	x	x				x	x	x	x	x					
Spatial Datab. Engine	x							x		x	x				x
Strada Atlas & Netz		x			x	x				x	x	x			x
Support GIS		x				x				x					
Tellus Vision	x	x			x	x	x			x				x	
Themak2 Version 3.2	x	x		x	x	x	x			x	x				
TopoL		x			x	x	x			x	x		x		
TRiAS		x				x	x			x	x			x	
VALIS	x				x	x				x					
visor	x	x			x	x	x	x		x	x		x	x	x
WinGIS professional		x			x	x	x	x		x	x			x	x
WinGIS professional+		x			x	x	x	x		x	x			x	x
WinGIS standard		x			x	x	x	x		x	x			x	x
WinMAP		x			x	x	x	x		x	x	x		x	x
WinMAP SDK		x			x	x	x	x		x	x	x		x	x

Tabelle 7.4 : Hardware und Software (2)

GS - Graphikstandard
WNT - Windows NT
SQL - Structured Query Language
W3 - Windows 3.x
OSF - Open Softw. Found./X-Windows
W95 - Windows 95
A - Andere

Produktname	GS	W3	W95	WNT	OSF	A	SQL	A
							DB	
Adalin	j			x	x			x
AKSYS			x	x				
ALK-GIAP/AED-GIS	j			x	x		x	
AmaGeo			x	x			x	
ArcCAD		x	x	x			x	
ArcExplorer	j		x	x	x			
ARC/INFO	j			x	x		x	x
ArcView GIS	j	x	x	x	x		x	
ArcView Internet Map Server			x	x			x	
Areal GIS		x						
Atlas GIS 4.0	j	x	x	x			x	x
Augustus GiS	j			x			x	
AUTARK	j		x	x			x	
AutoCAD Map 3.0	j		x	x			x	
Autodesk MapGuide 3.0		x	x	x			x	x
Autodesk World 2.0	j		x	x			x	
AZ Zoom	j	x	x	x			x	x
CADdy Vermessung u.a		x	x	x				x
CADdy++EnerGIS	j		x	x			x	
CARDY Travelling Salesman			x	x				
CARDY Vektorkarten und Daten								
DATAflor LandPlan GIS	j		x	x			x	x
DAVID	j			x	x		x	x
DAVID-Auskunftarbeitsplatz	j			x	x		x	x
DAVID-PenGIS	j	x	x				x	x
Digital Equipment GmbH	j	x	x	x	x	x	x	x
EASI/PACE	j		x	x	x	x		
EasyMap	j	x	x	x		x		
Efi	j	x	x	x	x		x	
ERDAS IMAGINE	j		x	x	x			
ERMapper			x	x	x			
FRAMME	j		x	x			x	
GAUSZ		x	x	x				
GAUSZ/web		x	x	x	x	x	x	x
GeoGIS	j		x	x		x	x	x
GeoMedia	j		x	x			x	x
GEONIS				x			x	
GISMobil			x	x				
GRICAL				x			x	
GRIPS	j		x	x	x		x	
GTI/RDB	j				x		x	

7.7. GIS-PRODUKTEÜBERSICHT

GS - Graphikstandard
WNT - Windows NT
SQL - Structured Query Language
W3 - Windows 3.x
OSF - Open Softw. Found./X-Windows
W95 - Windows 95
A - Andere

Produktname	GS	Oberfläche					DB	
		W3	W95	WNT	OSF	A	SQL	A
HOMAGE	j			x	x			x
IBM GTIS	j		x	x	x	x	x	
IDRISI for Windows		x	x	x			x	
INFOCAM	j			x			x	
INGRADA				x	x		x	
InKa	j	x	x	x	x		x	
KANDIS			x	x	x		x	
KAT-GIS	j			x			x	
LIDS				x			x	
LISCAD		x	x					
MapGrafix	j				x			
MapInfo		x	x	x			x	
MapObjects			x	x			x	
MapObjects Internet Map Server			x	x			x	
MapObjects LT			x	x			x	
MAPublisher			x	x		x		
Map & Market for Windows	j	x	x	x				x
MGE	j	x	x	x	x		x	
MGSM	j	x	x	x			x	
MicroStation GeoGraphics	j	x	x	x	x	x	x	x
PC ARC/INFO		x	x	x				
PCMap	j	x	x	x			x	
PHOCUS	j			x				x
PIA	j	x	x	x	x		x	x
PolyGIS			x	x				
RAPS	j			x	x			x
RegioGraph		x	x	x				
RoSy	j		x	x	x		x	x
SICAD/Open	j			x	x		x	x
SICAD Spatial Desktop	j	x	x	x			x	
sisNET	j	x	x	x	x	x		
SMALLWORLD GIS	j		x	x			x	x
Spans		x	x	x			x	x
Spatial Database Engine (SDE)	j			x			x	
Strada Atlas & Netz								
Support GIS	j		x					x
Tellus Vision	j	x	x				x	
Themak2 Version 3.2		x	x	x				x
TopoL		x	x	x				x
TRiAS			x	x			x	
VALIS	j		x	x				x
visor	j	x	x	x			x	x
WinGIS professional	j	x	x	x		x	x	
WinGIS professional+	j	x	x	x		x	x	x
WinGIS standard	j	x	x	x		x	x	x
WinMAP	j	x	x	x		x	x	x
WinMAP SDK	j	x	x	x		x	x	x

Tabelle 7.5 : Daten

V - Vektordaten R - Rasterdaten S - Sachdaten DB - Datenbank
DS - Dateisystem KO - Kombiniert A - Andere

Produktname	Daten			Geometrie				Sachdaten			
	V	R	S	DB	DS	KO	A	DB	DS	KO	A
Adalin	x	x	x		x				x		
AKSYS	x	x	x	x				x			
ALK-GIAP/AED-GIS	x	x	x	x	x	x		x	x	x	
AmaGeo	x		x	x				x			
ArcCAD	x	x	x		x				x		
ArcExplorer	x	x	x				x				x
ARC/INFO	x	x	x	x					x		
ArcView GIS	x	x	x				x				x
ArcView Internet Map Server	x	x	x	x	x			x	x		
Areal GIS	x	x	x								
Atlas GIS 4.0	x		x		x	x		x			
Augustus GiS	x	x	x	x	x			x			
AUTARK	x	x	x			x		x			
AutoCAD Map 3.0	x	x	x	x				x	x	x	
Autodesk MapGuide 3.0	x	x	x		x	x		x			
Autodesk World 2.0	x	x	x	x	x	x		x			
AZ Zoom	x	x	x		x				x		
CADdy Vermessung u.a	x	x	x		x				x		
CADdy++EnerGIS	x	x	x			x			x		
CARDY Travelling Salesman	x		x		x				x		
CARDY Vektorkarten und Daten	x		x		x			x			
DATAflor LandPlan GIS	x	x	x	x							x
DAVID	x	x	x			x		x			
DAVID-Auskunftarbeitsplatz	x	x	x			x		x			
DAVID-PenGIS	x	x	x			x		x			
Digital Equipment GmbH											
EASI/PACE	x	x	x	x			x				
EasyMap	x		x		x					x	
Efi	x	x	x	x				x			
ERDAS IMAGINE	x	x	x		x				x		
ERMapper	x	x	x								
FRAMME	x	x	x			x			x		
GAUSZ	x	x	x		x			x			
GAUSZ/web	x	x	x		x			x			
GeoGIS	x	x	x	x				x			
GeoMedia	x	x	x	x		x				x	
GEONIS	x	x	x			x		x			
GISMobil	x	x	x		x			x	x	x	
GRICAL	x	x	x	x				x			
GRIPS	x	x	x	x	x			x			
GTI/RDB	x	x	x	x						x	

7.7. GIS-PRODUKTEÜBERSICHT

V - Vektordaten   R - Rasterdaten   S - Sachdaten   DB - Datenbank
DS - Dateisystem   KO - Kombiniert   A - Andere

Produktname	\multicolumn{3}{c}{Daten}	\multicolumn{4}{c}{Geometrie}	\multicolumn{4}{c}{Sachdaten}
	V	R	S	DB	DS	KO	A	DB	DS	KO	A
HOMAGE	x					x					
IBM GTIS	x	x	x	x				x			
IDRISI for Windows	x	x	x		x			x			
INFOCAM	x	x	x	x				x			
INGRADA	x	x	x								
InKa	x	x	x	x				x			
KANDIS	x	x	x	x	x	x		x	x	x	
KAT GIS	x	x	x	x				x			
LIDS	x	x	x		x			x			
LISCAD	x		x	x				x			
MapGrafix	x	x	x			x				x	
MapInfo	x	x	x		x			x			
MapObjects	x	x	x	x	x			x	x		
MapObjects Internet Map Server	x	x	x	x	x			x	x		
MapObjects LT	x	x	x		x			x			
MAPublisher	x	x	x		x			x			
Map & Market for Windows	x	x	x	x				x			
MGE	x	x	x		x			x			
MGSM	x	x	x			x		x			
MicroStation Geographics	x	x	x			x				x	
PC ARC/INFO	x		x			x				x	
PCMap	x	x	x		x			x	x	x	
PHOCUS	x	x	x			x				x	
PIA	x	x	x								
PolyGIS	x	x	x	x	x			x	x		
RAPS	x					x					
RegioGraph	x		x		x			x			
RoSy	x	x	x	x	x	x		x	x	x	
SICAD/Open	x	x	x	x	x	x		x			
SICAD Spatial Desktop	x	x	x	x	x			x	x		
sisNET	x	x	x			x		x			
SMALLWORLD GIS	x	x	x	x				x			
Spans	x	x	x	x	x	x		x	x	x	
Spatial Database Engine (SDE)	x	x	x	x				x			
Strada Atlas & Netz											
Support GIS	x	x	x	x				x			
Tellus Vision	x	x	x	x	x	x		x		x	
Themak2 Version 3.2	x	x	x	x				x			
TopoL	x	x	x		x	x		x	x	x	
TRiAS	x	x	x	x				x			
VALIS	x	x	x	x				x			
visor	x	x	x	x				x			
WinGIS professional	x	x	x			x				x	
WinGIS professional+	x	x	x			x				x	
WinGIS standard	x	x	x			x				x	
WinMAP	x	x	x			x				x	
WinMap SDK	x	x	x			x				x	

Tabelle 7.6 : Datenmodellierung

OO - objektorientiert   OB - objektbezogen   GR - georelational   EO - ebenenorientiert
NW - netzwerkartig   OO - objektorientiert   OB - objektbezogen   EO - ebenenorientiert
GR - georelational

Produktname	Geometrie					Sachdaten			
	OO	OB	GR	EO	NW	OO	OB	EO	R
Adalin		x		x			x	x	
AKSYS	x					x			
ALK-GIAP/AED-GIS	x			x		x			x
AmaGeo	x		x		x	x		x	x
ArcCAD			x						x
ArcExplorer			x						x
ARC/INFO			x						x
ArcView GIS			x						x
ArcView Internet Map Server			x					x	x
Areal GIS									
Atlas GIS 4.0		x	x	x			x	x	
Augustus GiS	x	x	x			x	x		x
AUTARK			x		x				x
AutoCAD Map 3.0	x	x	x	x				x	x
Autodesk MapGuide 3.0			x	x				x	x
Autodesk World 2.0	x	x					x		x
AZ Zoom		x	x						x
CADdy Vermessung u.a		x		x			x	x	x
CADdy++EnerGIS	x					x			
CARDY Travelling Salesman	x		x			x		x	
CARDY Vektorkarten und Daten	x		x				x		
DATAflor LandPlan GIS									
DAVID	x	x	x	x		x	x	x	x
DAVID-Auskunftarbeitsplatz	x	x	x	x		x	x	x	x
DAVID-PenGIS	x	x	x	x		x	x	x	x
Digital Equipment GmbH									
EASI/PACE							x		
EasyMap	x	x	x						x
Efi	x	x	x	x		x	x		x
ERDAS IMAGINE			x				x		
ERMapper									
FRAMME	x	x	x			x	x		x
GAUSZ			x	x			x		x
GAUSZ/web			x	x			x		x
GeoGIS	x	x	x	x	x	x	x	x	x
GeoMedia	x					x			
GEONIS		x	x	x	x		x		
GISMobil	x			x			x		
GRICAL		x	x	x			x		
GRIPS	x		x			x			x
GTI/RDB		x		x			x		

7.7. GIS-PRODUKTEÜBERSICHT

OO - objektorientiert OB - objektbezogen GR - georelational EO - ebenenorientiert
NW - netzwerkartig OO - objektorientiert OB - objektbezogen EO - ebenenorientiert
GR - georelational

Produktname	Geometrie					Sachdaten			
	OO	OB	GR	EO	NW	OO	OB	EO	R
HOMAGE	x			x		x			
IBM GTIS		x					x		x
IDRISI for Windows		x		x					x
INFOCAM		x					x		
INGRADA		x	x	x			x	x	x
InKa	x	x	x	x	x	x	x		x
KANDIS	x	x	x	x	x	x	x	x	x
KAT-GIS	x					x			
LIDS	x		x	x	x				x
LISCAD	x	x		x			x	x	
MapGrafix			x			x	x	x	x
MapInfo				x				x	x
MapObjects			x	x				x	x
MapObjects Internet Map Server			x	x				x	x
MapObjects LT			x						x
MAPublisher	x			x		x		x	
Map & Market for Windows	x			x		x		x	
MGE		x	x	x			x		x
MGSM		x	x		x		x		x
MicroStation GeoGraphics		x	x	x			x	x	x
PC ARC/INFO			x						x
PCMap		x	x	x			x	x	x
PHOCUS		x					x		
PIA	x	x							
PolyGIS	x	x	x	x	x	x	x	x	x
RAPS	x			x		x			
RegioGraph									
RoSy	x	x	x	x	x	x	x	x	x
SICAD/Open	x	x	x	x	x	x	x	x	x
SICAD Spatial Desktop	x	x		x		x	x	x	x
sisNET	x		x	x		x			x
SMALLWORLD GIS	x					x			x
Spans		x	x	x			x	x	x
Spatial Database Engine (SDE)			x						x
Strada Atlas & Netz									
Support GIS	x					x			
Tellus Vision		x					x		
Themak2 Version 3.2			x						x
TopoL				x			x	x	x
TRiAS	x				x		x		
VALIS			x						x
visor	x	x		x		x	x	x	x
WinGIS professional	x	x	x	x	x	x	x	x	x
WinGIS professional+	x	x	x	x	x	x	x	x	x
WinGIS standard	x	x	x	x	x	x	x	x	x
WinMAP	x	x	x	x	x	x	x	x	x
WinMAP SDK	x	x	x	x	x	x	x	x	x

Tabelle 7.7 : Funktionalitäten

E - Erfassung   V - Verwaltung   A - Analyse   P - Präsentation

Produktname	E	V	A	P
Adalin	xx	xx	xx	x
AKSYS	x	x	x	x
ALK-GIAP/AED-GIS	xx	xx	xx	xx
AmaGeo	x		x	
ArcCAD	xx	xx	xx	xx
ArcExplorer	x	x	x	x
ARC/INFO	xx	xx	xx	xx
ArcView GIS	xx	xx	xx	xx
ArcView Internet Map Server	xx	xx	x	x
Areal GIS	xx	xx	x	x
Atlas GIS 4.0	xx	xx	xx	xx
Augustus GiS	xx	xx	xx	xx
AUTARK	x	x	x	
AutoCAD Map 3.0	xx	xx	xx	xx
Autodesk MapGuide 3.0	x	xx	xx	xx
Autodesk World 2.0	xx	xx	xx	xx
AZ Zoom	xx	xx	xx	xx
CADdy Vermessung u.a	xx	x	x	xx
CADdy++EnerGIS	xx	xx	xx	xx
CARDY Travelling Salesman	x	x	x	x
CARDY Vektorkarten und Daten	x	x	x	x
DATAflor LandPlan GIS	xx	xx	xx	xx
DAVID	xx	x	xx	xx
DAVID-Auskunftarbeitsplatz	xx	x	xx	xx
DAVID-PenGIS	xx	x	xx	xx
Digital Equipment GmbH				
EASI/PACE	xx	x	xx	xx
EasyMap	xx	xx	x	xx
Efi	xx	xx	xx	xx
ERDAS IMAGINE	xx	x	xx	xx
ERMapper				
FRAMME	xx	xx	xx	xx
GAUSZ				xx
GAUSZ/web				xx
GeoGIS	xx	xx	xx	xx
GeoMedia	xx	xx	xx	xx
GEONIS	xx	xx	xx	xx
GISMobil	xx	x	x	x
GRICAL	xx	xx	xx	xx
GRIPS	xx	x	xx	xx
GTI/RDB	xx	xx	xx	xx

7.7. GIS-PRODUKTEÜBERSICHT

E - Erfassung   V - Verwaltung   A - Analyse   P - Präsentation

Produktname	E	V	A	P
HOMAGE			x	
IBM GTIS	xx	x	xx	xx
IDRISI for Windows	xx	xx	xx	xx
INFOCAM	xx	x	xx	xx
INGRADA	xx	x	xx	xx
InKa	xx	xx	xx	xx
KANDIS	xx	x	x	x
KAT GIS	xx	xx	xx	xx
LIDS	xx	xx	xx	xx
LISCAD	xx	xx	xx	x
MapGrafix	xx	xx	xx	x
MapInfo	xx	xx	xx	xx
MapObjects	xx	xx	xx	xx
MapObjects Internet Map Server	xx	xx	x	xx
MapObjects LT				x
MAPublisher	xx	x	x	xx
Map & Market for Windows	x	xx	xx	xx
MGE	xx	xx	xx	xx
MGSM	xx	xx	xx	xx
MicroStation Geographics	xx	xx	xx	xx
PC ARC/INFO	xx	x	xx	xx
PCMap	xx	xx	xx	xx
PHOCUS	xx	xx	x	xx
PIA	xx	x	x	x
PolyGIS	xx	xx	xx	xx
RAPS	x	x		
RegioGraph	x	x	xx	xx
RoSy	xx	x	x	x
SICAD/Open	xx	xx	xx	xx
SICAD Spatial Desktop	xx	xx	xx	xx
sisNET	xx	xx	xx	xx
SMALLWORLD GIS	xx	xx	xx	xx
Spans	xx	xx	xx	xx
Spatial Database Engine (SDE)		xx		
Strada Atlas & Netz	x			
Support GIS	x	x	x	x
Tellus Vision	xx	xx	xx	xx
Themak2 Version 3.2	xx			xx
TopoL	xx	xx	xx	xx
TRiAS	xx	xx	xx	xx
VALIS	xx	xx	xx	xx
visor	xx	xx	xx	xx
WinGIS professional	xx	xx	xx	xx
WinGIS professional+	xx	xx	xx	xx
WinGIS standard	xx	xx	xx	xx
WinMAP	xx	xx	xx	xx
WinMap SDK	xx	xx	xx	xx

Tabelle 7.8 : Anwendungen

AV - Amtliche Vermessung   VE - Ver-/Entsorgung   UM - Umwelt
PL - Planung   MV - Marketing/Vertrieb   LF - Land-/Forstwirtschaft
TVL - Transport, Verkehr, Logistik   TK - Telekommunikation   AS - Amtliche Statistik
A - Andere

Produktname	AV	VE	UM	PL	MV	LF	TVL	TK	AS	A
Adalin	x	x	x	x		x	x	x		x
AKSYS	x		x	x		x				
ALK-GIAP/AED-GIS	x	x	x	x		x	x	x	x	
AmaGeo					x		x		x	
ArcCAD	x	x	x	x	x	x	x	x	x	x
ArcExplorer	x	x	x	x	x	x	x	x	x	x
ARC/INFO	x	x	x	x	x	x	x	x	x	x
ArcView GIS	x	x	x	x	x	x	x	x	x	x
ArcView Internet Map Server	x	x	x	x	x	x	x	x	x	x
Areal GIS					x					x
Atlas GIS 4.0	x	x	x	x	x	x	x	x	x	x
Augustus GiS	x	x	x							x
AUTARK	x	x								x
AutoCAD Map 3.0	x	x	x	x	x	x	x	x	x	x
Autodesk MapGuide 3.0	x	x	x	x	x	x	x	x	x	x
Autodesk World 2.0	x	x	x	x	x	x	x	x	x	x
AZ Zoom					x				x	x
CADdy Vermessung u.a	x	x	x	x		x	x			x
CADdy++EnerGIS	x	x	x	x				x		x
CARDY Travelling Salesman							x			
CARDY Vektorkarten/Daten	x	x	x	x	x	x	x	x	x	
DATAflor LandPlan GIS	x	x	x	x		x		x	x	
DAVID	x	x	x	x				x		
DAVID-Auskunftarbeitsplatz	x	x	x	x				x		
DAVID-PenGIS	x	x	x	x				x		
Digital Equipment GmbH										
EASI/PACE			x	x		x		x	x	
EasyMap					x				x	
Efi		x								
ERDAS IMAGINE			x	x		x		x		x
ERMapper	x	x	x	x	x			x		
FRAMME		x						x		
GAUSZ	x	x		x						x
GAUSZ/web	x	x		x						x
GeoGIS	x	x	x	x	x	x	x	x	x	x
GeoMedia	x	x	x	x	x	x	x	x	x	
GEONIS		x		x			x	x		x
GISMobil	x	x	x	x						
GRICAL	x									x
GRIPS	x	x	x	x		x	x			
GTI/RDB	x	x	x	x				x		

7.7. GIS-PRODUKTEÜBERSICHT

AV - Amtliche Vermessung
PL - Planung
TVL - Transport, Verkehr, Logistik
A - Andere
VE - Ver-/Entsorgung
MV - Marketing/Vertrieb
TK - Telekommunikation
UM - Umwelt
LF - Land-/Forstwirtschaft
AS - Amtliche Statistik

Produktname	AV	VE	UM	PL	MV	LF	TVL	TK	AS	A
HOMAGE	x	x								
IBM GTIS	x	x	x	x	x	x	x	x	x	x
IDRISI for Windows			x	x		x			x	
INFOCAM	x	x	x	x		x	x		x	
INGRADA	x	x	x							x
InKa		x								
KANDIS		x								
KAT GIS	x		x	x						x
LIDS		x					x	x		x
LISCAD	x	x	x	x		x				x
MapGrafix	x		x	x	x					x
MapInfo	x		x	x	x		x			x
MapObjects	x	x	x	x	x	x	x	x	x	x
MapObj. Intern. Map Server	x	x	x	x	x	x	x	x	x	x
MapObjects LT									x	
MAPublisher										x
Map & Market for Windows					x		x	x	x	
MGE	x	x	x	x	x	x	x	x	x	x
MGSM	x	x					x			
MicroStation Geographics	x	x	x	x	x	x	x	x	x	x
PC ARC/INFO	x	x	x	x	x	x	x	x	x	x
PCMap	x	x	x	x		x		x		
PHOCUS	x		x		x					
PIA		x		x						
PolyGIS	x	x	x	x	x	x	x	x	x	
RAPS	x									
RegioGraph					x					
RoSy	x	x		x		x		x		
SICAD/Open	x	x	x	x				x		x
SICAD Spatial Desktop	x	x	x	x	x	x	x	x	x	x
sisNET	x	x		x		x		x		x
SMALLWORLD GIS	x	x	x	x	x	x	x	x	x	x
Spans		x	x			x	x	x	x	
Spatial Database Engine	x	x	x	x	x	x	x	x	x	x
Strada Atlas & Netz	x									
Support GIS			x	x						
Tellus Vision	x	x	x	x	x	x	x	x	x	x
Themak2 Version 3.2		x							x	x
TopoL	x		x	x	x			x		
TRiAS	x		x	x		x			x	
VALIS	x	x	x	x		x	x	x	x	
visor	x	x	x	x	x	x	x	x	x	
WinGIS professional	x	x	x	x	x	x	x	x	x	x
WinGIS professional+	x	x	x	x	x	x	x	x	x	x
WinGIS standard	x	x	x	x	x	x	x	x	x	x
WinMAP		x	x	x	x	x	x	x	x	
WinMap SDK	x	x	x	x	x	x	x	x	x	x

Tabelle 7.9 : Nutzeraspekte

NB - Nutzer BRD NI - Nutzer insgesamt IJ - Installationsjahr
DJ - Daten vorh. DN - Daten nicht vorhanden P5 - Preis unter 5TDM
P15 - Preis zwischen 5-15TDM P40 - Preis zwischen 15-40TDM P+ - Preis größer 40TDM

Produktname	NB	NI	IJ	DJ	DN	P5	P15	P40	P+
Adalin		250	85		x				x
AKSYS	50		97		x		x		
ALK-GIAP/AED-GIS	1300	1330	86	x					x
AmaGeo			97	x					
ArcCAD	500	20000	92	x					
ArcExplorer			97	x					
ARC/INFO	1500	100000	82	x					
ArcView GIS	4500	200000	92	x		x			
ArcView Internet Map Server			97	x					
Areal GIS					x		x		
Atlas GIS 4.0	4000	50000	90	x		x			
Augustus GiS	25	40	98		x		x	x	
AUTARK			97	x			x		
AutoCAD Map 3.0	>5000	>50000	96	x		x			
Autodesk MapGuide 3.0			96					x	
Autodesk World 2.0	>1000	>10000	97	x	x				
AZ Zoom			97	x		x			
CADdy Vermessung u.a	12000	13000	85		x		x		
CADdy++EnerGIS	100	150	98		x	x	x		
CARDY Travelling Salesman	2000	2500	95	x		x			
CARDY Vektorkarten und Daten	230000	240000	94	x					
DATAflor LandPlan GIS	75	94	95	x			x		
DAVID	800	800	89	x				x	x
DAVID-Auskunftarbeitsplatz	200		94	x		x			
DAVID-PenGIS			97	x		x			
Digital Equipment GmbH									
EASI/PACE	100	7000	84	x				x	x
EasyMap	1000		86	x		x			
Efi	14	15	95	x		x			
ERDAS IMAGINE	1600	20000	79	x		x			
ERMapper				x			x	x	
FRAMME				x			x	x	
GAUSZ		30000	94	x	x				
GAUSZ/web			98	x			x		
GeoGIS	1130	1145	89	x		x			
GeoMedia			97			x			
GEONIS	50	300	95	x		x			
GISMobil	550		90	x	x				
GRICAL	30	300	95		x				
GRIPS	310	330	85	x			x		
GTI/RDB	300	380	88	x			x		

7.7. GIS-PRODUKTEÜBERSICHT

NB - Nutzer BRD   NI - Nutzer insgesamt   IJ - Installationsjahr
DJ - Daten vorh.   DN - Daten nicht vorhanden   P5 - Preis unter 5TDM
P15 - Preis zwischen 5-15TDM   P40 - Preis zwischen 15-40TDM   P+ - Preis größer 40TDM

Produktname	NB	NI	IJ	DJ	DN	P5	P15	P40	P+
HOMAGE	200		89					x	
IBM GTIS				x					x
IDRISI for Windows				x	x				
INFOCAM		200	87	x					x
INGRADA				x					
InKa	12		95				x		
KANDIS	110	120	89	x					
KAT GIS			98	x					x
LIDS	150	450	91	x			x		
LISCAD		2000	93				x		
MapGrafix		1000	87	x			x		
MapInfo		150000		x	x				
MapObjects	50		96	x					
MapObjects Internet Map Server	5		97	x					
MapObjects LT			97	x	x				
MAPublisher	100	4000	96	x	x				
Map & Market for Windows	150	160	94	x	x				
MGE			89	x				x	
MGSM			89		x			x	
MicroStation Geographics	250	1000	96	x			x		
PC ARC/INFO	700	30000	86	x					
PCMap	550	600	89	x		x			
PHOCUS	300	700	88					x	
PIA	70	15	85		x				
PolyGIS	306		93	x			x		
RAPS	90		95				x		
RegioGraph				x	x				
RoSy	1000	1500	87	x					
SICAD/Open			92	x					x
SICAD Spatial Desktop			95	x	x				
sisNET	20	23	94	x					x
SMALLWORLD GIS	270		90				x		
Spans	200	4000	86	x			x	x	
Spatial Database Engine (SDE)	15	500	95	x					
Strada Atlas & Netz				x		x			
Support GIS	10		98	x		x	x		
Tellus Vision	100	2000	90			x	x	x	
Themak2 Version 3.2	180			x			x		
TopoL	347	4000	87	x		x			
TRiAS	300	2	91	x		x			
VALIS		100	88	x				x	
visor	1000	1100	92	x		x	x		
WinGIS professional	150	3000	93	x		x			
WinGIS professional+	150	3000	93	x		x			
WinGIS standard	150	3000	93	x		x			
WinMAP	150	3000	93	x		x			
WinMap SDK	150	3000	93			x			

Anhang A

Lösungen zu den Aufgaben

Zu Kapitel 1.7

1.7.1 Die Antwort ist mit den Ausführungen zum Raumbezug des Abschnitts 1.1 gegeben:

- Mit Primärmetrik sind punktbezogene Positionsdaten zu bezeichnen wie z.B. Koordinaten bei Vektordaten und Positionsinteger bei Rasterdaten. Die jeweilige Position wird dabei abhängig von ihrer Auflösung (Unschärfe) streng fixiert.

- Als Sekundärmetrik sind flächenbezogene Angaben aufzufassen wie z.B. Postleitzahlen, postalische Bezirke, Ortskennziffern des Telefonnetzes, Straßennamen etc.

1.7.2 Die Abspeicherung der Topologie ergibt erst linien- und flächenhafte Gebilde, d.h. damit kommt das Nachbarschaftsgefüge explizit zum Ausdruck. Würden lediglich Koordinaten vorgehalten, so könnte man aus der resultierenden Punktwolke *keine* linien- und flächenhaften Strukturen erkennen. Darüber hinaus können bei Vorliegen topologischer Daten Abfragen bzgl. der Nachbarschaftseigenschaften an das GIS gestellt werden, was zu einer beträchtlichen Erweiterung seines Abfrageraums führt. Typische Abfragen bzgl. der Topologie sind:

- Welche gemeinsamen Kanten haben die Fläche i und die Fläche j?

- Von welchen Knoten verzweigen sich mehr als k Kanten?

1.7.3 Während bei dem Kartiersystem die Karte als primäres Produkt im Vordergrund steht, ist dies beim CAD-System das interaktive geometrische Modellieren. Von daher ist ein Kartiersystem eher als *passiv* und das CAD-System als *interaktiv* zu bezeichnen. Ihre Unterscheidungsmerkmale liegen in:

- Dimensionalität (Kartiersystem ist zweidimensional, CAD-System kann dreidimensional sein)

- Interaktivität (Kartiersystem nur eingeschränkt möglich, CAD-System ist darauf ausgelegt)

- Primärziel (Kartiersystem strebt Karte an, CAD-System die geometrische Konstruktion samt ihrer Visualisierung)

1.7.4 Die folgenden *fünf* Ausprägungen von Geo-Informationssystemen findet man heutzutage in der praktischen Anwendung: Landinformationssysteme (LIS), Rauminformationssysteme (RIS), Umweltinformationssysteme (UIS), Netzinformationssysteme (NIS) und Fachinformationssysteme (FIS).
Eine Abgrenzung ist mit den ihnen gestellten Aufgaben durchzuführen:

- LIS – Bereitstellung des Raumbezugs durch Koordinaten, topographische Beschreibung der Geländeoberfläche, Luft- und Satellitenbilder. Visualisierung des Raumbezugs von Objekten an der Erdoberfläche durch grundrißtreue bzw. grundrißähnliche Karten. Ferner ist den LIS die Hoheitsaufgabe des Aufbaus, der Verwaltung und Fortführung des Liegenschaftskatasters übertragen. In erster Linie beinhalten LIS also Geometriedaten.

- RIS – Datensammlung zur Bevölkerungs-, Wirtschafts- und Siedlungsentwicklung, zum Infrastrukturausbau, zur Flächennutzung und den Ressourcen. Visualisierung der Daten in der Form von *thematischen Karten*. RIS beinhalten in erster Linie thematische Daten (Sachdaten).

- UIS – Datensammlung zur Beschreibung der Umwelt hinsichtlich Belastungen und Gefährdungen; es bildet die Grundlage für Maßnahmen zum Umweltschutz. Dabei kommt dem zeitlichen Ablauf eine besondere Bedeutung zu, so daß UIS als *dynamische Systeme* zu betrachten sind – im Gegensatz zu allen anderen Systemen, die meist *statische* Datensammlungen beinhalten.

- NIS – Erfaßt, speichert, analysiert und präsentiert Betriebsmitteldaten. Als Raumbezug dient dabei i.d.R. der Nachweis des Liegenschaftskatasters. Es enthält viele thematische Daten, die über den einheitlichen Raumbezug und die Netztopologie miteinander verknüpft sind.

- FIS – Sonderform von Geo-Informationssystemen, die sich speziellen Aufgaben hinsichtlich Geometrie und Thematik annehmen, die durch die zuvor aufgeführten Systeme nicht abgedeckt sind. Als potentielle Anwender von FIS gelten die Telekom, Luft-, Bahn- und Schiffahrtsgesellschaften, die Standortbestimmungen und Navigationsaufgaben lösen müssen. Zu weiteren Nutznießern von FIS werden künftig die Kraftfahrer gehören, wenn autonome Navigationsanlagen zum Ausrüstungsstandard von Kraftfahrzeugen gehören.

1.7.5 Netzinformationssysteme werden dort aufgebaut, wo dichtbesiedelte Gebiete vorliegen. Von daher ist implizit eine hochauflösende planimetrische Datenhaltung gegeben, z.B. auf Basis des Liegenschaftskatasters. Wird nun für jeden Lagepunkt die Höhe z in einer hohen Genauigkeit (cm, mm) mitgeführt, so ergibt sich eine hochqualitative irreguläre 3D-Beschreibung. Vermittels dieser geometrisch vollständigen Angaben kann für einen beliebig verteilten Planimetriepunkt seine Höhe interpoliert werden.

Ein digitales Geländemodell (DGM), welches seitens des Vermessungswesens zur Verfügung gestellt wird, kann diesen Genauigkeitsansprüchen nicht gerecht werden, da seine Auflösung mit (dm, m) anzugeben ist. Es gibt jedoch Sonderfälle wie z.B. im Ingenieurbau, bei denen DGM mit hoher Genauigkeit aufzubauen sind.

1.7.6 Die Anlage eines LIS bedingt die Abwägung der folgenden Punkte:

- Hochpräzise Primärmetrik (cm-Genauigkeit).

- Zweckgebundenheit (Liegenschaftskataster, Topographie, Luftbildarchiv).

- Strenge Permanentdatenverwaltung, hohe Datenschutz- und Sicherheitsbedingungen für hoheitsrechtliche Aufgaben.

- Dimension der Geometriedaten (Liegenschaftskataster in 2D, Topographie in 2.5D – 3D).

- Abfrageraum bezüglich Liegenschaften und Topographie.

Zu Kapitel 2.6

2.6.1 Bei einer Auflösung von 400 dpi besitzen die Pixel die Größe 0.0254mm/400, d.h. etwa 0.064*0.064mm (a*b). Die Vorlage vom DIN A0-Format mißt 594 mm * 840 mm (c*d). Daraus folgt die Anzahl Pixel zu:

Anzahl Pixel (e) = (int)c/a * (int)d/a = 121.974.762 Pixel

Legt man eine Farbe mit f = 8 Bit je Pixel ab, so entstehen:

Gesamtumfang in Bit (g) = e*f*3 Farben = 2,927 Milliarden Bit

Dies kann umgerechnet werden in MByte durch Division durch $(8*1024^2)$:

Gesamtumfang [MByte] = 348 MByte

Bei einer Strichvorlage kann der Datenumfang dramatisch durch Speichertechniken wie Runlength-Kodierung reduziert werden (vgl. Kapitel 6). Ebenfalls könnte durch Ablage einer Farbe in 2 Bit statt 8 Bit der Umfang um den Faktor 4 verringert werden. Zur Mehrfachvorrätighaltung von Versionen empfiehlt sich dennoch, für den Sekundärspeicher einige Hundert MByte frei verfügbar zu haben. Zur Archivierung eignet sich die CD-ROM.

2.6.2 Eine Strichgenauigkeit von 1/10 mm sowie eine Digitalisiergenauigkeit von etwa 1/4mm ergeben bei Digitalisierung einer Karte im Maßstab 1:1000 in etwa eine Genauigkeit von 0.25mm * 1000 = 0.25 m. Die originäre Vermessung zur Erstellung der ursprünglichen Karte kann aber deutlich genauer sein (z.B. kleiner als 10 cm, vgl. Kapitel 4); demnach ergibt sich ein doch beträchtlicher Genauigkeitsverlust durch die Abfolge von Digital-Analog- und anschließender Analog-Digital-Wandlung.

2.6.3 Die Datenbank von 100 MByte entspricht 800 MBit. Die Übertragungsrate beim Ethernet liegt bei 10 MBit/Sekunde. Daher läßt sich grob eine Übertragungszeit von 80 Sekunden abschätzen. Diese wird effektiv allerdings noch um einiges schlechter sein, so daß mit einigen Minuten Übertragungszeit gerechnet werden sollte.

2.6.4 Eine Spot-Szene von 60.000*80.000m ergibt bei der Auflösung im multispektralen Kanal von 20*20m eine Anzahl Pixel von 12.000.000. Diese Pixelanzahl abgelegt in 8 Bit wegen der 256 Graustufen ergibt für drei Kanäle 288 Millionen Bit bzw. 36 Millionen Byte bzw. etwa 34 MByte.

Die Bodenauflösung von 20 m entspricht bei einer Kartiergenauigkeit von 1/10 mm etwa der Auflösung einer Karte im Maßstab 1:200.000. Mit der höchsten Auflösung von Spot im panchromatischen Modus lassen sich teilweise Zusammenführungen mit Karten im Maßstab 1:50.000 bis 1:100.000 erreichen.

2.6.5 Als Minimalkonfiguration stellen wir uns einen Arbeitsplatz vor mit einem graphikfähigen PC mit 19"-Bildschirm, Maus, Tastatur, etwa 64 MByte Arbeitsspeicher und ca. 4 GByte Sekundärspeicher, der von der Eingabe bis zur Ausgabe den Arbeitsablauf unterstützen soll. Als Archivierungs- und Datenaustauschsystem sei ein CD-Brenner und CD-Laufwerk ausreichend. Eine derartige Station kostet deutlich unter 10TDM. Als Eingabeperipherie bedarf es eines Digitalisiertisches DIN A0, der etwa 10TDM kostet. Für die Textausgabe kommt ein Laserdrucker in Frage bei einem Kostenfaktor von 1TDM. Zur Ausgabe von Zeichnungen kommt ein Vektorplotter vom Format DIN A0 in Frage, der etwa 10TDM kostet. Damit liegt die Gesamtkonfiguration von seiten der Hardware bei knapp 30TDM. Ähnliche Größenordnung ist mindestens nochmals für die GIS-Software anzusetzen. Derartige Investionen bedürfen insbesondere für kleinere Firmen der genauen Kosten-Nutzen-Analyse.

2.6.6 Bei einer mehrplatzfähigen Konfiguration in einem Energieversorgungsunternehmen, in dem relativ rasch große Datenmengen entstehen können, sollte im Hintergrund ein Server stehen, der die Datei- und sonstigen Ressourcen verwaltet. Ein solcher Server mit entsprechender Platte von 12 GByte und einem CD-Brenner und CD-Wechsellaufwerk zum Archivieren und Austauschen kann bis zu 20TDM kosten. Die weitere Peripherie könnte der in Aufgabe 2.6.5 beschriebenen ähneln, d.h. je Digitalisiertisch etwa 10TDM, ein Drucker für etwa 2TDM und je Plotter etwa 10TDM. Der Einzel-Arbeitsplatz ist dann im Betrag ähnlich zu dem in Aufgabe 2.6.5 anzusetzen, d.h. weniger als 10TDM. Es können eventuell auch einzelne geringer ausgestattete Rechner dabei sein. Die Rechner sind durch ein Netzwerk (ab 10 TDM) untereinander und mit dem Server verbunden. Somit entstehen alleine für die Hardware bei 5 Arbeitsplätzen mit 2 Digitalisiertischen, 1 Plotter und 1 Drucker Kosten von über 100TDM. Mit den jeweiligen Softwarefachschalen für die vom EVU betriebenen Sparten summiert sich die Gesamtinvestition leicht auf eine halbe Million DM.

2.6.7 In einem mobilen Mappingsystem können u.a. zum Einsatz kommen: GPS für die 3D-Koordinatenbestimmung, INS für 3D-Geschwindigkeiten, Barometer zur Höhenunterschiedsmessung auf kurzen Strecken, Odometer oder Radabgriff zur Erhebung der Fahrtgeschwindigkeit, ein Kompaß und Neigungsmesser zur Festlegung des Azimuts und der Neigungen, eine CCD-Kamera zur Aufzeichnung der später auszumessenden Bilddaten. Eventuell wird auch noch eine Videokamera zur Bildaufnahme und ein Mikrofon zur Spracheingabe von Hinweisen zur Auswertung. Ein solches System eignet sich insbesondere zur Nachführung von Straßendaten z.B. Schilder, Straßenzustand etc.

Zu Kapitel 3.6

3.6.1 Ein GIS-Produkt, welches auf den gängigen oder zukünftigen Standards aufgebaut ist, sollte etwa die folgenden Standards erfüllen:

Systemsoftware	Standard
Betriebssystem	UNIX/NT
Programmiersprache	C, C++
Graphik/Oberfläche	X Window, Windows NT
Netzwerk	OSI/ISO 7 Ebenen Modell (z.B. TCP/IP)
Datenbanksprache	SQL

3.6.2 Aus der gegebenen Grundmenge von Basisfunktionalitäten zur Datenanalyse werden in allen Anwendungsbeispielen - u.a. auch in der Energieversorgung und dem Umweltmonitoring - die folgenden benötigt:

- Datenretrieval als Anfrageformen an den Datenbestand, z.B. nach Leitungsdaten, Kundendaten im EVU-Bereich, nach Meßstellen und Schadstoffwerten im Umweltbereich. Diese Anfragen sollen nach räumlichen, zeitlichen und inhaltsbezogenen Kriterien spezifiziert werden können.

- COGO-Funktionen sind ebenfalls wichtig, z.B. zur Bemaßung im EVU-Segment oder zum Auszählen im Umweltbereich.

- Zonengenerierung ist eine weitere Grundfunktionalität, mit der z.B. Einflußzonen um Leitungsbereiche (Linienpuffer) oder Grundwasserschutzgebiete (Flächenpuffer) gelegt werden können.

- Flächenverschneidung ist der wichtigste Baustein. In Anwendungen der EVU werden Flächen mit Linien (Parzellen mit Leitungen) oder Flächen mit Flächen (Parzellen mit Ver- und Entsorgungsgebieten) verschnitten, während in Umweltanwendungen eher Flächen mit Flächen (Grundwasserschutzgebiet mit Flächen bestimmter landwirtschaftlicher Nutzung), Flächen mit Punkten (alle Luftmeßstellen in einer Gemeinde) oder Raster mit Raster (Bodenschätzung mit Grundwassermeßnetz) verschnitten werden.

- Statistische Auswertungen in Form von beschreibender Statistik sind ebenfalls in beiden Anwendungen wichtige Funktionen, insbesondere wenn diese noch auf dem graphischen Bestand visualisiert werden.

In der Energieversorgung kommt zu den gemeinsamen Grundfunktionen noch der Bereich der Netzwerkanalysen hinzu, welcher insbesondere zu Leitungsplanungen, Last- und Netzflußberechnungen etc. dient. Demgegenüber steht im Umweltmonitoring noch der Bedarf an Interpolationsfunktionen (z.B. flächenhafte Interpolation der Radioaktivität ausgehend von Meßwerten der Meßstellen) gegenüber. In regionalen Anwendungen kommt auch noch die Fernerkundung als schnelle und aktuelle Methode der Ableitung von Vegetationsdaten hinzu. Viele Umweltanwendungen bedingen auch dreidimensionale Untersuchungen, so daß das Digitale Geländemodell wichtig wird. Die Modellierkomponente, d.h. die Möglichkeit der Simulation und Szenarienberechnung, besitzt im Umweltbereich ebenfalls entscheidende Bedeutung.

3.6.3 Die Erweiterung und Nutzung des relationalen Modells geschieht wie folgt:

a. Die neue Tabelle obj_attr kann mit dem Befehl

```
create table obj_attr (Nummer integer not null, Wert float,
                Flaeche float, Umfang float);
```

erzeugt werden.

b. Mit

```
insert into obj_attr from "obj_attr.dat";
```

werden die Daten aus der Datei "obj_attr.dat" in die Datenbank übernommen.

c. Die Abfrage mit der Anweisung

```
select Nummer, Wert from obj_attr where Wert > 100000.0;
```

liefert das Ergebnis:

```
Nummer Wert
   125 102000.0
```

3.6.4 Geo-Informationssysteme bieten verschiedene Möglichkeiten der aktiven Kommunikation. Dabei sind Menü und Kommandosprache die wichtigsten Vertreter. Der Anfänger und Gelegenheitsbenutzer zieht das Menü der Kommandosprache aus folgenden Gründen vor:

- Alle Menüwahlen auf bestimmter Ebene sind direkt sichtbar und langschriftlich benannt.

- Der Anwender kann bei Menüs direkt beginnen, ohne zu oft Handbücher und Online Help lesen zu müssen.

- Er muß weder alle Befehle noch Wahlen kennen und kann sich auf die präsentierte Menüseite konzentrieren.

- Am Anfang steht der Nutzer der Vielzahl der Kommandos (ihrer Syntax und Semantik) hilflos gegenüber.

- Der Anwender kommt bei Kommandos nur sehr langsam voran, da er permanent das richtige Kommando und dessen Parameter nachschlagen muß.

Mit zunehmender Kenntnis des Systems ändert sich diese Einschätzung jedoch:

- Der Anwender wünscht sich beim Menü die Möglichkeit, das Durchblättern der Bildschirmmenüs abkürzen zu können. Die vorgegebene Abfolge an Menüwahlen behindert ihn mehr als notwendig.

- Der erfahrene Benutzer kennt das auszuführende Kommando und seine Parameter und kann daher sehr effizient und zielgerichtet mit der Kommandosprache arbeiten.

Zu Kapitel 4.10

4.10.1 Zur Beantwortung dieser Aufgabe möge Tabelle 4.1 als Anhalt dienen. Die gängigen Originärerfassungsmethoden sind:

- Vermessung mit Tachymetrie und Orthogonal- und Einbindemethode: Diese Methoden eignen sich für den lokalen Bereich und bieten Genauigkeiten im cm-dm Bereich. Der instrumentelle und EDV-technische Aufwand und die Kosten sind bei beiden Verfahren relativ gering. Sie sind Standard-Datenlieferanten für GIS; vermehrt werden auch schon im Felde Vermessungsdaten objektcodiert, so daß der Nachbearbeitungsaufwand recht gering ist.

- GPS: GPS ist sehr flexibel einsetzbar und liefert Genauigkeiten im cm-Bereich sowohl im statischen DGPS- als auch im dynamischen RTK-DGPS-Verfahren. Die Kosten für genaue Mehrfrequenzempfänger sind noch etwas höher als für Tachymeter. In Kopplung mit GIS-Pads sind sie eine interessante Konstellation sowohl für die Ersterfassung als auch die Fortführung.

- Photogrammetrie: Die Stereoauswertung ist ein sehr wichtiger Lieferant raumbezogener Daten der Erdoberfläche, sowohl lokal als auch regional. Sie besitzt ein hohes Genauigkeitspotential. Einschränkend wirken nur Sichtbarkeiten und geeignete Befliegungszeiten. Der instrumentelle und EDV-technische Aufwand ist recht hoch. Vermehrt findet eine Integration der photogrammetrischen Auswertestationen in die GIS-Umgebung statt. Damit steigert sich der Wert der Stereoauswertung als GIS-Erfassungsmethode deutlich, da direkt objektcodierte Daten erfaßt werden und zudem durch optionale Hardware sofortige Verifikationsmöglichkeiten gegeben sind. Beim Neueinstieg sollte man sich direkt auf die digitale Photogrammetrie einstellen, da hier zukünftig hohe Automatisierungsgrade zu sehen sind.

Als bekannte Sekundärdatenerfassungsmethoden gelten:

- Manuelles Digitalisieren: Liegen analoge Karten (von lokalen bis zu globalen Gebietsausdehnungen) vor, so ist das manuelle Digitalisieren heute die gebräuchlichste Erfassungmethode. Als Vorteile gelten die volle Unterstützung durch die GIS-Digitalisiersoftware, die direkte Objektcodierung und interaktive Kontrolle sowie der mittlere instrumentelle und EDV-technische Aufwand. Die Genauigkeit und Gültigkeit der Daten orientiert sich an der Qualität und Aktualität der Ausgangskarte und ist daher i.d.R. deutlich schlechter als bei einer Originärerfassung.

- Semi- oder automatisches Digitalisieren: Beide Methoden sind sehr kostenintensiv und eignen sich nur für bestimmte Kartenarten. Sie sind noch nicht vollautomatisiert und bedingen daher erheblichen Nachbearbeitungsaufwand. Für beide Methoden gelten ähnliche Aussagen zur Genauigkeit und Gültigkeit wie beim manuellen Digitalisieren.

4.10.2 Aus den gegebenen Maßstäben und den Aussagen zu den Verfahren im vorangegangenen Kapitel folgen folgende Genauigkeiten der Datenerfassung:

Methode	Genauigkeit
Vermessung	0.05 m
Photogrammetrie	$1*10^{-5} * m_b = 0.03$ m
Digitalisieren	$2.5*10^{-4} * m_k = 0.25$ m

Daher eignen sich zur Erlangung der gewünschten Genauigkeit sowohl Vermessung mittels Tachymetrie als auch die photogrammetrische Stereoauswertung. Bei Vorliegen von aktuellen Luftbildern sollte die Stereophotogrammetrie vorgeschlagen werden, da sich keine Kosten für Befliegung und Aerotriangulation ergeben und sich bei entsprechend vorhandenem Instrumentarium die Photogrammetrie als sehr wirkungsvolle und gut zu verifizierende Methode präsentiert.

4.10.3 Zur Verifikation digitaler Geländemodelle empfehlen sich die Erstellung von Höhenlinienzeichnungen und Perspektiven, in denen grobe Fehler sehr leicht aufzudecken sind. Daneben können sehr vielfältige mathematische Filtermethoden angewendet werden, die lokale Abweichungen von der Geländeform in der Nachbarschaft untersuchen. Eine effiziente Methode der Verifikation ist schon bei der Datenerfassung am analytischen Plotter bei Vorliegen der Stereoeinspiegelung gegeben.

4.10.4 Da es bei dieser Aufgabenstellung primär um Geschäftsgraphik geht, wäre ausschließlich für diesen Zweck der Einsatz eines GIS übertrieben. Daher empfiehlt sich eine PC-basierende Business-Mapping-Lösung, die kompatibel zur sonstigen Büroumgebung und zum Datenbestand ist. Als Hintergrunddatum könnte z.B. einer der inzwischen im Geomarketingbereich verfügbaren Datensätze mit Gemeindegrenzen und demographischen Daten in Frage kommen.

4.10.5 Vergleicht man Bildkarten mit topographischen oder thematischen Karten, so lassen sich für Bildkarten etwa folgende Eigenschaften erkennen:

- Bildkarten repräsentieren einen Momentzustand einer Landschaft zum Zeitpunkt der Aufnahme, während topographische oder thematische Karten eher einen gemittelten Zustand über eine gewisse Zeitspanne der Erhebung darstellen.

- Das Aufnahmemedium Bild selektiert unmittelbar in Abhängigkeit von der Filmemulsion oder den spektralen Empfindlichkeiten des Sensors. Dagegen selektiert und typisiert der Ersteller einer Karte zweckgebunden, er leitet Informationen aus vorhandenen Daten ab.

- Bildkarten sind leichter lesbar und besitzen einen höheren, vor allem aber nicht vorinterpretierten Informationsgehalt als Karten. Jedoch ist nicht jedes Merkmal eines Objektes direkt im Bild erkennbar und muß evtl. indirekt über andere Merkmale erschlossen werden. Dies setzt ein hohes Knowhow beim Interpreten voraus. Dagegen ist das Dekodieren (Lesen) von Karten mittels Legende sofort möglich. Kartenzeichen (Signaturen) geben direkte Auskunft über Objektmerkmale.

- Bilder sind auch ohne sie in Kartenform zu präsentieren bereits ein gutes Dokumentationsmedium, welches immer noch einer späteren Auswertung zugeführt werden kann.

4.10.6 Die Genauigkeit einer Digitalisierung einer Karte im Maßstab 1:25.000 ergibt sich aus der Multiplikation der Maßstabszahl mit der Digitalisiergenauigkeit, die in Kapitel 2 mit etwa 0.25mm angegeben wurde, woraus für den Abgriff 6.25m resultieren. Die Kartiergenauigkeit liegt bei 0.1 bis 0.2mm multipliziert mit dem Maßstab, was zu 2.5m Lagegenauigkeit einer Linie führt. Allerdings sind in Karten des Maßstabes 1.25.000 und kleiner die Generalisierungseffekte aber i.d.R. um einiges größer, so daß aus derartigen Karten nicht mehr lagegenau abgegriffen werden kann.

4.10.7 Folgende Bedingungen könnten formuliert werden. Von der Grundseite 1,2 an der Straße ist in Punkt 3 eine Lotfußpunktbedingung von 5m denkbar, um so Punkt 4 zu errechnen. Die Hauskante 4,5 muß parallel zur Straße 1,2 gesetzt werden. In den Punkten 5, 6, 7 und 8 folgt jeweils eine Rechtwinkligkeitsbedingung. Damit ist das erste Gebäude vollständig beschrieben. Für das zweite Gebäude kann eine Parallele von 4,9 nach 10,11 aufgesetzt werden. Anschließend erfolgen ebenfalls wiederum drei Rechtwinkligkeitsbedingungen in den Eckpunkten 10, 11 und 12. Somit ergeben sich 10 Bedingungen, die gleichzeitig zu erfüllen sind.

Zu Kapitel 5.7

5.7.1 Für die gesuchte Dreiecksvermaschung gibt es zwei Lösungen. Beispielhaft wird hier die Lösung verwendet, bei der Dreieck 1 'links oben' und Dreieck 2 'rechts unten' liegt. Daraus ergeben sich die gesuchten Listen:

Knotenliste		
Knoten	x	y
1	x_1	y_1
2	x_2	y_2
3	x_3	y_3
4	x_4	y_4

Kantenliste		
Kante	von	nach
a	1	3
b	1	2
c	2	3
d	2	4
e	3	4

Flächenliste			
Fläche	Kanten		
1	a	b	c
2	c	d	e

Die Verifizierung des Euler'schen Satzes führt zu $C = 4 - 5 + 3 = 2$.

5.7.2 Die Inzidenzmatrix **B** für die zuvor gewählte Dreiecksanordnung läßt sich direkt vermittels der Kantenliste angeben, indem für den Anfangsknoten der Koeffizient $b_{i,j} = 1$ und für den Endknoten $b_{i,j} = -1$ gesetzt wird. Somit lautet die Matrix **B**

$$\mathbf{B} = \begin{pmatrix} 1 & 0 & -1 & 0 \\ 1 & -1 & 0 & 0 \\ 0 & 1 & -1 & 0 \\ 0 & 1 & 0 & 1 \\ 0 & 0 & 1 & -1 \end{pmatrix}$$

Die Adjazenzmatrix wird entsprechend dem Bildungsgesetz (5.9) erhalten aus $\mathbf{A} = \mathbf{B}^T \mathbf{B}$, also

$$\mathbf{A} = \begin{pmatrix} 2 & -1 & -1 & 0 \\ -1 & 3 & -1 & -1 \\ -1 & -1 & 3 & -1 \\ 0 & -1 & -1 & 2 \end{pmatrix}$$

A kann folgendermaßen interpretiert werden: Knoten 1 und Knoten 4 inzidiert mit *zwei* Kanten, Knoten 2 und 3 mit *drei* Kanten. Ferner adjaziert Knoten 1 mit Knoten 2 und 3, Knoten 2 mit Knoten 1,3 und 4 usw.

5.7.3 Der resultierende Graph der Dreiecksvermaschung ist ein *planarer Graph*.

5.7.4 Die topologischen Beziehungen für allgemeine Netzstrukturen sind im Abschnitt 5.3.3 angegeben. Diese lauten:

- Inzidenz eines Knotens zu allen in ihm endenden Kanten.

- Inzidenz einer Kante zu ihren beiden Endknoten.

- Adjazenz eines Knotens zu allen über eine Kante verbundenen Nachbarknoten.

- Adjazenz einer Kante zu allen in den gleichen Knoten endenden Nachbarkanten.

5.7.5 Die beiden unterschiedlichen Modelle zum thematischen Modellieren sind das *Ebenenprinzip* und das *Objektklassenprinzip*. Das Ebenenprinzip separiert die Geometriedaten von verschiedener thematischer Bedeutung streng durch die Abspeicherung in verschiedenen Ebenen. Durch die Überlagerung dieser Ebenen wird dann die Gesamtdarstellung gewonnen. Dabei gibt es keine Hierarchie, d.h.

jede Ebene ist gleichberechtigt. Der Raumbezug ist *direkt* durch die Position gegeben.

Das Objektklassenprinzip geht von einer hierarchischen Anordnung verschiedener thematischer Ebenen aus. Dabei werden thematische Bäume aufgebaut, die Objekte mit bestimmten Eigenschaften einer *Objektklasse* zuordnen, die wiederum einer *Hyperklasse* angehören kann. Der Raumbezug ist *indirekt* über *Identifikatoren* gegeben. Die hierarchische Anordnung braucht nicht unbedingt eingehalten zu werden, sondern es sind auch *Querverbindungen* erlaubt, was zu einem thematischen Netzwerk führt. Dadurch ergibt sich ein flexibles Modell, das sehr gut an die Realwelt angepaßt werden kann.

5.7.6 Die Hyperklasse der *Verkehrswege* läßt sich unterteilen in die Objektklasse der *Eisenbahn*, des *Straßenverkehrs* und der *Schiffahrt*. Während die Eisenbahn nicht mehr weiter zu differenzieren ist, können für die Verkehrswege *Individualobjekte* gebildet werden wie *Autobahn*, *Bundesstraße* und *Landstraße*. Für die Objektklasse Schiffahrt bieten sich zwei Individualobjekte an, nämlich *Kanal* und *Fluß*. Eine graphische Verifikation bleibt dem Leser vorbehalten.

5.7.7 Eine allgemeine Datenstruktur für eine Dreiecksvermaschung ist mit der Abbildung 5.31 angedeutet. Dabei ist lediglich das Polygon durch *Dreiecksmasche* zu ersetzen; ebenso tritt anstelle des Liniensegments die *Kante*, so daß der Leser diese Struktur direkt graphisch umsetzen kann.

5.7.8 Unter der Strukturierung von Sachdaten wird die richtige Zuordnung zu einem Thema verstanden. Wie in Abschnitt 5.5.4 aufgezeigt, besteht die Struktur im Aufzeigen von *Verwandschaftsbeziehungen*. So gehört zu einem Land eine Muttersprache und eine Hauptstadt. Daraus folgt eine tabellenartige Zusammenstellung; diese muß jedoch noch normiert werden.

Zu Kapitel 6.6

6.6.1 Dieser Vergleich ist im Abschnitt 6.1.3 angegeben: Bei einem Dateisystem existieren *parallele* Datenbestände, bei einem Datenbanksystem existiert nur ein *zentraler* Datenbestand. Ein Dateisystem enthält i.d.R. *keine* umfassende Beschreibung der realen Objekte, d.h. vielfach sind keine topologischen und nur rudimentäre thematische Beschreibungen vorhanden. Die Datenstrukturen und Anwendungsprogramme sind eng miteinander verknüpft – im Gegensatz zum Datenbanksystem, das eine übergeordnete Datenstruktur bereithält, die allerdings zu Einbußen in der Performanz führen kann. Das Dateisystem stellt keine bzw. nur geringe Sicherungsmechanismen bereit; dagegen kommt der Datensicherheit im DBMS eine hohe Priorität zu.

6.6.2 In Analogie zu den Listen der Abbildung 6.12 sind zur Lösung *zwei* Listen aufzubauen: Eine Liste des ROOT, die die Flächen enthält, und die Liste der LEAVES, die die Topologie und auch Koordinaten der Knoten wiedergibt.

ROOT:	Flächen	
Adresse	Fläche	Zeiger
200	1	100
205	2	105

LEAVES:	Kanten und Knoten			Koordinaten			
Adresse	Kante	Anfang	Ende	x_A	y_A	x_E	y_E
100	a	1	3	x_1	y_1	x_3	y_3
101	b	1	2	x_1	y_1	x_2	y_2
102	c	2	3	x_2	y_2	x_3	y_3
105	c	2	3	x_2	y_2	x_3	y_3
106	d	2	4	x_2	y_2	x_4	y_4
107	e	3	4	x_3	y_3	x_4	y_4

6.6.3 Wir beziehen uns hier auf die Angaben im Abschnitt 6.2.4:

- Relation ist eine Menge Daten und Beziehungen zwischen den Daten, die in einer gemeinsamen Tabelle stehen.

- Tupel kennzeichnet einen geordneten Satz von Attributen, d.h. in jeder Spalte der Tabelle tritt nur ein Attributwert auf.

- Attribut charakterisiert ein bestimmtes Merkmal einer Relation.

- Primärschlüssel stellt ein Attribut oder eine Kombination von Attributen dar mit der Eigenschaft, daß in allen möglichen Ausprägungen der Relation jeder Wert nur einmal vorkommt. Eine Flächennummer stellt z.B. einen eindimensionalen Primärschlüssel dar, dagegen ergeben sich aus Koordinaten stets mehrdimensionale Primärschlüssel.

6.6.4 Die folgende atomisierte Punktliste wird erhalten:

Punktliste		
P	x_P	y_P
1	x_1	y_1
2	x_2	y_2
3	x_3	y_3
4	x_4	y_4

Die Normierung hat die folgenden Eigenschaften: In jeder Zeile und Spalte der Tabelle darf nur ein Attributwert stehen. Diese Art der Atomisierung wird auch als *1. Normalform* bezeichnet.

6.6.5 Die 1. Normalform separiert in diesem Fall die Eigentümerangaben von der Nutzung. Somit ergeben sich die *zwei* Relationen:

Eigentümer			
O_ID	Name	geb. am	Wohnort
I	Hans Meier	1.1.1921	x-Stadt
II	Fritz Müller	6.5.1921	x-Stadt
III	Berta Schmidt	3.3.1939	y-Stadt

Nutzung		
O_ID	Nutzung	Groesse
I	Bauplatz	650 m^2
II	Wiese	480 m^2
III	Bauplatz	780 m^2

6.6.6 Die SQL-Anwendung ist mit dem Beispiel in Abschnitt 6.2.4 demonstriert worden. In dieser Aufgabe führt SQL zu der Lösung:

```
SELECT  Eigentuemer-Tabelle.NAME,
        Eigentuemer-Tabelle.WOHNORT,
        Nutzungs-Tabelle.NUTZUNG,
        Nutzungs-Tabelle.GROESSE

FROM    Eigentuemer-Tabelle, Nutzungs-Tabelle

WHERE   Eigentuemer-Tabelle.O_ID = Nutzungs-Tabelle.O_ID
AND     NOT (Eigentuemer-Tabelle.WOHNORT = x-Stadt)
AND     Eigentuemer-Tabelle.NUTZUNG=BAUPLATZ
AND     Nutzungs-Tabelle.GROESSE > 600
```

Als Ergebnis wird die folgende Tabelle erhalten:

Berta Schmidt	y-Stadt	780

6.6.7 Es können die folgenden Klassen mit den jeweiligen Individualobjekten gebildet werden:

- Kontinente: Amerika, Australien, Europa.

- Länder: Australien, Deutschland, England, Frankreich, Italien, Mexiko, USA.

- Städte: Boston, Hamburg, London, Los Angeles, Mexiko City, New York, Paris, Rom, Sydney.

- Hauptstädte: Berlin, London, Mexiko City, Paris, Rom.

Diese Klassen werden zueinander in Beziehung gesetzt. Von der Hyperklasse der Kontinente soll dabei die *Aggregationsbeziehung*, von der Klasse der Länder eine *assoziative* und von den Objekten eine *generalisierende* Beziehung ausgehen, so daß die folgenden Relationen erhalten werden:

- Aggregation: Kontinent-Land.
- Assoziation: Land-Stadt.
- Generalisierung: Stadt-Hauptstadt.

Anhang B

GIS-Glossar

Adjazenz ist ein Begriff der Graphentheorie und bezeichnet das *Aneinandergrenzen* oder auch *Berühren* gleichartiger Strukturelemente. Adjazenz liegt dann vor, wenn zwei Knoten über eine Kante miteinander verbunden sind. Ebenso ist Adjazenz bei in einem Knoten endenden Kanten gegeben. Mathematisch wird die Adjazenz mit der *Adjazenzmatrix* wiedergegeben.

Application Binary Interface (ABI) bezeichnet eine Schnittstelle zwischen Anwendungssoftware und den Diensten des Betriebssystems. Zur Übertragung auf einen anderen Rechner bedarf es keines erneuten Übersetzungsschrittes.

Application Program(ming) Interface (API) bezeichnet eine Schnittstelle zwischen Anwendungssoftware und den Diensten des Betriebssystems. Zur Übertragung auf einen anderen Rechner bedarf es eines erneuten Übersetzungsschrittes.

Atomisierung ist ein Ausdruck bei der Strukturierung von Sachdaten – er entstammt der Theorie zu den relationalen Datenbanksystemen. Die Atomisierung bewirkt eine strenge Ordnung der vorliegenden Tabellen, so daß in jeder Spalte für jede Zeile nur *ein* Attributwert auftritt. Ein anderer Ausdruck für die Atomisierung ist mit der *Normierung* gegeben.

Attribute kennzeichnen jeweilige thematische Inhalte von raumbezogenen Objekten. Siehe hierzu die Ausführungen zu den *Sachdaten*.

Bank-Informationssystem (BIS) kennzeichnet eine besondere Ausprägung von IS, die Informationen über den Kundenstamm und deren Kontenabwicklung verwalten. Sie dienen in erster Linie inventorischen Fragestellungen und sollen zu einem reibungslosen Ablauf von Geld- und Wertpapiertransaktionen beitragen.

Betriebs-Informationssystem (BIS) kennzeichnet eine besondere Ausprägung von IS, die Informationen über den Lager-, Personal- und Produktionsbestand eines Betriebes vorhalten. Sie dienen in erster Linie zu Dokumentationszwecken.

Cartridge ist ein Begriff für einen Magnetband-Datenträger. Diese Magnetbandkassette ist ein externer Speicher in einem festen, stoßgesicherten Behälter, der besonders zur Archivierung großer Datenmengen eingesetzt wird. Desweiteren kann der Ausdruck *Cartridge* auch ein Speichermodul mit zusätzlichem Zeichensatz für einen Drucker bezeichnen.

CPU ist die Zentraleinheit eines Rechners. Sie ist das Kernstück einer EDV-Anlage und besteht aus Rechenwerk, Steuerwerk und Arbeitsspeicher.

Dateisystem unterscheidet sich vom Datenbanksystem dadurch, daß keine zentralen, sondern parallele, von der Anwendung abhängige Datenbestände geführt werden. Hinsichtlich der Datenstruktur und -sicherheit werden keine allzu hohen Anforderungen gestellt.

Datenbank (DB) kennzeichnet die zentrale Komponente eines Geo-Informationssystems. In ihr sind die raumbezogenen Daten geordnet hinsichtlich ihrer Position, Topologie und Thematik – das *Datenbankmanagementsystem (DBMS)* sorgt für die Datenkonsistenz und den Datenschutz.

Datenbankmanagementsystem (DBMS) trägt zu einer reibungslosen Übertragung der Daten eines Datenbanksystems innerhalb der externen, konzeptuellen und der internen Ebene bei. Es sichert die Daten bei Mehrfachzugriffen, sorgt für die Datenkonsistenz und gewährleistet somit einen funktionsfähigen Datenbestand. Eine andere Bezeichnung ist mit dem *Datenbankverwaltungssystem* gegeben.

Datenbanksystem ergibt sich aus der Kombination des Datenbankmanagementsystems mit den Daten, die in mehreren Datenbanken abgespeichert sein können. Als Datenbanksystem sollte nur ein System bezeichnet werden, das über Mechanismen wie ein *Transaktionskonzept*, Zugriffsrechte, Sichten, Ebenenarchitektur, Abfragesprache usw. verfügt.

Dateninfrastruktur ist dem Sinne nach vergleichbar zu anderen Infrastrukturen wie dem Verkehrsnetz. Sie besteht aus einem raumbezogenen Rahmenwerk, welches grundlegende Geometrien mit fachlichen Thematiken kombiniert, die von allgemeinem Interesse sind. Der Anwender nutzt diese Dateninfrastruktur und fügt seine speziellen Anwenderdaten hinzu. Er integriert und synchronisiert somit seine Datenbestände mit der Dateninfrastruktur.

Digitale Bildverarbeitung (DBV) ist der Sammelbegriff für ein Fachgebiet, zu dessen Entwicklung viele Einzeldisziplinen wie z.B. Elektro- und Nachrichtentechnik, Physik, Mathematik, Informatik, Optik und Optoelektronik sowie die Ingenieurwissenschaften beigetragen haben. Ihre Methoden und damit verbunden entsprechende Softwarewerkzeuge werden zur Auswertung von digitalen Bildern herangezogen. Andere Bezeichnungen für die DBV sind *Pixelverarbeitung* und *Rasterdatenverarbeitung*.

DIME ist die Abkürzung für eines der ersten topologischen Datenmodelle des *U.S. Bureau of the Census*. Dabei wird unterschieden zwischen Kanten- und Knotenlisten, die jeweils doppelt verzeigert sind. Die Kanten und Knoten von DIME stimmen jedoch nicht mit der strengen Definition der Graphentheorie überein.

Dreiebenen-Hierarchie kennzeichnet ein Konzept in der raumbezogenen Datenhaltung, bei dem zwischen drei Ebenen unterschieden wird: Der metrischen, topologischen und der thematischen Ebene.

Dreischemata-Modell ist ein Modell der Informatik zur Architektur von Datenbanksystemen. Dabei wird unterschieden in das *externe, konzeptionelle* und *interne Schema*.

Ebenenprinzip ist ein thematisches Modell in der raumbezogenen Datenhaltung zur Separation unterschiedlicher thematischer Daten. Dabei sind die Geometriedaten in verschiedenen, gleichberechtigten Ebenen vorgehalten, die dann durch *Überlagerung* zur gewünschten Darstellung führen. Der einheitliche Raumbezug erfolgt hierbei durch die Position. Der Gegensatz zum Ebenenprinzip ist das Objektklassenprinzip.

Emulation bezeichnet die Fähigkeit der Zentraleinheit (CPU), den Maschinenkode einer fremden Rechnerarchitektur zu verstehen. Der Computer arbeitet so, als sei seine Architektur mit der des emulierten Rechners identisch – dabei können durchaus die Maschinenkodes der beiden Computer stark voneinander abweichen. Die Emulation *übersetzt* die entsprechenden Anweisungen, so daß sie für den emulierenden Rechner verständlich sind.

Enumerationsverfahren bezeichnet im CAD eine Methode zum geometrischen Modellieren. Dabei wird das räumliche Objekt in gleichförmige Zellen zerlegt, die wiederum zu größeren Blöcken zusammengefaßt werden können. Aus der Zerlegung eines Würfels resultiert der *Oktagonbaum*.

EVAP ist die Abkürzung des Vierkomponenten-Modells eines Geo-Informationssystems hinsichtlich seiner Aufgaben: Erfassung, Verwaltung, Analyse und Präsentation.

Fusion nennt man die Bestrebungen zur Verschmelzung mehrerer unabhängiger Datenbestände zu einem semantisch und geometrisch konsistenten Datenbestand. Hierbei sind sowohl semantische Translationen wie z.B. die Vereinheitlichungen der Begriffswelt, Schematranslationen wie die Harmonisierung der Strukturen als auch Geometrische Translationen, also die Überführungen in ein einheitliches Referenzsystem und eine einheitliche Geometrierepräsentation durchzuführen.

Geographisches Informationssystem (GIS) ist die Bezeichnung für ein *raumbezogenes Informationssystem (RIS)* seitens der Geographen, Forstwirte, Ökologen, Raumplaner und Demoskopen. Mittlerweile scheint sich der Ausdruck *Geo-Informationssystem* auch hier zu etablieren – zum Inhalt eines GIS wird auf die Ausführungen zum RIS verwiesen.

Geokodierung behandelt den tatsächlichen Transformationsschritt, der notwendig ist, um Daten verschiedenartiger Georeferenzierung in ein gewünschtes Referenzsystem umzurechnen. Bei Rasterdaten schließt dies z.B. das Resampling der Bildelemente mit ein. Beim Adresskodieren, also der Überführung einer sekundären in eine primäre Metrik, sind die geometrisch-topologischen Beziehungen des Straßennetzes mit den Straßen-Hausnummernbereichen zu verrechnen.

Geometriedaten sorgen für den Raumbezug sowie die geometrische Definition eines raumbezogenen Objekts. Für die geometrische Darstellung können sowohl *Vektordaten* als auch *Rasterdaten* dienen. Die *äußere* Geometrie (Metrik) sorgt für die maßstabsgerechte Abbildung, wobei die *innere* Geometrie (Topologie) Nachbarschaftsbeziehungen aufzeigt.

Geometrisches Modell bildet die Grundlage für die geometrische Beschreibung der i.d.R. komplexen raumbezogenen Objekte. Hier ist hinsichtlich fünf verschiedener Verfahren zu unterscheiden: Der Parametrisierung, dem Enumerationsverfahren, der Zellenzerlegung, der Randbeschreibung und der Konstruktion mit Raumprimitiven.

Georeferenzierung kann als räumliches Metakonzept betrachtet werden, womit räumliche Referenzinformation einem Datensatz mitgegeben wird. Hierzu gehören die Wahl des geodätischen Bezugssystems und die Festlegung der Paßpunkte, die zur Überführung verwendet werden sollen. Den eigentlichen Überführungsschritt leistet dann die Geokodierung.

Graphentheorie ist ein Bestandteil der algebraischen Topologie, in der Nachbarschaftsbeziehungen formuliert und analysiert werden. Innerhalb der raumbezogenen Datenhaltung trägt die Graphentheorie zum Aufbau von topologischen Datenmodellen und zur Formulierung von Konsistenzbedingungen bei.

Graphikdaten erhält man aus der Geometrie, indem graphische Beschreibungsinformationen hinzugefügt werden. Beispiele für graphische Beschreibungen sind Symbole, Schraffur, Grauwerte und Texte. Früher waren die Anweisungen zur Erzeugung von Graphikdaten in *Zeichenvorschriften* vorhanden.

Gridfile stellt eine dynamische Zugriffsmethode in der raumbezogenen Datenhaltung dar. Der Gridfile erlaubt insbesondere mehrdimensionale Zugriffe und irreguläre Datenverteilungen, so daß er sehr gut als räumlicher Zugriffsmechanismus geeignet ist.

Hacken ist eine saloppe Bezeichnung für den Zugriff auf fremde Datenbestände. Die *Hacker* versuchen via Datenfernübertragung an Schlüsselwörter und Geheimkodes von fremden Computeranlagen zu gelangen, um Datenbestände zu inspizieren, Daten zu manipulieren oder auf Mängel in der Datensicherung hinzuweisen.

Halbebenenunterteilung (Binary Space Partitioning) stellt eine hierarchische Zugriffsmethode in der raumbezogenen Datenhaltung dar, bei der das zu bearbeitende Gebiet rekursiv in (k-1)-dimensionale Hyperebenen unterteilt wird. Dadurch ergibt sich eine flexible Baumstruktur, die sehr tief werden kann und dadurch evtl. Einbußen in der Performanz mit sich bringt.

Hardware ist der Sammelbegriff für die physischen Komponenten eines Computersystems. Bei Geo-Informationssystemen wird ebenso die gesamte Peripherie vom Digitizer bis hin zum Filmbelichter unter diesen Ausdruck subsumiert.

Heuristik stellt einen Sammelbegriff für Faustregeln oder Erfahrungswerte dar, die von Menschen oder Computern eingesetzt werden, um bei einer Problemlösung die Suche einzugrenzen.

Hierarchisches Modell ist ein logisches Datenmodell zur Strukturierung von Datenbanksystemen. Dabei sind 1:n Beziehungen zugelassen, d.h. ein Vater kann n Söhne haben, und jeder Sohn n Kinder. Das hierarchische Modell muß feste Wege einhalten, was zwangsläufig zur redundanten Datenhaltung führt.

Host ist eine Bezeichnung für Steuerrechner. Insbesondere bei der verteilten Datenverarbeitung übernimmt der Hostrechner die Kontrolle über den Satellitenrechner (Arrayprozessor, Transputer), indem er diesem Daten zuführt und das Ergebnis empfängt.

HSDA ist die Abkürzung für das Vierkomponenten-Modell eines Geo-Informationssystems hinsichtlich seines Aufbaus: Hardware, Software, Daten und Anwender.

Hybrides Modell vereint voneinander verschiedene logische Modelle zu *einem* Modell. Ein hybrides Modell liegt vor, wenn z.B. Geometriedaten als *Netzwerk* und Sachdaten in einem *relationalen* Modus organisiert sind. Der Ausdruck *Hybrid* kann noch allgemeiner gesehen werden, indem nicht nur zwei, sondern mehrere verschieden organisierte Datenmodelle ein gemeinsames Modell darstellen.

IMAP ist die englische Übersetzung von EVAP und kennzeichnet die Aufgaben eines Geo-Informationssystems: Input, Management, Analysis and Presentation.

Informatik bezeichnet eine wissenschaftliche Studienrichtung der Informationsverarbeitung, die sich insbesondere mit dem Einsatz von digitalen Rechenanlagen (Computern) auseinandersetzt. Innerhalb der Geo-Informationssysteme kommt der Informatik eine besondere Rolle zu, da sie u.a. Datenbanken und dazugehörige Abfragesprachen entwickelt.

Informationssystem (IS) ist ein *Frage-Antwort-System* zum rechnergestützten Behandeln und Analysieren von Daten und Informationen. Seine Funktionen können durch ein Vierkomponentenmodell wiedergegeben werden: Aufnahme, Speicherung, Verarbeitung und Wiedergabe der Daten und Informationen.

Integration beschreibt den Prozeß der Abbildung von Daten unterschiedlicher Herkunft und verschiedenartiger Modellierung oder Struktur in einem gemeinsamen Datenmodell zum Zwecke des gleichartigen und gleichzeitigen Zugriffs durch die Anwender.

Integrität liegt vor, wenn Daten keine formellen und inhaltlichen Widersprüche aufweisen. Solche Daten heißen auch konsistent. Sie sind i.d.R. redundanzfrei.

Interoperabilität bezeichnet die Möglichkeit, verschiedenartige Daten in einen einzelnen Arbeitsablauf zu integrieren. Dies setzt voraus, daß Syntax und Semantik der Daten dem Anwender in einheitlicher Form zur Verfügung gestellt wird. Interoperabilität erlaubt den transparenten Zugang zu mehreren raumbezogenen Daten- und Verarbeitungsressourcen innerhalb eines einzigen Arbeitsablaufes, ohne sie in einen Datenbestand zu überführen.

Inzidenz ist ein Begriff der Graphentheorie und bezeichnet das *Ineinanderfallen* oder *Ineinanderverschachtelt sein*. Eine Kante inzidiert mit ihrem Anfangs- und Endknoten – umgekehrt sind alle von einem Knoten abgehenden Kanten mit diesem inzident. Mathematisch wird die Inzidenz mit der *Inzidenzmatrix* wiedergegeben.

ISDN ist die Abkürzung für *Integrated Service Digital Network* und bezeichnet ein neues, schnelles Datenübertragungsnetz der Deutschen Bundespost. Dieses Datennetz gestattet die gleichzeitige Übermittlung von Sprache und Bildern in digitaler Form mit einer Geschwindigkeit von 64 kBaud. Erforderlich ist ein ISDN-Anschluß, an den z.B. Telefon, Btx-Gerät und Computer angeschlossen sind.

Kataster, allgemein Register, im spezielleren GIS-Kontext handelt es sich um eine systematische Datensammlung über Landeigentum und daran knüpfende Rechte. Ein solches Liegenschaftskataster beinhaltet eine Karten-, eine Buch- und eine Zahlensicht auf die Liegenschaften.

Kettencode (Freeman chaining) ist ein Verfahren zur Extraktion von Linienstrukturen aus Rasterdaten. Dabei wird von einem Anfangspunkt ausgehend die jeweilige *Verzweigungs-* oder *Nachbarschaftsrichtung* angegeben, so daß der Kettencode durch die Verkettung der Richtungszahlen $z: 1 \leq z \leq 8$ gegeben ist. Die Richtungszahl z wird auch als *Freeman-Zahl* bezeichnet.

K-d-Baum-Prinzip stellt eine hierarchische Zugriffsmethode in der raumbezogenen Datenhaltung dar, bei der k-dimensionale Binärbäume aufgebaut werden.

K-d-B-Baum-Prinzip stellt eine Erweiterung des k-d-Baums dar, wobei das raumbezogene Gebiet in Domänen unterschiedlicher Form aufgeteilt wird. Es ist somit flexibler und kann schneller auf raumbezogene Objekte zugreifen.

Konstruktion mit Raumprimitiven bezeichnet im CAD eine Methode zum geometrischen Modellieren. Dabei wird das räumliche Objekt als mengentheoretische Kombination von Standardprimitiven oder Halbkörpern beschrieben.

Künstliche Intelligenz (KI) bezeichnet die Fähigkeit von Computerprogrammen, komplexe Probleme der realen Welt mit logischem Kalkül – als heuristischen und nicht funktionalen – Regeln zu lösen. Ein wichtiger Aspekt innerhalb KI ist der systematische Umgang mit Unschärfe. KI wird dann zur Lösung von Problemstellungen eingesetzt, wenn es keine exakten oder nur mit sehr großem Aufwand berechenbare mathematische Lösungen gibt. Im übertragenene Sinne ist mit KI die Umschreibung eines Forschungsgebietes zur Entwicklung von die menschlichen Fähigkeiten nachvollziehenden Computern bezeichnet.

Landinformationssysteme (LIS) sind eine besondere Ausprägung von Geo-Informationssystemen. Sie werden von den Vermessungsbehörden aufgebaut und geführt, wobei sie sich in erster Linie auf die vermessungstechnische Abbildung der Erdoberfläche in der Form von digitalen Karten und Eigentumsnachweisen beziehen.

Listen sind Organisationsformen des physikalischen Datenmodells. Listen unterscheiden sich i.a. von Dateien, indem ihre Zeilen untereinander verzeigert sind und dadurch Daten von räumlichen Objekten schnell zur Verfügung stellen können.

Local Area Network (LAN) ist der Begriff für ein lokales Netzwerk. In dieses Netzwerk können z.b. sogenannte *Diskless Nodes* - auch als Clients bezeichnet - eingebunden werden, die dann auf den Plattenspeicher des *Server* zugreifen können. Das Client-Server-Prinzip erfreut sich immer größerer Beliebtheit, da hiermit Kosten eingespart werden können.

Mainframe bezeichnet Großrechner, wie sie in Rechenzentren vorzufinden sind. Innerhalb der Geo-Informationssysteme ist ein Trend zur verteilten Datenverarbeitung zu beobachten, so daß Mainframe seltener eingesetzt werden.

Management-Informationssysteme (MIS) kennzeichnen eine besondere Ausprägung von IS, die Informationen eines Unternehmens verwalten und entscheidungsunterstützend aufbereiten. Sie dienen in erster Linie inventorischen Fragestellungen.

Mehrfachrepräsentation bezeichnet das Vorkommen eines Objektes in der realen Welt in verschiedenartiger Abbildung im Datenmodell. Eine indirekte Mehrfachrepräsentation ist gegeben, wenn Objekte unabhängig voneinander entstehen und zu verschiedenen Thematiken gehören. Eine direkte Mehrfachrepräsentation liegt bei gleicher Thematik vor, wenn das Objekt in verschiedenen Datensätzen z.B. als Kopie, als Generalisierung oder zu unterschiedlichen Zeitpunkten existiert. Es handelt sich hierbei um sogenannte Proxi-Objekte.

MIPS (Millions of Instructions per Second). Maßeinheit für die Geschwindigkeit von Zentraleinheiten von Computern.

Netzinformationssystem (NIS) ist eine besondere Ausprägung eines Geo-Informationssystems, das Betriebsmittel eines Energieversorgungsunternehmens verwaltet und analysiert. Hierbei steht in erster Linie die geometrische und graphische Dokumentation des *Leitungsbestands* im Vordergrund. Von daher fallen sie ebenso in die Kategorie der *Betriebs-Informationssysteme*.

Netzwerkmodell ist ein logisches Datenmodell zur Strukturierung von Datenbanksystemen. Dabei sind $1 : n$, $n : 1$, $n : m$ und $m : n$ Beziehungen zwischen den verschiedenen Ebenen zugelassen, d.h., n Eltern können m Kinder haben und n Kinder m Eltern. Das Netzwerkmodell zeichnet sich durch *Redundanzfreiheit* der Daten und hohe *Flexibilität* aus. Es ist besonders als Organisationsform von topologisch geordneten Vektordaten geeignet.

Objekt ist die Bezeichnung für ein raumbezogenes Element – auch Geo-Element genannt –, dem eine Geometrie und Thematik zugeordnet werden kann. Jedes Objekt gehört zu einer *Objektklasse*, deren Eigenschaften das Objekt kennzeichnen.

Objektklassenprinzip kennzeichnet eine Methode des thematischen Modellierens in der raumbezogenen Datenhaltung. Dabei gibt es eine Hierarchie zwischen Objektklasse, Objekt und Objektteil, die nach oben offen ist. Diese Hierarchie kann streng eingehalten werden, was zu einem *thematischen Baum* führt, oder aber es werden netzwerkartige Verknüpfungen zugelassen – dies resultiert in dem *thematischen Netzwerk*.

Objektorientiertes Programmieren ist eine neue Technik in der Informatik, die nicht mehr zwischen Daten und Methoden unterscheidet. Ein Objekt besteht hierbei aus einem Datensatz und einer Anzahl von Anweisungen, die es ausführen kann.

Objektschlüssel realisiert den umkehrbar eindeutigen Zugriff zwischen der geometrischen und thematischen Beschreibung. Er muß EDV-gerecht ausgewählt werden. Objektschlüssel werden in sogenannten *Objektschlüsselkatalogen* vorgehalten.

Objektschlüsselkatalog (OSKA) enthält Zahlenkodes – auch Objektschlüssel genannt – für das hierarchische thematische Modell der ALK. So ist zum Beispiel der Objektschlüssel für Verkehrswege 5000 und der für eine Autobahn 5111.

Offline ist der Gegensatz zu Online, d.h., es besteht keine unmittelbare Verbindung bzw. direkter Datenaustausch zwischen der Zentraleinheit und der Peripherie. So kann z.B. ein Drucker, abgekoppelt von der Zentraleinheit, einen Selbsttest durchführen.

Online ist ein Verfahren der unmittelbaren Verbindung und des direkten Datenaustausches zwischen Peripheriegeräten und der Zentraleinheit (CPU). Ebenso wird als Online der direkte Zugriff auf Datenbestände in einer Datenbank bezeichnet, so daß dieser Begriff eine Doppelbelegung enthält. Gegensatz ist offline.

Open Software Foundation (OSF) ist eine 1988 gegründete Anwendervereinigung, die sich mit UNIX-Benutzeroberflächen – hier insbesondere mit OSF/Motif – auseinandersetzt.

Parametrisierte Darstellung ist ein CAD-Verfahren zur geometrischen Modellierung von 3D-Objekten. Dabei wird jedes Objekt einer Objektfamilie durch eine feste Anzahl von Parametern wie Länge, Breite, Tiefe usw. vollständig beschrieben.

Physikalisches Datenmodell legt die Organisation der raumbezogenen Daten in der Form von sequentiellen Dateien, direkten Zugriffsdateien oder Listen auf der Platte fest. Aus der Sicht eines DBMS befindet sich das physikalische Datenmodell im *internen Schema*.

POLYVRT ist die Abkürzung für eines der ersten topologischen Datenmodelle des *U.S. Bureau of the Census*, bei dem Kanten- und Knotenlisten im Sinne der Graphentheorie angelegt werden. Die Kantenlisten sind durch sogenannte Punktlisten unterstützt, die Knickpunkte von Polygonen enthalten.

POSIX ist das Kürzel für *Portable Open System for Computer Environments* – ein von der IEEE entwickelter Standard, der 'Source-Code-Portabilität' garantieren soll (*API*), etwa für die Schnittstellen zwischen Betriebssystem und C-Programmen, mittlerweile auch Echtzeitfähigkeit und andere Probleme.

PostScript bezeichnet eine *Seitenbeschreibungssprache*, mit der sich Laserdrucker ansteuern lassen. Mit dieser Sprache können beliebige Darstellungen erzeugt werden; außerdem ist es möglich, nicht nur einzelne Bildpunkte, sondern auch Objekte zu definieren und auszudrucken. Bisher wird PostScript überwiegend im Desktop-Publishing eingesetzt, jedoch sind auch GIS-Anwendungen denkbar. Als Voraussetzung werden PostScript-kompatible Drucker und entsprechende Software benötigt.

Prolog ist eine häufig eingesetzte Programmiersprache in KI-Anwendungen.

Quadtree ist eine regelmäßige Unterteilung eines Basisquadrats. Er dient der flächenhaften Strukturierung von Rasterdaten sowie als Zugriffsmechanismus in Datenbanksystemen. Ein Quadtree ist definiert durch die sukzessive Viertelung des Basisquadrats, d.h., ein Vater hat *vier* Söhne, jeder Sohn hat wiederum *vier* Söhne usw.

Randdarstellung bezeichnet im CAD eine Methode zum geometrischen Modellieren. Dabei wird das räumliche Objekt durch seine Begrenzungselemente wie Punkte, Linien und Flächen beschrieben.

Rasterdaten bezeichnen die Art der geometrischen Darstellung von raumbezogenen Objekten, bei denen das Objekt äquidistant diskretisiert und dann quantisiert wird: Das Grundelement ist das Pixel. Hauptanwendungen der Rasterdatenerfassung liegen in der digitalen Photogrammetrie, der Fernerkundung und der thematischen Kartographie.

Rastergraphik ist die jüngste Form der Computergraphik. Das zentrale Element ist das Pixel. Durch die hohe Auflösung der Rasterbildschirme werden diese heute überwiegend bei der *passiven* und der *interaktiven* Visualisierung eingesetzt.

Rasterzelleneinteilung stellt eine hierarchische Zugriffsmethode in der raumbezogenen Datenhaltung dar, wobei das zu bearbeitende Gebiet in Rasterzellen von gleicher Größe unterteilt wird. Der Zugriff ist durch die Zeilen- und Spaltenindizes der Rasterzellen gegeben, die sich als Matrix organisieren lassen.

R-Baum stellt eine dynamische Zugriffsmethode in der raumbezogenen Datenhaltung dar, wobei achsparallele Rechtecke zur Beschreibung der Objekte für den räumlichen Zugriff verwendet werden. Zur Suche nach räumlichen Objekten ist nur eine kleine Anzahl von Knoten zu analysieren.

Relationales Modell ist ein logisches Datenmodell zur Strukturierung von Datenbanksystemen. Dabei werden gleichberechtigte Tabellen aufgebaut, deren Spalten (Domänen) über die Spaltennummern und deren Zeilen (Tupel) über die Zeilennummmern erreicht werden können. Das relationale Modell wird wegen seiner Mächtigkeit (verfügbare SQL) gerne in der raumbezogenen Sachdatenhaltung eingesetzt.

RISC steht für Reduced Instruction Set Computer und bezeichnet eine Computergeneration mit einem auf die meisten Anwendungen eingeschränkten, dafür aber schnellerem Befehlssatz (Gegensatz: CISC - Complex Instruction Set Computer).

ROD steht für Rewritable Optical Disk. Diese Art der optischen Speichermedien kann beschrieben und immer wieder gelöscht werden, im Gegensatz zu den WORM-Platten, die nur einmal zu beschreiben sind. Bei beiden Medien wird dieselbe Art der Lasertechnologie eingesetzt. Der Durchmesser von ROD-Platten beträgt 5.25 Zoll - von daher ist das Fassungsvermögen auf etwa 600 Megabyte eingeschränkt.

Runlength-Kodierung ist eine Datenkomprimierungstechnik, die gleiche Eigenschaften der abzuspeichernden Daten ausnutzt. Dadurch können aufeinander folgende Funktionswerte zu Gruppen zusammengefaßt und somit komprimiert gespeichert werden. Anwendungen findet die Runlength-Kodierung in der Rasterdatenverarbeitung.

Sachdaten geben den thematischen Inhalt eines raumbezogenen Objekts wieder und stellen somit die Klasse der *nichtgeometrischen Daten* dar. Hiermit können verschiedene thematische Zuordnungen z.B. eines Flurstücks beschrieben werden: Lage, Eigentümernachweis, Bodenschätzung, Baumkataster etc. Andere Bezeichnungen für Sachdaten sind mit den *Attributen* und *thematischen Daten* gegeben.

Sachdaten besitzen i.d.R. *keine* Hierarchie und lassen sich daher sehr gut in relationale Datenbankmodelle abbilden.

Software ist der Sammelbegriff für die logischen Komponenten eines Computersystems, die erst den Umgang mit der Hardware ermöglichen. Die Software enthält alle Verarbeitungsanweisungen und Prozeduren, um das Vierkomponentenmodell eines Geo-Informationssystems so effizient wie möglich auszufüllen.

Spaghetti-Daten ist ein Ausdruck in der raumbezogenen Datenhaltung für lange, dünne Listenstrukturen, die lediglich die Koordinaten der Knoten enthalten. Desweiteren können auch andere Positionsdaten in *Spaghettis* enthalten sein, wie z.B. Kettencodes.

Stand alone ist eine Bezeichnung für Arbeitsplatzrechner, die alle Operationen autark durchführen können. Dies bezieht sich auf Minicomputer, Graphik-Arbeitsstationen und PC, die über eine entsprechende Peripherie verfügen.

Structured Query Language (SQL) bezeichnet eine *Abfragesprache* eines relationalen Datenbanksystems, bei der ein fest vorgegebener Sprachumfang vorliegt. Gängige Begriffe sind dabei: SELECT, FROM, WHERE, AND u.a., mit denen neue Tabellen erzeugt und das gewünschte Ergebnis extrahiert werden kann.

Struktogramme sind graphische Darstellungen des Steuerflusses von Programmen. Jeder Software-Entwicklung sollte eine genaue Planung vorausgehen. Aus Übersichtsgründen werden häufig *Ablaufpläne* entworfen; diese Diagramme stellen die eigentlichen Struktogramme dar – eine andere Bezeichnung ist mit *Nassi-Shneidermann-Diagramm* (die Erfinder der Struktogramme) gegeben. In der raumbezogenen Datenhaltung werden Struktogramme zum Entwurf von Datenstrukturen eingesetzt.

Swapping ist ein Verfahren zur Speicherverwaltung in Betriebssystemen. Mit Hilfe dieses Verfahrens lagert das Betriebssystem selten benötigte Daten aus dem Arbeitsspeicher (RAM) auf die Festplatte aus. Bei Bedarf dieser Daten sind diese in den RAM zu laden und andere Teile auszulagern. Durch diese scheinbare (virtuelle) Vergrößerung steht dem Benutzer mehr Arbeitsspeicher zur Verfügung.

Tesselation steht für die Partitionierung einer Ebene oder von Teilen einer Oberfläche in eine Vereinigung nichtüberlappender Flächenobjekte. Zu unterscheiden sind reguläre und irreguläre Tesselationen. Reguläre Partitionierungen stellen z.B. die Rasterdaten dar, während irreguläre Aufteilungen der Oberfläche z.B. in Form der Dreiecksvermaschung entstehen. Anwendung findet diese z.B. bei Digitalen Geländemodellen und bei der Flächenverschneidung.

Topologie ist eine Fachrichtung der Mathematik, die sich mit den Eigenschaften geometrischer Gebilde beschäftigt, die bei umkehrbar eindeutigen stetigen Abbildungen invariant bleiben. Die metrischen Verhältnisse spielen dabei keine Rolle; es kommt lediglich auf die gegenseitige Lage der Figuren an.

Topologisches Subsystem besteht aus der Grundgesamtheit der Kanten- und Knotenlisten, die evtl. noch durch Flächenlisten und Raumkörper ergänzt werden können. Es bildet die Grundlage zur Abspeicherung der Nachbarschaft von raumbezogenen Daten.

Transaktionskonzept bezeichnet eine Vorgehensweise zur konsistenten Datenhaltung in Datenbanksystemen. Darunter versteht man eine ununterbrochene Folge von Datenmanipulationsbefehlen, die die Datenbank von einem alten logisch konsistenten in einen neuen logisch konsistenten Zustand überführt.

Transputer sind Mikroprozessoren, die Prozesse parallel verarbeiten können. Dadurch lassen sich wesentlich höhere Verarbeitungsgeschwindigkeiten erzielen. Das hohe Arbeitstempo kommt dadurch zustande, weil das zu bearbeitende Problem gleichzeitig von mehreren Transputerschaltkreisen gelöst wird. Der Datenaustausch zwischen diesen Schaltkreisen erfolgt über serielle Hochgeschwindigkeitsverbindungen.

Thematisches Modell bildet die Grundlage zur Definition einer Objektebene. Dabei kann rein relational vorgegangen werden, was zum *Ebenenprinzip* führt, oder es wird in Objektklassen, Individualobjekte und Objektteile unterteilt. Die letztere Vorgehensweise wird als *Objektklassenprinzip* bezeichnet. Das thematische Modell wird häufig auch durch die Anwendung vorgegeben.

Treiber – auch *Handler* oder *Driver* genannt – sind nichts anderes als Hilfsprogramme, um Peripheriegeräte zu betreiben. Damit ist die Software gemeint, die beispielsweise einen speziellen Drucker, Plotter oder eine Graphikkarte ansteuert. Der Treiber dient somit als Übersetzungshilfe, um Kodes umzusetzen, Signale an die Peripheriegeräte anzupassen und die Datenübertragung zu steuern.

Umweltinformationssysteme (UIS) sind Informationssysteme der Umweltbehörden wie z.B. des Umweltbundesamtes (UBA) in Berlin oder der Umweltministerien der Länder. Ihre Aufgaben erstrecken sich von der Erfassung von Radioaktivität, der Kontrolle von Luft, Wasser und Boden bis hin zu Biotopkartierungen und der Erhaltung der Artenvielfalt.

UNIX ist inzwischen ein Standard-Betriebssystem. Ursprünglich wurde es für Minicomputer entwickelt – heute läuft es überwiegend auf Graphik-Arbeitsstationen und auch auf PC. Der Name steht stellvertretend für *Universal and Exchange* – damit sollte die Vielseitigkeit des Systems und die Unabhängigkeit von bestimmten Computertypen deutlich gemacht werden. UNIX ist fast vollständig in der Programmiersprache C geschrieben und dadurch auf fast allen Computern einsetzbar.

Vektorgraphik ist die älteste Form der Computergraphik. Ihre Grundprimitive sind der Punkt (Knoten), die Linie (Kante) und die Fläche. Da der Punkt wie auch die Fläche Sonderfälle einer Linie darstellen, spricht man auch von *Liniengraphik*.

VGA (Video Graphics Array) bezeichnet einen Standard, mit dem aus einer Farbpalette mit über 260 000 Farben 16 bzw. 256 Farben darstellbar sind. Bei 16 Farben ist die Maximalauflösung von 640x480 Bildpunkten aktivierbar, für die Darstellung von 256 Farben reduziert sich die Auflösung auf 320x200 Punkte. Da die Farbdarstellung sehr speicherintensiv und der VGA-Standard auf 256 KByte beschränkt ist, lassen sich nur 256 Farben gleichzeitig darstellen. Neben dem Farbmodus bietet VGA auch einen Monochrome-Modus mit einem Auflösungsvermögen bis zu 800x600 Bildpunkten.

Vierschalen-Modell kennzeichnet die unterschiedlichen Ebenen in der raumbezogenen Datenhaltung. Zu unterscheiden ist dabei zwischen dem räumlichen, konzeptionellen, logischen und physikalischen Modell.

Wissensbasiertes System ist der Ausdruck für ein Programm, das in einer Wissensbasis Informationen zu einer bestimmten Domäne speichert und aufgrund dieser Informationen im begrenzten Rahmen Probleme löst und Entscheidungen fällt. Eine andere Bezeichnung wäre *Expertensystem* oder auch *regelbasiertes* System.

Wissensbasis ist die Bezeichnung für die Datenbank eines wissensbasierten Systems. Hier sind die Fakten, Inferenzen und Prozeduren abgespeichert.

WORM steht für Write Once Read Multiple. Damit werden die optischen Speichermedien bezeichnet, die einmal beschrieben und dann beliebig oft gelesen, aber nicht mehr verändert werden können. Mit Hilfe eines Laserstrahls lassen sich die Daten auf einen solchen schnell rotierenden Speicher schreiben, dessen Durchmesser 12 Zoll bei einem Fassungsvermögen von drei Gigabyte (Brutto) beträgt. Dieses Speichermedium kann der Anwender mit seinen eigenen Daten nur einmal beschreiben lassen.

X/Open ist eine 1984 gegründete, ursprünglich rein europäische Anwendervereinigung, die ein Common Applications Environment (CAE) anstrebt, welches bestehende Standards berücksichtigt. Der X/Open Portability Guide (XPG) hält das bisher Erreichte fest, und ein entsprechendes *Branding* (Plakette nach bestandener Testsuite) erlaubt es Herstellern, ihre Produkte mit dem X/Open-Siegel zu versehen.

Zellbaum stellt eine dynamische Zugriffsmethode in der raumbezogenen Datenhaltung dar, bei der die Knoten des Baumes komplexe Polyeder darstellen.

Zellenzerlegung bezeichnet im CAD eine Methode zum geometrischen Modellieren. Dabei wird das räumliche Objekt in einfach zusammenhängende Teilkörper wie z.B. Würfel, Tetraeder, Zylinder u.a. zerlegt, die nach dem Baukastenprinzip zusammengesetzt werden können.

Anhang C

Abkürzungsverzeichnis

A
ABI	Application Binary Interface
ACID	Atomicity, Consistency, Isolation, Durability
AdV	Arbeitsgemeinschaft der Vermessungsverwaltungen der Länder der BRD
AGI	Österreichische Gesellschaft für Geoinformation
AI	Artificial Intelligence
AIT	Advanced Intelligent Tape
ALB	Automatisiertes Liegenschaftsbuch
ALF	Accurate Positioning by Low Frequency
ALK	Automatisierte Liegenschaftskarte
ALK-GIAP	Automatisierte Liegenschaftskarte – Graphisch Interaktiver Arbeitsplatz
AM	Automated Mapping
AMI	Active Microwave Instrument
AM/FM	Automated Mapping/Facility Management (heute GITA)
ANSI	American National Standard Institute
AP	Analytischer Plotter
API	Application Programming Interface
AS	Anti-Spoofing
AS	Ausgabe für die Staatssicherheit
ASCII	American Standard Code for Information Interchange
ATKIS	Amtliches Topographisch - Kartographisches Informationssystem
ATM	Asynchronous Transfer Modus
ATSR-M	Along-Track Scanning Radiometer and Microwave Sounder
AV	Ausgabe für die Volkswirtschaft
AVON	Amtliche Vorwahlnummern
AV'93	Amtliche Vermessung 1993 (Schweiz)
A/D	Analog/Digital

B

Basic	Beginners All Purpose Symbolic Instruction Code
Baud	Bit/Sekunde
BauGB	Baugesetzbuch
BCNF	Boyce-Codd-Normalform
BfLR	Bundesforschungsanstalt für Landeskunde und Raumordnung
BIL	Band interleaved by line
BIP	Band interleaved by pixel
BIS	Bank-Informationssystem
BIS	Betriebsmittel-Informationssystem
BIS	Boden-Informationssystem
Bit	Binary digit
BKG	Bundesamt für Kartographie und Geodäsie
BLOB	Binary Large Objects
bpi	Bits per inch
BSP	Binary Space Partitioning
BSQ	Band Sequential
BS2000	Betriebssystem 2000

C

CAD	Computer Aided Design
CAE	Common Application Environment
CAM	Computer Aided Manufacturing
CASE	Computer Aided Software Engineering
CCD	Charged Coupled Device
CCT	Computer Compatible Tape
CCITT	Comité Consultatif International Télégraphique et Téléphonique
CDSS	Car-Driven Survey System
CD	Compact Disc
CD-R	Compact Disc-Recorder
CD-ROM	Compact Disc – Read Only Memory
CD-RW	Compact Disc – Read and Write
CD-W	Compact Disc – Write Only
CEN	Centre Européen de Normalisation
CERCO	Comité Européen des Responsables de la Cartographie Officielle
CGA	Colour Graphics Adapter
CGI	Computer Graphics Interface
CGIS	Canada Geographic Information System
CGM	Computer Graphics Metafile
CIA	Central Intelligence Agency
CIE	Commission International de l'Eclairage
CIR-Bilder	Colour Infrared-Bilder

CISC	Complex Instruction Set Computer
CLDS	Canadian Land Data System
CLIS	Canadian Land Inventory System
CMY	Cyan-Magenta-Yellow
CMYK	Cyan-Magenta-Yellow-Schwarz
CODASYL	Conference on Data Systems Language
COGO	Computational Geometry
cpi	counts per inch
CPU	Central processing unit
CSMA/CD	Carrier Sense Multiple Access/Collision Detection
CW	Continous Wave

D

DAT	Digital Audio Tape
DB	Datenbank
DBA	Database Administrator
DBMS	Datenbank-Managementsystem
DBV	Digitale Bildverarbeitung
DCL	Data Control Language
DDGI	Deutscher Dachverband für Geoinformation
DDL	Data Definition Language
DDS	Digital Data Storage
DEC	Digital Equipment Corporation
DFD	Deutsches Fernerkundungsdatenzentrum
DFN	Deutsches Forschungsnetz
DFÜ	Datenfernübertragung
DGK	Deutsche Grundkarte
DGM	Digitales Geländemodell
DGPS	Differential Global Positioning System
DHM	Digitales Höhenmodell
DIM	Data Interchange Modul
DIME	Dual Independend Map Encoding
DIN	Deutsche Industrie Norm
DKM	Digitales Kartographisches Modell
DLG	Digital Line Graph
DLM	Digitales Landschaftsmodell
DLR	Deutsche Forschungsanstalt für Luft- und Raumfahrt
DLT	Digital Linear Tape
DMA	Defense Mapping Agency
DML	Data Manipulation Language
DOP	Dillution of Precision
DOS	Disc Operating System
dpi	dots per inch
DPS	Digitales Photogrammetrisches System
DPW	Digital Photogrammetric Workstation

DSR	Digital Stereo Restitution
DTP	Desktop Publishing
DVD	Digital Video Disk
DXF	Data Exchange Format

E

EARN	European Academic and Research Network
EDBS	Einheitliche Datenbankschnittstelle
EDV	Elektronische Datenverarbeitung
EDI	Electronic Data Interchange
EGA	Enhanced Graphics Adapter
EGIS	European Conference on Geographic Information Systems
EGT	European Geographic Technologies
Email	Electronic Mail
EPS	Echtzeit-Positionierungsservice
ER-Modell	Entity-Relationship-Modell, Entitäten-Relationenmodell
ERS	Earth Remote Sensing Satellite
ESDI	Enhanced Small Devices Interface
ESRI	Environmental Systems Research Institute
ETRS'89	European Terrestrial Reference System 1989
EUR	Europäische Währung
EUROGI	European Umbrella Organisation for Geographic Information
EVAP	Erfassung-Verwaltung-Analyse-Präsentation
EVU	Energieversorgungsunternehmen

F

FDDI	Fiber Distributed Data Interface
Fortran	Formula Translation
FIG	Federation Internationale des Geomètres
FIPS	Federal Information Processing Standard
FIS	Fachinformationssystem
FL	Fernerkundungs-Landschaftsdatenbank
FM	Facility Management
FMC	Forward Motion Compensation
FTAM	File Transfer Access Method
FTP	File Transfer Program

G

GAF	Gesellschaft für Angewandte Fernerkundung
GB	Groß-Britannien
GByte	GigaByte
GDB	Geographische Datenbasis (SICAD)
GDB	Grundstücksdatenbank (Bayern)
GDDD	Geographical Data Description Directory
GDV	Graphische Datenverarbeitung
GEMS	Global Environment Monitoring System

GEOLIS	Geologisches Informationssystem
GfK	Gesellschaft für Konsumforschung
GHz	GigaHertz
GIAP	Graphisch Interaktiver Arbeitsplatz
GIF	Graphics Interchange Format
GIM	International Geomatics Info Magazine
GIP-RECLUS	Le groupement d'intérêt public – Réseau d'étude des changements dans les localisations et les unités spatiales
GIS	Geo-Informationssystem, Geographisches Informationssystem
GITA	Geographic Information and Technology Association
GK	Gauß-Krüger
GK 25	Geologische Karte 1:25.000
GKS	Graphisches Kernsystem
GKS-M	GKS Metadatei
GKS-3D	Graphisches Kernsystem - 3D
GLONASS	Global Navigation Satellite System
GMD	Gesellschaft für mathematische Datenverarbeitung
GNSS	Global Navigation Satellite System
GPPS	Geodätischer Präziser Positionierungsservice
GHPS	Geodätischer Hochpräziser Positionierungsservice
GPS	Global Positioning System
GRID	Global Resource Information Database
GSM	Global System for mobile Communications
GÜK 200	Geologische Übersichtskarte 1:200.000
H	
HALB	Hamburger Automatisiertes Liegenschaftsbuch
HEM	Harmonization of Environmental Measurement
HEPS	Hochpräziser Echtzeit-Positionierungsservice
HOAI	Honorarordnung für Architekten und Ingenieure
HLS	Hue-Lightness-Saturation
HP	Hewlett Packard
HP-GL	Hewlett Packard – Graphic Language
HRV	High Resolution Video
HSDA	Hardware-Software-Daten-Anwender
HSV	Hue-Saturation-Value
HTML	Hypertext Markup Language
HTTP	Hypertext Transfer Protocol
I	
IBM	International Business Machines
ICA	International Cartographical Association
IDE	Integrated Drive Electronics
IEEE	Institute of Electrical and Electronic Engineers
IF	Inverse File

IFAG	Institut für Angewandte Geodäsie
IGDS/DMRS	Interactive Graphics Display System/Data Management and Retrieval System
IGES	Initial Graphics Exchange Specification
IGN	Institute Geographique Nationale
IGS	Interaktiv graphisches System
IGU	International Geographical Union
IJGIS	International Journal of Geographic Information Systems
IMAP	Input, Management, Analysis and Presentation
INMARSAT	International Maritime Satellite Organisation
INS	Inertial Navigation System
Internet	International Network
IP	Internet Protocol
IPI	Intelligent Peripheral Interface
IS	Informationssystem
ISA	Industrial Standard Architecture
ISDN	Integrated Services Digital Network
ISIS	Intelligentes Satelliteninformationssystem
ISO	International Standardisation Organisation
ISPRS	International Society of Photogrammetry and Remote Sensing
IWK	Internationale Weltkarte

J

JEC-GI	Joint European Conference on GIS
JPEG	Joint Photographers Expert Group

K

KByte	Kilobyte (auch KB abgekürzt)
KFA	Kosmicheskij Fotoapparat
KI	Künstliche Intelligenz
KiSS	Kinematic Survey System
KS	Kartiersystem
KWIPS	Kilo Whetstone Instructions per Second

L

LAN	Local Area Network
LANIS	Landschafts-Informationssystem
LFC	Large Format Camera
LIDAR	Light Detection and Ranging
LIS	Landinformationssystem
LISP	List Processing Language
LW/UKW	Langwelle/Ultrakurzwelle

M

MacOS	Macintosh Operating System
MB	Methodenbank
MByte	Megabyte (auch MB abgekürzt)

MC		Metric Camera
MEGRIN		Multipurpose European Ground Related Information Network
MER		Minimal einschließendes Rechteck
MERKIS		Maßstabsorientierte Einheitliche Raumbezugsbasis für Kommunale Informationssysteme
MFLOPS		Million Floating Point Operations per Second
MHz		Mega-Hertz
MIMD		Multiple Instruction-Multiple Data
MIPS		Million Instructions per Second
MIS		Management-Informationssystem
MIT		Massachusetts Institute of Technology
MODEM		Modulation-Demodulation
MO-Disk		Magneto-optical Disk
MOMS		Modular Optoelectronic Multispectral Stereo Scanner
MS-DOS		Microsoft Disk Operating System
MS		Microsoft
MSS		Multispectral Scanner
MVS		Multiple Virtual System
MWIPS		Mega Whetstone Instructions per Second

N

NAVSTAR-GPS		Navigation Satellite Timing and Ranging Global Positioning System
NC		Numerical Control
NCGIA		National Center for Geographic Information and Analysis
NeWS		Network/extensible Window System
NexpRI		Netherlands Center for Geographical Information Processing and Spatial Data Handling
NIS		Netz-Informationssystem
NF		Normalform
NFS		Network File System
NSA		Nichtstandardanwendung
NT		New Technology
NTF		National Transfer Format (GB)
NUTS		Nomenclatura des unites territoriales statistiques

O

OCR		Object Character Recognition
ODBC		Open Database Connectivity
OELIS		Ökologisches Informationssystem
OGC		Open GIS Consortium
OK		Objektartenkatalog
OS/2		Operating System 2
OSI		Open Systems Interconnection

OSF	Open Software Foundation
OSKA	Objektschlüsselkatalog

P

PC	Personal Computer
PC	Panchromatic Mode
PCI	Peripheral Component Interconnect
PCL	Printer Communication Language
PCMCIA	Personal Computer Memory Card Industry Architecture
PEX	PHIGS Extension to X
PHIGS	Programmers Hierarchical Interactive Graphics Standard
Phodis	Photogrammetric Digital Image Processing System
Pixel	Picture Element
PlanzVO	Planzeichenverordnung
POLYVRT	Polygon-Converter
POSC	Petrotechnical Open Software Corporation
POSIX	Portable Operating System for Computer Environments
PRARE	Precise Range and Rate Equipment
Prolog	Programming in Logic

Q

QBE	Query by example
QUEL	Query Language

R

RADAR	Radio Detection and Ranging
RAG	Region Adjacency Graph
RAID	Redundant Array of Disks
RAM	Random Access Memory
RASANT	Radio Aided Satellite Navigation Technique
RAV	Reform Amtlicher Vermessung
RGB	Rot Grün Blau
RINEX	Receiver Independent Exchange Format
RIS	Raumbezogenes Informationssystem, Rauminformationssystem
RISC	Reduced Instruction Set Computer
RITL	Radio in the loop
ROD	Rewritable Optical Disc
ROM	Read Only Memory
RPC	Remote Procedure Call
RRL	Regional Research Laboratories
RTCM	Radio Technical Commission for Maritime Service
RTCM-SC104	Radio Technical Commission for Maritime Service, Special Committee
RTK-GPS	Real-time kinematic-GPS

S

SA		Selective Availability
SA		Standardanwendung
SABE		Seamless Administrative Boundaries of Europe
SAPOS		Satellitenpositionierungsdienst
SAR		Synthetic Aperture Radar
SCAI		Scanner Autowinder Interaktiv
SCSI		Small Computer System Interface
SEQUEL		Structured English Query Language
SICAD		Siemens Computer Aided Design
SIF		Standard Interchange Format
SIMD		Single Instruction – Multiple Data
SLAR		Sidelooking Radar Airborne Radar
SMD		Storage Module Disk
SMMR		Scanning Multichannel Microwave Radiometer
SMTP		Simple Mail Transfer Protocol
SNA		Systems Network Architecture
SOGI		Schweizer Organisation für Geoinformation
SPARC		Scalable Processor Architecture
SPOT		System Probatoire d'Observation de la Terre
SQL		Structured Query Language
STABIS		Statistisches Informationssystem zur Bodennutzung
SVID		System V Interface Definition
SVR4		System V Release 4

T

TCP/IP		Transmission Control Protocol/ Internet Protocol
TDM		Tausend Deutsche Mark
Telematik		Kurzform von Telekommunikation und Informatik
TIGER		Topologically Integrated Geographic Encoding and Referencing
TIN		Triangular Irregular Network
TK		Topographische Karte
TM		Thematic Mapper
TOPIS		Topographisches Informationssystem

U

UBA		Umweltbundesamt
UERE		User Equivalent Range Error
UIS		Umwelt-Informationssystem
UMPLIS		Umweltplanungs- und Informationssystem
UN		United Nations
UNEP		United Nations Environment Protection
UNIX		Universal and Exchange
URL		Uniform Resource Locator
USA		United States of America
USGS		United States Geological Survey

UTM	Universal Transverse Mercator

V

VGA	Video Graphics Adapter
VISAT	Video-INS-SATellite
VLSI	Very Large Scale Integration
VM	Virtual Machine
VRAM	Virtual Random Access Memory
VRML	Virtual Reality Modelling Language
VTS	Virtual Transfer System
VWS	Vax Window System

W

WAN	Wide Area Network
WDB I/II	World Databank I/II
WGS'84	World Geodetic System 1984
WIMP	Windows, Icons, Mouse, Pulldown Menu
WORM	Write Once Read Multiple
WMRM	Write Multiple Read Multiple
WYSIWYG	'What you see is what you get'
WWW	World Wide Web

X

XDR	External Data Representation
XPG	X/Open Portability Guide
X-11	X-Window System Version 11

Anhang D

Adressen im World Wide Web

Das World Wide Web entwickelt sich zunehmend zum Informationsmedium. Die Zahl von GIS-relevanten Seiten ist unüberschaubar, die Qualität sehr unterschiedlich. Daher soll mit dieser kurzen Liste von WWW-Adressen nur ein Einstieg ermöglicht werden. Aufgrund der rasanten Entwicklungen im World Wide Web übernimmt der Autor keine Garantie für die Aktualität und Stimmigkeit der hier angegebenen URL's (Uniform Resource Locator). Aktualisierungen dieser Webadressen sowie unmittelbare Links zu den entsprechenden Stellen werden auf den Seiten des Instituts unter 'GIS-Weblinks' angeboten.

Mögliche Einstiegsseiten zu GIS

http://www.agr.uni-rostock.de/iggi
  - Homepage des Instituts für Geodäsie und Geoinformatik
http://www.akgis.de/
  - Einstiegsseite des Arbeitskreis 'GIS in der Geographie'
http://www.geo.uni-bonn.members/haack/gisinfo.html
  - Einstiegsseite in GIS-Themen
http://www.gis.umn.edu/rsgisinfo/rsgis.html
  - Umfangreiche Quellensammlung zu GIS und Fernerkundung
http://www.gis-tutor.de/
  - GIS-Lehrinhalte im World Wide Web
http://www.lib.berkeley.edu/UCBGIS/gisdirs.html
  - Umfangreiche Quellensammlung zu GIS
http://dir.yahoo.com/Science/Geography/Geographic_Information_Systems
           _GIS/Organizations/
  - Umfangreiche Quellensammlung zu GIS-Organisationen

Dachverbände

http://www.eurogi.org/
 - European Umbrella Organisation for Geographical Information
http://www.ddgi.de
 - Deutscher Dachverband für Geoinformation
http://www.sogi.ch
 - Schweizerische Organisation für Geoinformation
http://www.ageo.at
 - Austrian Umbrella Organisation for Geographic Information
http://www.adv-online.de
 - Arbeitsgemeinschaft der Vermessungsverwaltungen der Länder der Bundesrepublik Deutschland

GIS-Produkte

http://www.hdm.com/gis31.htm
 - Great GIS Netsites
http://triton.cms.udel.edu/
 - GIS/GIP (Geographic Information Processing) Software Liste
http://www.gisworld.com/
 - International GIS Source Book. GIS World Inc.

Weitergehende GIS-Angebote

http://kartoserver.frw.ruu.nl/html/staff/oddens/oddens.htm
 - Karten im WWW
http://maps.intergr.com
 - Verknüpfung zwischen Kartenanalyse und Public-Domain-Daten
http://www.bochum.de/vermessungsamt/ver4.htm
 - Online-Zugriff auf ALK-Daten
http://www.icf.de/UISonline/
 - Digitaler Umweltatlas Berlin

Allgemeine Suchmaschinen

http://www.yahoo.com
 - Yahoo-Suchmaschine
http://home.netscape.com/home/internet-search.html

        - Netscape-Search
http://www.webcrawler.com
        - WebCrawler
http://www.lycos.de
        - Suchmaschine Lycos
http://www.altavista.com
        - Suchmaschine Altavista
http://www.web.de
        - Deutscher Websuchdienst
http://www.excite.de
        - Suchmaschine

Anhang E

Einheiten

Folgende Einheiten sind im Zusammenhang mit Geräten und der Software im GIS-Bereich von Bedeutung.

Abkürzung	Benennung	evtl. Umrechnung
Bit	Binary Digit	
Byte		8 Bit
Baud	Bit/Sekunde	
bpi	Bits per inch	
cpi	Counts per inch	
dpi	Dots per inch	
GByte	Giga-Byte	1024*1024*1024*8 Bit
KBaud	KiloBaud	KBit/Sekunde
KByte	Kilo-Byte	1024*8 Bit
MBaud	MegaBaud	MBit/Sekunde
MByte	Mega-Byte	1024*1024*8 Bit
TByte	Terra-Byte	1024*1024*1024*1024*8 Bit
TDM	Tausend DM	1000 DM
"	Inch (Zoll)	0.0254m
'	Minute	Geographische Einheit

Anhang F

Bildnachweis

Für die Bereitstellung des Bildmaterials danke ich den folgenden Firmen und Institutionen:

Titelblatt	Ibb Ingenieurgemeinschaft Brandenburger & Bahrs, Langenfeld
Abb. 1.14	Gesellschaft für Angewandte Fernerkundung (GAF), München
Abb. 1.22/1.23/1.24/4.13	SICAD GEOMATICS, München
Abb. 1.23	AED Graphics AG, Bonn
Abb. 1.24/5.21/6.5	Smallworld Systems, Ratingen
Abb. 2.3	Leica (CH), Heerbrugg
Abb. 2.6/2.10	Carl Zeiss, Oberkochen
Abb. 2.9/3.31/3.33/4.6	Intergraph (Deutschland) GmbH, Ismaning
Abb. 2.13/3.23	Institut für Navigation, Universität Stuttgart

Literaturverzeichnis

ACHILLES, A. (1989): SQL – Standardisierte Datenbanksprache vom PC bis zum Mainframe. Oldenbourg Verlag, München.

ACKERMANN, F., BODECHTEL, J., LANZL, F., MEISSNER, D., WINKENBACH, H. (1989): MOMS-02 – Ein multispektrales Stereo-Bildaufnahmesystem für die zweite deutsche Spacelab-Mission D2. in: Geo-Informations-Systeme (GIS), Jahrgang 2, Heft 1, Seite 5-11.

ADOBE (1990A): PostScript Language Reference Manual. Addison Wesley Publishing Company, New York.

ADOBE (1990B): PostScript Language Tutorial and Cookbook. Addison Wesley Publishing Company, New York.

ADV (1988): Amtliches Topographisch-Kartographisches Informationssystem. Landesvermessungsamt Nordrhein-Westfalen, Bonn.

ADV (1998): Bericht der Expertengruppe GPS-Referenzstationen im Arbeitskreis Grundlagenvermessung. Arbeitsgemeinschaft der Vermessungsverwaltungen der Bundesrepublik Deutschland (AdV).

AHLCRONA, E. (1995): Corine: Land Cover – A pilot project in Sweden. In: Askne [Hrsg.] (1995): Sensores and Environmental Applications of Remote Sensing S. 19-22; Balkema, Rotterdam.

ALBERTZ, J. (1991): Grundlagen der Interpretation von Luft- und Satellitenbildern. Wissenschaftliche Buchgesellschaft. Darmstadt. 204 Seiten.

AM/FM (1990): AM/FM – eine wesentliche Komponente zeitgemäßer Informationswirtschaft. Tagungsband Automated Mapping/Facilities Management, 2. Regionalkonferenz Siegen.

ANSI (1975): Study Group on Database Management Systems: Interim Report, ACM, New York.

ARCNEWS (1989): Environmental Systems Research Institute, Volume 11, Number 1.

ARGE ALP (1988): Komponenten eines Umweltinformationssystems. Arbeitsgemeinschaft Alpenländer, Kommission II, Raumordnung, Umweltschutz und Landwirtschaft, Bayerisches Staatsministerium für Landesentwicklung und Umweltfragen, München.

ARGE ALP (1989): Geoinformationssysteme. Arbeitsgemeinschaft Alpenländer, Komm. II, Raumordnung, Umweltschutz und Landwirtschaft, Bayerisches Staatsministerium für Landesentwicklung und Umweltfragen, München.

ARONOFF, S. (1989): Geographic Information Systems: A Management Perspective. WDL Publications Ottawa, Ontario.

BÄHR, H.-P. (HRSG., 1988): Beiträge zum Seminar 'Geo-Informationssysteme in der öffentlichen Verwaltung', Universität Karlsruhe, Institut für Photogrammetrie.

BÄHR, H.-P., VÖGTLE, T. (HRSG., 1998): Digitale Bildverarbeitung. Anwendung in Photogrammetrie, Kartographie und Fernerkundung. Herbert Wichmann Verlag. Heidelberg. 3. Auflage. 360 Seiten.

BALTSAVIAS, E., BILL, R. (1996): Scanners – A Survey of Current Technology and Future Needs. Proceedings of ISPRS Commission I Symposium 1994. Como. Italy.

BARTELME, N. (1989): GIS Technologien. Springer Verlag, Berlin-New York.

BARTELME, N. (1995): Geoinformatik. Modelle, Strukturen, Funktionen. Springer Verlag. 414 Seiten.

BARTELME, N., SPAENI, B. (1988): Spatial Access to Thematical and Topological Structures in Geo-Information Systems. in: Proceedings 16. ISPRS-Congress, Kyoto, Japan.

BAUER, M. (1997): Vermessung und Ortung mit Satelliten. Herbert Wichmann Verlag. Heidelberg. 4. Auflage. 423 Seiten.

BAUER, W. (1999): Vermarktung von Geodaten: Technologie und Kundenbetreuung. Tagungsmaterialien zur GISnet99. Institute for International Research.

BAZELEY, G.P., CHEUNG, Y.K., IRONS, B.M. ZIENKIEWICZ, O.C. (1965): Triangular Elements in Bending – Conforming and Nonconforming Solutions. in: Proceedings 1. Conference on Matrix Methods in Structural Mechanics. Air Force Institute of Technology. Wright Patterson Air Force Base, Ohio, Pages 547-576.

BEHR, F.J. (1998): Strategisches GIS-Management. Grundlagen und Schritte zur Systemeinführung. Herbert Wichmann Verlag. Heidelberg. 389 Seiten.

BENNING, W., AUSSEMS, T. (1998): Mobile Mapping by a Car-Driven Survey System (CDSS). Proceedings of the Symposium on Geodesy for Geotechnical and Structural Engineering. Eisenstadt, Austria. April 1998. Page 367-374.

BERRY, J.K. (1987): Fundamental Operations in Computer-Assisted Map Analysis. in: International Journal of Geographical Information Systems. Taylor and Francis, London, Pages 119-136.

BFN (1995): Systematik der Biotoptypen- und Nutzungstypenkartierung (Kartieranleitung). Bearbeitet vom Arbeitskreis CIR-Bildflug der Arbeitsgemeinschaft Naturschutz der Landesämter, Landesanstalten und Landesumweltämter.

BILL, R. (1987): Capture of Digital Terrain Model Data on the new Wild S9-AP Analytical Stereoplotter. in: International Colloquium on Progress in Terrain Modelling, Technical University of Denmark, Kopenhagen.

BILL, R. (1989): Datenstrukturen, Zugriffsmechanismen und deren Implementation in raumbezogenen Informationssystemen. in: FIG Symposium Budapest.

BILL, R. (1990): GIS – quo vadis? in: Geo-Informations-Systeme, Jahrgang 3, Heft 3, Seite 26-33.

BILL, R. (1991A): Datenbanktechnologie – Überblick und Einsatz in Geo-Informationssystemen. in: Schilcher, M. [Hrsg.](1991): Geo-Informatik. Siemens AG, Berlin.

BILL, R. (1991B): GIS-Ausbildungssituation an deutschsprachigen Hochschulen.

Beitrag zur KA-GIS, Karlsruhe (unveröffentlicht).

BILL, R. (1996): Datenqualität und Metainformation in Geo-Informationssystemen. Interner Bericht Heft Nr. 5. Institut für Geodäsie und Geoinformatik. 154 Seiten.

BILL, R. (1996): GIS-Ausbildung an deutschen Hochschulen - ein Statusbericht. Interner Bericht Heft Nr. 4. 15 Seiten plus Anhang.

BILL, R. (1998): Die Qual der Wahl. GIS-Berater suchen und finden. GeoBIT 8/1998. Seite 27-30.

BILL, R., EXL,W. , GITSCHEL, D., HEIL, E., SCHNEEBERGER, R. (1989): Der moderne analytische Plotter S9-AP als integrierte Arbeitsstation des geographischen Informationssystems SYSTEM 9. Bildmessung und Luftbildwesen. Heft 2. Seite 34-43.

BILL, R., GLEMSER, M., GRENZDÖRFFER, G. (1993): Softwarevergleichsstudie marktgängiger Geo-Informationssysteme. Hefte des Umweltbundesamtes. 225 Seiten.

BILL, R., KORDUAN, P. (1998): Flächenverschneidung in GIS – Effizienzbetrachtungen und stochastische Modellierung. Zeitschrift für Vermessungswesen. 123. Jahrgang. Seite 247-253 und Seite 333-338.

BILL, R., STEIDLER, F. (1986): Progressive Sampling using Triangular Intermeshing – An efficient Photogrammetric DTM Data Acquisition Method. in: ISPRS Congress Commission III, Proceedings of the Symposium 'From Analytical to Digital', Rovaniemi, Finland.

BÖHME, R. (1980): Geographisches Namenbuch der Bundesrepublik Deutschland. in: Kartographische Nachrichten 30, Seite 92-102.

BOURNE, S.R. (1985): Das UNIX System. Internationale Computer Bibliothek. Addison Wesley Verlag (Deutschland).

BONJOUR, J.D. (1989): 'Architecture et Composants des Stations de Travail Photogrammétriques. in: Kölbl, O. [Ed.] (1990): Photogrammétrie et Systémes d'Information du Territoire. Presses Polytechniques Romandes, Lausanne.

BRASSEL, K. (1987): Geographische Informationssysteme. Veranstaltung am Geographischen Institut der Universität Zürich-Irchel (unveröffentlicht).

BRASSEL, K. (1989): Overview of Spatial Information Systems. in: Kölbl, O. [Ed.](1990): Photogrammétrie et Systémes d'Information du Territoire. Presses Polytechniques Romandes, Lausanne.

BUHMANN, E., WIESEL, J. (1998): GIS-Report'98. Software, Daten, Firmen. Bernhard Harzer Verlag Karlsruhe. 204 Seiten.

BURROUGH, P.A. (1985): Principles of Geographic Information Systems for Land Resources Assessment. Oxford Science Publications, Monographs on Soil and Resources Survey No. 12.

CAD-CAM (1989A): Ein Vergleich unterschiedlicher Eingabegeräte. CAD-CAM, Heft 5, Seite 77-84.

CAD-CAM (1989B): Marktübersicht Digitizer. Heft 6, Seite 138-148.
DTP-Scanner. Heft 6, Seite 120-126.
Scanner zur Zeichnungserfassung. Heft 6, Seite 127-131.

CALKINS, H. (1977): Information Systems Developments in North America. in: R.F. Tomlinson [Ed.](1977): Proceedings Commission on Geographical Data Sensing and Processing, Moscow, Pages 93-113.

CASTLEMAN, K.R. (1979): Digital Image Processing. Prentice-Hall Inc., New Jersey.

CHRISTOFFERS, F. (1997): Das Angebot amtlicher Geobasisdaten. in: Leiberich, P. (Hrsg.) (1997): Business Mapping im Marketing. Herbert Wichmann Verlag Heidelberg. Seite 67-77.

CODASYL (1973): Conference on Data Systems Languages. ACM, New York.

CODD, E.F. (1970): A Relational Model for Large Shared Data Banks. in: Commission ACM, Volume 13, Number 6, Pages 377-387.

COLOMINA, I, COLOMER, J.L. (1995): Digitale Photogrammetrische Systeme im Einsatz: Erfahrungen am Institut Cartografic de Catalunya. Zeitschrift für Photogrammetrie und Fernerkundung. 63. Jahrgang. Seite 30-41.

CONZETT, R. (1980): Zum Begriff ' Landinformationssysteme '. in: Vermessung, Photogrammetrie und Kulturtechnik, Jahrgang 78, Seite 373-375.

CORBETT, J.P. (1979): Topological Principles in Cartography. Techn. Paper 48,

U.S. Dept. Commerce, Bureau of Census, Washington D.C.

CORINE (1992): CORINE land cover. Broschüre. 28 Seiten.

CRAMER, M. (1993): Implementation von Raster-Vektor-Konvertierungsbausteinen als Basis für eine GIS-Teachware. Diplomarbeit Universität Stuttgart (unveröffentlicht).

DALE, P.F., MCLAUGHLIN, J.D. (1989): Land Information Management. Clarendon Press, London.

DANGERMOND, J., DERRENBACHER, B., HARNDEN, E. (1987): Description of Techniques for Automation of Regional Natural Resource Inventories. in: J. Ripple [Ed.](1987): GIS for Resource Management: A Compendium. American Society for Photogrammetry and Remote Sensing.

DATE, C.J. (1986): An Introduction to Database Systems. Addison-Wesley, Reading, Mass.

DEGGAU, M. (1992): Die Projekte STABIS und CORINE Land Cover. In: Grünreich, D. [Hrsg.] (1992): Gewinnung von Basisdaten für Geo-Informationssysteme. Seite 75-86. Karlsruhe.

DEMERS, N. (1997): Fundamentals of Geographic Information Systems. John Wiley & Sons. Inc.

DGM (1989): DGM-Seminar. Technische Universität München, Lehrstuhl für Photogrammetrie (unveröffentlicht).

DIETZ, K.R. (1981): Grundlagen und Methoden geographischer Luftbildinterpretation. Münchner Geographische Abhandlungen. Band 25.

DIN 66252 (1985): Deutsches Institut für Normung: Informationsverarbeitung – Das Graphische Kernsystem (GKS), Funktionale Beschreibung.

DITTRICH, K.R. (1989): Objektorientierte Datenbanksysteme. in: Informatik Spektrum, Jahrgang 12, Seite 215-218.

DOUGLAS, D.H., PEUCKER, T.K. (1973): Algorithms for the reduction of the number of points required to represent a digitized line or its caricature. in: Canadian Cartographer, Volume 10, Pages 112-122.

EICHHORN, G. (1978): Landinformationssysteme. Schriftenreihe Wissenschaft und Technik, Nr. 11, Technische Hochschule Darmstadt, Darmstadt, 397 Seiten.

EICHHORN, G. (1980): Zielsetzung und Organisation von Landinformationssystemen. in: Vermessung, Photogrammetrie und Kulturtechnik, Jahrgang 78, Seite 330-334.

EIDENBENZ, C. (1989): Scannertechnik zur Erfassung von Plänen und Karten. in: Vermessung, Photogrammetrie und Kulturtechnik, Jahrgang 87, Seite 110-116.

EL-SHEIMY, N., LAVIGNE, M. (1998): 3D GIS Data Acquisition Using GPS/INS/ Video Mobile Mapping System. Proceedings of the Symposium on Geodesy for Geotechnical and Structural Engineering. Eisenstadt, Austria. April 1998. Page 375-380.

EMONTS, K. (1989): Die Richtung stimmt. Software-Magazin, Heft 3.

FAGIN, R., NIEVERGELT, J., PIPPENGER, N., STRONG, H.R. (1979): A fast access method for dynamic files. in: ACM Transactions on database systems. Pages 315-344.

FAUST, H.W. (1990): Digitalisierung photogrammetrischer Bilder. in: Zeitschrift für Photogrammetrie und Fernerkundung, Jahrgang 58, Heft 1, Seite 6-11.

FIG-COMMISSION 5 (1974): Report of the Study Group ' Resolution Nr. 3 '. 15. International Congress of Surveyors (FIG), Washington, D.C.

FINDEISEN, D. (1990): Datenstruktur und Abfragesprachen für raumbezogene Informationen. Kirschbaum Verlag, Bonn, 215 Seiten.

FINSTERWALDER, R., HOFMANN, W. (1968): Photogrammetrie. de Gruyter Verlag, Berlin, 455 Seiten.

FISCHBACH, R. (1991): Philosphie der Objekte. Teil 1 bis 3. iX Heft 3/1991. Seite 118-135.

FOLEY, J.D., VAN DAM, A. (1984): Fundamentals of Interactive Computer Graphics. Addison Wesley Company. Reading. Massachusetts. 684 Pages.

FRANK, A. (1983): Datenstrukturen für Landinformationssysteme – semantische, topologische und räumliche Beziehungen in Daten der Geo-Wissenschaften. Mitteilungen Nr. 34, Institut für Geodäsie und Photogrammetrie,

Eidgenössische Technische Hochschule (ETH), Zürich.

FRANK, A.W. (1990): Die Rolle der Infrastruktur-Information im neuen Jahrzehnt. in: Tagungsband der 2. Regionalen AM/FM Konferenz, Siegen.

FRANK, A., STUDEMANN, B. (1983): Semantische, topologische und räumliche Datenstrukturen in Landinformationssystemen. in: Proceedings FIG, Nr. 301.1.

FRANKLIN, W.R. (1979): Evaluation of Algorithms to Display Vector Plots on Raster Devices. in: Computer Graphics and Image Processing, Volume 11, Pages 377-397.

FRICK, W. (1995): Digitale Stereoauswertung mit der Imagestation. Zeitschrift für Photogrammetrie und Fernerkundung. 63. Jahrgang. Seite 23-29.

FRITSCH, D. (1988): Hybride graphische Systeme – eine neue Generation von raumbezogenen Informationssystemen. in: Geo-Informations-Systeme (GIS), Jahrgang 1, Seite 12-19.

FRITSCH, D. (1991A): Raumbezogene Informationssysteme und Digitale Geländemodelle. Deutsche Geodätische Kommission, Reihe C, Nr. 369, München.

FRITSCH, D. (1991B): Geo-Informationssysteme in den Neunziger Jahren – Realität und Herausforderung für die Geo-Wissenschaften. Internationales Anwenderforum 1991 'Geo-Informationssysteme und Umweltinformatik', Duisburg.

FRITZ, L. (1997): August 1997 Status of New Commercial Earth Observation Satellite Systems. Zeitschrift für Photogrammetrie, Fernerkundung und Geoinformation. Seite 369-382.

FUCHS, H., KEDEM, Z., NAYLOR, B. (1980): On visible surfaces by a priori tree structures. in: Computer Graphics, Volume 3, No. 14.

FUCHS, H., ABRAM, G.D., GRANT, E.D. (1983): New real-time shaded display of rigid objects. in: Computer Graphics, Volume 3, No. 17.

GEOBIT (1997):
Feldcomputer/Handheld-Computer. Heft 1. Seite 25-28.
Elektronische Feldbücher/Software zur mobilen Datenerfassung. Heft 2. Seite 24-25.
Routenplanner Heft 5 Seite 22-25.

GLEMSER, M. (1992): Behandlung der Genauigkeit räumlicher Daten in Geo-Informationssystemen. in: Alfred-Wegener-Stiftung (Hrsg.): Die benutzte Erde. Ernst und Sohn Verlag. Stuttgart. Seite 151-157.

GOODCHILD, M.F. (1989): Spatial Analysis Using GIS. Workshop im Seminar: Computergestützte Raumanalyse. Universität Zürich-Irchel (unveröffentlicht).

GOODCHILD, M.F., GOPAL, S. [ED.](1990): Accuracy of Spatial Databases. Taylor and Francis, London.

GÖBEL, M., MEHL, M. (1989): Standards der graphischen Datenverarbeitung – GKS, GKS-3D, PHIGS, CGI, CGM, X. Band 272 Kontakt und Studium EDV. Expert Verlag.

GÖPFERT, W. (1978): Digitale Korrelation komplex exponierter Daten. in: Zeitschrift für Vermessungswesen, Jahrgang 103, Seite 475-484.

GÖPFERT, W. (1987): Raumbezogene Informationssysteme. Herbert Wichmann Verlag, Heidelberg.

GRANDJEAN, H.E. (1988): Graphische Datenverarbeitung zur Unterstützung von Projektierung und Absteckung. Zeitschrift für Vermessungswesen, Jahrgang 113, Seite 17-20.

GREVE, K., HEYNEN, M. (1998): Fernerkundungsdaten für den Massenmarkt – CD mit Luft- und Satellitenbildern. GIS. 10. Jahrgang. Heft 5. Seite 3-4.

GRÜNDIG, L. (1988): Datenverwaltungskonzepte für typische Aufgaben aus der Ingenieurgeodäsie. DGK Reihe C Heft Nr. 336, München.

GÜLCH, E., MÜLLER, H. (1998): Virtuelle Städte. Datengrundlage und Erfassungsmethoden. GeoBIT Heft 8/1998. Seite 40-43.

GÜNTHER, O. (1988): Efficient Structures for Geometric Data Management. Lecture Notes in Computer Sciences, Volume 337, Springer Verlag, Berlin-New York.

GÜNTHER, O. (1989): Der Zellbaum. Ein Index für geometrische Datenbanken. in: Informatik – Forschung und Entwicklung, Heft 4, Seite 1-13.

GÜNTSCH, H. (1988): Datenstrukturen in raumbezogenen Informationssystemen. in: X. Internationaler Kurs für Ingenieurvermessung, Dümmler Verlag, Bonn.

GUPTILL, S.C. (1989): Evaluating Geographic Information Systems Technology. in: Photogrammetric Engineering and Remote Sensing, Volume 55, No. 11, Pages 1583-1587.

GUTTMANN, A. (1984): R-Trees: A Dynamic Index Structure For Spatial Searching. in: Proceedings of ACM SIGMOD Conference on Management of Data, Boston, USA.

HAALA, N., PLIETKER, B., SESTER, M. (1994): Automatische Bildinterpretation. Zeitschrift für Photogrammetrie und Fernerkundung. 62. Jahrgang. Seite 228-238.

HAHN, M. (1989): Automatic Measurement of Digital Terrain Models by Means of Image Matching Techniques. in: Vorträge der 42. Photogrammetrischen Woche an der Universität Stuttgart, Schriftenreihe Heft 13, Institut für Photogrammetrie Universität Stuttgart, Seite 141-151.

HAKE, G. (1982): Kartographie I. Sammlung Göschen, de Gruyter Verlag, Berlin.

HAKE, G. (1985): Kartographie II. Sammlung Göschen, de Gruyter Verlag, Berlin.

HANKEMEIER, P., ENGEL, I., KOCH, S. (1998): SAPOS – ein aktives Bezugssystem für multifunktionale Anwendungen. Zeitschrift für Vermessungswesen. 123. Jahrgang. Seite 149-156.

HARRINGTON, S. (1988): Computergraphik – Einführung durch Programmierung. Mc Graw Hill Company, Hamburg.

HATZENBERGER, C., HOCHSTÖGER, F. (1995): Kommunikation im Internet – Ein Überblick für Interessenten aus Vermessung und Geoinformation. Österreichische Zeitschrift für Vermessung und Geoinformation. 83. Jahrgang. Seite 208-214.

HAWERK, W. (1999): Geodaten – Dienstleistung der öffentlichen Verwaltung. in: Materialien zur 6. Internationalen GISnet'99.

HEGGLI, S. (1986): Ein integriertes System für die geodätische und photogrammetrische Datenerfassung und -weiterverarbeitung. Allgemeine Vermessungsnachrichten, Seite 433-443.

HEIPKE, C. (1995A): Digitale Photogrammetrische Arbeitsstationen. Deutsche Geodätische Kommission. Reihe C. Heft 450.

HEIPKE, C. (1995B): Digitale photogrammetrische Arbeitsstationen – die photogrammetrischen Auswertesysteme der Zukunft. Zeitschrift für Photogrammetrie und Fernerkundung. 63. Jahrgang. Seite 2-3.

HELAVA, U.V. (1987): Digital Comparator Correlation System. in: Proceedings of the Intercommission Conference on Fast Processing of Photogrammetric Data. Interlaken.

HERRING, J.R. (1989): The Definition and Development of a Topological Spatial Data System. in: Kölbl, O. [Ed.](1990): Photogrammetrie et Systemes d'Information du Territoire. Presses Polytechniques Romandes, Lausanne, Pages 57-70.

HEUBACH, G. (1992): Eine Untersuchung verschiedener geometrischer Generalisierungsansätze für lineare Objekte. Diplomarbeit an der Universität Stuttgart (unveröffentlicht).

HEUBACH, G., BILL, R. (1992): A Survey and Comparison of Different Geometric Generalization Approaches for Linear Objects. in: EGIS'92. Volume 1. Page 544-553.

HOAI (1996): Honorarordnung für Architekten und Ingenieure. Bauverlag GmbH. Wiesbaden. 188 Seiten.

HÖPER, D., KEHNE, G. (1990): Probleme und Lösungsmodelle bei der Ortung unbekannter Leitungsanlagen. in: Schrader, B. [Hrsg.](1990): Digitale Leitungsdokumentation, Wittwer Verlag, Stuttgart.

INGENSAND, H. (1996): Neue Computertechnologien verändern Aufnahme und Absteckung. Vermessung, Photogrammetrie und Kulturtechnik. Seite 418-422.

ILLERT, A. (1987): Verfahren zur Raster-Vektor-Transformation. in: 4. Kontaktstudium am Institut für Kartographie der Universität Hannover (unveröffentlicht).

LLLERT, A. (1990): Automatische Erfassung von Kartenschrift, Symbolen und Grundrißobjekten aus der Deutschen Grundkarte 1:5000. Wissenschaftliche Arbeiten der Fachrichtung Vermessungswesen der Universität Hannover, Nr. 166, Hannover.

ISELI, J. (1998): GEO-POST – geographische Informationsdatenbank der Schweiz. Vermessung, Photogrammetrie und Kulturtechnik. Seite 229-230.

ISO 7942 (1985): ISO: Graphical Kernel System (GKS), Functional Description.

ISO 8805 (1987): ISO: Graphical Kernel System for Three Dimensions (GKS-3D), Functional Description.

ISO 8632 (1987): ISO: Metafile for transfer and Storage of Picture Description (CGM).

JÄGER, E. (1987): Zur Vektor-Raster-Transformation. in: 4. Kontaktstudium am Institut für Kartographie der Universität Hannover (unveröffentlicht).

JÜRGENS, C., SPITZER, F. (1995): Fernerkundungsressourcen im WWW (World Wide Web). Zeitschrift für Photogrammetrie und Fernerkundung. 63. Jahrgang. Seite 179-184.

KAHMEN, H. (1997): Vermessungskunde. Walter de Gruyter Verlag. Berlin. 19. Auflage. 732 Seiten.

KALTENBACH, H. (1997): Fortführung von GIS-Daten: Integrationsaufgabe und Einsatzfeld für mobile Systeme. in: 5th International User Forum 1997. Siemens Nixdorf Informationssysteme AG. Seite 139-146.

KAPPAS, M. (1994): Fernerkundung nah gebracht – Leitfaden für Geowissenschaftler. Dümmler Verlag. Bonn. 207 Seiten.

KAUPER, R. (1989): Zur Genauigkeitsuntersuchung von Digitizern. in: Nachrichten aus dem Karten- und Vermessungswesen, Reihe I, Heft 103, Seite 79-90.

KERNINGHAN, B.W., RITCHIE, D.M. (1978): The C Programming Language. Prentice Hall. Englewood Cliffs, New Jersey.

KILIAN, J. (1991): Die Aufnahme und Auswertung des alten Bestandes eines Flurbereinigungsverfahrens unter Nutzung des raumbezogenen Informationssystems SICAD. Diplomarbeit an der Universität Stuttgart, Institut für Photogrammetrie (unveröffentlicht).

KILIAN, J, ENGLICH, M. (1994): Topographische Geländeerfassung mit flächenhaft abtastenden Lasersystemen. Zeitschrift für Photogrammetrie und Fernerkundung. 62. Jahrgang. Seite 207-214.

KLAUER, R.H. (1987): GEOREC – Ein Programmsystem für die rechnergestützte Mustererkennung in Strichdarstellungen. in: 4. Kontaktstudium am Institut für Kartographie der Universität Hannover (unveröffentlicht).

KLOOS, H.W. (1990): Landinformationssysteme in der öffentlichen Verwaltung. Decker & Müller, Heidelberg, 470 Seiten.

KÖLBL, O. [ED.](1990A): Photogrammétrie et Systémes d'Information du Territoire, Presses Polytechniques Romandes, Lausanne, 482 Pages.

KÖLBL, O. (1990B): Derivation of a DTM by a System based on Transputer Architecture. in: Joint Workshop 'Hardware and Software for Fast Image Data Processing' of Intercommission Working Group II/III of International Society of Photogrammetry and Semote Sensing. London.

KONECNY, G. (1996): Hochauflösende Fernerkundungssensoren für kartographische Anwendungen in Entwicklungsländern. Zeitschrift für Photogrammetrie und Fernerkundung. 64. Jahrgang. Seite 39-51.

KRAUS, K. (1982): Photogrammetrie Band 1. Grundlagen und Standardverfahren. Dümmler Verlag, Bonn.

KRAUS, K. (1984): Photogrammetrie Band 2. Theorie und Praxis der Auswertesysteme. Dümmler Verlag, Bonn.

KRAUS, K. (1990): Fernerkundung. Band 2: Auswertung photographischer und digitaler Bilder. Band 7867, Dümmler Verlag, Bonn.

KRAUS, K (1994): Visualization of the quality of surfaces and their derivatives. Photogrammetric Engineering and Remote Sensing. Volume 60. No. 4. pp. 457-462.

KRAUS, K., HAUSSTEINER, K. (1993): Visualisierung der Genauigkeit geometrischer Daten. Geo-Informations-Systeme. Wichmann Verlag. 6. Jahrgang. Seite 7-12.

KRAUS, K., KAGER, H. (1993): Genauigkeiten abgeleiteter Daten in einem Geo-Informationssystem. Festschrift Günther Schelling zum 70. Geburtstag. Mitteilungen der Geodätischen Institute der TU Graz. Folge 78. Seite 95-101.

KRAUS, K., SCHNEIDER, W. (1988): Fernerkundung. Band 1: Physikalische Grundlagen und Aufnahmetechniken. Band 7866, Dümmler Verlag, Bonn.

KREILING, W. (1976): Automatische Auswertung von Stereobildpaaren durch digitale Korrelation. International Archives of Photogrammetry and Remote Sensing. Volume 21. Part 3. Paper 31.

KRÖGER (1990): Geländehöhendatenbank in Österreich. in: Der Vermessungsingenieur, Heft 1, Seite 22.

KUHN, M., OBERMEIER, S., HECK, B. (1998): Untersuchungen zum Einsatz von GPS-Echtzeitvermessungssystemen in der Praxis. Zeitschrift für Vermessungswesen. 123. Jahrgang. Seite 140-149.

LAUN-MV (1995): Biotoptypenkartierung durch CIR-Luftbildauswertung in Mecklenburg-Vorpommern. Teil 1: Methodische Grundlagen. Schriftenreihe des Landesamtes für Umwelt und Natur Mecklenburg-Vorpommern. Heft 1.

LAURINI, R., THOMPSON, D. (1992): Fundamentals of Spatial Information Systems. Academic Press. London. APIC Series No. 37. 680 pages.

LEBERL, F. (1990): The VX-Series of Interactive Film Scanners: Film-Based Softcopy Photogrammetry. in: Grün, A., Baltsavias, E. [Ed.](1990): Photogrammetrie meets Machine Vision, SPIE – Int. Arch. Phot. Rem. Sens., Volume 28, No. 5/1, Pages 299-307, Zurich.

LEIBERICH, P. (HRSG.)(1997): Business Mapping im Marketing. Herbert Wichmann Verlag Heidelberg. 397 Seiten.

LICHTNER, W. (1986): Investigations and Experiences of Automatic Digitization of Maps. in: Internationales Jahrbuch für Kartographie, Bonn, Seite 101-107.

LICHTNER, W. (1987): Alternative Möglichkeiten der Digitalisierung graphischer Vorlagen. in: 4. Kontaktstudium am Institut für Kartographie der Universität Hannover (unveröffentlicht).

LILLESAND, T.M., KIEFER, R.W. (1994): Remote Sensing and Image Interpretation. John Wiley & Sons. New York. 750 Seiten.

LIS (1978): Landinformationssysteme. Technische Hochschule Darmstadt, Schriftenreihe Wissenschaft und Technik. Symposium der FIG, 397 Seiten.

LÖFFLER, E. (1985): Geographie und Fernerkundung. Enke Verlag. Stuttgart. 224 Seiten.

LOHR, U. (1996): Pushbroom Laserscanning – Operational Results. Geo-Informationssysteme. 9. Jahrgang. Seite 12-15.

LOHR, U. (1998): TopoSys Laserscanner System. Proceedings of the Symposium on Geodesy for Geotechnical and Structural Engineering. Eisenstadt, Austria. April 1998.

MAKAROVIC, B. (1973): Progressive Sampling for Digital Terrain Models. in: International Training Centre Journal, No. 3, Pages 397-416.

MARKWITZ, W., WINTER, R. [HRSG.](1989): Fernerkundung – Daten und Anwendungen. Leitfaden 1. Wichmann Verlag, Heidelberg.

MARTIN, W., VAN DIGGELEN, F. (1997): GPS+GLONASS Technology. Geomatics Info Magazine. Volume 11. Page 73-75.

MARX, R.W. (1989): TIGER and GIS. in: Geo-Informations-Systeme (GIS), Jahrgang 2, Seite 8-11.

MATSUYAMA, T. U.A. (1984): A file organisation for geographic information systems based on spatial proximity. in: Computer Vision, Graphics and Image Processing, Volume 26, Pages 303-318.

MC EWEN, R., JACKNOW, H. (1980): USGS Digital Cartographic Data Base. in: Auto-Carto IV, Volume I, Pages 225-235.

MC KINSEY & COMPANY (1988A): Konzeption des ressortübergreifenden Umweltinformationssystems (UIS) – Phase 1: Bestandsaufnahme und inhaltliche Konzeption. Umweltministerium Baden-Württemberg, Stuttgart.

MC KINSEY & COMPANY (1988B): Konzeption des ressortübergreifenden Umweltinformationssystems (UIS) – Phase 2/3: Systemkonzeption und Umsetzungsplanung. Umweltministerium Baden-Württemberg, Stuttgart.

MC KINSEY & COMPANY (1989): Konzeption des ressortübergreifenden Umweltinformationssystems (UIS) – Phase 4: Weiterentwicklung der Rahmenkonzeption. Umweltministerium Baden Württemberg, Stuttgart.

MC MASTER, R.B. (1986): A Statistical Analysis of Mathematical Measures for Linear Simplification. The American Cartographer. Volume 13. Number 2.

MC MASTER, R.B. (1987): Automated Line Generalization. Cartographica. Volume 24. Number 2.

MEIER, A. (1986): Methoden der grafischen und geometrischen Datenverarbeitung. Teubner Verlag, Stuttgart, 224 Seiten.

MERDIAN, P. (1988): Rechnernutzung und Rechnernetze an der Universität Stuttgart. Dok. Nr. 88/09, KS10 (unveröffentlicht).

MEYER, B. (1990): Objektorientierte Softwareentwicklung. Carl Hanser Verlag. München. 547 Seiten.

MILLER, C.L., LAFLAMME, R.A. (1958): The Digital Terrain Model – Theory and Application. in: Photogrammetric Engineering, Volume 24, Pages 433-442.

MILLER, S.B., WALKER, S. (1995): Die Entwicklung der digitalen photogrammetrischen Systeme von Leica und Helava. Zeitschrift für Photogrammetrie und Fernerkundung. 63. Jahrgang. Seite 4-15.

MOLENAAR, M. (1989): Single Valued Vector Maps – A Concept in Geographic Information Systems. in: Geo-Informations-Systeme (GIS), Jahrgang 2, Seite 18-26.

MOLENAAR, M. (1991): Terrain Objects, Data Structures and Query Spaces. in: Schilcher, M. [Hrsg.](1991): Geo-Informatik. Siemens AG, Berlin, Pages 53-70.

MOLENAAR, M., FRITSCH, D. (1990): Combined Data Structures for Vector and Raster Representations in Geographic Information Systems. in: Int. Arch. Phot. Rem. Sens., Volume 28, Wuhan, China.

MONMONIER, M.S. (1982): Computer-Assisted Cartography, Principles and Prospects. Prentice-Hall Inc., Englewood Cliffs.

MUNDOCART (1989): Mundocart CD. Chadwyck-Healey Ltd, Produktinformation.

MÜLLER, W. (1996): GIS auf der Basis von Pen-Computern für Aufgaben der Ländlichen Entwicklung. Zeitschrift für Vermessungswesen. 121. Jahrgang. Seite 397-404.

MÜLLER, K.P, WÖLPERT, H. (1976): Anschauliche Topologie. Teubner Verlag, Stuttgart, 168 Seiten.

NCGIA (1990): Core Curriculum in GIS. National Center of Geographic Information Analysis, USA (unpublished).

NEBIKER, S. (1997): Spatial Raster Data Management for Geo-Information Systems – A Database Perspective. Mitteilungen Nr. 63. Institut für Geodäsie und Photogrammetrie an der Eidgenössischen Technischen Hochschule Zürich.

NEUREITHER, M. (1991): Modellierung geometrisch-topologischer Daten zur Beschreibung und Berechnung netzartiger und flächenhafter Strukturen. Dissertation an der Universität Stuttgart.

NIEDEREICHHOLZ, J. (1983): Datenbanksysteme – Aufbau und Einsatz. Physica, Würzburg, 260 Seiten.

NIEVERGELT, J., HINRICHS, H., SEVCIK, K.C. (1984): The Gridfile: An Adaptable, Symmetric Multikey File Structure. in: ACM Transactions on Database Systems, Volume 9, Pages 38-71.

NYE, A. (1990): X. Volume Zero – Volume Seven for Version 11 of the X Window System. O'Reilly & Associates, Inc., Sebastopol, California, USA.

OEEPE (1984): Test of Digitising Methods. European Organisation for Experimental Photogrammetric Research, Official Publication No. 14, IFAG, Berlin.

OGIS (1997): http://www.opengis.org. Open GIS Consortium. Earth Imaging Committee Report.

OOI, B.C. (1987): Spatial k-d-Tree: A data structure for geographic databases. in: Informatik Fachberichte 136, Springer Verlag, Berlin-New York.

PAGE, B., JAESCHKE, A., PILLMANN, W. (1990): Angewandte Informatik im Umweltschutz – Teil 1 und 2. in: Informatik Spektrum, Seite 6-16 und 86-97.

PALMER, D. (1984): A Land Information Network for New Brunswick. Technical Report No. 111, University of New Brunswick, New Brunswick.

PARKER, H.D. (1989): GIS Software 1989: A Survey and Commentary. in: Photogrammetric Engineering and Remote Sensing, Volume 55, No. 11, Pages 1589-1591.

PEUCKER, T., CHRISTMAN, N. (1975): Cartographic Data Structures. in: American Cartographer, Pages 55-69.

PEUQUET, D.J., MARBLE, D.F. [ED.](1990): Introductory Readings in Geographic Information Systems. Taylor and Francis, London.

PFEIFFER, B., WEIMANN, G. (1991): Geometrische Grundlagen der Luftbildinterpretation. Herbert Wichmann Verlag. Heidelberg.

POSC (1996): Additions to POSC Literature pertaining to Geographical and Projected Coordinate System Transformation. Petrotechnical Open Software Corporation.

PUNDT, H., BRINKKÖTTER-RUNDE, K., STREIT, U. (1996): GPS-unterstützte Felddatenerfassung für Geoinformationssysteme in Land- und Forstwirtschaft. Salzburger Geographische Materialien. Heft 24. Seite 110-119.

RAPER, J. [ED.](1990): Three-Dimensional Applications in GIS. Taylor and Francis, London.

RAUBAL, M. (1997): Geoinformation im Internet. Die Homepage der Abteilung Geoinformation an der TU Wien. Zeitschrift für Vermessungswesen. 123. Jahrgang. Seite 86-90.

REUTER, A. (1990): Informationssysteme I, II. Vorlesung Universität Stuttgart, Stuttgart (unveröffentlicht).

RIPPLE, J. [ED.](1987): GIS for Resource Management: A Compendium. Published by American Society for Photogrammetry and Remote Sensing.

RITTER, N., RUTH, M. (1995): GeoTIFF Format Specification Revision 1.0. Jet Propulsion Laboratory. Cartographic Application Group.

ROBINSON, J.T. (1981): The k-d-B-Tree: A search structure for large multidimensional dynamic indexes. in: Proceedings of ACM Sigmod Conference on Management of Data.

ROSCHLAUB, R. (1996): Geometrische Datenqualität und Klassifikation von Geodaten. in: Bill, R. (1996, Hrsg.): Datenqualität und Metainformation in Geo-Informationssystemen. Heft 5 Interne Berichte des Instituts für Geodäsie und Geoinformatik. Tagungsband. Seite 85-94.

RUEDENAUER, H. (1980): Experimentelle Genauigkeitsanalyse digitaler Höhenmodelle. in: Internationaler Kongreß der Internationalen Gesellschaft für Photogrammetrie, Hamburg.

SAURER, H., BEHR, F.-J. (1997): Geographische Informationssysteme. Eine Einführung. Wissenschaftliche Buchgesellschaft, Darmstadt. 235 Seiten.

SCHALLER, J. (1989): Geographische Informationssysteme für die Ökosystemforschung und Umweltbeobachtung. in: Geo-Informations-Systeme (GIS), Jahrgang 2, Seite 7-12.

SCHEK, H.J. (1989): Relational Database Concepts and Research Aspects to Cover Spatial Data Needs. in: Kölbl, O. [Ed.](1990): Photogrammétrie et Systémes d'Information du Terrotoire. Presses Polytechniques Romandes, Lausanne.

SCHERRER, M. (1998): Vermessungswesen Multimedial 2.0. Herbert Wichmann Verlag. Heidelberg.

SCHILCHER, M. [HRSG.](1985): CAD-Kartographie. Wichmann Verlag, Heidelberg, 326 Seiten.

SCHILCHER, M., FRITSCH, D. [HRSG.](1989): Geo-Informationssysteme. Anwendungen, Neue Entwicklungen. Wichmann, Heidelberg, 364 Seiten.

SCHILCHER, M. [HRSG.](1991): Geo-Informationssysteme und Umweltinformatik. Internationales Anwenderforum Duisburg, Siemens AG, Berlin.

SCHMITZ, W. (1990): Automation der Katasterkarten im Rhein-Sieg-Kreis. - Scannertechnologie Einsatzbereit. in: Automated Mapping/Facilities Management, 2. Regionalkonferenz Siegen.

SCHOLTEN, H.J., STILLWELL,J. (1990): GIS in Urban and Regional Planning. Kluwer Academic Publishers.

SCHOLZ, T. (1992): Zur Kartenhomogenisierung mit Hilfe strenger Ausgleichungsmethoden. Veröffentlichung des Geodätischen Instituts der Rheinisch-Westfälischen Technischen Hochschule Aachen. Heft D 82.

SCHRADER, B. [HRSG.](1990): Digitale Leitungsdokumentation. Beiträge und konzeptionelle Vorstellungen des Vermessungswesens. Zeitschrift für Vermessungswesen, Sonderheft 24, Jahrgang 115, DVW Arbeitskreis 6 Ingenieurvermessung.

SCHULZE, H.H. (1996): PC Lexikon. Fachbegriffe schlüssig erklärt. Computer rororo. Rowohlt Verlag, Hamburg. 797 Seiten.

SCHWARZ, K.P. (1998A): From Gizeh to GPS – The Orientation Problem in Engineering Geodesy. Proceedings of the Symposium on Geodesy for Geotechnical and Structural Engineering. Eisenstadt, Austria. April 1998. Page 3-12.

SCHWARZ, K.P. (1998B): Mobile Multi-Sensor Systems Modelling and Estimation. Proceedings of the Symposium on Geodesy for Geotechnical and Structural Engineering. Eisenstadt, Austria. April 1998. Page 347-360.

SCHWEINFURTH, G. (1984): Höhenliniengeneralisierung mit Methoden der digitalen Bildverarbeitung. Deutsche Geodätische Kommission Reihe C. Heft Nr. 291.

SCHWIDEFSKY, K., ACKERMANN, F. (1976): Photogrammetrie. Teubner Verlag, Stuttgart.

SHIBA, M., ZIESAK, M., H. LÖFFLER (1990): Der Einsatz moderner Informationstechnologie bei der forstwirtschaftlichen Erschließungsplanung. in: Forstarchiv, 61, Seite 16-21.

SPIEGEL (1998): Tür und Tor geöffnet. Der Spiegel Heft 46/1998. Seite 90-92.

SPOEDE, T. (1999): Einsatz automatischer Datenerfassungsmethoden im GIS-Bereich der EWE Aktiengesellschaft. in: Materialien zur 6. Internationalen GISnet'99.

STADLER, R. (1989): Informationssysteme aus der Sicht der amtlichen Statistik. in: Geo-Informations-Systeme (GIS), Jahrgang 2, Seite 11-17.

STAR, J. UND ESTES, J. (1990): Geographic Information Systems - An Introduction. Prentice Hall. Englewood Cliffs, New Jersey.

STEINBORN, W. (1998): Wirtschafts-Macht der Koordinaten – warum nutzen immer mehr Firmen GIS. GIS 10. Jahrgang. Heft 3. Seite 3-4.

STEINBUCH, K. (1971): Automat und Mensch. Springer Verlag, Heidelberg, 266 Seiten.

STEINGRUBE, W. (1997): in: Leiberich, P. (Hrsg.)(1997): Business Mapping im Marketing. Wichmann Verlag Heidelberg. Seite 39-65.

STERNBERG, H., CASPARY, W., HEISTER, H. (1998): Determination of the Trajectory surveyed by the Mobile Surveying System KiSS. Proceedings of the Symposium on Geodesy for Geotechnical and Structural Engineering. Eisenstadt, Austria. April 1998. Page 361-366.

STÖPPLER, H.W. (1987): Die automatisierte Liegenschaftskarte (ALK) – Überblick. Nachrichten aus dem Öffentlichen Vermessungsdienst (NÖV) Nordrhein-Westfalen, Seite 64-88.

STONEBRAKER, M., MOORE, D. (1996): Object-relational DBMSs. The next great wave. Morgan Kaufmann Publishers, Inc. San Francisco. 211 Seiten.

STRATHMANN, F.W. (1993): Taschenbuch zur Fernerkundung. Wichmann Verlag, Heidelberg, 301 Seiten.

STRAUCH, G. (1988): Anwendungsmöglichkeiten des ersten europäischen Fernerkundungssatelliten ERS-1. in: Geo-Informations-Systeme (GIS), Jahrgang 1, Seite 30-36.

STUDEMANN, B. (1988): Datenstrukturen und Datenbanken. in: Vermessung, Photogrammetrie und Kulturtechnik, Heft 5, Seite 214-219.

TEOREY, T. (1994): Database Modelling and Design: The Entity-Relationship Approach. Morgan Kaufmann Publishers, Inc. San Francisco.

THEILEN-WILLIGE, B. (1993): Umweltbeobachtung durch Fernerkundung. Enke Verlag. Stuttgart. 110 Seiten.

THOMPSON, K., RITCHIE, D.M. (1978): Unix Programmers Manual. Seventh Edition. Bell Laboratories, Murray Hill, New Jersey.

TOMLINSON, R.F. [ED.](1972): Geographical Data Handling (Symposium Edition). UNESCO/IGU Second Symposium Geographical Information Systems, Ottawa.

TORGE, W. (1975): Geodäsie. Sammlung Göschen, de Gruyter Verlag, Berlin, 268 Seiten.

TRAUTWEIN, M. (1990): CAD für Bauingenieure. Teubner, Stuttgart, 200 Seiten.

TREMBLAY, J.P, SORENSON, P.G. (1984): An Introduction to Data Structures. Mc Graw-Hill, New York, 861 Pages.

TRUTZEL, K. (1984): Informationsbedarf und statistische Informationssysteme für die kommunale Planung. in: Inform. Raumentwicklung, 3/4, Seite 241-251.

UMLANDVERBAND (1994): Informations- und Planungssystem, Geographisches Informationssystem. Eigenverlag.

UNEP-HEM (1994): A Survey of Environmental Monitoring and Information Management Programmes of International Organisations. Publikation des UNEP-HEM Büro. Neuherberg (D). 3. Auflage

UNIX (1990 A): Workstations – Marktübersicht. in: UNIX Magazin, Heft 2, Seite 82-90.

UNIX (1990 B): Festplatten – Marktübersicht. in: UNIX Magazin, Heft 12, Seite 124-126.

VÖLTER, ULRICH (1988): Das Planwerk im Computer. in: X. Internationaler Kurs für Ingenieurvermessung München, Dümmler Verlag, Bonn.

WALKER, T.C., MILLER, R.K. (1990): Geographic Information Systems. An Assessment of Technology, Applications, and Products. in: SEAI Technical Publications, Volume 1, Madison.

WEBER, W. (1982): Raster-Datenverarbeitung in der Kartographie. in: Nachrichten aus dem Karten- und Vermessungswesen. Reihe I, Heft 88, Seite 111-190.

WEBER, W. (1982): Automationsgestützte Generalisierung. Nachrichten aus dem Karten- und Vermessungswesen. Reihe I. Nr. 75.

WEIZENBAUM, J. (1985): Die Macht der Computer oder die Ohnmacht der Vernunft. Suhrkamp Taschenbuch Wissenschaft Nr. 274, Frankfurt.

WIESEL, J. (1985): Hardware und Softwareaspekte. in: Bähr, H.P. [Hrsg] (1985): Digitale Bildverarbeitung. Wichmann Verlag, Heidelberg.

WIESEL, J. (1988): Technische Entwicklungen und Trends bei Geo-Informationssystemen. in: Seminar 'Geo-Informationssysteme in der öffentlichen Verwaltung', Universität Karlsruhe, Institut für Photogrammetrie (unveröffentlicht).

WIESER, E. (1988): Systementwicklung eines kommunalen Informationssystems. in: X. Internationaler Kurs für Ingenieurvermessung. München 1988, Dümmler Verlag, Bonn.

WIESER, E. (1989): Systemanalytische Aspekte kommunaler Landinformationssysteme. Deutsche Geodätische Kommission, Reihe C, Nr. 350, München.

WILKE, T. (1995): Qualitätsaspekte bei der Nutzung von Geo-Informationssystemen. in: Budziek, G. [Hrsg.] (1995): GIS in Forschung und Praxis. Verlag K. Wittwer. Stuttgart. Seite 141-154.

WILLKOMM, P, DÖRSTEL, C. (1995): Digitaler Stereoplotter PHODIS ST – Workstation Design und Automatisierung photogrammetrischer Arbeitsgänge. Zeitschrift für Photogrammetrie und Fernerkundung. 63. Jahrgang. Seite 16-23.

WINTER, S. (1996): Beobachtungsunsicherheit und topologische Relationen. in: Bill, R. (1996, Hrsg.): Datenqualität und Metainformation in Geo-Informationssystemen. Heft 5 Interne Berichte des Instituts für Geodäsie und Geoinformatik. Tagungsband. Seite 141-154.

WITTE, B., SCHMIDT, H. (1997): Vermessungskunde und Grundlagen der Statistik für das Bauwesen. Verlag K. Wittwer. Stuttgart.

WOETZEL, G. (1978): Ein Algorithmus zur Linearisierung von Rasterbildern. Nachrichten aus dem Karten- und Vermessungswesen. Reihe I. Heft Nr. 75.

YANG, H. (1991): Zur Integration von Vektor- und Rasterdaten in Geo-Informationssystemen. Deutsche Geodätische Kommission, Reihe C, München.

ZIENKIEWICZ, O.C. (1984): Die Finite Elemente Methode. Carl Hanser Verlag, München.

Index

3D-Stadtmodelle, 188, 224

A/D-Wandlung, 70
Abfrage – bereichsbezogen, 328
Abfrage – punktbezogen, 328
ACID-Prinzip, 298
Adjazenz, 259
Adjazenzmatrix, 262
Adressenkonvertierung, 204
Aggregation, 271
Aggregationsebene, 171, 269
Aktive Kommunikation, 161
Algebraische Topologie, 254
ALK, 17
ALK-GIAP, 16, 17
Amtliche Gemeindeverzeichnisse, 220
Amtliche Kartographie, 212
Amtliche Statistik, 8, 39
Amtliche Veröffentlichungen und Nachweise, 220
Analytische Auswertegeräte, 64
Analytisches Verfahren, 245
Animation, 33
Anwender, 3, 29
Anwendungssoftware, 136–160
Approximation, 14
Approximation räumlicher Objekte, 331
Approximierendes Verfahren, 245
Arbeitsplatzrechner, 92
Assoziation, 271
ATKIS, 16, 17, 36
ATKIS-OK, 240
ATM, 102
Atomisierung, 288, 315
Attribut, 274, 314

Attribute, 5, 11, 26
Attributwert, 274
Auflösung, 53

Backup-Systeme, 105
Band interleaved by line, 321
Band interleaved by pixel, 321
Band sequential, 321
Bank-Informationssystem, 4
Base Window System, 129
Basic, 120
Baum, 266
Baumstruktur, 244
Bedingte Ausgleichung, 207
Benutzeroberfläche, 18
Bereichsabfrage, 329
Berichtsgenerierung, 154
Beschreibende Daten, 26
Betriebs-Informationssystem, 4
Betriebssystem, 117–120
Betriebssystemaufrufe, 162
Bibliotheks-Informationssystem, 4
BIL, 321
Bilddateien, 127
Bilddatenbank Gebäudebestand, 227
Bildinterpretation, 189
Bildkarten, 217
Bildschirm - alphanumerisch, 29
Bildschirm - graphisch, 29
Bildverarbeitungsfunktionen, 152
Bildverarbeitungstechniken, 204
Binary Space Partitioning, 332, 335
BIP, 321
Bitmap Display Terminal, 128
Boundary representation, 250
Bresenham-Algorithmus, 201

INDEX

Bridges, 103
Bruchkanten, 185
BS2000/BS3000, 117
BSQ, 321
BTX, 122

C, 120
C++, 120
CAD, 33
CAD-Kartographie, 16, 17
CAD-System, 34
CD-Recorder, 107
CD-ROM, 107
Cell decomposition, 249
CGA, 127
CGI, 126
CGM, 127
Channel, 318
CIR-Bilder, 182
CISC, 95
Client, 101
Client-Server-Prinzip, 101
Clipping, 329
COGO, 145
Computer-Aided-Design, 33
Computergraphik, 16, 123
Constructive solid geometry, 250
CORINE-Landcover, 223
CPU, 93
Cycle Slips, 177

Data dictionary, 299
Dateientransfer, 122
Dateisystem, 293
Daten, 2, 3, 29
Datenaktualisierung, 233
Datenalter, 230
Datenanalyse, 32
Datenaufbereitung, 230
Datenaustauschfunktionen, 144
Datenaustauschmodule, 159
Datenbank, 16, 295
Datenbank - hierarchisch, 32
Datenbank - Netzwerk, 32

Datenbank - relational, 32
Datenbank-Management, 144
Datenbankanforderungen, 295
Datenbankanfragesprache, 133
Datenbanken, 220
Datenbankmodell, 305
Datenbanksystem, 295
Datenbankwerkzeuge, 302
Datendefinitionssprache (DDL), 297
Dateneignung, 230
Datenerfassung, 236
Datengültigkeit, 230
Datenkomprimierung, 323
Datenkonversionen, 141
Datenmanipulationssprache (DML), 297
Datenmodell, 32, 239
Datenmodelldefinition, 158
Datenmodellierung, 236, 239
Datennormierung, 241
Datenqualität, 229
Datenquellen, 31
Datenreduktion, 71
Datenretrieval, 144
Datenstruktur, 23
Datenstrukturen, 243, 280
Datentypen, 18
Datenvariation, 230
Datenverfügbarkeit, 230
DATEX-P, 122
DBMS, 9
DBMS-Ebenenarchitektur, 300
DBMS-Layerarchitektur, 300
DBMS-Sichten, 300
DecVWS, 129
DECWindows, 130
Desktop-GIS, 6
Detailvermessung, 173
DFN, 123
DGK 5, 214
DGPS, 176
Digital Linear Tape, 107
Digitale Auswertegeräte, 64

Digitale Bildkorrelation, 17
Digitale Bildverarbeitung, 16, 17
Digitale Bildverarbeitungsverfahren, 187
Digitale Kartierung, 17
Digitale Orthophotos, 188
Digitale Orthoprojektion, 17
Digitale Photogrammetrie, 16
Digitale Planschränke, 227
Digitales Geländemodell, 12, 16, 17, 158, 224
Digitalisiertisch, 29, 52
Digitalisierung, 31, 137
Digraph, 259
DIME-Datenstruktur, 280
Dimensionen, 12
Direkter Zugriff, 320, 324
Disketten, 105
Displayfläche, 128
Displaymanagement, 154
Distanzverfahren, 210
Dokumentation, 4
Domäne, 314
Doppelbildschirmlösung, 164
DOS, 117
dpi, 53, 70
Dreiebenen-Hierarchie, 239
Dreischemata-Modell, 296
Drucker, 108–110
DTP, 68
DTP-Scanner, 71
Dynamische Methoden, 337
Dynamische Profilierung, 185

EARN, 123
Ebenenprinzip, 270, 271
Edge-matching, 142
Editierung, 142
EGA, 127
Einkapselung, 318
Einspiegelung, 66
Einzelpunkte, 185
Elektronische Datenverarbeitung, 1

Elektronische Tachymetrie, 29
Elektrostatische Plotter, 111
Elementarzelle, 249
Encapsulation, 318
Energieversorgung, 8
Energieversorgungsunternehmen, 272
Enthierarchisierung, 315
Entität, 306
Entitäten-Relationenmodell, 306
Entity-Relationship Model, 306
Enumerationsverfahren, 247
ER-Modell, 306
Erdmessung, 173
Erfassung, 30
Erfassungsfehler, 231
Ethernet, 102
Evaluation der Datenquellen, 235
EVAP-Modell, 3
Exaktes Match, 330
Existierende Datenbestände, 226
Exposition, 18
Externes Schema, 296

Fachdaten, 169
Fachinformationssystem, 45
Fachliteratur und Archivalien, 219
Fachplanung, 39
FDDI, 102
Feldaufnahme-Einbinden, 194
Feldaufnahme-Messen, 194
Feldaufnahme-Zählen, 194
Fernerkundung, 31, 191
Fernerkundungsdaten, 321
FIG, 17
Filmbelichter, 29
Filmplotter, 112
Fläche, 21, 245
Flächenmodell - 3D, 14
Flächenstruktur, 263
Flächenverschneidung, 146
Flugreservierungssystem, 4
Flurbereinigung, 16, 21
Flurstück, 35

Folienprinzip, 270
Fortran, 120
Frage-Antwort-System, 2
Freeman chaining, 285
Freeman-Zahl, 285
Funktionsorientierte Programmiersprache, 120

Gateways, 104
Gauß-Krüger Koordinaten, 36
Gebietsbedeckung, 230
Geländemodellfunktionen, 152
Generalisierung, 156, 230, 271
Geo, 6
Geo-Informatik, 240
Geo-Informationssystem, 1, 4, 16
GEO-POST, 225
Geo-Wissenschaften, 14
Geobasisdaten, 168
Geodaten, 167
Geofachdaten, 169
Geographische Kartenwerke, 213
Geographische Namenbuch, 220
Geographisches Informationssystem, 1
Geokodierung, 141
GEOLIS, 17
Geometrical query space, 251
Geometriedaten, 11
Geometrisch-topologischer Abfrageraum, 269
Geometrische Abfragedimension, 253
Geometrische Abfragen, 251
Geometrische Algorithmen, 204
Geometrische Bedingungen, 205
Geometrische Primitive, 5
Geometrischer Abfrageraum, 251
Geometrisches Modell, 239
Geometrisches Modellieren, 16
Georeferenzierung, 141
Geowissenschaften, 8
Gerichteter Graph, 259
Gewerbliche Kartographie, 212

GIP-RECLUS, 47
GIS - Aufbau, 29, 30
GIS - Aufgaben, 29
GIS - Ausprägung, 35
GIS - Dreidimensional, 14
GIS - Grundfunktionen, 137–157
GIS - hybrid, 16, 17, 26
GIS - Kommissionen, 47
GIS - Literatur, 48
GIS - Marktprognosen, 46
GIS - rasterorientiert, 26
GIS - vektororientiert, 26
GIS - Veranstaltungen, 47
GIS - Vierdimensional, 14
GIS - Zeitschriften, 48
GIS - Zentren, 47
GIS - Zwei-plus-eindimensional, 12
GIS - Zweidimensional, 12
GIS - Zweieinhalbdimensional, 12
Gittermessung, 186
GKS, 123–126
GKS Metafile, 127
GKS-2D-Darstellungselemente, 123
GKS-3D, 126
GKS-Betriebsarten, 124
GKS-kartesische Koordinatensysteme, 125
GKS-Leistungsstufen, 126
GKS-logische Eingabeklassen, 124
GKS-Workstation-Konzept, 126
Gleitkommaprozessoren, 95
Global Positioning System (GPS), 18
GMD-Ansatz, 211
GPS, 29, 56, 181
GPS-GIS-Pad, 60
GPS-Korrekturdienste, 59
Graphentheorie, 19
Graphikdaten, 23
Graphikstandards, 123–127
Graphische Beschreibungen, 5
Gridfile, 337
Großrechner, 92
Grundbuch, 36

Grundrißähnlich, 171
Grundrißtreu, 171
Grundsoftware, 115

Höhenlinien, 18, 184
Halbebenenunterteilung, 335
Halbleiterspeicher, 99
Hardware, 3, 29
Hardware , 51–113
Heads-up-digitizing, 54
Helpware, 162
Hierarchische Zugriffsmethoden, 333
Hierarchisches Dateiensystem, 118
Hierarchisches Datenmodell, 309
Hierarchisches Modell, 309
Horizontale Untergliederung, 7
HP-GL, 127
HSDA-Modell, 3
HTML, 121
Human Interface, 129
Hybride Datenstruktur, 289
Hyper-Hyperklassenmodell, 270
Hyperklasse, 274
Hyperklassenattribut, 275
Hyperklassenattributwert, 274
Hyperklassenkennzeichen, 274

IMAP-Modell, 3
Individuum, 319
Informatik, 2, 240
Information, 2
Informations-Aufnahme, 2
Informations-Speicherung, 2
Informations-Verarbeitung, 2
Informations-Wiedergabe, 2
Informationssysteme, 2, 220
Ingenieurvermessung, 36
Inhaltsgenauigkeit, 230
Inheritance, 319
Input Manager, 129
Instance, 319
Intelligentes Satelliteninformationssystem, 223
Interaktive Computergraphik, 16

Internes Schema, 296
Internet, 130, 295
Interoperabilität, 31
Interpolationen, 148
Interpretationsschlüssel, 189
Interpretoskop, 64
Intersect, 329
Interviews, 194
Intranet, 131, 295
Inverse Dateien, 323
Inzidenz, 259
Inzidenzabbildung, 258
Inzidenzmatrix, 262
ISDN, 104
Isomorphismus, 259
Ist-Analyse, 235
IWK 1:1.000.000, 215

Java, 121
Java-Skript, 121
JAZ-Laufwerk, 106

K-d-B-Baum, 332, 336
K-d-Baum, 332, 335
Körper, 245
Kanal, 318
Kante, 245, 259
Kanten-Kanten-Beziehungen, 268
Kanten-Maschen-Beziehungen, 268
Kantenring, 313
Karte, 31
Kartenerstellung, 157
Kartenhomogenisierung, 205
Kartenlagegenauigkeit, 214
Kartenmaßstäbe - große, 171
Kartenmaßstäbe - kleine, 171
Kartenmaßstäbe - mittlere, 171
Kartiergenauigkeit, 231
Kartiersystem, 33
Kartierungsstand, 214
Kataster, 21, 26
Katasterkartenwerke, 212
KBaud, 104
Kernel, 118

INDEX

Kernelbasierende Windowsysteme, 129
Kettencode-Struktur, 285
Klassenbasierte Modelle, 269
Klassenidentifikator, 274
Klassifikation – multispektral, 192
Klassifizierung, 271
Knoten, 259
Knoten-Kanten-Beziehungen, 268
Knoten-Knoten-Beziehungen, 268
Knoten-Maschen-Beziehungen, 268
Knotenring, 313
Kommandosprache, 162
Kommunale Vermessung, 36
Kommunalplanung, 39
Kommunikation, 2
Kommunikationseinheiten, 160
Kommunikationsformen, 163
Kompression, 71
Komprimierungsfaktor, 323
Konsistenzbedingungen, 262
Konstruktionszeichnungen, 226
Kontinuierliche Meßwerterfassung, 195
Konzeptionelles Modell, 239
Konzeptionelles Schema, 296
Koordinaten - dreidimensional, 8
Koordinaten - zweidimensional, 8
Krümmungsverfahren, 210
Kreisliste, 325
Kreisliste mit doppelter Verknüpfung, 325
Kreisliste mit Kopf, 325
Kurzbedienungsanleitung, 162

LAN, 100, 121
Landesplanung, 39
Landesvermessung, 36, 173
Landinformationssystem, 16, 17, 36
Landschaftsplanung, 8
LANIS, 17
Laserdrucker, 109
Laserscanner, 90, 187
Layer principle, 270
Layerprinzip, 271

Leitungsbestand, 8
Leitungsdokumentation, 21
Liegenschaftsbuch, 26
Liegenschaftskataster, 35
Lineare Liste, 325
Lineare Speicherung, 320
Linie, 21, 245
Linienansatz, 196
Linienausdünnung, 140
Linienglättung, 208
Linienglättung – Raster, 211
Linienglättung – Vektor, 209
Linienkonsistenz, 243
Linienmodell - 3D, 14
Linienverfolgung, 211
Lisp, 120
Listen, 239, 320
Listenstrukturen, 325
Logische oder topologische Algorithmen, 204
Logische Programmierung, 120
Logisches Datenmodell, 293, 305
Logisches Modell, 239, 305
Luftbilder, 31, 182
Luftbildkarten, 213, 218

Maßstab, 171, 230
Magnetbandgeräte, 106
Magnetbandkassettengeräte, 106
Maildienst, 122
Mainframe, 92
Makrosprache, 162
Management-Informationssystem, 3
Manipulation, 5
Manual, 163
Masche, 245
Maschen-Maschen-Beziehungen, 268
Maschenstruktur, 263
Maus, 98, 129
Mehrbenutzer-Betrieb, 298
Meldepflichten, 195
Meldungen, 162
Menü, 161

Mengengerüst, 236
Mengentheoretische Topologie, 254
Message, 318
Metadateien, 127
Metainformationssysteme, 227
Methodenbank, 16, 32
Metrik - primär, 8
Metrik - sekundär, 8
Minicomputer, 92
Mobile Mappingsysteme, 62
Modem, 104
Modula2, 120
MS-Windows, 129
Multisensorsystem, 62
Musterblatt, 214
Mustererkennung, 17, 203

N-ter-Punktverfahren, 209
Nachricht, 318
Nachrichtentechnik, 2
Nadeldrucker, 109
NCGIA, 47
Neigungsinformation, 18
Netzinformationssystem, 17, 42
Netzwerk, 121–123, 289
Netzwerk-Datenmodell, 311
Netzwerkapplikation, 159
Netzwerkdienste, 122
Netzwerkfunktionen, 149
Netzwerkmodell, 311
Netzwerktopologie, 102
NexpRI, 47
Nichtlineare Speicherform, 325
Nichtplättbare Abbildung, 265
Nichtplättbares Flächenmodell, 265
Nichtplanarer Graph, 266
Normalform, 314, 315
Normierung, 288

Objective C, 120
Objektartenkatalog, 240
Objektbasierte Modelle, 269
Objektbasiertes Modell, 271
Objektbeziehungen, 276, 307

Objektbildung, 196
Objektdefinition, 244
Objekte, 10
Objekterzeugung, 138
Objektgraph, 276
Objekthierarchie, 240
Objektidentifikator, 11, 274
Objektklassen, 10, 244
Objektklassenmodell, 271
Objektklassenprinzip, 270, 274
Objektorientierte Datenbanken, 305
Objektorientierte Modelle, 269
Objektorientierte Sprachen, 120
Objektorientiertes Modell, 271, 318
Objektorientiertes Programmieren, 32, 120
Objektrekonstruktion - 3D, 17
Objektrelationale Datenbanken, 305
Objektschlüssel, 11, 274, 277
Objektschlüsselkatalog, 240, 277
Objektweise strukturierte Vektordaten, 204
OCR, 71
OELIS, 17
Oktogonbaum, 248
Oktree, 248
On Line Help, 162
One-Eye-Stereo, 188
Open GIS, 31
Open Look, 130
Optische Laufwerke, 107
Optische Platten, 29
Originärerfassung, 171
Orthogonalität, 205
Orthophoto, 31, 64, 218
Orthoprojektoren, 64
Ortungsmethoden, 195
OSF/Motif, 130
OSI/ISO 7 Ebenen-Modell, 121
OSKA, 240, 277

Parallelität, 207
Parametrisierte Darstellung, 247

Pascal, 120
Passive Kommunikation, 162
PC, 92
PEX, 126
Pfeilhöhenverfahren, 210
Phasenmessung, 176
PHIGS, 126
PHIGS+, 126
Photogrammetrie, 17, 31, 63, 182
Photogrammetrische Auswertegeräte, 29
Photogrammetrisches Auswertegerät - analytisch, 17
Photogrammetrisches Auswertegerät - digital, 17
Photoscanner, 73
Physikalisches Datenmodell, 293, 319
Physikalisches Modell, 239
Pixel, 52
Plättbares Flächenmodell, 257
Planungen, 21
Plotter, 110–112
Plotting, 158
Polygon Overlay, 146
Polygonansatz, 196
Polygonisierung, 137
Portierbarkeit, 118
Position, 253
Positionsgenauigkeit, 230
PostScript, 127
Präsentation, 33
Präsentationsformen, 160, 163–165
Präsentationsgraphik, 5
Primitive instancing, 247
Primitivenbasierte Modelle, 269
Programmierschnittstelle, 162
Programmiersprache, 120–121
Progressive Sampling, 187
PROLOG, 120
Protokoll, 103
Prozedurale Sprachen, 120
Prozessoren, 94
Pseudograph, 259

Pseudorangemessung, 176
Punkt, 21
Punktanfrage, 328

Quadtree, 248, 334
Quadtree-Prinzip, 286
Quadtrees, 332
Querverweis, 315
Query and Report, 159

R+-Baum, 340
R-Baum, 340
Räumliches Modell, 239
Radarbilder, 182
RAID, 99
RAM, 94
Randdarstellung, 250
Raster-Vektor-Konvertierung, 26, 202
Rasterdaten, 22, 23, 30, 32, 280
Rasterdatenstrukturen, 284
Rastergraphik, 16, 22, 25
Rasterplotter, 111
Rasterzelleneinteilung, 332, 333
Raumbezogene Datenhaltung, 1
Raumbezogene Informationen, 5
Raumbezogenes Informationssystem, 1
Raumbezug, 8
Rauminformationssystem, 1, 17, 37
Raumordnung, 39
Raumprimitive, 250
RAV, 17
Rechenschärfe, 231
Rechnergestütztes System, 4
Recovery-Mechanismus, 298
Redundante Datenhaltung, 280
Redundanzfreiheit, 311
Regiomap-Statistische Daten, 219
Relation, 306, 314
Relationale Datenbanken, 305
Relationales Datenmodell, 313
Relationales Modell, 313
Relationen, 134
Repeater, 103

Report, 5
Repräsentative Umfragen, 194
RGB-Farbmodell, 125
RGB-Kanäle, 68
Ringliste, 325
RISC, 95
RISC-Architektur, 29
ROD, 29
ROM, 94
Router, 104
RRL, 47
RTK-GPS, 176
Runlength-encoding, 71
Runlength-Kodierung, 322

Sachdaten, 26, 280
Sachdatenabsorption, 13
Sachdatenstrukturierung, 288
SAPOS, 59
Satellitenbilder, 31, 182
Satellitendaten auf CD, 224
Satellitendatenformat, 321
Scanner, 67
Schlüssel, 314
Sekundärerfassung, 171
Semantik, 2
Semantisches Netz, 244
Sequentielle Datei, 320
Sequentieller File, 320
Server, 101
Serverbasierendes Windowsystem, 129
Shell, 118
Simulationen, 33
Simulationsfunktionen, 149
Skelettierung, 202
Smalltalk, 120
Software, 3, 29
Softwareaspekte, 115–166
Softwarehierarchie, 115
Sollkonzept, 235
Soundkarten, 96
Spaghetti-Ansatz, 196
Spaghetti-Daten, 242, 285

Spatial Occupancy Enumeration, 247
Spezialmethoden, 195
Spiegelstereoskop, 64
Sprachanbindung, 126
Sprachebenen, 2
SQL, 133–136
STABIS, 17
Standardbibliotheken, 119
Standards, 115
Statistik-Funktionen, 148
Statistik-Regional, 219
Statistiken, 219
Statistische Berichte, 219
Stereoauswertung, 65
Stichprobenerhebungen, 194
Straßendaten, 226
Streamer, 106
Struktogramm, 280
SunView, 129
Supercomputer, 92
Superimposition, 66
Symbol, 23
Syntax, 2
Synthesen, 33
Syquest-Laufwerk, 106
Systemaufrufe, 119
Systemkatalog, 299
Systemsoftware, 115, 117

TÜK 200, 215
Tabellen, 134, 320
Tablett, 98
Tachymetrie, 31
TCP/IP, 122
Terminal, 96
Text, 23
Thematik, 240
Thematische Abfragen, 279
Thematische Daten, 5, 26
Thematische Karte, 5
Thematische Kartenwerke, 215
Thematischer Abfrageraum, 279
Thematischer Baum, 276

INDEX

Thematisches Modell, 239
Thematisches Netzwerk, 278
Thermodrucker, 109
Tintenstrahldrucker, 109
TK 10, 214
TK 100, 215
TK 25, 214
TK 50, 215
TOPIS, 16
Topographische Übersichtskarten, 213
Topographische Gebietskarten, 213
Topographische Kartenwerke, 213, 214
Topographische Sonderkarten, 213
Topologie, 11, 19, 239, 253
Topologiebildung, 196
Topologische Abfragen, 266
Topologische Beziehungen, 262
Topologische Grundlagen, 255
Topologische Skelettierung, 203
Topologisches Modellieren, 254
Transaktionskonzept, 298
Transformationen, 33, 137
Tupel, 314

Umklassifizierung, 143
UMPLIS, 17
Umrißkonsistenz, 243
Umweltinformatik, 42
Umweltinformationssystem, 17, 41
Umweltschutz, 1, 8
Ungeordnete Geometriedaten, 241
Ungeordnete Sachdaten, 241
UNIX, 117–118
User Interface Toolkit, 129
Utilities, 118

Vektor-Raster-Konvertierung, 26, 201
Vektordaten, 21, 23, 32, 280
Vektorgraphik, 16, 21, 25
Vektorplotter, 110
Verarbeitungsfehler, 231
Verdünnung, 211
Verdickung, 211
Vererbung, 319

Verfahren nach Douglas-Peuker, 210
Verfahren nach Lang, 210
Verkehrsdaten, 226
Vermessungswesen, 7, 31, 36, 54
Verschneidungen, 33
Vertikale Untergliederung, 7
Verwaltung, 31
VGA, 127
Videokarten, 96
Vierkomponenten-Modell, 2, 4, 29
Vierschalen-Modell, 240
Virtuelles Terminal, 122
Visuelle Bildinterpretation, 189
VM/MVS, 117
VMS, 117
Volkszählung, 194
Volumen, 245
Volumenmodell - 3D, 14
Voxel, 249

WAN, 100, 104, 121
Webkarten, 227
Window Manager, 129
Windows 95, 119
Windows 98, 119
WindowsNT, 119
Windowsystem, 128–130
Wissensbasiertes System, 17
Workstation, 92
WORM, 29

X Window System Version 11, 129–130
X.25, 121
X.400, 121
X11, 126
xlib, 129

Zeichnungserzeugung, 157
Zeiger, 311
Zeigerliste, 325
Zeilendrucker, 108
Zeitaufwand, 236
Zellenzerlegung, 249

Zentraler Datenbestand, 302
ZIP-Drive, 106
Zonengenerierung, 146
Zugriffsmechanismen, 327
Zugriffsrechte, 300
Zusammenhängender planarer Graph, 258

Knackpunkt Systemeinführung
Strategisches GIS-Management

Das Handbuch für die praktische Einführung von Geo-Informationssytemen.

Die Einführung von GIS stellt an alle Beteiligten ganz spezifische Anforderungen in bezug auf Qualifikation, Organisation und Finanzierung. Für ein strategisches GIS-Management vermittelt dieses Buch zunächst die Grundlagen, die für ein systematisches Vorgehen sowie für die Einschätzung und Bewertung unterschiedlicher Systemansätze nötig sind.

Im Hauptteil werden die verschiedenen Projektphasen von der Projektauslösung bis zum Systembetrieb ausführlich unter technischen, personellen und organisatorischen Aspekten behandelt. Inhalte der übergeordneten, strategischen Planung sowie Form und Ablauf von Ist-Erhebung und Anforderungsanalyse werden ebenso behandelt wie die Schritte der konzeptuellen Modellierung, die Festlegung der Informationsarchitektur, der Kosten-Nutzen-Vergleich, die Ausschreibung, die Angebotsbewertung, der Systemtest, die Einführung, Datenübernahme und -erfassung und die Nutzung.

Für jede Projektphase werden zahlreiche Beispiele aus der Praxis aufgeführt. Der Anhang enthält u.a. eine umfangreiche Checkliste zum Thema und eine thematisch geordnete Übersicht über GIS-Produkte.

1998. VII, 389 Seiten.
Zahlr. Abbildungen.
Kartoniert.
DM 108,– ÖS 788,–
sFr 96,–
ISBN 3-87907-331-7

FAX-BESTELLCOUPON

Ja, bitte senden Sie mir/uns:

☐ Expl. Behr, **Strategisches GIS-Management**
1998. VII, 389 Seiten.
Zahlr. Abbildungen. Kartoniert.
DM 108,– öS 788,– sFr 96,–
ISBN 3-87907-331-7

☐ Expl. kostenloses Probeheft der Zeitschrift **GeoBIT**

Absender:

Firma

Name

Straße/Postfach

PLZ/Ort

Datum/Unterschrift

Herbert Wichmann Verlag, Hüthig GmbH
Postfach 10 28 69, D-69018 Heidelberg, Tel. 0 62 21/4 89-0
Fax 0 62 21/4 89-4 50, Internet http://www.huethig.de

Thema GIS
Software und Anwendungen
Neue Fachbücher

Liebig
Desktop-GIS mit ArcView GIS
Leitfaden für Anwender

2. neubearbeitete und erweiterte Auflage
1999. 425 Seiten.
Zahlr. Abbildungen.
Kartoniert.
DM 118,– öS 861,–
sFr 105,–
ISBN 3-87907-339-2

Blaschke (Hrsg.)
Umweltmonitoring und Umweltmodellierung
GIS und Fernerkundung als Werkzeuge einer nachhaltigen Entwicklung
1999. 278 Seiten.
Kartoniert.
DM 78,– öS 569,–
sFr 70,50
ISBN 3-87907-335-X

Die Einführung in die Benutzeroberfläche von ArcView GIS wurde erweitert. Das Arbeiten mit Projekten und ArcView GIS-Dokumenten (Views, Tabellen, Diagrammen und Layouts) wird ausführlich erläutert und mit zahlreichen Beispielen verdeutlicht. Dazu wurden auch alle Screenshots komplett erneuert. Des weiteren werden Grundlagen der objektorientierten Programmierung behandelt und die Avenue-Sprachelemente vorgestellt. Ein Kapitel über die zur Zeit verfügbaren Extensions (Erweiterungen) wurde eingefügt.

Durch die immer stärkere Integration von GIS und Fernerkundung in Planungsprozesse können aufwendige Untersuchungen reduziert und Daten über Einzelprojekte hinaus mehrfach genutzt werden.

In diesem Zusammenhang bietet dieses Buch eine aktuelle und umfassende Stoffsammlung zu den wichtigsten Themenbereichen des Umweltmonitorings.

Der Treffpunkt www.geopoint.de der Geoinformation

FAX-BESTELLCOUPON

Ja, bitte senden Sie mir/uns:

☐ Expl. Liebig, **Desktop-GIS mit ArcView GIS**
DM 118,– öS 861,– sFr 105,–
ISBN 3-87907-339-2

☐ Expl. Blaschke, **Umweltmonitoring und Umweltmodellierung**
DM 78,– öS 569,– sFr 70,50
ISBN 3-87907-335-X

Absender:

Firma

Name

Straße/Postfach

PLZ/Ort

Datum/Unterschrift

Herbert Wichmann Verlag, Hüthig GmbH
Im Weiher 10, D-69121 Heidelberg, Tel. 0 62 21/4 89-0
Fax 0 62 21/4 89-4 50, Internet http://www.huethig.de